핵이라는 이름의 청구서

핵이라는 이름의 청구서

발행일	2020년 10월 30일		
지은이	김형걸		
펴낸이	손형국		
펴낸곳	(주)북랩		
편집인	선일영	편집	정두철, 윤성아, 최승헌, 이예지, 최예원
디자인	이현수, 한수희, 김민하, 김윤주, 허지혜	제작	박기성, 황동현, 구성우, 권태련
마케팅	김회란, 박진관, 장은별		
출판등록	2004. 12. 1(제2012-000051호)		
주소	서울특별시 금천구 가산디지털 1로 168, 우림라이온스밸리 B동 B113~114호, C동 B101호		
홈페이지	www.book.co.kr		
전화번호	(02)2026-5777	팩스	(02)2026-5747

ISBN   979-11-6539-420-2 03390 (종이책)   979-11-6539-421-9 05390 (전자책)

이 도서의 국립중앙도서관 출판예정도서목록(CIP)은 서지정보유통지원시스템 홈페이지(http://seoji.nl.go.kr)와
국가자료공동목록시스템(http://www.nl.go.kr/kolisnet)에서 이용하실 수 있습니다.
(CIP제어번호: 2020046200)

(주)북랩 성공출판의 파트너

북랩 홈페이지와 패밀리 사이트에서 다양한 출판 솔루션을 만나 보세요!

홈페이지 book.co.kr   •   **블로그** blog.naver.com/essaybook   •   **출판문의** book@book.co.kr

대한민국 핵
위기 진단과
대응 방안 연구

핵
이라는
이름의
청구서

김형걸 지음

DANGER

겉으로는 평화로워 보이는 한반도에서
전쟁, 그것도 핵 사태는 분명히 일어날 수 있다!

20여 년간 군사경제학을 연구해 온 저자가 밝혀낸
우리 앞에 도달한 핵이라는 이름의 청구서!

북랩 book Lab

21세기 들어 한반도와 관련한 모든 근본적인 질문은 하나로 모을 수 있다. 바로 '우리는 왜 핵을 가질 수 없는가?'이다. 우리보다 국력이 떨어지는 나라들, 예를 들면 이스라엘, 파키스탄에 이어 이란도 북한도 핵무기를 가지려 하고 있고, 혹은 이미 가지고 있기에 여운이 더 크게 남는다.

어떤 이들은 핵을 가진 북한에 대응하기 위해선, 그리고 통일 후 중국이나 강대국들로부터의 도전에 대응하기 위해선 불가피하게 핵은 꼭 필요하다고 얘기한다. 또 한편으로 다른 이들은, 한반도의 핵무장은 동북아 전체의 화약고를 건드릴 우려가 있어 미국의 핵우산 아래에 있는 것이 훨씬 더 안전하다고 얘기한다. 결국 핵은 필요한데 우리가 직접 가질 것인가, 아닌가 하는 문제로 귀결된다고 볼 수 있다.

한편, 핵 문제는 핵 자체만의 문제가 아닌 별개의 논리인 비용-경제학이라는 어려우면서도 알려지기도 원치 않는 어떤 흐름과 연관되어 있음에 주목할 필요가 있다. 그런데 과연 그것이 무엇이기에 항상 뒷장막 속에서만 머물러 있기를 원하는 것일까? 여기에는 여러 가지 요소들이 내재한다. 이 부분들을 건너뛰고서는 제대로 된 핵의 논리를 파헤치기란 어렵다.

또 한편으로는, 이러한 두 가지 요소가 잘 결부되더라도 통일이라는 거대한 산맥을 만났을 때는 전혀 다른 새로운 이질적인 요소로 융합하게 된다는 점이다. 다시 말해, 진정한 통일이라 할 수 있는 민족 공동체형 통일이나, 하나 됨의 통일은 우리 모두의 바람일 뿐, 현실은 이 핵과 비용 문제에 밀려날 수 있는 또 다른 문제를 야기할 수 있다는 얘기다.

그런데 우리는 단순히 핵을 가짐으로써 자신감을 얻게 되고, 핵을 든든한 방어막으로 여김으로써 스스로 위안을 찾으려고 하는 마음을 읽을 수 있다. 그러나 필자가 우려하는 것은, 그러한 노력들은 허공 속의 구름에 지나지 않을 수 있다는 점이다. 즉, 핵과 돈 그리고 한반도의 정세는 우리 한민족의 삶을 호락호락하지 않고 예기치 않는 곳으로 몰고 갈 양 떼 속의 늑대가 될 수도 있다는 얘기이다. 그래서 이제부터 필자는 독자 여러분을 싣고 핵과 비용 문제라는 새로운 디스커버리호로 초청해서 같이 여행을 떠나 볼까 한다.

차례

들어가는 말 4

제1편.
핵(核)

제2편.
한반도의 핵 문제

제3편.
군사경제 및 핵의 비용

X. 이 책을 마무리하면서

제1편

핵(核)

I

핵과 핵무기

1
원자력과 핵의 생성
—

2011년 3월 후쿠시마 원전 사고로 인한 대규모 방사능 유출 사고가 아니었더라면 최근 세대들은 아직까지 핵을 상징하는 원자력과 방사능의 위력을 실감하지 못했을 것이다. 그리고 2017년 9월 3일 북한의 6차 핵실험, 그것도 지축을 뒤흔든 수소폭탄 실험 단행 사실이 알려졌을 때까지 한국전쟁 이후 모든 세대에게 '이제는 한반도에도 핵전쟁이 발발할 수 있다'라는 공포가 엄습하지 못했을 것이다.

설령 체르노빌 원자로 폭발 사고나 미국의 스리마일 원자력 발전소 사고만 하더라도 벌써 수십 년의 세월을 거슬러 올라가야 하는 바람에 체감으로는 멀게만 느껴지는 것이 사실이다. 1945년 히로시마와 나가사키에 떨어진 핵폭탄으로 수십만 명의 인명이 살상되는 비극도 전해 들었지만, 그것 역시 반세기를 훌쩍 넘어서야 접해볼 수 있는 남의 얘기 정도인 것도 사실이다.

그러면 우리에게 가장 피부로 와닿을 수 있는 핵 혹은 원자력의 위력은 어디서 찾아볼 수 있을까? 멀리서 찾기보다는 바로 우리 식탁, 우리 해변, 우리의 건강에서 확인해 볼 수 있다. 예를 들어, 후쿠시마 원전 사고로 당장 우리 식탁에 오르는 생선이 일본산이냐, 한국산이냐를 놓고선 갑론을박이 이어지거나 미국 캘리포니아와 알래스카 해변에는 쓰나미로 밀려온 물건들이 혹시나 방사능에 오염되었는지를 놓고선 연일 뜨거운 논쟁의 대상이 된 경우가 해당한다. 그런가 하면,

핵이라는 이름의 청구서

혹시 피폭되거나 후손들에게 DNA 변이로 유전되는 건 아닌가 하는 번민의 쓰나미에 휩싸이는 경우도 여기에 해당한다.

그러면, 왜 우리는 핵이나 원자력이라는 얘기만 나오면 그토록 공포감을 느끼는지 우리의 인체와 생활 그리고 후손들에게까지 미치는 영향에 대해 알아보도록 하자. 우선, 핵의 정확한 과학적 개념과 생성 원리에 대해 알아보는 일이 중요하다.

1-1. 핵분열

1806년 돌턴이 더 이상 쪼개지지 않는 물질을 원자라고 이름 붙인 후, 의구심을 가진 수많은 과학자들(퀴리 부부, 러더 퍼드 등)에 의해 원자도 더 쪼개어질 수 있다는 것이 사실로 입증되었다. 한 걸음 더 나아가 단순히 쪼개어지는 단계를 넘어 방사성 원자가 다른 원소로 붕괴하고 원자핵에서 입자 몇 개를 방출하게 하면 원자를 변환하게 할 수 있다는 사실도 입증하였다.

그리고, 이러한 원자 속을 들여다보면서 양(+)전하를 띠고 있는 양성자와 중성자(무전하)로 이뤄진 어떤 핵심 알맹이 주변을 전하를 띠는 전자(-)들이 빙글빙글 돌고 있는 모습을 발견하게 되었다.

그런데 놀라운 것은 이 아주 작은 원자핵이 대부분의 원자 질량을 가지고 있었으며, 회전 중인 전자는 동공 같은 원자 속의 원자핵 주변을 날아다니고 있었다는 점이다. 이것이 바로 1945년 바깥세상으로 무서운 모습을 드러내기 이전의 방사성 원자 내부의 평화로운 모습이었다.

이 내부의 원자는 양성자, 중성자로 이루어진 원자핵과 전자로 구성되어 있다. 그런데 이 원자에는 모든 전기 현상의 근원인 전하가 개입하고 있는데 양성자(Proton)는 +성질의, 중성자(Neutron)는 무전하 (0)의, 전자(Electron)는 −성질의 전하를 띠고 있다. 그리고 원자핵은 정해진 궤도를 돌고 있는 전자를 제외한 양성자와 중성자로 아주 단단히 결합되어 있다.

한편, 양성자란 첫 번째라는 의미의 그리스어로 영어식으로는 Proton으로 표기되며, 중입자(重粒子, Baryon) 중 무게가 가장 가볍고 (陽), 전기적으로는 양극(+)을 띤다고 해서 붙여진 한자식 이름이다. 그리고 양성자는 안정되어 붕괴하지 않는다고 현재까지 보고되고 있다. 이 의미를 통해 알 수 있듯이 양성자는 안정된 상태를 유지하여 초기 생명력의 절반에 이르는 기간으로 일컬어지는 반감기가 매우 길다.

반면 중성자는 양성자보다 조금 더 무거우며 불안정한 경우가 많다. 결국 불안정한 것은 붕괴하기 마련이다. 특히 자유스러운 중성자(Free Neutron)는 양성자와 공존하지 않을 경우(Not Bound) 그 불안정으로 인해 붕괴(베타)가 일어난다.

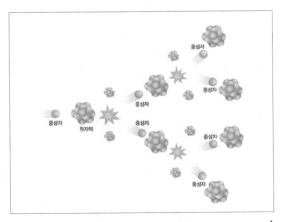

〈그림 1-1〉 핵분열 반응 다이어그램-한국원자력원구원(KAERI)[1]

핵이라는 이름의 청구서

이를 좀 더 다른 시각에서 보자면, 원자핵 주변을 맴도는 전자들의 에너지 준위(Energy Level, 흡수 혹은 방출 등 에너지의 변화 후 값)가 '바닥 상태(Ground State)'일 경우에는 안정된 상태가 되지만, 원자핵이 외부로부터 에너지 충격을 받을 때는 '들뜬상태(Excited State)'가 되어 불안정해진다. 들뜨고 불안정한 상태는 당연히 바닥의 안정된 상태로 안착하려고 하기 마련이다. 여기에 원래 불안정한 원소들인 방사성 핵종들도 마찬가지이다. 이렇게 안정된 상태의 원자핵으로 변환하는 과정을 방사성 붕괴(방사성 감쇠(減衰), 혹은 핵붕괴(核崩壞, Radioactive Decay)라고 부른다.

이 붕괴에는 크게 3~4종류가 있는데 표출되는 광선(Rays) 이름을 각각 알파, 베타, 감마, X선으로 부른다. 입자 알파는 한 장의 종이로, 입자 베타는 알루미늄판으로 완전히 막을 수 있는 반면에, 고에너지인 감마선과 X선은 납과 같은 매우 두꺼운 벽으로 감소시킬 수 있다.[2]

그런데 이 과정들은 자연에서 벌어지는 현상이며 반감기를 거쳐 스스로 안정을 찾게 된다. 그런데 문제는 이러한 자연의 과정에 인간이 개입하여 외부충격을 가함으로써 예기치 못했던 인위적 일이 발생하게 되었다는 것이다. 이 과정에서 원자핵이 분열하게 되며 여기서 뿜어져 나오는 폭발적인 에너지의 양이 마침내 문제가 된 것이다.

1-2. 핵융합

한편, 핵분열과 함께 짚고 넘어가야 할 부분은 핵융합 혹은 수소융합이다. 그런데 여기서 말하고자 하는 수소는 양성자 1개와 전자 1개로 이루어진 중성원자로서의 수소가 아닌, 비록 자연계에서는 미미

하여 존재하지 않는 것처럼 보이나 2개의 중성자와 1개의 양성자로
이뤄진 3중수소이다.

비록 양성자 숫자 하나만 놓고 보면 수소는 산소나 탄소에 비해 무
게가 적어 보이겠지만, 그렇다고 해서 결코 무시할 존재는 아니다. 왜
냐하면 가벼운 이 원자핵들이 서로 뭉치게 되면 더 무거운 질량의 원
자핵(중수소, 삼중수소)으로 변환할 수 있기 때문이다. 즉, 가벼운 원자
핵들이 융합하여 무거운 원자핵으로 바뀌는 셈이다.

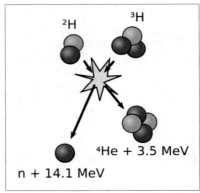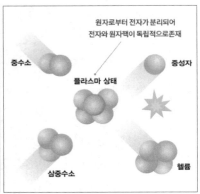

〈그림 1-2〉 핵융합 반응식 다이어그램-위키미디어[3]
㈜/한국원자력원구원(KAERI)[4](우)

이들 이중수소(^{2}H)와 삼중수소(^{3}H)는 우측 그림에서와 같이 플라스
마(Plasma) 상태에서 반응하여 헬륨원자(^{4}He)를 생성하면서 중성자 1
개를 내보내게 되는데, 이를 핵융합 반응 과정이라 부른다. 그런데
이 과정이 완성된 핵융합이 되기 위해서는 몇 가지 조건이 필요하다.
우선, 수소원자핵이 갖는 양성자의 양전하가 접근하려는 다른 원
자핵을 척력(斥力)으로 밀어내는 현상을 극복하는 일이다. 이를 해결
하기 위해서는 이 밀어내는 힘을 극복할 수 있는 상당한 수준의 초고

핵이라는 이름의 청구서

온으로 원자핵을 가열하여 융합시킬 수 있어야 한다. 이 가열 온도가 얼마인지는 의견이 갈려져 있어 통합된 의견을 기술할 수는 없으나 더 무거운 중수소와 삼중수소에는 그만큼 더 높은 초고온이 필요하다. 이와 같이 핵융합을 완성하기 위해서는 이 장벽(쿨롱장벽)을 넘을 수 있어야 한다.

다음으로는, 이 핵융합에 필수 원자인 3중수소를 얻을 수 있어야 한다. 이 3중수소(Tritium)는 자연에는 극히 미세하게만 존재하여 인위적인 가공을 통하여 얻을 수 있다. 그런데 이 수소는 경수소나 중수소와는 달리 방사능 물질인 베타 방사선을 방출한다. 이를 얻기 위해서는 리튬을 중성자와 반응시켜[5] 헬륨과 삼중수소를 만들어 내는 방법이 가장 많이 활용되고 있다.

그런데, 여기서 필자가 수소에 대해 경각심을 갖기를 주문하는 이유는 핵융합을 통해 또 다른 형태의 핵폭탄을 만들 수 있는 물질이 바로 수소이기 때문이다. 일반 핵폭탄에서는 수소 핵융합을 일으켜 폭발력을 강화하는데, 이것이 핵융합 원리를 활용한 폭탄인 수소폭탄이라는 얘기다. 또한, 케네스 포드가 그 위험한 폭발성을 철저히 계산[6]했듯이 그 결과는 참혹한 잔상을 보여 줄 수 있기 때문이기도 하다. 그리고, 과거 퀴리 부부나 러더퍼드 시절처럼 지상에서의 연구에만 주목하던 때를 벗어나, 지금처럼 우주에 존재하는 헬륨을 연구할 수 있게 된 때에는 이 수소의 위력은 더욱 커질 수 있기 때문이기도 하다.

참고로 이를 부연하여 설명하자면, 빅뱅 후 우주에 생긴 양성자와 중성자의 존재비는 7:1, 혹은 8:1로 추정[7]되는데, 빅뱅 핵합성(핵융합) 이전에 양성자가 14개이고 중성자가 2개였다면(7:1의 경우), 빅뱅 핵합성 이후 헬륨은 중성자와 균형을 맞추기 위해 양성자가 2개(중성자도 2개)가 되는데, 이 2양성자와 2중성자가 합쳐져 질량수 4, 양성자 2의 헬륨원자핵이 되고, 나머지 12개는 수소원자핵으로 재탄생하게 된다.

1-3. 핵반응 원리

위에서 우리는 핵분열과 핵합성의 기본 원리에 대하여 알아보았다. 그런데 여기서 놓치지 말아야 할 것은 핵이 어떤 과정을 통해 분열하고 합성하는가를 핵반응식을 통해 정리해 보는 것이다.

핵분열 반응식

$${}^{1}_{0}n + {}^{235}_{92}U \rightarrow {}^{141}_{56}Ba + {}^{92}_{36}Kr + 3{}^{1}_{0}n + 에너지(E = mc^2 = 200MeV)$$

이를 통해서 보면 좌측의 양성자 수(0+92)와 우측의 양성자 (56+36+0)는 동일하여 양성자는 보존됨을 알 수 있다. 그리고 좌측의 질량수(1+235)는 우측의 질량수(141+92+3)와 같아 질량수도 보존됨을 알 수 있다. 그런데 질량은 반응 전 질량이 반응 후 질량보다 큰데 이는 우측에서는 $200MeV$라는 에너지분만큼의 차이인 질량 결손이 발생하였음을 의미한다. 이와 같이 핵반응에서 반응 후 질량의 합이 반응 전보다 감소하게 되는데, 이를 '질량결손(Mass Defect)'이라고 한다. 이는 236(=1+235)의 질량수가 있음으로 인해 $200MeV$의 에너지가 발생한다는 얘기도 된다. 바로 이 에너지가 핵분열 시 방출되는 것이다.

이에 비하여 핵융합은 5(=2+3)의 질량수만으로도 $17.6MeV$가 발생함을 다음 반응식을 보면 알 수 있다.

핵이라는 이름의 청구서

핵융합 반응식

$$^2_1H + ^3_1H \rightarrow ^4_2He + ^1_0n + 에너지\,(E = mc^2 = 17.6 MeV)$$

이와 같이 핵자 질량 수당 발생하는 에너지는 핵분열 때보다 핵융합할 때가 훨씬 높음을 알 수 있다($\frac{200}{236}$ vs $\frac{17.6}{5}$).

그러나 핵분열과 핵융합 모두 각 핵자가 떨어져 따로 있을 때(반응 전 질량)의 에너지 총합은 이들이 뭉쳐 원자핵을 구성하고 있을 때(반응 후 질량)의 에너지보다 큼도 알 수 있다. 이처럼 핵자들이 강하게 결합되어 있어 분리하려면 큰 에너지를 공급해야 하고, 따로 떨어져 있는 핵자들이 결합할 때에는 질량결손에 의해 같은 양의 에너지를 방출한다. 이때 각각 필요한 에너지를 원자핵의 결합에너지(Binding Energy)라고 하며 "에너지의 차이가 결합에너지와 같다."라고 할 수 있다.

따라서 이 결합에너지를 통하여 핵분열과 핵융합이 왜 발생하는가를 알 필요가 있다. 이를 알기 위해서는 핵자당 평균 결합에너지(Average Binding Energy per Nucleon)라는 개념을 알아야 한다. 이는 주어진 원자핵의 결합에너지를 그 원자핵 속에 있는 핵자의 수로 나눈 것[8]이다.

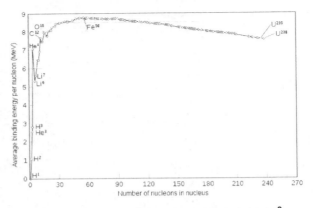

〈그림 1-3〉 핵자당 평균결합에너지(ABEN) 곡선-위키미디어[9]

위의 그래프를 보게 되면 철(Fe)이 9MeV(8.8)에 이를 정도로 가장 높은 핵자당 평균 결합에너지(ABEN)를 보여 주고 있다. 그만큼 안정적이라는 얘기가 된다. 이를 기준으로 볼 경우 오른쪽의 우라늄은 너무 무거워 불안정한 상태를 지닐 수밖에 없다. 그런가 하면 왼쪽의 수소 그룹은 너무 가벼워 역설적으로 불안정한 상태에 놓여있다. 그 때문에 우라늄은 방사성붕괴를 통하여(핵분열), 수소 그룹은 합쳐서 (핵융합) 안정을 득하려 할 것이다. 바로 이러한 원리 때문에 핵은 분열과 융합을 하게 되는 것이다.

이상과 같이 필자는 핵에 관한 기초지식을 최대한 쉽고 간명하게 설명하려고 하였다. 그것은 이후 이 책에서 전개할 핵무기와 그 피해 사례를 연구한 자료를 이해하기 위한 지식으로서 꼭 필요하기 때문이다.

핵이라는 이름의 청구서

2
핵무기의 생성
—

우라늄 같은 천연 방사성 원소는 자연 상태의 것이 아닌 다른 목적으로 이용될 때는 가공할 만한 폭발성을 지닌다는 사실을 항상 염두에 둬야 한다. 자연적인 발생과는 달리 우리가 가장 두려워하는 부분이 바로 인위적인 핵분열이라는 얘기이다.

이 핵분열의 아버지로는 오토 한(Otto Hahn, 독일, 1897-1968)이라고 할 수 있다. 비록 인류의 과학발전에 공헌한 사실을 인정받아 노벨화학상(1944)을 수상하였으나, 인류의 재앙을 알리는 사신이기도 하였으니 결국 그는 우리 모두가 두려워하는 죽음의 서곡의 지휘자였던 셈이다.

한편, 알파붕괴, 베타붕괴, 감마붕괴와 같은 자연 방사선 붕괴처럼 무거운 원자핵에서 핵분열은 자발적으로 일어나지 않는다.[10] 중성자를 우라늄과 같은 무거운 원자핵에 충돌시켰을 때, 중성자는 우라늄 원자핵 속에서 양성자와 중성자를 쪼갬으로써 핵분열이 일어나도록 한다. 그 때문에 핵분열에는 외부 입자인 중성자의 존재가 필수적인 것이다. 이러한 핵분열이 일어나면 핵분열과 동시에 몇몇의 중성자가 튀어나오고 상당한 에너지가 생긴다. 이어서 핵분열 중성자는 다시 다른 원자핵을 충격하여 핵분열을 일으켜 이른바 핵분열 연쇄 반응을 유발한다. 여기서 등장하는 이 핵분열 연쇄반응이 바로 히로시마와 나가사키에 투하된 원자폭탄의 원리였다.

맨해튼계획에 의해 시작된 원자폭탄의 제작은 이러한 원리로 '리틀 보이'와 '팻맨' 두 형제를 만들어 냈다. 이 두 형제는 각각 에놀라 게이 (Enola Gay)와 복스카(Bockscar)에 나눠 탄 채 일본의 두 도시 상공에서 핵폭탄을 투하하였다. 중성자 방출은 급가속으로 증가하고 곧이어 태양 중심에 해당하는 온도가 발생하였다. 곧이어 감마선이 지상으로 뻗쳐나갔고, 섬광이 번쩍였으며, 강력한 공기 밀침 현상이 발생하자 다른 쪽에선 대기 메움 현상이 발생하여 버섯 모양을 만들어 냈다. 이런 공포의 쇼를 보여 준 두 형제는 수십만 명의 인명을 앗아가면서 어느새 75년이란 세월을 뒤로하였다.

그런데, 이제는 정체불명의 존재들이 제3의 실험 지대를 물색하고 있다. 그리고 '그곳이 이란, 파키스탄, 아니면 이스라엘과 인접한 중동 지역일까?' 하는 의구심을 던져주고 있다. 그러나 이 질문에 대해 필자는 지정학적, 인구적, 경제적 등 여러 가지 측면을 종합한바, 여기 한반도만큼 히로시마-나가사키를 능가하는 지역을 발견하기란 어렵다는 가정을 수립할 수 있었다. 그런데 이 가정이 논리력과 증빙력을 동반하였다면, 위에서 설명한 원자폭탄의 분석이 딱딱한 핵물리학적 전개였음에도 결코 무의미한 과정은 아니었을 것으로 본다.

II

북한이 핵에
집착하는 이유

WARNING!

핵무기의 위력은 가공스러움을 떠나 완전 멸살이라는 최악의 결과를 초래한다. 나가사키와 히로시마의 선례를 보더라도 그 예후는 상당하다. 또한, 수차례의 핵실험에 따른 방사능 유출에 따른 피해와 그 반감기는 수만 년의 영겁을 거쳐야 해결될지도 모르는 인류가 만든 최악의 전리품 가운데 하나가 되었다.

그런데도 왜 북한은 한반도 비핵화 협상[11]을 어기고 기어이 핵무기 개발에 박차를 가하는 것일까? 재론의 여지 없이 이는 북한의 생존전략에서 나왔다고 답할 수 있다. 앞으로 구체적인 연구 결과를 기술하겠지만, 북한의 핵무기 개발은 자연스레 남한의 핵무기에 대한 경계 심리로 이어졌다. 즉, 한반도 공멸 이전에 남한이 먼저 당할 수 있다는 두려움이 또 다른 두려움 그 자체를 양산하고 있다는 얘기다.

게다가 한반도 주변에는 강력한 힘을 가진 나라들이 기라성처럼 우뚝 서서 한반도를 내려다보고 있다. 때문에 무엇을 하는지 늘 감시당하며 살아온 한반도 국가로서는 이들 3 강국의 눈치가 여간 신경 쓰이는 일이 아니다. 여기에는 수천 년을 살아오면서 겪어온 역사적 인고의 시간들로 점철되어 있어 남북한이 부정적이지만 필연적으로 핵 소유 욕구를 갖게 된 점도 우연의 일치는 아니다.

때문에, 주변 강대국들은 한반도에 대하여 근본적으로 이해하지 못하는 원인들을 알아야 남북한의 핵 문제 해결에 대해 정확한 접근 방법을 도출해 낼 수 있다. 그래서 필자는 몇 가지 항목별로 그 원인을 짚어 보고자 한다.

핵이라는 이름의 청구서

국제정치적 이유

1-1. 고립무원 상태로부터의 탈출

첫 번째 이유로 북한은 1945년 이후 국제사회와 제대로 교통하는 방법을 배우지 않았다는 점이다. 1991년 남북한이 UN에 동시 가입하면서 전 세계 국가들과 대화를 할 수 있는 공간을 마련하기까지 북한은 자의 반, 타의 반에 의하여 스스로 고립을 자처한 면이 많다.

그 시작은 1945년 해방 이후 한반도 이남은 미국이, 이북은 소련이 진주하고 남북한 전역에서의 동시 선거 실시 및 통일 정부 수립 대신, 1948년 8월 15일 남한에서는 대한민국 정부가, 북한에서는 같은 해 9월 9일 조선민주주의인민공화국이 수립되어 분단이 확정되면서부터였다. 이 과정에서 북한과 소련이 남북 동시 선거를 거부하면서 북한은 적어도 동북아 이남 지역 세계와는 단절, 동북아 이북 지역에 자신들을 스스로 국한시킨 '지역 고립'의 길을 선택하였다.

그러면서 1950년 6월 25일부터 1953년 7월 27일까지 3년이나 이어진 한국전쟁을 일으켰으며 그 과정에서 평양을 위시한 북한 주요 지역이 초토화되는 참상을 겪었다. 이후로도 북한은 남한을 상대로 여러 침투, 공작, 테러 사건을 벌이면서 장기적으로는 한반도의 적화통일을 포기하지 않았다.

한편, 남한에서는 1961년 5월 16일 군사 정변으로 박정희 정부가 들어와 반공(反共)을 국시(國是)로 삼으면서 정치·정권에 위협이 될 만한 세력을 친북반한(親北反韓) 조직으로 규정하였고, 대외적으로는 미국-일본과 손을 맞잡고 북한을 철저히 고립시키는 정책을 폈다. 이러한 북한 고립주의 기조는 후기 군사정권인 전두환 정권(신군부 1979.12.12.~1988.2.24.)까지 그대로 이어졌다.

이에 맞서 북한의 김일성 정권은 대내적으로는 '사회주의 통일의 전제로서의 남조선혁명은 인민민주주의 혁명'이라고 강조하면서 한국을 적화통일의 대상으로 지속해서 강조하였으며, 대외적으로는 중국과는 혈맹의 우위를 더욱 다지고 소련과는 공산권 코뮤니즘과의 국제적 연대 강화의 징검다리로 활용하면서 역으로는 한국에 군사적, 이데올로기적 압박을 가하였다.

그러나 근본적으로는 한국전쟁 때 '건물 두 채만 남은 평양(본 저서 참조)'에 대한 트라우마로 대변되는 '피포위의식(Siege Mentality)과 고립주의'[12]가 북한의 앞길을 방해하고 있었다. 아무리 남한을 자극하고 미국을 배척하려고 하여도 남한의 폭발적인 경제 성장은 북한을 더욱 위축시켰으며, 미국의 국제 질서 장악력은 날이 가면 갈수록 더욱 강화되어 갔다. 그 때문에 제아무리 김일성식의 강력한 내부 단속과 자극적인 대외 선동이 성공한다고 하여도 대북 국제 제재와 한미 등 자유 진영의 북한 고립정책은 북한의 숨통을 쥘 수밖에 없는 필연의 구조물이 되고 있었다.

그런데 이러한 고립무원에 숨통을 터주는 사건들이 30년 동안 4번씩이나 일어났다. 하나는 1991년 남북한의 UN 동시 가입이었으며, 둘째는 2000년 김대중 대통령의 역사적인 평양 방문이었으며, 셋째는 2007년 노무현 대통령의 실무적 차원의 평양 방문이었으며, 넷째는

2018년 미국 트럼프 대통령과 김정은의 싱가포르 북미정상회담이었다. 이를 계기로 북한은 고립무원의 처지를 탈출하려는 명분을 축적할 수 있었다.

1-2. 주체사상의 대외선전

두 번째 이유로는 김일성 주체사상이 대외선전용으로는 최고의 카드일 수 있다는 점이다. 여기서 주체사상[13]이란 무엇인가를 잠시 짚고 넘어가 볼 필요가 있다. 왜냐하면 한국인이든, 외국인이든 이제는 옛날처럼 들리는 이 주체사상이, K-POP으로 대변되는 한국인 세대들은 다시 한번 알아둬야 할 필요성이 있으며, 이를 접해보지 않은 외국인들도 북한의 핵 문제와 관련하여 기본 지식으로 접해보는 것이 유익할 것이기 때문이다.

김일성 주체사상의 기본 원리는 크게 세 가지 분류[14]로 나누어 볼 수 있다. 첫째는 철학적 원리이며, 둘째는 사회 역사적 원리이고, 셋째는 지도적 원칙이다. 먼저 철학적인 면에서의 주체란 '사람이 모든 것의 주인이며 모든 것을 결정한다'[15]라는 것이다.

그리고 사회·역사적으로는 "주체사상이란 한마디로 말하여 혁명과 건설의 주인은 인민 대중이며 혁명과 건설을 추동하는 힘은 인민 대중에게 있다는 사상이다."[16]라고 하면서, 인민이 주인의식을 가지고 선도할 때 인민 대중의 지위는 강화된다고 설명하고 있다.

마지막으로 지도적 원칙으로 '사상에서 주체, 정치에서 자주, 경제에서 자립, 국방에서 자위'[17]라고 하여, 스스로(自) 일어서(立) 지켜냄 (衛)을 강조하고 있다. 이는 동시에 대외관계에서 자주권과 대등한 권한을 행사하는 것이 필요하다고 하여 외세배격을 강조하고, 이를 이

끌 주된 세력으로서 김일성과 조선노동당만이 유일 체계의 정당성을 지닌다고 설파하고 있다.

이런 화려한 문구들을 토대로 한 주체사상을 한마디로 요약하면 '김일성의 영도와 노동당의 주도하에 온 인민들이 자발적이고 혁명적인 방법으로 사회주의 국가를 완성하자'는 것으로 볼 수 있다.

그러다 보니 이 주체사상은 자연스레 북한 공산당 일당독재 체제를 공고히 하고, 김일성-김정일 부자로 이어지는 대를 이은 세습체제의 근간을 형성하는 하나의 선전과 선동의 도구로 작동하였다. 그 때문에 이 이념은 진정한 인민들의 복리후생 정책과 평등 관계 형성보다는 공산당과 김일성 부자의 영화를 뒷받침하는 장치로 운용되어, 본 저서에서 다루고자 하는 핵과 관련, 안정적인 에너지원 확보라는 원자력(핵) 개발의 원 취지에서도 벗어난 왜곡된 프리즘적 한계를 보여 주었다.

한편, 이 주체사상은 단순한 이념의 차원을 넘어 종교[18]에 가깝다고 볼 수 있다. 왜냐하면, 신화에나 등장할 법한 김일성의 탈인간적 행위들을 부각함으로써 그리고 전 인민들이 김일성을 신으로 받들어 모시도록 서서히 세뇌해 감으로써 인민들을 김일성 종교 신봉자로 만들어 갔다는 얘기다.

따라서 김일성 부자에 대한 인민들의 사고는 전지전능한 존재로 각인돼 국제적 고립이나 열악한 경제 사정에 대한 불만도 곧 해결해 주리라는 믿음하에 현실 문제에 대해서는 무감각한 상태로 되어버리고 만다. 이런 상황에서 그동안 상상도 못 했던 북한의 핵 보유 사건은 김일성 부자의 신적인 능력을 대대적으로 홍보하기에 충분한 재료가 된 것이다.

핵이라는 이름의 청구서

1-3. 내부 결속용으로서 최고의 카드

그러나 1990년 전후 구소련체제의 붕괴와 미국 주도하의 중동전쟁을 겪으면서 그리고 통신기술의 기하급수적인 발달로 북한체제 내부에도 예전과 같지 않은 균열이 서서히 보이기 시작했다. 이를 간파한 김정일은 다시 한번 주체사상을 통해 내부균열을 봉쇄하려고 하였다.

하지만 생각만큼 그리 쉽게 먹히지 않음을 느끼기 시작하였다. 탈북행렬의 가속화와 국경 수비의 한계점 도달 그리고 예전과 달라진 중국의 태도 등으로 김정일 앞에 놓인 체제 유지와 내부 결속용 카드가 많이 남지 않았기 때문이었다. 설상가상으로 김정일 자신에 대한 테러 움직임이 여러 곳에서 포착되는 등 자신의 신변마저도 위협을 느끼는 상황에서 핵 문제는 사실상 그의 마지막 회심의 카드가 될 수밖에 없었다.

사실, 이 문제는 북한에만 국한되지 않는 것도 사실이다. 북한 체제의 붕괴는 한반도의 균형 잡힌 평화를 원하는 미국, 중국, 일본 등 주변 강대국들의 민감한 이익계산표에서 적자로 표기되고 있기에 자신들만의 문제가 아니란 점이다.

그런데 놀라운 점은 김정일은 이러한 두려움에 대한 주변 국제정세를 훤히 꿰뚫어 보고 이를 최대한 활용하는 능력을 지니고 있었다는 점이다. 한마디로 그는 '외줄 타기의 달인'이었다. 즉, 핵이란 무기를 든 채 외줄을 타면서 중국은 조바심을 태우게 하고, 미국은 신경이 거슬리게 하고, 한국과 일본은 불안한 마음을 더욱 키우게 하면서 자신은 화려한 원맨쇼를 즐기는 모습이었다. 더욱 놀라운 것은 김정일은 이러한 서커스적 공연을 통해 식량과 자유에 굶주린 자신의 인민들에게 회락(喜樂)을 제공했다는 점이다. 북한이란 조그마한 나라가

공룡 국가들을 들었다 놨다 하는 장면을 대대적으로 홍보함으로써 인민들을 '자아도취 혹은 무의식적 자기기만'에 빠져들게 한 것이다.

또한, 핵무기를 손에 넣음으로 인해 현 체제에 섣부른 반대 의사를 표시할 수 없을 만큼의 권위를 재확립함으로써 견제 세력에 대해서는 무서운 경고의 메시지를 전달할 수도 있었다. 기존의 재래식 무기 체계화에서 보여 준 한정된 군사 통제력을 훨씬 벗어나 전 세계를 상대로 하는 광범위하면서도 강력한 군사 관리체계를 적극적으로 도입하려 하므로 군조직은 물론 전체 인민에 대한 통제력은 그 어느 때보다 강력해질 수밖에 없는 구조로 흘러갔다.

이러한 내부 결속은 기존의 5호 담당제를 통해 운영되어 왔으나, 핵무기 개발 이후에는 후계 문제와 맞물리면서 혼란의 시기를 거친 후 더욱 공고화되었다. 3호 담당제로의 변경 지시건이 대표적인 예이다.

또한, 2011년 12월 김정은 체제의 공식 등장과 더불어 시작된 피의 숙청은 이를 잘 반영한다. 그의 고모부인 장성택과 군 일인자 현영철 등 잠재적 혹은 실존적 반대 세력을 대대적으로 숙청(대부분의 경우 처형)함으로써 공포스럽게 체제를 결속시켜 나갔다. 그의 아버지인 김정일로부터 받은 핵과 경제 협력 두 가지의 유산 중 핵을 통한 권력 강화의 진수를 제대로 보여 준 하나의 예로 볼 수 있다. 재래식 군장(軍裝)으로서는 위축될 수밖에 없었을 권력의 한계를 핵이라는 한층 강화된 무기 체계로 권력을 강화한 뒤 피의 숙청을 통해 분란을 잠재우는 방식을 사용했던 것이다.

그런데 중요한 것은 앞으로도 북한은 체제 유지와 권력 강화를 위해 무기 개발에 더욱 열을 올릴 것이며, 이를 통한 권력 통제에 초점을 맞출 것이다. 문제는 그 과정에서 내부 결속이라는 명분하에 인권 유린 사태가 더욱 광범위하게 자행되고 국제사회에 충격을 주고 동북아에는 군사적 긴장감을 불어넣어 한반도의 평화에 위협적인 요소로

핵이라는 이름의 청구서

작용할 것이란 점이다.

1-4. 미국과 대등한 위치 설정

결국 북한이 원하는 것은 미국과의 평화협정 체결이다. 정전협정만으로는 미국으로부터의 위협에서 벗어날 수 없다는 것이 그들의 확고한 믿음이다. 또한. 1992년 한·중수교 이후 중국을 믿되 그리 깊게는 신뢰하기 어렵다는 확신을 하게 되었다. 그 당시 북한으로서는 이 외교 전개에 정신적으로 상당한 충격을 받을 수밖에 없었을 것이기 때문이다. 그러나 북한은 중국의 표본겸치(標本兼治, 문제의 겉과 속을 동시에 처리)[19] 외교 속성을 간파할 만큼 영악해져 있었다.

즉, 아무리 북한이 핵 개발이든, 대륙간 탄도 미사일이든 가공할 무기를 만들어도 결국 중국은 어떤 식으로든 북한을 옹호할 수밖에 없는 대한반도 책략을 써 왔다는 역사적 사실을 간파한 것이다. 이러한 중국의 외교적 배낭을 담보로 북한은 다시 한번 핵 개발과 ICBM 개발의 무모한 여정을 시작하였다.

그런데, 단지 중국의 외교적 표변(豹變)만을 예측하고 이처럼 무모한 결정을 내렸을 리는 만무하다. 바로 미국을 직접 상대해서 협상하고 협정을 체결할 수 있는 미국과의 관계 격상을 목표로 하였기 때문이다. 그것도 단순한 상하 서열이 아닌 동등한 관계의 협정과 거래를 터는 데 목적이 있었다. 따라서 중요한 결정 과정에서 남한을 배제하는 것은 당연한 일이었다.

그러나 남한은 호락호락한 상대가 되기엔 너무 커져 있었다. 2015년에는 경상수지 흑자만 1,000억 달러를 넘어섰는가 하면, 세계 교역량 규모 면에서도 세계 10위권에 도달할 만큼 강대국 반열에 진입해 있었다. 이제는 일본이나 영국 혹은 독일 등 쟁쟁한 선진강대국들과 어깨를 나란히 할 만큼의 국제적 역량을 갖춘 상태여서 미국도 중국도 함부로 남한을 배제한 채로 협상을 진행하기란 쉽지 않은 필수 가교가 되었다.

그래서 이러한 상황을 잘 알고 있는 북한이 이러한 미국과의 평화협정을, 그것도 동등한 관계에서의 협정을 서두르고 있는 진정한 속내가 무엇이며 어떻게 추진해 나갈지는 지켜봐야 할 과정이 되었다.

핵이라는 이름의 청구서

2
군사적 이유

2-1. 대남 군사적 우위

해방 이후 6·25 이전까지 군사력 자체만 놓고 보면 북한이 월등히 우월한 상태는 아니었지만[20], 종합적으로 보면 우월했다고 봐도 무방하다. 오랜 전쟁 준비 기간을 감안하면 그리 놀라울 일은 아니지만, 남한의 매너리즘과 경계태세 이완에 따른 비자발적 군사력 우위를 북한이 가지게 된 것도 이유 중의 하나였다.

오랜 전쟁 기간 소모된 군사력을 감안하더라도 1953년 정전협정 체결 이후 상당 기간에도 남북 군사력은 남북한이 비슷한, 정확히는 사실상 패전한 북한에 비해 남한의 군사력이 우월하지 못한 상태가 1957년부터 1958년까지 지속되었다. 비록 이승만이 북진통일[21]을 포기하지 않고 전차, 장갑차 도입을 늘리는 등 적극적인 국방 증강 노력을 했으나, 생존에 성공한 김일성이 다시 적화통일을 추진하기 위해 재건에 박차를 가함으로써 남북한의 본격적인 군비 경쟁은 6·25 이후 곧장 시작되었다고 볼 수 있다.

그러나, 이러한 추세가 서서히 역전되기 시작했다. 5·16 군사 정변을 통해 집권한 박정희 정권 이후 군비 경쟁 체제는 급속도로 진행되었으며, 1975년에는 군비지출 면에서 북한을 역전하였다. 이러한 남한의 경제개발 속도와 군사비 지출의 비례 등식에 의해 그 격차가 좁혀지더니, 1985년을 기점으로는 전체 군사력이 역전되었음을 대통령이 육성[22]으로 공개했다.

물론 제2군사정권이었던 전두환 정권의 미얀마 참사[23] 이후 더욱 가속화된 군사력 강화 정책에도 기인한 것으로 보이지만 근본적으로는 경제력 격차가 벌어지면서 부가된 역전 현상이라고 보는 것이 더 정확한 표현이다.

이후 남한 정부는 기하급수적으로 증가한 경상수지 흑자 및 국민총생산 규모의 증가로 더욱 정교하며 우수한 성능의 무기 체계를 도입하여 북한의 재래식 군장 체계를 훨씬 능가하는 방어체계 수립에 성공하였으며, 이는 노무현 정권의 전작권 환수라는 강경한 자주국방 정책 수립으로까지 이어졌다. 이후 남한 정부는 미국과의 사정거리 확대 협의 및 원자력 협정 개정을 통해서 확고한 대북 우위 군사력을 확보해 나갔다.

이러한 과정을 꾸준히 지켜본 북한으로서는 위기 상황과 체제 불안을 동시에 느끼는 이중 불안에 직면하게 되었다. 이에 대한 획기적인 전환을 촉진하게 된 것은 H.W. 부시와 사담 후세인의 날을 세운 대립과 압도적인 군사력을 내세운 미국의 1차 이라크 침공에 따른 두려움이었다고 할 수 있다.

이때부터 북한이 본격적인 핵무기 개발에 들어갔다고 보는 것이 타당하다. 물론 원자력 설비 배치의 시작은 1955년이었지만, 핵무기 개발 의혹들이 본격적으로 한반도를 뒤흔들기 시작한 것은 1989년부터 나오기 시작한 약 8,000개에 이르는 플루토늄 생산 목적의 재처리 후 폐연료봉을 영변 원자로에서 인출한 사실과 1990년 재처리 시설에서의 핫 테스트(Hot Test)[24] 사건이 사실로 밝혀지면서부터였기 때문이다.

그런데 여기서 주목할 만한 점은 걸프전에서 미국의 위력이 드러난

핵이라는 이름의 청구서

시점인 1990년 11월 북한이 IAEA의 사찰을 수용[25]한다는 성명을 발표한 것이다. 이는 그들이 얼마나 미국으로부터 강력한 위압감을 받았는가를 잘 보여 주는 대목이다.

그러나, 사막의 폭풍 작전(Operation Desert Storm)이 막을 내린 후 잠잠해진 틈을 타면서 북한은 사찰을 거부하는데, 이는 북한이 걸프전을 지켜보면서 배운 생생한 교훈인 '오직 핵무기만이 미국발 폭풍(Storm)에서 살아남을 수 있다'라는 절박감의 발로이기도 했다.

한편, 이와 관련하여 흔히들 김대중 정권과 노무현 정권이 햇볕정책과 대북 유화정책을 강하게 펼침으로써 오히려 북한에 핵 개발의 밑천을 대주었다고 주장하지만, 이는 사실과 다른 부분이 많다. 예를 들어, 북한의 입장에서 이 두 정권은 최대한 이용할 만한 대상으로 여긴 것은 분명했지만, 한국 입장에서 바라본 개성공단의 성공적 운영평가 내용[26]을 유추해 보면 북한이 그다지 큰 실익을 챙겼다고 볼 수는 없다. 왜냐하면 중국이라는 거대한 보호자가 옆에서 식량과 석유를 공급해 주고 열악한 재정을 돌봐주는 상태[27]에서 군이 강경파 군부들의 불만을 자극할 필요까지는 없었기 때문이다. 그나마 이들을 누르고 개성공단을 마련해 준 최고지도자 김정일을 봐서라도 운영할 수밖에 없었던 경제특구라는 점에서 일부 도움은 되겠으나 핵·미사일 실험에 결정적으로 도움이 될 정도는 아니었던 것으로 파악[28]됐기 때문이기도 하다.

결국, 북한의 입장에선 열세에 직면한 군사력을 일거에 역전시킬 카드 패로 핵 개발을 전면에 내걸 수밖에 없었으며, 살아남기 위해 할 수 있는 모든 것을 다 하려 했다고도 볼 수 있다. 김영삼 정부 시절 한반도를 경악케 했던 페리 미 국방부 장관의 북한 핵시설 폭격 주장에도 꿈쩍하지 않을 정도로 그들의 생존 의지는 실로 대단했었다.

2-2. 미 군사력에 대한 두려움

1953년 한국전쟁이 막바지에 이를 무렵 북한은 사실상 녹초가 돼 그라운드 제로(Ground Zero)에 주저앉기 직전이었다. 특히 중공군은 시간이 지날수록 인명 피해가 눈덩이처럼 불어나(한국군 전사자 138,000명[29]보다 더 많은 148,000명[30] 사망, 참고: 미군 33,686명[31], 북한군 522,000명[32] 사망) 자국 내에서도 전쟁에 대한 후유증이 만만찮은 상황에까지 몰렸다. 그러면 무엇이 그토록 기세등등하던 북·중의 패기를 끊어놨을까? 그 대답은 바로 B29였다.

미군의 압록강 도달 후 곧 개시된 중공군의 전쟁 개입으로 전선은 38도선으로 다시 내려갔지만, 그 압도적인 인해전술(최소 97~최대 123만 명 피해[33])에도 불구하고 좀처럼 전선은 남하하지 못하고 있었다. 1953년에 들어 휴전 논의가 본격화되면서부터는 더욱 치열한 전투가 연일 이어지면서 피해는 더욱 불어났다. 물론 북한군을 전면에 내세웠지만, 중공군의 군사적 피해도 만만찮았다.

여기서 흥미로운 점은, 한국전쟁 기간 한국군과 연합군의 전사자 수가 약 18만 명인 반면에 북한군과 중공군의 전사자 수는 무려 약 67만 명에 이른다는 점이다. 한마디로 상대가 안 되는 전쟁이었다는 얘기다.

그럼에도 불구하고 전선은 한반도의 중간을 기점으로 분단되었다. 결국, 50만 명 가까이 더 많은 전사자를 내면서 정체 상태의 전쟁을 굳이 지속할 필요성과 당위성이 있었느냐는 얘기이다. 또한, 비록 병사들이지만 그들도 소중한 생명이건대 모택동과 김일성의 야만적이고 비인간적인 태도로 비인륜적 만행이 저질러진 점과 전쟁 책임에 대한 분명한 선언도 간과되어서는 안 된다.

그런데, 이 전사자 수를 필자가 자체적으로 분석한 표를 보면 놀라운 사실을 발견하게 된다. 비록 양측의 군사력 수준을 정확히 분석해 내는 데는 한계가 있지만, 왜 50만 명씩이나 더 많은 전사자가 중·북측으로부터 나왔는지에 대한 궁금증을 풀어볼 필요가 있었다.

이에 필자는 3.7배, 실제로는 거의 4배에 달하는 북·중의 전사율이 왜 나온 것인지에 대한 궁금증을 갖던 중, 다음 표의 '제2차 세계대전 태평양전쟁에서 나온 일본군의 대미군 전사 비율'이 5.7배나 높다는 점을 발견하고 이를 한국전에도 적용함으로써 궁금점을 해소하였다.

그리고 이러한 비율의 차이는 〈표 1-1〉 '제2차 세계대전 국가별 전사 비율 통계'에서처럼 총병력 대비 전사율이 미국의 경우 3.3%로 스마트 등급인 반면, 일본은 34.4%에 이를 정도의 인해전술 등급을 받은 데서 알 수 있듯이 미군의 군사력(정예화+물리력)이 월등한 위치에 있었음을 알 수 있다.

그래서 이를 북·중 동맹군의 전사율에 적용할 경우, 북·중은 제2차 세계대전 때의 일본군에 비해서는 선전을 했으나(상대 증감률 -2.0%), 미군과의 전력에서는 차이가 워낙 많이 났음은 부인할 수 없다.

그러면, 이러한 전력 차이의 근본적인 배경은 어디서 오는지가 요체가 된다고 볼 수 있다. 여기에 필자는 앞에서 언급했듯이, B29의 등장이라고 보았다.

물론 B29가 어느 정도의 파괴력을 지녔는지 숫자로 분석해 내는 것은 어려운 일이다. 살상력에 대한 정확한 인지 데이터가 존재하지 않음과 동시에 자료에 대한 공통인지력이 존재하기 힘든 부분이 있기 때문이기도 하다. 사실 이 B29의 주된 목적은 적군을 정밀 타깃 공격하는 것이 아니라, 적군의 요충 시설 즉 군수품 공장이나 군사시설 등을 공격·초토화해 공급라인의 철저한 차단과 군사작전을 불능화하는 데 더 큰 목적이 있다는 주장[34]이 훨씬 설득력이 있다고 본다.

그래서, 당사국 수장들의 종합의견이 더 중요한 증거가 될 수 있다.

이와 관련, B29에 대하여 김일성이 후일 털어놓은 비화는 이 전략 폭격기의 위력을 단적으로 잘 대변해 준다. "미군의 폭격으로 73개 도시가 지도에서 사라지고 평양에는 2채의 건물만 남았다."[35]

한편, 필자는 앞서 언급한 B29의 위력을 숫자상으로 나타내는 연구를 진행하였다. 이를 위한 대입자료의 조건으로 ① 한국과 같은 아시아 지역이며, ② 시기적으로 가장 가까운 제2차 세계대전이고, ③ 통상 전쟁 기간 중 가장 치열한 정전 직전의 전투에서 드러난 피해량을 가져오기로 하였다.

국 가	ⓐ전사자(명)	ⓑ총투입 병력수(명)	전사율(%)	전술 능력 분석	기 준
미국	407,300	ⓒ12,209,238	3.3%	스마트	3%대 이하: 스마트급
프랑스	200,000	5,000,000	4.0%	준스마트	4%~7%이하: 준스마트급
이탈리아	319,207	4,500,000	7.1%	미디엄	7%~10%이하: 미디엄급
영국	383,700	4,683,000	8.2%	미디엄	10%~20%이하: 저역량급
일본	2,100,000	6,095,000	34.5%	인해전술	20%~40%이하: 인해전술급
독일	4,879,000	10,000,000	48.8%	방패막이	40%: 방패막이급
중국	3,375,000	5,000,000	67.5%	방패막이	*독일군, 중국, 소련군은 범위 평균치 적용
소련	9,795,000	12,500,000	78.4%	방패막이	*중국군은 국민군, 공산군 합계치
합계	21,459,207	59,987,238	35.8%		

ⓐ Wikipedia, the free encyclopedia, 'World War II casualties,' February 29, 2016, https://en.wikipedia.org/wiki/World_War_II_casualties#Total_deaths

ⓑ The National WWII Museum, 'World-Wide Military Peak Strength of Armed Forces During WWII,' March 5, 2016, http://www.nationalww2museum.org/learn/education/
for-students/ww2-history/ww2-by-the-numbers/ww-wide-military.html

ⓒ The National World War II Museum, 'US Military Personnel (1939-1945),' February 29, 2016, http://www.nationalww2museum.org/learn/education/for-students/ww2-history/ww2-by-the-numbers/us-military.html

〈표 1-1〉 제2차 세계대전 국가별 전사 비율 통계, 도표-저자 작성

여기에 가장 근사한 자료는 바로 '이오지마 전투'였다. 아래의 표에서와 같이, 이오지마 전투 때의 미군 전사자는 7,000명에 달하며, 일본군은 22,000명에 이른다. 태평양 전쟁 중 가장 희생이 컸던 전투 중의 하나인 만큼 치열한 전투임에 재론의 여지는 없을 것이다. 그러면서도 최소 전사율이 2.8배(대미군)를 기록하여 가장 치열한 접전을 기록한 만큼 인용할 가치가 있었다.

전투지	전사자(명)		상대 전사율(%)			일본군 전사 인용 자료
	미군	일본군	미군	일본군	단순 배수	
미드웨이	307	4,800	6.0	94.0	15.6	ⓐ
타라와	978	3,619	21.3	78.7	3.7	ⓑ
레이테만	2,800	10,000	21.9	78.1	3.6	ⓒ
괌	1,799	18,007	9.1	90.9	10.0	ⓓ
이오지마	7,721	22,000	26.0	74.0	2.8	ⓔ
크와잘보	400	8,000	4.8	95.2	20.0	ⓕ
펠렐리우	1,300	12,800	9.2	90.8	9.8	ⓖ
마닐라	1,010	16,665	5.7	94.3	16.5	ⓗ
과달카날	1,600	25,000	6.0	94.0	15.6	ⓘ
사이판	3,426	29,000	10.6	89.4	8.5	ⓙ
오키나와	20,195	88,583	18.6	81.4	4.4	ⓚ
계	41,536	238,474	14.8	85.2	5.7	

[번호별 인용처]

ⓐThe National WWII Museum | New Orleans, 'Battle of Midway Fact Sheet (File; Fri Mar 02 16:21:00 CST 2012),' http://www.nationalww2museum.org/search.jsp?query=battle+of+midway[accessed March 5, 2016]

ⓑWikipedia contributors, 'Battle of Tarawa', Wikipedia, The Free Encyclopedia, 19 February 2016, 17:54 UTC, <https://en.wikipedia.org/w/index.php?title=Battle_of_Tarawa&oldid=705806190>[accessed 5 March 2016]

ⓒShmoop Editorial Team. "The Philippines/Leyte Gulf (Oct 20, 1944 - Feb 23, 1945) in World War II: Home Front."Shmoop. Shmoop University, Inc., 11 Nov. 2008. Web. 6 Mar. 2016.

ⓓHistorynet editorial, 'Battle Of Guam,' http://www.historynet.com/battle-of-guam[accessed 6 March 2016]

ⓔThe National WWII Museum | New Orleans, 'The Battle for Iwo Jima (File; Tue Feb 15 14:54:00 CST 2011),' http://www.nationalww2museum.org/search.jsp?query=battle+of+ Iwo Jima[accessed 5 March 2016]

ⓕThe National WWII Museum | New Orleans, 'D-DAY KWAJALEIN.' http://www.nationalww2museum.org/see-hear/collections/focus-on/d-day-kwajalein.html[accessed 6 March 2016]

ⓖCpl. Drew Tech, III Marine Expeditionary Force, 'Marines remember Battle of Peleliu during 70th anniversary(in October 3 ,2014),' http://www.marines.mil/News/NewsDisplay/tabid/3258/Article/503257/marines-remember-battle-of-peleliu-during-70th-anniversary.aspx[accessed 6 March 2016]

ⓗWikipedia contributors, 'Battle of Manila (1945)', Wikipedia, The Free Encyclopedia, 28 February 2016, 10:24 UTC, <https://en.wikipedia.org/w/index.php?title=Battle_of_Manila_(1945)&oldid=707352787>[accessed 6 March 2016]

ⓘThe National WWII Museum | New Orleans, 'Guadalcanal at a Glance (File; Tue Jun 05 09:36:00 CDT 2012),' http://www.nationalww2museum.org/search.jsp?query=battle+of+ Guadalcanal[accessed 5 March 2016]

ⓙWikipedia contributors, 'Battle of Saipan', Wikipedia, The Free Encyclopedia, 7 February 2016, 05:01 UTC, <https://en.wikipedia.org/w/index.php?title=Battle_of_Saipan&oldid=703715166>[accessed 6 March 2016]

ⓚWikipedia contributors, 'Battle of Okinawa', Wikipedia, The Free Encyclopedia, 18 February 2016, 22:41 UTC, <https://en.wikipedia.org/w/index.php?title=Battle_of_Okinawa&oldid=705679081>[accessed 6 March 2016]

※ 타라와 전투중 한국인 징용자 1,071명은 제외, *괌전투는 1941,1944년 1,2차 전투합계임

〈표 1-2〉 제2차 세계대전 태평양전쟁 미군 대 일본군 전사율 분석, 도표-저자 작성

그런데 여기서 가장 주목해야 할 부분이 바로 B29를 통한 파상공세였다. 이 공격에 일본군들은 전의를 상실해 바깥으로 나올 엄두도 못 낼 상황이 전개되었고, 결국 그들은 동굴 속에서 서서히 죽음을 맞이해 갔다.

여기서 일본군의 전사율 2.8배와 북·중의 전사율 3.7배의 평균치를 구하게 되면 적군들의 대미 전사율은 최소 3배가 됨을 알 수 있다. 즉, 미군 첨예기의 전투력은 적 동맹의 3배 이상임이 수치상으로 개략적으로나마 드러난다는 사실이다. 바로 이 한가운데 B29의 존재가 들어가 있다.

그래서 이 3배수의 위력을 역산하여 대입하면, 위에서 추산한 상대적 초과 전사자 50만 명의 최소 1/3(설명 문장 참조)에 가까운 17만 명 정도의 북·중공군이 B29로 대표되는 미군 융단폭격의 영향으로 직·간접적으로 전사했다는 결론을 유추해 낼 수 있었다('최소 1/3'은 필자가 제2차 세계대전 도쿄공습과 한국전에서 피해를 경험한 이들이 진술한 내용을 총평하여 내린 기준 수치이며, 한국전에 참전했던 중공군의 정확한 숫자는 알려지지 않았지만, 민간인을 포함한 총 300만 명이 1953년까지 있었다는 자료[36]가 신뢰성을 보였다).

이러한 사실을 모를 리 없는 북한 정권에게 미군의 군사력에 의한 위압감은 세대를 거치면서도 여전히 뇌리에 깊이 남겨져 있었을 것이라는 점은 부인하기 힘들 것이다. 특히 이 사건과 관련한 김일성의 외상 증후군 스트레스성 유훈 통치의 속성을 감안하면 그의 이후 세대에도 미군에 대한 두려움은 늘 극복의 대상이자 핵무기 개발의 근본 이유 중의 하나가 되었다고 볼 수 있다.

2-3. 탈 전통적 방식의 필요성 절감

분명 북한의 무기 체계도 변화하고 있다. 과거 전통적인 무기 체계에서 과감히 탈피하여 군사 대국들의 패턴을 답습하려는 움직임을 곳곳에서 파악할 수 있다. 바로 대륙간 탄도 미사일(ICBM)의 성공적

개발에 초점을 맞춘 것이다. 비록 대부분의 시도가 실패하고 인공위
성의 역할 정도에 국한되는 정도이지만, 이 사실만으로도 북한의 기
준에서는 대단한 진일보라고 평할 수 있다.

1990년대까지만 하더라도 북한이 이 정도의 수준까지 올라오리라
고 생각했던 사람들은 거의 없을 것이다. 그래서 앞으로 북한의 탈
전통적 군사체계 추세는 더욱 가파를 것으로 보인다. 한 걸음 더 나
아가 필자는 북한은 장거리 미사일 운반 체계에 있어서는 미국과 어
깨를 나란히 하는 수준의 무기 체계까지 도입하는 단계에 이를 것으
로 예상한다. 이 문제는 한국을 포함한 주변국들에게는 매우 충격적
인 일이겠지만, 생존과 관련한 당사자인 북한으로서는 반드시 넘어야
할 산이기 때문이다. 이러한 필자의 주장은 다음의 연구 결과를 통해
입증하기로 한다.

우선, 북한의 1960년대 이후 군사체계의 발전표를 보기로 한다.

연도별	분류	구체화
1960년대	경제건설과 군사 건설의 병진	중·소 의존 정책에서 탈피
	전당·전인민의 전쟁 동원 태세 확립	1969년 특수 8군단 창설
1970년대	자립형 군사공업기지 완성으로 신기원의 자위력 육성	전쟁 독자 수행 능력 향상
	정규·비정규, 소부대·대부대 배합 전술 위주 교리 개발	휴전선에 남침용 땅굴 건설
1980년대	전투 동원 태세 완비, 예비 전력의 정규군 수준화	기계화군단, 지구사령부, 민방위부 설치
	현대전 능력 보강	스커드 미사일(SCUD Missile) 개발 및 배치
1990년대	군민일치 강화, 선군정치 강화	군사 중시, 군대 원호 기풍 진작
	전국가·전인민 방위 체계 강화	노동미사일 개발·배치 및 대포동 1호 미사일 시험 발사
	전략무기 독자 체계 구축	방사포 등 장사정포 전방 배치
2000년대	국방공업의 선차적 역량 집중	3차례 핵실험(2006.10.9., 2009.5.25., 2013.2.12.)
	'선군사상' 헌법 추가	대포동 2호 시험 발사(2006) 등 수차례 장거리 미사일 발사
	'핵보유국' 헌법 명문화	*국제사회에서의 핵보유국 지위 확보(2010.4.)
*2010년대	경제건설과 핵무력 건설 병진 노선	잠수함 발사 탄도미사일(SLBM) 시험 발사(2015.5.9.)
	김정은식 군사노선 체계 구축	대륙간탄도미사일(ICBM) 성공적 개발
		핵탄두 장착완료 등 핵전투력 강화
		사이버테러 강화
*2020~ 2030년대 이후	소규모 핵분쟁	핵무기의 실험적 필드 적용
	핵사용의 본격화	핵무기의 수도권 겨냥
	핵사용의 강대국 진입 추진	핵무기 대륙간탄도미사일 개발완료 및 미국 위협과 경쟁

〈표 1-3〉 북한 군사력의 시대별 발전표, 1960~2000년대-통일교육원[37],
2010~2030년대-저자 연구서

사실상 한국전쟁 패전 이후 1960년대 들어 김일성은 패전의 원인을 복기하면서 북한의 군사 노선을 재정비키로 하였다. 이때 형성된 4대 군사 노선은 현재까지 이어지고 있으며 북한 김씨 정권이 존재하는 한 큰 틀을 벗어나지는 못할 것으로 판단된다. 앞서 언급한 바와 같이, 백두혈통 계승과 선대 유훈 정치의 연속성을 강조하는 북한 정권의 특성상 이러한 기본적인 노선은 일종의 뿌리와 같은 역할을 하기 때문이다.

이 4대 군사 노선[38]이란 전군의 간부화, 전군의 현대화, 전인민의 무장화, 전국의 요새화를 지칭하는 것으로 한국과 미국이 듣기에는 거북할 수 있지만, 그들에게는 목숨을 지키기 위한 절실함의 외침이라고 볼 수 있다.

또한, 1969년에는 특수 8군단(1978년 경보교도지도국[39]으로 개칭)을 신설하여 다시 한번 한반도의 적화통일을 꿈꾸려 하였다. 그만큼 북한의 1960년대는 어떤 식으로든 다시 일어서서 그들만의 세상을 꿈꾸던 시기였다. 결국 수년간의 공백은 있어 보이지만 한국전쟁 종전과 동시에 다시 무력통일을 계획하려 했다는 점은 부인키 어려워 보인다.

한편, 1970년대에 들어와서는 한반도 역사상 희귀한 전투체계의 전형이 나타났다. '땅굴'로 요약된다고 볼 수 있는 1970년대 북한군의 비대칭적 군사작전 설계도인데 이는 그들이 한국의 적화통일에 얼마나 집요했던가를 다시 한번 보여 주는 대목이다. 그러나 이러한 북한의 노력도 미국이라는 강력한 동맹국이 버티는 상황에서는 서울의 안전을 크게 위협했다고 볼 수는 없었다.

그런데 여기서 흥미로운 사실은, 10년 단위로 북한군의 무기 체계 과정을 분석해 보면, 그들은 10년씩 오버랩되는 형식으로 군 무기를 개발하고 공개·위협하는 형식을 취해 왔는데, 그러한 완비 단계가 1980년대에 이뤄졌다는 점이다. 즉 1950년대, 1960년대, 1970년대를

　　　　　　　　　　　　　　핵이라는 이름의 청구서

거치면서 10년 단위로 몰래 숨기듯 개발 완료한 무기 체계들이 1980년대에 들어서면서 실질적인 위협으로 나타났다는 얘기다. 다시 말하면, 그동안 북한군은 숨기면서 개발해 왔던 한반도에 위험한 군 무기 체계들을 1980년대에 들어서서 완비하였다는 점이다. 그중에서도 기계화 부대와 스커드 미사일 배치는 한반도에 제2의 전쟁이 곧 일어날 것이라는 전운을 드리운 대표적인 사례였으며 이로 인해 한반도는 냉전체제의 정점을 향해가고 있었다.

그런데 다시금 놀라운 점은 이러한 10년 단위 오버랩 현상이 1990년 이후부터는 사라지고 공공연한 보여 주기식 군 무기 시스템을 수시로 가동하기 시작했다는 점이다. 또한, 노동과 대포동으로 대변되는 미사일로 한반도는 물론 이웃 일본에도 안보 위협을 가하는 국제적인 이슈의 시기가 도래했다는 사실이다. 1990년을 기점으로 북한은 더 이상 한반도의 북한이 아닌 일본을 넘어 장차 미국을 겨냥하는 국제적인 문제아로 진입하는 시기로 들어온 것이다. 이는 북한의 자신감에서 비롯된 것으로 곤란한 위치에 놓이게 된 한국으로선 어떤 형식으로든 유화 제스처가 필요했으며 북한에 대해서는 새로운 시각과 접근 방법을 동원하지 않을 수 없는 시대로의 진입을 의미했다.

김영삼 정부의 김일성 주석과의 역사상 첫 남북정상회담 추진과 연이은 김대중 대통령의 김정일 국방위원장과의 남북정상회담 성사(2000년 6월)는 이러한 국면 전환을 상징적으로 보여 준 대표적인 사례라 할 수 있다.

그러던 북한의 보여 주기식 패러다임 전환이 본격적으로 나타나게 계기는 2000년대 들어서서 연속적으로 실시한 핵실험들이다. 물론 제1연평해전이나 천안함격침 등 기습공격 형태의 사건들이 있지만, 핵실험만큼의 중량감은 되지 못하였다. 왜냐하면 이 책 제3편의 핵전쟁에 따른 '항목별 피해 예상 내용' 부분에서 자세히 다루겠지만, 이 핵실험들은 한반도에 재앙이 될 것임은 자명하거니와, 전 인류에게도 미칠 파장이 큰 만큼 전 세계가 군사·정치·외교적으로 매달릴 정도의 폭발력을 지닌 사건이었기 때문이다.

이러한 움직임은 2010년대에 들어와서는 '광란의 핵·ICBM 실험' 시대를 만들어 놓았다. 2012년 12월과 2015년 2월 그리고 2016년 2월경에 연속으로 실시한 장거리 로켓들의(은하, 광명성) 위성 궤도 진입과 2017년 3월 실시한 수소폭탄 실험은 대표적인 사례다. 비록 핵탄두의 소형화와 대기권 재진입 기술 확보 문제가 남은 관건이지만, 이런 일련의 사건을 종합해 볼 때 북한의 핵 관련 실험들은 이미 한국, 일본의 관리 단계를 벗어난 '우주권 무기 체계' 시대의 개막을 알린 사건이었다고 볼 수 있다. 그리고, 마치 1970년대 중국의 양탄일성(兩彈一星)[40] 후 미국과 수교라는 패턴을 답습하려는 흡사한 모습도 보이며, 한 발짝 더 나아가 이제는 미국마저도 공격하려는 자세를 취함으로써 서방 강대국과 전통적 유대 관계국인 러시아, 중국 등 강대국들의 어깨마저 무겁게 하고 있다.

그런데 문제는 다음 단계이다. 2020년대를 건너 2030년대에 이르는 시기에 과연 북한의 움직임과 한반도의 핵 관련 리스크는 어느 정도일까 하는 부분이다. 민감하며 듣기에 따라서는 두려운 일이 될 수도 있을 것이다. 이에 필자는 조심스러운 전망을 내놓고자 한다. 자세한 내용은 'Ⅲ. 한반도의 핵전쟁'에서 더 자세히 다루기로 한다.

3
경제적 이유
—

3-1. 효과적인 대외 투쟁 개념의 변화 추구

김일성-김정일 때의 병진 노선 추진의 근본적인 배경은 미·소 경쟁 하에서 소련이 보여 준 무력함에 실망한 데 따른 것으로 경제와 핵 개발 양쪽에 걸쳐 매우 공격적으로 성장과 실전배치를 추진했다. 그러나 김정은 시대에 들어와서는 최소한의 군비 투입으로 경제에는 부담을 적게 주면서 경제를 살리고 국방도 튼튼히 하는 방향으로 정책을 전면 수정하였다.

조부 김일성이 체제의 급박함 속에 필사적으로 살아남기 위해서 전체 예산의 30%선[41]을 국방비에 투자할 수밖에 없는 상황이었다면, 지금의 김정은은 아버지 김정일이 마련하고 넘겨준 핵 버튼을 십분 활용하면서 그 무대를 최대한 활용하는 데 역점을 두고 있다는 얘기다. 결국 1960~1970년대식의 살아남기에서 2010년 이후는 핵 무대의 쇼맨십 연출로의 변화 시도라고 할 수 있다.

아버지 김정일이 치고 빠지기식의 아웃복서 스타일이었다면, 김정은은 전 세계를 상대로 대담하게 보여 주기식 퍼레이드를 펼침으로써 '가당찮은 대국의 이미지'를 보여 주려는 쇼맨십 행태를 보여 주고 있다. 그런데 이를 위해서는 든든한 받침목이 있어야 한다. 그것은 핵무기 생산능력과 핵무기 실험을 통한 사용 가능성 제고 및 대륙간 탄도 미사일 개발연구 투자 등 확고한 핵 관련 군사력 증강을 말한다. 할아버지-아버지 시대에는 상상하지 못했던 일들을 김정은은 심심찮게 보여 주고 있는 것이다.

그런데, 무엇이 이 어린 김정은으로 하여금 선대들이 쩔쩔매고 안달하던 식의 정책을 과감히 벗어던지고 자신만의 투쟁 개념을 만들 수 있게 했을까?

해답은 바로, 세대교체 후 '업그레이드된 버전의 백두혈통식 잔인함과 침략성의 DNA' 때문이라고 필자는 진단하였다. 이를 잘 입증하는 대목이 장성택 등 고위 간부들의 대대적인 처형 사건들이다.

김정은은 조부와 부의 잔인함을 훨씬 능가하는 사이코형 의심병(피해 망상증, 나르시시즘, 폭력에 대한 병적인 집착)[42]을 지니고 있는데, 이로 인해 주위의 모든 사람을 경계와 관찰 대상으로 여긴다. 그렇다고는 하나, 일개 국가의 수뇌가 보여 주기에는 방식이 너무 잔인하여 후일 환난을 우려해야 할 가능성도 없지 않을 만큼 그의 DNA는 특유하다. 이러한 스타일은 국제사회를 향해 거침없이 미사일을 발사하고 핵무기 실험을 하는 데서 여과 없이 드러나고 있다.

그런데, 이러한 일련의 사건들이 김정은 개인의 아집에서 나타난 것으로만 치부하기에는 설득력이 약해 보인다. 그것은 바로 학습효과의 극대화였다. 다시 말해, 과거 수차례의 실험 및 발사에도 결국 최종 승리는 북한이었다는 학습효과를 발판으로 삼아 완벽하리만큼의 개념 변화를 해도 무방하다고 확신하고 있다는 점이다. 즉, '도발→유감 표명→경제협조 요청'이었던 선대 통치자들의 방식을 '사전통지→반박→자립경제 강화'로 대외 투쟁 개념을 새로이 정립해 나가고 있다는 점이다.

그런가 하면, 김일성과 김정일 두 사람은 잦은 무장공비 침투 및 납치사건을 벌임으로써 일본과 한국으로부터 상당한 압박과 비난을 자초한 면이 많지만, 김정은은 그런 테러리스트적 방법은 잘 사용하지 않는다. 즉, 조그마한 규모의 분쟁과 인적 납치를 통한 '못난이 정권 이미지'보다는, 아예 처음부터 큰 규모의 일을 벌이는 '대통(大統) 정권 이미지'를 전파하려 한다. 이런 면에서 과거의 스몰볼 통치에서 빅볼 통치로 투쟁 개념을 변화시키려는 색채가 더욱 또렷해졌다.

위와 같은 투쟁노선의 변화에 따라 김정은은 김정일이 줄기차게 추진하던 국방공업 우선 전략을 사실상 폐기하고, 경공업 우선 정책[43]을 펴기에 이르렀다. 이 정책 전환은 중요한 의미를 갖는 것으로써, 북한의 대미, 대서방 투쟁노선이 근본적으로 변화했음을 의미한다. 즉, 예전처럼 무기 생산과 광범위한 분야의 군사력 강화보다는 선택과 집중에 의한 군사력 강화에 초점을 맞추기 시작했다는 점이다. 첨언하면 '핵을 통한 기반 경제 다지기' 전략으로의 선회를 의미하기도 한다.

요약하자면, 경제발전을 위해서는 과거의 잘못된 경제 정책에서 벗어나야 하는데, 이를 위해서 김정은은 경제 외적 규모를 키우는 데 유용한 핵 및 미사일 작전을 펌으로써 유·무형의 자원을 아낄 수 있다고 보았으며 강성대국의 새로운 경제 방정식으로 도입했다고 볼 수 있다.

3-2. 남한의 기하급수적 경제 성장에 따른 초조감 극복

남북 국방비 대조 가능 연도인 2014년 기준 한국의 한 해 국방비는 35.7조 원[44]에 달해 한국 국방연구원이 발표한 북한의 실질 국방비인 약 7.6~9.0조 원(2012년 기준)[45]의 4.3배에 달했으며(2016.5.5., 한민구 국방부 장관은 2013년 기준 11억 달러로 한국군의 30% 수준[46]으로 밝힘), 이러한 북한의 실질 국방비는 남한의 국방비 대비 1/3에도 미치지 못하는 것으로 사실상 장기 전면전은 불가능하게 되었음을 의미했다. 이로 인한 군사경제적 박탈감은 북한으로 하여금 또 다른 돌파구를 만들지 않으면 안 되는 '빈 수레 경제의 비애'를 느끼게끔 만들었다. 그뿐만 아니라 각종 경제지표는 남북 간의 현격한 격차(2019년도 명목 GNI 기준 54배, 한국은행)를 나타내는 자료들뿐이어서 어떤 면에서는 비교 자체가 무의미할 정도였다.

그 때문에 김정일 시대의 북한 정권은 이러한 현실을 어느 정도 인식하고 반영하는 노력들을 여러 경협을 통해 보여 왔다. 대표적으로는 개성공단과 금강산 관광사업이 있다. 또한, 나진-선봉 지구의 무역특구 지정 등 20여 개 경제특구 운영계획은 이들 2개 대형 사업에 가려졌으나 심하게 벌어진 남북 간 격차를 어떤 식으로든 극복하려 한 일종의 몸부림이라고 볼 수 있다.

어쨌든 북한은 남한의 경이로운 경제발전이라는 장기적인 맥락의 초대형 장애물을 스스로 넘어야 하는 외로운 처지에 놓이게 되었다. 밑에서 다루겠지만, 이러한 낙오에 대한 불안한 경제·심리적 난맥상으로 인해 어떤 식으로든 돌파구를 찾아야 하는 입장에 놓인 건 명약관화했다. 여기에 가장 큰 매력이 바로 핵이었다.

핵은 블랙홀이다. 모든 것을 집어삼키는 위력에 매력을 느끼는 건 특수집단일수록 더욱 그렇다. 호주머니가 빌수록 강력 범죄가 더욱 기승을 부리듯, 경제난과 역전된 삶의 현실은 늘 탈법을 부추긴다. 이런 범죄사회학의 전형을 국제 메커니즘에서 발견한다면 그건 영락없이 북한이다.

북한은 자존심이다. 자존심 하나로 그 모진 시간을 감내하면서 3대 세습체제를 뿌리내려왔다. 초근목피(草根木皮)니, 구황촬요(救荒撮

　　　　　　　　　　　　　핵이라는 이름의 청구서

栗)니 하는 보릿고개적 얘기들은 희멀건 옛 추억의 일이지만, 북한에는 아직도 현재 진행형의 일이다. 그래도 그들은 쌀밥을 자주 먹고, 고깃국을 더 많이 먹는다는 사실 하나만으로 자존심을 지키려 한다. 다시 말해, 죽으면 죽었지 남한의 거지가 될 순 없다는 거다. 구겨질 대로 구겨지더라도 언젠가는 한 번쯤 확 펴는 날이 올 거라는 확신이 든 상태에서 그렇게 버틸 수도 있었다.

김씨 정권의 초조감은 항상 대남 침투사건과 도발로 이어져 왔다. 훗날 역사가들이 어떠한 평가를 내릴지는 모르나 이 정권은 특이하며 폭력적인 집단으로 기술될 가능성이 농후하다. 그걸 모를 리 없는 북한 지도부는 마치 집단최면에 걸린 것처럼 태연자약하다. 그러면서도 정중동(靜中動)하고 동중정(動中靜)한다. 그러다 자극을 심하게 받으면 되돌이킬 수 없는 만행을 저질러 한반도는 물론 전 세계를 경악케 한다.

경제강대국이 된 한국을 힘으로는 도저히 넘을 수 없으며, 이러다가는 흡수 통일될 수 있다는 병적인 초조감이 만든 심리적 반란이기도 하다. 각종 무장공비 침투사건, 서해교전들, 천안함 폭침사건, 연평도 포격사건 등 최근 들어서 벌어진 일련의 사건들은 북한이 얼마나 초조해져 있는지를 단적으로 보여 주는 사건들이다. 그러나, 이러한 일련의 사태에 남한은 감정적으로 대처함으로써 북한의 자격지심을 건드리기에 충분했다. 북한으로 하여금 자중할 시간을 주는 대신 더 빨리 가속페달을 밟게 만들었다. 그건 바로 핵 페달이었다.

3-3. 최악의 경제난 타개책(국방비 절감)

북한 최악의 경제난을 상징하는 사건이 있다면 바로 1990년대 중반의 '고난의 행군'일 것이다. 이 시기에 약 33만여 명[47]이 아사한 것으로 추정되는데, 이 정도 규모의 아사자가 속출한 것은 체제 유지에 심각한 타격을 입힐 수 있는 뇌관이 될 수 있다. 때문에, 배고픔을 채워 주지 못하는 정부는 절대 생존할 수 없다는 사실을 직시한 김정일은 어떤 식으로든 인민들을 다독이지 않을 수 없게 되었다. 전국 곳곳에 붙인 "가는 길 험난해도 웃으며 가자"라는 구호는 이러한 현실을 잘 대변해 준다.

그뿐만 아니라, 북일 평양 선언(2002.9.17.)으로 시작된 일본의 고이즈미 준이치로 총리와의 두 차례 회담(2002.9.17., 2004.5.22.) 중 2차 정상회담에서 일본인 납치 문제에 대하여 고이즈미에게 '사실상 시인(是認) 및 송환(재북송 거부)[48]까지 허용'하는 능욕을 당하기까지 하였다. 물론 경제적 지원을 받아내고 일본의 과거사에 대한 반성과 사과(외교적 유감)[49]까지 일본 정부의 수장으로부터 얻어 낸 일은 가히 업적으로 기록될 만하나, 돈을 얻어내기 위해 북한의 수반이 일본에 안달했다는 상상 초월의 부정적인 면도 보여 주고야 말았다.

그러나 이런 일들은 룡천 열차 폭발사고(2004.4.22.)[50]에 비할 바는 아니었다. 이 폭발사고로 김정일은 자신의 신변 문제마저도 장담하지 못하는 백척간두의 벼랑 끝으로 몰리게 되기도 하였다. 아무리 암살 시도가 가능하다고는 하지만 전 세계를 통틀어 가장 철두철미한 독재국가라는 국가적 철통 보호 아래 그 수령이 대낮 한가운데 자신의 인민으로부터 폭탄 암살 위협에 노출될 정도라면 이는 '불가역의 인민심(人民心)'의 경고임을 보여 준 것이다. 그렇다면 이러한 김정일의 수난사들이 본인 사망 직전에 봇물 터지듯 터져 나온 것은 무슨 연유일까? 거기에 대한 해답은 너무나 자명하다. 그것은 두말할 것도 없이 '최악의 경제난'이었다.

이러한 극심한 민심 이반으로 김정일은 아버지 김일성이 경제난에

핵이라는 이름의 청구서

대해 보여 주던 포커페이스를 더 이상 재현할 수 없었으며 오히려 현실 앞에 무릎 꿇는 일을 선택하였다.

그러나, 그의 아들 김정은은 이러한 아버지의 현실적인 퍼포먼스를 썩 달가워하지 않았다. 오히려 조부인 김일성의 후안무치식 경제난 인식을 보여 주고 있었다. 예를 들어, UN 대북 결의 2270호로 인한 대외 압박과 봉쇄정책에도 "우리에게 있어 제재라는 말은 공기처럼 익숙된 것."[51]이라고 잘라 말한 대목에서 여실히 드러나고 있다.

2,400만 명 중 33만 명이 대수해와 기근으로 목숨을 잃은 1990년대 말 고난의 행군기를 넘어, 2010년대 이후는 제2의 행군기라 불릴 만큼 숨이 조여 오지만, 김정은의 경제 정책 방향은 구걸외교식이나 대남 협조 요청 방식 대신 그만의 방향을 향해 나아가고 있다. 두 선대와 다른 방향으로 경제 정책을 추진 중이란 얘기다.

이러한 김정은의 행보는 '5·30 조치'라고 부르는 "현실 발전 요구에 맞게 우리식 경제관리 방법을 확립한 데 대하여(2014년 5월 30일 당·국가·군대 기관 책임일꾼과 진행한 담화)"에서 잘 드러나 있다. 이 경제 조치의 핵심은 "모든 협동농장과 기업소 등을 대상으로 자율 경영제 및 가족 단위 운영체제를 본격 도입하고, 소득 배분은 국가가 40%를, 개인이 60%를 가져가는 방식"[52]의 반(半)시장 자본주의적 기법을 도입한다는 내용이다. 이는 마치 한국의 메이저 편의점 CVS 체인 영업 시스템과 흡사한 이익 배분 구조로 눈여겨볼 만하다.

그런데, 여기서 놀라운 점은 이러한 김정은의 경제발전 논리가 허무맹랑한 말장난이 아닌 사실로 드러났다는 점이다. 그의 집권 이후인 2012~2014년의 실질국내총생산(GDP)이 전년 대비 1.1% 증가한 대목에 주목할 필요가 있다. 또한, 아래 표와 같이 김정은 집권 시작인 2011년부터 2014년까지 북한의 경제성장률은 낮으나, 기저효과 후에는 기복이 약한 안정적인 추세를 보이고 있다. 다시 말해서, 향후 성장 폭이 더 늘어날 수 있는 형태를 보였다는 얘기다.

국가/연도	2002	2005	2006	2007	2008	2009	2010	2011	2012	2013	2014	2015	2016	2017	2018
북한(%)	1.2	3.8	-1.0	-1.2	3.1	-0.9	-0.5	0.8	1.3	1.1	1.0	-1.1	3.9	-3.5	-4.1
한국(%)	7.4	3.9	5.2	5.5	2.8	0.7	6.5	3.7	2.3	2.9	3.2	2.8	2.9	3.2	2.7

〈표 1-4〉 북한의 경제성장률 추이[53], 한국은행, 『북한 경제성장률 추정 결과』, 각
연도-저자 편집

　그런데, "우리는 제재받는 걸 두려워 않는다. 지금까지 제재를 받으
며 살아왔지, 제재를 받지 않은 적이 한 번도 없다. (중략) 제재를 더
받는다고 하여 못 살아갈 줄 아느냐고 말해 주었다."[54]라는 조부 김일
성의 경제난 인식처럼 그 또한 이러한 인식을 이어받았음에도 그가
보인 5·30 조치처럼 자본주의 기법을 일정 부분 도입한 것은 놀라운
변화가 아닐 수 없다.

　또한, 부(父) 김정일의 대남 유화 제스처를 통한 '원조 및 수령' 외교
정책과는 달리 김정은은 남과의 대화를 무시하고 스스로 살아남기
위한 그만의 방법을 사용하기 시작하였다. 이 점에서 김정은은 두 선
대와는 확연히 다른 길을 걷고 있는 것만은 분명하며, 이러한 일련의
과정 속에서 또 다른 접근법을 구사하기 시작하였다.

　김정은은 핵무기 소유를 확실한 자위력으로 보고 있으며, 재래식
군비에 비해 훨씬 경제적이라는 데 국방비 증강의 기조를 두고 있다.
든든한 자위력을 바탕으로 군인들도 경제건설 현장으로 돌릴 수 있
으며 나아가 인민들의 실질적인 생활 여건 개선에도 도움을 줄 수 있
으리라 보기도 한다. 이는 빈약한 재정을 '핵 튼튼 경제재건'으로 돌
파하려는 고육지책의 일환이라 봐도 무방하다.

　결국 이러한 방법론에 접근하게 된 것은 아무리 선대들의 책임이라
지만 ① 선대들의 경제 운영방식과 불만 억제 방식으로는 경제문제
를 해결할 수 없으며, ② 먹고사는 문제가 결국 체제를 붕괴시킬 수

　　　　　　　　　　　　　핵이라는 이름의 청구서

있는 단계에 진입했음을 김정은 본인 스스로 체득한 결과 때문으로 보인다. 따라서, 김정은은 두 가지 모두를 성공시키되, 어느 한 가지라도 실패하거나 강인한 인상을 대내외에 보여 주지 못할 경우 큰 위험에 직면하리란 것을 간파, 숨 가쁜 김정은식 병진 노선을 완수하려는 것이다.

그러나, 대북 제재가 본격화된 2015년 이후 경제성장률은 -4.1%(2018년)까지 하락하는 등 경제 위기가 북한을 엄습했음을 알 수 있다. 김정은 집권 초기 3년이 비교적 성공적이었던 반면, 이후 4년은 경제 위기가 가속화함으로써 내외부적으로 시련에 놓이게 된 것은 분명하다. 그 때문에 인민들의 불만을 누그러뜨릴 탈출구를 찾기 위한 김정은의 필사적인 모습이 연출되리라는 짐작이 충분히 가능하다.

따라서 한국과 일본 그리고 미국에는 상당한 위협적 요인이 될 것으로 보여 고차원적인 대응책이 마련되지 않으면 안 될 상황에 이르렀다.

3-4. 경협(경제 협력) 유인책

결국 돈이었다. 남는 장사여야 백성도, 군사도 먹여 살리는 법인데 정작 필요했던 것은 외부로부터의 돈이었다. 김정일이 김대중·노무현 전직 대통령들과 정상회담을 한 것도, 김정은이 외부의 강력한 저지와 제재에도 불구하고 핵실험과 미사일 발사를 감행한 것도 돈의 마력에서 빠져나오기란 쉽지 않았음을 방증한다. 즉, 내부로부터 시작된 빈곤의 악순환을 외부로부터 끌어들인 외화로 먹거리를 획득하여 해결하려는 역순환 구조를 만들려고 했다는 사실이다.

비록 박근혜 정부의 개성공단 폐쇄 조치로 뜻하지 않은 장애물을 만났지만, 김정은은 북·중 교역과 남북 교역을 상대 비교하고, 상호 경쟁을 유발하려는 고도의 경제 논리를 내세움으로써 남측 감소분을 중국 측으로부터의 만회분으로 상쇄하는 방법을 사용하기 시작했다.

아래 표에서 기술했듯이, 노무현 정부 말미인 2007년의 남북 교역량은 북·중 무역의 91%, 대북 구성비의 61.1%까지 육박했으나, 2014년에는(남북 23.4억 달러[55], 북·중 68.6억 달러) 북·중 무역의 34% 수준으로 급락했다. 7년 사이 북·중 무역이 3배 넘게 늘어나는 동안, 남북 교역은 뒷걸음질만 친 셈이었다. 그나마 남북 거래와 상업적 교역의 99%[56]를 차지하던 개성공단 사업마저 문을 닫게 됨으로써 간격은 더욱 벌어지게 되었다.

그런데, 여기서 우리가 눈여겨보아야 할 부분은 북한의 대일본 무역 규모가 1995년 29.0%에서 2007년 0.3%로 거의 전무한 수준의 충격적인 하락률을 보이면서 역으로 한국에는 개성공단 등 남북교역 활성화가 대일 무역 적자에 해소에 도움이 되는 또 다른 중요한 모델로서 그리고 향후 남북한 경제 규모의 증대를 이룰 수 있는 시금석임을 여실히 보여 주었다는 점이다.

이는 진정한 의미의 한반도 경제 커뮤니티가 형성될 공간이 마련되었음을 의미한다. 또한, 한국과 중국이 대부분의 일본 교역량을 대체함으로써 한반도 경제 대주주가 더 이상 일본이 아닌 한국임을 보여준 계기도 되었다. 한 걸음 더 나아가, 이번에는 중국의 교역 구성비를 추월해야만 자주적인 한반도 경제 프로세스가 성립될 수 있다는 가설도 세워졌다. 그러므로 정치적인 갈등으로 남북 교역을 중단하거나 약화시킨다는 것은 남북이 경제 보고(寶庫)를 스스로 내치는 어리석은 결과를 초래하는 것이다.

　　　　　　　　　　　　　　　　핵이라는 이름의 청구서

그 결과 아래 표에서 보는 바와 같이, 2010년 이후 UNSC의 결의에 의한 대북 제재의 영향으로 한국과 일본은 2, 3위의 자리를 러시아와 인도에게 내줌으로써 대북 무역 관계 리스트에서 사라져 버렸다. 더욱 충격적인 것은 그 빈틈을 놓치지 않은 중국이 95% 이상을 차지함으로써 사실상 대북 무역의 독점국가로 자리매김하였다는 점이다. 핵 문제와 대북 제재가 낳은 뼈아픈 결과였다.

항목/연도		1990	1995	2000	2002	2004	2006	2007	2010	2012	2016	2018	비교 대상
북한 무역 총액 1)(m $)		4,170	2,052	1,970	2,260	2,857	2,995	2,941	4,174	6,811	6,532	2,843	변경 국가 1)
상대 국가 2) (m $)	대 중국1)	483	550	488	738	1,385	1,700	1,974	3,466	6,013	6,056	2,723	대 중국
	대 한국	13	287	425	642	697	1,350	1,798	111	76	77	34	대 러시아
	대 일본	477	595	464	370	253	122	9	58	76	59	21	대 인도

1) KOTRA KOTRA자료14-017, '2013북한대외무역동향', 2014.7., 3p / 19-052, 2018 북한대외무역동향 14p,19p, 40p
2) 이석, 한국개발연구원(KDI), KDI정책포럼 제212호(2009-05), '남북교역의 변화와 남북관계 경색의 경제적 배경', 2009.3.31., 4P

〈표 1-5〉 북한의 주요 연도별, 상대국별 무역총액 추이, 도표-저자 작성

그런데, 이 와중에도 장차 한반도 통일을 위한 신뢰 프로세스를 쌓아가려는 남한 내 진보 세력과 이를 빌미로 사사건건 개입하려는 한국 내 반대 세력 사이에 날카로운 신경전이 이어졌으며, 이 틈바구니를 통해 남남 분열을 부채질하려는 북한 내 강경 군부 세력이 다시 득세함으로써 한국은 이를 뒤에서 조종하던 김정은의 논리에 말려드는 형국이 되고 말았다.

국별/연도	1990	1995	2000	2002	2004	2006	2007	2010	2012	2016	2018	대상 국가	비고
대 중국	11.6	26.8	24.8	32.7	48.5	56.8	67.1	83.0	88.3	92.7	95.8	대 중국	
대 한국	0.3	14.0	21.6	28.4	24.4	45.1	61.1	2.6	1.1	1.2	1.2	대 러시아	단위 m $
대 일본	11.4	29.0	23.6	16.4	8.9	4.1	0.3	1.4	1.1	0.9	0.8	대 인도	

〈표 1-6〉 주요 3국의 대북 무역총액 구성비 분석, 도표-저자 작성

그렇지만, 개성공단과 금강산 관광 등 남북경협을 장기적으로 포기한다는 것은 북한의 연속적인 경제 성장에 도움이 되지 못할 공산이 커 어떻게든 재원을 마련해야 하는 김정은으로서는 또 다른 숙제를

안게 된 것만도 분명하였다. 그러기 위해서는 북한 핵 문제는 우선적으로 해결해야 할 크나큰 과제임은 틀림없다.

그런데 이러한 과제를 해결하기 위해 김정은은 뜻밖의 경협안을 제시하였다. 김정은은 11.18(2015년) 조치를 발표하였는데, 여기에는 나진-선봉에 국방 예산의 2배에 달하는 18조 원을 투자함으로써 확고한 경제개발을 통한 남북 간 소득 격차 줄이기와 김정은식 병진 노선을 더욱 강하게 추진하겠다는 강력한 의지를 불어넣었다. 이러한 파격적인 행보는 선대인 김일성과 김정일의 미지근한 방식과는 확연히 구분되고 향후 북한 경제를 봐서도 고무적인 일이 아니라 할 수 없다.

이 조치는 매우 의미가 있는 것으로 **"합작(합영) 형태의 국외투자를 받고, 외국 자본의 자유로운 경영활동과 이윤을 보장하기로 했다. 또한, 취득한 재산을 경제특구 밖으로 제한 없이 내갈 수 있고 생산·판매, 이윤 분배 방안 등을 독자적으로 결정할 수 있게 된다. 그리고 나선 경제특구 내 세금을 거래세, 영업세, 기업 소득세, 개인소득세, 지방세, 재산세, 상속세 등으로 규정하고 구체적인 세율과 우대 정책도 제시했다."[57]**라는 내용이었다.

실로 미증유(未曾有)의 발표였는데 이는 중국식 경제모델을 본격적으로 도입하려는 사실상 첫 움직임으로 봐도 무방할 것이다.

그러나, 시간이 지나면서 기대치만큼의 투자자를 확보하지 못하자 북한은 점점 더 초조해지기 시작했다. 물론 남한의 보수 정권의 비협조와 미국의 강경 봉쇄정책으로 중국과 러시아에 국한될 수밖에 없는 현실이었지만, 모든 투자와 경협이 그렇듯 시간과 인내의 경제 경영 철학이 필요함에도 이것이 빈약한 김정은은 도발적 실수들을 연거푸 쏟아내면서 좌충우돌하는 모습을 보였다.

이윽고 궁즉출(窮卽出)로 해결하기 위한 묘책을 찾기에 여념이 없던 김정은은 2016년 초 핵실험과 미사일 도발을 강행함으로써 긴장 완화를 통한 경제발전에 스스로 재를 뿌리는 우(愚)를 범하게 되었다.

미숙함과 조급함 그리고 도발성이 빚어낸 안타까운 실수 그 차제였다. 이로 인하여 강경 보수인 한국 정부와 격앙된 미국 정부의 밀어붙이기식 압박으로 국제사회는 중국을 등에 앉혀 역으로 중국이 북의 거래를 제재하기 시작하는 초강력 UN결의서 2270호의 채택을 촉발하게 하였다.

이를 통해 진단컨대, 북한은 앞으로도 계속하여 무력시위와 경협을 동시에 추진하는 방정식을 보여 줄 것이다. 즉, 남과 북 상호 간의 핵으로 인한 안전 문제는 뒷전으로 밀려나고, 핵과 경협은 오로지 북한 정권의 책략가적인 방법론에 의해 양 바퀴가 맞물려 돌아가듯 앞에서 당기고 뒤에서 미는 형식을 취할 것이다.

3-5. 무기 수출 강화

세계적인 군사 전문 컨설팅 업체인 IHS(Jane's 360)는 2014년 북한의 무기 거래액이 약 1,100만 달러(한국 6억 달러)[58]라고 소개하였다. 물론 무기 수출 강대국 중의 하나인 한국에 비하면 낮은 수준에 불과하지만, 총수출액에서 차지하는 구성비 및 남한 대비 상대 비율이 각각 0.34% 및 3.28배에 달하는 점을 볼 때 이러한 움직임은 남북 모두에게 부담으로 작용한다(아래 표 참조, 2015년 이후 제재로 총수출액 현격히 감소, 2018년 북한의 총수출액은 2억 4천만 달러[59]에 불과하여 비교 대상에서 제외, 제외 이전 최고점인 2014년 선택).

국가 구분	총수출액*(억 달러)	무기 수출액(억 달러)	구성비(%)	상대 비율(%)
남한	5,727	6	0.1	1
북한	32	0.11	0.34	3.28

* 통계청장 유경준, 통계청, 북한의 주요 통계 지표, 2015.12., 26p-해설부분

〈표 1-7〉 2014년 남북한 총수출액 대비 무기 수출 현황

이와 같이, 북한은 한국에 비해 무기 수출에 상당한 투자를 하고 있음을 알 수 있다. 그러면 북한의 비밀병기는 무엇이길래 이와 같은 새로운 길을 모색하고 확장하려고 하는 것일까?

그것은 스커드 미사일과 서울이 민감하게 반응하는 방사포이다. 특히 KN-09(Invented in North Korea 2009)라고 불리는 300㎜ 방사포는 위력적이어서 반미·반서방 국가들의 공격형 무기 구매 욕구에는 상당한 매력을 지닌 제품으로 평가받고 있다. 이는 이스라엘-팔레스타인 간 분쟁에서 사용된 아이언돔 저격 대상 로켓과는 급이 다른 사실상 미사일에 준하는 무기로 사거리가 무려 200㎞에 달하고 속도도 마하 5.2에 이를 정도이며, 소형 핵탄두를 탑재하여 발사할 수 있다고까지 여겨져 반드시 방어해야만 하는 무기 체계로 볼 수 있다.

특히 발사체가 탄도 미사일일 경우 UN 안전보장이사회 대북 제재 결의 위반에 직면할 가능성이 높아지므로 북한이 방사포를 개선·전진 배치할 가능성도 배제할 수 없다. 실례로 한국과 미국을 긴장시켰던 한국군 부여 코드인 19-1~5 미상 단거리 탄도 미사일(SRBM) 사건처럼 2019년 7월부터 11월까지 수차례 걸쳐 발사한 단거리 탄도 미사일을 신형 방사포(신형 대구경 조종 방사포, 미군 코드명 KN-25[60])라고 선전하여 전진 배치할 경우 한국이 대응할 마땅한 카드가 부족한 점은 우려스러운 일이 아닐 수 없다.

그 때문에 반서방 국가들로서는 구미가 당기는 무기가 될 수밖에 없다. 이러한 국가 중에는 대표적 반미 국가인 이란과 시리아가 포함돼 있다. 특히 핵 문제로 미국과의 극심한 갈등 속에 있었던 이란으로선 스커드 미사일은 물론이거니와 핵탄두 탑재가 가능한 방사포에 상당한 매력을 느낀 것으로 전해진다. 또한, 북한은 무기 기술을 전파하고 고문관을 파견함으로써 저변을 넓히려고도 한다.

문제는 이러한 그들의 노력이 ISIS나 Al-Qaeda 같은 테러 집단과

핵이라는 이름의 청구서

연계될 경우 문제는 상당히 복잡해질 수 있다는 점이다. 그만큼 과거 테러 사건들에 직간접적으로 연루되었던 만큼 외부 세계에서 바라보는 눈초리는 당연히 매서울 수밖에 없다.

그러던 북한은 또 다른 복병을 만나게 되었는데, 2000년 이후 본격적으로 시작된 UN 안보리 차원의 감시망에 걸려 방향을 선회하지 않을 수 없게 되었다. 2006년 대북한 대량살상 무기·미사일 관련 품목 수출 통제, 화물 검색 조치를 담은 결의 1718호를 시작으로, 2009년의 1874호와 2013년 2094호를 거쳐, 2016년 1월의 핵폭탄 실험과 장거리 미사일 시험 발사에 대한 대가로 2270호를, 2017년 9월 수소폭탄 실험으로 2375호를, 2017년 11월 화성-15형 미사일 발사로 2397호를 각각 채택당해 압박 강도가 더해졌다.

그중 가장 전환점이 된 제재는 2270호[61]로 북한의 수출입 화물 전수 검색, 항공유 수출 금지, 광물 거래 차단, 자산 동결, 사치품 거래 제한 등 핵무기 개발을 위한 북한의 자금을 전방위로 차단하기 위한 조치를 포함하고 있다. 의심되는 품목뿐만 아니라 전 품목을 전수조사하도록 하는 것이다. 또한, 북한 은행은 UN 회원국 내에서 개설이 금지되고, 기존 지점의 90일 내 폐쇄 및 모든 거래 활동의 강제 종료로 자금 이동이 차단되었다.

그러나 이러한 UN의 초강력 봉쇄 조치에도 아랑곳하지 않는 북한 정권을 어떻게 다루냐는 방법론적 주장보다 인민들이 제대로 한 끼 식사라도 할 수 있겠느냐는 푸념마저 들 정도의 '숨통을 죄는' 조치들이 연속적이고 점층적인 강도로 진행되고 있는 데 대하여 회의적인 시각이 자주 등장했다. 한 가지 분명한 사실은 김일성도, 김정일도, 지금의 김정은도 그 어떤 대북 제재에도 아랑곳하지 않고 새로운 무기 수출을 기획·강화해 왔으며 절대 포기하지 않았다는 점이다. 그것은 그들 최고의 먹거리 중 하나였기 때문이다.

한편, 이러한 무기 체계의 선전은 무기 구매의 홍보 역할을 한다는 점에서 흥미롭다. 다른 배경이지만, 러시아의 푸틴이 2016년 4월 15일에 실시한 Call-In-Show에서 시리아 반군과 IS에 대한 러시아 공군의 폭격 후 무기 판매금액이 54조 원[62]으로 늘어났다고 밝혔는데, 여기서 보듯, 이러한 북한의 릴레이식 핵실험 등은 분명 무기 수출과 관련하여 상당한 광고효과를 나타낸 것으로 보인다.

사실, 이러한 예는 비단 러시아만의 경우에 국한되지는 않는다. 세계에서 핵무기를 보유하고 있는 국가인 미국, 러시아, 중국, 프랑스, 영국, 파키스탄, 인도, 이스라엘, 북한 등 9개국의 면면을 아래 도표를 통해 자세히 들여다보면, 이들 국가의 연간 무기 수출량이 전 세계 무기 수출의 대부분을 차지하고 있음을 알 수 있다.

이들 국가의 공통점은 전쟁과 무기 캠페인을 적극적으로 펼쳐온 나라들이라는 점이다. 특히 분쟁지역이 많으면 많을수록 그 영향은 더 크게 미쳤다고 볼 수 있다. 다시 언급하자면, 특히 이스라엘-우크라이나 그리고 북한-파키스탄-인도와 같은 나라들은 배경은 다르나 분쟁과 전쟁 그리고 무기 캠페인 같은 공통분모를 지녀왔다는 점은 결코 간과할 수 없다.

여기서 놀라운 사실은 SIPRI가 북한을 공식적인 핵보유국으로 인정했다는 점이다. 이 단체는 평화 목적의 연구 단체이나 전 세계 무기 동향 파악 등에서 공신력이 높아 이를 토대로 각국 정부들이 북한의 핵무기 보유를 기정사실화할 가능성이 높다는 점도 눈여겨볼 대상이다. 사실상 핵보유국으로 인정하는 것이 오히려 현실적이라는 게 필자의 의견이기도 하다.

핵이라는 이름의 청구서

순위	수 출		수 입		순위	국가별	배치 핵탄두(기)	기타 핵탄두(기)	총보유 핵탄두(기)
	국가별	구성비(%)	국가별	구성비(%)					
1	미국	34.0	사우디 아라비아	12.0	1	미국	1,750	4,435	6,185
2	러시아	22.0	인도	9.5	2	러시아	1,600	4,900	6,500
3	프랑스	6.7	이집트	5.1	3	영국	120	80	200
4	독일	5.8	호주	4.6	4	프랑스	280	20	300
5	중국	5.7	알제리	4.4	5	중국		290	290
6	영국	4.8	중국	4.2	6	인도		130~140	130~140
7	스페인	2.9	UAE	3.7	7	파키스탄		150~160	150~160
8	이스라엘	2.9	이라크	3.7	8	이스라엘		80~90	80~90
9	이탈리아	2.5	한국	3.1	9	북한		20~30	20~30
10	네덜란드	2.1	베트남	2.9					
합계		89.4		53.2	합계		3,750	10,125	13,875

〈표 1-8〉 주요 무기 수출국·수입국 2014-2018(좌)[63] 및
세계 핵무기 보유국 2018(우)[64], 도표-저자 일부 편집

이러한 보고 내용을 기초로 할 때, 북한은 앞으로 무기 캠페인을 더욱 강화할 것으로 보인다. 즉, 핵무기 보유야말로 '최선의 돈벌이'라는 인식을 확고히 하였기 때문이다. 그 때문에 김정은은 각종 무기의 새로운 테스트와 보여 주기식 퍼레이드를 더욱 강화할 것이며, 이러한 행진은 멈추지 않을 것이다.

III

한반도의 핵전쟁

1
한반도의 전쟁 방어 및 메커니즘
—

억지력이라 함은 한 국가가 다른 국가를 침략하려고 할 경우, 침략함으로써 얻어질 이익 이상으로 감당하기 어려운 손실을 입게 되리라는 것을 그 국가에 인식시킴으로써 '침략을 미연에 방지하려는 힘'[65]을 말한다. 주된 방법이 군사력임을 인지할 수 있다. 그런데, 이와 비슷한 의미로 자주 사용되는 방어력이란 '적을 막을 수 있는 능력으로 복합적인 힘'[66]으로 설명하고 있다.

그렇다면, 2020년대 현재의 한반도 상황을 전쟁과 관련해서 볼 때 어느 쪽을 전략적으로 선택해야 할 것인가? 이에 앞서 흔히 한반도처럼 전쟁 리스크가 큰 곳일수록 강력한 군사력으로 상대를 사전에 틀어막아야 적국에서는 감히 공격하지 못한다고 얘기를 한다. 물론 틀린 얘기는 아니다.

그런데, 이 부분은 한국 대 북한 양자 간의 대결을 감안했을 때 가능한 이야기이며, 미국, 중국, 러시아, 일본 등 세계적 강대국들을 주변국으로 둔 한반도로서는 선뜻 꺼낼 수 있는 카드는 아닌 것으로 판단된다. 그렇다면 선택지는 하나, 방어력이 된다. 왜냐하면, 복잡다단한 문제로 얽힌 한반도는 단순히 군사적 범위를 넘어 광대역 범위에서 논의될 수 있어야 하기 때문이다. 이러한 문제의 해결을 위해 필자는 다음 부분에서 본인이 연구한 방어력의 개념도를 제시하고 있다. 어떻게 하면 군사력만이 아닌 보다 융합적인 방법으로 방어력을 강화

핵이라는 이름의 청구서

할 수 있는지를 설명하기 위해서이다.

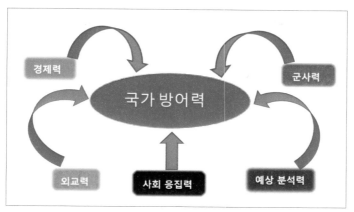

〈그림 1-4〉 방어력 개념도, 다이어그램-저자 작성

위의 다이어그램은 저자의 방어력 연구 다이어그램으로서 방어력의 구성요소와 메커니즘을 그리고 있다. 이를 좀 더 구체적으로 설명하면, ① 경제력은 방어전을 수행하는 1차 필수조건이다. ② 군사력은 국내 준비력과 연합 준비력이 있다. ③ 외교력은 당사자 간 외교력과 다자간 외교력으로 구성되어 있다. ④ 사회 응집력이란 전쟁 발발 시 하나로 집결할 수 있는 이념적, 국가적 차원의 사회적 결집도를 말한다. ⑤ 예상 분석력은 정보 활용능력을 통한 예측력을 말한다.

이러한 모델을 기반으로 아래에서는 방어력의 개체 부분들을 기술하고 있다. 대표적으로 한미상호방위조약을 거론할 수 있다.

한편, 이와는 대조적으로 다룰 부분이 바로 촉매력 부분이다. 촉매란 사전적 설명으로는 '화학반응에 참여하여 반응 속도를 변화시키지만, 그 자신은 반응 전후에 원래대로 남는 물질'[67]을 의미한다. 이 정의를 군사정치학으로 옮겨보면, '쌍방 간 대응 수위를 높이거나 낮추게 하여 대립관계를 발생시킨 후 다시 원상태로 복귀하나 향후 갈등을 잠재케 하는 관계'로 정의할 수 있다.

이 모델을 기반으로 형성된 분쟁 촉매물의 대표적인 조약이 '적법한 절차 없이 즉각적인 군사개입'을 표명한 '중·조 우호협력 상호원조 조약'이라고 할 수 있으며, 배경 국가로는 북한이 될 수 있다. 이 부분도 아래 항목에서 자세히 다루기로 한다.

1-1. 방어력 개체

한국전 휴전 직후인 1954년 11월 18일 한미 상호방위조약이 발효됨으로써 양국은 혈맹지간의 관계를 '상당 기간' 지속할 수 있게 되었다. 21세기 들어서 한미관계는 부침을 거듭해 왔지만, 주변 강대국들과 주적인 북한은 견고한 한미관계를 넘어설 수 없었으며, 이로 인해 한국은 국가 안보를 보다 안정적으로 유지할 수 있게 되었다.

또한, 한미 양국을 넘어 동북아 전체의 안정과 지역 균형을 이루는 데도 공헌함으로써 이 조약의 중요성을 다시 한번 절감하는 이들이 많이 늘어났다. 그런가 하면, 이를 간과하거나 폄하하는 경우도 있었으나, 이는 조약 발생 배경과 과정에 대한 이해 부족 때문으로 보인다. 사실상 동북아 안보의 요체이자 최대의 방어선으로 볼 수 있다는 얘기이다. 예를 들어, 한국전쟁 이후로 이어져 온 냉전기의 한반도와 동북아, 핵 문제 시대의 한반도와 동북아, 굴기의 중국의 해양 진출에 맞물린 한반도와 동북아 등 시시각각 변하고 압박해 오는 국제적 압력을 견디게 해 준 것도 이 조약의 견고함에서 기인한다고 할 것이다.

그러면, 도대체 이 조약이 얼마나 중요하길래 필자가 이토록 문장을 할애하는가에 관해 설명하기로 한다.

대부분의 한국인은 이 조약이 한국전 당시 최약소국이던 동양의 조그마한 나라가 지구상 최대 국가인 미국을 상대로 거둔 외교전의 승리[68]라는 사실은 크게 인지하지 못하고 있다.

　　그도 그럴 것이 미국마저도 가쓰라-태프트 밀약(1905년)과 애치슨 선언(1950년)에서처럼 한국을 미국의 이익과는 상관없는 변방의 작은 나라에 불과하다고 판단할 정도였기 때문이다. 그러다 보니, 한국전이 발발하고 수도 서울이 함락되고 나서야 미국은 한반도의 전략적 중요성을 인식하고 참전을 서두를 정도였으므로 적에 대한 정보도, 동향도, 아무런 사전 예측 가능성 준비도 없는 상태에서 맞이한 것이 한국전쟁이었다. 때문에, 3만 명이나 넘는 미군이 전사하는 비극을 낳게 된 것이다. 하지만 이 과정 속에서 한국과 미국이 자연스레 혈맹의 우애가 맺어지게 된 것은 그나마 다행이었다.

　　그런데, 미국은 고립주의를 근간으로 외교정책을 수립해 온 만큼, 이번에도 속(速) 휴전, 속(速) 회군을 희망했다. 그러나, 전쟁 이후에도 확실한 안전보장을 요구하는 이승만 대통령의 확고한 통일 안보관에 막혀 미국은 또 다른 외교 내전을 겪게 되었다. 한국전쟁을 통일과 그 연장 카드로 내건 이승만과 이를 조기에 정리하려는 미국의 이해 충돌은 반공포로 사건으로 격화되었으며, 급기야 미국은 이승만을 하야시키려[69] 하기에 이르렀다. 그러나, 이승만은 확실한 한반도 안전 보장책의 확보 없이는 휴전에 결코 응할 수 없음을 분명히 하고, 오히려 중공, 북한군과의 결사 항전을 주장하는 대미 압박 모드까지 연출하였다.

　　결국, 갖은 회유와 압박에도 전혀 미동조차 하지 않는 이승만의 고집에 밀려 미국은 안보 조약을 검토하기 시작했다. 이승만과 아이젠하워, 변영태와 덜레스 간의 밀고 당기는 문안 작업은 한반도 안전을 담보하기 위한 이승만의 절실한 고민과 NATO, 일본, 필리핀에 이은 또 다른 장기 조약에 부담을 느낀 미국 간의 첨예한 대립과 내적 고통 속에 마무리되었다.

비록 즉각적 자동개입 문제가 매듭지어지지 못했고 유효기간이 설정되는 등 다소 아쉬운 조항들이 들어가 있으나, 미국으로부터의 경제원조와 상호 안전보장 및 한국 육군 증강을 얻어낸 이승만은 자신에 찬 발표를 할 수 있게 되었다.

"한미상호방위조약 체결로 우리 후손들은 앞으로 누대에 걸쳐 이 조약으로 말미암아 갖가지 혜택을 누릴 것이다. 한미 양국의 공동 노력으로 외부 침략자들로부터 우리를 보호하여 우리의 안보를 오랫동안 보장할 것이다."[70]

아무리 비판적인 학자라 하더라도 이 부분만큼은 이승만의 진가를 인정하지 않을 수 없는 대목일 것이다. 한강의 기적은 이승만의 한미상호안전보장조약의 산물이라고 하는 일부 의견은 과한 표현으로 보이나, 남북 분단 상황 속에 북측의 재침 기도와 중공의 무력시위를 효과적으로 견제·억제해 왔다는 주장은 사실로 받아들여야 할 것이다. 이를 토대로 한반도는 극심한 전쟁의 후유증 속에서도 비교적 평화로이 발전해 왔다고 볼 수 있기 때문이다.

이 방위조약을 바탕으로 한국 정부가 가장 먼저 시급하게 추진한 분야는 경제력 강화였다. 6·25 전쟁으로 피폐해진 경제를 살리기 위해 상당한 정치적·사회적 문제점을 안은 상태에서도 수차례에 걸쳐 추진된 박정희 정부의 경제개발계획이 그 대표적인 사례라 할 수 있다. 앞서 북한이 핵 개발에 집착하는 이유 중 하나인 '경제적 이유'에서 상세히 기술한 바와 같은 계획경제 추진에서 한국이 선전(善戰)함으로써 남북한 경제력 지표 격차는 서서히 벌어져 갔다. 이로써 한국은 제1 핸디캡에서 벗어나 1차 방어력을 안전 모드로 전환할 수 있었다. 결국, 한국은 이렇게 우월해져 간 경제력을 바탕으로 군사력을 더욱 키워나갈 수 있게 되었다.

이 군사력 부분은 국내준비력과 연합준비력으로 구분했는데, 그이유는 역사를 통해서 볼 때 한반도에서의 분쟁은 국내 분쟁 못지않게 국외 세력과 연계된 분쟁이 미친 영향이 컸기 때문이다. 여기서국내준비력이란 한국만의 군사적 대응 능력을 말하는 것이며, 연합준비력이란 한국과 동맹의 관점에서 함께 전쟁을 수행할 수 있는 국가들과의 군사적 대응 능력을 말한다. 따라서, 한국은 국내 및 연합방어준비력을 얼마만큼 갖추느냐에 따라 방어력의 가치를 가늠할 수있다.

그런가 하면, 외교전의 승리는 방어전의 승리라고 할 수 있다. 과거역사의 교훈과 현대 외교사를 통틀어 봐도 외교의 융통성과 적시성이 얼마나 많은 분쟁을 예방하는지를 알 수 있다. 여기에는 당사자간 외교력과 다자간 외교력으로 나눠볼 수 있는데, 남북 당국 간의직접적인 외교활동의 결과물을 당사자 간 외교력이라 볼 수 있으며,북핵 관련 6자 회담을 통한 성과를 다자간 외교력으로 볼 수 있다.따라서 한국의 방어력을 극대화하는 또 다른 방법은 당사자 및 다자간 외교력을 어떻게 강화하고 현명하게 적용하는가에 달렸다고 볼수 있다.

다음으로는 예상 정보·분석력을 들 수 있다. 어떤 사건이 발생했을때 혹은 적의 도발을 효과적으로 막아냈을 때 드러나는 부분이 바로예상 정보력과 이를 분석할 수 있는 능력의 차이라고 볼 수 있다. 여기서 예상 정보력이란 단순히 정보를 수집·운영하는 단계의 일반 정보력이 아닌, 실제 적용 가능한 미래 단계로까지 끌어올린 고차원의정보력을 의미한다.

수많은 데이터가 온·오프라인을 넘나드는 세상에서 해당 포인트에 적합한 예상 정보력을 취합할 수 있는 능력은 가히 세상을 경영할 수 있느냐, 없느냐의 차이가 될 수 있다. 작게는 한 나라를 방어할 수 있느냐는 차이로도 해석 가능하다. 임진왜란 이전과 6·25 이전의 수많은 전쟁 가능 예상 정보를 어떻게 받아들였느냐에 따라 한반도의 운명이 달라졌고, 9·11 사태 이후 미국이 예상 정보력을 잘 분석·활용하여 온 국민의 상처를 치유하고 오히려 안보관을 강화해 방어력을 증대할 수 있었다는 점은 좋은 예라 할 수 있다.

마지막으로, 사회 응집력을 들 수 있다. 사실 국가의 명운을 좌우하는 최종적인 방어막은 국민의 의지이다. 제아무리 부유한 국가라 할지라도 국민의 국가에 대한 충성심과 위기 시 국가를 생각하는 애국심이 없는 한 그 국가의 존망은 예측하기 힘들다. 그런 점에서 위기 시 전 국민이 혼연일체가 되어 일사불란하게 국란에 대응했던 의병운동과 자발적 독립운동군의 활약은 국가에 새로운 희망을 심어주는 역할을 하기도 했다. 또한, 민주화 쟁취 과정에서 보여 준 6·10 항쟁과 6·29 선언은 사회 응집력이 어떻게 시대를 변화시키고 국민의 기본권을 지킬 수 있는가를 보여 주는 현대적 사회 응집력의 대표적인 사례라 할 수 있다.

1-2. 촉매력 개체

분쟁을 유발하고 악화를 촉진하는 매개체 5가지로는 힘의 공백, 빈곤, 체제 불안, 군중의 무지, 극단적 이념(사상)의 대립이라고 필자는 정의했다.

〈그림 1-5〉 촉매력 개념도, 다이어그램-저자 작성

① 힘의 공백은 그동안 지배력을 점하지 못했던 또 다른 세력이 신권력을 창출할 수 있는 토양을 제공한다. 이 과정에서 분란은 부정적이든, 긍정적이든 피할 수 없게 된다. ② 빈곤은 각종 민란과 약탈의 원인이 되어 왔다. ③ 체제 불안이 지속될수록 정부의 사회통제력은 약화되고 공권력이 약해져 범죄 및 테러 발생 가능성이 증가한다. ④ 군중의 무지는 권력의 독재와 각종 사회 부조리를 방조하고 분란·분쟁을 야기한 데 대한 민초적인 책임이 있다. ⑤ 극단적 이념과 사상의 대립은 각종 분쟁을 넘어 전쟁으로 치닫기 직전의 경종의 단계에 해당한다.

이상의 분쟁 촉매력을 대변할 수 있는 가장 명확한 문서 자료로는 1994년경에 옐친 대통령이 김영삼 대통령에게 전달한 한국전쟁 관련 '러시아 연방 대통령 문서 보관소 자료'를 사례로 들 수 있다. 여기에는 스탈린의 남한 침공 승인 내용[71]이 명확하게 제시되어 있다. 또한, 남한 침공에 따른 무기 구매를 위해 1951년 분 차관을 1950년에 선집행해 줄 것을 요청하고 이를 소련이 직접 승인[72]한 배경이 된 '조·소 경제 및 문화협정(1949.3.17.)'도 이 촉매력 개체의 대표적인 조약 사례라 할 수 있다.

이들 조약건들은 유사시 북한에 즉각적인 원조와 자동개입을 보장하여 공산주의와 자본주의 사이에 극단적인 이념의 대립각을 세운 '중·조우호 협력상호원조조약(1961.7.11.)'보다 높은 강도의 분쟁 촉진력을 포함하고 있었으므로 촉매력의 대표적인 경우라고 할 수 있다.

즉, 이 조약건들은 분쟁 촉매의 5개 조건 모두를 아우르며 활용하고 있다. 이를 구체적으로 보면 다음과 같다. ① 애치슨 선언으로 미국이 한발 물러난 힘의 공백과 ② 한국 내의 극심한 이념 대립으로 인한 ③ 각종 테러와 암살 등 체제 불안정으로 극도로 혼미해진 상황을 소련과 북한은 침략전쟁의 호기로 판단하였다. 여기에 일제강점기의 수탈 경제로 서민경제는 극궁핍(極窮乏)의 상황에 놓여 배고픔에 대한 불만과 생계에 대한 불안감이 극에 달했을 것으로 추정된다. 그러면서도, ④ 대다수의 국민과 한국 정부는 동족으로서의 북한이 대량살육을 자행하는 전쟁을 '설마하니 할까?'라는 방임주의적 태도로 일관하고 있었다. 결국, ⑤ 북한-중국-소련이라는 3각 공격 편대는 이러한 분쟁 촉매력들을 완벽히 활용하면서 전쟁 준비에 박차를 가하고 있었다.

한편, 중국 측이 보여 주는 촉매력의 최근의 대표적인 경우는 남중국해 분쟁 건이다. 수십 년간 베트남, 필리핀 등 EEZ 경계를 놓고 벌여온 중국의 영유권 논쟁에 대한 국제사법재판소의 판결 내용(2016)[73]을 보면, 중국이 얼마만큼 강한 분쟁 촉매력을 지니고 있는지를 짐작할 수 있다. 지리상으로 베트남과 필리핀에 훨씬 가까우며, 해양법상 섬으로도 인정받지 못한 250여 개의 섬·암초·산호초를 모두 자신들의 영토이며 350만㎢에 이르는 해역의 80%에 구단선(九段線)을 그려넣어 자신들의 관할이라고 주장한 사실은 힘의 공백을 틈타 힘의 우위로 이 영토들을 차지하려 했던 분쟁 촉매력의 또 다른 사례로 볼 수 있다.

또한 '항행의 자유'를 주장하는 미국과 자신들의 안방이나 다름없는 지역에 대한 영토 침해를 우려하는 베트남, 필리핀 등과 중화주의 핵심이익만을 강력히 내세워 극단적인 영토 이념 분쟁을 야기한 점도 중국이 얼마나 강한 분쟁 촉매력을 지니고 있는가를 잘 보여 준다.

1-3. 잠재인지력 개체

2020년대 현재 한반도에는 방어력과 촉매력 메커니즘의 갈등과 대결이 한창이다. 그런데, 이 2가지 개체 외에도 간과해서는 안 되는 제3의 역할 개체가 있다. 바로 잠재인지력이다. 이 힘은 크게 네 가지로 이뤄진다. ① 기회주의, ② 소극적 협조, ③ 영유권 주장, 그리고 ④ 이익주의이다.

〈그림 1-6〉 잠재인지력 개념도, 다이어그램-저자 작성

한편, 방어력 혹은 촉매력 측은 적극적인 메커니즘 역할을 수행한다. 그것은 당사자들의 안위가 걸린 문제들이기 때문에 더욱 그러하다. 그런데 주변에 위치한 제삼자들의 태도는 사뭇 다를 수밖에 없다.

한반도를 놓고 보자면, 일본과 러시아가 여기에 해당한다. 하지만, 이 두 국가를 단순한 주변인으로만 묘사하는 것은 미래지향적이지 못할 수 있다. 설령 러시아와 일본이 아니더라도, 유럽이든, 남미든 현재 한반도의 분쟁 메커니즘에 대입하면 비슷한 역학관계를 추론해 낼 수 있다는 얘기다. 즉, 방어력과 촉매력 외에도 영향을 미치는 또 다른 제3의 인자가 분명 존재한다는 점이다. 이를 증명할 논리로 필자는 연구 결과 잠재인지력이라는 다소 생소하나 분명한 인력 관계가 존재한다는 사실을 발견하게 되었다.

제3의 인자, 직접적이지 않으면서도 그리 쉽게 간접적이지 않은, 모호하면서도 분명한 선을 그을 수 있으며, 유사시 고립주의로 후퇴하는 것이 아니라 오히려 적극적으로 개입할 수 있는 역학관계를 지닌 특이한 인자를 발견하게 된 것이다. 바로 잠재인지력이다.

이 잠재인지력은 네 가지의 공통 인자를 가지고 있는바, 이에 대하여 개별적으로 정의를 내려 보기로 한다.

첫째, 기회주의라 함은, 단순히 회색지대에만 머무는 차원이 아닌, 주변의 사태를 주도면밀하게 관망하는 정도까지의 개입 의지를 지닌 상태를 말한다. 둘째, 소극적 협조란, 적극적으로 개입하지 않는 정도를 말하는 것이 아닌, 향후 발생 시 적극적으로 개입할 수 있는 명분을 충분히 쌓으려는 과정을 말한다. 셋째, 영유권 주장 부분에서는, 절대 양보하지 않는 완강한 입장을 고수하는 특성을 보이고 있다. 넷째, 이익주의란, 개인주의적, 이기주의적인 자본관리 성향을 지칭하는 것이 아닌, 이익이 되는 곳이면 어디든 따라간다는 철저한 금전 추구형 사고를 말한다.

따라서, 이 잠재인지력 모델은 전 세계 분쟁 고리의 지역 상당 부분에도 적용할 수 있는 메커니즘으로 판단된다. 따라서 한반도의 경우, 러시아와 일본이라는 두 강대국을 잠재인지력으로 놓고, 필자가 제시한 네 가지 성향을 대입하면 한반도에서의 중요한 향후 사건들을 예측할 수 있게 된다. 그뿐만 아니라, 동구권, 남미권, 아프리카권, 전 세계 모든 영역에 이르기까지 이 모델을 적용하여 연구하면 상당한 결과를 예측할 수 있을 것이다.

첫째, 기회주의 면을 잘 보여 주는 대목은 러시아의 태도이다. 미국이 고립주의를 외교 방침의 근본으로 삼는 반면, 러시아의 대표적인 성향은 관망주의이다. 미국이 고립주의를 심화시킬수록 세계의 안보 라인에는 큰 위기가 발생해 왔으며, 이를 안정시키기 위하여 결국 미국이 다시 개입하는 일이 반복되는 사이클로 이어져 왔다. 스스로의 내실에 집중하다가 세계 질서의 위기와 붕괴 국면에는 적극적으로 가담하여 미국 위주의 세계 질서를 유지해 가는 패턴이다.

이에 반해 러시아는 상황을 면밀히 살피는 '캣 스타일(Cat Style) 관망 주의'를 이어오고 있다. 그런데, 즉각적으로 개입하기를 꺼리다 일정한 시간이 다가오면 개입하지만, 한 템포 늦는 경우가 많아 '기회손실(機會損失)'이 발생해 왔다는 점은 단점으로 남는다. 결국 이러한 태도로 러시아는 세계의 주도적인 리더십을 꿰찰 수는 없었다.

대표적인 예가 제2차 세계대전 중 참전 시기를 잘못 조율하는 바람에 어마어마한 인명 손실[74]을 입은 경우가 이에 해당한다. 그리고 구한말 영국, 독일, 프랑스 등이 중국 및 한국과 조약을 서두를 때 특유의 관망 자세[75]를 유지하다가 뒤늦게야 조선과 통상조약을 체결함으로써 중요한 이권을 서구 열강에 먼저 내주는 경우도 이에 해당한다. 이와 같이 러시아의 관망주의는 주도적 방어력이나 촉매력이 아닌 전형적인 잠재인지력 군(群)의 기회주의에 속하는 것으로 이해하면 도움이 될 것이다.

둘째, 소극적인 협조 부분은 일본의 대북한 미사일 시험 발사 대응의 경우에서 잘 드러난다. 제2차 세계대전 패전 후 일본의 국방력은 자위대에 국한되는 제한된 자국 방위 개념으로 운용되어 왔다. 다시 아시아를 무력으로 제패하려는 제국주의 움직임을 헌법이 철저히 막고 있어서였다. 그런데 여기에 빗장을 풀어 주려는 움직임이 1990년 대 이후 들어서 북한에 의해 꾸준히 제공되어 왔다. 바로 북한의 미사일 발사 시험이었다.

이는 충분히 일본의 안보 문제를 자극하고 급기야는 재무장을 위한 헌법 개정 움직임을 점화시키는 도화선을 깔아 주는 것임은 분명했다. 그동안 내적으로 통제되던 일본 우익세력에 이만큼 재무장에 대한 주장의 기회를 주기 좋은 사례도 없었다. 물론, 일본이 이러한 기회를 놓칠 리 없었다. 이와 같이, 북한의 핵 개발과 미사일 시험은 패전 후 수십 년에 걸쳐 재무장 및 군국화를 지속해서 추진해 오던 일본에 충분한 명분을 쌓는 좋은 토양을 제공했던 것으로 소극적 협조 항목을 잘 설명해 주고 있다.

셋째, 영유권 부분은 일본의 독도와 피너클 제도(Pinnacle Islands, 중국명: 댜오위다오, 일본명: 센카쿠, 대만: 댜오위타이) 영유권 주장과 러시아의 크림반도 병합과 우크라이나 동부지역 관할 건에서 잘 드러난다. 일본은 한국의 영토인 독도 영유권을 지속해서 주장하고 우익 교과서에도 반영하여 자국 영토로 편입하려는 의도를 세대 간에 전수하고 있으며, 피너클 제도의 섬에 대해서도 중국과 일전을 불사한다는 태세를 보임으로써 영토에 관해서는 결코 양보나 타협이 없음을 전 세계에 각인시켜 주었다. 또한, 러시아도 크림반도를 편입하고 우크라이나 동부 지역을 자신의 관할하에 넣음으로써 영토 욕구가 얼마나 강한가를 여지없이 보여 주었다.

이러한 영토 영유권 부분은 어느 국가이든 자국 영토 수호를 명시하는 헌법의 기본조항에 속해 있지만, 대부분의 경우는 방어적 개념에 기초하고 있다. 그러나 잠재인지력을 가진 그룹 속의 영토 영유권은 다르다. 즉, 침략적 공격 행위에 맞서는 의지를 가진 상태와 타국의 영토를 자국 영토의 일부분에 편입시키려는 잠재인지력과는 사뭇

핵이라는 이름의 청구서

다르다는 얘기다. 그 때문에 이 항목은 한국과 유사한 지역에 위치한 국가일 경우 진지하게 들여다볼 부분이다.

넷째, 이익주의 부분은 러시아의 연해주 특구 개발과 일본의 대미국 접근법에서 확연히 드러난다. 2016년 러시아는 한국과 사드(THAAD, 고고도 방위시스템) 배치 문제를 둘러싸고 첨예한 대립 상태[76]에 놓여 있었다. 그러나 강력한 보복을 천명한 중국과는 달리 러시아는 연해주 개발에 한국을 끌어들이는 MOU 협약(유라시아 이니셔티브)[77]을 체결, 오히려 철저한 이익주의를 대변하는 '상업적 평화'를 만드는 데 성공하였다. 즉, 사드(THAAD)가 안보 면에서는 엄청난 리스크를 지니지만, 경제적 이익주의와는 완전 별개라는 사고를 보여 주었다는 점이다. 이와 마찬가지로, 일본도 그 어떤 정부이건 자국의 경제적 이익이라면 그 어떤 세력과도 손을 잡을 준비가 되어 있었다. 그 단적인 예가, 당시 정식 대통령으로 취임하지도 않은 상태였던 미국 45대 대통령 당선인인 도널드 트럼프를 행정부 수반인 일본 총리가 외국 정상으로서는 가장 먼저 방문[78]하여 회담한 사실은 일본이 얼마나 이익주의 경향이 강한가를 단적으로 대변해 주었다.

요컨대, 이상에서 살펴본 전쟁 방어력, 촉매력 및 잠재인지력 메커니즘을 이해하는 일은 한반도와 한반도 주변에서 일어나는 갈등 양상을 예측하는 데 중요한 학습 과정이라 할 수 있다. 왜냐하면, 이 과정을 충분히 이해함으로써 이하에서 제시하는 핵전쟁 등 핵과 관련된 갈등을 전반적으로 예측할 수 있으며, 해결방안에도 접근할 수 있기 때문이다.

2
한반도 분쟁의 역사를 통한 예측
—

한반도는 그야말로 태풍의 핵이요, 핵 문제의 새로운 진앙지이다. 물론 북한이라는 세계적인 톱뉴스 제공자의 힘도 있지만, 보다 근본적으로는 세계적인 화약고 역할을 수행해야 할 태생적 운명도 지니고 있어 보인다. 우리 자신의 의지와는 상관없는, 그래서 더욱 안타깝고 사연 많은 비극의 주인공이 되어 왔다는 얘기다. 그런데 이는 부정적인 것처럼 보이지만, 냉철하게 한반도의 역사를 되짚고 들어가 보면 이는 오히려 앞으로 예견할 수 있는 비극의 시나리오를 막거나 적어도 지연시키는 역할을 한다고 본다.

2-1. 한반도 분쟁과 전쟁의 역사

이러한 흐름을 정확히 이해하기 위해서는 한반도를 둘러싸고 벌어졌던 분쟁의 역사를 반드시 먼저 알아야 한다. 왜냐하면, 한반도 분쟁의 역사가 현 핵 문제의 반면교사 역할을 분명히 해 주고 있기 때문이다.

대대로 한반도의 역사는 분쟁의 연속이었다. 그렇다고 지금처럼 남과 북으로 분단돼 치열한 대척점에 놓인 분단의 시기를 항상 겪었던 것은 아니다. 비록 오랜 기간 고구려, 백제, 신라 3국 분단의 시간대

핵이라는 이름의 청구서

가 있었다고는 하나, 당시 인구나 이동·교통 상황 등을 감안할 때 그것은 분단보다는 지역 국가로서의 역할에 충실했던 것으로 이산가족의 아픔까지 감내해야 하는 현재와 같은 분단은 아니었다고 본다.

그러나 고조선 이래 끊임없이 지속된 내·외적 분쟁은 한반도를 안전한 지대가 아닌, 화염 속의 역사적 토양으로 만들어 놓았다.

B.C. 2333년 고조선 건국[79] 이래로 지속된 분쟁의 한가운데에 빠짐없이 등장한 조연이 있어 왔는데, 바로 중국이다. 비록 고조선을 완전히 장악하지는 못했으나, 한사군을 통한 중국의 군사적·정치적 영향 아래[80] 한반도는 중국의 그늘 밑에서 시름하는 약소국의 신세를 면치 못한 것도 사실이다. 주객이 전도된 비극의 토양이 뿌려진 셈이다.

비록 고구려(B.C. 37~668)와 발해(A.D. 698~926)라는 강국이 건설되어 만주 벌판을 호령한 적은 있었지만, 이 두 국가의 위용은 한반도 4,350년 역사 중 불과 859년에 지나지 않았으며, 이들 국가 또한 중국에 의해 패망하는 비운을 맞았다. 또한, 그 이후로도 고립무원의 반도로서 겪어야 했던 피침략과 분쟁의 숙명 속에 살아와야 했다(피침략 횟수에 대해서는 이견들이 있으나, 필자는 육군사관학교 교재로 사용되었던 『한민족전쟁사총론』을 신뢰하여 대소를 막론한 피침략 횟수를 931회[81]로 인용키로 했다).

여기서 필자가 전쟁과 분쟁의 역사를 거론한 것은 역사는 순환한다는 역사적 교훈을 발판 삼아 훗날을 대비하자는 것과 함께 현재 한반도에서 벌어지고 있는 남북 간의 핵을 연결고리로 한 군사력 대결 현황이 어떻게 전개될 것인가에 대한 깊은 우려감 또한 작용한 것이라 볼 수 있다.

그 때문에 고조선 이래 현대에 이르기까지 발생한 침략 사건들과 내전 상황들을 아래와 같이 정리하여 한반도에서의 전쟁 원인과 결과를 면밀히 분석할 데이터베이스를 마련하고자 하였다. 또한, 이를 통해 한반도의 또 다른 기로의 시점으로 예상되는 2030년 이후 북한 핵 문제로 인한 한반도의 미래를 예측해 보고자 한다. 참고로 아래의 분석 정리 표를 부록으로 이동하지 않은 것은 각 전쟁별 주요 사항들을 자세히 설명해 두었으므로 이 부분들을 확인해 가면서 한반도의 핵분쟁에 대해 고찰하기를 바라는 의미에서이다.

전쟁 개요				공격측 지도 체계			방어측 지도 체계					
				공격측				방어측				
연도	전쟁명칭	전투명칭	형태형태	국가,부족명	국가책임자	군사령관	참전병력수(천명)	국가,부족명	국가책임자	군사령관	참전병력수(천명)	발발 원인	결과(단위: 명)
B.C 4세기 말 ~3세기 초	선연	요하	대외	전연	미상	진개(秦開)		고조선	미상	미상		연나라의 세력 확장	고조선 요동 지방 상실
B.C 109	선한	1차 왕검성	대외	전한	한무제	순체, 양복		고조선	우거왕	미상		한의 대외 팽창	전한 패퇴
B.C 109 ~108	선한	2차 왕검성	대외	전한	한무제	순체		고조선	우거왕	성기		1차 패배 보복 회전	고조선 멸망
B.C 9	선비	요하	대외	고구려	유리왕	부분노		선비족	미상	미상		선비족 세력 확장으로 고구려 위협	선비족 고구려에 복속
13	여여	학반령	대내	부여	대소왕			고구려	유리왕	무휼		부여의 고구려 복속 요구 거부	부여군 전멸
22	여여	남부여	대내	고구려	대무신왕	괴유		부여	대소왕			고구려 의 대 부여 보복 전투	고구려 승리이나 피해 큼

핵이라는 이름의 청구서

118~121[82]	여한	현도성	대외	후한부여연합	풍환,요광	위구태		고구려	태조왕	수성	후한의 요동 지역 진출	뜻밖의 부여군 연합으로 고구려 패퇴 후 재공격 이후 정전
172	여한	좌원	대외	후한	영제	경림		고구려	신대왕	명림답부	후한의 요동 지역 진출	고구려의 청야입보(淸野入保) 거부 작전으로 후한 패퇴
244	여위	1차여위	대외	위나라	조방	관구검		고구려	동천왕		공손 씨 몰락에 따른 힘의 공백 발생	환도성 함락으로 고구려 패배
245	여위	2차여위	대외	위나라	조방	왕기		고구려	동천왕	밀우	고구려 전면 복속	기습과 위계 작전을 편 고구려군에 위군 패배. 철군함
293	여모	1차여모	대외	모용부	모용외	모용외		고구려	봉상왕	고노자	모용 외의 모용 부족 힘 극대화	모용부 패배
296	여모	2차여모	대외	모용부	모용외	모용외		고구려	봉상왕		1차전 보복 회전	모용부 재차 패배 후 요동 지역에 집중
313~314	여랑방	여낙랑대방	대내	낙랑대방	장통,모용씨			고구려	미천왕		한반도 내 도화선인 한사군 축출 필요	중국 한사군의 멸망, 한반도 내 적국 완전 축출
342	여연	1차여연	대외	전연	모용황	모용한,모용패		고구려	고국원왕		모용 황의 고구려 복속 야심	미천왕릉 도굴, 왕모 납치, 백성 5만 인질로 삼은 후 철수
345	여연	2차여연	대외	전연	모용황	모용격		고구려	고국원왕		고구려 길들이기	우문부 우문일두귀 고구려 망명 계기로 고구려와 우문부의 관계 단절 시도[83]
369	여제	치양	대내	고구려	고국원왕	고국원왕	20	백제	근초고왕	근구수	백제 요충지 획득	백제 구원 부대 등장으로 고구려 패퇴
371	여제	평양성	대내	백제	근초고왕	근초고왕	30	고구려	고국원왕	고국원왕	자신감을 얻은 백제, 고구려 공격	고국원왕 전사로 평양성 상실

연도	전쟁명	대내/대외	국가	왕	지휘관	병력수	상대국	상대왕	상대지휘관	상대병력	원인/배경	결과
392~394	관미성수곡성	대내	고구려	광개토대왕	광개토대왕	50	백제	아신왕	진무	10	고구려 요동 공략 사전 포석 후 미 강화	관미성, 수곡성 장악
396	임진강	대내	고구려	광개토대왕	광개토대왕		백제	아신왕			임진강 방어선 확보 위한 백제 공격	임진강 이북 고구려로 복속
475	한성	대내	고구려	장수왕	장수왕	30	백제	개로왕	개로왕		한강 이역 장악 위한 고구려 의 의지	개로왕 피살로 웅진으로 도읍 남하 이전
554	관산성	대내	신라	진흥황	진흥왕		백제	성왕	성왕		백제의 한강 이역 차지하기 위함	성왕 피살 및 신라의 대약진(가야 병합 및 함경도 진출)
598	1차여수전쟁(임유관)	대외	수나라	수문제	양량,주라후	300	고구려	영양왕	강이식		수 문제, 고구려에 신하국 강요 도발	군량미 공급 실패로 수나라군 패퇴
612	1차여수전쟁(살수)	대외	수나라	수양제	우중문,우문술,내호아	380	고구려	영양왕	을지문덕		임유관 전투 패배 보복 회전, 고구려 복속 중·장기 계획	후퇴 유도 작전과 기습 작전 및 심리전의 실패로 패퇴
613	2차여수	대외	수나라	수양제	우문술,내호아		고구려	영양왕	을지문덕		살수 패전에 대한 보복. 재복속 의지 명확	수나라 내부에서 내란 발생. 전선 확대가 불가하여 철수하는 도중 많은 병력 상실
614	3차여수	대외	수나라	수양제	왕인공		고구려	영양왕	을지문덕		1. 2차 패전에 대한 보복 및 요동성 점령	수 내분으로 회군, 여수전쟁의 마무리

핵이라는 이름의 청구서

연도	구분	전쟁명	대외/대내	국가	왕	장수	병력	국가	왕	장수	병력	배경	결과
645.5	여당	1차여당전쟁(요동성)	대외	당나라	당태종	이세적	170	고구려	보장왕	미상		신라의 요청에 따른 한반도 점령 구상	당군 화공 작전으로 요동성 점령
645.6	여당	1차여당전쟁(백암성)	대외	당나라	당태종	이사마		고구려	보장왕	손벌음		요동성 점령 후 순차적 점령 일환	손벌음의 투항으로 백암성 상실
645.6	여당	1차여당전쟁(안시성)	대외	당나라	당태종	당태종	100	고구려	보장왕	양만춘	150	백암성 점령 후 순차적 점령 일환	쌍방 간 성 증축으로 맞대응, 당 토산 붕괴로 패퇴
647	여당	2차여당	대외	당나라	당태종	이세적	300	고구려	보장왕	연개소문		1차여당전 패배 보복 및 한반도 점령	수차례 공격의 실패, 당태종의 병사로 전쟁 종결
642	삼국통일	대야성	대내	백제	의자왕	윤충	100	신라	선덕여왕	품석		백제의 신라 고립 정책	신라 서부 지역 진출 실패 및 낙동강으로 후퇴
660	삼국통일	황산	대내	신라	무열왕	김유신	50	백제	의자왕	계백	5	백제 정벌 위한 나당 연합군의 공격	계백의 항전 실패, 백제 멸망
660	삼국통일	사비성	대외	신라당나라	무열왕	김유신,소정방	180	백제	의자왕	의자왕		백제 복속 위한 통일전쟁	백제 멸망
661	삼국통일	1차평양성	대외	신라당나라	문무왕	김유신,소정방	400	고구려	보장왕	연개소문,남생		고구려 복속 위한 통일전쟁	고구려의 압록강, 평양성 2중 전술 작전으로 당군 격파

667~668	삼국통일	2차평양성	대외	신라당나라	문무왕	소정방,설인귀		고구려	보장왕	남산,남건		고구려 복속 위한 통일전쟁	나당연합군의 남북 협격 작전으로 고구려 멸망
668	삼국통일	부여성	대외	당나라	당고종	설인귀		고구려	보장왕	연남건	50	고구려 부여성 공격	고구려 남단 지역 방어선 상실
675~677	삼국통일	매초성회전	대외	당나라	당고종	이근행	200	신라	문무왕	김유신		당나라의 신라 복속 기도	이근행 격파당함, 당군 한반도에서 철수
676	삼국통일	기벌포해전	대외	당나라	당고종	설인귀	200	신라	문무왕	시득		당나라의 신라 복속 기도	설인귀 격파당함, 당군 한반도에서 철수
924~925	후삼국통일	조물성	대내	후백제	견훤	수미강양검		고려	태조	애선,왕충		고려와 후백제의 신경전	고려와 후백제의 군사력을 가늠한 전투, 고려 우위
927.11	후삼국통일	공산	대내	후백제	견훤	견훤	5	고려	태조	신숭겸	15	고려와 신라의 관계 강화에 후백제 견제	태조 측근 신숭겸 김락 전사, 태조 생포, 모면 등 고려 참패
929.7	후삼국통일	의성부	대내	후백제	견훤	견훤	5	고려	태조	홍술		고려와 신라의 재결속 차단	견훤의 의성부성 점령, 죽령로 차단 가능성
929.10	후삼국통일	가은현	대내	후백제	견훤	견훤		고려	태조	아질미,희필		교통로인 죽령로 확보전	고려 죽령로 방어에 성공
929.12	후삼국통일	고창	대내	후백제	견훤	견훤		고려	태조	유금필		경상도 진출입로 고창 확보	대패로 경상도 지역에서의 견훤 영향력 상실

핵이라는 이름의 청구서

연도	전쟁	전투지	구분	국가	왕	지휘관	병력	상대국	상대왕	상대지휘관	상대병력	원인·배경	결과
936	후삼국통일	일리천	대내	고려	태조	왕순식	88	후백제	견훤	신검		후백제 함락 위한 태조의 선공	후백제 투항과 멸망
993	여요	봉산	대외	거란	요성종	소손녕	800(이견 다수)	고려	성종	서희		송나라 및 여진과의 관계 단절 요청, 고려와의 영토 분할, 거란과의 우호관계 수립	서희의 외교 담판으로 국경선 재정립, 압록강선 및 강동 6주 확보
1010	여요	통주무노대	대외	거란	요성종	소배압	400	고려	현종	양규	300	강조의 변으로 목종 시해 사건, 이를 빌미로 고려 침공, 송과 단교 요청, 강동 6주 탈환	흥화진, 곽주, 통주, 서경 등 요충지 점령하지 못한 상태에서 개경 진격한 요군, 고려와 강화 후 퇴각 때 패퇴
1018 ~ 1019	여요	귀주회전	대외	거란	요성종	소배압	100	고려	현종	강감찬	200	고려 복속 위한 재침	강감찬의 수공 매복 작전에 말려 패퇴
1104	여진	1차 정주성	대외	여진완옌부(완안부)	우야소	허정, 나불		고려	숙종	임간		친고려 여진 부락 공격하던 완옌부의 고려 경계선 위협	보병의 고려군, 기마병인 여진완옌부(완안부)에 참패
1107	여진	2차 정주성	대외	고려	예종	윤관	170	여진완옌부(완안부)	우야소			정주성 인근에 주둔 중인 여진군 소탕	유인 기만 전술로 여진군 격파, 여진군 정주성 인근에서 철군
1107	여진	동음성석성	대외	고려	예종	윤관	170	여진완옌부(완안부)	우야소			정주성 이북의 함경도 공략	정주 이북까지 영토 확장

연도	전쟁명	전투명	대외	상대국	적장	적장2	수		왕	고려장수	원인	결과
1108	여진	웅주성	대외	여진완옌부(완안부)	우야소		20	고려	예종	윤관,척준경	완충지 함흥평야 고수 위한 여진군의 공격	고려, 두만강역까지 영토확장 후 장기간 전투로 인한 소모 및 거란의 재침 우려로 화평
1231	여몽	1차여몽(침공)	대외	몽고	오고타이칸(태종)	살리타이	30	고려	고종	이적	몽고 사신 저고여 살해 사건 빌미, 고려에게 항복하라는 국서 발송	몽고의 요구에 따른 강화
1232	여몽	2차여몽(침공)	대외	몽고	오고타이칸(태종)	살리타이		고려	고종	최우	최우의 강화도 천도에 따른 몽고의 반격	살리타이 전사, 몽고의 퇴각, 고려의 승리
1235~1239	여몽	3차여몽(침공)	대외	몽고	오고타이칸(태종)	탕구타이		고려	고종	최우	남송 공격 시 송과의 연결 사전 차단	4년간 고려 유린, 강화 후 철군, 왕족 볼모화
1247	여몽	4차여몽(침공)	대외	몽고	귀위크칸(정종)	아모간		고려	고종	최우	고려의 입조와 강화도에서 나올 것을 요구	귀위크 칸의 사망으로 몽고군 철수
1253~1254	여몽	5차여몽(침공)	대외	몽고	몽케칸(헌종)	예케(也古)		고려	고종	최항	몽고 후계 분쟁 마무리에 따른 영유권 확인 침략	예케의 와병과 고려의 항복 의사 표시로 몽골 철수
1254	여몽	6차여몽(침공)	대외	몽고	몽케칸(원헌종)	자랄타이(札剌兒帶)		고려	고종	최항	왕자의 입조 대신 국왕의 출륙과 입조 요구	여몽전쟁 중 가장 극심한 피해 발생, 몽고군 철수

핵이라는 이름의 청구서

1255 ~ 1256	여몽	7차 여몽 (침공)	대외	몽고	몽케 칸 (원헌종)	자랄타이(札剌兒帯)		고려	고종	최항		강화도 함락 목적	김수강의 화해 청원으로 몽고군 철수
1257	여몽	8차 여몽 (침공)	대외	몽고	몽케 칸 (원헌종)	자랄타이(札剌兒帯)		고려	고종	최의		대몽 조공 중단에 따른 침략	김수강의 고려왕 출륙 및 친조 건의로 몽고군 철수
1257 ~ 1259	여몽	9차 여몽 (침공)	대외	몽고	몽케 칸 (원헌종)	자랄타이(札剌兒帯)		고려	고종	김준		몽고의 고려왕 출륙 및 입조 요구	고려 태자전 몽고 볼모 등 조건부 항복하여 몽골의 종속국화
1359 ~ 1360	홍건적	함종	대외	홍건적	한림아	모거경	40	고려	공민왕	이암, 이승경	20	요양 진출 실패로 원의 추격받자 고려 침입	고려 개전 초기 패배 이후 승리로 홍건족 패퇴시킴
1361	홍건적	절령개경	대외	홍건적	한림아	반성사유	200	고려	공민왕	이성계	200	1차 침입 대패에 대한 보복 전쟁	고려 무장들의 뛰어난 전쟁 수행력과 징병에 힘입어 홍건적 멸살
364 ~ 400	*왜구와의 전쟁	삼국시대 침략	대외	왜				신라	내물왕			가야와 왜구의 협공	광개토대왕의 지원으로 왜구 격퇴, 공식 기록 문서상 2회84

1223 ~ 1392	*왜구와의 전쟁	고려시대 대침략	대외	왜		고려		고려의 북방정책으로 인한 남방지역에 대한 소홀함을 틈탄 침략	1223년(고종 10년) 5월에 왜구가 김해 지방에 침입하였다는 것이 처음, 이후 100여 년 동안 기록에 나타나는 왜구의 침입은 10여 차례 정도, 충정왕 2년(1350년)부터 왜구의 침입이 본격화되기 시작, 우왕 때는 재위 14년 동안 378회의 침입 등 총 최소 529회[85]
1393 ~ 1592	*왜구와의 전쟁	조선시대 대침략	대외	왜		조선		일본 중앙정부의 지방 통제력 약화 및 밀무역 이익 방조 및 편취	1393년(태조 2) 3월부터 5월까지 많은 사례 등장. 1394년(태조 3)에도 왜구와 왜적에 대한 기록들이 여러 차례 언급됨. 1396년(태조 5), 1406년(태종 6년)에는 전라도, 1408년에는 충청도에서 약탈이 자행되었으며, 삼포왜란(1510년), 사량진왜변(1544년), 을묘왜변(1555년) 등 임진왜란 이전까지 크고 작은 왜변, 왜란들이 계속하여 발생. 임진왜란 당시에는 기존의 왜구 출신들이 정규군으로 편입되어 조선을 침범. 임진왜란 이전까지 조선 시대는 상대적으로 고려 말에 비해 왜구의 침입이 숫적으로는 적었는데, 이는 도요토미 히데요시의 해적 금지령이 내려지면서 왜구가 소멸된 데 기인함. 『조선왕조실록』 기록을 감안하여 총 312건[86] 으로 추산

| 1592 ~ 1598 | 임진대왜 | 임진왜란, 정유재란 | 대외 | 왜 | 도요토미히데요시 | 우키다히데이에, 고니시유키나가 | 299 | 조선 | 선조 | 이순신, 권율 | 313 | 일본의 중국 정벌 위한 교두보 마련(정명가도 요청) | 개전 초기 수도 함락과 국왕의 몽진 등 국망의 위기상황이 발생하였으나, 예기치 않은 의병의 항전과 탁월한 전략의 이순신 장군의 연이은 해전 승리 그리고 행주대첩 등 육지에서의 선전과 명군의 지원에 힘입어 국면전환에 성공, 왜군의 전력 급강하와 전범 도요토미 히데요시의 사망이 맞물려 왜군 패퇴

《참전 병력》 87
조선: 172,000 정규군(1592년 기준)+22,600 자원입대 및 의병
합계: 194,600명
명나라: 1차 파병(1592~1593) 43,000명, 2차 파병(1597~1598) 75,000명
합계: 118,000명
왜: 1차 침략수(1592) 158,000명, 2차 침략수(1597~1598) 141,500명
합계: 299,500
《인적·물적 피해》 88
조선: 군사 185,000+전사, 50,000~60,000 포로, 합계(군병력): 260,000+, 민군 합계: ~1,000,000, 전함 157척 손실
명나라: 30,000+명
왜: 자료 미기재(영어판), 전함 460+척 170,000명(한글판) |

1627	병자대여진	정묘호란	대외	후금	홍타이지	아민저갈랑	36	중립외교표방해온 광해군의 폐위 후 왕이 된 인조의 친명배금(親明排金)이 명국과 대치중이던 후금을 자극	조선	인조	정봉수, 이완	50	조선-명의 혈맹관계임을 감안, 속전속결을 우선시하여 우회전술 구사 파죽지세로 평양 함락, 인조의 강화도 피신에 따른 장기전화 및 의병 봉기에 따른 퇴로차단을 두려워한 후금군의 강화제의 수용 후 형제 지국 관계 설정 및 후금군 철군함. 굴욕적 관계 수립됨 《참전 병력》[89] 조선: 50,000명, 후금 36,000 기병 《인명 피해》[90] 조선: 10,000명, 후금 3,000명
1636 ~ 1637	병자대여진	병자호란	대외	청나라	청태종	청태종	140	정묘 화약에 따른 군신관계 불성실 이행에 불만, 후방인 조선을 확실히 굴복시켜 명국 정벌 전에 나서려고 한 청태종의 강한 의지	조선	인조	김자점;임경업	164	명국 정벌 전 배금 성향의 조선 굴복 위해 한성 함락과 인조 항복을 우선시하여 공격, 매우 빠른 기동력으로 우회하여 한성 점령, 이후 조선 근왕병의 공세 차단하여 강화도, 남한산성 차례로 함락시킴으로써 인조 항복을 받아냄 《참전 병력》[91] 청나라: 좌군단 24,000명 청 태종 본대 84,000명 선봉대 5,000명 한인 수병 5,000명 몽골인 보조군 12,000명 합계: 140,000명 조선: 속오군(지역군, 예비군) 80,000+명 정규군 54,000명 수군 30,000명 합계: 164,000명 《인명 피해》 양측 신뢰성 높은 피해 자료 없음

핵이라는 이름의 청구서

1811~1812	홍경래의 난	홍경래의 난	대내	평안도 토부	홍경래			조선	순조		이요헌, 박기풍	서북인의 차별 대우 및 멸시, 지도층의 부패 및 피폐한 생활에 염증	정주성을 중심으로 청천강 이북 지역 대부분을 점령하였으나, 전략전술과 보급 문제에 대한 대책 없는 상태하의 봉기로 5개월 만에 평정됨. 홍경래 본인은 사살되었으며 나머지 참여자 1,900여 명[92]은 모두 처형되어 난이 평정됨. 그러나 이후 크고 작은 민란으로 이어진 도화선이 됨
1866	병인양요(조불)	강화부, 문수산성, 정족산성	대외	프랑스	나폴레옹3세	로즈	0.9	조선	고종	0.5	이인기, 한성근, 양헌수	대원군의 천주교 탄압과 프랑스 신부 살해	프랑스군의 함포사격을 통한 강화부 점령 후 문수산성 잠입, 정족산성에서 조선군의 야간 공격으로 패전하면서 퇴각함
1871	신미양요(조미)	손돌목 광성진	대외	미국	U.그랜트	로저스	1	조선	고종	0.9	어재연	통상교섭 요구한 제너럴 셔먼호 소각 사건에 대응	손돌목에서의 상호 포격전이 무위로 끝나자 미군은 상륙작전을 감행, 초지진, 덕진진, 광성진을 차례로 함락. 이후 조선의 강경한 입장을 간파하여 전원 철수함
1894	동학농민	1차 봉기(백산, 황룡촌, 전주성)	대내	조선	고종	전봉준	17	조선	고종	6.4	이용태, 홍계훈, 이학승	교조 최제우의 신원, 조선 양반 관리들의 탐학과 부패, 사회 혼란에 대한 불만, 고부 군수 조병갑의 착취와 횡포	농민군, 정부군 상대로 연승하였으나, 청일 양국의 무력개입에 따른 충돌 우려로 자진 해산, 대신 전라도에 자치단체인 집강소 설치

연도													
1894	동학농민	2차봉기(세성산, 우금치)	대내대외	조선	고종	전봉준	0.6	조선과일본	고종	홍계훈, 박제순	53	일본군의 내정간섭 반대 및 청일전쟁 유발한 일본군 축출	서울로 진격하려 하였으나 일본군과 정부군의 우수한 화력과 기습작전에 대패, 선봉장 전봉준 처형되어 2차에 걸친 농민전쟁 종료 《1, 2차전 참전 및 결과》93 - 1, 2차전 참전 병력수 동학군 : 남북접 600,000, 정부군: 50,000, 일본군 3,000 - 1, 2차전 인명 피해 동학군: 수십만 병력 전사, 정부군: 6,000명, 일본군 200명 전사
1895 ~ 1896	항일의병	을미의병	대내대외	조선과일본	고종	일본군관군	2	조선	고종	민승천, 유인석, 이필희	4.5	민비 시해사건과 단발령에 대한 반발	고종의 아관파천 후 단발령 해제로 투쟁 명분 상실, 해산
1905	항일의병	을사의병	대내대외	조선과일본	고종	일본군관군	0.6	조선	고종	민종식, 신돌석, 최익현	0.5	을사보호조약에 따른 국권 상실 반대	지방관공서를 장악하는 등 분전하였으나, 무장 조직력 약하여 붕괴
1907	항일의병	정미의병	대내대외	조선과일본	고종	일본군관군	1	조선	고종	민긍호, 홍범도, 이인영	3.5	헤이그 밀사사건 후 고종의 강제 퇴위에 반발	투쟁 규모의 전국화, 본격적 군 조직력 갖춤, 민중 발판 유격활동, 이후 무장 독립운동으로 발전함

핵이라는 이름의 청구서

기간	구분	전투명	대외	일본	일왕	일본군/일경	병력	일제강점기 대한제국	일왕	지휘관	병력	배경	결과
1910 ~ 1945	독립군 항일	총괄	대외	일본	일왕	일본군 일경	29~40[94]	일제강점기 대한제국	일왕	김좌진, 홍범도, 이청천	3~4.7[95]	국권회복 위한 군조직 강화 후 독립 위한 항일전쟁	아래 항목의 주요 전투에서와 같이 국지전 규모의 전투 실시, 이후 한중 협력체제로 확대, 끈질긴 대일 무장 전투를 수행하면서 독립 때까지 무장 항일활동, 독립 기틀 마련
1920. 6,7	독립군 항일	봉오동전투	대외	일본	일왕	야스가와	0.5[96]	일제강점기 대한제국	일왕	홍범도	1.3[97]	독립군 섬멸작전의 일환으로 일본군 간도진군	일본군: 157명 전사, 300명 부상 독립군: 13명 전사, 2명 부상[98] 매복 유인작전에 의한 일본군 섬멸, 이는 매우 값진 독립군의 승리로 향후 독립운동 전쟁의 기폭제로 작용함
1920. 10. 21. ~ 1920. 10. 22.	독립군 항일	청산리	대외	일본	일왕	아즈마	5	일제강점기 대한제국	일왕	김좌진, 홍범도, 이범석	2	간도에 주둔 활약 중인 독립군 토벌 위해 직접 일본군 출병	일본군: 900명 전사,[99] 600여 명 부상[100] 독립군: 130명 전사, 200명 실종, 90명 부상[101] 역사적인 승리였으나, 이에 대한 일본군의 보복으로 간도 학살사건(1만 명이 넘는 조선인 학살, 2,500호의 민가와 30여 개의 학교 전소됨)[102] 이 발발함으로써 상당한 후유증을 남김
1932. 9. 22. ~ 1932. 11. 22.	독립군 항일	쌍성보	대외	일본	일왕	일본군 일경		일제강점기 대한제국	일왕	지청천	25	하얼빈 점령 계획 사전 노출로 쌍성보로 선회	중국 의용군과 협동작전을 전개해 1차 쌍성보 전투에서 대승하는 등 일제에 상당한 타격을 가함. 이 전투는 이후 한중 양민족의 공동전선 형성에 큰 영향을 미침.[103] 그러나 1차전 승리 후 2차 전투에서는 일본군의 폭격기 동원 등 군사력 면에서 압도당하여 패배
1933. 7. 20.	독립군 항일	대전자	대외	일본	일왕	일본군 일경	3	일제강점기 대한제국	일왕	지청천	2	근거 지역 이동(만주에서 간도로) 및 새로운 활동 기지 마련	동경성 점령 후 열악한 상황 타개 위해 보다 안전한 기지 마련 위해 빈 입 매복 전투. 승리하였으나 중국군과의 불화로 해체

기간													
1950. 6. 25. ~ 1953. 7. 27.	한국전쟁	6·25전쟁	대내	조선민주주의인민공화국	내각수상김일성	김일성	**104** 1,642	대한민국	이승만	백선엽	**105** 972	북한의 적화통일 야욕으로 남침	미군과 UN군의 조기 참전 결정으로 북한에 의한 적화 무력통일은 막았으나, 중공군의 개입과 장기간의 치열한 전투로 정전협정 성립, 이후 분단국가상태 지속 한국군 및 UN군 인명 피해 통계 **106** 국가 참전병력 전사 부상 실종/포로 한국군 621,479 137,899 450,742 32,838 UN군 154,881 40,670 104,280 9,931 계 776,360 178,569 555,022 42,769
1964. 9. 11. ~ 1973. 3. 23.	베트남	월남파병	대외	대한민국	박정희	채명신	325	베트남공화국	호찌민	지압		한국 정부의 차관 마련, 경제적 지원 요청, 한국군의 현대화 주장과 미국 내 반파병 여론 우회 위한 양자 충족 논리에 의해 파병	사이공 함락으로 빛을 잃었으나, 당시 참전한 한국군의 탁월한 무공과 작전은 매우 인상적이었음. 미국의 경제원조 약속 이행에 힘입어 경제발전에 투자함. 그러나 잔인한 양민 학살 사건들과 국군의 생명을 담보로 한 용병 성격이었던 점은 큰 오점으로 남음 - 한국군 참전 병력 수: 325,517, 전사자: 5,099 **107** - 외화 수입: 1965년부터 1972년까지 베트남 전쟁을 통해 한국이 획득한 외화 수입 10억 3천600만 달러. 여기에는 무역을 통한 수입으로 약 2억 3,800만 달러, 무역외 수입(건설업, 장병 송금, 근로자 송금, 사상자 보상금, 서비스업, 지급보험금 등)으로 7억 5,300만 달러 포함. 이 가운데 '장병 송금'과 '근로자 송금'이 전체 외화수입 가운데 각각 19.4%, 16.0%를 차지한 점은 특기사항 **108**

| 1999.
6.
15.
~
2002.
6.
29. | 연평해전 | 1차,
2차
연평해전 | 대내 | 북한 | 김정일 | | 대한민국 | 김대중,이명박 | 서영길 | 북한군의
NLL침범 | 1차 연평해전
한국: 부상자 7명, 전사자 없음 109
북한: 사상자 130명(사망 최소 16명)으로 추정, 북한 경비정 반파되어 퇴각 110

2차 연평해전
한국: 전사 6명, 부상자 19명
북한: 사망 13명, 부상자 25명 111

김대중 정부의 햇볕정책 아래 벌어진 남북교전으로 한국 정부의 초기 대응 방법의 문제(이후 차단기동 포함 5단계 교전수칙에서 3단계로 약축 대응)와 사후 대북 대응방향을 놓고 보수와 진보 간의 첨예한 이념 갈등 발생, 전투 규모는 작은 편이나 당시 남북관계 및 첨예한 국내 이념 갈등으로 큰 비중을 차지 |

〈표 1-9〉 한반도 중요 전쟁사 요록, 도표 및 내용-저자 재구성

[부연 설명]

1.전쟁 개요: 『한민족 전쟁사 총론』(이재 등 6인, 교학 연구사, ISBN 89-354-0163-3
93390, 1999.2.30.)

2. 공격 측, 방어 측 세부내용: 『한민족 전쟁사 총론』&위키피디아(검색어: 각 전쟁, 전
투명), 최종 구성은 필자에 의함.

3. 발발 원인과 결과: 『한민족 전쟁사 총론』&위키피디아(검색어 :각 전쟁, 전투명)를
토대로 하되, 학자 간 이견, 다수 의견 혹은 보다 상세한 자료 필요한 부분은 추가
개별 인용 후 필자의 판단에 따라 최종 기술함.

상기 표는 한민족 역사상 일어났던 분쟁과 전쟁을 필자 분석 툴에
의해 연대기 순으로 요약, 분석한 것으로 사료적인 가치가 있다고 판
단된다. 그런 만큼 아래 몇 가지 항목들에 걸쳐 서술할 연구 분석 내
용은 향후 한반도의 앞날을 예상하는 계측기로서의 역할을 할 수 있
으리라 본다.

2-1-1. 평화 존속 기간

우선, 100년 이상의 평화 유지 기간을 보면 다음과 같다[전쟁 종료년
도(평화 시작)~전쟁 시작년도(평화 종료)로 표기].

① 통일 신라 시기 249년이 최장[삼국 통일 전 기벌포 해전(676)~후삼국
전 조물성전투(925)]이며, 고려 말 홍건적전쟁(1361)~임진왜란(1592)까지
의 231년이 그 뒤를 잇고 있으나, 이전의 잦은 왜구 침구와 국지적 왜
란 발생 등으로 큰 의미는 없다고 볼 수 있다. 즉, 왜구 침구 속에 평
화라는 어정쩡한 미봉책으로 평화를 겉 두름으로 인해 훗날 더 큰
화를 잉태하고 있음을 인식하지 못하고 있었다는 점이다.

한편, ② 병자호란(1637)~병인양요(1866)까지의 229년을 어떻게 볼

핵이라는 이름의 청구서

것인가 하는 점은 논란의 대상이 될 수 있다. 여기에 필자는 중요한 민란의 하나였던 홍경래의 난(1811)을 단순한 난이 아닌 내부 전쟁으로 규정, 해당 항목에 기입함으로써 평화 기간을 174년으로 계산하였다.

이어서, ③ 고려여진 전쟁(1108)~여몽전쟁(1231) 간의 123년, ④ 여몽전쟁(1259)~홍건적전쟁(1359)까지의 100년이 뒤를 이었다. 이와 같이 100년 이상 평화가 존속된 기간은 본격적 기록 시기라 할 고조선 왕검성 전투(BC 108년) 이후~2020년대 현재까지 총 2,128년 중 4 기간 646년이 된다. 그러므로, 한반도 역사상 100년 이상 평화 존속 비율은 30%가 된다. 따라서, 대부분이라 할 70%의 역사 시간 비율을 100년이 채 안 되는 짧은 평화 지속 기간 속에 살아왔다는 얘기가 된다.

다음으로, 50년 이상 100년 미만의 기간은 다음과 같다[전쟁 종료년도(평화 시작)~전쟁 시작년도(평화 종료)로 표기].

① 여여전쟁(22)~여한전쟁(118) 96년, ② 여한전쟁(118)~여한전쟁(172) 54년, ③ 여한전쟁(172)~여위전쟁(244) 72년, ④ 여제전쟁(396)~여제전쟁(475) 79년, ⑤ 여제전쟁(475)~나제전쟁(554) 79년, ⑥ 후삼국전쟁(936)~여요전쟁(993) 57년, ⑦ 여요전쟁(1019)~여진전쟁(1104) 85년, ⑧ 홍경래의 난(1812)~병인양요(1866) 54년 등 8 기간 576년이다.

따라서, 50년 이상~100년 미만의 평화 존속기간은 27%에 해당한다. 그렇게 되면, 100년 이상의 30%와 50~100년의 27%의 합인 57.4%(1,222년)가 중·장기간(50~100·100+)의 평화 기간이었으며, 나머지 42.6%(906년)의 역사 기간 동안에는 50년 미만의 짧은 평화 기간 속에 잦은 변란의 역사로 점철돼왔다는 사실을 알게 된다. 즉, 한반도 역사상 약 900년에 해당하는 기간 동안 한민족은 반세기도 되기 전에 각종 전쟁·전투에 노출되어 온 비운의 역사를 살아온 민족임을 알 수 있다.

2-1-2. 전쟁 발발 주기

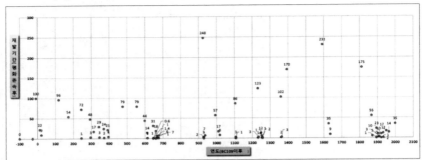

〈그림 1-7〉 한반도 전쟁 재발 기간별 분포도-저자 작성

상기 분포도를 보면 흥미로운 몇 가지 사실을 발견하게 된다. 우선, 한반도에서의 전쟁 분포가 300년 묶음 단위로 그룹 분포가 되어 있으며, 이 기간 내의 집합도가 강함을 알 수 있다. 즉, 300년 단위의 그룹 내에서 집중적으로 전쟁이 발발했음을 확인할 수 있다는 얘기다.

또한, 2,128년 동안 전쟁 공백 기간은 700~900년, 1400~1600년, 1650~1800년 등 3개 구간의 여백만이 존재했음을 알 수 있다. 다시 말하면, BC 100~600년대, 1000~1400년대, 1800~2000년대의 3개 전쟁 횡축 중 300~400년대, 1200년대, 1900년대의 3개 100년대가 전쟁 회전 종축을 형성했다는 사실이다. 결국, 한반도에서의 전쟁은 이러한 3개의 대형 전쟁 회전축을 끼고 발생해 왔다는 점을 알 수 있다. 그런데, 보다 심각한 문제는 각 그룹의 회전날개의 맨 우측 부분에 해당되는 시기의 전쟁들(668년 고구려-당 전쟁, 1592년 임진왜란)이 초대형이었다는 점으로 이는 또 다른 전쟁 역사의 연구 대상이 아닌가 한다.

그리고 한 가지 더 눈여겨볼 점은, 900년 이후 평화 존속기간이 대폭 늘어나다가 1900년 이후 다시 분쟁 횟수가 대폭 늘어나는 사실도 눈에 띈다는 사실이다. 통일 한반도 시기인 조선, 고려 시대보다는 700년 이전 개별 지역 국가 상황인 삼국 시대의 전쟁 횟수가 압도적

핵이라는 이름의 청구서

으로 많았음을 보여 주며, 1900년 이후에는 다시 이러한 분단 상황에 발생하는 분포 사이클로 다시 돌아갔다는 점을 알 수 있다. 즉, 통일 한반도의 시기보다 분열한 반도의 시기 때 전쟁 횟수가 눈에 띄게 많 았다는 점을 보여 주고 있다.

마지막으로, 전쟁과 평화 기간의 낙폭이 크다는 점을 눈여겨보아 야 한다. 예를 들어, 고려 말 홍건적 전쟁 이후 231년의 평화 기간 후 곧장 전쟁기로 돌입하고 그 규모는 더욱 큰 전쟁(임진왜란 1592)으로 치닫는 등 '텀블링 현상'을 연상시키는 모습을 보여 주었다. 그만큼 평 화기가 평화를 위한 기간이 아닌 대규모의 전쟁이 암약되고 준비되 던 시간이었던 셈이다.

2-1-3. 향후 발생 예상 시기 및 가능성

이를 요약하자면 확률의 게임이 결코 아닌 잠재된 사이클로 돌아가 는 형국이라는 점이다. 따라서 이는 마치 월드시리즈 마지막 경기에 서 온갖 경우의 수를 따지듯 모든 국란의 가능성을 대비한 철저한 국 정운영이 요구될 수밖에 없는 이유이다.

우선, 그래프를 들여다보자. 전쟁 그룹 사이클은 과거 역사 흐름을 대입할 때, '300년 전쟁 그룹' 후 '100년 평화 기간'이란 패턴을 읽을 수 있다. 이 부분은 매우 중요한 부분이며, 향후 한반도의 전쟁 가능 성을 엿볼 수 있는 사전 탐지·예보적 성격이 강하다. 즉, 연평해전 이 후 2100년까지 100년의 시간이 주어져 있다고 볼 수 있다.

만약 연평해전을 전쟁의 일환이 아닌 단순 분쟁의 고리로 생각한다 면 베트남전쟁부터 시작해서 100년이 되므로 그 기간은 더 짧게 남 아있다. 1964년 이후 100년인 2064년 즈음이 위험한 시기가 도래할 수 있다는 것이 차트의 설명이다. 그리고, 그 이후 100년간(2100~2200

년)은 연속적인 전란 속에 휘말릴 수 있다고 예측할 수 있다.

물론, 이는 한반도 전쟁의 역사 패턴이 그대로 되풀이된다는 가정하에서이다. 수많은 변수와 이변이 있겠으나, 지난 2,128년이란 기간은 차트를 분석하기 위한 산정 기간으로서는 충분하다는 점은 부인하기 어렵다. 따라서, 한민족은 이러한 예상 분석 자료를 얼마만큼 인지할 수 있는가와, 이를 토대로 한반도의 양(兩) 정부가 어떻게 슬기롭고 유연성 있게 국내외 문제에 잘 대처하느냐가 향후 한반도의 국운을 좌우할 중요한 요인이 될 것으로 보인다.

2-1-4. 주축 세력 분석을 통한 예측

아울러, 한반도 전쟁사의 흐름을 주도한 세력들의 변화 패턴을 분석해 볼 필요가 있다. 아래 표는 한반도 역사상 발생한 변란 기간별 개입 세력을 정리한 것으로 향후 발생할 수 있는 사태 예측 분석에 참고가 되리라고 본다. 이를 바탕으로 항목별로 나누어 보면 다음과 같다.

변란 기간			전쟁 대상 국가		변란 기간			전쟁 대상 국가	
발생 연도	종료 연도	횟수	상대 구분	한반도	발생 연도	종료 연도	횟수	상대 구분	한반도
BC 109	BC 108	1	중국	고구려	1359	1361	2	중국	고려
BC 9	BC 9	1	북방	고구려	1592	1598	1	일본	조선
13	22	2	내부	고구려, 부여	1627	1627	1	북방	조선
118	245	4	중국	고구려	1636	1637	1	중국	조선
293	296	2	북방	고구려	1811	1812	1	내부	조선
313	314	1	내부	고구려	1866	1871	2	서양	조선
342	345	2	중국	고구려	1894	1894	2	내부	조선
369	554	6	내부	3국(고, 백, 신)	1895	1933	7	일본	조선, 일제강점기
598	647	7	중국	고구려	1950	1953	1	내부	대한민국
642	660	2	내부	3국(고, 백, 신)	1964	1973	1	아시아	대한민국
661	676	5	중국	고구려, 신라	1999	2002	2	내부	대한민국
924	936	6	내부	후3국	계		76		
993	1259	16	북방	고려	※ 주요 전쟁 기록 횟수 반영				

〈표 1-10〉 연도별 한반도 전쟁 개입 세력 분포도, 도표-저자 작성

위 표에서 전쟁 대상 국가의 개입 횟수를 분류해 보면 중국 22회, 북방 세력 20회, 내부 23회, 일본 8회, 서양 세력 2회, 기타 아시아 지역 1회가 된다. 내부에 의한 내전을 제외하고서는 중국과 북방 세력이 압도적으로 한반도 변란에 관여했음을 알 수 있다(물론, 삼국시대 이후 지속된 왜구의 침구는 제외한 수치이다. 왜냐하면 포함할 경우, 일본은 총 851회에 달할 정도로 다른 전쟁과의 변별력이 떨어지므로 이 부분은 별도로 참고하는 것이 합리적으로 보인다).

이를 통해 유추해 보면, 중국과 북방 세력은 언제든 적대적인 관계로 전환 가능하며, 일본 세력은 한반도 주변을 호시탐탐 노려온 것으로 판단할 수 있어 항상 경계하지 않으면 안 되는 대상임을 한 눈으로 확인할 수 있다.

2-1-4-2. 개입 다이어그램 형성

그런가 하면, 이 국가들이 개입해 온 다이어그램도 형성되고 있다. '중국, 북방 세력→내전→중국, 북방 세력→내전→일본→중국, 북방 세력→일본→내전' 순으로 전쟁이 진행되어 온 점을 눈여겨볼 필요가 있다.

중국과 북방 세력이 할퀴고 간 후 한반도에는 그 후유증으로 내전이 발발해 왔으며, 이 세력이 약화된 다음에는 일본 세력이 한반도를 휩쓸고 갔으며, 이후에는 어김없이 한반도에는 또다시 내전이 찾아오는 형국을 보여 주고 있다.

2-1-4-3. 향후 예측

그런데, 2020년대 현재, 북방 세력이라는 변수는 개입 다이어그램으로 보면 쇠약해진 상태에 준한다. 그러므로, 이제 남은 것은 중국과 일본 그리고 남북 내전이라는 3가지 변수이다. 그렇지만 누가 전쟁을 주도할 것이냐를 섣불리 단정지을 수는 없다. 하지만 한 가지 확실한 것은 이 3 국가 그룹 축의 긴장 압력도가 강해져 가고 있다는 점이다. 그 때문에 중국은 순간적으로 한반도를 공격하는 적으로 돌변할 수 있으며, 일본 또한 기회만 닿으면 한반도에 세 번째 정명가도 (征明假道)를 요구할 수 있다. 그러나 2020년대 이후 이 축의 폭발 압력의 임계점에 가장 가까이 갈 수 있는 핀(Pin)을 쥔 쪽은 역시 북한과 북한 핵이다. 절대 원치 않으나 논하지 않을 수 없는 현실적인 문제가 된 것이 바로 한반도에서의 핵전쟁 문제이다.

핵이라는 이름의 청구서

3
핵전쟁에 따른 예상 피해
—

　1998년 미 CIA와 미국 국방부는 흥미로운 분석 자료를 내놓았다. 물론 얼마만큼의 TNT KT를 가지느냐에 따른 차이일 뿐, 이 내용은 가치 있는 자료로 판단된다. 어느 날 갑자기 북한으로부터 날아온 핵폭탄이 서울 시내 한가운데를 공격했을 경우, 과연 어느 정도까지 피해가 나올지의 반경과 피해 규모 예상을 현실감 있게 조명하였다는 점이다(구체적인 물적 피해 부분은 제3편 '핵 비용 청구서'에서 필자가 별도로 연구 분석하였으므로 필독을 권유한다).

　저자가 살고 있는 노원구로부터 약 20㎞ 떨어진 서울 용산구에 15KT 규모의 핵폭탄이 떨어졌을 경우, 노원구는 영향권에서 벗어나 있으나 서울역을 이용하는 엄청난 규모의 국민들은 순식간에 목숨을 잃는다는 사실이 적시되어 있다. 한 줌의 재로 변하는 것은 물론이거니와 최근접 범위 내 모든 시설물이 녹아들어 가 형체도 없이 공중으로 사라지게 되는데, 이러한 현상은 추후 설명하기로 한다.

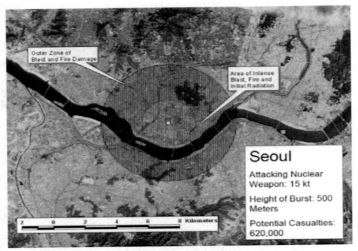

〈그림 1-8〉 서울 상공 핵폭발 시뮬레이션 현황,
사진-Natural Resources Defense Council

  이 리포트는 핵폭탄이 서울 상공 500m에서 폭발할 경우, 사망자 수만 62만 명[112]에 이를 것이라고 밝혔다. 물론 범위별 확산도가 상이하나 20KT로 단순 계산할 경우에는 무려 약 83만 명의 인명이 피해를 입게 된다는 얘기도 된다.

  그런데 또 다른 보고서[113]는 이보다 훨씬 더 큰 피해 상황을 가정하고 있다. 상공 500m가 아닌 지표면에 더 가까운 해발 300m 상공에서 폭발시킬 경우 핵폭발에 의한 부상자의 90%가 1년 내에 목숨을 잃는다는 가정하에 257만 명이 사망하는 극악의 결과 보고서인 셈이다.

핵이라는 이름의 청구서

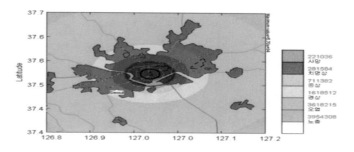

핵폭발로 인한 사상자 수

사상자 수 \ 피해종류	핵폭발 시 (전자기파, 충격파, 방사선, 화재 등)	방사능 낙진	합계
사망자 수	344,412	784,585	1,128,997
부상자 수	35,421	1,584,450	1,619,871
전체 사상자 수	379,833	2,369,035	2,748,868

〈그림 1-9〉 서울 용산가족공원 핵 공격 시 피해 상황 NWPN 시뮬레이션 결과[114]
―20KT, Pu, 핵폭탄 원격 지표면(해발 300m) 폭발, 무풍, 광역수도권 인구밀도 적용

[용어 설명]

1. Combat imp: 노출된 인원은 1시간 이내 즉사.

2. LD50: 인원의 50% 즉사.

3. Death poss: 인체에 미친 방사선량으로 결국 수일(약 30일) 내 죽게 되는 사람 숫자.

4. Rad sick: 인체에 미친 방사능으로 방사선 질병을 앓게 되는 사람 숫자, 100~200렘일 경우 대부분은 10년 이내 사망.

5. Occup exp: 상당 기간 사망하지는 않아도 원자병의 후유증 경험.

6. Gen pop exp: 핵폭발로 피해를 입는 모든 인구가 포함.

7. Prompt: 방사능 낙진(nuclear fallout) 이외의 피해로 발생하는 사상자. 열풍 효과나 충격파 등(출처-통일연구원).

[핵 영향 범위 면적]

- 근거 이론 [115]

① 위도는 x= a cos, y= b sin, (a-b)/a=e 수식 적용

   a: 장반경으로 적도 반지름인 6,370km

   b: 단반경으로 극 반지름인 6,261.7km

e: 이심률: 지구는 0.017의 이심률을 지닌 타원체

② 경도는 1° 단위 약 89km, 위도는 1° 단위 약 110km

[부연 설명(저자)]

① 여기에 대한민국의 위도인 36°와 37°를 대입하게 되면, x축의 차는 36°-37° =66.13km, y축의 차는 36°-37°=87.85km가 된다. 이를 자세히 풀이해보면 다음과 같다.

위도 36°일 때 x=6,370×cos36=5,153.43825, y=6,261.71×sin36=3,680.54079

위도 37°일 때 x=6,370×cos37=5,087.30819, y=6,261.71×sin37=3,768.39114가 되는데 여기서 x와 y를 각각 빼게 되면 상기의 값이 구해진다.

여기에 두 지점 간의 거리를 구하는 피타고라스의 정리(직각삼각형에서 빗변 길이의 제곱은 다른 두 변의 길이의 제곱의 합과 같다. 예를 들어, 세 변의 길이가 a, b, c인 삼각형에서 $a^2+b^2=c^2$이면 c가 빗변인 직각삼각형이다)를 적용하면 위도 1°당 c=109.958km가 된다(이는 NASA 실관측과는 다소 차이 발생하는 것이며, 그만큼 지구가 완벽한 타원체는 아니라는 반증이 될 수 있다).

② 경도는 이와는 달리, cos 37×2πr의 원주 공식에서 360°를 분할, 1°당 88.74km 거리 차를 계산해 낼 수 있다. 즉, cos37×2πr=31,948km이 되며, 이를 360°로 나누면 88.74km가 된다.

③ 상기 시뮬레이션상 가로 거리(경도)는 127.1°-126.85°로 판단, 0.25°×88.74km 적용, 거리 환산 22.2km로 계산, 세로 거리(위도) 37.67°-37.47°로 판단, 0.2°×110km 적용 거리 환산 22.0km로 계산한다.

④ 한편, 여기서 이 확산 모형을 사각형으로 단순 인지할 경우 상기 핵폭탄 파급 면적은 488.4㎢(22.2km×22.0km)로 되며, 원 넓이(πr²)로 계산할 때는 약 383.6㎢ (π×(11.05)2)가 된다. 그런데 각종 핵실험에 따른 모형이 원형에 가깝고 10단위 값 절사 처리하여 최종 핵폭탄 영향 범위 면적은 380㎢로 하기로 한다.

그래서, 위의 산출 과정을 적용하여 확인했을 경우, 핵폭탄이면서

핵이라는 이름의 청구서

도 1945년 전의 위력에 조금 넘치는 힘으로 서울을 강타했을 때도 최소 60만에서 최대 250만 명까지의 인명이 사상당하는 피해를 볼 수 있다고 정리해 볼 수 있다. 그러면 어떤 위력과 폭발 형태를 보이기에 이런 가공할 살상력을 보유하게 되는지 좀 더 세부적으로 살펴보자.

우선, 핵무기는 다른 일반 무기와는 달리 태양 빛의 100배 이상의 뜨거운 에너지를 방출하는데, 폭풍, 열, 핵 3가지 형태로 에너지를 발산하게 된다. 물론 세기와 장소 그리고 환경 특성에 따라 차이는 있으나 기본 3 형태로 나오는 건 차이가 없다.

그런데, 어느 국가든 핵무기를 보유할 경우 그 핵무기의 살상력을 높이는 데 관심을 기울이게 마련이다. 그러자면 단순히 지표면에 밀착시켜 마치 수류탄이나 TNT 폭탄처럼 땅바닥에서 폭발하게 된다면 그 폭발력은 얼마나 될 것이며, 한 걸음 더 나아가 공중에서 폭발해서 원폭의 밑기둥이 지표면을 강타하는 또 다른 방법을 쓰게 된다면 그 살상력은 얼마나 될지 궁금하지 않을 수 없다. 그러면 지표 폭발과 공중폭발의 폭발 효과를 대비해 보면 해답을 구할 수 있을 것이다.

3-1. 폭발 형태

3-1-1. 지표면 폭발

쉽게 유추할 수 있는 장면이 있다면, 수류탄을 던졌을 때 지표면이 어떻게 변하는가 하는 장면을 상상해 보면 된다. 폭발 때 구덩이가 생기게 되는데, 이 구덩이 속의 흙은 본래의 토양성을 훼손당하면서 폭발력의 상당 부분을 흡수하는 대신 살상력을 지닌 파편을 같이 싣고 공중으로 날아가게 되는 원리이다.

이를 핵폭탄의 지표면 폭발에 견주어 보면, 하단 폭발점 주변의 흙들은 모두 녹음과 동시에 그 융해된 물질은 원자운과 함께 공중으로 치솟아 올라 감으로써 분화구를 형성시키는 이치와 같다. 폭발은 지표면(ø, Ground Zero)에서 지하 20미터(6 feet) 사이에서 주로 이루어진다.

흔히 뉴스나 다큐멘터리 방송에서 보듯, 거대한 분화구가 형성된 장면들을 쉽사리 볼 수 있는데, 이 사진들은 지표상이 아닌 지표면 아래의 핵실험 장소가 실험 후 붕괴된 모습이다. 그런데 만약 이러한 핵탄두가 지표상에서 폭발한다면 그 위력은 육안상으로도 클 뿐만 아니라 그 여파도 상당할 것이다. 폭발 시의 원자운과 방사능이 흙이라는 덮개로 제한적으로 제어되지 않을 경우 지표면은 방사성 낙진이라는 형태로 다시 뒤덮이게 된다.

이로 인해 마치 화산 폭발로 인한 낙진들이 온 동네를 뒤엎듯, 폭넓은 지역에 걸쳐 거주민들 위로 강하할 경우 이로 인한 후유증으로 일정한 기간 내 대부분의 인명이 사망하는 결과를 초래하게 된다. 이 방사선은 거대한 오염지역을 형성하여 사람들이 살 수 없는 죽음의 땅으로도 만든다.

앞선 시나리오 부분에서도 암시했듯이 이 지표상 폭발은 군사시설물 타격에 우선한다는 점은 분명하다. 공중폭발이 정밀타격 효과보다는 전반적인 대량 살상에 포인트를 맞춘 것이라면 이 지표면 폭발은 쟁점이 되는 타깃을 파괴, 재생 불능을 만드는 데 있어 이보다 더 큰 무기가 없다. 대표적으로 미 핵잠수함에 배치된 TNT 5 KT 규모의 저위력(Low-yield) 핵무기인 W76-2 핵탄두가 이에 해당한다. 그런가 하면, 심지어는 야포에 실어 지상 위 목적지에 포격할 수도 있다. 그러나 저단위라는 인식으로 대단위 인명 피해를 불러올 수 있는 군사적 오용에 대한 섣부른 판단을 불러올 가능성이 커 오히려 경계의 대상이 되기도 한다.

3-1-2. 공중 폭발

이와 달리, 공중폭발은 피해를 극대화하기 위하여 상공 300~500m 정도에서 폭발하도록 하여 상공 이하 지상 반경 내 모든 생물, 무생물을 초토화시키는 효과를 거두기 위함이다. 여기서 관심을 가져야 할 대상이 화구(Fire Ball)라고 불리는 뇌관인데, 이 뇌관이 폭발할 경우 그 영향력은 마치 태양을 100개나 합친 것과도 같은 강렬한 섬광(EMP, Electromagnetic Pulse)이 빛나며 수백만 ℃의 고온을 발산하여 모든 것을 녹이고 잿더미로 만드는 용광로로 변하게 한다.

실례로, 히로시마에 투하된 원폭의 원자 구름은 최대 18㎞ 상공까지 치솟아 올랐는데 이는 상대적으로 높은 고도인 지상 580m 상공에서 폭발하였기 때문이다. 만약 300미터 상공이라면 최대 10㎞ 상공까지 올라갈 수 있었을 것이다.

그런데 문제는, 300m이든, 500m이든 그 밑에 남아있는 모든 것, 반경 약 1.3~1.6㎞ 이내의 것들은 강력한 열복사선에 의해 타거나 사망하게 되며, 건물이나 소중한 시설들이 잿더미로 변해버린다는 사실이다.

〈그림 1-10〉 히로시마 원폭 중심지에서 폭발 당시 녹아버린 희생자의 모습.
사진-히로시마 평화기념관

〈그림 1-11〉 원폭으로 폐허가 된 히로시마 전경, 사진-히로시마 평화기념관

또한, 그보다 더 큰 위력은 소위 후폭풍의 무서움이다. 이를 입증할 자료로는 차르 봄바만큼 확실한 실험 결과도 없을 것이다. 이 위력에 대한 설명은 다음의 인용문 하나로 압축될 수 있다.

"폭탄은 기압 센서를 이용, 지면으로부터 4,000m(해발 4,200m) 높이에서 폭발하였다. 폭발의 화구는 지상에까지 닿았고, 위로는 폭탄이 투하된 비행기의 고도까지 닿았다. 비행기는 이미 45㎞ 밖의 안전한 곳으로 이동한 후였지만, 폭발은 1,000㎞ 바깥에서도 보였고, 폭발 후의 버섯구름은 높이 60㎞, 폭 30~40㎞까지 자라났다. 100㎞ 바깥에서도 3도 화상에 걸릴 정도의 열이 발생했고, 후폭풍은 1,000㎞ 바깥에 있는 핀란드의 유리창을 깰 정도였다. 폭탄에 의한 지진파는 지구를 세 바퀴나 돌았다."[116]

이 차르 봄바의 폭발 장면을 담은 동영상을 보게 되면 어느 정도 위력의 폭풍이 건물과 나무들을 날려버리는지를 똑똑히 목도할 수 있다. 그리고 강력한 방사선에 휘감긴 생물들이 제대로 생존할 수 없게 될 것임과 파편으로 인해 또 다른 피해가 발생할 수 있음도 알 수

핵이라는 이름의 청구서

있다. 하지만 무엇보다 우려스러운 점은 히로시마 원폭처럼 1차 폭발로 인한 피해(히로시마: 25만 명 중 1차 7~8만 당일 사망[117]만큼의 사망자 비율이 일정 시간 내의 방사선 피폭에 따라 발생한다는 사실이다.

3-1-3. 지표하 폭발

그런데 인류가 존재하는 한, 그리고 지구의 생태계가 온전한 모습을 갖추기 위해서는 이러한 종류의 핵실험으로 인한 후유증으로부터의 완전한 예방 혹은 피해의 최소화를 위한 각계의 노력이 절실하다. 그러자면 우선 핵폭발로 인한 방사능의 대기 유출부터 없애야 한다. 그래서 이러한 맥락에서 추진한 것이 지표화 핵실험이다. 물론 방사능 대기 노출 외 실험의 파급효과 등 핵실험에 대한 정확한 정보를 얻으려는 목적도 포함되어 있다.

한편, 지표하 폭발은 폭발의 중심이 지표면 아래 또는 해수면 아래에 있는 폭발을 말한다. 그러나 이 폭발은 지표상 폭발만큼의 관심과 후유증에 관한 연구가 상대적으로 많지 않다. 그 이유로는 실험 목적의 폭발이 대부분이며 지하 장애물과 군사 목표물 제거를 위한 실제 폭발은 없는 편이기 때문이다.

〈그림 1-12〉 Operation Plowshare의 일환으로 실시된 핵실험
'Sedan(1962년)'으로 생성된 분화구, 사진-위키미디어[118]

그런데, TV나 동영상을 통해 접할 수 있는 '푹 꺼짐' 현상은 지표상 폭발이라기보다는 지표하 폭발일 가능성이 높다. 미국 사막, 중국 사막, 프랑스령 바다 밑이 푹 꺼지거나 출렁거리는 장면들 모두가 이 폭발의 결과로 나오는 장면들일 가능성이 높다. 흔히 고공 폭발이나 지표면 위의 폭발들로 인해 대량 인명이 살상되고 회복할 수 없는 죽음의 땅으로 변질되어 간다고 하지만, 이와 같은 장면에서 유추해 볼 수 있듯이 이 지표하 폭발의 피해 부분도 결코 간과되어서는 안 된다.

따라서 이를 구분 짓는 기준선은 실험 혹은 실제 폭발의 지표하 위치이다. 결국 확실한 것은 지표상 최저점인 지하 20m 아래에서 발생할 경우 지표하 폭발로 볼 수 있는 것이다. 그러나 각종 핵실험을 진행한 미국은 수직갱도 기준, 방사능 봉쇄가 가능한 지표하 핵실험 위치를 아래 공식에 의거, 지하 600 feet(183m)에서 2,100 feet(640m)[119]로 정하고 있다.

핵이라는 이름의 청구서

$$Depth=400(yield)/q$$

ⓐ Depth=feet, ⓑ yield=Nuclear weapon yield(핵 출력), ⓒ q=plus-a-few-hundred feet(여유 추가 깊이)

이 실험의 대표적인 예로는 1962년 네바다주의 유카 플랫(Yucca Flat)에서 실시한 폭발명 세단(Sedan)으로 '100kt의 핵폭발 실험 결과 직경 360m, 깊이 193m의 대형 폭발구'[120]로 공식 기록되었다.

이와 반면, 북한은 1-2-3 차단 구역으로 나눈 수평갱도를 활용하고 있다. 1 차단 구역에서는 폭발 시 각종 신호를 계측하고, 2 차단 구역에서는 재사용을 위한 갱도 시스템을 보호하며, 3 차단 구역에서는 1, 2단 구역에서 실패한 방사능의 갱도 밖 누출을 차단하는 역할을 하게 된다. 이 수평갱도 실험은 외부에서는 목격되기 힘든 구조를 띠고 있어 핵폭발을 외부에 노출시키지 않을 경우에 용이할 수 있다.

그런가 하면, 해수면 아래에서 발생한 실험 혹은 폭발도 이에 해당한다고 볼 수 있다. 예를 들어, 후쿠시마 원전 폭발로 반경 수십 ㎞에 이르는 지역이 주거 부적합 지역으로 판정되어 주거가 금지된 것은, 원전 폭발의 경우 실제로는 지상 위 폭발보다는 지표하 폭발 후유증에 더 가깝다고 볼 수 있다. 즉, 지상과 밀접한 지표하를 스며들거나 파고 들어 인간이 사용할 수 없는 불모지로 만든다는 점이다. 특히, 후쿠시마 해안으로 방사능 오염수를 방출함으로써 바다가 오염되는 것은 지표하 폭발이 넓은 해양에 퍼져 나가는 것과 유사하다고 볼 수 있다.

이 부분은 논란의 여지가 있을 수 있겠지만, 폭발지점, 폭발 방향성 및 향후 영향력 등 3가지 기준을 놓고 보면 지표하 폭발에 더욱 가깝다고 볼 수 있다. 즉, 지표하 및 해수면 이하 수백 m 깊이로 스며들어 방사능 오염지역으로 만드는 경우에 해당하므로 공중 폭발이나 지표상 폭발과는 엄연히 다른 분류로 지정해야 한다는 사실이다. 다행히 미국, 소련, 영국 3국은 1963년 부분적 핵실험 금지조약에 서명하여 해저지진과 해일을 유발할 수 있는 해수면 이하에서는 핵실험을 하지 않기로 했다.

그도 그럴 것이, 이 핵폭발로 인한 충격은 지하이다 보니 버섯구름과 후폭풍으로 대변되는 지상 폭발 장면에 익숙한 사람들에겐 훨씬 덜 충격적으로 보일 수 있으나, 땅속에서 그리고 땅으로부터 도움을 받고 생명력을 지탱해내야 하는 인류로서는 훨씬 더 고통스러운 폭발이며, 삶의 터전을 반영구적으로 송두리째 빼앗기는 처참한 현실이 도래할 수 있음을 직시해야 한다.

또한 필자가 고고도 폭발-공중 폭발-지표상 폭발-지표하 폭발이라는 핵물리·군사 학계의 보편적 핵폭발 분석 패턴과 달리 이 지표하 폭발에 많은 지면을 할애하는 것은 핵폭발의 효과 및 사용 움직임에 대한 시대적 변화가 뚜렷해지고 있기 때문이며, 이제는 이러한 추세를 학계에서도 좀 더 관심을 가지고 연구하는 것이 바람직하다는 필자의 소견도 반영되어 있기 때문이다.

이러한 변화의 대표적인 전략핵무기로는 핵 벙커버스터인 B61-MOD12이 있다. 이 무기의 위력은 50KT[121]에 미치며 정확도가 뛰어나 지하 30m 이하를 파고들어 폭발 효과를 만들어 내면서 상당한 지표하 충격파를 생성, 전쟁 지도부나 적성국의 주요 군사 시설을 파괴할 수 있다. 그리고 동시에 이러한 종류의 무기는 지표하 생태계를 오염시키는 또 다른 요인이 될 수 있다는 점을 인식해야 한다.

3-1-4. 고고도와 우주권 폭발

앞에서 잠시 필자가 언급한 것처럼 핵폭발 중 고고도 핵폭발도 전형적인 폭발 형태의 하나로 기록되어 왔다. 주로 30㎞ 이상의 상공에서 일어나는 폭발이며, 인체에 대한 직접적인 위해보다는 강력한 전자펄스(EMP, Electromagnetic Pulse)를 발생시켜 정밀 전자기기(무기)를 파괴하거나 성능을 약화시킨다. 따라서 전산·전자 기기, 전차, 전투기, 레이더 등 현대적 생활용품과 전투용 첨단장비의 고장을 일으켜 실생활과 군사적 대응에 상당한 장애를 유발하는 폭발 형태라고 할 수 있다.

그런데 이와 유사한 표현으로 대기권 핵폭발이 있는데 용어 사용상 다소 혼동의 여지가 있다. 여기서 말하는 대기권 폭발이란 지상 30㎞ 이상~100㎞ 사이의 오존층 최상위~우주에서 지구로 진입하는 열권의 최상층 사이에서 발생하는 핵폭발을 말한다.

이와 달리, 대기권의 경계선인 지상 약 100㎞ 이상과 같은 우주권에서 이뤄지는 핵실험은 엄밀히 말하자면 대기권 외(外) 혹은 우주권 핵실험이라고 해야 정확한 표현이다. 즉, 고고도 폭발과는 현격한 고도 차이에서 발생하는 우주권 위치에서의 핵폭발을 말한다.

대표적인 우주권 핵폭발의 사례로는 스타피시 프라임 실험(The Starfish Prime High-altitude Test)이 있다. 이 실험은 1962년 7월 태평양의 존스턴섬 남서쪽의 고도 약 400㎞ 상공에서 이뤄진 1.4 메가톤급의 수소폭탄 실험이었다. 그 결과 EMP가 발생하여 1,445㎞[122] 떨어진 하와이에서도 가로등과 경보기, 각종 전자기기들이 고장 나는 등 각종 전자 장비의 불능을 유발하였다.

그런데 이 우주권 실험의 위험성은 지표면에서 1,000㎞ 이상에 존재하는 밴 앨런 복사대(Van Allen Radiation Belt)에 영향을 미칠 수 있는데, 여기서 이 복사대가 지구 자기장 내부 영역에 위치하고 있다는 사실이 매우 중요하다. 지구 자기장과 밴 앨런대는 지구의 보호막인데 우주 방사선과 태양풍을 막아 지구상의 생물체를 보호해 주는 역할을 한다. 그런데 이 스타피시 프라임 실험에서 '밴 앨런대 내에 갇힌 전자들'[123]이 인공위성을 불능화시킨 아찔한 사건이 벌어졌다. 인류의 운명을 담보할 수 없는 핵실험 행위가 우주권에서 벌어졌다는 사실이다. 지구자기장과 밴 앨런대는 인류를 지켜주는 최후의 방어막임을 잊은 행위였다. 그 때문에 이 '우주권에서의 핵실험은 인류의 존속 자체를 우려해야 한다'라는 자연의 준엄한 경고를 동시에 받아야 하는 극도로 위험한 핵실험임을 잊지 말아야 한다.

그런데 이 우주권 핵실험은 고고도 핵실험과 마찬가지로 지표하 핵실험과는 차원이 다른 재앙을 초래할 수 있다. 바로 방사능 낙진의 지상 투하 때문이다. 이는 전 세계인들의 보건과 지구 생태계를 무너뜨릴 수 있는 지구 최악의 재앙을 유발할 수 있어 UN 차원에서도 엄격히 제한하고 있다. 모든 지역(대기권, 외기권, 수중, 지하 등)에서 모든 종류의 핵폭발 실험을 금지한, 1996년 UN이 마련한 포괄적 핵실험금지조약(CTBT)에 명문화되어 있다.

그러나 이러한 절대적 제약 조건에도 불구하고 이를 위반하려는 움직임이 나타날 수 있다. 일반적으로 대륙간 탄도 미사일과 그 위력을 세계에 알리려고 할 경우 이런 종류의 위험한 핵실험을 감행할 수 있다. 그만큼 UN과 핵보유국들도 그 어떤 세력이나 국가도 이런 종류의 핵실험이 자행되지 않도록 상호 간에 면밀한 감시 활동을 게을리하면 안 된다.

핵이라는 이름의 청구서

3-2. 전면전에 따른 피해 예상

구소련이 행한 가장 큰 핵실험이었던 차르 봄바(1961.10.30., 소비에트 연방 노바야제믈랴 제도에서 실험)도 직접 인명을 대상으로 실험할 수는 없었으므로 그 파괴력을 내면적으로 관찰할 수는 없다. 이에 비해, 히로시마와 나가사키는 불행하게도 인류에게는 살아있는 교훈을 안겨다 준 핵폭발의 학습 현장이 되고 말았다.

따라서, 핵폭발에 따른 피해 규모와 예상 범위는 제2차 세계대전 말미의 이 비극적인 역사적 사실에 기초하는 것보다 더 정확할 수는 없다. 따라서 이를 바탕으로 한반도에서의 핵전쟁과 핵전쟁 후의 모습을 예측하는 일은 값진 과정이 될 것이다. 막연하게 추측만 해야 하는 상황에 구체적인 숫자와 도식을 제공함으로써 피부에 와닿는 현실적인 대응 정책 수립이 가능하다는 얘기다.

이를 위해 전면전이 발발했을 경우를 대비하여 몇 가지 상수를 미리 설정해 두기로 한다.

① 규모는 나가사키(히로시마도 준용)와 같은 20KT이며, ② 투하 지역은 서울 2개소, 경기도 1개소, 광역시 등 9개소, ③ 투하 시간은 생활 인구 활동의 중간 기점인 수요일 오후 3~4시, ④ 피해 규모 모델 중 비교 모델은 NWPN 시뮬레이션 분석 모델로 하며, ⑤ 장소는 용산구, 피해 예상 규모는 사상 274만 명(死 113만, 傷 161만)으로 한다. ⑥ 서울시 인구수는 1,000만 명으로 정한다. ⑦ 타지역 확산도는 간주하지 않는 것으로 한다.

이를 바탕으로 필자는 피해 분석 모델을 두 개로 나누어 비교 분석한 후 필자의 모델로 수렴하기로 하였다. 이유는 잘 알려진 NWPN 시뮬레이션(1998년)과 히로시마-나가사키 실제 자료를 재분석하여 좀 더 현실적인 모델을 찾고자 함 때문이었다. 여기서 제시된 것이 바로 필자의 'HN(히로시마-나가사키) Model'로 이하 부분에서 상세히 소개하기로 한다.

3-2-1. HN(히로시마-나가사키) Model에 의한 측정

피폭국	도시명	피폭자 수(명) 1),2)[i]			3)인구수	면적(㎢)당 피폭자 수(명) 4),5)[ii]			
		1)사망	피폭자+	2)총 피폭자 수	3)인구수	4)면적(㎢)	5)인구 밀도(명/㎢)	사망자	피폭자 수	총 피폭자 수
일 본	히로시마	159,283	260,717	420,000	419,182[iii]	69	6,111	2,322	3,801	6,122
	나가사키	73,884	197,616	271,500	263,000[iv]	91	2,901	815	2,180	2,995
합 계		233,167(33.7%) 458,333(66.3%)		691,500	682,182	159	4,290	3,137	5,981	9,117

[i] 허광무, '서평 : 이치바 준코(市場 f), 「한국의 히로시마」, 역사비평사, 2005.12.16, 221~227p

[ii] Truman Papers, President's Secretary's File, 'U. S. Strategic Bombing Survey: The Effects of the Atomic Bombings of Hiroshima and Nagasaki,' June 19, 1946, p 40

[iii] Wikipedia contributors, 'Hiroshima', Wikipedia, The Free Encyclopedia, 15 December 2016, 03:49 UTC, <https://en.wikipedia.org/w/index.php?title=Hiroshima&oldid=754902616> [accessed 15 December 2016], or "2006 Statistical Profile". The City of Hiroshima. Archived from the original on 2008-02-06. Retrieved 2007-08-14.

[iv] Wikipedia contributors, 'Nagasaki-Skylark, Tom (2002) Final Months of the Pacific War. Georgetown University Press. p. 178', Wikipedia, The Free Encyclopedia, 23 December 2016, 04:04 UTC, <https://en.wikipedia.org/w/index.php?title=Nagasaki&oldid=756278849> [accessed 23 December 2016], or Skylark, Tom (2002). Final Months of the Pacific War. Georgetown University Press. p. 178.

<표 1-11> 히로시마, 나가사키의 핵폭탄에 의한 인명 피해 현황, 도표-저자 작성

※ 4, 5번 자료는 Truman Papers의 1940년 기준 자료이며 SQ, MI을 ㎢로 환산한 수치
피폭자 수는 인용 자료인 2번에서 1번을 뺀 숫자로 필자의 참고 자료
투하 원폭의 폭발 규모 차이로 히로시마에 투하된 Little Boy는 우라늄(U-235)탄으로 15Kiloton TNT(~20KT)이며, 나가사키에 투하된 Fat Man은 플루토늄탄으로 20Kiloton임. 그러나, 통상의 예에서 보듯 히로시마의 Little Boy도 20KT에 준하여 분석

한편, 히로시마와 나가사키 두 지역의 면적과 피폭 범위를 제시한 연구발표를 찾기란 쉽지 않았다. 그 때문에 역설적으로는, 이를 적용할 수 있을 경우 다른 각도에서 피해 규모를 유추해 낼 수 있는 중요한 자료를 확보하게 된다는 얘기도 된다. 이를 입증하기 위한 노력을 경주한 끝에 필자는 원자폭탄으로 인한 사망자, 피폭자 수, 인구수, 인구밀도 등 1940년대 자료들을 찾아내는 데 성공하여 피해 규모에 대한 실질적인 분석과 입증이 가능하게 되었다.

이에 맞추어 아래에서는 'HN(Hiroshima&Nagasaki) 공식'이라는 틀을 만들어 신뢰성 높은 예측 모델을 제공하고자 한다. 물론 이 과정은 한반도에서의 피해 예측량을 구하기 위한 중간 과정이라고 보면 될 것이다.

핵이라는 이름의 청구서

3-2-2. HN 공식[124] 프로세스

3-2-2-1. 원폭 영향 범위 값 산정

이후 분석에 상세히 수록되어 있으나 먼저 인구수 대비 희생자 수를 살펴보면 히로시마와 나가사키 거주민들 모두 희생자가 되었음을 짐작할 수 있다. 제2차 세계대전 직후 미국이 조사·평가한 아래의 히로시마 원폭 피해 지도 중 빨간색으로 칠한 부분과 영향권 테두리 원(圓) 부분이 이를 단적으로 보여 주는 대목인데, 여기를 보면 히로시마 전역이 사정권 안에 들어가 있음을 한눈에 확인할 수 있다.

이 비교 자료와 주장은 중요한 것으로 지금까지의 분석 자료들과는 사뭇 다르거나 새로운 주장으로 기록될 수 있다. 이를 인용할 경우, 20KT 핵폭탄의 최소 영향반경은 k㎡ 면적당 '69≤D≤91'이 된다.

그런데 필자가 위에서 NWPN 모델의 파장 범위는 k㎡당 면적이 '380≤D≤488'에 이른다는 분석을 내놓은 바 있다. 때문에, 같은 20KT를 놓고 볼 때 현격한 차이가 난다는 점에 대한 부연 설명이 필요하다고 보인다. 그런데, 이 같은 차이점의 원인을 바로 사진 속에서 발견할 수 있었다.

먼저 눈여겨보아야 할 점은 오른쪽 사진의 영향 반경이 왼쪽 사진의 반경보다 훨씬 더 넓게 드러난 부분이다. 의도적이든 아니든 왼쪽 사진의 반경 고리는 산악으로 둘러싸인 히로시마시(市)를 넘어서고 있다는 점에 주목할 필요가 있다. 즉, 히로시마시 이외의 지역에까지 핵물질이 확산되었으나 거기에 대한 연구는 제대로 이뤄지지 않았을 가능성도 새롭게 제시, 필자는 여기에 대한 연구영역을 확대하기로 하였다.

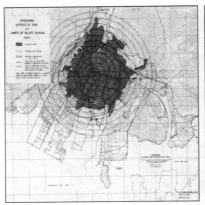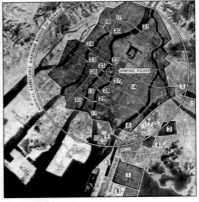

〈그림 1-13〉 히로시마 원폭 피해 지도, 사진-U.S. Strategic Bombing Survey
(좌)/심각한 타격을 입은 히로시마 지역, 사진-보스턴 제2차 세계대전 박물관
(The International Museum of World War II)(우)

〈그림 1-14〉 원폭 투하 당시의 나가사키 지역 모형, 사진-나가사키 원폭 자료관

　　여기서 중요한 사실 또 하나를 발견하게 된다. 히로시마와 나가사
키의 피폭 지형을 보면, 두 지역 모두 뒤편으로는 산악 병풍이 확산
을 막아주었으며, 앞으로는 바다가 열려있어 방사능 확산 루트가 자
연스럽게 바다로 흘러나가게끔 되어 있어 인명 피해가 상대적으로 적
었음을 짐작할 수 있다.

　　　　　　　　　　　　　　　　핵이라는 이름의 청구서

따라서 이 부분도 영향권 분석에서 배제되어 왔다는 사실이다. 만약, 이 부분들이 산악이나 해양이 아니었을 경우는 어떻게 되었을 것인가 하는 제2의 가정을 할 경우, 피해 규모는 훨씬 컸을 것이다. 그때문에 그 규모는 용산 모델에 가까웠을 것으로 봐도 무방하다. 그래서, 영향 면적 범위 값은 '380≤D≤488'이라고 볼 수 있으며, 좀 더 정확성을 기하기 위하여 사각 부분을 제외한 원형 면적을 차용, 정확도는 380㎢에 두기로 함이 바람직하여 이를 인용하기로 하였다.

3-2-2-2. 질량(M)=밀도(D)×부피(V) 공식 적용

희생자를 과학 공식의 틀 속에 넣은 다는 것은 윤리상으로는 부적절한 처사일 것이다. 때문에 모두들 조심스럽게 원폭 피해 부분을 다루는 것일 수 있다고 본다. 하지만, 미래의 비극이 재연되는 것을 막아보려는 필자의 부단한 근심에서 나온 것인 만큼 희생자들의 유족분들에게는 이 점에 대하여 깊은 양해를 구하고자 한다.

그런데, 여러 연구 끝에 원폭의 희생 범위를 구하는데 발견한 가장 현실적인 공식은 '질량은 밀도와 부피의 곱하기(질량(M)=밀도(D)×부피(V))'라는 기초적인 원리였다. 언뜻 보기에는 이해하기 힘들겠지만, 다음 항목들을 이해하면 납득이 갈 것으로 보인다.

먼저, 얼마만큼의 밀도를 이루며 사는 지역인지(D), 얼마만큼의 넓이와 면적에서 높낮이를 형성(V)하는 지형인지는 분명 투하 목표 설정의 제1 기준이 된다는 사실이다. 그리고, 얼마만큼의 인구가 전입하여 살고 있는지(TP, 전체 인구)도 기본 고려의 대상이 된다. 또한 간과할 수 없는 점은 원자폭탄의 살상력이 어느 정도인가에 대한 분석(P)이 될 것이다. 물론 투하 목표지점에 대한 성공률(E)도 부수적이기는 하지만 놓쳐서는 안 될 요소이다.

첫 번째, 우선, 밀도(D) 면에서는 ㎢ 면적당 인구수를 그대로 적용하기로 한다. 단, 인구밀도 최대치는 히로시마-나가사키 평균치인 4,290명/㎢로 하기로 하며, 이를 초과할 경우는 최댓값 1을 그대로 적용하며, 4,290명/㎢ 이하일 경우는 분자에 적용지역 면적을 그대로 대입하기로 한다. 이유는 밀도 도수가 1을 초과할 경우, 아래에 서술된 전체 인구(TP)와 중복 승(乘)이 되기 때문이며, '1개 투하지점:1대 폭탄' 원칙의 필수조건 성립을 위해서이다. 그렇게 하면, $D° = \frac{x\text{㎢}}{4,290\text{㎢}}$이 된다. 그래서 값의 범위는 $1 \geq D° \geq (\frac{x\text{㎢}}{4,290})$이 된다.

두 번째, 한편, 부피(V) 면에서 히로시마와 나가사키라는 한정된 절대 공간 내에서 벌어진 일이라고 가정하기로 한다. 그런데, 두 도시의 피해 지면 형태를 보면, 원통형(πr^2), 육면체(hvh), 구형($\frac{3}{4}\pi r^3$)의 절단면도 아닌 불규칙한 형태의 모습을 지니고 있음을 짐작할 수 있다. 더군다나 높이 면에서는 '고도에 따른 영향도'에 관한 조사 결과를 인용할 수 없어 희생자들이 '몇 층 높이에 있었건 동일한 높이인 1m'로 인식하기로 하였다. 따라서 '부피=면적×1'로 한다.

이를 다시 부피 도수로 적용해보면, $V° = 380\text{㎢}/x\text{㎢} \times 1$이 된다(즉, 380㎢를 최대 범위의 부피 도수로 정하기로 한다. 그러나 면적이 380㎢가 안 될 경우 부피 도수는 상대적으로 늘어나게 된다. 인간이 거주할 수 있는 상대적 공간이 더 많다는 얘기가 된다. 반면, 이를 초과할 경우는 1로 처리된다. 이 역시 1개 투하지점만을 선정 대상으로 보기 때문이다). 그래서 값의 범위는 $(380/x \times 1) \geq V° \geq 1$이 된다.

세 번째, 그러나, 이 두 변수(V, D)를 곧바로 곱할 수는 없다. 왜냐하면 중요한 매개변수인 힘(P)인 Kiloton 단위인 승(乘)이 누락되어 있기 때문이다. 여기서 말하는 힘(P)이란 인마살상력을 뜻한다.

이를 유추해 내기 위하여 필자는 세 가지 가설을 놓고 고민을 하였다. 첫 번째 가설은, 즉, 67cal의 핵 열량인 방사선 에너지로 1인을 사망케 할 수 있다는 핵에너지 가설을 적용할 것이냐 아니면, 둘째로, 1KT당 발생하는 질량 손실을 어떻게 해석할 것이냐는 것이었으며, 셋째는, NWPN 시뮬레이션을 통한 상기 공식 대비 인명 피해 기록을 역산하여 유추하느냐는 선택지를 놓고 고민하였다.

여러 논점을 하나씩 실증하는 과정에서, 첫째로, 핵에너지와 살상력은 직접적인 연계성이 없다는 결론에 달하였다. 구체적으로 살펴보면, 1KT당 발생하는 에너지가 $4.184 \times 1,0^{12}$J(1j=0.2390cal, 열화학 칼로리)인데, 이를 칼로리로 환산하면 0.999×10^{12}cal이 된다. 이 수치를 핵 치사량인 67cal로 나눌 경우, 예측 숫자가 터무니없게 나와 결국 다른 원인이 내재함을 인정할 수밖에 없었다. 즉, 섭취와 단순 흡입 혹은 피폭 과정에서 발생하는 차이가 상당하다는 점이며, 이를 입증하기엔 오류 발생 가능성이 커 이 가설은 인용하지 않기로 하였다.

둘째, 질량 손실과 핵 살상력과의 연계성 또한 거리가 멀다는 점을 인정하였다. 즉, 1KT에서 방출되는 핵에너지의 질량 손실은 46.55mg으로(1g당 652cal 열량[125] 방출), 20KT일 경우 0.931g이 나와 총 607cal만 얻을 수 있다는 것이므로, 이 또한 다른 요인이 첨부되어야 설명할 수 있다는 한계가 있어 이 가설 또한 선택하지 않기로 하였다.

셋째, 결국 선택한 방법은 절대 수치를 계산해낸 방법으로 히로시마-나가사키 그리고 NWPN 시뮬레이션을 통한 살상력을 역산하는 방법으로 결과치를 얻어내었다. 최종 인명 피해 수를 1~4단계의 결과치로 나눈 수치를 뽑아내되, 두 Model의 오차 범위가 3%를 벗어나지 않을 경우, 최솟값을 지닌 모델의 값을 최종 살상력 지수로 정하기로 하였다. 결과는 오차 범위가 1.35%(NWPN 대입 HN 피해 예상 713,530명 대비 실제 인명 피해 682,182명 차이)에 머물러 신뢰성을 부여하기로 결정, 살상력 도수는 0.4863으로 고정하기로 하였다(아래 20KT 핵폭발 시 대한민국 주요 도시별 피해 인명 예측표 참조).

네 번째, 마지막으로, 중요한 또 하나의 변수로는 정확도(NOE, Number out of Error)로 나가사키 투하 이전 미군이 당초 계획한 투하 목표지점에서 벗어나 투하함으로써 목표점에 이르지 못한 점을 실계수로 적용시켜 주어야 하는 점이다. 이 부분은 다소 주관적일 수밖에 없다. 그러나 이를 최대한 수치로 반영할 수 있는 자료가 미군의 최근 20년 내 오폭률이다. 그런데 이 수치는 통상적으로 생각하는 최소 범위를 넘어서고 있다.

정밀 유도장치의 발전에도 불구하고 미군의 오폭률은 엄연한 추세이다. 오폭률을 최소 2%에서 최대 20%[126]라고 발표한 연구 결과물은 그나마 저자가 미 공군 사령관 출신이라는 점에서 다소 광범위하게 내린 평가라고 볼 수 있다. 보다 객관적이라고 볼 수 있는 Jane's Yearbooks마저도 미군의 오폭률을 10%[127] 가까이나 된다고 발표한 것을 보면 쉽지 않은 추산 과정이라고 볼 수 있다. 대표적인 원인으로는 정보 수취 과정의 미흡, 잦은 기상·기후의 변화, 기술적인 에러 등 여러 요인이 내재하는 것으로 짐작된다. 결국, 이 두 가지 자료들을 종합해 볼 때 미군의 오폭률은 최소한 10%라고 보는 것이 그나마 합당하다고 할 수 있다. 따라서, NOE=(1-0.1)로 정리하기로 한다.

3-2-2-3. 원폭 피해 규모 추산 공식수립[128] 및 결과 산출

상기 항목들을 간추려보면 원폭 피해 규모(VB, Victims Of the Bomb)는 다음과 같이 정리할 수 있다.

$$\mathbf{VB} = \frac{xp}{4{,}290p} \times \left(\frac{380 \mathrm{km}^2}{y \mathrm{km}^2} \times 1 \right) \times tp \times 0.4863 \times (1 - 0.1)$$

핵이라는 이름의 청구서

이 HN 공식을 대입할 경우, 대한민국의 주요 도시별 인명 피해는 아래 표 도식과 같게 된다.

3-2-2-3-1. 20KT 핵폭발 시 주요 도시별 피해 예측

항 목	NWPN Model	HN Model	서울 2지역	경기 수원	대구	부산	대전	인천	울산	광주	계
380㎢당 해당 인구(명)	6,280,992	682,182	10,000,000	1,231,362	2,485,535	3,501,671	1,515,394	2,942,613	1,172,891	1,471,384	24,320,850
인구밀도 도수	1	1	1	1	0.651	1.000	0.665	0.642	0.256	0.608	0.728
부피(㎞³) 도수	1	2.390	1.000	3.140	1.000	1.000	1	1	1	1	1.268
투하 정확도	0.9	0.9	0.9	0.9	0.9	0.9	0.9	0.9	0.9	0.9	0.9
유효범위 내 살상 가능 수	5,652,893	1,467,335	9,000,000	3,480,379	1,455,342	3,151,504	906,788	1,701,365	270,569	805,507	20,771,453
살상 도수	0.4863	0.4863	0.4863	0.4863	0.4863	0.4863	0.4863	0.4863	0.4863	0.4863	0.4863
사상자 수 결과(명)	2,748,868	682,182	4,376,487	1,231,362	707,698	1,532,502	440,950	827,334	131,571	391,699	10,100,666
사상 비율(%)	43.76	100.00	43.76	100.00	28.47	43.76	29.10	28.12	11.22	26.62	41.53

항목/도시	히로시마-나가사키	서울 2지역	경기 수원	대구	부산	대전	인천	울산	광주	계
① 인구수(명)	682,182	10,000,000	1,231,362	2,485,535	3,501,671	1,515,394	2,942,613	1,172,891	1,471,384	24,320,850
② 면적(㎢)	159	605	121	891	782	531	1,068	1,067	491	5,555
③인구밀도=①/②	4,290	16,529	10,172	2,791	4,480	2,852	2,756	1,100	2,999	4,378

〈표 1-12〉 20KT 핵폭발 시 대한민국 주요 도시별 피해 인명 예측[129]

위의 자료들을 보게 되면 실로 엄청난 인명이 살육당하는 비극이 한반도에서 일어날 수 있음을 확인할 수 있다. 그나마 위 자료는 조건 상수들을 상대적으로 최저 기본으로 책정한 경우의 자료이다. 즉, 그 이상의 폭발력을 지닌 현대 핵무기의 위력(100KT 이상)을 가정할 경우 이는 한반도의 종말에 가까운 대참사를 의미할 수 있을 정도란 얘기다.

그런가 하면 세계 최대의 원전 집합소인 영남 동해안 지역은 아예 배제한 자료이다. 그 때문에 상기 자료는 핵전쟁 시 한반도가 겪을 수 있는 상대적으로 약한 수준의 희생자 데이터 분석 자료라고 할 수 있다.

좀 더 상세히 들여다보자. 우선, 상기 도식은 위 공식의 5가지 상수를 대입하여 대도시별 피해자 수를 산출해낸 방법이다. 서울 시내 2개 구와 경기도 1개 도시 및 6개 광역시를 대상으로 핵폭탄 1발씩이 미치는 영향을 반영한 것으로 특정한 장소를 지정하지 않은 '유사시 불특정, 임의적 투하에 따른 분석'을 한 연구이다. 그 때문에 인구밀도가 높은 곳일수록 피해가 많을 수 있는 구조임을 알 수 있다.

각 해당 지역별로 살펴보면, 필자가 사는 서울은 상대적으로 인구수 및 인구밀도가 높아 인명 피해가 가장 많이(437만 명) 날 것으로 보인다. 서울 강남 북부 지역 및 강북 중앙 지역에 각각 1대씩의 북한 핵폭탄이 떨어졌을 때, 1차 피해 및 2차 피해 인원으로는 사망, 부상 포함한 437만 명의 90% 가까이가 장차 사망에 이른다는 예측 분석이 나왔다.

이에 못지않게 부산시에서도 43.7%에 이르는 153만 명의 사상자가 발생하는 것으로 나온다. 그런가 하면, 인구밀도가 가장 낮은 울산시의 경우도 13만 명이나 살상당하는 수치가 나왔다. 결국 전국적으로는 1천만 명의 인적 피해가 발생하게 된다. 이 숫자는 남한 인구의 20%를 상회하는 것으로 핵폭탄 9개면 전 국민의 1/5 이상이 살상될 수 있음을 의미한다. 결국 90%인 900만 명이 장단기에 걸쳐 목숨을 잃게 되는 비극을 겪게 된다.

심각하게는, 해당 9개 지역의 41.53%가 죽음의 재를 맞이하게 되는 참상이 일어난다는 점이다. 체감적으로는 해당 지역의 50%가 살상당하는 한반도 역사상 최악의 반인륜적 범죄행위가 발생하는 것이다. 국토가 유린당하는 것은 물론이거니와 가족의 절반이 죽음의 길로 내몰림을 인지해야 한다.

물론, 이 분석 방법은 논란거리를 제공할 수 있음도 인정한다. 한국의 방어력, 북한의 촉매력, 지형학적 차이, 시간대별 유동인구의 차이 등 여러 변수를 감안하지 않은 비유동적인 분석 방법이라고 비판할 수 있다.

그러나, 필자는 이러한 변수를 감안한다 할지라도 이 희생자의 수

핵이라는 이름의 청구서

는 필자의 분석 틀을 크게 벗어나기란 힘들다는 확신을 갖게 되었다. 그것은 바로 히로시마-나가사키라는 살아있는 역사적 증거를 바탕으로 한 'HN VB 공식'을 통해 작성했기 때문이다. 또한 NWPN의 용산구 투하 가정 살상력 시뮬레이션의 도수 일부를 수용한 이상, 오류의 정도가 수용 불가한 범위를 크게 벗어나지는 않을 것임을 확신하기 때문이기도 하다.

그런데 이러한 검증과정을 보다 명확히 하기 위해서는 이 책의 제3편 군사경제 및 핵의 비용의 마지막 부분에서 영향 반경별 핵 피해 상황에서와 같이 좀 더 세부적으로 피해 규모를 진단할 수 있어야 한다.

여기서는 범위를 5단계로 나누고 있다. a(0.0~0.38km), b(0.38+~1.11km), c(1.11+~3.26km), d(3.26+~4.38km), e(4.38+~9.18km)의 단계별 영향 정도(증발-용해-완파-반파-일부 손실)에 따른 인명손실을 각 행정동/법정동 단위까지 세밀하게 분석·예측한 연구 결과로 마지막 e(4.38+~9.18km) 단계에서의 사망률이 얼마냐에 따른 오차가 발생하지만 상호 대조함으로써 비교·관찰할만한 가치는 충분히 있다. 더욱 이 편(編)에서는 인적 피해뿐만 아니라 물적 피해까지 같이 계산함으로써 전체적인 면에서 피해 규모를 살펴보고 있다.

비록 필자의 최종 분석 예측은 행정동 단위까지 철저히 파고든 자료에 방점을 두고 있어 높은 신뢰성을 유지하지만, 군사-물리학적 측면에서 살펴본 상기 자료 또한 신뢰성을 지니고 있음을 인정할 필요가 있다.

3-2-3. 원폭 피해 초과율

1945년 8월 6일 원폭 투하 직전 미군이 뿌린 전단 내용에는 "직경 30km를 벗어나라."라는 피난 권유 문구가 있었다는 얘기가 돌아다녔다. 그러나 이를 공식적으로 뒷받침할 만한 자료는 발견하지 못했다. 하지만, 그만큼 '30㎞ 밖 피난 얘기'는 뼈 있는 한마디였을 수 있다. 즉, 비극적인 역사로 입증된 20KT 핵폭탄의 유효 영향권이 직경 30 ㎞인 것으로 이미 회자되었던 것으로 볼 수 있다는 얘기이다.

한편, 상기 자료에서 제시한 바처럼 히로시마와 나가사키의 주민들 모두가 전멸에 가까운 사상을 당하는 결과가 초래된 것은 또 다른 점 중 가설이 성립될 수 있음을 의미하기도 한다. 즉, 히로시마와 나가사키에 사람들이 더 많이 있었으면 그만큼 모두 사망하거나 피폭자가 되었을 거라는 가설이 성립한다는 얘기다.

역으로 유추해보면, 면적과 인구밀도 면에서 히로시마만큼 적정한 반경과, 적당한 인구수를 가진 도시도 발견하기 힘든, 핵실험 장소로는 가장 완벽했던 장소가 바로 히로시마였다는 얘기가 된다.

피폭 국가	도시명	대상별 인명수(명)		면적(㎢)	1㎢당 피해 현황(명)			
		총 피폭자 수	인구수		사망자	피폭자	합계	총 피폭 초과율
일 본	히로시마	420,000	419,182	68.6	2,321.9	3,800.5	6,122	100.20%
	나가사키	271,500	263,000	90.7	815.0	2,180.0	2,995	103.23%
계		691,500	682,182	159.3	3,137	5,981	9,117	101.37%

〈표 1-13〉 원폭 피해 초과율 분석[130]

그런데 여기서 한 가지 주목할 점은, 이 표에서처럼 총 피폭 초과율이 101.4%에 이른다는 점이다. 즉, 해당 주민들이 모두 거주한 상태 혹은 타지로의 이동이 없었다는 가정이라면, 1.4%에 해당하는 9,100여 명은 외부에서 유입된 것으로, 이 1만 명에 육박하는 사람들 또한 희생자가 된 것으로 볼 수 있다. 물론 이 수치는 한국이 주장하는 피해자 수와 어긋날 수 있다. 그것은 이 부분도 어디까지나 예측 프로그램의 일부이기 때문이다. 그러나 분명한 것은 그중에는 일본에 징

핵이라는 이름의 청구서

용되어갔다 피폭된 한국인들을 포함한 타국 출신 강제징용자들도 포함되었음을 기억해야 한다는 사실이다.

결국, 중요한 것은 HN 공식 모델이든, NWPN 모델이든 한반도의 심장부 서울에 원폭이 실제 투하되었을 때와 한반도의 중요 지역에 전면전이 발생했을 경우 이 피해 예측 시 상당히 현실성 있는 도구가 마련되었다는 점은 값진 성과가 아니라 할 수 없다.

그렇다고 두 가지 모델 모두 취약점이 없다고 할 수는 없다. NWPN 모델은 그간 숱한 실험을 토대로 시뮬레이션 자료를 분석한 것이나, 실제 거주 지역을 상대로 한 실제 실험 결과물은 아니란 점이 약점이다. 반면, HN 모델은 실제로 발생한 데이터를 통한 자료이나, 공간의 한정성에 막혀 숨겨진 공간의 피해량마저 분석해 내기에는 어려움이 있었다는 사실은 한계점이 된다.

그래서 이러한 약점을 보완한 것이 4+1의 필자의 HN 모델이다. 밀도, 부피, 총인구 수, 오차율 4개 변수에 1개의 상수 살상 도수를 더하여 공간의 제약성을 극복함으로써 향후 발생할 핵폭탄으로 인한 희생 정도를 면밀히 파악할 수 있게 되었다는 것이다.

이와 같이 한반도에서 일어날 핵으로 인한 재앙은 이제 산술적으로 가늠할 수 있게 되었다. 물론, 타 실험적 이론과 부합할 수 없을 수 있으나, 분명한 것은 이 모델을 통한 예측은 역사적으로 값진 데이터를 발판으로 공간적, 수학적으로 적용함으로써 확연성을 제공하게 되었다는 점이다. 한마디로, 한반도 5,000년의 역사가 1,000만 명의 인적 피해를 감당해야 하는 미증유의 비극을 맞이할 수 있다는 사실을 미리 밝혀주고 있다는 얘기다.

한 가지 첨언으로는, 아래에서 언급하겠지만 북한의 핵 공격 시 북한 지역에도 맞대응 차원에서 핵무기가 분명 투하될 것이다. 그러나, 북한의 열악한 주거상황, 잘 알려지지 않은 사회 인프라에 관한 정보

사항, 압도적인 남한의 경제력과 인구수 등을 감안할 때 북한에서의 피해 상황에 대한 중요도는 상대적으로 많이 떨어진다. 따라서 북한 지역에서의 핵 재난으로 인한 피해 부분은 생략하기로 한다.

그리고 이러한 인명적·지역적 피해 외 물적 피해 부분이 제시되지 못한 데 대한 보완책으로 건축물, 토지, 자동차, 가재도구 등 실질적인 국민 재산의 피해 상황 부분도 이 책의 군사 비용 경제편에서 상세히 다루기로 한다.

4
핵전쟁 60년 한반도의 과제

4-1. 재건 모델

4-1-1. 설정 배경 및 재건 모델

위와 같은 상황이 전개되었다면, 한반도는 6·25 전쟁을 훨씬 능가하는 불용의 반도가 되었을 것으로 본다. 구체적인 예상 수치를 언급하기 이전에 대부분의 국민이 느낄 수 있듯 상황은 말 그대로 암흑과 불능으로 요약될 수 있을 것이다. 그런데, 이 책은 단순히 머릿속으로만 그려지는 모습만을 독자들에게 제공하지는 않는다. 즉, 피부에 와 닿는 수치 제시를 통한 현실적인 자료들을 제공함으로써 이 책을 구매한 독자들은 충분한 값어치를 얻을 수 있을 것으로 생각한다.

그런데 왜 필자가 60년이란 기간을 설정했느냐에 관한 질문이 있을 수 있을 것이다. 혹자는 멀게는 100년 아니면 훨씬 그 이상도 될 수 있을진대 너무 앞당겨 정리한 것은 아닌가 생각할 수 있으며, 오히려 역으로 30년이면 충분하지 않겠느냐는 긍정적 반론도 나올 수 있을 것이다. 어떤 반론이나 의견 제시든 그 나름의 배경은 있을 수 있다. 그러나, 중요한 것은 그것이 실증적인 데이터 제공과 철저한 사실 검증 과정을 통한 예측이었느냐 하는 점이다. 여기에 필자는 이러한 과정을 통해 아래 4개 분야에 걸쳐 향후 60년 이후의 한반도 모습을 예측해보기로 한다.

먼저, 위에서 언급한 바와 같이 한반도의 회복 기간을 60년으로 잡은 것은 다름 아닌 일본으로부터의 교훈에서 비롯되었다. 1945년 8월에 있었던 2차례에 걸친 원폭 이후 일본의 재건 과정과 2011년 3월 후쿠시마 원전 폭발에 따른 처리 과정을 지켜보면서 상대적으로 비슷한 한국 국민의 근면성과 회복 의지력을 감안했을 때 추정 가능한 기간이었다. 한국은 1953년 휴전과 더불어 전쟁의 후유증을 극복하고 전쟁의 상흔을 지웠음을 전 세계에 알린 1988년 서울올림픽에 이르기까지 35년이란 세월이 걸렸다.

그런가 하면, 일본은 1945년 제2차 세계대전 패배 이후 재기를 알린 1964년 도쿄올림픽에 이르기까지 회복에 불과 20여 년이란 세월만 걸렸다. 물론 올림픽이라는 세계적인 행사를 통해 전쟁 재건 완료 메시지를 던질 수 있었으나, 깊이를 가늠하기 힘든 내재적인 상흔까지 완치한 것은 아니었다. 그 때문에 단순히 외형적인 모습만을 놓고 보고자 한다면, 두 민족이 전쟁을 수습하고 다시 도약할 주춧돌을 놓기까지는 최소 20년에서 최대 35년의 회복 기간이 필요했다고 볼 수 있다.

그런데 여기서 유념해야 할 점은 1950년의 한국전쟁과 미래의 핵전쟁으로 인한 후유증은 차원이 다른 위중한 상황이 될 것이란 점이다. 즉, 일반 무기로 인한 폐허는 건설 작업으로 회복되는 일반적인 회복 과정의 하나이지만, 핵폭발이나 원전의 멜트다운 같은 일은 인간이 할 수 있는 일이 없을 정도의 불가항력적인 일로 여겨지기 때문이다.

따라서, 필자는 일반 재래식 무기로 인한 전쟁 후유증 극복 과정(모델 제시)과 핵무기 혹은 원전 폭발에 따른 피해 복구와의 차이점을 비교 분석하여 왜 60년이란 세월이 최소한 필요한가를 증명해 보기로

한다. 또한, 회복이 전연 불가능할 것 같지만 가능함 또한 입증하고
자 한다.

4-1-2. 누출 원자력 방사능과의 비교

혼히들, 원자력 발전소에서 나오는 방사능이 원자폭탄보다 훨씬 더
위험할 수 있다고 생각한다. 최근 수십 년간 지속해서 발생한 원자력
발전소 사고들과 이를 보도하는 언론들의 뉴스 메이킹[131] 덕분으로 그
러한 인식을 강하게 받은 것도 사실이다. 그러나, 방사능과 핵 재난
을 토대로 한 데이터는 그와는 사뭇 다름을 보여 준다. 단적인 예로,
히로시마와 나가사키의 주민들이 일거에 일소되는 비극적인 장면을
연상하면 해답을 쉽게 얻을 수 있다. 시간상으로 볼 때, 장기적으로
는 원자력 발전소 누출 방사능으로 인한 피해가 상당할 것으로 추측
할 수 있으나, 극히 짧은 시간에 벌어지는 원자탄의 폭발로 인한 살
상력에는 상당히 미치지 못한다는 얘기다.

그런 만큼, 여기서는 원자력 발전소에서 누수되는 방사능의 위험성
을 다루는 것이 주목적이 아니라, 위에서 살펴본 핵폭발의 위험성을
적시하고자 하는 데 목적이 있다. 그렇다고 원자력의 위력과 위해성
을 간과한 채 곧바로 핵폭발 문제로 넘어가게 되면, 핵탄두의 근원이
되는 방사능에 대한 이해를 건너뛰는 우를 범할 수 있다.

때문에 여기서는 두 물질의 위력 차이라는 현주소부터 짚은 뒤 핵
전쟁 후유증을 다루고자 한다. 이와 관련한 연구 자료는 아래에서
보기로 한다.

핵폭탄과 원자력 방사능으로 인한 피해를 분석하기 위해서는 히로
시마-나가사키 핵폭발과 체르노빌-후쿠시마 원전 폭발에 따른 방사
능 노출 현황을 대비하는 것이 바람직하다고 볼 수 있다. 물론, 차르

봄바의 실험 폭발과 스리마일 원전 사고 등이 있었으나, 대량 인명 피해의 실증적 자료의 존재 여부를 놓고 볼 때는 상대적으로 비교 확실성이 부족하다.

따라서, 히로시마-나가사키 핵폭발에 따른 피해 상황을 토대로 아래에서는 회복과정 부분을 집중적으로 설명하기로 한다.

한편, 여기서 가장 크게 고심한 부분은 과연 체르노빌-후쿠시마와 같은 원자력 발전소 사고로 인한 피해 정도와 복구시스템을 연계하여 제시할 수 있느냐 하는 점이었다. 이에 필자는 연구 끝에 비교 분석 틀을 완성함으로써 해답을 제시할 수 있게 되었다. 이 자료는 신뢰성을 기하기 위하여 세계기구인 IAEA의 공식 발표자료 내용을 토대로 하고, WHO 등 기관의 연구 결과물을 보충자료로 인용함으로써 충실한 내용이 되도록 하였다. 아래에서는 개별항목으로 분류하여 각 항목 단위로 충실한 분석이 되도록 하였다.

4-1-3. 일반 재래식 무기로 인한 전쟁 후유증 극복 과정

먼저, 원자력 방사능 사고와 핵폭발로 인한 사후 회복 과정과의 대비를 위하여 일반 재래식 무기로 인한 전쟁 피해를 극복하는 모델을 제시하기로 한다. 다시 말해서, 핵과 원자력 방사능으로 인한 피해 부분을 상세히 연구한 목적 중의 하나가 이를 극복하는 각각의 모델을 추출하기 위한 것이므로, 재래식 부분에서는 불필요한 핵 관련 언급 없이 일반적 형태의 전쟁으로 인한 극복 과정을 체계적으로 모델화하여 소개함으로써 핵폭발 이후 회복 과정과의 차이를 보여 주고자 함이다. 이를 위하여 재래식 전쟁 이후 회복 과정 모델은 근현대사를 통틀어 발생한 가장 큰 규모의 전면전인 한국전쟁을 토대로 연구를 진행하였다.

아래에 소개한 표는 1950년 한국전쟁 이후 이를 극복한 한국의 극복 과정을 모델화한 것으로 의미를 부여할 수 있다. 놀라운 경제발전이라는 성공 이전(以前)에, 어떻게 전쟁 이후의 극심한 폐허 상황을 인내하여 왔으며, 어떤 방법으로 이를 훌륭하게 극복할 수 있었는가를 보여 주는 해결책으로서 전 세계에 제시할 수 있는 역할 모델로서의 가치도 지닌다.

이 모델에는 다음과 같은 핵심적인 요인들이 필수 항목별, 진행 순서별로 제시되어 있다. ① 대외원조, ② 국방 안정 및 억지력 확보, ③ 국민 의지, ④ 치안 및 질서유지, ⑤ 교육 인프라 구축, ⑥ 건설자본 확충, ⑦ 대외 협력/협상, ⑧ 민주주의 확립 및 ⑨ 경제 발전 프로세스 정립이라는 요인들로 정리하였다.

위에서 이미 기술한 내용들로 인한 중복을 피하기 위하여 각 항목별 세부내용은 모델형 프로세스로 요약하여 제시하기로 하였다. 다만, 위에서 기술되지 않은 부분들은 이해를 돕기 위하여 표 아랫부분에 부연 설명하였다.

재건 항목	분야	패턴	추진 방향	세부 내용
①대외원조A(인적 프로그램 지원)	경제	수동적	기술교육 진흥	UNKRA(United Nations Korean Reconstruction Agency), FOA(Foreign Operation Administration)
②대외원조B(인프라 구축 지원)	경제	수동적	사회간접자본시설 확충	ICA(International Cooperation Administration)
③국방안전 및 대외억지력 확보	국방	능동적	확고한 안보확보 필요	한미상호방위조약 발효(1954)
④국민의지	이념	능동적	국민적 합의 일치된 재건의지	새마을운동
⑤치안 및 질서유지	내무	소극적	내란 및 폭력행위를 통한 사회분란 차단	경찰 및 군병력 동원통한 치안 유지
⑥교육인프라 구축	교육	능동적	장기적 관점 과학 기술 인재 양성	국립 5개 대학 설립
⑦건설자본 확충	경제	능동적	자국 건설사 빠른 재건 작업 수행	현대건설 등
⑧대외협상	외교	능동적	재건비용 마련	한일협정(1965)
⑨대외협력	국방	능동적	재건비용 마련	베트남전 참전(1964~1973)
⑩민주주의 확립	정치	능동적	민주적 절차에 따른 선거제도 수립	군부독재 종식 및 문민정부 수립(1993년)
⑪경제발전 프로세스 정립	경제	능동적	자력갱생 및 산업화	경제개발 계획과 한국형 개발 및 OECD 가입(1996)

재건 항목	분야	패턴	부연 설명
①대외원조A(인적 프로그램 지원)	경제	수동적	해당 국가의 경제성장이나 영리위한 산업시설 증설높에는 비관여, 인적 인프라 구축에 원조
②대외원조B(인프라 구축 지원)	경제	수동적	경제성장과 같은 해당국 자립국 항목에는 비관여
③국방안전 및 대외억지력 확보	국방	능동적	이승만 정권의 외교적 노력으로 매우 안정적인 국가안전보장 장치가 마련됨
④국민의지	이념	능동적	전후재건의 당위성 인식 및 일정 기간내 수행하려는 국민들의 단합된 의지가 선행 필수조건임을 보여줌
⑤치안 및 질서유지	내무	소극적	박정희 군사정권의 계엄형 및 야간통행금지 조치로 인권문제가 사각지대에 놓임
⑥교육인프라 구축	교육	능동적	이공계 양성을 통해 장기적 국가경쟁력 확보위한 인프라의 지속적 투자
⑦건설자본 확충	경제	능동적	국내 굴지의 건설회사 양성 및 지원을 통한 내실있는 재건 활동
⑧대외협상	외교	능동적	대일 굴욕 외교협상을 통한 재건비용 마련(후유증 발생)
⑨대외협력	국방	능동적	타국의 전쟁에 사실상 용병역할로 참전, 댓가로 미국으로부터 원조받음(인권문제 발생)
⑩민주주의 확립	정치	능동적	전후 혼란기 통한 군사정변 및 장기 군사독재를 민주화운동 및 민주적 선거절차 완성으로 극복
⑪경제발전 프로세스 정립	경제	능동적	한민족 특유의 재건 의지, 특히 경제분야의 성공적 안착에 대한 프로세스의 정립

〈표 1-14〉 전후재건 한국식 모델 11개 요소[132]

[부연 설명(①~②)]133

① 대외원조 A: UNKRA를 통해서는 1951~1959년까지 약 1천만 달러에 이르는
   원조 받음.

② 대외원조 B: 미국 FOA/ICA의 미네소타대 프로젝트를 통해 서울대 이공계에 기
   술 지원 사업이 이뤄짐.

⑧~⑨ 당시 군사정권의 굴욕적이며 자국민을 희생했다는 정치적 판단은 유보하
   고, 전후 회복을 위해 투입된 자본 투입 과정의 일환으로만 기술.

⑪ 경제발전 프로세스 정립: 1997년 외환위기 사태가 발생했으나 이는 당시 정권
   의 외환 관련 경제 정책 실패가 주요 원인임. 따라서 전반적으로 선진국 그룹에
   진입했다는 경제적 인식과 정치적으로는 민주화가 정착됐다는 평가를 인정받
   아 OECD 회원국이 된 1996년 12월을 전후 혼란기의 마무리 단계로 필자는
   판단함.

4-1-4. 원자력 발전소 폭발로 인한 후유증 및 극복 과정

2011년 3월에 발생한 후쿠시마 원전 폭발에 따른 "멜트다운으로
100만 명 이상이 사망할 것이라는 주장"134이 나온 적 있다. 액면 그
대로 받아들이기에는 무리가 있으나, 이러한 우려는 원자력의 폐해에
대한 심각한 우려를 반증하고 있는 것은 사실이다. 때문에, 이러한
우려가 얼마나 현실성 있는지, 원자력 방사능 등 유해물질의 파괴력
이 어느 정도인지 파악해 보기로 한다. 아울러, 이를 극복하기 위한
방안도 제시하기로 한다. 아래 표는 이와 관련한 필자의 연구 결과물
로서 이의 내용들을 좀 더 세부적으로 설명하고 있다.

후쿠시마	필수 항목	체르노빌	종합 의견
263조 원($228bn)♠, 210조 원($188bn) [135]	① 재건 비용	201조 원($175bn) ♠	201~263조 원 (2017.3.14. 환율 기준, $1=kw1,150, £1=kw1,400)
250 mSV까지 투입 허용◆	② 복구 초과 범위	20~500mSV [136]	전 세계 자연계 발생 1년 유효치는 2.4 mSV(통상적으로 1~13 mSV 범위 내), 대규모 집단군 10 mSV 발생, 극히 예외적으로 100 mSV 발생 ◆, 초과 시 긴급 방제 작업 필수
30km◆	③ 접근 금지 구역	30km ◑	30km(복구 전 불모지화와 동의어)
☞ IAEA 발표 : 174명의 근로자 기준치 초과(2011~2012), 그 외 기준치 미달◆ ☞ 도쿄 신문 독자 조사: 1,368명 [137]	④ 피해 현황	☞ IAEA 발표(3개국): 4,000명 사망 ● IAEA 향후 사망 추정(3개국): 9,000명 (청산 인부: 2,200, 철거민: 160, 엄격 관리구역: 1,600, 기타 오염지역: 5,000) ● 벨라루스 10만 명 노출 치료 중 ● 우크라이나, 2.2백만 오염 지역 내 거주 중 ● ☞ WHO, 53만 명의 작업 인력 모두 잠재적 암 질환 발생 가능 군으로 편입(백내장, 순환기 질환 포함) [138]	☞ 일본: 174(IAEA)~1,368명 (도쿄 신문) 이상 사망 위험, 혹은 추정 ☞ RUB 3개국: 13,000(IAEA)~100,000(Belarus)~530,000(WHO)명 등 다양한 추정 범위
경도 138~143: 1,000~10,000Bq/㎡, 위도 36~39: 1,000~10,000Bq/㎡(육, 해상 포함) 사이◆정도로 파악되나 해상으로 전파되어 정확한 자료 산출하기 어려움	⑤ 오염 범위 (137CS,I)	☞ IAEA 발표: 최소한 200,000㎢ 오염(벨라루스, 러시아연방, 우크라이나 3개국) [139] ☞[각국 주장 참고] 러시아 측: 56,000㎢(200만 ha 농지, 100만 ha 임야 포함) 오염 ● 우크라이나 측: 53,500㎢(0.53만ha) 오염 ●	200,000㎢(정사각형, 가로×세로 각 447km 규모)

후쿠시마	필수 항목	체르노빌	종합 의견
☞ IAEA 2015년 보고: 비활성화 가스 15 EBq(=15,000PBq), 악성 방사능 1,150 EBq(=1,150PBq) 종합적으로 보면, 육지 내 대기상으로 확산된 체르노빌에 비하면 1/10 수준에 그침 ◆	⑥ 유출 방사능(누계)	☞ IAEA 2001년 보고: 비활성 가스 6.5EBq, 악성 방사능 6.0EBq(1 EBq=1,018Bq), (대기상) ◑, 2006년 IAEA 보고서보다 신뢰성 높음	악성 방사능 대비율 일본 1.1: RUB 6.0, 종합적(비활성 포함)으로는 일본 1: RUB 10
식용 버섯의 경우 안전하다는 판단, 그러나 야생 동식물엔 원자 핵종이 발견됨 ◆	⑦ 섭취 음식 유해도	접근 금지 지역 내 각종 낙·농산물, 음용수 섭취 및 재배 금지 ◑	발생 지역 광범위, 최대 확산 범위 내 대부분 동식물 채집 및 섭취 중단 필수
집중 관리 지역 만 4년 만에 탈오염 작업 완료 ◆ 상기 항목에 의거, 원자로 폐로를 사실상 복구 완료 기간으로 설정 가능. 그러나, 일본 정부 기관의 신뢰성 문제로 IAEA의 타국가 예측치 인용(50~60년) ◆	⑧ 복구 기간	IAEA 타국가 예측치 인용 (50~60년), 체르노빌은 약 64년 예상 ◆	빠르면 30~40년(일본), 늦으면 100년(영국), 평균 50년 예상 가능

〈표 1-15〉 원자력 발전소 폭발에 따른 후유증 및 복구 모델[140]

(기표별 인용번호: ▲[141], ◆[142], ◑[143], ●[144])

먼저, 원자력 발전소의 폭발사고로부터의 복구를 위해 알아야 할 필수항목들을 살펴보기로 한다. 여기에는 ① 재건 비용, ② 복구 초과범위, ③ 접근금지 구역, ④ 피해 현황, ⑤ 오염범위, ⑥ 유출 방사능(누계), ⑦ 섭취 음식 유해도, ⑧ 복구 기간 등 8개 항목이 있다.

다음으로 항목별로 구체적인 내용을 알아보기로 한다.

① 재건 비용 부분에서는, 체르노빌과 후쿠시마 원전의 사건 규모가 다르지만, 위에서 언급한 공신력 있는 기관들의 공통된 예측 금액은 최소 200조 원이다.

② 복구 초과 범위 부분은 반드시 준수되어야 할 가이드라인이라는 점에서 민감하며 중요하다. 그 중요성은 일본과 구소련에서의 폭

발사고 대응 과정에서도 잘 드러났다. 이들 두 사건은 철저한 사전대비와 훈련이 없던 상황에서 발생한 사건이어서 복구와 관련한 정확한 매뉴얼 준수가 무시된 채 긴급복구 과정을 진행하였다. 때문에, 허용될 수 없는 반인륜적인 업무지시가 있었음을 알 수 있다. 즉, 복구 작업자의 1년 최대 허용치인 20mSV의 수십 배를 넘는 250~500mSV 아래에서도 복구작업을 지시한 일은 지탄받아 마땅하며, 그 어떤 명분으로도 설명하기 힘든 일로서 법적인 조치와 함께 피해 보상조치도 마련해야 한다.

③ 두 국가는 모두 30㎞를 접근금지 구역으로 선포하였으며, 소개령을 통해 이재민들을 강제 이주 조치하였다. 그러나, 이 거리가 안전하다고 장담할 수는 없다. 오염범위를 연구한 ⑤번 항목에서 보는 바와 같이, 접근금지 구역은 이보다 더 확대되어야 한다.

④ 피해 현황 부분에서는, 적극적으로 피해 상황을 파헤치려는 측과 이를 축소하려는 정부 기관 간의 메우기 힘든 간극이 발생했음을 확인할 수 있다. 특히, 일본의 경우 일본 정부 기관과 공신력 있는 도쿄 신문의 심층 추적 취재 결과 상당한 차이점이 발견된 점은 이러한 우려가 사실로 드러난 경우이다. 반면, 체르노빌의 경우, IAEA의 보수적인 접근에 오히려 각국 정부가 더욱 적극적인 피해 주장을 해 오는가 하면, WHO의 경우 범위를 더 확대하려 노력한 부분은 인상적이다.

⑤ 확산경로의 추적상 어려움 등 현실적인 문제점을 감안할 때, 각국 정부가 주장하는 오염범위를 모두 반영할 수는 없다. 그러나, IAEA의 광범위한 노력에 힘입어 체르노빌의 확산범위는 200,000㎢에 이르렀다는 점을 알게 된 부분은 값진 소득이라 할 수 있다. 향후 발생할 수 있는 한반도의 핵 방사능 확산 범위는 한반도 전체면적인 220,847㎢와 거의 맞먹는다는 점은 현실적으로 다가온다. 다시 말하

자면, 체르노빌급 원자력 사고 1건이면 한반도 전체가 방사능에 오염되어 상당 지역이 불모의 땅이 될 수도 있다는 점이다.

⑥ 유출 방사능(누계) 자료를 보면, 일본 정부는 체르노빌 폭발사고를 통해 원자력 방사능 유출의 부작용을 철저히 학습했으며, 이를 기반으로 원자력 발전소 시설 내 안전장치를 비교적 많이 한 것을 알 수 있다. 이러한 사실이 IAEA의 집계 자료를 통해 드러났다. 때문에 한국 정부는 동해안 라인 원자력 시설의 점검과 정비를 철저히 해야 하며, 전쟁 등 유사시 이를 어떻게 보호할 것인가 하는 점도 심도 깊게 연구하여 이에 걸맞은 방어 전략을 짜야 한다.

⑦ 섭취 음식 유해도 부분에서는, "야생은 불안전하나 식용은 안전하다."[145]라는 일본 정부의 주장을 신뢰할 수 없다고 판단[146]하였다. 오히려 IAEA 측의 강한 안전 확보 권유 부분을 받아들여야 국민의 식생활이 안전할 수 있다고 보았다. 즉, 오염 제거 작업(추후 부연설명)의 한계를 경제 살리기라는 비이성적인 논리로 덮어서는 안 된다는 점이다.

마지막으로, ⑧ 복구 기간 문제이다. 이 기간을 정리하기까지 많은 의문점 속에 긴 연구 과정이 필요했지만, 분명하게 밝힌 점은 CS[134, 137] 등 방사능 유해물질도 분명한 반감기를 지니고 있다는 사실과 준비 정도 및 노력 여부에 따라 복구 기간이 길어질 수도, 혹은 짧아질 수도 있다는 점이다. 그런데, 일본 측은 일본 정부의 확신과 의지가 반영된 만큼 이른 시간 내에 복구가 완료될 것으로 보고 있다. 그러나 노출된 관리상 문제점으로 보아 제대로 된 완전한 상태의 복구가 되기까지는 더 많은 시간이 필요할 수 있다.

바로 영국의 윈드스케일 원전 화재(The Windscale Fire, 1957.10.10.)의 경우처럼 정비 문제로 상당 기간이 경과해야 할 수도 있다. 여기서 영국 정부의 복구에 대한 의지가 약하다는 등의 감정적인 판단 개입은 배제되어야 함은 물론이다. 그러나 결국, 한 가지 분명한 사실은 어느 국가나 정부도, 어느 개인도 원자력 사고로 인한 후유증에서 빨리 벗어나고 싶지 않은 곳은 없다는 점이다.

이러한 의지를 반영한 자료가 바로 IAEA의 2015년 보고서에 들어 있다. 해당국의 문제 원자로를 폐로 할 수 있는 기간을 산정한 부분인데, 원전 폭발로 인한 복구의 사실상 마지막 단계를 폐로 가능일로 인식하게 하는 자료이다. 물론, 원자로를 폐로 할 수 있기 위해서는 3가지 요건을 충족시켜야 한다. ① 원자로 속에 남은 핵연료를 빼낼 수(Pull-out) 있어야 하며, ② 냉각을 못 한 채 멜트다운된 핵연료를 회수(Retrieve)할 수 있어야 하며, ③ 폐로 전까지 적정온도를 유지하며 냉각수가 지하 등 다른 곳으로 침출되지 않아야(Maintain and Contain) 한다는 점이다.

결국, 이 정도의 기술력을 확보한다는 것은 주변 오염지역 정화 혹은 봉쇄 작업을 문제없이 해결할 수 있음을 입증한다. 따라서 필자가 내린 결론은 앞에서 언급한 IAEA 측이 예측한 폐로 가능 평균 기간 50~60년이 가장 현실적인 복구 기간이란 결론에 달하였다. 또한, 이러한 상기 과정을 병행하는 것이 이상적인 복구 프로세스임을 확인하였다.

4-1-5. 한반도 유사시 원자력 발전소 재난 대피 문제

이상의 내용은 체르노빌과 후쿠시마 원자력 발전소의 방사능 유출에 따른 유해성과 복구 프로세스에 관한 내용들이었다. 그런데 정작 중요한 한반도 내 원자력 발전소의 관리 상황과 유사시 대응책에 관해서는 눈에 띄는 구체적인 방안들이 나오지 않고 있다. 때문에 국민들은 대피 과정에 대해 상당한 불안감을 지니고 있다. 즉, 실제 상황을 바탕으로 한 구체적인 자료가 부족하고 유사시를 대비한 확고한 대응 방안, 실전 훈련 및 사후 복구 과정에 대한 명확한 모델이 마련되지 않고 있어 유사시 혼란이 가중될 수 있다는 얘기다. 이와 관련해서 필자는 이미 위에서 복구 모델을 제시한 바 있다.

한편, 유사시 1차적이며 생사를 가늠할 정도로 중요한 단계라 할 수 있는 비상 대피계획 방안에 대해서는 다툼의 여지가 있다. 따라서 여기서는 환경 진보단체의 경고성 논리와 이를 반박하는 부산광역시 정부 측의 대응 방안을 동시에 게재하고 2018년 6월 감사원이 실시한 「원자력 발전소 안전관리실태 감사보고서」[147]를 요약 정리하여 이 3기관의 주장과 감사 결과들을 독자들이 객관적인 판단을 할 수 있도록 하였다.

먼저, 부산환경운동연합과 환경운동연합, 민간 연구기관인 원자력 안전 연구소 등 환경 진보단체 측이 "고리 원자력 발전소에서 중대 사고가 발생할 경우 시민들이 방사선 비상 계획 구역인 반경 20㎞ 밖으로 대피하는 데에만 거의 하루가 걸린다."[148]라고 밝힌 논리와 연구발표 내용부터 요약하여 소개하기로 한다.

① 고리원전 시뮬레이션 작업에서는 현실성을 고려해서 고리원전 반경 20 ㎞ 대신 상하좌우 20㎞ 정방형 영역을 대피 시뮬레이션 구역으로 설정해서 해운대와 서면이 포함되는 자료를 구축했다.

② 그 결과 2017년 기준으로 부산광역시, 울산광역시, 양산시가 일부 포함되는 170만 명의 인구와 94개 행정단위가 있고, 9,400개의 연결 도로, 35,000개의 도로 교차점이 있다.

③ 이 자료를 인간 활동 기반(ABM: Agent Based Modeling) 교통 수요분석 프로그램인 맷심(MATSim: Multi Agent Transportation Simulation)에 입력했다.

④ 이 프로그램을 구동해 대피 구역 내의 사람들이 설정한 구역 밖으로 대

핵이라는 이름의 청구서

피하는 데 걸리는 시간을 계산했는데, 22시간이 걸리는 것으로 평가되었다.

⑤ 상습적인 정체 구간은 3개소로 만덕터널 부근, 서면, 부산-울산 고속도로이다.

⑥ 대피 시간을 단축하기 위해 기장-반송 사이에 약 3.3㎞의 가상 도로를 개설한 경우에 고방사능 지역에서 좀 더 빨리 벗어날 수 있어 집단 피폭선량이 10%가량 줄어드는 것으로 평가되었다.

〈그림 1-15〉 원전 사고후 대피소요시간 개념도, 사진-환경운동연합 공개 자료

이에 대하여 부산광역시는 2014년 기 수립된 '방사능 방재 대책 세부 이행 절차 개선안'[149] 중 다음의 7가지 항목을 내세워 환경단체의 주장에 반론을 제시하고 있다.

세부항목은 다음과 같다.

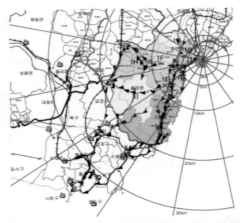

〈그림 1-16〉 부산광역시 방사능 방재 대책 세부 이행 절차 중 이재민 대피경로안

① 비상 계획 구역을 반경 30㎞까지 설정한다.

② 이재민 보호 센터 및 시민 소개 경로(그림 참조)를 마련한다.

③ 구획별 소개 목적지 및 이동 경로(그림 참조)를 마련한다.

④ 출입 및 교통통제소 지점을 마련한다.

⑤ 방사능 방재 훈련 시나리오를 개발한다.

⑥ 광역시민 보호 비상 대응 시설, 설비, 장비, 물품의 정량적 구축 방안을 마련한다.

⑦ 융·복합 ICT 방재 및 구호 시스템(지리, 시민, 사회 DB)을 구축한다.

이와 같은 과정을 통한 분석 결과를 바탕으로 부산광역시청은 "대피 시간이 22시간이 아니라 5시간 30분."이라는 공식 입장[150]을 발표하였다. 이를 요약하면 다음과 같다.

① 부산광역시는 고리원전 방사선 누출 사고 발생 시 주민들이 반경 20㎞ 밖으로 대피하는 데 22시간 이상 소요된다는 민간 기관의 연구 결과를 검증키로 했다.

핵이라는 이름의 청구서

② 부산시는 "고리원전에서 방사선이 누출되는 만일의 사태가 발생할 경우 주민 대피는 동시가 아닌 단계적으로 이뤄진다."

③ "일본 후쿠시마 원전 사고의 교훈을 반영해 설정한 방사능 비상 계획 구역 내 주민 50만 2천200명은 5시간 30분 만에 모두 20㎞ 밖으로 대피할 수 있다."라고 밝혔다.

즉, 환경 진보단체 측의 주장을 신뢰하기 힘든 억측으로 규정한 것이다. 이러한 부산광역시의 주장을 함축적으로 대변하는 자료로는 위의 '부산광역시 방사능 방재 대책 이재민 대피경로안'[151]을 들 수 있다. 이와 같이 양측의 이견은 커 보인다. 환경 진보 측의 시뮬레이션 결과와 이에 대한 부산광역시 정부 간의 주장은 분명한 차이점을 보여 주고 있다. 그만큼 상대방의 주장을 수용할 수 없다는 입장이다.

이러한 양측의 원자력 발전소의 안정성과 유사시 대피에 관한 주장과 관련, 양측의 주장을 적시하고 있는 감사 결과로는 **"부산광역시는 2015년부터 2017년까지 실시된 실제 구호소가 설치 운영될 인접 지방자치단체를 방사능 훈련 시 참여시키는 방안을 마련하지 않고 있다."**라는 1건임을 확인하였다. 그 외 양측의 주장에 대한 정확한 답변은 발견하지 못하였다. 따라서 이상의 주장에 대한 사실 여부는 독자들의 판단에 맡기기로 하였다.

한편, 이와는 별개로 원자력 발전소의 사고 발생률에 대한 경각심은 분명히 필요해 보인다. 흔히들 원자력 발전소의 사고 발생률은 크고 작은 장비상의 문제에도 불구하고 거의 0에 가깝다는 주장들을 많이 하고 있다. 그런가 하면, 스리마일, 체르노빌 그리고 후쿠시마 원전 사고에 이르기까지 원자력 방사능 사고는 '남의 나라에서나 일어날 일'이라고만 치부하는 경향도 있다.

그러나 한반도는 분명히 다르다. 내적으로는 장기간 운영해온 원자력 발전소의 내구성 문제가 불거져 나왔으며, 외부적으로는 북한 등 외부의 적으로 인한 전쟁 등 사태가 발생할 경우 주 타깃이 부산-울산-경주 동해안 라인의 원자력 발전소 클러스트이기 때문에 한반도의 원자력 발전소 폭발 혹은 누출 사태의 가능성은 그 이상이다. 다만 여기서는 외적 요인에 관해서는 타국의 사례를 이미 위에서 다룬 바 있고 이를 한국의 경우에 준용할 수 있으므로, 여기서는 내적 발생 요인과 관련한 원전 비상사태 가능성을 중심으로 언급하기로 한다.

이와 관련된 내용은 과학 저널 『대기화학과 물리(Atmospheric Chemistry and Physics)』에 게재된 「대규모 원전 사고 후 방사능 낙진에 대한 세계적 위험(Global Risk of Radioactive Fallout after Major Nuclear Reactor Accidents)」이라는 연구 논문에서 잘 설명하고 있다. 이 자료는 1975년 미국 원자력규제위원회에서 공식적으로 발생 주기에 대한 의문을 제기한 후 다시 검증 절차를 거친 만큼 인용 가치로서는 충분할 것으로 보인다. 참고로, 발생 가능성은 100년 단위로 일어날 수 있다고 명기하였다. 이를 요약하면 다음과 같다.

원자력 발전소 1기당 1년별 대재앙 발생 가능성[152]
ⓐ **노심 용융 가능성 1/20,000(USNRC, 1975)**
ⓑ **노심 용융 가능성 1/10,000(USNRC, 1990년 변경)**
ⓒ **격납 실패 가능성 1/100**
ⓓ **악재 풍향 가능성 1/10**
ⓔ **기상 이변 가능성 1/10**
ⓕ **대피 실패 가능성 1/1**

이 중에서 필자가 주목한 것은 ⓒ 완전 격납 실패 가능성과 ⓔ 태풍, 쓰나미 등 기상이변 발생 가능성 부분이다. ⓐ, ⓑ항의 노심용융 가능성은 산술적으로 낮고 피부에 와닿는 근거로 내세우기에는 무리가 있어 제외하기로 하였다. 반면, 가시적 인지 범위라 할 수 있는 100년 이내 3 항목(ⓓ, ⓔ, ⓕ)은 방사능 유출의 현실적 변수가 되므로 선택하였다.

이를 한반도의 원자력 발전소 상황에 대입하여 보면 다음과 같다. 북한이 1965년부터 IRT-2000형 원자로를 가동하기 시작한 점과 한국에서는 이보다 10여 년 뒤인 1978년 고리 1호기가 최초로 상업 운전을 시작한 점을 감안하면, 북한에서는 2065년 이내에, 한국에서는 2078년 이내에 각각 1번씩의 원자력 사고가 발생할 개연성이 크다. 그렇게 되면 2020년대 현재를 기점으로 향후 '50년 이내에 2번의 원자력 발전소 사고가 연속적으로 발생'할 수 있는 위험한 현실에 한반도가 직면해 있음을 알게 된다.

그런데, 이 단순 가설은 어디까지나 'ⓒ항의 완전 격납 실패는 노심용융 부분에서 발생한 것이 아니므로 그리 위험하지 않다고 여길 수 있다'에 국한될 뿐이다. 즉, 후쿠시마 사태와 같은 ⓔ항의 기상이변 변수가 결부될 때에는 일상적인 예측 부분을 훨씬 넘어설 수 있음을 유의해야 한다. 따라서, 정부와 민간단체는 이러한 한반도의 원자력 사고 주기설을 인식하여 사전 준비 노력을 배가해야 한다.

그러나, 아래 표에서 드러난 바와 같이 한국 정부의 원자력 방사능 사고에 대한 인식과 대처는 우려스럽다. 아래 자료는 2015~2018년의 4개년 한국원자력위원회 방사능방재 예산 현황표로서 2018년은 연간 총예산이 56억 원에 불과하며 2017년에 비해서 무려 20억 원 가까이 감소된 것으로 나와 있다. 정부의 방사능 사고에 대비하는 의지가 박약함을 보여 준 단적인 대목이다.

세부적으로 살펴보면, 핵심적인 실제 운영 항목이라 할 비상 대응 장비 운영 관리와 방사선 진료기관 지원 면에서 상당히 빈약한 예산

편성을 보여 주고 있다. 방재 상황실 및 비상 대응 장비 운영 관리 예산이 겨우 7천만 원에 불과하며 그것도 전년도의 4억 원에서 대폭 감소한 것은 방사능 사고 발생 때를 준비한 대응 장비 구입과 개선에는 무관심했던 것으로 보인다. 그런가 하면, 방사능 노출로 인한 피해자들의 치료를 위해 시급을 요하는 비상진료기관 지원 예산을 해마다 대폭 삭감해 온 것은 납득하기 어려운 대목이다. 특히 2018년 들어서 환경 방사능 감시망 관리 및 운영 예산을 전액 삭감한 것은 방사능 방재에 대한 의지가 없는 것으로 봐야 한다. 이후 업무계획과는 달리 집행계획에 대해서는 정부가 예산안을 적극적으로 공개하지 않고 있다.

(단위: 백만 원)

한국원자력위원회 방사능 방재 예산 현황	2015년 예산 1)[153]	2016년 예산 1)	2017년 예산 2)[154]	2018년 예산 3)[155]
① 현장 중심의 방재 대응 능력 강화	850	2,458	2,536	1,828
② 방재 상황실 및 비상 대응 장비 운영·관리	70	420	70	70
③ 방사능 방재 교육·훈련 지원	1,545	1,300	1,300	1,300
④ 방사선 비상 진료 기관 지원	3,973	2,975	2,602	2,463
⑤ 환경 방사능 감시망 관리·운영	1,280	1,300	1,000	0
합계	7,718	8,453	7,508	5,661

〈표 1-16〉 정부의 4개년(2015~2018년) 국가 방사능방재 집행계획

요컨대, 현재 대한민국 정부의 방사능 유출 혹은 전시상태로 인한 위기 상황에 대한 대응 자세는 갖춰지지 않은 것으로 볼 수 있다. 따라서 국회는 핵·원자력 전문가 그룹과 서둘러 보완책을 강구하여 정부에 건의, 충분한 예산안을 확충, 만일의 사태에 대비할 수 있어야 한다.

핵이라는 이름의 청구서

한편, 여기서 다시 원자력 방사능 회복 기간 50~60년과 관련한 한반도의 장기적인 해결방안으로 돌아가 본다. 그런데 필자가 위에서 보여 준 연구 결과는 한반도의 원자력 사고와 관련해서는 참담한 결과를 보여 주고 있다. 더군다나 체르노빌급 사고 1건의 오염 영향 범위가 한반도 전역과 맞먹는 상황에서 세계적으로 보기 드문 원자력 발전소 집합체인 부산-울산-경주 원자력 벨트는 '별도의 파괴, 복구, 분석, 새로운 방법의 시도'라는 노력의 의미조차 퇴색시키고 있다.

따라서, 여기서는 가장 근본적인 대안을 제시하는 것으로 가름하고자 한다. 바로, 원자력 발전소 가동을 점진적으로 줄여 종국적으로는 폐로의 길로 가야 하며, 이를 대체할 환경에너지 등 신재생에너지 개발을 서둘러야 한다는 얘기이다.

혹자는 한반도의 자연적·지리적 한계로 신재생에너지 개발 또한 쉽지 않은 점을 들어 두 가지를 병합한 발전과 대안 논리를 찾고자 하나, 이는 장래의 불안 요소를 잠시 거둬들이는 일에 지나지 않을 것이다. 자꾸 미루게 되면, 선도적 경쟁 세계에서 밀려나 불모의 후진국이 되어 또 다른 50~60년의 환난기를 맞이할 수도 있음이다. 비록 핵무기 경쟁 관계상 불가피한 측면에서 핵 문제가 해결되기까지는 이의 역할을 인정하고는 있으나, 향후 행정부들은 후세를 위해서 장기적으로 원자력을 폐지해야 하며 서서히 대체에너지로 탈바꿈시켜 나가야 한다.

4-1-6. 핵무기 폭발 비교·분석을 통한 복구 방안

1945년 일본의 2개 도시에서 발생한 원자폭탄 투하로 인류 역사상 최초로 인간을 대상으로 한 핵폭탄의 비극적 실험이 진행되었다. 리틀보이와 팻맨의 위력과 피해 상황은 위에서 자세히 설명하였으므로 더 이상 부연하지 않기로 한다. 그러나, 어떻게 복구과정을 성공적으로 마무리 지었는지에 대한 언급은 없었다. 그 이유는 이를 반증할 수 있는 자료를 찾아내기가 그만큼 어려웠기 때문이다.

그런데 이 문제를 풀기 위하여 필자는 여러 경로를 통해 장기간 자료 분석을 진행했으며, 이를 통해 모델을 수립할 수 있었다. 하지만, 이를 위해서는 몇 가지 선결 조건을 해결해야 했다. ① 핵폭탄과 원자력 발전소의 방사능 함유량 및 소진 기간, ② 핵폭탄과 원자력 발전소 폭발로 인한 피해 발생 패턴과 범위, ③ 핵폭탄과 원자력 발전소의 위험성 상대 비교 가능 등 세 가지 조건이었다. 그 결과를 정리한 비교표는 다음과 같다.

원자탄	비교항목 (◈,[156] *: 저자)	원자력 발전소
	① 방사능 함유량 및 소진 기간	
히로시마: 우라늄 23563.5kg 나가사키: 플로토늄 239-6.2kg[158]	- 주성분 우라늄량	우라늄 235: 114.7kg(체르노빌)[157] 우라늄 235: 후쿠시마 원전 유출량 부정확
99.6 cal/㎠(center)→1.8 cal/㎠(3.5km)◈	- 핵열량	320 cal/g[159]
히로시마 Little Boy: 94,700 EBq = 94.7 ZBq(폭발 순간)[160]	- 악성 방사능 유출량	체르노빌 : 6.0 EBq 후쿠시마 : 1.15 EBq (상기 표 참조)
세슘 137: 30년/ U 235: 7억 4백만 년	- 통상 반감기	세슘 137: 30년 세슘 134: 2년
65년간 잔존 확인(2010년 지하 표면 조사)[161]	- 소진 기간	우라늄 유출 여부에 따라 반감기 적용 여부 (체르노빌: 특단의 조치 없으면 우라늄 일반 반감기 적용 대상 됨)

핵이라는 이름의 청구서

	② 폭발로 인한 피해 발생 패턴과 범위	
공중폭발(히로시마: 580m, 나가사키: 439m)(※고공 폭발은 33km 이상)	- 방사선 전파 방식	표면 폭발(지상폭발 후 대기상 확산 혹은 지하로 침출) 지상 오물+파편+방사선 구름 → 방사선 낙진
폭풍 형태의 열복사선 원거리 전달 감마선 방출(2,500m까지◆ 파급) 중성자선 방출(1,500m까지◆ 파급)	- 방사선 전파 거리	기화된 핵 잔재물 다시 낙진, 지표로 하강 반경 30km, 1차 소개 대상
방사능 공중으로 분산 소멸	- 파급 방향	노심용융(멜팅다운)으로 녹아내린 핵연료 회수 난망, 냉각수가 지하수로 침출 파급
극고온(지상 7,000℃), 극풍 (1,008km/h)으로 인체 소실◆ (※지표면 3,000~4,000℃)[162]	- 인체 영향 패턴	방사선 피폭(주로 발전소 내 작업장, 후쿠시마 최대 2,800℃)[163]으로 노심용융 발생
방사선 피폭, 섬광 화상 380≤D≤488㎢*	- 폭발 후 확산범위	낙진, 침출수로 주변 토양, 지하수 등 방사능에 오염, 내·외부 노출 200,000㎢*
274만 명~68만 명*	- 예측 사상자 수 (피폭자)	체르노빌 최대 53만 명*
영향범위 내 전소 혹은 파괴(92%)[164]	- 시설물 파괴	발전소만 손실
파괴 후 재건축	- 시설물 재활용 가능 기간	반감기 & 탈방사능 작업 완료 후 가능 (IAEA, 50~60년*)
	③ 항목별 위험성 상대 비교	
악성 방사능 유출량 : 94.7 ZBq로 원전보다 압도적	- 악성 방사능	통상 언론보도 사실과 달리, 히로시마 원자탄 악성 방사능량 훨씬 많음
핵 방사능 2010년 현재까지 잔존 확인, 기존의 완전 소거 이론 의문	- 방사능 잔존	특단의 조치 없는 한, 우라늄의 반감기 적용 U235유출은 매우 우려스러움
공중폭발로 지상에 극풍과 극고온을 유발, 초대형 인명 살상	- 표출 형태	발전소 내 지상폭발 후 대기상 확산 혹은 지하로 침출로 이어져 초기 직접 인명 피해 적음
중성자선, 감마선 2.5km까지 직접 영향, 이후 488㎢으로 확산	- 방사선 전파 영향	노심용융 후 200,000㎢까지 유출 확산
20KT급 270만 사상, 현대전 핵폭탄 투하 시 그 이상	- 예측 사상 및 재산피해	과학기술의 발달에 따라 최대 인명 피해방지 및 탈방사능 작업 앞당기기 가능
종합 의견	기존에 알려진 통설과 언론 보도와는 달리 20KT 기준 원자폭탄의 파괴 및 후유증이 더 큰 것으로 판단되며, 핵융합 기술이 더 강화되는 현 세계적인 추세를 감안, 그 피해량은 상당할 것으로 보이며, 즉각적인 감축 혹은 폐기가 필요함. 반면, 원자력발전소는 사전 안전점검의 확고한 이행이 필요하며, 비상사태의 경우를 대비한 많은 대응 시뮬레이션이 필요, 빠른 방재 및 회복 작업위한 방사능 과학기술에 대한 투자가 절실함.	

〈표 1-17〉 원자탄과 원자력 발전소의 영향력 상대 비교[165]

위 표를 상세히 설명하기로 한다. 우선, 원자탄 폭발과 원자력 발전소 사고로 인한 위험성에 대한 결론은 원자탄으로 인한 위해(危害)와 파괴력이 훨씬 강하다는 사실로 귀결된다. 통상 원자력 발전소에 대한 언론 보도들이 많아서인지 상당수의 국민은 원자력 발전소의 위험성이 훨씬 더 크다는 보도를 맹목적으로 받아들이는 것은 아닌가 생각한다. 이는 후쿠시마 원전 사고 및 한반도의 부산-울산-경주의 동해안 원전 벨트라인에 대한 부정적인 인식들이 더해지면서 빚어진 경향으로 보인다.

그러나, 핵폭탄의 위력, 특히 날이 갈수록 정교해지며, 한층 더 위력이 증가한 현대의 핵무기를 감안할 때, 그리고 원자력 발전소 사고로 인한 피해를 상대 분석한 상기 자료를 감안할 때, 이제는 인식을 바꿔야 할 시기라고 판단된다. 이를 위한 좀 더 세부적인 논리와 대안은 아래와 같다.

4-1-6-1. 방사능 함유량 및 소진 기간

흔히들 원자탄과 원자력 방사능의 위력은 우라늄의 중량(kg)에서 나온다고 알고 있는 경우가 많다. 물론 틀린 얘기는 아니다. 특히, 우라늄이 유출된 일련의 불행한 과거를 되살펴 볼 때, 이를 제염하거나 폐기 처분해야 할 때 가중되는 위험도만큼 중량이 위력에 비례한다고 볼 수 있다.

그러나, 여기서 논하는 위력이란 폭발 직후 발생하는 방사능의 연쇄 반응속도가 순간의 시간에 얼마나 빠른 속도와 횟수로 나타나느냐는 것이다. 때문에 이를 대변하는 단위는 베크렐(Bq, 1초에 방사성붕괴가 1번 일어날 때 1베크렐이라 한다)이 얼마인가이며 중량인 kg을 의미하지는 않는다.

핵이라는 이름의 청구서

위의 표에서와 같이 체르노빌 원전과 후쿠시마 원전이 각각 6.0EBq와 1.15EBq(1 EBq=1,018Bq)인 반면 히로시마에 투하된 리틀보이는 무려 94.7ZBq(=94,700 EBq)의 연쇄 반응속도를 일으킨 점은 폭발 당시의 위력이 가공할 만했음을 보여 준 것이다. 또한 원자력 발전소의 방사능 붕괴 속도가 훨씬 빠를 것이라고 하는 주장과 이를 무비판적으로 받아들이는 일반적인 통념도 잘못되었음을 지적하고자한다.

4-1-6-2. 원자탄의 방사능 잔류 기간

그런데 반드시 짚고 넘어가야 할 점은 원자탄의 방사능 잔류기간 관련 사실이다. 보통 우리는 원자탄의 후유증이 조만간 일소된다는 개념을 잔류 방사능마저 완전히 깨끗하게 소멸된다고 알고 있는 경우가 많다. 그러나 여기에 대한 해답은 상기 표에서 보는 것처럼 결코 그러하지 아니하다는 것이다. 인용된 조사 단체의 재방문 결과를 나타내는 상기 표에서는 65년이 지난 2010년 재방문 채집 분석했을 때에도 세슘(C-137) 잔류 수치가 여전히 경계 수준인 50~100Bq/㎡[166]에 다다름을 보여 준다. 그만큼 원자탄의 잔류 후유증 또한 원자력 발전소의 방사능만큼이나 오래 감을 인식할 필요가 있다.

그런데, 원자력 발전소의 핵 방사능 잔류 부분은 빠른 속도로 발전하고 있는 원전 대응책의 덕택으로 놀라운 '조기 핵탈능(방사능 탈피능력)'의 가능성을 보여 준다. 후쿠시마가 이를 대변한다. 방사능오염 집중 관리지역을 만 4년 만에 사실상 탈 방사능 가능 지역으로 만들었음을 인정한 IAEA의 평가[167]는 터놓고 드러내기를 꺼리는 일본 정부의 성격을 감안하더라도 상당히 이례적인 반응이 아닐 수 없다.

그것은 일본 정부의 부실한 사전 예방조치 강구와는 달리 사후 처리 과정은 놀라울 만큼 빠르게 선택과 집중 그리고 과학과 기술력을 총동원했음을 보여 준다. 물론 유출 방사능 정도가 체르노빌의 1/6에 불과하다는 산술적인 위로감도 있겠으나, 일단 유출되고 나서부터는 큰 것, 작은 것을 가리지 않는 핵 물질의 특성을 감안할 때 일본 민·관이 총력전으로 임한 확산 방재력은 인정해야 한다. 이는 일본의 사후 처리 과정에 동원된 과정을 벤치마킹하면 핵 사건 후 처리의 또 다른 모델을 수립할 수 있다는 얘기도 된다.

4-1-6-3. 폭발 피해 패턴과 규모

한마디로 극단적인 차이이다. 원자탄의 경우 7,000℃에 이르는 순간 고온과 초강풍 그리고 반경 20㎞에 이르는 피폭 반경에 따른 희생자의 수는 최대 274만 명에 이른다는 저자의 모델을 고려하면, 지구상의 그 어떤 위협적인 요소도 비교의 대상이 되지 않는다. 아직 진행 중인 체르노빌의 악몽과 200,000㎢에 이르는 방사능 영향권 내에서 아직도 진행 중인 후유증을 인정하더라도 그 속도와 희생 범위에선 너무나도 큰 차이가 남을 보여 주고 있다.

물론, 야채류, 과일류 등 인간이 섭취할 수 있는 자연 산물의 오염, 주거 등 사회생활을 할 수 있는 행동반경의 축소, 각종 암 발병 등 보이지 않는 장기적 인명 피해 등 내·외적 생명 위협요소가 체르노빌에 이어 후쿠시마 원자력 발전소 사고에서도 명백히 드러났음은 결코 부인하기 어렵다. 그 위험성은 충분히 인지할 만하며, 이의 완벽한 방재 노력은 최우선적 고려 대상이 되어야 함은 물론이다.

그렇다고 원자탄의 위력에 비할 바는 못 된다. 원자탄은 중성자선과 감마선 같은 초강력 살상력을 2.5㎞까지 내뿜을 수 있으며 열 폭풍으로 온갖 시설물을 잿더미로 만들 수 있는 힘을 가지고 있다. 서

핵이라는 이름의 청구서

울 시내 한가운데에서 이러한 일들이 벌어진다고 상상해보자. 결과는 끔찍함을 넘어 재기불능의 파괴로 이어질 것이다. 게다가 날로 첨단화되어 가고 있는 현대식 핵폭탄의 위력은 기존 모델인 Hiroshima-Nagasaki와는 비교가 안 될 만큼 위력적이다.

4-1-6-4. 원자력 발전소의 방사능 유출에 따른 책임 의식

한편, 이에 비해 원자력 발전소의 방사능 유출에 따른 규모와 범위는 후쿠시마를 통한 회복 과학의 과정에 기댈 수 있게 되었다는 점은 그나마 다행한 일이다. 이미 앞서 언급했던 바와 같이, 피해 규모는 체르노빌에 비해서 약하지만, 제염기술, 오염지역 회복 과정 등은 발빠르게 이뤄졌다는 점에서 고무적인 일이다. 과거에 '영원히 꺼지지 않는 불'[168]로 인식되던 방사능 핵종 처리 부분이 이제는 중성자를 이용하는 새로운 기술로 서서히 '꺼질 수 있는 불'이라는 인식으로 바뀌어가고 있는 사실은 인류에겐 또 다른 안도의 한숨이 될 수 있다.

그러나, 이러한 노력들이 뚜렷한 결실을 보기 위해서는 상당한 투자와 지속적인 실험이 필수적이다. 즉, 꺼지지 않는 불을 끄기 위해서는 희망의 불을 켠 채 멀고도 험난한 여정을 멈추면 안 된다는 사실이다. 또한, 여기서는 각 해당국의 선명한 정보공개가 선행되어야 한다. 제염작업과 표토 제거 작업등을 통한 방사능 수치의 감소가 확실한 과학 기능의 강화로 발생한 것인지 아니면 자연에 의한 이동으로 풍선효과에 불과한 것인지에 대한 보다 명확하고 구체적 과정을 밝히는 데 주저하지 말아야 하며 오히려 개선점을 여과 없이 드러내어 보다 진일보한 연구가 진행되도록 해야 한다.

만약 후쿠시마 원전 사고와 관련해서 일본 정부가 조금이라도 자료를 왜곡하거나 호도한 적이 있다면 이는 인류에 대한 또 다른 중대한 범죄행위에 해당하는 것으로 책망받아 마땅할 것이다. 또한 원자로와 핵무기를 다루고 있는 모든 나라도 방사능 유출 대응 및 처리 과정을 투명하게 밝힐 수 있어야 한다.

4-1-7. 히로시마 재건 모델

북한 핵 문제로 가장 민감해 있을 한국 국민은 핵전쟁 이후를 걱정하게 될 것이다. 그중 가장 큰 관심은 자연스레 제대로 된 복구가 가능할 것인가로 모아진다고 볼 수 있다. 피해 규모와 방사능 후유증에 따른 복구가 과연 어느 정도까지 이뤄질 수 있을지에 대한 근본적인 의구심이라 할 수 있다. 여기에 대한 필자의 결론은 '충분히 가능하다'이며, 그 논거는 아래의 히로시마 재건 모델을 통해 제시하도록 한다.

물론 핵폭발 피해 사실이 바람직하다거나 교육가치가 있음을 표방하는 것은 아니며, 하나의 유경험 도시로서의 복구 모델을 제공하는 것으로 향후 핵 투하 사건이 발생할 경우 대응 매뉴얼로서의 도시공학적 역할 가치가 충분하다는 점을 강조한 것이다.

핵이라는 이름의 청구서

순번	재건 항목	세부 항목	활동기간
1	시민자발적 상부상조 의식 발현	사체 처리 등 민간인율 상부상조 공동체 조직 운영	1945
2	도시 건설 공사	신속한 기간시설 재정비 및 건설	1945~1978
3	재정적 대외 요인 발생	한국전쟁 특수 발생	1950
4	국가적 차원의 지원책	히로시마 평화기념도시 건립 계획	1949
5	의료 재건	방사능 피해 전문 치료 기관 확충	1950~현재
6	전화위복(轉禍爲福)과 부위정경(扶危精傾)	피폭지의 관광 자원화(히로시마 평화공원, 우라카미 새성당, 모토마치 지역 재건 등)	
7	재발 방지를 위한 청원	원·수폭 반대 청원 운동, 비키니 사건	1954
8	정신적 재건(완성 단계)	세계 유일의 피폭 국가임 만율 강조, 재무장 추진 등 정신적 재건의 실패	

〈표 1-18〉 핵무기로 인한 전쟁 후유증 극복 과정[169]

1. 재건 상세 과정 참조: The "Hiroshima for Global Peace" Plan Joint Project Executive Committee, 'Hiroshima's Path to Reconstruction', Hiroshima Prefecture Government, March 2015, 58-59P.
2. 한국전 특수 참조: 정원식, 「일본 초고속 경제 성장 엔진 점화-한국전쟁 특수는 신이 내린 부흥의 바람」, 『주간경향』, 2010.7.27., http://weekly.khan.co.kr/khnm.html?mode=view&artid=201007201524281&code=115[Accessed on March 26, 2017]

4-1-7-1. 시민 자발적 상부상조 의식 발현

원폭 투하 후 히로시마와 나가사키시는 흉한 모습의 시신들과 앙상하게 남은 시설물들과 건물 잔해들로 가득 찬 아비규환 그 자체였다. 여러 생존자의 생생한 증언을 종합해 보면 이러하다.

"무더운 8월 아침, 하늘에서 섬광이 번쩍하더니 눈앞이 캄캄해졌다. 곧이어 용광로 같은 뜨거움에 온몸이 녹아내렸고 모든 건물이 불에 타거나 뜯겨 날아갔다. 불에 탄 시신들은 여기저기 나뒹굴고 있었으며, 사람들이 운집했던 지역에는 시신 더미가 산을 이루었다. 무더운 여름날이어서인지 시간이 지나면서 곳곳에서는 시신이 부패하는 냄새가 코를 찌르고 있었으며, 모두들 전염병이 창궐하리란 두려움 속에 놓여있었다.

부상당한 사람들은 온몸이 화상투성이였으며, 일그러진 얼굴과 신체 몰골은 차마 눈 뜨고 볼 수 없을 정도로 심하게 상해 있었다. 당장 먹을 것을 구하기도 쉽지 않았다. 굶주린 배를 채워야 했지만, 남은 것이라곤 무너진 건물 잔해더미밖에 없었다.

하지만 당장의 응급상황을 모면하는 일이 더 급선무였다. 다행히 살아남은 의료진들이 피폭된 자신들의 몸은 돌보지 않은 채 환자들부터 먼저 살피는 참으로 가슴 뭉클한 장면을 보여 주었다. 밤이면 몸을 뉠 처소도 마땅치 않았다. 하지만 살아남은 사람들은 살아가야 하기에 어떤 식으로든 처소를 마련하려고 발버둥 쳤다. 이것저것 모아 오두막이라도 지어 몸이라도 뉘여야 했다.

날이 새면, 또다시 뜨거워진 기온으로 시신 썩는 냄새는 더 심해졌다. 때문에 더 이상 이를 미룰 수 없어 남은 사람들은 사망자의 시신을 수습해 주고, 유가족들을 찾아 알려주고, 통증으로 신음하는 사람들은 의료진들이 있는 곳을 수소문해 데려다주었다. 살아남고 무너진 폐허를 다시 일으켜 세우려는 상호부조의 공동체 의식이 되살아났다."

이상은 많은 생존자가 증언한 대목 중 공통된 부분을 필자가 정리해 본 내용들이다. 그런가 하면, 이러한 필자와 대동소이한 의견을 낸 주장도 있다.

"생존을 위해 몸부림치는 시민들끼리 상부상조하는 공동체가 피폭의 지옥도(지옥 같은 피폭 현장) 안에서 이루어진 것이다. 이러한 공동체가 없었다면 피폭의 아비규환이 장기간 지속되어 히로시마 시민사회의 재건이 불가능했을 것이다. 시민사회 재건 과정 속의 애환을 다룬 만화인 『맨발의 겐』을 보면, 당시의 정황을 파악할 수 있다."[170]

이와 같이, 피폭 이후 일본인들은 혼자만 살아남기 위해 발버둥 친 것이 아닌, 다 같이 살아남기 위해 서로를 돕는 상부상조 정신을 철저하리만큼 현실로 옮겼다. 그만큼 첫 출발이 훌륭했다.

핵이라는 이름의 청구서

4-1-7-2. 도시 건설 공사

원자폭탄으로 폐허가 된 히로시마의 재건 과정에서 발견하게 될 놀라운 점은 이 복구 과정들이 빠르고 조직적으로 이뤄졌다는 점이다. 완전히 붕괴된 철도망을 폭탄 투하 후 단 2~3일 만에 일부 복구했다는 사실은 혀를 내두르게 한다. 더군다나 기본적으로 수년의 기간이 요구되는 대규모 수도시설 복구를 단 9개월 만[171]에 히로시마 외곽까지 완료한 사실은 제2차 세계대전의 주범인 제국주의 일본의 무서운 사회간접자본 확충·복구 능력을 다시 한번 상기시켜 주었다.

이 장면을 자세히 들여다보면, 비록 건물들이 완전히 소실되고 거주민의 절대다수가 사상(死傷)당한 현실이었지만, 물자 및 인적 왕래를 의미하는 철로 복구가 단시간에 이뤄지고, 생명선인 수도 시설을 채 1년이 안 된 기간 내에 완전히 복구함으로써, '겉모양은 초췌하나 내면은 매우 탄탄해진 진주조개' 같은 히로시마가 되어 있었다는 사실이다.

이 대목은 한국전쟁을 치르고 핵전쟁의 위험 속에 놓인 한반도의 과거와 미래를 연상해보면 시사하는 바가 크다고 할 수 있다. 비록 과거 식민 지배를 한 한국의 불구대천의 적이었으나, 이를 역으로 해석하자면 재건의 훌륭한 반면교사 역할을 해내고 있음도 부인키 어렵다.

4-1-7-3. 재정적 대외 요인 발생

그러나 이러한 강인한 재건 의지와 노력과는 별개로 히로시마는 두 가지 자원의 한계점에 직면하게 되었다. 금전적 자원과 인적 자원의 절대 부족이었다. 이를 해결하기 위하여 히로시마 지방정부는 상당량의 재정적 부담을 남은 시민들에게 기댈 수밖에 없는 처지였다.

그러나 이마저도 폐허 상태에서 간신히 살아남은 시민들에게만 기대는 것은 현실적으로 불가능한 일이었다. 그래서 지방정부는 해외원조를 요청하기도 하였으며, 일본 정부에 손을 내밀기 위하여 신조 하마이 시장을 위시한 전 히로시마 유관단체가 발 벗고 나서서 중앙정부에 적극적인 지원 요청을 시작하였다.

하지만, 제2차 세계대전의 피폐한 패전국이 된 일본 정부로서도 재원을 마련하기란 마찬가지로 어려운 상태였다. 만약, 식민지를 유지할 수 있었다면 해당국으로부터 수탈정책을 펴서라도 일본에 재원을 끌어올 제국주의 정부였겠지만, 패전국이 된 상태에서는 이마저도 어려운 처지였다.

그러나, 신조 하마이 시장의 집요한 결기 앞에 일본 조야는 무릎을 꿇었으며, 결국 1949년 8월 6일 발효 예정의 「히로시마 재건법」으로 결실을 맺었다. 그렇다고는 하지만, 패전 후 115개 시(市)를 대상으로 한 전(全) 일본 전후 재건 계획이 맞물려 있는 상황에서 타 시도에 비해 적극적으로 그리고 눈에 띄게 지원해줄 형편은 못 되었다. 그야말로 설상가상이었다.

그런데, 이를 반전시킬 초대형 사건이 일어났다. 그것도 대한해협 건너 바로 이웃인 한국에서 일어났다. 바로 한국전쟁이었다. 신풍(申風)에 이어 한풍(韓風)이 부는 순간이었다. 여기서 핵폭탄으로 인한 재건의 또 다른 중요 항목이 형성되었다. 이러한 대외요인의 발생은 '우

핵이라는 이름의 청구서

연·필수적인 요건'이 된다는 점이다.

이 불행한 전쟁은 폐허가 된 일본에는 부흥을 알리는 서막이 되었다. 혹자는 한국이 공산화를 모면한 것은 미국과 UN의 초기 단계에서의 적극적인 군사 개입이 주효한 반면, 일본의 역할에는 반신반의하는 경우가 많다. 즉, 패전으로 인한 내핍 상황에 내몰린 일본이 한국전쟁에 원조할 수 있는 역량이 없다고 판단했다는 얘기다. 탱크나 소총 등 전투 무기를 공급할 수 없는 상황에 놓였던 것은 분명한 사실로 결코 틀린 얘기는 아니다.

그러나, 전쟁 수행 및 기초 민생경제에 필요한 경·중공업과 임·농수산 분야에 들어가면 상황은 달라진다. 신철(伸鐵), 차량, 차량 부품, 목재 등을 중심으로, 통조림, 인견(人絹), 견직물, 바느질 등의 대(對)한국 수출이 급증[172]하기 시작한 것이다.

"당시 일본 경제 안정본부 통계에 따르면 전쟁 발발 이후 1년 동안의 전쟁 특수 규모는 총 3억 1,500만 달러였다. 이 가운데 물자가 2억 2,200만 달러, 용역이 9,300만 달러 규모였다. 그리고 미국은 1952년 한 해에만 8억 달러 상당의 전쟁 특수를 일본에 주문하였다. 1952년과 1953년 전쟁 특수는 일본 전체 수출의 64%와 70%를 각각 차지하기에 이르렀다."[173]

그야말로 한국전쟁이 허기진 일본을 먹여 살렸다는 표현이 지나치지 않음을 알 수 있다.

그런데 일본에 대한 위의 두 주장은 객관적 혹은 자발적 인정 부분에 있어 아쉬움을 남긴다. 그러나, 이를 더욱 확실하게 뒷받침하는 공식적인 일본 정부의 문서가 발견됨으로써 이 주장은 공적인 신뢰를 가지게 되었다. 「Special Procurement for the Korean War(1950~1953)」, '한국전쟁 특수[174]를 명시한 히로시마 정부의 보고서가 이러한 주장이 사실임을 확인해 주었다.

　물론 경제 강국 일본의 경제 회복이 전적으로 한국전쟁에 기인한다고 볼 수는 없다. 그러나 한 가지 분명한 것은 한국전쟁만큼은 핵 폭발로 기진맥진한 일본과 히로시마에 그야말로 단비와 같은 축복의 선물이었다는 사실은 부인키 어렵다는 점이다. 이를 일컬어 "한국전쟁은 신이 패전국 일본에 내린 부흥의 바람"[175]으로 묘사한 대목은 사실에 가감이 없어 보인다.

4-1-7-4. 국가적 차원의 지원책

　한편, 히로시마시의 끈질긴 노력 끝에 일본 국회에서 가결된 1949년의 '히로시마 평화기념도시 건립 계획안'은 중요한 재건 모델로 기록될 만하다. 때마침 한국전쟁 발발이라는 역설적인 역사적 호재를 안게 되었지만, 이 계획안은 경제 초강대국 미국의 직접적인 지원 없이 핵 투하 이후 5년밖에 안 된 상태에서 추진·확정된, 예상보다 이른 시기에 순수 자생적으로 발생한 국난 극복·재건 활동의 백미라고 볼 수 있다.

　그래서 필자는 미국의 원조를 받은 1947년 유럽의 마셜 플랜과는 다른 차원에서 이 재건 계획을 살펴보고자 한다.

　첫째, 황폐하도록 패망한 히로시마 시민들에게 정신적·물질적 안위와 지원을 제공함으로써 더욱 자신감을 가져다주었다.

　둘째, 사유재산을 국가에 희생하는 일본 국민의 희생정신이 뒤따랐다. 부당하고 억압적인 분위기가 있었던 것으로 보이나, 서구나 타 아시아권 국가에서는 용인하기 힘든 '불합리함을 삼키는 일본인 특유의 희생정신'이 있기에 가능하였다. 또한 국가도 민간산업 육성을 위하여 국유 시설을 좋은 조건으로 민간에게 넘기는 불하 정책을 펴는 등

민·관·군이 희생·협동하는 특이한 모델을 선보였다.

셋째, 산업 경제의 빠른 재건이 결정적인 뒷받침이 되었다. 여기서는 몇 가지 중요한 성장 요인을 제시하고 있다. ① 여성 포함 풍부한 노동력 확보, ② 군사 시설의 민간 기업으로의 무난한 이전, ③ 한국전 특수, ④ 자체 개발계획인 '생산적인 현(県) 재건계획(Productive Prefecture Plan)'을 통한 조선 산업의 육성[176] 등이다.

4-1-7-5. 의료 재건

1945년 원폭 투하로 얼마나 많은 사람이 희생되었는가는 위의 자료에서 충분히 다루고 있다. 물론 헤아릴 수 없이 많은 희생자가 나왔지만, 세월이 경과한 뒤 후유증에 시달리는 사람들에 대한 관심과 치료는 또 다른 문제가 되었다. 이와 관련한 내용 몇 가지를 소개하여 그 후유증과 이를 관리해 온 일본 의료당국의 재건 과정을 살펴보기로 한다.

사실, 1945년 투하 당시 한 자릿수까지 정확히 얼마나 많은 사람이 피폭되었으며, 사망, 부상, 노출 후 생존하고 있는가에 대한 자료는 존재하지 않아 보인다. 대신, 상황과 정황을 종합한 신뢰성 높은 여러 기관과 단체의 추정치가 주를 이루고 있는 것이 사실이다.

그런데 그 이후 꾸준한 집계와 연구 결과들이 나오고 있는데, 이 자료들은 중요한 가치를 지니고 있다. 정확한 외래 내원 환자들의 방문 기록 수 등 수십 년이 지나는 동안 전반적인 과정을 꾸준히 추적 관리해 온 일본 의료기관들의 노력으로 핵폭탄 투하로 인한 피해에 따른 의료 재건기술은 질적, 양적으로 괄목하게 발전해 왔다. 이러한 노력의 결과로 방사능 사고와 관련, 일본 의료계는 2011년 후쿠시마 원전 사고로 인해 발생한 사회적인 동요를 재빨리 가라앉히는 숨은 공로자의 역할을 해낼 수 있었다.

먼저, 히로시마 정부 측에서 발표한 내용을 추려보면 다음과 같다.

"1945년 핵폭탄 투하 당시 총 2,370명의 의료종사자 중 91%에 해당하는 2,168명이 원자탄 노출의 희생자가 되고 말았으며, 그중 298명의 내과 의사들 중 90%가 노출 피해를 입었으며, 28명의 내과 의사들만이 부상당하지 않았다."[177]

이 보고서를 해석해 보면 피폭인들을 제대로 치료해 줄 의료진들이 없었다는 얘기가 된다.

그러나 놀라운 사실은 피폭 이후 십수 년의 짧은 기간 내에 상당수의 의료시설을 확충하게 되었다는 점이다.

"1950년대 초까지 공공의료 방사능 피해 전문치료기관들이 74개로 늘어날 정도로 눈에 띄는 증가세를 보였다. 또한 히로시마 원폭 병원(1956년) 및 히로시마 원폭 생존자 복지센터(1961년) 같은 방사능 피해 전문치료기관들이 역할을 충실히 수행하게 됨으로써 국내 및 해외에도 그 치료기술을 전파하는 단계에까지 이르게 되었다."[178]

이러한 의료시설의 재건은 그야말로 괄목상대한 결실이며, 이는 일본인들의 뛰어난 희생정신이 없었다면 불가능했을 것으로 판단된다. 바로 이 점은 한반도에서 핵폭탄의 투하를 가정할 경우, 한국도 미리 준비하라는 경종의 메시지가 될 것이다. 또한 반드시 준비해 두어야 할 재건 사전 준비 과정이라고 할 수 있다.

그런데, 보다 중요한 점은 피폭 후 생존자를 어떻게 관리하느냐는 점이다. 피폭으로 현장에서 사망한 희생자들보다 훨씬 많은 수의 피

핵이라는 이름의 청구서

폭 생존자들과 후손들이 후유증으로 고통받고 있는 현실을 어떻게 받아들이고 있느냐는 점이다. 이 점에 있어 국제적십자위원회(ICRC, the International Committee of the Red Cross)가 모범답안을 제시하고 있다.

이 위원회는 보고서에서 "1956년 일본적십자 계열 병원들의 개원 이후 2015년 3월 31일 현재 250만 명의 생존 피폭자들을 외래진료하였으며, 260만 명의 생존 피폭자들을 입원치료 해 주었다."[179]라고 보고하였다. 60년간 510만 명(1년 평균 8.5만 명)에 이르는 대규모 환자들을 소화하는 치료 관리 능력을 보여 주었다는 얘기다. 여기서 보여 준 또 다른 교훈은, 이러한 치료 관리를 위해서는 대용량의 환자 수용 관리 병원 시설 확충이 필수적이며 그에 걸맞은 치료 능력을 배양하는 일이 중요함을 각인시켜 주고 있다는 점이다.

또한 이 위원회는 일본 정부의 피폭 생존자 수의 공식 집계를 인용함으로써 일본 정부의 세분화된 집계 관리 과정을 소개해 주고 있다.

"2014년 3월 현재, ① 192,719명이 '히바쿠샤'로 불리는 피폭 생존자로 확인되었으며, ② 이들 중 119,169명은 원폭 당시 직접적인 노출자로 판명되었고, ③ 45,260명은 원폭 후 수주 간 해당 지역을 출입하면서 노출되었으며, ④ 20,939명은 구호(救護), 매장(埋葬)과 유사한 활동 중 노출되는 피해를 받았으며(사실상 노출로 해석 가능), ⑤ 7,351명의 태아들이 태중 노출되었다. ⑥ 또한 히바쿠샤 부모들로부터 태어난 제2세대만 20만 명에 이를 것으로 보이며 이들은 50~60세가 되면 암에 노출될 것으로 보인다."[180]

이는 어찌 보면 단순한 숫자 구분으로 보일 수 있지만, 1명 단위까지 세세히 파악한 정황이 드러나는 부분으로 일본 정부의 치밀하고도 끈질긴 이력 추적의 노력을 엿볼 수 있는 대목이다. 항목별로 세분화된 환자 유형 및 질병 분류 파악은 매우 중요하다. 어떤 의료시설에, 어떤 담당과를 지정할 것이며, 어떻게 미래를 내다보면서 치료 과정을 이어갈 것인가를 정확히 분류할 수 있어야만 피폭 생존자들에겐 그나마 치료와 위안을 줄 수 있으며, 해당 국민을 위해 국가로서 국민보호라는 가장 근원적인 책무를 수행했다고 볼 수 있기 때문이다.

바로 이러한 맥락에서 핵 문제로 시련의 연장선에 서 있는 한반도뿐만 아니라, 이 문제로 고통을 겪고 있는 타 국가들도 이처럼 잘 매뉴얼화된 일본의 경우를 고찰하여 대비·적용하는 일이 필요하다.

그러나, 한 가지 짚고 넘어가야 할 점은 당시 일본을 위하여, 일본에서 부역, 근로, 혹은 단순히 일본에 거주하다 피폭된 타국 출신의 피폭자에 대한 만족할 만한 대우와 의료 서비스가 제공되지 않고 있다는 사실이다. 물론, 이 부분에 대해서 일본 정부는 상당량의 책임 있는 성의를 보여 왔다고 주장하지만, 그 책임 수행의 척도는 피해자의 입장에서 수용할 수 있어야 하는 정도까지의 보상과 치료가 뒤따라야 함을 인식해야 한다.

이와 관련, 1945년 히로시마, 나가사키 핵폭탄 투하로 피폭된 한국인 수는 "사망자 5만 명, 생존자 5만 명으로 모두 10만 명으로 추정되며, 생존자 중 4만 3천 명은 귀국하고, 7천 명은 일본에 잔류한 것으로 추정되며, 그동안 일본으로 건너가 진료 혜택을 받은 사람은 전체 희망자 3,501명의 18.4%인 644명에 불과한 실정(2010년 기준)"[181]이라고 공식 발표하였다.

그러나 이후에도 '피폭자 건강수첩'을 받기란 어려우며, 재정적 지원책인 '수당지급'은 실제적으로는 불가한 상태에 놓여있다. 이와는 달리, 일본 정부의 자국민들에 대한 처우와 대우는 사뭇 달라 제2차 세계대전의 전범국이자 해당 외국인들을 강제 노역시킨 주체로서의 일본은 전후 처리 문제에 있어서 더욱 책임 있는 자세를 보여야 한다.

핵이라는 이름의 청구서

4-1-7-6. 부위정경(扶危精傾)

나가사키에 가면 우라카미 천주교 성당을 볼 수 있다. 이곳은 주교
좌 대성당으로 1945년 8월 9일 성모승천 주간 미사 중 신자들과 사제
들이 투하된 원폭으로 승천한 곳이다. 후미에라는 잔인한 종교탄압
을 견디어 내며 지어진 이 붉은 벽돌의 대성당은 원폭이라는 또 다른
잔인함도 견디어 낸 역사적 종교시설이기도 하다.

〈그림 1-17〉 1945년 원폭으로 부서진 우라카미 대성당(좌)과 재건된 현재의 우라카미 대성당
(우), 사진-Official Tourism Website for Nagasaki City//http, travel.at-nagasaki.jp

로마네스크 양식의 아름다운 건물이었음에 얼굴 일부만 살짝 탄
성모상, 무너진 성전 종탑 벽, 목이 날아가고 그을어진 성상들은 1945
년 원폭의 후유증을 더욱 애잔하게 보여 주고 있으며, 현재는 일본
원자탄 피폭의 상징물로 자리매김하고 있다.

그런데, 놀라운 기적은 다른 데서 나왔다. 이곳이 관광코스로 변신
했다는 사실이다. 1945년 이후 이 성당은 평화공원-우라카미 성당으
로 이어지는 역사 견학 및 성지순례 코스로 탈바꿈하여 한 해에도
수많은 관광객들이 방문하는 곳으로 변모하였다.

그런가 하면, 히로시마시는 원폭 돔을 연결하는 히로시마 평화기념공원을 건설하여 이 지역을 세계유산으로 등재하는 데 성공함으로써 세계적인 관광지로 거듭나는 성과를 거두었다. 그리고 이 도시의 역사를 대변하는 히로시마성을 연결하고 시민들의 보금자리를 마련하는 주거 중심가라 할 모토마치 지역을 재건하는 계획(1969~1978년)[182]을 수립하여 민생의 안정을 도모함과 동시에 역사성을 부흥시키는 다차원의 개발 계획을 실행에 옮겼다. 그리하여 원자폭탄의 폭심지를 상징성 있는 주거·관광지화함으로써 그간 지녀왔던 희생 도시의 개념을 관광 자원화하고 '세계적인 평화의 전도사 도시' 개념으로 탈바꿈하는 데도 성공하였다.

주식회사 일본의 진면목을 보여 주는 대목들이다. 아무리 피폐한 상황이 닥쳐와도 이를 재도약의 기회로 여기며, 전 시민들이 합심하면 망(亡)을 흥(興)으로 그리고 전(錢)으로 바꿀 수 있다는 신념이 오늘의 히로시마와 나가사키를 만들었다고 볼 수 있다. 위기를 기회로 그리고 명예와 돈으로 바꿀 수 있는 일본인들의 의지와 능력, 이러한 내용들은 한반도 유사시 필히 모델로 삼아둘 만한 예일 것이다.

4-1-7-7. 재발 방지를 위한 청원 활동

이 부분을 처음 접할 때는 다들 그리 중요치 않은 항목으로 여길 수 있다. 사후약방문(死後藥方文) 혹은 전쟁으로 인한 트라우마를 극복하기 위한 심리 치유 과정에 불과하다고 생각할 수 있다. 그러나 이와는 달리 일본인들은 주도면밀하게 청원 활동을 꾸준히 전개하기 시작하였다. 그러한 노력의 결과는 수십 년의 시간이 흐른 2016년 당시 미국 대통령이던 오바마를 히로시마로 불러들여 헌화하게끔 만들 정도로 가시적인 성과를 냈다.

이에 늦을세라 당시 일본 수상이던 아베는 하와이 진주만을 답방하였는데 이를 두고 그의 행보에 대해 추측이 무성했다. 여하튼 두 사람 모두 역사적으로 놀라운 발걸음을 했다. 그런데 이 일들을 계기로 일본인들의 집요한 핵 재발 방지 청원 운동의 근본적인 의도를 읽을 수 있게 되었다.

이 청원 운동은 비키니섬 피폭 사건(1954)으로 본격화[183]되었다. 그 당시 미군에 의해 진행된 핵폭탄 실험인 캐슬 브라보 실험 도중 인근 해상에서 조업 중이던 일본 선적 제5후쿠류마루호(The Daigo Fuku-ryū-Maru)의 선원이 수폭에 피폭되어 불과 9년 전 원폭으로 고통받던 일본인들에게 불에 기름을 끼얹는 격이 되었다. 이 사건은 1955년 버트런드 러셀-알버트 아인슈타인의 매니페스토 운동으로 번져나갔으며, 전 세계적인 반핵운동으로 퍼져나갔다. 이에 힘을 얻은 일본 및 태평양 국가들은 매년 반핵·반핵 무기 집회를 열고 그들의 주장을 관철하기 위하여 더욱 강한 주장을 펼쳤다.

바로 여기서 주목할 점이 있다. 1954년 비키니 사건이 불거져 나오기 전까지 미국은 별다른 저항 없이 첫 번째 핵실험 단계인 크로스로즈(Crossroads) 핵실험을 마쳤으나, 두 번째로 기획되었던 캐슬 브라보(Castle Bravo) 핵실험이 일본 선박과 일본인 피폭으로 번진 사실이다.

그 이전까지 마셜군도 내의 수많은 원주민이 히로시마급과는 비교가 되지 않는 강력한 위력의 수소폭탄 노출을 피해 타지역으로 이주하고, 섬과 해역이 방사능에 오염되어 '지역농산물을 음식으로 섭취할 수 없는' 등[184] 알려지지 않은 고통을 감내해야 했었던 사실들은 이 사건이 일어나기 전까지는 그다지 주목받지 못했음을 미국 스스로가 인정한 셈이다. 이러한 애절함은 마셜군도 공화국의 상원의원 Tomaki Juda의 애원[185]에서도 잘 배어 나오고 있다. 오랜 기간 지속된 미국의 핵실험으로 인해 비키니섬 주민들과 마셜 군도 국민들은 공개적인 반대 의사 표명도 하지 못한 채 미국의 핵실험을 지켜보며 간접적인 피해는 고스란히 떠맡아야 했던 것이다. 약소국의 애환이었다.

그러나, 일본은 분명 달랐다. 즉각적인 항의와 전국적인 핵실험·핵무기 반대 서명으로 전 세계의 이목을 집중시켰으며, 급기야는 미국 법원이 원주민들에게 피해 보상금 지급을 판결한 단계로까지 만들었다. 일본 청원 운동의 위력을 보여 주는 대목이다. 또 다른 한편에서는 일본인들이 얼마나 집요하고 계획적으로 공격국인 미국을 우회적으로 성토하고 비난하여 왔는지 그리고 향후 미국의 반성을 유도하기 위하여 어떻게 중장기적으로 추진하여 왔는지를 짐작할 수 있다.

그 때문에 비키니 사건은 전 세계를 상대로, 특히 핵 공격국인 미국을 상대로 일본이 범정부적으로 추진한 '정신적인 사과와 보상을 요구한 핵 재건 과정의 연장선'이었다. 생존자들이 장기간 미국의 사과를 요구[186]해 오는 동안 일본 정부는 이를 실행하기 위하여 미국 대통령의 히로시마 방문을 추진하여 왔다.

이러한 사실을 잘 보여 주는 장면은 히로시마 원폭 71년 후인 2016년 5월 27일 원폭심지인 현재의 평화공원에서 연출되었다. 오바마 대통령이 헌화하는 동안 밖에서는 일부이기는 하지만 일본인들은 마침내 미국에 공개적인 '사과'를 요구하기에 이르렀다. 그러나 일본인들의 속마음은 그보다 훨씬 더 많았다. 히로시마 평화 언론 센터(Hiroshima Peace Media Center)가 조사한 "'미국 대통령의 차후 히로시마 방문 시 사과 이행 필요'에 대한 응답에서 조사 대상 그룹의 30%가 찬성"[187]한 것은 이를 단적으로 보여 준 일이었다.

이와 같이 핵 반대 청원 운동의 순수함은 점차 정치적으로 변질되어 갔으며, 핵 피해국 일본은 마땅히 사과를 받아야 함을 주장함과 동시에, 미국을 가해국으로 몰고 가면서 제2차 세계대전의 침략국 일본은 가해국에서 '피해국 일본이라는 이미지로 변질'시키려는 시도를 공공연히 드러내었다.

〈그림 1-18〉 히로시마 평화기념공원에서 악수하는 아베와 오바마(좌)/오바마 대통령 히로시마
원폭 생존자와 포옹(우), 사진-Official White House Photo(May 27, 2016)

한 걸음 더 나아가, 일본은 더 이상 핵 공격의 피해국이 되어서는
아니 되며 이를 방어하기 위해서는 합법적인 무장을 추진할 수 있도
록 1947년의 평화 헌법을 개정하자는 우익세력의 논조와도 연계하였
다. 따라서 일본의 재발 방지를 위한 청원 운동이 주는 부작용은 예
상 밖으로 크다고 할 수 있다.

요컨대, 진정한 과거의 반성 없는, 피해국의 입장에서만 바라보는 데
서 출발한 청원 운동은 또 다른 갈등의 씨앗이 될 수 있다. 결국, 이 운
동에 일본 우익세력의 논리가 반영되었다는 사실을 확인하게 된 셈이
다. 또한 역설적으로 이러한 과정들을 한반도 상황에 대입해보면, 실제
전쟁 침략국이 피해국 행세를 하게 되는 경우를 대비한 역사적·정치적
대응 모델 연구가 충분히 필요하다는 것을 알 수 있다.

4-1-7-8. 정신적 재건 활동(완성 단계)

세계 전쟁사를 통틀어 보면, 전쟁과 평화는 한 바퀴로 돌아감을
알 수 있다. 한국전쟁을 겪은 한국인들이 평화의 소중함을 뼈저리게

느꼈듯이 일본의 히로시마·나가사키 시민들 또한 핵으로 인해 사람과 건물이 폐허가 되는 것을 경험하면서 평화의 소중함을 다시 느꼈을 것이다.

그러나 한국이나 일본 모두 시간이 지나면서, 그리고 경제적으로 부유해지면서 옛날의 아픈 기억들은 저만치 묻어두기 시작하였다. 한국은 1970년대 이후 산업화 성공과 1980년대 한강의 기적 이후 대북 경제적 우월감 속에 안보관이 흐려지기 시작했으며, 일본은 신칸센 초고속 열차의 출발을 선보인 1964년 도쿄 올림픽으로 경제의 부활을 알린 후 반성보다는 자만 속으로 빠져들어 갔다.

또한 북한은 1955년 원자력 및 핵 보유를 결정함으로써 뼈아픈 전쟁의 죄의식을 핵이라는 비대칭적 무기로 무장하여 재침하려는 기회를 찾고 있다. 그런가 하면 중국은 1950년 UN 결의와 배치되는 한국전쟁 개입과 1979년 베트남 침공에 대한 공식적인 사과 없이 막강해진 경제력을 바탕으로 남사군도와 인근 해양에서 군사력을 증강, 미국과 강 대 강 대치를 이어가면서 동아시아 전체에 긴장을 불어넣고 있다.

어느 나라 할 것 없이 핵으로 인한 피해, 전쟁으로 인한 상실 등 어두웠던 기억들은 저편에 남겨둔 채, 또 다른 비극을 막기 위한 노력은 아랑곳하지 않는 듯하다. 특히 피폭 국가인 일본에 아쉬운 점은 세계 유일의 피폭 국가임만을 유난히 강조할 뿐 반전·반무장을 위한 자성(自省)의 움직임은 보이지 않고 있다는 점이다. 이로써 일본인들은 사회간접자본과 경제적 재건에는 성공했으나 정신적 재건에는 실패했다는 평가를 면하기 어렵다.

제2차 세계대전 후 곧이어 터져 나온 한국전쟁과 극심한 냉전의 도래로 일본이 느꼈을 안보 불안감은 상당했을 것이다. 그러나, 상호안전보장법(Mutual Security Act, MSA)이 1951년 10월에 발효되고, 1954

핵이라는 이름의 청구서

년 5월에는 미·일 상호방위원조협정(Mutual Defense Assistance Agreement between the United States of America and Japan, MDAA)이 비준되었으며, 1954년 7월에는 자위대까지 창설함으로써 일본의 안보 위기감은 상당 부분 해소되었다.

사실 이와 같은 방어 조약의 체결을 통한 안보 보완책은 주변국들이 감내할 최대치였는데, 이는 일본 제국주의의 부활 가능성에 대한 주변국들의 우려가 팽배해져 가고 있었기 때문이다.

따라서 1946년 수립된 평화헌법 9조를 교묘히 개정하려는, 더 나아가 아예 이를 폐지하려는[188] 일본 정부의 궤변적 항변 논리의 전개와 이를 실행에 옮기려는 움직임에 대하여 필자는 다음과 같은 정의를 내린다. "평화 헌법을 누더기로 만들어 마음대로 갖다 쓸 수는 있으나, 이로 인하여 평화를 지향하는 일본의 정신은 이미 퇴색하였으며, 히로시마 원폭 피해로부터의 숭고한 정신적 재건은 이미 사망 선고를 받았다."

요컨대, 여기서의 정신적 재건이란 평화주의를 고수하여 세상을 전쟁과 불의로부터 지키려는 반전·반핵을 위한 정신적 구조조정이라 할 수 있다.

이를 위하여 한반도는 불의의 핵 재난이 발생하여 이를 극복하려는 과정에 놓일 경우, 상기 7단계를 거치면서도 정신적 재건의 과정을 숭고한 자세로 받아들이는 노력을 견지해야 한다.

4-2. 주거 문화 환경의 변화

폐허가 된 지상을 재건하려는 인류의 창조적인 의지는 놀랍고 생존을 위해서는 철저히 현실적인 방향으로 터전을 잡을 것으로 보인다. 만약 히로시마급 핵폭탄이 투하된다는 가정 아래 상기 8모델을 준용하면 60년 후에는 상당 부분 호전되어 2020년대 현재의 일본처럼 많이 회복되어 있을 것이다.

그러나 핵폭탄의 위력이 이를 훨씬 능가하는 차르 봄바와 최근 미국이 보유 중인 핵무기를 실전에 투하할 경우를 가정해 보지 않을 수 없다. 즉, 상기 8단계 모델을 그대로 준용하는 것이 바람직하나, 그 이상의 경우 인간이 머물러야 할 주거공간의 개념은 사뭇 달라질 것으로 보인다는 얘기다. 왜냐하면, 히로시마의 강도를 넘어서는 피해를 입은 만큼 더 고도로 발달된 건축 과학기술의 발전으로 보다 안전한 주거공간을 완성하려 하기 때문이다.

그런데, 이를 위해서는 천문학적인 재원을 마련해야 하는 부담이 뒤따르게 된다. 그러나 그렇다고 해서 핵 이후를 대비하지 않을 수는 없으므로 가장 최악의 상황을 맞이할 지역을 대상으로 한 기금 준비가 우선적으로 준비되어야 할 것이다. 이 논리는 일반적인 전쟁 방어 논리와는 다른 것이므로 현실적인 문제와는 다툼의 여지는 있을 것이다. 그러나, 전쟁은 전쟁 이후를 준비하는 이에게 기회를 주어온 역사를 통해 볼 때 최근의 한반도에는 필요한 재정 준비 항목이라고 판단된다.

되돌아가서, 핵폭발 후 한반도는 폐허 재건의 기치 아래 각종 새로운 형태의 건축물들이 건설되는 것을 목격하게 될 것이다. 더 나아가 화성 탐사 과정을 소개했던 영화 <마션>에서와 같은 생존 적응형 주거 형태가 형성되는 상황으로 전개되리라 보인다. 즉, 핵폭발로 인

핵이라는 이름의 청구서

한 방사능 반감기와 이후 오염 피해로 상당 기간 지상은 한국인들이 상주할 수 없는 지역이 될 만큼 지상에서 일정 높이까지 올라간 곳이 생존 한국인들이 거주할 수 있는 곳이 될 것으로 보인다. 비극의 교훈을 토대로 한 미래의 주거형이 선보여지는 것이다. 여기에는 크게 2가지 상황별, 지역별 건축물 구조 형태가 등장하리라 예상된다.

첫째, 지상 기본형 주택이다. 이 형태는 방사능을 비교적 미약하게 받은 도농지역에 맞춘 형태로, 지상 0.5~1m 이상에서의 생활을 기본으로 하는 지상 저층 생활 주거 패턴이다. 상대적으로 약하다고는 하나 방사능인 만큼 오염된 토양을 직접 밟거나 바로 위에서 생활할 경우 발생할 치명적인 질병을 우려하지 않을 수 없어 이를 미연에 막거나 최소화하기 위한 건축물 개념도이다.

〈그림 1-19〉 지상 기본형, 사진-㈜월드돔하우스(A)[189]

둘째, 스카이 돔(Sky Dome)형이다. 아래 사진은 대한민국 관광명소의 하나로 발돋움한 동대문디자인플라자(DDP)의 모습이다. 물론 이 디자인은 핵 재난 이후를 겨냥한 것은 아니었지만, 오히려 핵 사태 이후를 대비해서 활용할 수 있는 적절한 '도심형 건축' 개념도로 볼 수 있어 인용한 디자인이다.

좀 더 자세히 설명하자면, 그림에서와 같이 30여 m 높이의 둥근 시설 내에 대형 주거시설이 들어서고, 실내는 대형 상가 몰이 운영되어 그 속에서 자급자족할 수 있는 대형 실내 생활패턴의 새로운 세상이 시작됨을 의미한다. 때문에 이러한 건물들의 실내에서 살아가는 새 인류의 탄생을 보게 될 수 있을 것으로 예상한다.

〈그림 1-20〉 DDP(동대문디자인플라자) 홍보 컴퓨터 그래픽, 사진-서울관광재단[190]

4-3. 국내외 정치 환경의 변화

한반도의 핵전쟁 후폭풍은 국제 정치 역사의 순환 고리로 연결되어 있음이 분명하다. 즉, 주변 열강들에게 한반도는 그 자체로도 중요한 지정학적 요소를 지니고 있는 만큼, 아무리 핵으로 파괴된 나라라고는 하지만 그 값어치를 쉬이 감(減)할 곳은 아니란 얘기다. 또한, 구한말과 한국전쟁을 겪으면서 어떻게 주변국들이 이해타산적인 시각으로 한반도를 보아 왔는지 곰곰이 되짚어 보면 이러한 의문의 고리

핵이라는 이름의 청구서

는 금방 풀릴 것이다.

따라서 필자는 북한에는 중국이, 남한에는 미국이 재주둔한 분단의 제2중주곡이 펼쳐지리라 예측한다. 또한 제2한국전을 통한 내수 활황으로 의기양양해진 일본은 경제적인 힘을 가(加)할 것이며, 이로 인해 대(對)일본 종속론 또한 고개를 들면서 다시 한번 친일과 반일의 민족 감정이 임계점에 도달할 것으로 본다. 그런가 하면, 한반도에는 어지러운 세상에 영웅을 기다려온 한민족 특유의 독재 허용 의식에 의거 다시 한번 군부독재의 악몽이 되살아날 것으로 예상한다.

이후 한반도에는 남에서는 전쟁 원인 제공과 미 핵우산 제공에 따른 안보 불감증에 대한 극심한 이념논쟁으로, 북에서는 중국화되어 가는 동북공정이 노골적으로 나타나 북 내부에서도 반중·친중의 새로운 이념 대립이 나타날 것으로 예상된다. 이를 좀 더 구체적으로 세분화하여 살펴보기로 한다.

4-3-1. 중국의 그림자

우선, 중국의 북한 지배 야욕 부분을 살펴보자. 한마디로 '중국몽(夢)'의 실현으로 요약된다.

한반도의 대중국 관계는 676년 설인귀(唐)의 한반도 철군 이후 1895년 5월 8일 청·일 전쟁에 종지부를 찍은 시모노세키 협정에 이르기까지 조공과 사대로 점철되어 왔으나, 이 전쟁의 결과로 한(韓)·중(中) 1,200년의 종속관계는 공식적으로 중단되었다.

이를 회복하기 위해 절치부심해 왔던 중국은 마침내 1950년 한국전쟁에 개입, 휴전 수립과 동시에 전쟁 추진 세력이던 소련을 밀어내고 한국휴전협정에 서명한 4국(북한-중국, 한국-미국) 중 1개국이 됨으로써 명실상부한 북한의 후견인이 되기에 이르렀다. 한반도는 자신들이 포기할 수 없는 중국의 속국이라는 저의를 다시 한번 확인한 계기가 되었다. 세계 제일의 중국을 건설하고 미·중(美·中) 경쟁에서도 승리, 특유의 중국 시대를 창조하여 중국 패권의 세계를 건설하자는 중국몽(夢)[191]의 실현을 위해서는 반드시 한반도를 재(再) 속국화해야 한다는 간절함이 묻어나는 대목이었다.

중국(靑)의 외교 전략서였던『조선책략』[황준헌(黃遵憲), 1880]에서 중국은 러시아의 동아시아 진출을 막기 위해 한국에 '친(親) 중국, 결(結) 일본, 연(聯) 미국' 할 것을 권유함으로써 한반도에서 꺼져가던 중국의 영향력을 붙여잡으려 했다. 바로 그 모습이 시대를 타고 넘어 2020년대인 현재에도 그대로 이어지고 있는 것이다.

따라서, 앞서 언급한 한국 전쟁사 요록과 위의 내용들을 종합해보면, 676년 이전에도, 그 이후 현재까지도, 중국은 단 한 번도 한반도를 자신의 수중에 넣으려 하지 않은 적이 없다는 결론에 이른다. 때문에 핵 재난 이후 중국의 북한 재(再)주둔은 중국의 입장에서는 필연적 과정이자 수백 년 만에 찾아온 결코 놓칠 수 없는 절호의 기회가 될 것이며, 한반도에서는 북한에서나마 그들의 꿈을 일구려 할 것이다.

그런데, 이번 주둔 시 북한은 중국화가 될 가능성이 매우 크다. 지금까지 북한 정권이 원하던 바와는 달리 ① 후원 역할 위주에서 완전히 벗어나, ② 위성 정권 수립 후, ③ 막후에서, ④ 간접 직할할 가능성이 상당하다는 것이다. 논거는 다음과 같다.

먼저, 이러한 움직임을 체감하였던 사건이 바로 동북공정이었다. 이는 '동북변강역사여현상계열연구공정(東北邊疆歷史與現狀系列研究工程)'의 줄임말로서, 2002년 2월부터 2006년까지 총 5년 동안 중국 동북 3성(랴오닝·지린·헤이룽장성) 지방의 과거 역사와 현재 상황과의 관계를 체계적으로 연구하고자 진행된 국가 프로젝트였다.

외견상으로는 단순한 지역 역사 고찰 정도로 보이나, 자세히 들여다보면 심각한 역사왜곡 내용들이 많이 들어가 있어, 한국 정부는 이 사업 추진에 발끈하였으며 중국의 한반도에 대한 근본적인 저의(底意)를 의심하기에 이르렀다. 결국, 한국의 격렬한 반발과 강경한 외교 대응에 한 발짝 물러났으나, 이러한 시도 자체가 향후 한반도 주둔을 위한 사전 정비 작업 단계였음을 충분히 짐작할 수 있다.

결국, 이 동북공정 과정에서 도출된 결론은 **'중국이 고구려사를 중국사로 편입하면서 한반도 영역에까지 중국의 역사적 연고권을 부여함으로써, 향후 한반도 유사시에는 중국이 스스로 개입하려는 명분을 축적하고 이를 정당화하려는 사전 포석'[192]**임이 분명했다는 점이다.

그런가 하면, 북·중 국경선에 중국 군구의 재배치 움직임도 예사롭지 않았다. 2016년 2월 1일 중국 정부는 전국을 7개로 나눠 관리하던 7대 군구(軍區)를 동·서·남·북·중의 5대 전구(戰區)로 재편했다. 그런데 여기서 눈여겨볼 점은 한반도를 관할할 북부 전구에 1개 집단군이 증강돼 4개 집단군 체제로 변모했다는 점이다. 5개 집단군으로 구성된 중부 전구 다음으로 병력이 많을 정도의 불균형적이면서도 불안감을 조성하는 군제 개편이다.

그중에서도 문제시되는 곳이 선양군구(瀋陽軍區)에서 북부전구(北部戰區)로 편입된 제39 집단군이다. 이 집단군은 시진핑 정부 이후 꾸준히 북·중 국경선에서 전투 훈련을 강화하는 등 시 정부 이전의 움직임과는 전연 다른 훈련을 해 왔다. 그런데, 이 집단군은 한반도 유사시 가장 먼저 투입되어 북한으로 출동 혹은 대중국 탈북 난민 처리 등의 임무를 맡게 되는 등 사실상 북한 자동개입과 국경관리의 첨병역할을 한다는 점에서 시사점이 많은 대목이다.

한편, 이러한 중국의 움직임에 대하여 김일성-김정일-김정은 3대 북한 수뇌들은 중국의 성장을 두려워하였으며, 중국을 언제든 자신들을 배신하고 지배하려는 세력으로 여겨 왔다. 특히, 김정일은 "오히려 미군이 남한 내 장기간 주둔하여 남북 간 세력균형을 이루게 되면 이는 북한의 자주적 정권 유지에도 도움이 된다."[193]라는 주장을 간헐적으로 설파할 정도였다.

사실 중국은 1958년 철군 이후에도 내정에 간섭하였는데, 이는 1956년 8월 종파 사건(중공파, 소련파 숙청 사건)을 겪으면서 중공의 지지와 커넥션을 유지한 연안파 세력을 김일성이 제거한 상태여서 어떤 식으로든 영향력을 행사하려 하였기 때문이기도 하다. 구체적으로, **"모택동은 북한의 세수(稅收) 정책, 간부 정책, 인민 생활 개선 및 통일전선 정책 방면에도 모두 잘못이 있다고 비판하였다. 단순히 북한 내 권력투쟁 문제만이 아니라 북한의 발전노선과 주민 정책 문제까지 비판·간섭"[194]**한 것이다. 또한 전후 복구를 놓고 자신들의 주장 정책인 경공업 활성화 정책을 관철하려 하였으나, 김일성의 세력 강화로 점차 손을 뗄 수밖에 없게 되었다.

그리하여 이러한 내정 간섭 기간 동안 김일성은 중국의 간섭 정도와 방향을 상당히 우려했으며, 결과적으로 "중·소의 간섭은 1960년대 중반 북한 지도부가 사상에서 주체, 정치에서 자주, 경제에서 자립, 국방에서 자위라는 형식으로 주체사상을 테제화"[195]하는 데에도 큰 영향을 미쳤다. 더군다나 1992년에 이르러 한·중수교라는 충격적인 배신을 당하면서부터는 중국을 더욱 믿을 수 없는 변절적·지배적 간섭자로 여기게 된 것으로 보인다.

이처럼 중국은 북한을 자신의 세력 하에 두려는 계산을 계속하고 있었고, 자주를 주장한 김일성과 후손 수뇌들은 중국을 국가의 중요 정책을 좌지우지할 위협적인 세력으로 간주하게 되었다. 즉, 자신들의 이념과 정책 방향이 어긋날 경우 중국은 적대 세력으로 돌변하여 타 세력으로 북한 정권을 교체할 수 있다고 생각하게 되었다. 그 대

핵이라는 이름의 청구서

표적인 예가 김정은이 친중파인 장성택을 처형하여 중국의 공분을 사게 된 경우이다. 그들에게 있어 중국은 자신들의 정권을 교체할 수 있으며, 나아가 피땀으로 일군 자신들의 왕조를 중국몽의 힘으로 한순간에 복속시킬 수 있는 두려운 경계 세력 그 자체였던 것이다.

마지막으로, 중국은 과거와는 달리 핵 재난 이후에는 직할 통치에 버금갈 위성 정권을 수립하여 대북한 통치행위를 실시할 것으로 예측된다. 과거 수십 년간 북한은 중국의 돈주머니에만 눈길을 보내는 얌체 국가로 여겨 왔다. 그런가 하면, 핵실험을 자신들과 상의 없이 임의대로 실행해 미국 등 주변국들을 자극하여 중국을 난관에 빠뜨린 적이 한두 번이 아니었으며, 이로 인해 중국은 대외 신뢰도 하락과 퇴락한 북한 정권 옹호 국가란 불명예 속에 전 세계의 눈총을 받아왔다.

따라서 중국은 이번 기회에 눈엣가시인 김일성 3대 세습 세력을 완벽히 청산하려 할 것이다. 또한 위에서 언급한 바와 같이 철저한 내정간섭을 통해 중국 정치체제를 도입하려 할 것이다. 즉, 총서기(1명)-상무위원(7명)-중앙정치국 위원(25명)-중앙정치위원회(400명 이하선)-전국대표회의(3천 명 이하)-공산당원(8,000~9,000만 명 선)으로 이뤄진 중국 공산당 정치체계를 적극 도입, 대동소이한 체계를 수립하여 중국 공산당 정권과 원활한 커뮤니케이션과 밀접한 관계를 도모할 것으로 보인다. 이를 통해 중국 공산당 정권의 이념과 사상 그리고 정책 방향을 투입함으로써 북한 정치권 및 제도권 전체를 서서히 중국화해 나갈 것으로 예상된다.

그런가 하면, 세뇌화로 점철된 김씨 3대 세습체제에 대한 북한 주민들의 사고의 틀을 중국화하기 위한 대대적인 이념 정화 교육을 강화할 것으로 보인다. 즉, 중국화하기 위한 마지막 단계 작업을 주도면밀하게 수행함으로써 핵 재난의 틈바구니를 비집고 들어온 중국몽을 정착시키려 할 것이다.

이와 같이, 핵 재난 이후 한반도의 북쪽에 주둔할 중국은 과거 1950~2020년대 현재에 이르기까지 보여 준 과거의 행적과 정책 경로를 그 이후에도 유사하게 보여 줄 것이다. 역사는 미래를 비춰주는 거울이기 때문이다.

4-3-2. 미국과 일본의 귀환

한편, 미국은 1954년 발효된 한·미 안전보장협정에 기초하여 명시된 자동개입 조항이 없음에도 사실상의 개입으로 남한 전 지역에 대한 방위 지원과 북측에 대한 진격 혹은 중국을 의식한 현 상황의 유지를 주장하고 나올 것으로 보인다. 물론, 이때에도 제2의 이승만이 나올 경우, 전선을 북쪽으로 확장하려고 할 것이다. 그러면서도, 중국의 대남 반격에 대비, 강경한 대북(對北)·대중(對中) 군사연합 체제를 유지할 것으로 예상한다.

그런데 여기서 눈여겨보아야 할 국가는 일본이다. 한반도로의 재진출 및 독도 영유권 문제 등 민감했던 사안들을 한국을 배제한 상태에서 미국과 밀실 협상으로 종료시킬 수 있기 때문이다. 러·일 전쟁 직후인 1905년 7월 29일, 미국의 필리핀에 대한 지배권과 일본 군국주의의 대한제국에 대한 지배권을 상호 승인키로 했던 가츠라-태프트 밀약이 이번에도 재가동될 가능성은 충분해 보인다는 얘기다.

왜냐하면 미국의 대(對)일본과 대(對)한국 간 협상 전(前) 긴밀도(緊密度)는 근본적으로 다른데 이는 최종 결정전 최종협의 국가로 영국, 캐나다, 독일, 프랑스, 이탈리아, 일본 등 현 G7 국가들의 의견을 최우선시하기 때문이다. 물론 안보리 상임이사국들도 있겠지만 거기에는 미국의 대외정책에 사사건건 반기를 드는 러시아와 중국이 있으므로 깊은 속내를 드러내며 협의를 하지는 않는다. 말 그대로 표결 장소 역할을 하는 안보리보다는 허심탄회하게 얘기를 나누는 G7에서 많은 얘기가 오가고 결정된다.

이를 모를 리 없는 일본으로서는, 더군다나 핵 재난으로 패닉 상태에 빠진 한반도에 적극적으로 개입하려고 할 일본으로서는 미국의 동아시아 최상의 파트너로서 자신들의 이익과 입지를 최대한 확보하려 할 것이다. 이를 위해 지난 수십 년간 준비해 온 대로 독도 영유권의 찬탈 확정, EEZ의 한반도로의 대폭 확장, 동해의 일본해로 대체 표기 국제 공인화, 항공 식별 구역의 일본 관할화 대폭 확대 등 한국의 향후 국방·외교활동 무대 확장 움직임을 사전에 봉쇄하려는 정책 협의를 가속화하려 할 것이다.

또한 한반도 영토의 일부(울릉도)를 추가로 자국 영유권에 귀속시키려는 노력을 시작할 것으로 보인다. 죽도도해면허(竹島渡海免許)와 송도 도해면허(松島渡海免許) 주장에 의거한 울릉도(舊日, 竹島) 귀속 야욕[196]은 아주 오래전부터 있어 왔으나, 독도(舊日, 松島) 영유권 확보가 안 된 상태에서의 전선 확대는 바람직하지 않아 수면 아래 잠복하고 있었을 뿐, 상황과 여건이 조성될 경우 필히 수면 위로 부상할 영토분쟁 건 중의 유력한 후보이다.

또한 히로시마-나가사키 재건 과정에서 다뤘던 바와 같이, 제2의 한국전 특수를 기대할 것이다. 1950년 당시 초라했던 한국의 경제 기반과는 달리 핵 재난 이전의 한국은 세계 10위권의 경제 강대국이자 첨단산업의 주요국으로 일본이 넘기 힘들었던 뛰어난 첨단 기술을 보유했던 국가였던 만큼, 한국이 그간 보유해왔던 기술과 과학의 자산을 일본 쪽으로 대체하려는 전 세계적인 노력을 펼칠 것으로 보인다. 때문에 제2의 한국전 특수는 1950년과는 비교가 되지 않는 우량, 경제 강국의 수액을 대체하는 전대미문의 경제적인 특수를 누릴 것으로 예상된다.

사실, 이러한 일본의 한반도 위기설 유포 의혹[197]은 2020년대 이전에도 가끔씩 언론에 포착되기도 하였다. 결국 이러한 동기는 위에서 본 바와 같이 '한반도 위기는 곧 일본에겐 기회이다'에서 비롯된 것일 수 있다.

4-4. 정치 경제 환경의 변화

D-day 이후 한반도의 모습을 전 세계인들이 보게 되면 한국의 미래 경제는 모두 끝났다고 생각할 가능성이 높다. 한국전쟁의 화마를 딛고 세계 10대 경제 강국이 되었던 기억을 되살리려 해도 현재의 눈앞에 놓인 상황만 놓고 보면 과거의 기적 같은 부흥과는 상관없는, 경제적인 비전과도 연관 지을 수 없는 참담함 그 자체로밖에 볼 수 없을 것이라는 얘기다. 일면 일리가 있다. 도쿄가 잿더미가 되고 2개의 도시가 핵폭탄으로 불모지화된 이후 일본이 재건에 성공하기까지 그들이 감내해야 했던 20여 년의 세월을 감안한다면, 가공할 핵무기로 초토화된 한반도의 지형을 생각하면 이는 비교 자체가 될 수 없기 때문이다.

그러나, 이것만으로 한국 경제의 재활 불가를 단언할 수는 없다. 한국 경제의 강인함과 특이함에서 그 맥락을 짚을 수 있기 때문이다. 또한 주류 경제학자들이 인정하기란 쉽지 않겠지만, 군사경제학을 바탕으로 한 국가 경제운영 논리가 핵전쟁 이전부터 뿌리 깊게 정착되어 실효성 있게 운영되어 왔기 때문이기도 하다.

핵이라는 이름의 청구서

4-4-1. 핵 사태 이전의 국가 예산 운영

사실 핵 공격 이전의 한국 경제는 전쟁 이후를 대비하는 경제 체제를 운영해 왔다고 볼 수 있다. 의도적으로 보이지는 않지만 거의 본능적으로 이러한 미래를 대비하는 국가 예산 운영 패턴을 유지해 왔다는 것이 보다 정확한 설명일 것이다. 아래의 3가지 도표를 보면 확인할 수 있다.

정부 일반 회계 국방 예산 추이 도표

국방 예산 추이 (단위: 억)		2015	2016	2017	2018	2019	2020
정부 재정	총액	2,585,856	2,683,872	2,750,157	3,014,172	3,317,773	3,565,686
	(재정 대비 국방비, %)	14.5	14.5	14.7	14.3	14.1	14.1
국방비	총액	374,560	387,995	403,347	431,581	466,971	501,527
	전력 운영비	264,420	271,597	281,377	296,378	313,237	334,723
	(전력 운영 구성비, %)	70.6	70.0	69.8	68.7	67.1	66.7
	방위력 개선비	110,140	116,398	121,970	135,203	153,733	166,804
	(방위력 개선 구성비, %)	29.4	30.0	30.2	31.3	32.9	33.3

〈표 1-19〉 연도별 국방 예산 추이[198], 도표-저자 편집

주요 국가의 국방비 비교	2015						2018					
	이스라엘	러시아	중국	미국	일본	한국	이스라엘	러시아	중국	미국	일본	한국
GDP 대비 국방비 비율(%)	6.2	4.2	1.3	3.3	1.0	2.4	5.1	2.9	1.3	3.1	0.9	2.3
국민 1인당 국방비($)	2,310	362	106	1,859	323	681	2,200	319	121	1,954	375	737
병력 1인당 국방비($)	105,085	64,662	62,495	432,657	165,992	58,240	0	0	0	0	0	0

〈표 1-20〉 주요 국가의 국방비 비교[199], 도표-저자 편집

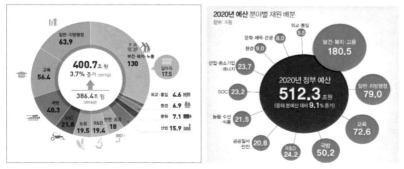

〈그림 1-21〉 2017년 대비 2020년 대한민국 정부 예산안[200]

우선, 〈표 1-19〉를 보게 되면, 정부 예산 지출의 14~15%가 국방비로 지출되는 것을 알 수 있다. 이는 준전시를 대비한 평화 시 국방과 안보에 대한 투자 비율이라고 할 수 있는 OECD 평균인 5.4%[201](2015 기준, 단순 평균)의 3배에 해당하는 수치로, 한국의 예산 운용은 국방비를 매우 중시하고 있음과 동시에 한국의 경제구조는 군사경제와도 밀접하게 관련돼 있음을 명확히 보여 주고 있다.

그런데 〈표 1-20〉을 보게 되면 또 다른 놀라운 점을 발견하게 된다. 미국, 러시아, 이스라엘 등 국제분쟁과 관련하여 일정 수준의 군사력을 기본적으로 필요로 하는 국가들의 GDP 대비 국방비 지출 비율이 3%대를 넘어서는 반면, 남북 대치 및 한반도 핵 문제로 장기간 극도의 분쟁상태에 놓여 온 한국은 2.4%대로 상대적으로 낮은 비율을 유지하고 있다는 점이다.

휴전인 상태에서 그 어떠한 나라보다 군사적으로 더 긴장 상태에 있어야 할 한국이 상기 3개국보다 낮은 수준의 군사비 지출률을 보인다는 것은 상당한 아이러니가 아닐 수 없다. 이는 한국이 외부의 힘의 도움을 받고 있는 대외의존형 군사 국가임을 간접적으로 암시한다는 얘기도 된다. 때문에 도널드 트럼프 미 행정부의 방위비 분담 증액에 대한 압력의 배경이 되기도 하였다.

그런데, 〈그림 1-21〉을 보게 되면 상황은 또 달라진다. 국방비가 전체 예산의 약 10%인 반면, R&D 및 교육 부문이 무려 19%에 이르러 OECD 평균인 10.9%[202]보다 2배 가까이 높다는 점이다.

이상의 분석 내용을 종합해 보면, 한국은 남북 군사대치라는 극단적 긴장 상태에서도 지금 당장 군사비에 집중, 몰입하기보다는 훗날을 대비하는 미래지향적인 국가 예산 투입 패턴을 보이고 있음을 알 수 있다.

핵이라는 이름의 청구서

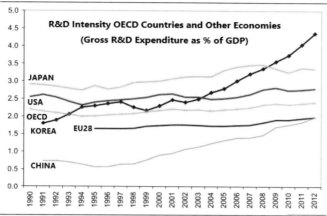

Korea's R&D Investment Rising Faster than Its Peers

R&D Intensity OECD Countries and Other Economies
(Gross R&D Expenditure as % of GDP)

JAPAN
USA
OECD
KOREA EU28
CHINA

Source: CEIC and Morgan Stanley Research

〈그림 1-22〉 타국가 대비 한국의 R&D 투자 증가율, 그래프-저자 일부 편집

반면, 외교와 통일 분야에 투자한 비율은 겨우 4.6%에 불과하여 통일 한국을 대비한 정부 재정 운영보다는 남한의 건실한 미래를 위한 국정운영 예산의 틀 위주로 짜여 있음을 알 수 있다.

이와 같이, 한국은 핵 사태 발발 이전에도 미래에 대한 무형의 투자를 유난히 많이 해 둔 나라에 속한다. 특히, CEIC와 Morgan Standley가 위의 그래프를 통해 발표한 미래 성장을 위한 연구와 개발 투자(R&D) 분야에서 한국은 그 어떤 경쟁국들보다 많은 예산(GDP 대비 4.5%, 2012년 실적 기준)을 사용한다고 하였다. 바로 이러한 점에서 한국은 D-day라는 극한의 상황 이후에도 빠른 속도로 경제를 회복할 것으로 보인다.

4-4-2. 반면교사를 넘어선 경제 재건(일본과 이웃들)

그런데, 이러한 과거 한국 정부의 예산안 편성과 국민들의 동의는 한국인 특유의 전쟁 이후를 대비하는 유비무환 정신에서 비롯되었다고 할 수 있다. 설령 핵폭탄으로 서울과 전국 주요 대도시들이 참상(慘狀)을 당하는 비극을 겪는다고 할지라도, 그동안 운영해 온 예산 편성과 지출 구조는 국민적 재능을 재생할 수 있는 기본적인 역량을 발휘하는 데 적합한 구조라고 볼 수 있다. 과거 1950년 한국전쟁 이후 보여 준 한국의 엄청난 회복력도 이러한 예산편성 및 집행 과정을 통해 나왔다고 볼 수 있다.

그러나, 핵으로 인한 사상자와 후유증으로 인한 인적 손실은 1950년 한국전쟁 때와는 결코 엇비슷하거나 같을 수는 없다. 위의 연구에서 드러난 바와 같이 그때는 아비규환과 대학살이라는 묘사만이 어울릴 것이다. 전 국토가 피폐화되고 전국적으로 산업시설이 완전히 붕괴되고, 핵 오염으로 인해 지상에서는 제대로 된 생활 자체가 불가능한 상황에 놓일 수 있다. 그야말로, 1950년과 D-day의 규모와 회복의 첫 출발점이 엄연히 다른 상황인 것이다.

한편, 이러한 상황을 반전시킬 수 있는 모델 국가는 결국 아이러니하게도 일본이다. 핵 재앙에 대한 반면교사로 일본이 다시 재조명되고 있는 것이다. 우리가 상상하는 피폐화된 상황을 재건설할 수 있다는 희망을 안겨줄 수 있는 나라로는 다름 아닌 20년 만에 재기에 성공한 패전국 일본이었음을 의미한다.

그런데 필자는 한국은 일본과 비슷하거나 오히려 더 빠른 속도로 재건에 성공할 수 있을 것으로 파악하였다. 그 근거로는 다음과 같다.

첫째, 생존본능이 뛰어나다는 점이다. 임진왜란 등 숱한 국난과 피폐화된 상황에서도 어떻게든 국력을 회복하여 강인한 생존 회복력을 보여 주었기 때문에 더욱 그러하다. 이 부분은 아래 Angus Madison 차트가 잘 보여 주고 있다. 1950년 한국전쟁 이후 북한의 1인당 GDP 성장은 제자리에 머문 반면, 한국은 1970년대 중반을 기점으로 남북한의 격차를 확연히 벌림으로써 본격적인 경제 성장의 가도를 달렸음을 알 수 있다. 급기야 20년 후인 1990년 초반에는 기본적인 의식주를 해결할 수 있는 수준인 10,000달러 시대를 열기에 이르렀다. 이러한 사례는 세계사를 통해서도 흔치 않은 경우로서 경이로운 기적 (예, 한강의 기적)에 해당한다고 볼 수 있다.

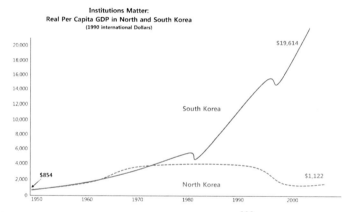

<그림 1-23> 남북 경제 격차 비교 그래프(Angus Maddison)[203], 그래프-저자 일부 편집

둘째, 강한 경쟁력과 상호 연관성이다. 1945~1950년 이후 한국과 일본의 경제 성장을 비교해 보면, 한국은 20년 후의 일본을 따라가는 모습을 보여 주고 있다. 점차 간극이 메워지는 추세를 감안하더라도 양국의 발전 추세선은 흡사 일본이 미국의 성장 추세선을 따라가던 때와 같은 모양새를 취하고 있다.

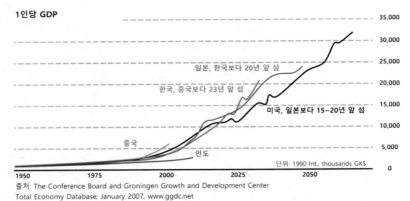

1인당 GDP

일본, 한국보다 20년 앞 섬

한국, 중국보다 23년 앞 섬

미국, 일본보다 15~20년 앞 섬

중국

인도

단위: 1990 Int., thousands GK$

35,000
30,000
25,000
20,000
15,000
10,000
5,000
0

1950   1975   2000   2025   2050

출처: The Conference Board and Groningen Growth and Development Center
Total Economy Database, January 2007, www.ggdc.net

〈그림 1-24〉 비교 대상국 간 1인당 GDP 변화, 그래프-저자 일부 편집

1945년 제2차 세계대전이 막을 내렸을 때 일본의 국토가 피폐화된 점은 1953년 한국전쟁 이후 한국과 비슷한 상황이었으나, 3년간에 걸친 한국전 특수를 기점으로 일본은 비축된 산업 기술과 지식 그리고 일본인 특유의 근면 성실성을 바탕으로 기하급수적인 경제 성장을 이룩하여 1인당 GDP는 미국과 같은 궤적을 그리며 수직 상승하였다.

이에 비하여 한국은 늦게 출발하였으나, '서서히 급상승'하면서 빈곤과 황폐화의 단계를 넘어섰다. 2025년 이후에도 한국은 일본-미국의 1인당 GDP 성장곡선을 따라가는 형국을 취할 것으로 이 그래프는 내다보고 있다. 일본에는 생명수와도 같았던 한국전 특수만큼의 호기를 한국은 갖지 못했던 상황(베트남전쟁 참전 보상)에서 이 정도로 따라붙으리라고는 예상하기 힘들었을 것이다. 마치 결코 뒤처질 수 없다는 듯 양국은 맹렬한 마라톤 경주를 하는 듯한 모습이다. 그만큼 한국과 일본 사이에는 강렬한 경쟁의식이 자리 잡고 있음을 이 그래프는 잘 보여 주고 있다.

그런데 이와 같은 한국의 경제 성장 과정을 단적으로 대비할 수 있는 것이 인도의 장기 저성장 곡선이다. 비록 인도의 1인당 GDP(2,000

핵이라는 이름의 청구서

달러 이하, 2020년대 현재)보다 훨씬 높은 소득을 보이는 1만 달러 이하의 대부분의 후진국이나 개발도상국가들도 이 인도의 성장곡선 프레임을 벗어나지 못하고 있는 것은 마찬가지다. 그만큼 한 국가의 경제력과 국민소득이 단기간에 급성장한다는 것은 어려운 일이다. 따라서 이 사실을 유추해보면 한국이 얼마나 놀라운 경제 회복력을 보여왔는지 짐작할 수 있다.

또한, 이 그래프는 미국, 중국, 일본 등 경제 3대국은 한국과는 떼려야 뗄 수 없는 경제적 체인으로 묶여 있음을 상징적으로 보여 준다. 이 4개국은 상기 여러 부분에서 언급한 바와 같이 밀접한 관계를 형성하여 왔다. 때문에 이들 3개국은 한반도에서의 핵 사태 이후에는 한국의 경제 재생을 위하여 상당히 적극적으로 한국을 지원하고 견인하려 할 것으로 예상한다.

셋째, 한국의 경제는 아시아의 세 마리 용과 같은 궤적을 그리며 성장하고 있다는 점이다. 한국전 발발 당시 타이완을 제외한 타 국가들은 한국의 1인당 GNP의 2~3배를 기록할 정도로 상대적으로 좋은 경제생활상을 지녔었다. 그러나 한국은 전쟁 이후 이들 용과의 격차가 더욱 벌어지면서 미래의 '아시아 네 마리 용 그룹'의 일원이 될 수는 없을 거라는 비관적인 전망이 들 정도로 뒤떨어졌었다. 반면, 전쟁과 관련이 없는 싱가포르와 홍콩은 1970~1990년 동안 고속성장 가도를 달릴 수 있었다. 그러나 1980년을 기점으로 한국은 타이완과 더불어 놀라운 잠재력을 발휘하며 추격하는 모습을 보여 주기 시작했으며, 2010년대에 들어서는 그 간격을 촘촘하게 메울 정도로 격차를 줄이는 저력을 보여 주었다.

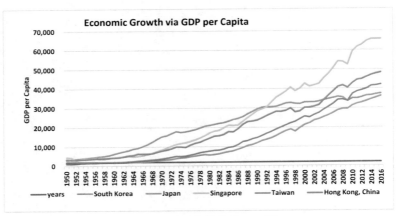

〈그림 1-25〉 경제성장률 비교 그래프

그런데 이는 인근 4개국의 경제발전이 개별 국가들만의 역량이라기보다는 공동경제발전이라는 공동성장의 메커니즘이 반영된 것이라고 볼 수 있다. 1998~2000년 한국의 국제 신용부도 등 동아시아 경제의 침몰 사건 때처럼 1인당 GNP가 동시에 하락한 모습은 아이러니하게도 이들 경제협력체는 한 바퀴 속에서 움직이고 있음을 말해 준다. 때문에 이 그래프는 상호작용이 경제 성장에 얼마나 큰 영향을 미치는가를 잘 보여 주고 있다.

한편, 이를 역으로 분석해 보면, 핵 사태로 인한 한국 경제의 침몰은 이들 인접 국가에도 상당한 영향을 끼침을 알 수 있다. 1950~1953년간 한국전 특수를 누린 일본은 제2의 특수를 얻을 것으로 전망되지만, 동시에 기타 주변국들은 한국 경제의 침하로 인한 동반 성장 하락을 감내해야 할 가능성이 크다고 볼 수 있다. 때문에 한국에 대한 지원과 원조를 서두르면서 이른 시간 내에 한국 경제가 정상 궤도로 올라 올 것을 희망할 것으로 보인다.

이와 같이, 핵 사태 이후 한국 경제는 자신들의 노력과 주변 국가들의 협력하에 놀라운 성장 속에 다시금 회복의 길로 접어들 것으로

핵이라는 이름의 청구서

예상한다. 다만 시계(時計)가 다시 20년 수준, 즉, 1970년이 아닌 1950년대 수준에서 다시 시작해야 하는 어려운 상황이 전개되리라는 점은 피할 수 없을 것으로 보인다.

한편, 1945년의 비극적인 결말에 따른 일본의 좌절감은 상당했을 것으로 추측된다. 또한 절대강자와의 직접적인 대결은 더 극한의 고통을 초래한다는 사실도 역사를 통해 뼈저리게 느끼게 되었을 것이다. 그리하여 주일미군의 주둔도 순순히 받아들이고 반전 평화헌법도 마련하는 등 패전국으로서의 역할을 충실히 수행하며 재도약을 기다렸을 것이다. 그러한 노력 과정들은 위에서 언급한 전후 복구 프로그램에서도 잘 드러나 있다.

전후 일본은 다른 열강들과 주변국들의 군비 확장에 대한 우려 속에서도 얼마나 빠른 속도로 망실한 국토를 회복할 수 있는가를 보여준 교과서적인 과정을 선보였다. 물론 전쟁 범위가 한반도처럼 전국적인 전면전이 아닌 몇 개 도시에 국한된 것이었지만, 다시 일어선 일본은 한국인들에게는 다시금 신선한 경쟁의식을 고취시키는 촉매제 역할을 할 것으로 보인다. 따라서 한국인들은 핵으로 피폐화된 한반도를 어떤 식으로든 재건해내려는 의지 속에 일본의 재활 성공 모델을 귀감 삼아 새로운 경제 시스템을 구축할 것으로 보인다. 즉, '돈이 있어야 나라도 있다'는 생각하에 전무후무한 재건 운동을 펼칠 것으로 보인다.

4-4-3. 중국과 러시아의 목적성 보조

여기서 눈여겨보아야 할 또 다른 점은 한국의 경제 재건 프로젝트에 누가 대거 참여하는 가이다. 바로 중국이다. 놀랍게도 미국도, 일본도, 러시아도 아닌 중국이 가장 적극적으로 한반도의 재건에 경제적인 지원을 가장 많이 하는 나라가 될 것이다. 그 배경은 다음과 같다.

첫째, 중국의 북한에 대한 역사적 소유의식 때문이다. 아무리 북한이 중국을 괴롭히고 곤혹스러운 위치로 몰고 가도, 아무리 한국이 미국과 동맹을 맺고 중국과는 군사적으로 대척점에 놓여 있다고 해도, 중국은 한국을 미국의 영원한 동맹으로 간주하지 않는다. 그만큼 중국 정부의 머릿속에 한반도는 한동안의 소용돌이가 지나가고 나면 다시 중국에 복속될 변방 정도로 생각해온 것이 사실이다. 이를 잘 나타낸 사건으로는 2017년 중국 국가주석 시진핑이 미국 대통령 도널드 트럼프와 대화 중 "한반도는 중국 영토의 일부였다."[204]라는 발언이 있으며, 이 사실이 밖으로 새어 나옴으로써 한국 전체가 출렁거린 바 있다.

따라서, 아무리 핵 사태로 남북한이 피폐·불능화가 되었다고 하더라도, 아무리 한국인들이 중국에 대한 적대감과 피해 의식을 노출한다고 하더라도, 중국 정부의 관념 속의 한반도는 어디까지나 중국의 일부이며 때로는 매로, 때로는 애정으로 감싸 안아 줘야 할 대상으로 보는 것이다. 바로 이 애정 요인이 핵 사태 이후 피폐·불능화된 한반도를 재건하는 데 팔을 걷고 나서는 첫 번째 추동력이 될 것이다.

둘째, 북·중 혈맹을 상징하는 중·조우호협력상호원조조약(1961.7.11.) 제2조의 **"체약 일방이 어떠한 한 개의 국가 또는 몇 개 국가들의 연합으로부터 무력 침공을 당함으로써 전쟁 상태에 처하게 되는 경우에 체약 상대방은 모든 힘을 다하여 지체 없이 군사적 및 기타 원조를 제공한다."**와 제5조의 **"체약 쌍방은 주권에 대한 상호 존중, 내정에 대한 상호 불간섭, 평등과 호혜의 원칙 및 친선 협조의 정신에 계속 입각하여 양국의 사회주의 건설 사업에서 상호 가능한 모든 경제적 및 기술적 원조를 제공하여 양국의 경제, 문화 및 과학 기술적 협조를 계속 공고히 하며 발전시킨다."**[205]라는 조항의 구속력 때문이다.

핵이라는 이름의 청구서

결국 이 조약은 대만과의 관계를 설정한 중국의 원 차이나(One China) 정책과 표현과 대상만 다를 뿐 또 다른 형태의 '제2의 원 차이나' 정책을 조약이라는 형식을 빌려 중국 동북 지역과 북한에 적용한 것으로 볼 수 있다. 더군다나 이 조약은 북한과 중국의 혁명 1세대들 간의 끈끈한 형제애로 이뤄진 만큼 어떠한 경우에도 반드시 지켜져야만 하는 양측 간의 일종의 헌법과도 같은 존재이다.

셋째, 북한은 중국이 지렛대로 여길 만큼 소중한 존재이기 때문이다. 한국을 보호하고 있으며 태평양을 사이에 두고 자신들과 마주하고 있는 미국의 역할을 분산시킬 수 있는 지렛대로 북한을 계속 안고 가야 하기 때문이다. 이미 1945~1950년 사이 북한은 남한의 정정을 극도로 혼란시켰으며, 남남 갈등을 훌륭히 조장시켜 위로는 소련과 옆으로는 중국의 기대를 저버리지 않을 정도의 지렛대 역할을 수행한 적도 있다.

또 다른 예로는, 핵 개발로 인한 국제 제재로 숨 막히던 북한이 아시안 게임(2002.9.29.)과 올림픽경기(2018.2.9.)라는 국제적인 스포츠 이벤트 직전에 행사 참가를 전격 통보함으로써 순식간에 한국 내 국론 분열을 만들어 냄과 동시에 우호 세력들을 결집하여 자신들에게 유리한 국면을 조성한 적도 있었다. 또한 미국의 파상적인 압박을 벗어나기 위하여 남북한 정상회담을 만들어내고, 판문점에서 전 세계를 상대로 화해의 퍼포먼스를 연출(2018.4.27.)함으로써, 남한 내 북한 동정 여론을 조성하여 북한이 운전대를 잡을 수 있는 국면으로 돌려놓은 점 등은 북한의 대표적인 남남갈등 유발 패턴이라고 볼 수 있다. 그뿐만 아니라 그 이후 보여 준 도널드 트럼프와의 북미 정상회담(2018.6.12.)을 통해 남한을 북한의 불쏘시개 혹은 지렛대로 만들 수 있었던 사실도 중국은 결코 간과할 수 없었다.

이러한 대남 공작 능력을 보여 준 북한은 구소련과 특히 중국에는 직접적으로 군사력을 군이 감행할 필요 없는, 간접적 메시지만으로도 충분히 통제할 수 있는 뛰어난 지렛대 집단임을 보여 주었다. 따라서 핵 사태 이후 북한이 남한을 현혹하여 볼모로 잡은 다음 우호 세력 팽창 및 적화통일 혹은 통합으로 움직이려 할 때 중국은 이 지렛대를 결코 놓으려 하지 않을 것이다.

넷째, 북한을 지원하지 않을 경우 한반도 관리권을 러시아에게 빼앗길 수 있기 때문이다. 대표적 친중파였던 장성택을 김정은이 처형해도, 수차례에 걸쳐 핵실험과 미국 본토를 겨냥한 ICBM의 실험 성공이 있었어도, 이로 인해 강화된 각종 UN 제재 결의 발효 이후에도 중국은 다칭 원유를 북한의 봉화 공장에 제공[206]하는 등 은연중에 북한에 경제 지원을 지속해 왔다. 이와 같이 거센 국제적인 압박과 북한의 비협조적인 반기에도 불구하고 중국이 북한을 쉽게 포기하지 않는 또 다른 이유는 중국이 북한을 지원하지 못하거나 하지 않을 경우, 그 틈을 노린 러시아에 북한을 잃을 수 있기 때문이다. 이러한 조바심은 그리 멀지 않은 역사에서도 잘 드러나 있다.

1950년 한국전쟁 직전 북한 남침 승인서에 서명한 것처럼 스탈린은 대만 통일 공작을 급선무로 수행해야 하는 절박한 심정에 놓인 중국을 한반도 전쟁에 개입시키지 않을 수 없게 만들었다. 스탈린은 중국이 북한과 한반도를 결코 포기하지 않을 것이며 포기할 수도 없다는 사실을 정확히 꿰고 있었던 것이다. 그는 중국이 북한을 우선 선택하지 않을 경우 그 기회는 소련(러시아)에게 넘어오리란 것 또한 잘 알고 있었다.

공개된 문서를 통해 보면 스탈린은 중국이 북한과 소련이 만들어 놓은 결정을 선택해야만 하는 선택자이지, 주관자가 아님을 여실히 보여 주고 있다. 즉, 중국이 대신 나서지 않을 경우 전쟁 자체를 연기시키겠다는 엄포를 줌으로써 그 전쟁의 주관자는 중국이 아닌 소련

(러시아)임을 분명히 드러냈다는 점이다.

"하지만 이 문제에 대한 최종 결정은 조선과 중국이 함께 내려야 한다는 조건이 붙어 있고, 중국 동지들이 찬성하지 않을 경우에는 문제 해결을 위한 새로운 논의가 이루어질 때까지 연기해야 할 것이라고 했습니다. 회담 내용에 관한 자세한 사항은 북조선 동지들이 설명할 것입니다."[207]

그만큼 중국은 구소련의 유산을 그대로 물려받은 러시아의 존재와 음모를 염두에 두지 않으면 안 되었다.

이러한 예는 구한말 조선 왕의 아관파천에서도 잘 드러났다. 수백 년을 긴밀하게 밀착해 온 한국과 중국이었지만, 대한제국이 국력이 쇠약해진 중국 대신 러시아에 도움의 손길을 뻗친 것은 중국에는 크나큰 충격이 아닐 수 없었다. 이처럼 한국은 강자들 틈바구니에서 살아남기 위한 본능적인 게임을 벌여 온 민족이다. '영원한 적도 영원한 우군도 없다'는 한반도 특유의 생존본능으로 한국과 북한은 양다리를 걸치거나 줄다리기를 하는 데 능숙해 있었다. 이러한 사실을 너무나도 잘 알고 있는 중국으로서는 한반도와 북한에게서 잠시도 눈을 뗄 수가 없었던 것이다.

그런데 이러한 중국의 눈치작전 양상도 서서히 변하기 시작했다. 1990년대 이전처럼 한반도 내에서의 투자가 북한에만 국한될 수 없을 뿐 아니라, 북한을 한국과 평형을 이루면서 관리하는 한반도 남북 균형 관리 체제로 변화할 수밖에 없게 되었기 때문이다. 그 주된 이유는 중국과 한국의 기하급수적인 교역량 증가에 기인한다.

아래의 WTO에서 2016년(미·중 무역전쟁 이전) 중국과 한국의 수입 수출 무역 거래량 구성비를 보여 주는 도표를 보면 왜 그럴 수밖에 없는가를 명확히 알 수 있다.

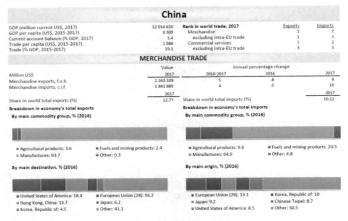

China

GDP (million current US$, 2017)	12 014 610	**Rank in world trade, 2017**	Exports	Imports
GDP per capita (US$, 2015-2017)	8 309	Merchandise	1	2
Current account balance (% GDP, 2017)	1.4	excluding intra-EU trade	1	3
Trade per capita (US$, 2015-2017)	1 586	Commercial services	5	2
Trade (% GDP, 2015-2017)	19.1	excluding intra-EU trade	3	3

MERCHANDISE TRADE

	Value		Annual percentage change	
Million US$	2017	2010-2017	2016	2017
Merchandise exports, f.o.b.	2 263 329	5	-8	8
Merchandise imports, c.i.f.	1 841 889	4	-5	16
	2017			2017
Share in world total exports (%)	12.77	Share in world total imports (%)		10.22

Breakdown in economy's total exports
By main commodity group, % (2016)

- Agricultural products: 3.6
- Fuels and mining products: 2.4
- Manufactures: 93.7
- Other: 0.3

By main destination, % (2016)

- United States of America: 18.4
- European Union (28): 16.2
- Hong Kong, China: 13.7
- Japan: 6.2
- Korea, Republic of: 4.5
- Other: 41.1

Breakdown in economy's total imports
By main commodity group, % (2016)

- Agricultural products: 9.8
- Fuels and mining products: 20.5
- Manufactures: 64.9
- Other: 4.8

By main origin, % (2016)

- European Union (28): 13.1
- Korea, Republic of: 10
- Japan: 9.2
- Chinese Taipei: 8.7
- United States of America: 8.5
- Other: 50.5

〈그림 1-26〉 중국과 한국의 수출입 무역 거래량 구성비(WTO, 2017)

이 분석 자료에 나와 있듯, 좌측의 수출 항목에서 중국의 대외 수출 구성비 중 한국이 차지하는 비율이 4.5%로 5위이며, 우측의 수입 구성비에서는 한국이 10%의 비율로 2위를 기록하고 있다는 점에 유념해 볼 필요가 있다. 더군다나 경제공동체를 뺄 경우, 단일국가별로는 4위와 1위를 기록할 만큼 두 국가 사이의 교역량은 상호 불가분의 관계로 발전했다는 점은 놀라운 사실이 아닐 수 없다. 그만큼 중국과 한국 두 나라는 밀접한 관계를 형성해왔으며, 미래에는 더욱 상호의존적인 관계를 형성할 것으로 보인다.

따라서, 핵 사태 이후 중국은 북한은 물론이거니와 한국과의 경제 관계 회복을 위하여 전대미문의 경제원조를 시작할 가능성이 크다. 이 부분은 1950년대 미국의 우호적인 경제원조와는 또 다른 경제원조 패러다임의 완전한 변화라고 할 수 있다. 즉, 전통적 동맹인 미국과 유럽의 원조는 상당할 것이나, 과거 악연에 비추어 볼 때 중국의 한국에 대한 상당한 원조는 그래서 더욱 놀라운 일이란 얘기다.

또한, 핵 사태 이후의 한국의 경제개발계획은 1950년대처럼 단순히 제로베이스(From the Ground Zero)에서 시작하는 것이 아닌 핵 사태 이전에 보유해 둔 한국의 금융기법을 최대한 활용해서 재원 조달에 나서며, 그간 보유한 건설공법과 뛰어난 IT 기술을 바탕으로 과거와는 다른 속도로 온 베이스(On Base)형(타자가 1루에 진출하듯 전력 질주하는 형태로 빠른 속도의) 재건설 작업에 착수할 것으로 예상된다.

다만 우려스러운 점은, 핵 사태로 인해 수많은 과학자들과 건설업자들이 사상(死傷)당했을 수 있으므로, 이 분야의 인적 공급력이 둔화될 것으로 보인다는 점이다. 따라서 인적 자원을 어떻게 확보하느냐 하는 점은 재건 속도 증감에 또 다른 변수가 되리라고 본다. 이에 대한 사전적(事前的) 해결책으로는 AI 기술을 과학기술과 건설업 계통에 깊이 있게 심어두는 일이 필요하며 이로 인해 추후의 재건에는 상당한 도움이 될 것으로 내다본다.

한편, 한국과 경제 관계를 형성해 왔던 기존의 수많은 국가들이 한국의 경제개발과 재건설에 상당한 규모의 원조를 제공할 것으로 예상한다. 왜냐하면, 한국이 차지했던 세계 10위 무역 규모 상실분만큼 타 국가들이 안아야 할 교역 손실액 또한 상당하므로 한국의 재건이 여타 국가들의 경제발전에도 도움이 되기 때문이다.

요컨대 상기와 같은 국제경제환경의 변화와 한국의 비중을 감안할 때, 과거와는 달리 한국은 '동아시아 국가-중국-미국-일본' 등 다양한 지역별 경제원조에 힘입어 재기에 성공할 수 있는 토양을 사실상 미리 확보하고 있다고 볼 수 있다. 때문에 얼마만큼의 시간 내에 신속히 회복하느냐의 문제가 가장 큰 이슈일 것이며, 얼마나 적은 사상자 수를 안고 경제개발에 진력할 수 있느냐가 핵 사태 이후 한국이 풀어야 할 과제라고 볼 수 있다.

이를 위한 경제 회복 방향으로는 ① 핵 사태를 경험한 이후의 피폐해진 경제에 따른 전반적 패러다임 변화 인식, ② 피폐해진 국토를 회복하기 위한 차관 경제 체제 도입, ③ 대량실업 해소를 위한 뉴딜 경제 등 케인스식 경제 정책의 도입, ④ 원조 경제의 효과적 활용, ⑤ 국제 컨소시엄 형성, ⑥ 경제 개발계획 수립과 진행 과정의 피드백 등이 있다. 그러나 가장 중요한 것은 이러한 핵 참상이 발생하지 않도록 하기 위한 사전의 예방적 노력이 더욱 중요하다. 이를 위해서는 핵 참상으로 인한 경제적 피해가 어느 정도인가를 한반도 전체가 확실히 인지할 수 있는 경제적 측면의 분석과 공개가 필요하다. 이를 위해 필자는 제3편 '군사경제 및 핵의 비용'에서 그 당위성과 배경 이론을 제시하고 있다.

핵이라는 이름의 청구서

제2편

한반도의 핵 문제

IV

핵 문제의 해결 방향

지금까지 우리는 많은 부분에 걸쳐 한반도의 핵전쟁 가능성과 그 여파에 따른 우려를 다뤄 왔다. 현실적이고 실증적인 방법을 통하여 어떻게 한국과 세계에 영향을 미치는지도 다각도로 연구하여 세부적인 분석과 상당한 예측력을 확보했다는 평가를 내릴 수 있게 되었다. 따라서, 이 책을 접하는 세계의 모든 학생, 연구진들이 필자의 의견을 바탕으로 더욱 많은 연구물들을 양산해낼 수 있기를 기대한다. 아울러 이와 같은 맥락으로 어떻게 하면 상기의 악몽과도 같은 비극을 예방할 수 있는가에 대한 연구 결과를 게재하고자 한다.

1
한반도의 SIS(SALT-INF-START) 프로그램 적용

미·소간 핵 경쟁을 감소시킨 획기적인 협상 결과로 평가받는 SALT-INF-START 프로그램을 한반도에 적용하는 일이다. 단, 탄도 미사일에 적용하는 것이며 핵무기는 제외 대상이다. 그만큼 핵 문제는 탄도 미사일과는 차원이 다른 문제이기 때문이다.

그런데, 이 프로그램을 적용하기 위해서는 여러 가지 난제들을 극복해야 하며, 그 과정이 복잡하다는 점은 또 하나의 걸림돌로 작용할 수 있다. 미국과 소련이라는 거대 국가 간에는 대승적인 수용, 양국 간의 외교 관계 유지 및 활성화 등 기반 정치 시스템이 비교적 잘 운용되었던 반면, 불신적 대치관계로 점철돼 온 남·북한에는 이러한 점이 결여되어 상당한 거리감이 존재하기 때문이다.

또한 핵무기 보유 면에서 숫자와 내용에서 현격한 차이가 있는 남·북한 간에 SIS 프로그램을 일괄 적용한다는 것은 어불성설로 보일 수 있다. 그 때문에 필자는 한반도의 핵 협상에서는 핵무기 수량을 기준으로 하는 것이 아닌, SIS 협정이 성사되고 시행되기까지 과정 자체를 차용하는 방향이 합리적이라고 판단하였다. 따라서 이를 한반도에 맞는 SIS 프로그램이 되기 위한 프로세스의 일환으로 소개하기로 한다.

1-1. SIS(SALT-INF-START) 프로그램

우선, 차용 혹은 응용을 위하여 3가지 전략 무기감축 협정 내용과 과정을 알아보기로 한다. 특히 INF와 관련한 협상 과정과 폐기 내용에 대해서는 상세하게 들여다보기로 한다.

1969년 군축 시도 이후 20여 년간의 핵무기 감축 시도에도 뚜렷한 성과를 얻지 못했던 미·소 양국이, 비록 양국 내부로부터 지지를 받지 못했으나, 1982년에 있었던 폴 니츠(Paul Nitze)와 크비친스키(Kvit-insky) 두 협상 대표 간의 '숲속의 산책(A Walk in the Woods)'[208] 대화를 통해—Non-Option 원칙으로는 아무것도 얻을 수 없다는 판단 아래—해빙무드 조성을 시도한 점은 큰 의미를 지닌다.

사실, SALT 협상 과정 동안 진전을 보지 못했던 미·소 협상의 전기는 협상가 폴 니츠에 의해 마련되었다. 그의 주된 주장의 요점은, 양측 간 신뢰와 유연성을 통한 감축 의지로 해빙을 조성할 수 있다는 것이었다. 유럽에서 미국이 퍼싱-2 미사일 배치를 포기하는 대신 GLCM(지대 순항미사일)은 유지하되, 발사대는 75대로 줄이는 것과 동시에, 소련도 유럽에서 중거리 미사일 수를 75대로, 아시아에서는 90대로 수를 제한하자는 것이 그의 주된 주장이었다.

그러나 제로-제로 옵션으로 시작해서 제로-제로로 끝이 나야 한다는 신념을 버리지 않은 미국 측 내부로부터 거센 반발을 살 수밖에 없었으므로 그의 이론은 지원을 받지 못한 채 사장(死藏)되는 듯했다.

그런데 이렇게 사장되어 가던 의안을 살린 이가 있었는데 다름 아닌 철의 여인 마거릿 대처였다. 유럽에서의 수적 제한·철수와 아시아에서의 수적 제한이라는 창조적인 논리로 되살아나는 순간이었다. 대처가 폴 니츠의 꺼져가던 논지에 호흡을 불어넣은 셈이었다.

핵이라는 이름의 청구서

이러한 대처의 뒷받침과 이를 다시 지원한 레이건의 협상력을 통해 INF 미사일 시스템은 유럽에서 철수하고, 전 세계적으로는 100개의 핵탄두만 보유하기로 하는 협상안이 타결되었다. 여기에 곁들여 헬무트 콜의 퍼싱-2 미사일 포기라는 대담한 정치적 결정도 한몫을 했다. 마치 동·서독 통일 과정을 보는 듯한 협상과 결정 과정이 이 INF 협정 과정에서 미리 선보였다는 점은 눈여겨볼 부분이다.

또한 아래에서는 폐기 협상 대상 무기를 소개함으로써 남북 간 협상 때의 참고자료로도 활용할 수 있을 것으로 판단된다. 이 협정을 통해 폐기된 핵무기는 다음과 같다.

【미국】

- 퍼싱 1B, 단거리 탄도 미사일, 사거리 740㎞
- 퍼싱-2, 준중거리 탄도 미사일, 사거리 1,770㎞
- BGM-109G 그리폰, 준중거리 순항 미사일 사거리 2,500㎞

【소련】

- SS-4 샌달, 준중거리 탄도 미사일, 사거리 2,080㎞
- SS-5 스킨, 중거리 탄도 미사일, 사거리 3,700㎞
- SS-12 스케일보드, 단거리 탄도 미사일, 사거리 900㎞
- SS-23 스파이더, 단거리 탄도 미사일, 사거리 500㎞
- SS-20 세이버, 중거리 탄도 미사일, 사거리 5,000㎞
- SSC-X-4 슬링샷, 준중거리 순항 미사일, 사거리 3,000㎞

등으로 미국 846기, 소련 1,846기, 중거리 핵미사일 등 총 2,692기를 폐기하는 괄목상대한 결과[209]를 도출해냈다.

그런데 혹자는 폐기 후 곧장 신무기를 제작함으로써 INF 협정의 의

미는 축소되었다고 비판하였으나, 핵탄두를 2,700여 기나 감축시킬 수 있게 된 것은 그만큼 총수량의 감소를 의미하는 만큼 더 안전한 지구를 담보할 수 있게 된 것임으로 이 자체를 부인할 수는 없다. 따라서 위대한 핵 협상이었음은 틀림없는 사실이다.

그런데 이 같은 레이건의 대성공 이전에도 부단한 역사적 노력이 있었다는 점을 간과해서는 안 된다. 바로 SALT 협정이다. 그 자체로 놓고 보면 두 번 모두의 협정이 핵무기 감축이라는 가시적인 성과로 이어지지는 않았으나, 인류 공멸을 막으려는 모든 이의 우려가 닉슨과 브레즈네프를 협상 테이블로 불러냈다는 데 의미를 부여할 수 있다. 조인과 비준의 과정을 거치면서도 폐기 실행을 보지는 못하였으나, INF와 NEW START라는 실질이행형 협정이 맺어지기까지의 산파 역할을 한 점은 인정받아야 한다.

특히, START I에 이르러서는 기존 80%[210]의 전략핵무기를 제거하게 되고, 벨라루스, 카자흐스탄, 우크라이나 등 잠재적 핵 보유 3개국을 비핵화하게 되면 안정적인 핵보유국 수를 유지할 수 있게 되었다. 물론 이 협정의 성공도 1982년 6월 29일 시작한 레이건의 협정 의지로 결실을 거둔 만큼 세계 핵 평화는 레이건에 상당한 빚을 지고 있는 것 또한 사실이다.

그러나, 아쉽게도 탄두 수 표기에 대한 구체적인 강제조항의 부족과 이후 협정 시 강한 추진력 결핍 등으로 핵무기의 감축 폐기집행에 관한 뚜렷한 보고는 더 이상 이뤄지지 않고 있다. 그러나 분명한 것은 양국 간의 핵탄두가 해체되었던 사실만큼은 부인하기 어렵다는 점이다.

핵이라는 이름의 청구서

〈그림 2-1〉 INF 협정으로 폐기 직전인 BGM-109G 그리폰을 살펴보고 있는
소련의 검사관, 사진-위키피디아[211]

1-2. SIS(SALT-INF-START) 협정의 교훈을 통한 적용

이에 따라, SIS 협정의 실질적 이행을 통해 얻은 소중한 교훈들을
정리해 보고 이를 한반도에 적용해 보기로 한다.

첫째, 인내력으로 첫 출발을 시작하는 일이 필수적이다. 1981년 11
월 30일 첫 논의가 이뤄진 INF는 6년이 지난 1987월 12월 8일에야 조
인되었으며, 1982년 5월 9일 첫 언급된 START I는 무려 12년이나 지
난 1994년 12월 5일에야 정식으로 발효된 사실을 상기해야 한다.

그런가 하면 곧 논의되어 조만간 마무리될 것 같던 START Ⅱ
(1993.1.3. 조인)는 러시아 의회의 의안 반대와 이견대립으로 미국 의회
비준보다 4년이나 늦은 2000년 4월 14일에야 가까스로 비준, 발효되
기까지 총 7년이란 시간이 소비되었는데, 이마저도 제대로 이행되지
않았던 사실도 기억해야 한다.

이처럼 수많은 협상 결렬과 갖가지 변수들이 등장하면서 SIS는 좌

초될 위기를 겪었으나 레이건은 포기하지 않고 핵탄두로부터 지구를 구하려는 지구애적 리더십을 보여 주었다. 결국 이 모든 과정이 인내력의 소산이었다는 점에서 레이건을 비롯한 양국 수뇌부의 고뇌와 전략적 인내의 시간들은 훌륭한 평가를 받을 만하다. 따라서, 대한민국 정부도 정권 교체와는 상관없이 전략적 인내력과 의지를 갖추고 북한 정권과 무기 감축 프로젝트를 시도하여야 한다.

둘째, 핵탄두보다는 탄도 미사일을 감축 대상에 넣어 협정을 시작하도록 한다. 핵무기 보유 자체가 금기시된 한반도에서 핵무기 자체보다는 그것을 실어 나르고 공중으로 쏘아 올릴 수 있는 탄도 미사일 자체가 더 위협적일 수 있기 때문이다.

그런데, 이 탄두 보유량에 대해서는 각 기관 상호 간에 정확히 일치하는 데이터가 없다는 흠결이 있었다. 따라서 필자는 ① 2013년 미국방부가 미연방 하원에 보고한 'Report to Congress on Military and Security Developments Involving the DPRK'에서의 보유 현황, ② 군사 전문 기관인 DIBMAC(Defense Intelligence Ballistic Missile Analysis Committee)의 분석 자료, ③ 대한민국 국회 입법조사처에서 파악한 자료, ④ 38NORTH와 CSIS 및 위키피디아 등 군사 문제에 심도 있는 기관들이 제공한 자료, 그리고 ⑤ 한국의 유력 언론들에서 보도한 내용들이 현실에 가깝다고 판단, 북한의 탄도 미사일 보유 현황 자료표를 별도로 작성하였다. 인용 순서는 공적인 신뢰를 우선시하는 ①~④번 기관들의 자료 중 가장 현실에 가까운 자료들을 우선 인용하되, ⑤번의 언론 보도 내용은 보조자료로 활용, 북한의 보유 미사일 현황 참고 자료를 아래와 같이 완성하였다.

국가	영문명	북한명	발사 연도(일)	추진단	추진 연료	유형	사정 거리(km)	사정 거리(mi/km)	사정 거리(ml/km)	탄두 무게(kg)	탄두 무게(kg)	탄두 무게(kg)	탄도보유 수량	탄도 보유 수량	발사대 보유 수량	발사대 유형	타겟 지역
북한	TOKSA/KN-02	HWASONG-11	2004.4.	1	고체	CRBM	120	120-170km					100				이동식	남한
북한	SCUD-B	HWASONG-5	1988	1	액체	SRBM	300	185km		485							이동식	남한
북한	SCUD-C	HWASONG-6	1990	1	액체	SRBM	500	310km			1,000	800	987	200~600		100 이하	이동식	남한
북한	SCUD-ER	not specific	2016.9.5.	1	액체	MRBM	1,000	700km	435~625m		770	600	750	200~600		100 이하	이동식	일본
북한	NO DONG MOD1/2	HWASONG-7(1)	1993	1	액체	MRBM	1,300	no dong 800m	1,200~1,500km	790	500	1,200	500	100~200		NO-Dong 50 이하	이동식	일본
북한	HWASONG-12	HWASONG-12	2017.5.14.	1	액체	IRBM	3,000	6,335km						50			이동식	괌
북한	Musudan	HWASONG-10	2016.4.28.	1	액체	IRBM	3,000	3,500km		650			8+		50 이하		이동식	괌
북한	TAEPO DONG1	HWASONG-9	1998.8.31.	2	액체	IRBM	2,500	1,500~2,900km			500		100 미만					괌
북한	TAEPO DONG2	HWASONG-9	2006.7.5.	3	액체	ICBM	12,000	6,700km	3,400ml	650~1,000			5+				고정식	미국 본토
북한	KN-08	HWASONG-13	2017.7.4.	3	액체	ICBM	5,500	9,000~12,000km		500							이동식	괌
북한	HWASONG-14	HWASONG-14	2017.7.28.	2	액체	ICBM	5,500	11,175km									이동식	괌
북한	KN-11	Pukkuksong-1	2015.5.20.	2	고체	SLBM	1,500~2,000										신포(SINPO)함	일본
북한	Pukkuksong-2	Pukkuksong-2	2017.2.12.	2	고체	MRBM	1,000	1,300km	2,500km					90~200			이동식	일본
북한	Unha-3	Kwangmyong-song-3	2012.4.13.		액체	위성 발사체	10,000	8,000km		100							인공위성 오르비트 연차	일본
북한	Hwasong-15	Hwasong-15	2017.11.29.	2	고체	ICBM	13,000											미국 본토

38 NORTH	위키피디아	중앙일보	USFK Strategic Digest
CSIS	경향신문	국회입법조사처	Office of the Secretary of Defense
	시사저널	주간동아	DBMAC

〈표 2-1〉 북한의 탄도 미사일 보유 현황 분석[212]-USFK Strategic Digest, Office of the Secretary of Defense, DBMAC, 38North, CSIS, 위키피디아, 경향신문, 시사저널, 중앙일보, 국회입법조사처, 주간동아/색상별 출처 구분, 〈Zoom-up 300%〉

위의 표에서와 같이, 각종 자료를 취합하여 나타난 북한의 보유 탄도 수량은, 스커드류만 해도 200~600기(중앙값 평균 기준 400기)로 나타나고 있다. 이는 한국과 일본을 겨냥한 것으로 양국에게는 상당한 위압감으로 작용할 수 있다. 또한 로켓에 해당하는 방사포 등을 감안할 때 남한에 피해를 줄 수 있는 수량은 더욱 많다고 할 수 있다. 더군다나 상기 미사일들에는 핵무기 탑재 기본 용량인 500kg 초과 핵탄두를 탑재할 수 있는 것들이 많아 감축의 필요성은 두말할 나위 없다.

분석표에서 드러나듯 또 다른 문제는 점점 늘어난 사거리로 미국 본토 전역뿐만 아니라 유럽을 포함한 사실상 북반구 전체를 사정권 안에 두게 됨으로써 인류 전체의 안전 차원에서도 감축이 불가피하다는 점이다.

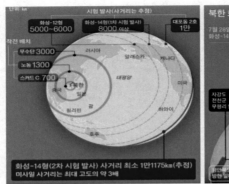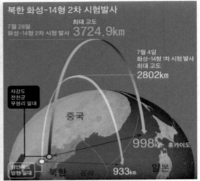

〈그림 2-2〉 북한이 2017년 6월경에 발사한 화성-14호의 사정거리, 그래픽-국방부(방위사업청)

따라서 필자는 레이건의 집념을 보여 준 INF 폐기 과정을 도입한다면 남과 북이 상호 윈윈할 수 있을 것으로 판단하였다. 이 INF 조약의 핵심 대상이 미국 846기, 소련 1,846기, 총 2,692대인 사거리 500~5,500㎞ 사이의 지상 발사형 중거리 탄도 및 순항미사일을 1991년 6월 1일까지 폐기 진행하였던 만큼, 이 전대미문의 탄도 미사일 폐기 협정은 역사적으로도 충분한 실증적 증명서가 될 수 있기 때문이다.

때문에 북한의 탄도 미사일의 주요 사정거리가 한국과 괌 그리고 오키나와 등임을 감안할 때, 이를 한반도에 적용하기에는 무리가 없을 것으로 보인다. 즉, 동아시아에서 팽창하는 군사적 긴장감을 완화시키기에는 이 미사일들을 감축하는 것보다 더 효과적인 방안을 찾기란 힘들다는 얘기다.

물론, 실효성 있는 결과를 얻기 위해서는 한국과 북한 양측은 폐기할 탄도 미사일 규모와 종류를 미리 정해 두는 등 첫 출발에 대한 사전 준비의 태도가 중요하다. 또한 국정 운영자의 강력한 집행 의지 및 상호 간의 이행 확인 의지도 필수임은 물론이다.

한편, 대다수의 한국과 북한 국민 모두가 안고 있는 문제는 실제 THE DAY가 발생하기까지 탄도 미사일 폭격에 대한 기억이 없다는

핵이라는 이름의 청구서

점이다. 한국의 입장에서는 단지 연평도 포격에 그친 경험만으로는 탄도 미사일이라는 가공할 만한 파괴력을 확증했다고 볼 수는 없다.

어떻게 보면 이는 그만큼 고(高) 긴장 상황에서도 탄탄한 군사적 견제 균형을 통해 사전 방어를 잘해 왔다고 볼 수 있으나, 이런 일들이 현실에서 실제로 반복적으로 일어났을 때의 이후를 예상할 수 있는 경우는 없다고 볼 수 있다. 따라서, 핵 탄도 미사일로 인해 발생할 THE DAY에 대한 한국의 현 대응책에 회의감을 느끼는 것은 당연한 일일 수 있다.

사실, 대형 미사일 공격을 받는 일은 한반도를 포함한 동아시아 지역에서는 거의 없었거나 미국과 러시아 등 강대국들의 견제 속에 사전에 차단되어 왔다. 또한, 우크라이나, 시리아 내전, 멀게는 보스니아 내전에 이르기까지 탄도 미사일로 인한 대량 살상은 사실상 일어나지 않았다. 더군다나 이스라엘-PLO 간에도 로켓이 대부분, 탄도 미사일로 인한 대규모 공격은 거의 없었던 게 사실이다.

그러나, 2010년대 후반 들어 중동 지역에서 탄도 미사일 폭격의 경우가 많아졌다. 이 같은 경우는 힘의 균형과 중재 그리고 견제 부족으로 발생하는 일들로 사막의 폭풍 즈음에는 중동 일부에 집중되어 왔으나, 점차 그 범위가 심심찮게 확대되었다. 이란 배후의 예멘과 사우디아라비아 간의 미사일 공격전이 대표적인 경우이다.

그런데, "앞으로 발생할지도 모를 한반도 미사일 전쟁의 미래를 보려면 지금의 예멘(이란 지원)을 보라."[213]라는 얘기가 있듯 우리는 이 사우디-이란 배후 예멘 간 미사일 전쟁을 눈여겨보아야 한다. 낮은 단계의 예언이지만 이 또한 한반도에서 일어날 남·북한 간 미사일 전쟁의 예후일 수도 있기 때문이다.

그런데, 남한의 방어 시스템의 강화로 SCUD 미사일 시리즈만으로는 한반도에 심각한 피해를 끼치지 못할 가능성이 높아졌다. 한국에 배치될 PAC-3의 요격 명중률이 80~90%[214]에 이르며, 원점 선제 타격형인 현무 II의 '10m에 불과한 원형 공산 오차(CEP, Circular Error Probability)'[215]와 '깊고도 정확한 명중률'[216]을 감안하면 결코 과장된 표현이 아니기 때문이다. 다만 나머지 10~20%의 요격 실패에 따른 부담은 남한이 고스란히 떠안아야 하는 점은 피할 수 없다.

반면, 북한은 핵무기를 탑재한 미사일이 무사히 한국으로 발사될 수 있는 미사일 시스템을 확보하는 것이 더욱 중요해졌다. 그러나 한국의 경제력과 군사방어 체계에 대한 확고한 의지를 통해 볼 때 시간이 흐를수록 불리한 쪽은 북한이 될 가능성이 높다.

따라서, 이제는 북한도 SCUD에 집착할 이유가 없음을 여러 정보 채널을 통해 꾸준히 설파·설득하면서 SCUD 시리즈부터 한반도형 SIS 프로그램에 적용하여 가시적인 탄도무기 폐기의 성과를 가져와야 한다. 그래도 북한이 완강히 거부한다면 SCUD-C를 제외한 KN-02와 SCUD-B부터라도 시작하는 것이 바람직하다. 이의 시행을 통해 한반도가 평화로 가는 초석을 다져야 한다.

이를 종합해 보면, 한국과 북한은 아래 표에 해당하는 미사일을 한반도식 SALT 마켓에 내놓을 수 있을 것으로 보인다. 물론 주력 무기는 대상에 포함되지 않을 것으로 예상한다. 양측 모두 주축인 주력 무기를 포기할 리는 없기 때문이다. 그렇다고 SIS 프로젝트가 실효성이 없다고 할 수는 없다. 미·소간 군축도 대상 항목 폐기 후 각자 새로운 무기를 다시 생산했던 사실을 감안하면, 이 SIS 프로젝트의 참 의미는 바로 '군축 의지 실험과 점진적인 평화 무드 확산에 대한 희망'을 현실화하는 기초 작업이기 때문이다.

한편, 한반도에서의 SATL/SIS 프로그램은 아래 표에 따른 항목 선택으로 갈음하고자 한다. 결국, 쌍방 간의 협정, 특히나 군축은 '시작이 절반'이란 사실과 진정한 의미의 출발은 '실천 가능한 범위 내의 협

핵이라는 이름의 청구서

정 체결과 폐기의 실행'에 달려 있음을 잊어서는 안 된다.

국 가	미사일 명칭	형 태	운영 시작 연도	사정거리(km)	타깃 국가	보유 탄두수	비 고(출처 확인)
한국	PAC-2	지대공	2010	20	북한	192	방위사업청, 위키피디아(1~2번)
한국	SM-2	지대공	2004	167	북한	240	국방홍보원, 위키피디아(3~4번)
한국	현무 1	SRBM	1977	180	북한	200	CSIS, 위키피디아, 매일경제(5~7번)
소계	3					632	
북한	KN-02	CRBM	2004	120	한국	100	CSIS(상기)
북한	SCUD-B	SRBM	1988	300	한국	300	DIBMAC(상기)
소계	2					400	
총계	5					1,032	

1. 홍정기, '방사청, 패트리어트 포대 위치 노출('국방전자조달' 사이트에 8개 포대 지명 게시)', 내일신문, 2014-06-11, http://m.naeil.com/m_news_view.php?id_art=110397[accessed on December 9, 2017]

2. 위키백과 기여자, 'MIM-104 패트리어트', 위키과, , 2017년 9월 17일, 01:29 UTC, <https://ko.wikipedia.org/w/index.php?title=MIM-104_%ED%8C%A8%ED%8A%B8%EB%A6%AC%EC%96%B4%ED%8A%B8&oldid=19613597>[accessed on December 9, 2017]

3. 국방홍보원, '우리군이 보유한 10대 전술미사일', 대한민국 국방부, 2017.7.19, http://demaclub.tistory.com/3078[accessed on December 9, 2017]

4. 위키백과 기여자, 'RIM-66 스탠더드', 위키백과, , 2017년 10월 3일, 15:08 UTC, <https://ko.wikipedia.org/w/index.php?title=RIM-66_%EC%8A%A4%ED%83%A0%EB%8D%94%EB%93%9C&oldid=19714520> [accessed on December 9, 2017]

5. Anthony H. Cordesman With the assistance of Charles Ayers and Aaron Lin, 'Korean Missile Forces,' CSIS(Center for Strategic and International Studies), November 7, 2016, p29~30

6. 위키백과 기여자, '현무-1', 위키백과, , 2017년 3월 23일, 23:48 UTC, <https://ko.wikipedia.org/w/index.php?title=%ED%98%84%EB%AC%B4-1&oldid=18501037> [accessed on December 9, 2017]

7. 서종열, '백곰부터 현무까지...미사일 强國에 도전', 매일경제, 2015.02.06, http://news.mk.co.kr/newsRead.php?no=124584&year=2015[accessed on December 9, 2017]

<표 2-2> 한국형 SALT 선택 협정 제시 대안[217]

이 같은 원칙하에 필자는 한반도 SALT/SIS 프로그램의 대상으로, 한국은 총 632기를, 북한은 400 여기를, 총 1,032기를 감축 대상으로 선정하여 본격적인 군축 평화 협의를 시작할 것을 제안한다.

그런데 양측에 이의 실행을 좀 더 구체적으로 요청했을 때, 양측 모두 선뜻 답을 내놓기란 부담스러울 수 있다. 그러나, 미래형 무기 개발과 현재의 위험한 현실을 놓고 보았을 때, 또한 다소 왜소해 보일 수는 있으나 거대한 첫발을 떼기에는 필자가 연구한 제안서만큼 매력적인 선택지를 찾기란 쉽지 않을 것으로 본다. SALT/SIS의 진정한 실현을 가늠해 볼 수 있으며, 부담스러우나 도전해 볼 만한 역사적 의미를 지니기 때문이다.

그런데 중요한 사실은 이러한 군축 프로그램이 지속되어야 한다는 점이다. 동시에, 아래 한국형 방어 체제에서도 다루겠지만, 한국의 군사력과 방어력은 생존을 위한 '최강·최소의 원칙' 아래 운영되어야 한다. 다시 말하자면, 필요한 최소의 최강 군사 방어력 유지와 함께 불필요한 최대의 군축을 병행 실시함으로써 평화에 대한 희망과 국방에 대한 신뢰를 동시에 구축할 수 있다는 점이다.

2
한반도형 MD&DOME 체제 완성

—

　결국 위의 연구·분석은 어떻게 하면 북한의 핵 공격으로부터 살아남을 것인가 하는 생존 문제로 귀결된다. 가장 궁극적인 배경이다. 당대에 살아남고 후대를 위해서는 튼튼하고 확실한 방어 체계를 남겨야 한반도는 핵의 공포로부터 벗어날 것이라는 얘기다.

　그렇지만 한반도는 핵으로부터의 완전한 자유와는 거리가 멀다. 왜냐하면 미·일(잠재)·중·러·북(사실상)이라는 5대 핵보유국(잠재국 포함)에 의해 둘러싸인 상태이기 때문이다. 그래서 한국의 핵무장 주장이 끊이지 않는 이유이기도 하다.

　그러나, 이 주장은 마지막 부분에 논의되겠지만, 한반도의 머나먼 장래를 바라볼 때는 올바른 선택지가 될 수 없음이 분명하다. 핵으로 불상사가 발생할 경우 그 피해와 회복 가능 여부는 인간의 능력 범위를 넘어선 인류 최대의 난제가 되기 때문이다.

　그래서 혹자는 핵을 통한 힘의 균형, 즉, '공포의 균형'을 외치기도 한다. 하지만 이 논리는 미궁에 빠진 한반도 문제를 오히려 '나무 꼭대기'로 몰고 가는 위험한 주장이 될 수 있다. 그것은 핵 문제가 D-Day의 재 상황이거나 The Day가 임박했을 때를 제외하고는 거론되어서는 안 되는, 오히려 '성실한 평화 과정 수행자'로서의 역할을 부정하는 결과를 초래하는 것일 뿐만 아니라 지금까지 견지해 온 비핵화를 위한 수많은 노력들 자체를 무용지물화할 수 있기 때문이다.

따라서 이러한 최악의 단계에 직면하지 않고 제2의 D-Day가 오지 않기를 바라는 길은 먼저 한국이 강력한 대공 방어망을 형성하는 것부터 시작해야 한다. 때문에 필자는 한국만의 고유한 MD와 한반도의 규모에 걸맞은 DOME 방위체제를 아래에서 제안하고 있다.

2-1. 한국형 MD 체제 완성

MD는 3K라고 불리는 이른바 대북 침략 선제 방어 및 응징 체계를 말한다. 이는 Kill Chain-KAMD-KMPR의 3단계로 연결되어 있다.

〈그림 2-3〉 한국형 킬 체인 시스템, 그래픽-국방부(방위사업청)[218]

① 우선, 1단계인 Kill Chain이란 북한이 탄도 미사일을 발사할 징후가 명확해질 경우 북한의 이동 발사대를 선제적으로 타격·불능화 시키는 과정을 말한다. 정밀위성 자료를 통한 의사결정 과정을 거쳐 한국군이 보유한 현무 4 이상급의 무기와 F-35급 이상 전투기로 북한

핵이라는 이름의 청구서

공격 예상 원점을 사전에 타격하는 선제공격 논리이다.

그런데, 이러한 전략이 실행되기 위해서는, 선제공격 전후 임박 시점을 정확히 포착·판단할 수 있는 정확한 판단력과 이를 실행하려는 군 통수권자의 분명한 의지, 그리고 이를 사전에 충분히 뒷받침해 줄 수 있는 정보 수집 체계가 완비되어 있어야 가능하다.

또한 과연 어느 정도까지의 실효성을 지니고 있는지에 대한 근본적인 리뷰가 필요하다. 이를테면, 위급·긴급 상황 파악을 상공의 군사위성-무인항공기(UAV)-공중조기경보기(AEW&C) 정보만으로 최종 판단을 내릴 수 있는지, 혹은 군사위성 GPS 기능이 충분히 기능하며, 현지에서 상황을 전달하는 휴민트의 신뢰성과 정보력이 확보되어 있는가 등이다.

그런데 중요한 것은 한국군이 단독으로 혹은 미국에는 통보 형식 후 북한에 선제타격을 가할 수 있는지, 즉, 전시작전권이 100% 확보되지 않은 상황에서도 한국군이 단독으로 군 통수권자만의 판단으로 즉시 실행할 수 있는지부터 알아야 한다는 얘기다.

결국, 이를 위해서는 우선 전시작전권이 한국으로 회수되어야 함을 의미한다. 물론 유사시 미군의 지원은 필수 불가결한 상황이지만, 준전시 혹은 전시상황이 발생치 않게 선제적으로 관리하기 위해서는 선결 필수 조건이다.

그다음으로는 유효 공격이 될 수 있는 공격 무기의 효용성, 즉, 확실한 선 제압을 위한 탄두 중량 제한이 풀려야 한다. 그리고, 이동 발사대 파괴에 대한 정밀성 제고를 위한 연구 과정을 더 보강해야 하며, 실패할 경우를 대비한 '차(次) Kill Chain Action'이 곧이어 연속적으로 실행될 수 있는 '연타성 더블 Kill Chain'을 연구하여 만반의 준비 단계로까지 연결해 주어야 한다.

그리고, 수많은 시뮬레이션이 필히 수반되어야 한다. 이 표현은 국방부에서는 받아들이기 어려운 장시간을 요하는 과정으로 보일 수 있다. 그러나 여기에는 과연 이 Kill Chain이 성공할 수 있는지와 KMPR로 이어지기까지 그리고 KMPR 이후의 단계까지를 감안한 종합적인 FEEDBACK형 시뮬레이션을 거치고, 개별적·반복적으로 교정 훈련과 연구를 한 다음 최종 종합 테스트를 실시한 후에야 최종 군 통수권자의 책상 위에 올려져야 한다.

여기에는 첫 한 발이 몰고 올 엄청난 파장과 그로 인한 손실이 충분히 상쇄될 수 있다는 경제적인 면의 시뮬레이션 또한 담겨 있어야 한다. 그러자면 인내와 집념이 필요한 연구와 피드백이 필요할 것으로 보인다. 또한 정치권 등 외풍에 영향을 받지 않는 객관적인 분석이 이뤄져야 한다.

이러한 연구 끝에 필자는 2030년 이후 수년까지도 한국의 Kill Chain 시스템은 100% 완성 단계에 들어서지는 못할 것으로 진단하였다. 그렇지만 위에 제시한 몇 가지 외에도 더 돌출될 수 있는 약점들을 지속해서 반복·개선 실험한다면 보다 체계적인 Kill Chain을 완성할 수 있을 것으로 본다. 더디지만 완전한 조합체가 형성될 수 있을 것으로 판단하였다.

② 다음으로, 2단계인 KAMD란 Kill Chain으로는 제거되지 않고 한국으로 넘어오는 탄도 미사일을 공중에서 요격하는 과정을 말한다. 원래 미국의 MD(Missile Defense) 체제를 본뜬 것으로 KA(Korea Air)를 덧붙여 KAMD로 칭한다.

2020년대 현재 요격미사일 체제로는 이미 설치된 THAAD와 PAC-3 체계가 있다. 그렇다고 기존 방어무기 체계인 PAC-2 체계를 완전히 배제할 수는 없다. 따라서 이 시스템으로 Kill Chain 단계에서는 한국으로 직접 넘어올 수 있는 북한의 탄도 미사일 수량을 최소 50% 선(스커드 B/C 50기, 노동/대포동 50기, 총 100기)인 100기 이하로 묶어 두어야 한다. 그렇게 되면 나머지 100기의 미사일은 PAC-2의 명중률인 50%보다 월등히 높아진 PAC-3의 요격률(75% 추정[219])을 감안할 때 75발은 요격될 것으로 보인다. 따라서 최종적으로 한국 영토에 타격을 입힐 수 있는 미사일은 25여 기 정도라고 볼 수 있다.

여기에 대하여, 과학 연구지인 『Science&Global Security』가 제기한 주장은 대한민국 정부의 KAMD 논리에 '상당한 의구심'과 함께 '확증'을 동시에 던져주고 있다. 구체적으로는, THAAD 설치를 주도·유지하려 했던 대한민국 정부가 북한 측이 발사한 미사일에 대응할 수 있는 THAAD 규모를 터무니없이 낮은 숫자로 잡았는가 하면, THAAD 설치 반대파들이 주장한 THAAD의 비효율성 주장에 대해서는 '훨씬 더 높은 효과성'을 보여 주고 있다고 오히려 반박하고 있다는 얘기다. 즉, 설치·운영을 밀어붙여온 정부가 남한 지역을 보호할 THAAD 설치 운영 가능 지역에 대해 구체적인 숫자도 제시하지 못했으며, 반대파들은 THAAD의 효과성을 지나치게 축소했다는 반론을 제기한 것이다.

여기서는 '만약 북한이 100개의 SCUD B/C 미사일과 100개의 NO DONG/TAEPO DONG 미사일로 공격할 경우, 한국과 일본은 각각 4개소의 해상 요격 시스템에 520기씩의 THAAD 미사일로 방어해야 한다. 그러나 여러 가지 가설들을 산입한 결과, 최종적으로는 "각 4개소에서 THAAD 400여 기씩만으로 요격이 가능하다."[220]라고 제시하고 있다. 매우 고무적인 연구 결과일 수 있다. 그러나, 이러한 긍정적인 연구 결과만으로 섣불리 KAMD의 어깨를 가벼이 해줄 수는 없다.

어찌 되었건, 1차 요격 실패에 따른 문제의 이 25여 기를 마지막으로 방어해 낼 수 있는 초정밀 타격 및 완전 방어 체제가 구축되어 있지 않다는 점이 큰 문제로 지적될 수 있다. 만약 이 미사일들이 핵탄두를 탑재하고 있다면 그야말로 대재앙이 아닐 수 없다. 그래서 한국의 경우, Upper-Middle-Lower 별로 100% 요격이라는 철두철미한 방어능력을 갖춰야 한다. 따라서 단순 요격 불가율 25%로는 대한민국의 안전이 보장되지 않는 상황이 되는 것이다. 때문에 나머지 25%도 직격 파괴(Hit-To-Kill)하여 비극적인 상황을 완벽히 막아야 하는 도전이 남아있다.

그런데 이 직격 파괴 부분은 몇 가지 검증 과정을 요한다. 정부와 일부에서 직격 파괴의 긍정적 전망을 쉽게 그리고 부작용 없이 이뤄질 것으로 보는 것에 대해서 충분한 검증을 거치지 않았다는 얘기다.

따라서 직격 파괴에 따른 방사능 낙진 가능성과 그 부작용 범위 그리고 완벽히 이를 수행할 요격미사일 체제의 준비과정 등에 대해 잠시 언급하며 넘어가고자 한다.

여기에 대해서는 두 가지 상충하는 이론이 대립하고 있다.

첫 번째는 상공에서의 Hit-To-Kill은 **"적의 핵미사일을 빠른 운동에너지로 요격하는 것으로, 중성자가 원자핵을 치는 역할은 하지 않기 때문에 연쇄 핵분열은 일어나지 않아 요격 자체로는 핵폭발이 발생하지 않는다."**[221]라는 주장이다. 이를 입증할 정확한 데이터는 찾기 어려운데, 그것은 핵탄두를 직접 실은 미사일을 요격하되 만약 탄두를 격추하는 실험이 실패할 경우 이는 제2의 히로시마 혹은 나가사키 그 이상의 비극을 초래할 수 있기 때문이었을 것으로 보인다.

다만, 이와 동일한 상황은 아니나, 상대 비교로 **"1964년 SNAP-9A 위성이 지구 재진입 도중 600TBq의 핵분열을 일으키며 폭발한 사건을 분석한 UNSCEAR 1993의 보고서를 보면, 유출된 방사능이 총 16manSV인데, 이는 타 대기권 핵실험 총량인 $2.23×10^7$manSV에 비하면 거의 미미한 수준으로 기록"**[222]되어 공중 충격으로 인한 폭발의 경우 일반적인 핵분열은 사실상 발생하지 않는 것으로 판단할 수 있다.

핵이라는 이름의 청구서

두 번째로 상충하는 의견으로는, 요격이 일어나게 되면 충격에 의하여 중성자를 자극하게 되고, 이 자극된 중성자는 다시 원자핵을 가격하여 원자핵이 2개로 쪼개지는 연쇄 핵분열을 일으키며 대기 중에 심각한 방사능오염과 이로 인한 "낙진 피해, 그리고 EMP 폭발이 일어나 엄청난 양의 전자 장비들을 불능화시킬 수 있다."[223]라는 주장이다.

결국, 이 공신력 높은 기관들의 상호 다른 주장을 감안해 볼 때, 한반도처럼 핵 위기에 직면해 있는 상황에서는 보다 신중하고 정밀한 접근과 철저한 사전 준비가 필요하다. 때문에 한국은 후자의 또 다른 부작용이 발생할 수 있다는 연구 결과를 받아들이고, 이를 대비할 수 있는 만반의 채비를 갖추는 일이 시급하다 할 것이다. 그래서 필자는 아래 항목에서 이를 효과적이고 안전하게 방어 요격할 수 있는 한국형 DOME 시스템을 소개하고 있다.

③ 마지막으로, KMPR 단계로 만약 북한이 핵무기와 화학무기로 한국을 공격할 경우 감행하는 응징 보복 단계를 말한다. 한국형 대량 응징 보복(KMPR, Korea Massive Punishment and Retaliation)으로 불리는 이 단계는 북한 최고지도자의 집무실과 지휘부 건물 등을 파괴하여 북한의 전쟁 지휘 기능을 마비시켜 전쟁 명령체계 자체를 봉쇄하는 역할을 한다.

이를 위해서는 폭탄의 어머니(MOAB), F-35, 타우러스 미사일 등으로 북한을 응징하도록 하는 것이며, 이는 수년간 이어져 온 한국 정부의 마지막 3K 단계에 해당한다. 한마디로 'KMPR은 뇌에 충격을 줘 몸 전체를 마비시키는 전략'[224]이라고 볼 수 있다. 아래에서는 짧게나마 이에 대해 살펴보기로 한다.

이 작전을 수행할 무기 체계는 '정찰·감시 정보통신망—특수부대—표적 제거 무기의 3회로'라고 명명키로 한다.

우선, 1회로인 정보통신망 체계로는 공군 공중기동정찰 사령부령[시행 2017.9.5.],[대통령령 제28266호, 2017.9.5., 타법 개정]에 따라 체계적이며 계획적으로 운용되고 있다. 특히 이 령에 따라 창설된 공군 항공정보단은 1회로의 역할을 더욱 구체화하고 있다. 대한민국 국방부가 국회 국정감사에서 밝힌 다음의 정찰감시·정보통신 계획은 이 1회로의 총체적인 의의와 방향을 잘 요약하고 있다.

"기존 37전술정보 전대를 확대·개편해 창설된 항공정보단은 ▲항공 우주 작전 및 합동 전구 작전을 위한 전(全) 출처 정보의 수집·분석·생산, ▲24시간 정보감시태세의 운영·유지와 위협 징후 경보, ▲북한의 핵·미사일 위협 대응을 위한 표적 개발과 처리 지원, ▲한미 연합 정찰 자산의 효율적 통제·운용 등의 임무를 수행하게 된다.

이와 함께 공군은 24시간 공중감시·정찰·조기 경보 능력 향상, 북 핵·미사일 위협에 대응하기 위한 K2(Kill Chain·KAMD) 작전 수행능력 확충, 전자전·장거리 공수·공중급유 능력과 전투 탐색구조 능력 신장 등을 중심으로 공군 전력 증강을 추진하겠다고 보고했다. 특히 공군은 전력 표적 정보 수집 능력과 Kill Chain 수행능력 제고를 위해 HUAV·MUAV·전술정찰정보 수집 체계·2차 항공 통제기 등 감시·정찰 전력증강을 추진하겠다고 밝혔다."[225]

이에 더하여 국방부가 밝힌 정찰기의 상세한 내용을 보면 다음과 같다.

① 송골매는 발사통제 장비, 지상통제 장비, 지상중계 장비, 지상추적 장비 등으로 구성된다. 이동 발사대가 탑재된 차량에 실려 MDL(Military Demarcation Line) 인근까지 이동해 발사될 수 있다. 이동 발사대를 이용하면 작전반경은 110㎞로 늘어난다.

핵이라는 이름의 청구서

② 리모아이 006은 우리 측 지역에서 비행하면서 주간에는 군사분계선 (MDL) 이북 20㎞ 지점까지, 야간에는 10㎞ 거리까지 촬영할 수 있다.

〈그림 2-4〉 대북정보 수집 정찰기 현황, 그래픽 사진-국방부(방위사업청)

③ 금강·RF-16 정찰기는 MDL 이남 지역 상공을 비행하며 북한의 남포에서 함흥을 연결하는 지역까지 영상정보를 수집할 수 있다. 고성능 카메라로는 북한군이 운용하는 군사 장비의 종류까지 파악할 수 있다.

④ 백두정찰기(RC-800)는 북한 전역에서 특정 주파수로 오가는 무선통신을 들을 수 있다.

⑤ 위성은 북한 깊숙한 지역의 영상정보를 수집하고 있다.

⑥ 고고도 무인정찰기인 글로벌호크(RQ-4)가 전력화되면 북한 전역으로 영상정보 수집 범위가 확대된다.[226]

이를 요약하면, 북한 전역 내 북한 최고지도자의 거처와 움직임까지 상세히 표적 영상을 전송할 수 있으며, 특정 상황의 경우 무선통신 내용까지 감청할 수 있다는 게 국방부의 설명이다. 이 정도면, 사실상 북한이 특단의 조치를 취하지 않는 이상, 유사시 표적 체크에는 문제가 없다고 판단할 수 있다.

다음의 2회로는 특수부대, 일명 참수 부대의 운영이다. 2011년 5월 2일 오사마 빈 라덴을 사살한 미국 네이비실이 대표적인 경우이다. 그러나 상황은 그때보다는 훨씬 더 까다롭다. 우선, 미국이 파키스탄의 국경을 비교적 수월하게 넘나들 수 있었던 상황이 남북한 분단 대치 중에는 쉽지 않다. 설령 가능하더라도 워낙 폐쇄된 사회적 특성과 조밀한 지역사회 감시 네트워크 그리고 북한 최고지도자의 비밀스러운 이동 동선 등을 감안할 때 빈 라덴 사살 때와는 비교가 되지 않을 정도로 참수 혹은 사살을 실행에 옮기기란 어렵다고 볼 수 있다.

그러나, 롤러코스터를 타듯 불규칙하게, 산악지형을 감싸듯 낮고 유연하게 운행할 수 있어 북한의 레이더망을 피할 수 있는 미국의 특수전 수송기 MC-130, 저공비행으로 레이더를 벗어나 특수대원들을 600㎞까지 수송할 수 있는 MH-47, 험준한 산악 요처들을 장어처럼 빠져나가듯 운행할 수 있는 UH-60(블랙호크), 그리고 미 네이비실에 버금가는 특수요원들을 확보하면 상황은 달라진다. 즉, 오사마 빈 라덴 사살 작전(Neptune Spear, Geronimo)이 재현될 기반을 갖추었다고 할 수 있다. 하지만, 실행되기까지는 많은 시간과 완성도 높은 구체적인 시나리오 등이 필요할 것으로 보인다.

마지막 3회로는 표적 제거 무기의 활용이다. 공대지 미사일인 벙커버스터(GBU-28)와 타우러스(KEPD-50) 그리고 현무 4가 주축 공격무기가 된다. 특히 타우러스는 500㎞ 사거리에 정확도가 반경 3m에 이를 정도로 정확한 타격을 가할 수 있다. 그 숫자는 250여 기[227]가 넘는다. 그리고 이미 확보 중인 1,000여 기[228]의 현무 2, 사거리 800㎞ 허용에 따라 더 위력적으로 제조된 벙커버스터인 현무 4 [229] 등 표적형 미사일들이 평양의 핵심 시설을 정밀 타격할 경우, 북한은 상당한 부담을 안게 될 것으로 보고 있다.

핵이라는 이름의 청구서

그러나, 여기에 대한 반론도 만만치 않다. 단순히 국민의 심리적 안정을 도모하기 위한 언어적 표현에 지나지 않는다거나, 실효성을 거두기 위해서는 지금 수준의 응징 체계로는 북한의 무기 숫자를 감당해낼 수 없다는 등의 반론이 나오고 있다. 그런가 하면 이미 공격을 받은 상태에서 응징이라는 것이 과연 효과가 있느냐에 대한 질문은 보다 근본적인 해결책을 요구한다.

여기에 대해 상반되는 두 분야 전문가의 논리들을 비교해 보고자 한다. 먼저, 정의당 의원의 부정적 시각이다.

"이 대목에서 전설적 군사 전략가 클라우제비츠가 말한 '전장의 안개'가 더욱 짙어지는 역효과가 초래되어 극심한 혼란을 감수해야 한다는 점을 유념하자. 실제로 소련은 미국의 핵 선제공격으로 국가 지도부가 파멸될 경우 모든 대륙간 탄도 미사일(ICBM)이 미국을 향해 자동으로 발사되는 '죽음의 손' 체계를 준비하고 이를 공개한 바 있다. 이런 자폭 전략이 핵전쟁 위험을 고조시킨다고 판단한 미군은 참수 전략이 현실성이 없다고 판단하기에 이르렀다. 자신이 제거될 수 있다고 생각한 북한 지도부가 제거되기 이전에 더 빨리 핵미사일 발사를 결심해야 한다는 강박관념으로 내몰릴 경우 한반도 위기관리는 더욱더 치명적으로 붕괴될 위험이 높아진다. 흥정과 거래로 예방할 수 있는 전쟁을 기어이 전쟁으로 몰고 가는 우를 범할 수도 있다는 이야기다."[230]

여기에 민주평통 자문위원회는 다음과 같은 반론을 펼쳤다.

"이 때문에 KMPR이 실효성을 갖기 위해서는 상당한 투자가 이뤄져야 한다는 지적이 적지 않다. KMPR은 공격을 받은 뒤 수행하는 전략으로는 의미가 없다는 비판도 나온다. 하지만 응징 전략의 목적이 응징 그 자체가 아니라 강력한 응징 보복 능력과 의지를 과시함으로써 북한의 공격 의사를 억제한다는

데 있다는 점을 감안하면 KMPR은 좀 더 정교하게 구성돼 추진돼야 할 필요
가 있다.

북한이 핵·미사일을 사용할 경우 북한 역시 온전치 못할 것이라는 위협이
KMPR의 본질이다. 위협이 효과를 보려면 상대방이 '위협의 현실화'를 절감해
야 한다. 북한이 이번에는 우리 군의 대량 응징 보복 작전이 '말의 허세'에 그치
는 것이 아니라는 단호한 의지와 실제 가용한 능력을 구비한 '가공할 위협'으로
충분히 인식할 수 있도록 충분한 전력과 전략을 수립할 필요가 있다."[231]

그런데, 여기에 대한 필자의 의견을 정리하자면, KMPR은 한반도
핵 문제와 미사일 문제를 고려할 때 필수 불가결한 축(軸)으로 볼 수
있다. 공포의 균형이라는 전투적인 언어는 삼가더라도 최소한의 국민
생존권을 지켜내기 위해서는 3K의 공고화는 외면할 수 없는 필수요
건이라고 본다.

그러나, 이 과정에서 실속 여부를 그리고 예산집행과정에서는 철저
한 이행 여부를 따져보고, 실현 가능성과 향후 지속성을 꾸준히 피
드백하는 과정을 거쳐야 할 것으로 본다. 곳간에서 퍼 나르는 식의
3K 완성 과정은 허장성세의 치장에 다름 아니기 때문이다.

2-2. 한국형 DOME 체제 완성

위 KAMD 체제에서 언급한, 이 단계에서 처리하지 못해 남한으로
넘어오게 되는 나머지 25대의 미사일 방어에 관해 좀 더 깊이 연구해
보기로 한다. 또한 이외에도 북한의 방사포로 인한 공격을 어떻게 방
어해 낼 것인가에 대한 우려와 대응 방편도 같이 짚어 보기로 한다.

〈그림 2-5〉 PAC-3 개념도, 그래픽-2014년 록히드마틴사(Public Release)

해답은 그래픽에서 보는 바와 같이 DOME 체제의 완성에 있다고 결론을 먼저 내린다. 선 결론의 배경은 군사적으로, 경제적으로 압도하는 위치에 있는 한국이 반드시 완성해내야 할 국민과 역사에 대한 책임이기 때문이다. 즉, 명목 GNI상 54배(2019, 한국은행)의 압도적인 경제력을 지닌 한 국가로서 이렇게 상대적으로 완벽한 방어 체계를 완성해내지 못한다는 것은 국민의 생존권과 안위에 대한 국가의 헌법수호 의지를 가벼이 하는 것과 같기 때문이다.

한편, 이 DOME 체제의 시초는 이스라엘로부터 나왔다고 볼 수 있다. 큰 개념의 SDI나 MD 체제도 이 개념과 상통한다고 볼 수 있다. 그러나, 여기서 언급하는 범위의 DOME SCREEN이란 고도 70km 이내에서 지상 수백 m에 이르기까지 최(最) 종말 단계를 방어할 수 있는 체계를 의미한다. 그런데 이 단계를 염두에 둔 배경은 결국 최저 고도를 통해서도 북한은 남한으로 핵탄두를 실어 보낼 가능성이 있기 때문이다.

이를 위해서는 우선, 이스라엘의 공중요격 방어 시스템에 대해 알아볼 필요가 있다. 바로 '아이언 빔(Iron Beam)', '아이언 돔(Iron Dome)', '다윗의 물맷돌(David's Sling)' 그리고 '애로우(ARROW)'의 4층 구조 방어체계 시스템이다. 요격 고도는 아이언 빔이 7㎞ 이내, 아이언 돔은 4~70㎞ 이내, 그리고 다윗의 물맷돌은 50~70㎞이며 애로우는 100㎞ 이상이다. 이중 다윗의 물맷돌은 '애로우(고고도, 사드급)'와 최저 고도 아이언 돔의 중간 갭을 메꾸는 역할을 한다. 기존의 아이언돔과 새로이 장착된 애로우의 빈 공간에 다윗이 들어섬으로써 고도별로 요격을 할 수 있는 체계가 확고히 자리 잡힌 구조다.

　이에 비하여, 한국은 고고도, 중저도에서는 사드와 PAC 혹은 현무로 대응이 가능하지만, 최저 고도의 방어망은 빈약하다고 볼 수 있다. 즉, 위에서 수차례 언급하였던 한국의 미사일 방어 체제 중 최저 고도의 방어 대상인 북한의 방사포류에 완벽히 대응할 자산을 보유하지 못하고 있다는 점이다. 더군다나 북한처럼 핵무기를 보유하고 있고, ICBM에서 방사포에 이르기까지 다양한 탄도 미사일을 보유하고, 군사 지정학적으로 위험한 한반도에서 공중요격 방어 체계가 이스라엘에 못 미친다는 사실은 스스로 대응 능력이 부족한 것임을 드러내는 일이다.

　그래서 나온 것이 이스라엘의 아이언 돔 미사일을 한반도에 배치하자는 주장들이다. 그러나 여기에 대한 대한민국 정부의 검토 결과는 부정적이었다. 국방부는 2017년 국회 국방위 국감 업무 보고에서 "아이언 돔은 하마스와 같은 비정규전 부대의 산발적인 로켓탄 공격을 방어하기에 적합한 무기 체계로, 수도권에 대한 북한의 동시다발 장사정포 공격 대응에는 부적합하다. 대신 국방과학연구소(ADD)에서 적 포탄을 직접 요격하는 핵심 기술을 개발하고 있다."[232]라고 밝혔다.

　　　　　　　　　　　　　　핵이라는 이름의 청구서

즉, 국방부가 '한국형 장사정포 요격체계 도입'을 밝힘으로써 사실상 이스라엘식 아이언 돔 체제는 빛을 잃었다. 대다수 국민들이 걸었던 기대치였으나 현장 적용면에서 부합하지 않은 결과였다. 동시에 아이언 빔도 자연스레 관심의 대상에서 멀어져 갔다.

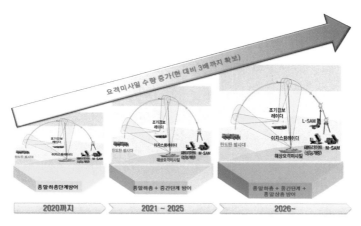

〈그림 2-6〉 복합 다층 방어 탐지·지휘 통제·요격시스템,
그래픽-대한민국 국방부

그러다가 북한의 군사적 위협이 증가하면서 다시 한번 한반도에 군사적 긴장감이 높아지자 대한민국 국방부는 2020년 8월 북한의 장사정포 위협에 맞서기 위한 중장기 계획을 다음과 같이 발표하였다.

"탄도탄 조기경보 레이더 및 이지스함 레이더 추가 도입 등 미사일 탐지능력을 현재 대비 2배 이상 강화하고, 탄도탄 작전통제소 성능개량을 통해 표적처리능력을 기존 대비 8배 이상 향상하고, 현재 대비 약 3배의 요격미사일을 확보하여 미사일 방어능력을 견고히 구축하며, 한국형 아이언돔인 장사정포 요격체계를 본격적으로 개발하겠다."[233]

그러나 이러한 내용들은 이미 필자가 위에서 다루었던 내용 중 표현만 다를 뿐 큰 맥락에는 차이가 없는 계획안이며, 이중 가장 중요한 북한의 장사정포 요격 체제에 대한 효과적인 방안이 빠져있는데, 요격미사일의 3배 확보 외에 세부적인 방안은 구체적으로 나오지 않았다.

그런데 이와 관련, 대한민국 정부가 지금까지 꾸준히 직·간접적으로 밝혀 온 장사정포 요격 체제를 재해석해보면 최저 고도 방어 요격 시스템에 방점을 두어 왔다고 할 수 있다. 이 시스템은 전술 지대지 미사일 개발로서 '선(先) 장사정포 진지 초토화→후(後) 장사정포 발사대 파괴'의 개념으로, 미사일의 직격 파괴(Hit-To-Kill)보다는 시설 자체 파괴로의 전환에 주안점을 두어 왔다.

상당히 일리가 있는 논리 전개이다. 왜냐하면 2018년 국방백서에서 밝힌 북한의 장사정포 수가 무려 5,500여 문[234]에 달해 이스라엘식 아이언 돔 미사일로는 이런 동시다발적 규모의 공격을 방어하기란 어렵기 때문이다. 따라서, 전술 지대지 미사일로 진지를 해체하고 연이어 장사정포 자체를 파괴하는 것이 훨씬 더 효율적인 판단이라 여겨질 수 있다.

그러나 이러한 전술 논리는 한 가지 치명적인 모순을 안고 있다. 현재 설치 운영 중인 북한의 장사정포의 수가 과연 이러한 전술 지대지 미사일로 모두 파괴될 수 있느냐는 점이다. 즉, 한국이 이스라엘처럼 최 종말 단계에서의 최종 요격 시스템도 구축하지 못한 상태에서 장사정포 진지를 100% 완파하지 못했을 때, 서울과 수도권 지역이 이 치명적인 무기에 그대로 노출되는 비극을 상상할 수 있느냐는 점이다.

또한 아무리 국방연구소에서 철저한 연구를 통해 방어망을 개발하더라도 지대지 미사일을 통한 상대 진지 완파에는 여러 가지 변수가 개입될 수밖에 없는데, 이는 이 방법이 100% 안전을 담보할 수 없다는 얘기이기도 하다. 결국, 이 문제의 해결이 어려운 보다 근본적인 이유로는 직격 파괴할 수 있는 요격탄과 발사체를 충분히 구비하지 못했기 때문으로 볼 수 있다.

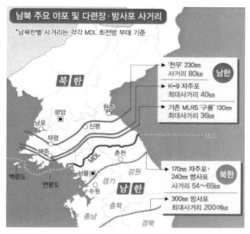

〈그림 2-7〉 북한 장사정포 사거리, 그래픽-대한민국 국방부

　이러한 장사정포의 공격을 막기 위해 미국의 레이저빔 요격과 기관포 요격인 C-RAM이 선을 보였으나 결국 이스라엘식 아이언 돔보다 덜 효과적으로 나타났다. 따라서 필자는 한국 역시 이스라엘처럼 4체계 공중요격 방어체제망 구축은 선택이 아닌 필수사항임을 재차 강조한다. 이스라엘식 공중요격체제는 파괴되지 않은 상태에서 남한으로 넘어오는 장사정포 포탄의 90% 이상을 요격함으로써 보다 안전한 대한민국이 되게 할 최후의 보루로 보기 때문이다.

　그런데, 필자는 여기서 한 걸음 더 나아가 연구 개발에 더 많은 투자를 할 경우 100%에 가까운 요격 방어체제를 구축할 수 있을 것이란 견해를 견지한다. 그것은 지금과 같은 방법으로는 북한의 장사정포를 막을 수 없다는 절실한 계산 결과 때문이다. 그 근거로는 북한의 추정 탄도 수량인 요격탄과 미사일의 구비 수량을 88,000발로 보는데(북한 보유 장사정포 수 5,500여 문×대당 발사 탄도 수 8×2회 가동), 이를 방어하기 위해서는 3~4배 많은 18만~26만 발의 요격탄 및 미사일이 필요할 것이다. 매우 비경제적인 비용을 요구할 수 있다. 결국 아이언 돔 체제는 비경제적인 측면을 어떻게 하면 경제적이며 우수한 성능의 요격탄과 시스템을 구축하느냐의 싸움으로 귀결된다고 보면 된다.

그러기 위해서 한국 정부는 자신만의 능력의 한계를 뛰어넘을 미국-이스라엘-한국의 3각 연합 연구 개발체제를 수립하여야 하는데, 성공적인 연구 결과에 따라 이와 같은 아이언 돔 체제 구축의 현실화는 더욱 앞당겨질 것으로 본다. 또한 "1발에 수백 불에 불과하면서도 요격 능력이 뛰어나며"[235], '방어 고도는 이스라엘의 7㎞ 상공보다 증가된 최소 10㎞의 고도 유지가 가능'한 미래 방어체계의 핵심이 될 수 있는 아이언 빔(Iron Beam) 시스템의 개발은 피할 수 없으며 안정성과 경제성이 담보되면 도입도 늦춰서는 안 될 것으로 본다. 이를 통해 사실상 마지막 퍼즐이 완성되기 때문이다.

3
국제 공조를 통한 압박과 회유

3-1. 이란식 핵 협상 차용 가능성

북한이 핵 개발을 완료하기까지 피해 당사국인 한국은 물론, 미국을 비롯한 주변 관련 국가들의 반대는 극심했다. 비록 도널드 트럼프 행정부의 북미 간 비핵화 정상회담 이후 비핵화 이행 압박이 지속되었지만, 1990년대부터 2020년대까지 이어진 집요하면서도 계획적인 시도 끝에 북한은 사실상 핵보유국이 되고 말았다. 지난 30여 년간의 핵 동결 협상이 무위로 끝났음을 말한다.

따라서 만시지탄(晚時之歎)이나 그동안의 비핵화 협상을 어떻게 잘못 진행해 왔는가에 대한 반성이 선행되어야 하며, 아울러 북한의 핵보유 이후 불능화 혹은 완전 제거를 위한 차선책으로서의 확고한 방법은 있는가에 대한 방안도 모색해야 한다.

우선, 한국과 미국 등 수많은 회의 참여국들은 북한과 핵 동결을 위해 과거 협상에 임했던 태도를 뒤돌아보아야 한다. 1991년 남북 간, 1994년 북미 간, 2003~2007년에 걸친 6자 간, 2018년 북미 정상 간 협상 때도 항상 북한의 협상 술책과 기만에 끌려다녔다. 노련한 북한의 협상술에 끌려다닌 결과였지만, 그보다 근본적으로는 북한에 대한 지식과 냉철한 이성적 판단이 결여되어 있었다는 것이 보다 정확한 분석일 것이다.

이와 관련, 로널드 레이건 전 미국 대통령이 공산국가와의 핵 동결 협상에 임할 때 어정쩡하게 양보하려는 태도를 강경한 어조로 경고한 점은 새겨들어 둘 만하다.

"핵 동결 안건과 얘기를 나눌 때, 저는 여러분들에게 권고드립니다. 자만심에 빠질 수 있는 유혹, 태연스럽게 여러분 자신을 높이며 양비론을 펴려는 그런 자만심 말입니다. 그리고 권고합니다. 악의 제국의 공격적인 충동과 역사의 사실들은 무시하십시오. 그것들은 매우 위험한 사기입니다." [236]

이 '위대한 소통자'의 경고는 바로 10년 후 한반도에서 서서히 꿈틀대던 핵 위협과 핵 협상에 대해 이후의 백악관에게도, 한국의 청와대에게도 던진 준엄한 경고였다. 그러나 둘 다 이 위대한 소통자의 경고를 인지하지는 못한 듯했다. 결국 핵 비극의 서막이 올랐다. 바로 하나, "매우 위험한 사기극입니다."라는 그의 말을 무시했기 때문이다. 왜 우리가 선현의 말을 기억하고 배워야 하는지를 다시 한번 느끼게 하는 비극의 망각이었다.

2020년대인 지금은 그 비극의 망각을 넘어 비극의 수용 시대로 접어들었다. 사실상 핵보유국으로 인식되는 상황이 되었다. 그러나 '어떻게 하면 되돌리고 다시 한번 더 포기를 강요할 수 있을까?' 하는 미련의 시대로도 접어들었다. 다른 한편에서는 국제 공조를 통한 압박과 회유를 통해 핵을 제로화하려는 움직임이 맹렬해졌다. 그래서 이즈음에는 서로가 포기할 수 있을까 하는 회의감과 어느 한쪽은 치명상을 입게 될 치킨게임이 교차되는 시간이 되고 있다.

따라서 이제는 비핵화에 대한 확고한 방향 재정립과 새로운 경로를 통한 완전 비핵화의 길로 안내해야 한다. 그것마저 실패할 경우엔 필

핵이라는 이름의 청구서

자가 다음 단락에서 제시하는 선택을 받아들이기를 희망한다. '평화는 용기와 결연한 각오 그리고 희생정신 없이는 결코 찾아오지 않는다'라는 점이다.

이를 위해 필자는 지난 2015년 7월 14일 미국 등 UN 안전보장 이사회 상임이사국 5개국, EU, 독일과 이란이 '포괄적 공동 행동계획(JCPOA, Joint Comprehensive Plan of Action)'에 합의한 내용과 문제점들부터 살펴보기로 하였다. 이 협정의 문제점을 정확히 발견함으로써 북핵 협상과 비핵화 과정에 적용할 가이드라인을 제시할 수 있기 때문이다.

첫째, 이란의 우라늄 농축 능력과 농축 수준 및 비축량을 지정된 기간으로 한정하고 나탄즈(Natanz) 이외의 농축 시설은 보유하지 않도록 설정한 부분은 보기에 따라서는 잘된 협상으로 보인다. 그러나, 실상을 들여다보면, 오히려 이란으로 하여금 핵 개발의 끈을 쥐어 준 협상이었다고 볼 수 있다.

이를 구체적으로 들여다보면, 이란은 팔레비 왕조, 이란-이라크 전쟁 등 국제정세가 불안해질 때 간헐적으로 핵무장 얘기를 흘렸으나 1979년 이란 혁명 이후 20여 년이 넘는 동안에도 이와 관련해서는 별다른 이상 징후를 보이지 않았다. 그러다 미국의 이라크 침공 이후인 2003년부터는 본격적인 핵 개발 논란을 일으키며 서방 강대국들과 줄다리기를 시작하였다.

따라서 여기서 짚고 넘어가야 할 부분으로 지난 20여 년간 그토록 잠잠할 수 있었던, 핵 개발과는 무관할 수 있었던 배경이 무엇인가이다. 바로 이란의 풍부한 지하자원이다. 이란은 천연가스와 석유의 세계 최대 보유국의 하나이다. 이를 통해 이란은 자체 전력을 무리 없이 생산해 올 수 있었으며, 오랜 세월 속에서도 위험한 원자력 발전소 운영 없이 전력 생산 및 공급에 문제가 없었다.

이 부분에 대해서는 산업용 전기발전의 수요량이 1980~1990년대와는 사뭇 다르다는 반론이 있을 수 있다. 그러나 대체에너지 개발에 대한 충분한 논의 없이 곧장 핵 개발로 뛰어든 점은 그 동기에 의구심을 갖기에 충분하다. 따라서, 이 이란 핵협정에서는 핵시설로 의심받을 만한 단 한 곳의 지점도 허용하지 말아야 했으나, 나탄즈라는 예외조항을 남겨 둠으로써 향후 또 다른 불씨의 씨앗을 남겨두었다고 할 수 있다.

이러한 점에서 한국과 미국은 1994년 1차 핵 파동 때 북한 영변 핵시설에 대한 폭격이라는 극단적인 방법이 아닌 보다 강력한 통제적 옵션으로라도 영변 핵시설 전체를 불능화시키는 단계를 밟았어야 했다. 그러나 남한의 안전과 이를 둘러싼 어정쩡한 유화론에 파묻혀 북핵 문제는 변곡점을 넘었으며, 급기야는 ICBM의 완성과 수소폭탄 실험을 허용하고 말았다. 바로 이 사실은 핵과 관련한 협상에서 결코 양보해서는 안 될 부분이 무엇인가를 생생히 가르쳐 주고 있다.

둘째, 이란의 기존의 약 19,000개에 달하는 원심분리기를 5,060개로 줄이는 데 대해 합의해 준 부분이다. 이 항목이 이 핵 협상의 뼈아픈 문제점으로 보인다. 왜냐하면 원심분리기의 숫자를 핵무기 제조 수준 미만으로 획기적으로 줄이지 않는 한 이 정도로 감축된 숫자로는 비핵화에 의미가 없기 때문이다. 이 5,060 여기의 이란 원심분리기가 얼마나 문제시되는가는 북한의 사례를 들어보면 금방 알 수 있다.

바로 북한이 공개했던 원심분리기 2,000기의 존재를 말한다. 2009년 4월까지는 존재하지 않던 원심분리기들을, 그것도 경수로 원자로에 사용 중인 분리기 2,000기[237]를 2010년 북한을 방문한 미국 핵물리학자에게 북한 당국이 공개하고 백악관이 공식 인용함으로써 밝혀진 이 원심분리기의 존재는 결국 북한 핵무기 제조 완성의 밑거름이 된 것으로 판명되었다.

핵이라는 이름의 청구서

혹자는 경수로에 사용되는 원심분리기로는 고농축에 전용할 수 없다고 이의를 제기하지만, 북한은 그러한 논리가 잘못되었음을 잘 보여 주었다. 결과적으로, 불과 2,000여 기의 원심분리기만으로도 북한이 원하는 핵무기를 생산한 만큼, 이란에게 부여한 5,060여 기라는 숫자는 이란에 부여한 임시 핵 제조 면허나 다름없는 것이었다.

셋째, 3.67% 농축 우라늄의 무의미함이다. 이 협정에서 이란은 최소 15년 동안 3.67% 이상으로 우라늄을 농축하지 못한다고 합의하였다. 그러나 이는 이란의 전형적인 눈가림 수법이거나 핵 개발과정을 제대로 숙지하지 못한 미국 협상 측의 이해 부족에서 비롯된 것일 수 있다.

그로부터 1년 후, 미국 하원 의회에서 밝힌 "15년 통제 이후에는 거의 즉각적인 시간 내에(Near-zero after) 3.67%에서 20%로, 또다시 60%로 농축률이 높아질 것."[238]이라는 의회 증언 내용과 이를 "5일 만에 3.67%에서 20%로 높일 수 있다."[239]라고 직접 밝힌 이란 원자력 청장의 언급은 이러한 주장이 사실임을 직·간접적으로 증명해 주고 있다. 이는 8년간 이란의 핵 개발연구를 금지한 내용이 얼마나 무의미했던 가를 단적으로 증명하는 것이기도 하다.

따라서, 북한과의 핵 협상에서는 북한이 설령 3.67%가 아닌 3%의 우라늄 농축률을 협상 조건으로 내걸더라도 받아들이면 안 된다. 이는 매우 중요한 선결 조건이므로 필히 유념해야 한다.

넷째, 핵 협상에서 특정 기간이 설정되었다. 핵 보유 시도에 따른 협상에서 바람직하지 않은 특이한 형태의 기간 설정이다. 15년간 우라늄 농축을 목적으로 신규 시설을 건설하지 않는다는 기간 설정 건이다. 상당한 특이함과 동시에 혼란스러운 기간 설정이다.

향후 우라늄 농축용 IR-1 원심분리기 5,060개를 나탄즈(Natanz) 시설에 보유하고, 우라늄 농축은 3.67%까지 허용하고, 현재 1만 kg에 달하는 비축량을 300kg으로 감축하는 등 핵심 내용의 운영 기간을

15년으로 정한 것은 이 협정 기간이 경과한 이후에 대해서는 별다른 대책이 존재하지 않는, 즉, 15년 이후에는 핵 보유를 묵인하는 결과를 낳게 될 우려가 큼을 의미한다. 오바마 대통령이 "15년이 지나도 이란은 핵무기로 전용할 아무런 권한이 없다."[240]라는 표현은 사실상 의미 없이 '5일 내'로 끝나게 되는 셈이다.

이에 대하여 미 하원 의회 증언서에는 15년 후 이란이 할 수 있는 일을 구체적으로 다음과 같이 밝혔다.

"15년 후 이란은, 중수로와 중수, 고농축시설, 포르도에서 우라늄 고농축과 우라늄 R&D 활동, 3.67% 이상의 우라늄 고농축, 사용 후 연료 재처리를 할 수 있으며, 나탄즈와 포르드 그리고 새로운 시설에 한 단계 더 업그레이드된 원심분리기를 이동 배치할 수 있다."[241]

이처럼 미국과 유럽이 내세운 15년의 목적이 이란에게는 사실상 경제 제재 완화라는 선물이 될 수 있었으며, 15년 후에는 2015년 설정한 경제 제재 해제 규모를 상회하도록 오히려 이란이 압력을 가해 올 것이며, 이에 반발할 경우 이란의 핵무장 진행을 지켜볼 수밖에 없는 한계상황으로 몰릴 수 있었을 것이다. 설령 또 다른 15년을 얻는다고 하더라도 그때는 배가된 경제 보상 요구 속에 이란은 더 고도화된 핵개발 기술을 연마했을 것이며—이번에는 15년이 아닌 10년 이하의 짧은 주기를 희망할 수 있다— 그 기간이 끝날 즈음 이란은 이미 핵무기 개발을 완성했을 것으로 판단한다. 그 이유는 치명적인 다섯 번째 항목 때문이다.

다섯째, 군사시설에 대한 사찰권을 득하지 못했다. 협상의 또 다른 치명적인 오류였다. 2015년까지 십수 년에 걸친 이란의 핵무기와 관련한 과거의 행적과 핵무기 관련 활동에 대한 철저한 조사 없이 협정을

핵이라는 이름의 청구서

체결하고, 군사적 전용을 확인하지 못한 상태에서 미봉책으로 협정을 갈음하려 하고, 향후 15년 이내 그리고 이후 어떻게 핵무기가 생산되는지조차 파악할 수 없는 중대한 하자를 범하면서도 협정 생산이라는 겉모양을 갖추기에 급급했다는 비난을 면치 못할 수 있었다. 미의회 증언서 중 전직 고위 관료들의 증언들이 이를 뒷받침한다.

전 IAEA 사무처장인 Olli Heinonen은 ① "이란이 과거 핵무기 개발로 의심받던 핵 프로그램을 재추진하지 않기로 한 것과 미래형 원심분리기를 핵무기를 만드는 데 사용하려는 가능성이 있는지부터 확실히 알아봐야 한다."[242] 라고 했으며, 전 미 국무부 비확산 군축 특보 출신인 Robert Einhorn은 ② "미국은 과거 이란이 핵 무기화 작업을 했던 데 대해 상당한 정보를 가지고 있기에, 어떠한 경우에도 이란이 핵을 재개발할 수 있는 최소한의 시간만을 가질 수 있도록 해야 한다. 이를 위해 미국은 그들이 핵 무기화하는 근본적인 방법을 터득했으며 핵분열물질을 무기화하는 데에는 얼마의 시간이 걸리지 않을 것이라는 매우 보수적인 생각으로 접근해야 한다."[243]라고 지적한 바 있다.

이와 같이 미국과 핵심 멤버들은 가장 민감하면서도 핵심 부분인 과거 핵 개발 내용과 이를 전담했던 군사시설에 대한 감찰권을 얻어내지 못한 채 핵 협상을 매듭지었다. 때문에 북한이 핵 협상에 이란 모델을 들고나올 경우 JCPOA 탈퇴와는 상관없이 미국의 입장은 궁색해질 수 있으며, 이러한 맹점을 호도한 북한의 핵 협상 전술에 말려들 경우 또 다른 문제점투성이의 핵 협정이 이뤄질 공산이 크다고 볼 수 있다. 때문에 한꺼번에 너무 많은 것을 풀어 준 퍼주기식 협상이란 비판이 미국 공화당 내에서 쏟아져 나온 것도 무리는 아니었다.라고 했으며, 전 미 국무부 비확산 군축 특보 출신인 Robert Einhorn은 그렇다면 왜 이런 오류 협정이 그토록 신속하게, 그리고 엉성하게 마무리되었던 것인가를 고민해 볼 필요가 있다. 여기에 대한 해답을 필자는 오바마 정부의 협상 방식상 오류에서 찾았다. 즉, 핵 협상을 '무역 협상'하듯 한 큰 오류를 범했던 것이다. 이 점에서 북미 정상회담과 비핵화 협상에서 시간과 항목에 대한 분명한 선 긋기 없이 진행했던 트럼프 행정부도 결코 자유로울 수는 없다.

무릇 핵 협상이란 단순히 손익을 염두에 두는 무역 협상이 아닌 전 인류의 생명을 담보로 하는 위험한 핵물질을 차단하는 것인 만큼 비핵화 협상 자체는 생사를 건 운명의 협상이 되어야 한다. 따라서, 오바마와 트럼프는 핵을 거래하는 물건으로 오인한 듯 거래함으로써 상당한 흠결을 남겼다고 볼 수 있다.

그래서 한국, 미국, 일본 등 한반도 핵 협상 주요 협의국들은 북한 핵 보유 자체를 없애는 제로 옵션을 추진해야 진정한 의미의 성과를 거두었다고 할 수 있으며, 이 옵션이야말로 핵 협상 해법의 정답이 될 수 있다.

3-2. 핵 포기를 위한 국제적 압박과 회유 유형과 그 가능성

이 항목의 연구 전제는 북한이 핵을 사용했거나 보유하거나 등 현재나 과거 상황에 대한 조건이 아닌 한반도와 동북아 주변에 드리운 핵의 어두운 그림자를 제거하기 위한 거대한 움직임이 전제조건이어야 한다. 따라서, 설령 북한이 전 지역에 걸쳐 핵무장을 완료하였다 하더라도 이 사실만으로는 핵 협상을 물리는 구실이 되지 못한다.

왜냐하면 북한은 1950년 저지른 역사적인 죄, 무고한 북한 국민, 한국 국민과 연합군, 미군, 한국군 등 수많은 인명을 희생시킨 주범으로서 역사적 굴레를 벗어날 수 없기 때문이다. 즉, 북한이 지니는 침략으로 인한 역사적 구속력은 이스라엘, 인도, 파키스탄, 이란 등

핵이라는 이름의 청구서

과는 사뭇 다르다는 얘기다.

따라서 전범 국가인 북한에 대한 국제적 제재는 불가피한 상황이며 유보되어서도 안 된다. 더군다나 NPT 체제에 가입한 상태에서 북한의 핵무기 보유 시도 자체는 위법한 행위에 속한다.

3-2-1. 파키스탄·인도의 핵 보유로부터의 교훈

그러나, 북한은 이러한 사실 자체를 외면하려 한다. 거기에는 인도, 파키스탄, 그리고 이란이라는 선도자들이 있어 더욱 든든한 이론적 배경을 제공해 주었기 때문이다. 따라서 북한이 가장 선호하는 모델이 바로 파키스탄·인도식 핵무기 보유 모델이라고 할 수 있다.

그러면 우선, 파키스탄·인도의 경우를 비교해 보자. 이들 두 국가는 이란과 같은 극심한 국제적 제재도 받지 않았으며, 오히려 핵 보유 이후에는 미국과 군사적, 경제적으로 더욱 밀접한 관계를 유지하고 있는 모습을 목도하였다. 따라서 북한은 두 국가가 걸었던 방법을 차용할 필요성이 있어 보였으며, P-5 국가들의 북한 비핵화 주장에 대한 반박 논리로 내세우기에 더할 나위 없는 재료이기도 했다.

그러나 NPT 가입 조항이 아니었다면 이러한 논리는 설득력을 얻을 수 있었다. 하지만 북한은 소련으로부터 원자력 에너지를 얻기 위해 소련의 가이드에 의해 NPT에 가입한 만큼, 그리고 P-5 국가의 일원인 소련(러시아)마저 북한 자신을 핵보유국으로 인정해서는 안 된다는 원칙 아래 가입한 만큼, 여기서 소련의 책임성을 논할 수는 없다. 따라서, 북한은 결코 NPT 조약 비회원국인 인도-파키스탄 두 국가와 같은 입장에 놓여있다고 할 수는 없다.

그런데, 이러한 소련의 핵확산 저지 노력과 비교해 보면, 미국의 인도-파키스탄의 핵 보유 용인 과정에서 보여 준 미국과 P-2(영국, 프랑스) 국가의 핵확산 저지에 대한 역사적 평가는 인색할 수밖에 없다. 또한 북한의 인도-파키스탄 모델 차용 금지라는 카드를 차별적으로 강하게 드러내는 것 또한 자가당착의 모순이라고 볼 수 있다. 이로 인해 일종의 양심의 이면에 대한 자아 반성의 부족이 오늘날 이란과 북한의 핵 보유-핵확산에 대한 근본적인 저지선을 만들지 못한 배경일 수 있다.

따라서, 미-영-불 3국은 인도-파키스탄의 핵 보유에 대한 반성과 함께 새로운 비전을 제시해야 한다. 과거의 오류에 대한 반성만큼 훌륭한 교과서는 없기 때문이다. 이를 위해 인도-파키스탄의 핵 보유 역사와 그 은밀한 보유 과정 그리고 미국의 저지 노력 여부 등을 살펴봄과 동시에 이를 북핵 사태 해결 과정에 대입해 볼 필요가 있다.

이 두 국가의 핵 보유는 북한과 비슷한 배경에서 출발하였다. 혹자는 인도-파키스탄의 핵 보유 배경이 북한과 사뭇 다르다는 입장을 보이고 있으나, 실제로는 '생존을 위한'이라는 1차적 배경을 놓고 보면 흡사하다고 할 수 있다. 즉, 미국과 소련 간의 핵 경쟁은 생존이라는 1차원적 배경이라기보다는 균형과 견제의 속성에서 경쟁이 가속화된 '공포의 균형'이 보다 정확한 분석이라고 볼 수 있다. 반면, 인도-파키스탄-북한의 3축은 같은 연결고리인 생존을 위한 핵 보유라는 3개의 연결고리가 하나로 이어져 있다는 사실이다.

그것은 이미 언급했듯이, 한국전쟁 후 평양의 처참한 상황과 이어진 초강대국 미국의 평양 공격 가능 아래 북한이 생존을 위한 처절한 절규 속에서 찾은 답이 '핵'이었다. 그만큼 북한의 핵에 대한 열망과 관련해서는 더 이상의 추가적인 설명은 불필요하다고 본다. 이와 같이, 북한은 거대한 적이 미국이란 것 외에는 인도-파키스탄과 큰 차이가 없는 것처럼 보일 수 있다. 그러나 미국이라는 거대한 힘과 견제 세력 사이에 존재하는 '선과 악 대결의 구도'를 벗어나기란 쉽지 않다.

핵이라는 이름의 청구서

한편, 인도가 핵을 개발하게 된 결정적인 계기는 중국과 브라마푸트라 전쟁(1962.10.20.~1962.11.21.)에서 패하고, 1964년에 이어진 중국의 핵실험 성공 때문이었다. 이 사건들을 기점으로 네루의 인도는 핵 개발을 가속화했으며, 1974년 마침내 핵실험에 성공함으로써 '인도:중국'이라는 동아시아 핵 경쟁 1막이 올랐다.

그런데 핵 경쟁 2막은 엉뚱한 곳에서 터졌다. 북한도, 한국도, 일본도 아닌 바로 파키스탄에서 나왔다. 인도와 전쟁을 겪어온 파키스탄은 1965년 카슈미르 전투에서 인도에 패하면서 핵 개발을 구상하기 시작하였다. 그러다가 방글라데시 독립전쟁(1971.3.26.~1971.12.16.)에 인도가 개입하면서 결정적인 패배를 당함과 동시에 동파키스탄마저 잃고 방글라데시로 나라를 떼내어 준 굴욕을 당하였다. 1972년 이후 부토의 파키스탄은 이를 계기로 핵 개발을 단행하였으나, 1976년 한국 정부의 핵 개발 의지가 꺾였던 당시와 비슷한 시기에 파키스탄도 미국의 거센 압박으로 핵 개발 염원을 상당 기간 수면 아래로 잠복시켰다. 그러나 결국, '인도:파키스탄'의 경쟁체제 아래 동아시아 제2막의 핵 경쟁이 일어났다. 다행히 이 두 국가의 핵 경쟁은 발발 이후 수면 아래로 잠복한 채 파묻히는 듯했다.

그런데, 이렇게 잠잠해져 가던 불씨에 불을 다시 지핀 것은 다름 아닌 미국이었다. 소련의 아프가니스탄 침공에 맞대응하기 위하여 미국이 파키스탄을 핵심 동맹국으로 격상시키고 핵 개발을 묵인한 것이 큰 화근이 되었다.

이러한 미국의 묵인 아래 파키스탄은 1983년 핵폭발 조건 파악 목적의 임계 전 핵실험인 Cold Test를 성공시킴으로써 전 세계의 우려를 자아냈으며, 1985년 10월에는 핵탄두에 장착할 우라늄 고농축에도 성공하였다. 그러나 당시 레이건 행정부는 또다시 이를 눈감음으로써 1998년 5월에 빚어진 5차례 핵실험 성공이라는 '비가역(非可逆)

의 씨앗'이 파키스탄에 뿌려졌다. 이 과정은 8년 동안 고스란히 그리고 암암리에 북한에게 전수되어 2006년 10월 9일, 마침내 북한의 1차 핵실험으로 이어지게 되었다. 동아시아 핵 경쟁 3막이 '북한과 파키스탄의 동행 프로젝트'라는 특이한 형식으로 터뜨려진 것이다.

때문에, 이 2~3막의 보조자 혹은 묵인자도 결국 미국으로 드러나면서, 1998년 이후 전 세계는 종교전쟁과 이념전쟁 사이의 핵전쟁 가능성이 점차 높아지는 핵 재앙의 2가지 단추를 동시에 지니게 되었다. 즉, 인도와 파키스탄 사이에는 종교라는 문제가 결부됨으로써 불온한 과격 종교단체의 개입 가능으로 인한 핵 위기가, 극동 지역에서는 북한이 남한을 볼모로 삼아 한반도 전체와 동북아시아에 제3차 대전을 유발할 수 있는 대규모의 화약고를 만들 수 있다는 가설이 수립되었다. 이에 따라 미국은 소 잃고 외양간 고치는 격의 돌이킬 수 없고 매우 고단한 북핵의 소용돌이에 휩쓸려 들어가게 되었다.

3-2-2. 북한에 대한 전방위적 압박

더군다나, 1990년대 초부터 시작된 북핵 사태를 막는 과정부터 미국은 한국과 삐걱거리기 시작했다. 1990년대 초에 들어선 한국의 김영삼 정부와 대북 폭격 논의를 놓고 갈등하는가 하면, 2000년대 초 연속 집권한 한국 진보 정부들의 대북 포용 정책으로 부시 정부는 허점만을 노출한 채 북한을 악의 축으로 규정할 뿐, 마땅한 압박 카드조차 꺼내 들 수 없었다.

또한, 2008년 들어 집권한 오바마 행정부 시절에는 북한의 계속되는 도발에도 '전략적 인내'라는 모호한 언어로 비켜나가려 하였으며, 계속되는 북한의 핵실험과 미사일 발사 앞에서 제대로 된 규제와 통제를 가하지도 못한 채 끌려다니고만 있었다.

핵이라는 이름의 청구서

이러던 참에 다시 오기 힘든 반격의 기회가 찾아왔다. 북한이 한국과 미국에 유리한 북핵 저지 협상의 빌미를 제공하게 되었다. 명분이 약해져 체면을 몹시도 구긴 미국으로서는 핵 협상을 밀어붙일 수 있는 회심의 카드를 손에 쥐게 되었다. 바로, 천안함 폭침(2010.3.26.)과 연평도 포격(2010.11.23.) 발발이었다. 이 두 사건을 배경으로 그동안 북한에 끌려다니던 미국과 한국은 대반격을 준비하기 시작하였다. 여기에 이란 핵 불능화 시도도 같이 곁들여졌다. 놓칠 수 없는 대반격의 기회가 찾아온 것이다.

그러던 중, 2011년 12월 17일 북한 최고지도자인 김정일이 사망하는 사건이 발생하였다. 이에 충격을 받은 북한 지도부는 자신들의 생존권과 체제 수호를 위하여 핵 개발에 집단적으로 집착하기 시작하였으며, 김정은으로의 권력 승계 마무리로 더 강해진 '핵과 경제의 병진정책' 노선으로 오히려 북한이 미국과 한국을 압박하기에 이르렀다.

이로써 한국의 이명박 정부와 미국의 오바마 정부가 준비해 온 '북한 붕괴를 전제로 한 북한 비핵화 정책'은 선대의 유훈과 체제를 지켜내려는 잔인한 성격의 김정은과 불꽃 튀는 접전을 벌이기 시작했다. 연이어 북한의 미사일 발사 실험과 핵폭발 실험이 이어졌으며, 급기야는 미국 동부에 도달할 수 있는 ICBM 발사의 절반의 성공으로까지 이어졌다.

그러나, 그 사이 미국과 한국은 UN 결의를 통해 서서히 북한을 고립시키면서 제재를 가하기 시작했다. 북한이 이에 아랑곳하지 않고 미사일을 계속해서 쏘아 올렸지만 그럴수록 UN 결의안을 통한 양국의 대북 고립 및 금수 조치의 강도만 높아져 갔다. 여기에 도널드 트럼프 행정부가 들어서면서부터는 그 제재 강도가 눈에 띄게 강화, 숨막힐 지경까지의 대북 압박[244]이 조여 오기 시작했다.

그러자 이번엔 북한이 2018년 2월 한국의 평창에서 열린 평창 동계 올림픽에 참가하겠다며 갑작스러운 화해의 제스처를 취하며 트럼프 행정부의 거센 압박을 피해 나가려 하였다. 그런데 이러한 허를 찌르는 북한의 평화공세에 당황했던 트럼프 정부는 놀랍게도 환영한다는 메시지와 함께 '대화와 제재라는 또 다른 병진' 대응책을 들고나왔다. 백척간두의 전쟁 위기가 극적인 반전과 함께 치열한 수 싸움의 장으로 변하는 순간이었다.

결국, 북한은 평창이라는 그늘막 속으로 황급히 피신하고, 싱가포르 정상회담으로 위기 국면을 모면함으로써 트럼프식의 "미국의 강경한 대북 봉쇄정책이 효과가 있었다는 반증"[245]이 설득력을 얻게 되었다.

이로써 미국과 한국이 어떠한 방법으로 북핵 해결의 실마리를 풀어나가야 할 것인가는 명백해졌다. 그것은 다름 아닌 '대화 추구'와 '강력한 대북 제재'의 2중 협주곡이었다. 그렇다면, 왜 이런 방향이 필요했던가이다. 그것은 그렇게 했을 경우 북한은 필연적으로 굴복할 수밖에 없다는 실증적 확신이 존재했기 때문이다.

그러나, 국제 제재에서 인정하기 어려운 변수들은 이러한 사실을 불편하게 한다. 강력한 대북 제재가 상대의 경제를 어렵게는 하여도 굴복까지는 장담하기 어려우며, 절대권력의 협상 파트너를 대화의 테이블로 끌어내리려고 하여도 정권 장악력에 의구심이 들면 협상 자체를 파기할 수 있다는 점이다. 이는 협상이 원점으로 되돌아갈 수 있는 개연성이 있음을 뜻한다.

이 중 경제 위기와 붕괴 가능성을 살펴보는 자료는 다음 편(編)의 경제 부분에서 좀 더 구체적으로 제시하기로 한다. 대신, 여기서는 이란의 핵 협상이 타결되기 전까지의 과정과 북한의 6자 회담 등 핵 협상 테이블 복귀 등의 선례를 들여다보기로 한다.

다음 표는 2010년 이후 집중된 UN의 대북 제재 결의안 실행 내용을 요약한 표이다(인용: 2087[246], 2094[247], 2270[248], 2321[249], 2375[250], 2397[251]).

핵이라는 이름의 청구서

결의안 번호	원 인	결의 일자	결의 내용	개별 제재 대상 분류	개별 제재 대상 상세
2087	2012.12.12. 광명성 3호 (-2호기 발사)	2013.1.22.	북한의 탄도미사일(광명성 3호-2호기 인공위성) 발사를 규탄하고 Catch-all제 도입하여 대북제재 강화, 기관 6곳·개인 4명 추가해 본격적인 개별 제재 실시	①우주 과학기술 전문가, ②은행 종사자	①백창호 등 개인 4명 여행금지, 자산 동결, ②KCST, EAST LAND 은행 등 기관 6개소 자산 동결
2094	2013.2.12. 북한 3차 핵실험	2013.3.7.	핵·탄도 미사일 개발과 관련된 것으로 의심되는 북한의 금융거래 금지 및 항공기 운항 막재, 재를 골자	①금융·무역 종사자, ②군수 공장 및 미사일 개발연구소, ③사치품	①연청남 등 개인 3명, 여행금지, 자산 동결, ②제2자연과학연구소 등 2개소 자산 동결, 핵과 미사일 개발에 사용될 물자, ③요트·경주차 등
2270	2016.1.6. 북한 4차 핵실험 (수소폭탄)	2016.3.2.	북한의 4차 핵실험과 장거리 로켓 발사에 따라 북한 화물 검색 의무화, 육·해·공 운송 통제 및 북한 광물 거래 금지·차단 등 포괄적 제재 시행, 그 이전 결의안보다 대폭 강화됨	①금융·무역·연구소, 군수공장·핵미사일 개발연구소 등 자산 동결, ②연안 접안 하역 가능 화물선 검색, ③사치품 통제	①최천식 등 16명 여행금지 및 자산 동결, ②제2자연과학연구소 등 12개 핵 미사일 연구기관 및 금융자산운용기관 자산 동결, ③철용호 등 31개 하역 화물선(OMM Vessels) 검색 의무화, ④귀금속·운반장비·생활 여가 용품 등
2321	2016.9.9. 북한 5차 핵실험 (핵탄두 폭발 실험)	2016.11.30.	북한 5차 핵실험에 대해 2270호에 추가로 강화된 결의. 북한 석탄 수출 도입 상한선 도입 (2017.1.1.부터 1년 4억 미국 달러, 750만 톤 내의 석탄 수출입으로 제한)	①외교관, 경제 관료, 과학기술 관료, ②은행 등 금융기관, ③각종 무기 전용 물질, ④생활 사치품	①박천휘 등 10명, 여행금지 및 자산 동결, ②KUDB은행 등 10개 기관 자산 동결, ③15가지 핵무기 미사일 전용 가능 물품, 3가지 생·화학 무기 전용 물질, ④양탄자, 탁자보 등
2375	2017.9.3. 북한 6차 핵실험	2017.9.11.	북한의 '섬유 및 의류 제품 수출 금지'와 대북 '정제유 수출 상한제'를 배대로 한 대북제재 결의. 북한의 정제유 제품 수출 상한제 설정 (200배럴 배럴, 2018.1.1.부터 실시), 섬유 및 의류제품 수출 금지, 북한 국적 출신 노동자의 고용 승인 제한	①군사 행정 관료, ②정부 주요 기관	①박영식 1명, 여행금지 및 자산 동결, ②노동당 중앙 군사위원회 등 3개 주요 조직 자산 동결
2397	2017.11.29. ICBM 미사일 발사	2017.12.22.	대북 유류 공급 제한 추가 조치(디젤, 등유 포함 정제유 1년 50만 배럴로 축소 공급, 2018.1.1. 시행), 해상에서 기항적으로 선박 대 선박을 통한 석유 공급 차단(러시아 일부 예외), 북한 핵실험과 미사일 실험이 더 많은 석유 공급 제한 추가 적용(일명, 석유 트리거 조항)	①금융 전문가 그룹, ②정부 주요 기관	①최석민 등 16명, 여행금지 및 자산 동결, ②인민무력부 자산 동결

〈표 2-3〉 UN 대북 제재 결의안 실행 내용 요약표, 도표-저자 재구성

  사실, 점증 형태의 대북 제재 초기에도 북한은 1950년 한국전쟁 이후 계속된 서방의 고립 정책과 대북 제재에도 아랑곳하지 않고 내부 결속을 강화하여 왔다. 수많은 경제 제재를 받아왔지만 김씨 3대 정권 특유의 강력한 독재력과 대항력으로 견디어 왔다. 그만큼 철옹성을 자랑해 왔다고 볼 수 있다.

  그런데, UN의 대북 제재가 시간이 가면서 점차 강화되는 행태를 띠게 되면서 북한은 예전과는 다른 압박감을 느끼는 듯했다. 위 대북 제재 표를 얼핏 보더라도 짧은 시간 내에 상당한 횟수의 대북 제재가 시행되었고 시간이 지날수록 제재 대상과 강도가 높아졌음 또한 짐작할 수 있다. 그만큼 북한의 핵실험과 미사일 발사가 빈번하게 이뤄졌다는 반증이기도 하나, 그에 비례하여 고통의 강도가 세졌다고도 볼 수 있다.

  이와 관련하여 상기 대북 제재를 제재 번호순으로 간략히 설명하기

로 한다. 우선, 2010년 이전 가해진 UN 대북 제재는 권고와 강한 경고 수준의 제재이며 회원국들에게 이행을 강제하는 부분이 약했으며, 이를 간파한 북한은 핵과 미사일 발사에 크게 개의치 않는 모습을 보였다.

그러나, 2012년 12월 12일 '광명성 3호 형(形)-제2호 기(機)'가 위성 궤도 진입에 성공하면서 미국과 한국을 비롯한 주요 국가들은 경악하지 않을 수 없었다. 이로 인해 2013년 1월 22일 UN은 안보리 결의 2087호를 채택하여 북한의 수출 물품이 군사적으로 전용되는 것 자체를 못 하게끔 수출 통제를 하는 Catch-all제를 도입하고 개인 및 금융자산 통제도 본격적으로 강화하기 시작하였다. 그 이전까지 북한은 기술적으로 미약하여 발사체가 우주 궤도까지는 다다를 수 없을 것이라는 안일한 생각을 가져온 것이 사실이었다. 그러나 광명성 3호-2호기의 성공적인 진입은 이러한 방심이 얼마나 큰 화근을 낳는지를 가르쳐준 뼈아픈 교훈이었다.

그러다 김정일의 사망과 어린 김정은의 등장을 전 세계가 관망하던 차에 북한은 4년 만인 2013년 2월 12일 뜻밖의 핵실험을 재개함으로써 또다시 한반도를 충격과 공포 속으로 몰아넣었다. 어리다고만 생각했던 김정은이 사실은 대담하다는 점을 보여 준 사건이었으며 관련 국가들은 김정은이라는 존재의 등장에 새로운 시각과 경계심을 갖게 되었다.

이에 UN은 북한의 핵과 미사일 개발로 전용될 금수 물품을 적재한 항공기의 이착륙을 금지하고 금융 제재를 강화하며 외교행낭까지 감시하는 단계로 격상하면서 어린 김정은의 예봉을 꺾으려 하였다.

그러나 그의 대범함은 UN이 예상한 범위를 훨씬 넘는 것이었다. 김정은의 북한은 2016년 1월 6일 4차 핵실험을 재개하였다. 그런데 이번 핵실험은 원자폭탄이 아닌 수소폭탄으로 전 세계는 거의 패닉 상

핵이라는 이름의 청구서

태로 빠져들었다. 한국, 미국, 일본뿐만 아니라 북한의 전통적 우호국인 중국, 러시아마저도 등을 돌렸으며, 미국과 동맹국들은 기존 제재 방식을 벗어난 북한의 완전 고립으로 방향(2270호)을 틀기 시작하였다. 전방위적 물품 거래를 제한하는 포괄적 제재 방식을 도입하였으며, WMD의 자금원이 되는 허점을 철저히 막아 들어가는 BDA 방식을 도입하였다.

그런데 그 무엇보다 강력한 것은 원유 외 항공유마저 제한적으로 공급함으로써 치명적인 제재 방식을 본격적으로 사용하기 시작하였다는 점이다. 원유도 점진적으로는 통제의 대상이 될 수 있음을 경고하는 단계에까지 이르렀던 것이다. 이는 북한이 주변 국가들의 경계심과 공포심을 얼마나 자극했는지를 단적으로 보여 주는 제재의 단면이었다.

그러나 김정은은 이에 아랑곳하지 않고 적대국을 직접 공격할 수 있는 방향으로 움직이기 시작했다. 2016년 9월 9일에는 대륙간 탄도 미사일(ICBM) 장착용 수소탄 시험용 핵실험을 감행함으로써 북한의 공격 범위가 미국 본토로 확대되었다는 충격을 미국과 UN 국가들에 전달하였다. 이제 더 이상 북한의 핵무기는 한반도와 인근 주변 지역에만 머무르지 않고 미국 본토까지 겨냥한 핵탄두를 실험하는 단계에까지 이르렀음을 대내외에 알렸다. 그러면서 4년마다 새로운 대통령을 선출하게 될 미국 행정부에게는 혼란스러운 충격과 동시에 강력한 제재 방식을 기획하는 계기도 제공했다.

이때부터는 석탄 수출의 연간 상한제(2321호)까지 도입하였다. 그동안 북한이 유용하게 수출해오던 은과 동 등 광물 수출마저 묶었으며, 해외 노동을 통해 외화벌이를 하는 허점까지 파고들었다. 한편으로는 북한의 뼈아픈 약점인 인권 문제를 본격적으로 제기하기에 이르렀다.

그런데 북한은 또다시 이러한 UN의 제재를 비웃듯 2017년 9월 3

일 수소폭탄 실험을 재개하였다. 히로시마 원폭의 최소 5배 이상에 이를 만큼의 위력적인 핵실험이었다. ICBM에 장착할 경우, 미국과 유럽 등 전 세계를 핵 재앙의 인질로 삼을 수 있는 가공할 만한 핵무기가 완성되는 순간이었다.

그러나, 마지막 담금질에 들어간 김정은의 도박은 새로 미합중국 대통령에 취임한 도널드 트럼프를 맞아 새로운 도전을 맞게 되었다. 오바마 대통령 시절에는 UN의 제재를 대수롭지 않게 여기며 도발하여 왔으나, 새로 등장한 미 대통령은 사뭇 달랐다.

트럼프 대통령은 세컨더리 보이콧이라는 제재 무기를 본격적으로 들고나와 북한과 거래하는 국가도 동시에 처벌하게 함으로써 북한을 코너가 아닌 벼랑 끝으로 몰아붙이기 시작했다. 석탄에 그치던 연간 상한선을 정유 제품에도 부과하여 55% 삭감하는가 하면, 공해상 북한 선박과 금수 물품의 이전(移轉) 조치도 막았으며, 마침내 북한의 심장부인 노동당 중앙군사위원회를 제재 대상에 올렸다(2375호).

여기에 김정은도 강하게 맞서며 2017년 11월 29일에는 고도 4,000㎞를 넘어서는(사거리 12,000㎞) ICBM 미사일을 발사하여 이제는 미국 동부 지역까지 강타할 수 있는 미사일 실험을 하였다. 트럼프를 자극하며 미국 조야(朝野)까지 시험하는 단계에 이르렀다.

그러나 트럼프는 더 공격적으로 북한을 몰아붙였다. 북한을 턱밑까지 추격하여 지금까지 시행해 온 UN 대북 제재 결의안을 철저히 재점검하기 시작하였다. 또한 공해상에서 북한 선적에 이적하려던 외국 선적을 적발하여 세컨더리 보이콧 대상으로 처벌하려 하였다. 바로 해상 봉쇄 작전의 일환이었다.

여기에 한 걸음 더 나아가 연간 대북 정제품 공급 연간 상한선을 200만 배럴에서 "50만 배럴로(2016년 서울시 1년 4,900만 배럴의 1%[252]에 불과)"[253] 대폭 축소하였다. 생존권이 위협받는 상황에까지 내몰렸다.

핵이라는 이름의 청구서

게다가 "원유 공급량마저 연간 400만 배럴로 제한"[254]함으로써 군사
목적용 기계의 작동 자체를 완전히 봉쇄하려는 단계로까지 몰고 갔
다(2397호).

게다가 잦은 무력시위와 김정은의 참수 작전을 들먹이며 군사적 긴
장감을 한층 더 불어넣음으로써 숨통을 조여 오는 트럼프와 미국 앞
에서 북한은 그야말로 최대의 위기를 맞이하였다. 북한 군부 내 체제
가 동요할 수 있으며 대량 탈북으로 이어져 북한 정권이 붕괴되고 김
정은의 목숨마저 위태로워질 수 있다는 위기상황에까지 이르렀다.

그러나, 김정은은 영악하였다. 2018년 2월 한국의 평창에서 개최된
동계 올림픽 참여라는 회심의 카드를 던졌다. 한반도기(韓半島旗) 아래
숨으면서 남한의 문재인 정권을 활용하여 남남갈등과 한미 분열을 노
리고, 핵 개발과 체제 결속을 동시에 다질 수 있는 계기로 활용하기
에 이보다 더 좋은 기회는 있을 수 없었다.

이 평창 올림픽을 통해 김정은은 문재인 대통령을 북한으로 초청하
고, 북한-남한-중국-러시아라는 신 4각 협조 체제를 형성하여 미국-
일본의 2강 해양 세력과 맞서게끔 하는 전략을 들고나왔다. 대성공이
었다. 결국 북한은 미국과 UN을 상대로 하는 영악한 핵 게임을 벌이
면서 한반도에서의 긴장감을 자신에게 유리한 쪽으로 바꾸어 나가는
데 성공하였다.

3-2-3. 북핵 통제의 3가지 모델

비록 위 문단의 뒷부분에서는 북한의 성공적인 전략을 소개하기는
하였으나 결국 북한은 국제적으로 고립되었으며, 미국이 주도하는
UN의 강력한 제재 아래 절체절명의 위기에 빠지게 된 것은 부인할
수 없는 사실이었다. 결국, 그토록 강경하던 북한의 내부 결속력이 흔

들리고 김정은이 2018 싱가포르 북미 정상회담으로 향하게 된 것은 북핵 통제의 3가지 모델이 뿌리내리면서부터였다.

전적으로 동의하기는 어려워도 대북 제재를 통한 북한 압박의 모델이 자리를 잡아 갔으며, 이를 통해 그토록 완강하던 북한을 핵 개발 포기 국면으로 끌어내릴 수 있었다는 점은 인정할 수 있다. 북한 다루기 제재 방식이 서서히 효과를 나타내기 시작했을 수 있다는 얘기다. 따라서 아래에서는 이와 관련한 대북 제재 효과 3가지 모델을 구체적으로 설명하도록 한다.

3-2-3-1. 방코 델타 아시아 모델(부시 모델)

첫째, 방코 델타 아시아 사건 및 모델(부시 모델)이다. 이 사건은 2005년 9월 15일 미국이 북한의 불법적인 화폐 위조, 가짜 담배 유통 등 불법행위에 엄정 대처하고자 자국의 애국자법 311조에 따라 마카오 소재 BDA 은행을 '돈세탁 우려 주요 대상'으로 지정하고, 이 은행과의 거래 제한을 권고하자 이에 놀란 마카오 정부가 이 은행의 예금 대량 인출 사태를 막기 위해 북한의 52개 계좌를 동결시키면서 일어났다. 그중 예금주를 알 수 없는 2,500만 달러의 돈이 문제였다.

"이에 발끈한 북한은 북핵 해결을 위한 6자 회담(미국, 일본, 한국, 중국, 러시아, 북한)에서 탈퇴하겠다는 등 매우 강경한 조치를 취하고 나왔다. 이에 영문을 모르던 미국은 BDA 은행 조치는 위조 화폐로부터 달러를 보호하기 위한 조처이지 안보상의 문제는 아니다."[255]라고 해명하였다. 그러나 북한은 계속하여 이 조치가 복원되지 않으면 6자 회담 복귀는 불가라고 강경하게 나오는가 하면, 이에 대한 보복으로 다시금 미사일을 쏘아 올리는 등 극히 신경질적인 반응을 보였다.

그런데 이러한 과민반응에 대한 의구심은 자연스레 이 2,500만 달러의 주인이 과연 누구인가로 옮겨졌으며, 이는 결국 오히려 미국에 북한을 옥죌 수 있는 칼자루를 쥐여 주게 된 계기가 되고 말았다. 미국은 북한의 6자 회담 조기 복귀를 위해 동결된 돈을 북한에게 다시 돌려주며 마무리했지만, 이 사건은 큰 의미를 미국과 우방국에게 던져 주었다. 북한의 외국 은행 계좌 및 자산을 동결하게 되면 북한의 최고지도층은 경악하고 동시에 극심한 패닉 상태에 빠지게 된다는 사실을 알게 된 것이다.

이를 증명하는 일련의 예로, **"해당 금액이 반환 중일 때 북한은 IAEA 사찰팀에게 핵시설을 방문해 줄 것을 요청하였으며, 북한이 이 금액을 송금받자 당시 미 협상 대표였던 크리스토퍼 힐은 북한을 깜짝 방문하여 수주 내 북한이 핵시설을 폐쇄하는 조치를 취할 것이라고 강조"**[256]하였다. 결국, BDA 동결 해제 후 갑작스럽게 북한의 핵시설 폐쇄 조치까지 연결된 상당한 성과의 이면에는 잠시 동안 동결하였던 2,500만 달러라는 소액이 빚어낸 유·무형의 대량 자산이 있었으며, 이는 고스란히 백악관에 전달되었다.

이와 같이 북한의 아킬레스건은 무력으로 북한을 위협하는 것도, 이산가족 상봉 등 같은 민족이라는 동질감 회복 과정도 아닌, 바로 북한 최고지도층을 겨냥한 금융 제재였다. 이와 관련한 정부 관리들의 담소가 이를 의미심장하게 약축하고 있다.

"미 국무부 관리가 '우리는 살짝 팔만 비틀어 주려 했는데 비명을 지르며 쓰러져 놀랐다.'라고 말할 정도였다. 천영우 당시 한반도 평화교섭본부장은 북한 김계관 외무성 부상에게 '고작 2,500만 달러에 왜 집착하나. 6·15 정상회담 때는 몇억 달러를 남측에서 받기까지 했으면서…'라고 물었다고 한다. 그러자 김 부상은 귀엣말에 가깝게 '액수는 문제가 아니다. 센 조직의 돈이기 때문이다.'라고 배경을 설명해 주었다."[257]

결국, 이 BDA 사건으로 북한 제재의 효과적인 방법을 터득한 미국은 상기 표에서 보는 바와 같이, 북한의 기관 및 단체뿐만 아니라, 북한 지도층 개인의 사유 금융계좌에 대한 동결 강도를 점차 높이기 시작했다. 이전까지는 국가 차원에서 세부적으로 제재를 가해 왔으나, 이 사건 이후로 UNSC와 미국은 UNSCR 2087처럼 개별 제재 차원으로 방향을 급선회했다고 볼 수 있다. 획기적인 방향 전환이었다.

3-2-3-2. 미국의 대이란 경제 제재 모델(오바마 모델)

둘째, 이란 핵 보유와 이를 저지하려는 미국의 경제 제재와 모델(오바마 모델)이다. 이 대이란 제재와 모델은 이란, 북한, 시리아 대량살상무기 확산 방지법(INKSNA)이라는 미국 법을 통해 잘 드러난다. 위의 표가 대부분 북한 핵실험과 미사일 발사에 할애되어 있는 반면, 이란 제재는 미국의 INKSNA 결의안에 따라 철저한 제재가 이행되어 왔다. 비록 북한과 시리아를 포함하고 있지만 이 법은 대이란 제재법이라고 할 수 있다. 이 법안의 시초가 이란의 핵확산을 막기 위한 INPA(the Iran Nonproliferation Act of 2000) 명의로 발의되었기 때문이기도 하다. 이후 2005년에는 시리아를 포함하여 ISNA로, 2006년에는 북한을 추가하여 INKSNA라는 명칭을 확정[258]하였다.

그러나 이란 제재는 2000년보다 1년 앞선 1999년 1년 1일부터 본격적으로 실시되었다고 볼 수 있다. 미 국무부(DOS)가 동년 동월 이후 이란과의 거래에 대한 제재를 명시[259]하고 있기 때문이다.

그런데, UN 결의안도 아닌 이 미국 법안이 강력한 효력을 지니게 된 것은 바로 '2차 제재(Secondary Boycott)' 기능을 가지고 있어서이다. 이란과 거래하는 미국 외 기업(제3국 기업)도 미국 기업에 적용되는 제재를 똑같이 적용받기 때문이다. 특히, 대표적 산유국인 이란과

거래하는 전 세계의 기업들이 미국과의 거래에 상당한 제약을 받는 것을 두려워한 나머지 이란과의 거래 관계가 상당히 위축될 수 있다는 얘기다. 표현 그대로 간접적이나 제재에 대한 위압감은 직접적인 것과 동일하다.

한편, UN 또한 대이란 제재를 병행하였으나, 북한과는 다른 별도의 제재 방식을 가하였다. 제재라는 측면에서는 같으나 배경과 강도가 달랐다. 이후 1984호(2011)와 2049호(2012)를 통하여 제재가 지속되었다. 이란이 UN으로부터 받은 제재는 다음 표에 요약되어 있다.

결의안 번호	원인	결의 일자	UNSCR 제재 개요	UNSCR 제재 세부 내용	UNSCR 개별 제재 내용
1696	2002년 2월 국민저항 위원회 핵시설 폭로	2006.7.31.	▶모든 고농축 및 재처리 활동 중단 ▶핵과 탄도미사일 개발 전용 감시	▷연구, 개발 행위 포함, IAEA로부터 확인 요구 ▷재료, 물품, 기술 등	
1737	2006년 한 해 동안 계속된 IAEA의 이란 핵에 대한 불명확성 제기	2006.12.23.	▶연구용 원자로 포함 모든 중수로 건설계획 중단 ▶이란의 고농축, 재처리, 중수로 관련 활동, 핵무기 운송체계 발전에 관련된 모든 항목, 물질, 장비, 상품, 기술 판매 및 수출 금지	▷기술지원, 훈련, 금융지원, 투자, 중개 등 기타 서비스, 금융자산 송금 및 서비스까지 범위 확대 ▷유관단체 및 개인 자산 동결	▷AEOI(이란 원자력기구) 등 10개소 ▷Mohammad Qannadi 등 12명
1747	이란의 핵과 미사일 기술 발전 차단 필요성 대두	2007.3.24.	▶중요 재래식 무기 금수조치(탱크, 전차, 공격용 헬기, 전투기, 미사일, 전함 등) ▶재정지원금에 각종 보조금, 할인 대부분 지원까지 차단 ▶핵심기관 제재 추가	▷무기 개발 기관 본격 제재 ▷이란 혁명수비대(Iranian Revolutionary Guard)에 첫 제재 부과	▷AMIG 등 무기 개발 기관 10개소 ▷Iranian Revolutionary Guard 관련 3개 기업 ▷Fereidoun Abbasi-Davani 등 핵, 미사일 개발 관련 8명 ▷Iranian Revolutionary Guard 관련 핵심 인사 7명
1803	IAEA와 UN의 거듭된 고농축, 재처리, 중수로 관련 활동 금지 조치 무시	2008.3.3.	▶제재조치가 취해질 경우 위원회의 건별 승인 없이 해외여행 불가 ▶수출신용, 보증 혹은 보험 제공 제시 ▶이란의 핵심 화물회사와 선적회사 소유의 항공과 해상 검색	▷주요 인물 방문국 입국 및 경유 제한 혹은 금지 ▷핵, 미사일 연루 회사 제재 ▷수출신용, 보증 보험회사 감시 ▷핵심 항공 및 선적회사 검색	▷Amir Moayyed Alai 등 18명 입국 및 경유 금지 ▷Abzar Boresh Kaveh Co. 자산 동결 ▷Bank Melli와 Bank Saderat 감시 ▷Iran Air Cargo와 Islamic Republic of Iran Shipping Line 항공 및 해상 검색
1929	Qom에서의 핵농축 시설 건축과 핵농축 20%까지 실시	2010.6.9.	▶모든 핵농축 금지 규정 위반 및 핵농축 시설 건축 ▶이란 미사일 사용 제한 강화 ▶이란 핵 의심 물질 처리 방법 강제화 ▶연료 선적 및 공급 금지 ▶금융서비스 제공 금지 ▶본격적인 관리 위한 전문가 패널 구성	▷핵무기 운반 가능 탄도미사일과 기술 이전 및 지원 금지 ▷핵 의심 물질 포획, 분해 가능 권한 부여 ▷이란 소유, 계약, 전세 선박에 조차도 원유 선적 및 공급 금지 ▷보험, 재보험, 이전 포함하는 금융 서비스 차단 ▷이란 은행들의 지점, 대표 사무실 개설 금지, 공동 투자와 각국 내 이란 은행과의 상호 협력 관계 금지 ▷유엔 사무총장, 최초 1년 기간의 전문가 패널 구성하여 대이란 통제 실무 집행	▷Amin Industrial Complex 등 핵 혹은 탄도미사일 관련 22개 기관 해외 진출 금지 ▷Javad Rahiqi(AEOI) 타국 입국 혹은 경유 금지 ▷Fater (or Faater) Institute 등 이란 핵 명수비대 관련 기관의 자산 반입 및 경유 금지 ▷IRISL관련 기관 타국 입국 및 경유 금지

〈표 2-4〉 UNSC(유엔 안보리 이사회)의 대이란 제재 결의(2015년 핵협정 이전), 도표-저자 재구성

이와 같이 한 눈으로 봐도 이란 제재는 대북 제재보다는 비교적 느슨함을 알 수 있다. 특히 북한은 UN 대북 제재가 가해질 경우 곧이어 보복 차원에서 핵실험과 미사일 발사로 맞받아쳤으며, 여기에 미

국을 비롯한 UN 회원국들은 더 강화된 군사 제재 카드와 경제 압박 카드를 꺼내는 등 긴박하고 긴장된 순간들의 연속이었다. 이와 달리, 이란은 북한만큼의 강도는 아니었으며, 미국 또한 북한처럼 지도부 제거를 겨냥한 군사적 옵션까지는 생각하지 않았던 것이 사실이다.

그러나 이 이란 제재 과정을 면밀히 살펴보게 되면 어떻게 하면 효과적으로 북한을 제재하여 비핵화 완성을 위한 방책을 마련할 수 있을 것인가에 대해 어느 정도의 실마리를 제공할 수 있다고 보인다.

이란의 핵시설 존재가 탄로 난 과정은 역설적으로 향후 제재와 협상 그리고 협정 가능성을 제시해 주었다. 2002년 8월 15일 이란의 반정부 단체인 '국민저항위원회(NCRI: National Council of Resistance of Iran)'에 의해 이란 중부 지역 소재 나탄즈(Natanz)에서 우라늄이 비밀리에 농축되고 있다는 사실이 폭로되면서 이란 핵 문제는 국제적인 이슈로 떠올랐다. 이로 인해 미국을 비롯한 동맹 국가들에게 있어 중동 한가운데에서의 이란 핵 문제는 자신들의 안보를 위협하고 영향력을 위축시킬 수 있으며, 인근 아랍국들로 핵 도미노 현상을 만들 수 있으며, 급기야는 테러리스트의 손에 핵무기가 넘어갈 수 있는 절체절명의 수용 불가한 과제로 등장하였다.

그런데 이러한 사실은 이란이 핵무기 완성이라는 비가역적 단계에 도달했을 경우 사실상 무용지물이 되는 만큼, 조치가 가능한 사전단계에서의 노출은 오히려 값진 단초를 제공한 일이라 할 수 있다. 결국, 이란 정부를 감시하고 이를 외부에 알린 이란 내 진보 세력은 이란 핵 문제 해결을 위한 1등 공신이나 다름없다고 할 수 있다. 이란 대통령도 국민투표를 거쳐 선출되는 만큼 불완전하나 민주주의적인 토양을 가지고 있는 상황에서 핵 시설 운영 여부를 폭로할 수 있음은 어쩌면 그리 놀라운 일이 아닐 수 있다.

그러나 이와는 달리 북한에서는 이러한 폭로가 전무한 편이며, 그

핵이라는 이름의 청구서

러한 허점을 북한 정권이 쉽사리 허락한 적도 없다. 때문에, 북한은 협상과 협정에서 분위기를 완전히 장악한 북한 정권 수뇌부의 대응 방법에 따라 일사불란하게 움직여 왔으며, 이란과 같은 다채널 운용 가능성은 처음부터 막혀 있었다. 폐쇄성과 감찰 정도가 협정 체결의 미래를 엿볼 수 있는 척도라면 북한은 애초부터 어려운 상대였다.

한편, 2015년 핵협정이 이뤄지기까지 약 11년 동안 이란 또한 북한 처럼 완강한 반발과 도발이라는 도구로 맞섰다. 2002년의 폭로에도 이란의 마무드 아마디네자드(Mahmoud Ahmadinejad)는 2005년 대통령 선거 당선자 신분임에도 우라늄 농축을 명령하면서 맞불을 놓았다. 양측의 긴장 관계가 격화되는 순간이었다.

계속 이어진 IAEA의 핵의혹 시설 사찰과 NPT 협약 준수 이행 요구에도 이란은 핵과 운반 미사일 개발을 강화하면서 맞대응을 이어나갔다. 그러자 P5+1(미국, 영국, 프랑스, 중국, 러시아의 핵 보유 5개국+독일)과 UN은 이란이 고농축, 재처리의 중수로 활동을 할 수 없도록 핵 관련 기관들에 대한 자산과 관련자들의 금융자산도 동결하는 초강수로 대응하였다. 더군다나 강한 영향력을 지닌 이란 혁명수비대의 자산에 대해 처음으로 제재를 가함으로써 이제 양측은 첨예한 군사적 대립으로 치닫기 시작했다.

이러한 긴장감은 2007년 3월 24일 UN 결의안 1747호가 채택된 뒤에도 여전했다. 미국 상·하 양원이 행정부에 이란혁명수비대를 테러 지원조직으로 지정하라고 결의하자, 이란 의회도 결의안을 통해 마무드 아마디네자드 대통령에게 미군과 CIA를 테러리스트이면서 테러를 키우는 세력으로 규정할 것을 종용하기도 했다. 그런가 하면, 이란은 거듭된 IAEA와 UN의 고농축, 재처리, 중수로 관련 활동 금지와 관련한 1803호 결의안도 계속 무시하였다. 이에 서방과 UN은 수출 보증 보험을 제재하고, 이란 선적의 해상 검색을 실시하며, 가장 뼈아픈 Melli

와 Saderat 은행의 금융거래를 감시하는 추가 제재를 부과하였다.

그러나 이러한 와중에 그동안 미국과 UN에 눈엣가시로 보였던 마무드 아마디네자드(Mahmoud Ahmadinejad) 이란 대통령이 2009년 6월 12일 재선에 성공하면서 이란의 핵무기 문제는 다시 깊은 수렁 속으로 빠져들었다. 63%라는 놀라운 득표율에 힘입은 그는 더욱 당당하게 서방을 밀어붙이기 시작했다. 그러면서 그의 관료들은 미국과 이스라엘을 포함한 서방국가들이 Stuxnet Worm 바이러스를 원심분리기에 심어 작동을 교란, 훼손시켜 왔다고 비난하였다. 사이버 전쟁을 시작한 쪽이 미국과 이스라엘이라고 반격한 것이다. 사실 그들의 주장은 상당히 일리가 있었다. 그들의 대통령마저 "출처 불명의 사이버 공격으로 원심분리기가 문제를 일으켰다고 시인"[260]할 정도였기 때문이다.

그러나 이란은 그 와중에도 몰래 Qom이라는 지역에서 핵농축 시설을 건설하는가 하면, 20%까지 우라늄을 농축 생산함으로써 미국과 서방측에 크나큰 충격을 안겼다. 여기에 발끈한 미국과 UN은 지금까지 부과하지 않았으며 북한에도 전면 적용하지 않았던 제재를 추가하였다. 핵 의심 물질의 포획과 분해, 원유 선적 금지, 수출 보험·재보험·이전 등 금융서비스 차단, 이란 은행들의 지점과 대표 사무실 개설 금지, 그리고 각국 내 이란 은행과의 거래 금지라는 전대미문의 제재 조치를 부과, 통제에 들어갔다. 원유와 돈줄을 근본적으로 차단하는, 말 그대로 숨통을 조이는 제재가 시작된 것이다.

이러한 UN 결의안 1929호(2010. 6. 9.) 발표 이후 EU, 일본, 캐나다, 호주, 노르웨이, 스위스 등 국가들도 독자적인 대이란 제재를 발표하였으며, 한국도 독자적인 제재로 동참하였다. 한 걸음 더 나아가 미국은 2010년 7월 1일 포괄적인 대이란 제재 법안인 「Comprehensive Iran Sanctions, Accountability, and Divestment Act of 2010」 법안을 발효시켜 미국을 포함한 외국계 기업이 이란과 에너지 산업에 대한 거래 금지를 추진하기에 이르렀다. 이제부터는 얼마나 오랫동안 이란이 버틸 수 있는가 하는 관망과 시간 싸움만이 남아 있었다.

그러나 결국 이란은 2015년 4월 2일 백기를 들고나왔다. 이란과 P5+1은 이란 핵 문제 해결을 위한 포괄적 공동 행동계획(JCPOA: Joint Comprehensive Plan of Action)에 잠정 합의했다. 그리고 마침내 2015년 7월 14일에는 완료된 협정문에 서명, 2015년 7월 20일부터는 UN 결의안 2231호를 통해 JCPOA 조항들을 실행에 옮겨 그동안 꽁꽁 묶였던 제재들이 조금씩 해제되기 시작하였다. 서방과의 기나긴 투쟁에서 투항한 듯 보였다.

하지만, 이란은 영악했으며 완전 핵 중단의 빌미를 결코 주지 않았다. JCPOA라는 협정 내용을 15년 동안 순순히 잘 지켜만 주면 그 이후로는 이란의 의지대로 협정 이후를 노릴 수 있게도 되었다. 그러다 보니 이제 오히려 시간에 쫓기게 된 것은 미국이었다. 오바마 대통령의 임기가 얼마 남지 않았기 때문이었다.

이란은 기존 약 19,000개의 원심분리기를 6,104개로 줄이고, 이 중 5,060개의 원심분리기만을 이용하여 농축 우라늄을 생산키로 하고, 최소 15년 동안 신규 시설도 건설할 필요도 없이 3.67% 내에서만 우라늄을 농축하면 되었다. 국제협력을 통해 Arak 중수로의 현대화를 위한 재설계 및 재건축도 지원해 주기로 하였기 때문이다. 재처리 물질도 해외로 반출해 주기로 하였으므로 보관상의 문제점도 없게 되었다.

15년이 지나고 나서 1년 동안 꾸준히 5,000여 개의 원심분리기를 본격적으로 가동하고, 3.67% 농축률도 20% 이상으로 끌어올리면 조만간 플루토늄을 제조할 수 있게 되었다.

다만, 군사적 제한으로 미사일을 발사할 수 없다는 점과 UN과 미국의 제재 이행 여부를 판단하기 위한 과정만 잘 넘기면 되었다.

IAEA에게는 협정문 내용대로 최대한의 협조와 이행하는 모습을 보여 주기만 하면 되었다.

이제는 15년이라는 시간만 지나면 제재가 서서히 풀리는 좋은 거래를 성사시키게 되어 있었다. 이런 이점을 홍보한 하산 로하니(Hassan Rouhani) 대통령은 57%라는 국민의 전폭적인 지지 아래 2017년 5월 17일 재선되는 영광도 안았다. 오바마도 존 케리의 성공적인 협상에 따른 미국 내 긍정적인 여론에 힘입어 자신감을 갖고 레임덕 없는 대통령 말미를 장식할 수 있게 되어 보였다. 15년이라는 시한폭탄은 후임자에게 넘겨 둔 상태에서 말이다.

3-2-3-3. 전방위적&무예 외 압박 모델(트럼프 모델)

셋째, 핵을 가지려는 주체(국가, 개인)에게는 그 어떤 유예나 조건도 없이 쓸 수 있는 모든 제재를 가해야만 핵 보유 중단을 이끌어낼 수 있다는 트럼프식 모델이다.

위에서 보여 준 오바마와 존 케리식 모델의 맹점을 간파한 신임 대통령 도널드 트럼프는 JCPOA를 불인증하고 즉시 재협상을 통보하였다. 그의 요구 조건 중 "3번째 항목에서는 10년이라는 기간 설정이 아닌 영구 핵 포기를, 4번째 항목에서는 이란이 미사일 개발과 시험을 하게 되면 극도의 제재를 받게 될 것"[261]임을 선언하였다. 이란의 영구 핵 포기와 핵을 위한 보조수단인 핵무기 운반용 미사일 체제 가동에 대해서도 분명한 선을 그었다.

그러나, 이러한 그의 강경한 주장도 협상의 주체였던 P5+1 전 참여국들을 설득하기란 쉽지 않았다. 이란이 갖고 있는 자원의 힘 때문이었다. 이란은 미국과 UN도 결코 무시할 수 없는 세계적인 원유 보유량과 판매망을 지닌 석유 강국이다. 게다가 강력한 원유 통제를 명시한 UN의 대이란 제재 1929호(2010.6.9.)가 실행되었을 때에도 미국 의회가 법을 제정하여 예외 조항[262]을 따로 두었을 만큼 세계적인 영향력을 지니고 있다. 결국 한국, 인도, 타이완 등 미국에 협조적인 국가들마저 이란산 원유 수입을 강하게 요청하자 백악관도 이를 수용했던 것[263]처럼, 이란의 석유 문제는 미국이나 UN 선에서 쉽게 차단할 수 있는 문제가 아니었다.

이와 같이 이란과의 핵협정은 석유 부문과 연계된 부분이 워낙 크고 국가별 이익이 첨예하게 얽혀 있어서 제재를 일방적으로 해제하거나 단독으로 협정 내용을 불이행하기란 상당히 어렵다. 때문에 세 번째의 트럼프식 모델을 이란에 차용하기란 현실적으로 어려움이 따를 수 있었다.

그러나, 이를 북한에 접목하게 되면 이란과는 사뭇 다르게 진행될 수 있다. 북한은 이란과는 달리 미국, EU 등 거대 경제 블록들이 굳이 북한과는 경협 관계를 맺지 않아도 자신들에게는 해가 없거나 극히 미미한 수준에 머물고 있다는 경제적 한계성을 말한다. 따라서 서방 경제 블록들은 경제 협력이라는 1차원적 걸림돌이 없는 상대인 북한을 대상으로 북한과 자신들을 감싸고 있는 국제 지정학적 문제를 해결하는, 어려워 보이나 오히려 단순해 보이는 일에 집중하면 되었다. 트럼프식 모델도 여기에 기초한다고 볼 수 있다.

그러나, 북핵 문제는 필자가 앞서 언급했듯이 이란과는 분명히 다른 위치와 상황에서 시작해야 한다는 점을 인식해야 한다. 이는 다름 아닌 한국에 맞는 새로운 접근법을 찾아야 함을 의미한다.

3-2-4. 1차 해법-북핵 7단계론

그런데, 중국을 통해 우회적으로 압력을 가하는 방식에는 분명 한계가 있으며, 순전히 남북관계 완화를 통한 방법도 과거 사례를 통해서 보면 실패할 가능성이 높아 보인다. 따라서 필자는 여기서 북핵 문제에 대한 1차 해법을 제시하고자 한다. 북핵 7 단계론이며 크게 2 갈래로 나누어진다.

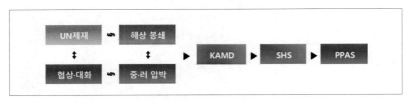

〈그림 2-8〉 북핵 해결 7단계 다이어그램-저자 작성

3-2-4-1. 갈래 1

3-2-4-1-1. UN 제재와 미국 제재의 최고도화

UN의 대이란 제재 결의 1929호(2010.6.9.)와 UN의 대북 제재 결의 2397호(2017.12.12.) 그리고 미국의 대북 제재를 포함한 제재 통합법안 H.R.1644(2017.8.2.)를 업그레이드한 제재안이 필요하다.

"우두머리의 돈이 마르면 수하의 충성도는 시험대에 오를 것이며 결국엔 떨어져 나간다."[264]라는 사실을 적극적으로 알려 김정은 스스로 하여금 핵을 내려놓도록 유도해 나가야 한다. 이를 위해서는 제재의 사실상 마지막 단계인 원유 공급의 전면 차단, 금융 제재 범위의 대폭 확대, 인권 문제의 정면 거론, 인적 마케팅 제한 등 한층 강화된 제재안을 시행하고, 한 걸음 더 나아가 중국과 러시아 기업들이 제재

망을 뚫고 북한과 거래를 계속할 경우 중국과 러시아 정부가 직접 UN에 배상금을 지불하도록 하는 등 국가 선(先) 보상금 지불제(Compensation in advance)를 도입하여 이를 사전에 차단하는 노력이 필요하다. 이럴 경우 해당국들은 국민의 세금을 통해 선지급해야 하므로 국민적인 저항에 직면함으로 인해 자국 내 구속력을 강화하게 된다.

3-2-4-1-2. 북미 대화 혹은 남북 대화 실시

소위 '한반도 운전자'를 놓고 운전자가 미국이냐, 한국이냐는 논의 자체가 무의미하다. 평양이든, 베이징이든, 워싱턴이든, 도쿄이든, 서울이든 장소 또한 중요하지 않다. 북한이 '평창 우회 회피'와 같이 은둔형으로 협상에 임하는 것이 아닌 '서울·워싱턴 협상 참석 동의'처럼 자발적인 참여 의사를 얻어내야 한다. 그런 점에서 2018년 있었던 싱가포르 북미회담 자체는 값진 성과임이 분명했다.

이처럼 향후에는 적국의 정부 수반이 또 다른 적국의 심장부를 상호 교차로 방문하는 단계로까지 나아가야 한다. 그럴 때 상호 간 이해와 신뢰의 바탕이 쌓여 가는 것이다. 물론 몇 번의 만남만으로는 효과를 거두기 어려운 만큼 자국 내 여론의 부침과는 상관없이 자주 만나는 일은 비핵화로 가는 소중한 걸음걸이라고 할 수 있다.

다만, 한·미·일 등 전통적 동맹국 간의 분명히 지켜야 할 원칙과 양보해서는 안 되는 선은 지켜나가야 한다.

또한 한·미·일 동맹은 사전에 일치된 의제대로 움직여야 한다. 북한의 남남-한미 분열 전술에 휘말리지 않으며, 핵 동결이 아닌 '핵 완전 폐기'라는 협상과 철저한 선(先) 이행 원칙에서 한 발짝도 양보가 있으면 안 된다. 또한 핵 폐기를 확인하기 전까지는 북한의 고유한 위계 전술에 휘말려 들어서는 안 된다. 이를테면 핵 폐기 이전 평화협정 선언과 같은 전술을 말한다.

한편, 북한의 최종 목적은 주한미군 철수와 한반도의 북한화에 있음은 재론의 여지가 없다. 그러한 주장의 이면에는 항상 선(先) 종전 선언-평화 협정 체결이라는 복선이 깔려 있었다. 이러한 북한의 주장은 한반도 비핵화 선언을 한 1991년 11월 8일에도 이미 있었음을 상기해야 한다.

결국 이러한 논리는 2019년 2월 28일 베트남의 하노이에서 열린 제2차 북미 정상회담의 결렬로 이어졌다. 즉, 북한의 민간 경제를 위한 일부 제재 해제 요구와 이는 위계로 위장한 북한 특유의 전면적인 해제 요구로 판단한 미국의 냉정한 재해석으로 노딜(No deal)이 되고 말았다.

〈그림 2-9〉 트럼프 미 대통령과 김정은 북한 국무위원장, 싱가포르, 2018.6.12.,
사진-U.S. EMBASSY&CONSULATE IN THE REPUBLIC OF KOREA

더군다나, 트럼프 대통령이 "우리가 아는 걸 알고 놀랐다. 우리는 북한의 모든 부분을 들여다보고 있다. 우리는 우리가 원하는 바를 반드시 얻어내야만 한다."[265]라고 밝힌 대목에 집중해야 한다. 미국 대통령의 이러한 공개 발언은 시사점이 크기 때문이다. 북한은 그동안 영변 외 지역에 몰래 핵시설을 구축함으로써 미국과 한국을 속여

핵이라는 이름의 청구서

왔으며, 북한은 언제든 핵시설을 은닉하며 위계 전술로 상대를 기만할 가능성이 농후한데, 이 은닉 핵시설을 밝혀낸 미국의 놀라운 군사 정보력에 북한과 김정은이 상당한 충격을 받았다는 얘기다.

이처럼 완전 비핵화를 위한 양측 간의 회담과 타결을 목적으로 한 협상에는 상당한 시간과 이견이 있음을 알 수 있다. 그런데 이 회담은 지난 수십 년간 변하지 않는 북한의 핵 전술과 일치하며 쉽게 포기하지 않으려는 북한의 강력한 핵 보유 의지를 다시 입증한 사건이 되었다.

3-2-4-1-3. 중국과 러시아 동시 압박

중국과 러시아라는 대륙 세력으로부터 북한을 떼어 놓아야 한다. 그러기 위해서는 북한에 대한 역사적 연고권을 주장하려는 북한 지렛대 논리가 작동하지 않도록 대륙의 입김을 차단하는 활동이 필요하다.

미국은 중국을 겨냥해서는 남사군도 영유권, 남서 중국 문제, 양안 문제, 슈퍼 301조 실행과 중국을 국제적으로 고립시킬 수 있는 무역과 통화 정책을 적절히 활용하고, 러시아에 대해서는 강력한 경제·금융 제재를 담은 제재통합법(The Countering America's Adversaries Through Sanctions Act, CAATSA, H.R. 3364, 2017.8.2.)을 적극적으로 활용해야 한다.

때에 따라서는 군사력 사용이라는 수식이 가미된 강압 외교(Coercive Diplomacy)도 필요하다. 그리고 미국은 일본, 영국과 호주 등 해양 동맹을 그 어느 때보다 더 강화할 필요가 있다. 그런데 여기서 한국의 동참은 선택이 아닌 필수사항이다. 그리하여 대륙 세력과 해양 세력 간의 대결 구도를 지속해서 가져가야 한다. 역사가 입증했듯이, 대륙 세력은 해양 세력을 견제하는 데 어려움을 겪어 왔음을 상기해야 한다.

3-2-4-1-4. 해상 봉쇄 작전 실행

미국의 세컨더리 보이콧도 해상 봉쇄의 일환이라고 볼 수 있다. 그런데 미국이 아닌 UN 차원에서 명문화된 해상 봉쇄는 심리적 압박감을 극에 달하게 할 수 있다. 체제의 붕괴를 의미할 수도 있는 것이다. 1800년대 초 영국의 대나폴레옹, 제1차 세계대전 때의 영국의 대독일, 남북전쟁 동안의 미 북군의 대남군의 아나콘다 작전, 그리고 1962년 쿠바 봉쇄에 이르기까지 이 모든 봉쇄정책은 큰 고통을 수반했다.

그런데 UN 차원에서는 중국과 러시아의 거부권이 문제시될 수 있다. 그러나 미국-일본-영국-호주 등으로 이어지는 해양 세력을 통한 대륙 봉쇄가 상당한 타격을 유발할 것이란 점에는 이견이 없다.

이상 1갈래 4방향은 비군사적 대응 방향이다. 압박과 대화라는 최선의 카드로 북핵 문제를 해결하려는 과압(Overpressure) 작전일 수 있다. 그만큼 협상과 대화를 통한 해결 의지를 보이는 것이다. 그러나 필수적인 요건은 시간과 범위를 정하는 일이다. 한반도 핵 문제는 2020년대가 데드라인이 된다. 여기에 과거 제2차 세계대전 직전, 영국 수상 체임벌린이 히틀러를 상대로 범한 시간과 공간적 실수를 상기한다면 다시는 범해서는 안 될 뼈저린 교훈이 될 것이다. 그런데 이 1갈래가 현재 상황을 넘어설 경우에는 어쩔 수 없이 다음 2갈래로 넘어가야 한다.

3-2-4-2. 갈래 2

3-2-4-2-1. KAMD 체제 가동

위에서 살펴봤던 KAMD 체제를 주기적으로 실험할 필요가 있다. Kill Chain과 KMPR 같은 공격 성향보다는 철저한 방어 위주의 방어망 체제를 직접 실험하는 훈련을 시작하는 일이 필요하다. 2010년대 식의 현무 위주나 쇼케이스 형식의 THAAD 배치로는 효과를 거두기 어려우며 연계된 군사적 훈련이 필요하다. 이로써 북한에게는 미사일 발사에 대한 압박감을 곁들일 수 있으며, 본격적인 군사 조치에 진입하기 위한 1차 방어망의 실효성을 재확인하는 역할도 부여받게 된다.

3-2-4-2-2. 은밀한 매 작전(Stealthy Hawk Strategy)

전투기나 B-1B 등을 통한 핵시설 폭격보다 훨씬 정교하며 간접적인 방법으로 핵시설을 무력화시켜야 한다. 북핵 시설 폭격의 가장 호기였던 1990년 초의 시기는 무력으로 핵시설을 불능화할 수 있는 처음이자 마지막 기회였다. 그 때문에 이제는 새로운 방법으로 접근할 수밖에 없다.

그러나 이를 계기로 오히려 효능을 더 강화시킬 수 있는 방안들이 대두되고 있다. 미국과 이스라엘이 주도한 것으로 추정되는 이란 핵시설의 기능 장애를 초래하였던 Stuxnet의 기능이 한결 업그레이드된 사이버 공격과 IOT 그리고 AI 기술을 총망라한 4차 혁명 이상의 기술로 은밀하고도 정확한 확증 파괴로 마치 매가 먹이를 정확히 낚아채듯 핵시설을 공격, 불능화하는 기술을 말한다.

3-2-4-2-3. 즉각적 상호 이격 작전(Prompt Pull-apart Strategy) 실시

위 ⑥번 작전의 실시는 중국-러시아의 묵인과는 상관없이 이루어질 수 있다. 그러나 북핵이 공동의 해악이라는 인식이 급박한 임계점에 도달했을 때는 미국 주도하의 Kill-Chain 작전 수행에 들어가야 한다. 그러나 이번에는 중국-미국 사이에 사전 논의가 충분히 있어야 한다. 또한, 범위도 매우 제한적으로 국한되어야 한다.

그리고, 중국은 북한을, 미국은 한국을 싸움을 뜯어말리듯 각각 끌어당겨(Pull-apart) 안을 수 있어야 한다. 즉, 북·중 국경 지대를 관할하는 제39 집단군을 관할하는 중국군 북부전구(戰區) 사령부와 평택의 주한미군사령부는 즉각적인 Pull-apart 작전을 개시하여 확전 양상을 사전에 봉쇄해야 한다. 이를 위해서는 양국 간의 철저한 공조와 비공식적 합동 예비훈련이 사전에 준비되어 있어야 한다. 물론 이 과정은 격한 대립의 와중에서 준비되어야 하는 상황으로 받아들이기 힘들 수 있으나, 초강대국들이 전면적 대결 진입 직전 단계에 결정적인 합의를 이룬 경우가 많은 점을 감안할 때 충분히 가능성이 있다고 볼 수 있다.

물론 이 단계는 북핵의 완전한 폐기가 종료되기까지 흔들림 없이 준비해야 하는 과정임이 틀림없다. 설령 남북화해와 평화 체제 과정 속에 놓여 있다고 하더라도, 핵 문제는 언제 어디서든 상대를 돌변하게 하는 마력(魔力)을 지닌 만큼 이 PPAS 준비과정에 소홀함이 있어서는 안 된다.

이와 같은 과정들을 종합해 보면, 핵 문제가 급격하게 악화되거나 돌변한 상황이 올 경우 결국 남게 되는 경우의 수는 1차 해법인 '2개의 갈래길'이냐, 아니면, 2차 해법인 아래의 항목 4이냐는 두 가지 갈림길로 좁혀지게 된다.

4
핵의 갈림길
—

4-1. 2차 해법-핵보유국 인정

4-1-1. 핵 보유 반대의 현실적 한계

그러나, 필자는 한국과 미국은 '갈래 2'를 선택하는 분기점에 놓여 상당한 혼란을 지닌 채 내부적인 갈등을 촉발할 것으로 판단한다. 그 이유는 크게 세 가지이다. 첫째는, 서울과 수도권의 인구 밀집도이며, 둘째는, 서울과 수도권이 가지는 세계적 경제력이며, 셋째는, 한국인 특유의 이념적 당파성과 남남 분열이다.

그런데 이 3가지 이유는 북한에게는 절대적으로 유리한 고지를 점할 수 있는 치명적인 약점으로 한국에 작용한다. 그 어떤 시대도, 그 어떤 미국 행정부도, 그 어떤 한국 정부도 이 뚜렷한 한계점을 극복하지는 못해 왔다.

정권 교체와 주변 국제 환경 변화에 쉽사리 요동치며 극심하게 국론이 분열되는 국가, 세계 10위권의 무역 대국으로 올라선 경제 성장의 산실인 서울과 수도권, 그런 곳에 전체 국민의 50%가 모여 사는 서울과 수도권을 가진 나라, 이러한 나라의 바로 위에 사거리가 수십 ㎞에 이르는 인마살상용 단거리 미사일을 즐비하게 진열해놓고 시시

각각으로 서울 불바다 얘기로 한국을 흔들어 온 북한이라는 존재가 있다.

이러한 존재가 있는 한 그들이 언제 어떻게 돌변할지 짐작조차 할 수 없는 한반도에서 한반도의 심장부를 핵이라는 흉기를 들고 노려보는 북한을 물리적으로 이길 수 있으리라 장담하며 과감하게 행동으로 옮기는 것 자체가 용납하지 못할 역사적인 대죄인이 될 수 있다. 이러한 상황에서 북한 핵 문제는 '자신 있게 북핵을 내려놓게 할 수 있다는 일각의 야심 찬 논리 자체를 붕괴'시켜 왔다.

그 때문에 한국의 그 어느 정권도 북한이 핵이라는 칼로 내리치려 하면 반항하듯 죽는시늉이라도 내야 하는 신세가 되어 왔다. 그렇게 한국은 북한 핵의 하수인이 되어 온 것이다. 그래도 서울과 수도권에 모여 살고 있는 국민은 비굴하지만 현실이 된 이 태도를 거부할 수가 없다. 핵이라는 절대무기 앞에서는 자존심과 비굴이라는 용어 자체도 넛두리가 될 수 있기 때문이다. 그래서 미국이든, 중국이든, 일본이든, 한국의 어느 정권이든, 핵을 든 북한에 함부로 대항해 오지 못해 온 점에 대해 누구도 자신 있게 이를 나무랄 수는 없다.

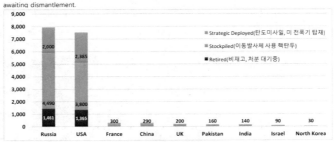

〈그림 2-10〉 2019년 기준 추정 북한 보유 핵탄두 수량[266], 그래프-ACA

핵이라는 이름의 청구서

따라서 북한은 공식적인 인정 과정과는 상관없이 비공식적으로 핵보유국 지위 인정을 득할 것으로 보인다. 사실상 핵보유국이 되는 것이며, 상당수의 전문가들(위의 표 참조)이 이미 북한을 핵보유국으로 간주하고 있는 것도 이러한 배경이 저변에 깔려있기 때문이다.

4-1-2. 핵 보유 인정 과정과 기준

한편, 통상적으로 '미국 용인→핵 보유 선언→국제사회 인정' 과정은 핵 보유 인정 공식으로 받아들여지고 있다. 즉, 미국의 선(先) 용인, 국제사회 후(後) 인정이 관례화되었다는 것이다. 이스라엘, 인도, 파키스탄의 사례가 이 공식을 잘 반영하고 있다.

그러나, 이러한 논리는 어디까지나 미국을 위시한 서구 측의 입장이 강하게 반영된 것일 뿐, 중국과 러시아라는 다른 축의 UN 안보리 이사회 상임이사국들의 입장은 고려치 않고 있다. 때문에 중국과 러시아 두 국가는 특정 국가의 핵무장이 필요하다고 인정할 경우에는 또 다른 공식인 '중·러 묵인→핵 보유 선언→국제사회 반대 속 부분 인정→장기적 암묵 속의 인정'의 틀을 내세워 호위(護衛)해 주는 방식으로 진행한다. 비록 이 공식은 미국을 위시한 서방 세력들의 견제로 많은 제약을 받으나 북한과 이란의 경우처럼 일정 단계까지는 분명한 영향력을 끼친다.

결국, 미국을 위시한 서방 세력이 인정 혹은 묵인하는 것이냐 아니면 대척점에서 맞서온 중국과 러시아를 앞세운 반 서방 세력들이 장기적인 암묵을 유도하는 과정을 거치느냐의 차이일 뿐, 결국 인정 결과는 같거나 비슷할 수밖에 없다는 점이다.

그러나, 이러한 추론들이 북한의 핵 보유를 완전한 인정 단계로 올려놓을 수 있는지는 세밀한 분석을 통해서만 가능하다고 필자는 판단한다. 여기에 필자는 핵 보유를 인정받기 위한 과정과 그 기준을 다음과 같이 제시한다.

첫째, 핵실험 관련이다. 핵실험과 횟수는 핵 보유선언을 위한 가장 기본적인 요건이 된다. 기준이 되는 핵실험 횟수에 관해서는 명문화된 규정과 확립된 이론을 찾기는 어려우나, 아래 표의 역사적 통계를 분석해 보면 핵 보유 및 핵실험을 실시한 상대국들이 인정하는 횟수는 최소 5회임을 확인할 수 있다.

국가별	실험 횟수(회)	최초 실험 연도	
	1945~1966	원자탄	수소탄
미국	480	1945	1952
소련	262	1949	1953
영국	26	1952	1957
프랑스	23	1960	1968
중국	5	1964	1967
계	796	1945~1964	1952~1968

〈표 2-5〉 핵 보유 5대국 핵실험 관련 자료[267]

초기의 제재 국면 이후 사실상 묵인 단계로 접어들었던 파키스탄과 인도가 1998년 5월 연쇄 핵실험을 각각 5차례(인도)와 6차례(파키스탄) 실시하여 이러한 설정 기준에 더욱 힘을 보탰다.

그러나 핵보유국 인정에 관한 공식적인 근거는 NPT 조약 9조 3항이다. 여기서는 "본 조약상 핵무기 보유국이라 함은 1967년 1월 1일 이전에 핵무기 또는 핵폭발 장치를 제조하고 폭발한 국가를 말한다." 라고 명문화함으로써 기준을 정하였다. 여기에 부합한 조건을 갖춘 나라로는 미국, 소련(러시아), 영국, 프랑스, 중국이다.

그런데 여기서 눈여겨볼 부분은 IAEA가 공식 집계한 중국의 연도별 핵실험 횟수이다. 중국의 핵실험 횟수가 1966년까지 5회에 다다르자 적용일을 1967년부터 1월 1일 이전으로 소급 적용함과 동시에 중국을 정식 핵보유국으로 인정한 핵무기의 비확산에 관한 조약(NPT, 1968년 7월 1일 체결, 1970년 3월 5일 발효)이다. 이를 유추해 보면, 마치 중국이 다섯 번째의 핵실험을 완료하기를 기다리기라도 하듯 핵보유국 인정의 잣대로 5회에 걸친 핵실험 사실을 적용했다고 볼 수 있다. 결국, 분명한 과정의 입증 여부 문제를 떠나 새로운 기준이 정립되는 순간이었음은 부인키 어렵게 되었다.

따라서, 핵보유국으로서의 인정에 관한 공식적인 핵실험 횟수는 5회로 볼 수 있다. 또한 이에 근거하여, 북한의 2017년 9월 3일의 6차 핵실험은 공식적으로 핵보유국임을 인정해도 문제가 될 것으로 보지는 않는다.

그러나, 순수한 의미에서 핵실험 5회 이상이라는 기준만으로 완전한 핵보유국으로 지정하기에는 무리수가 있다. 왜냐하면 이를 좌시하지 않는 대내외적 변수들이 즐비하기 때문이다. 필자는 이 문제를 두고 연구한 결과, 순수한 의미의 핵실험 5회 이상이 차지하는 요건 비율은 아래의 추가적인 요인을 감안한 연구 결과 64% 정도(핵보유국 인정 산식표, 저자)라는 것을 밝혀내었다. 때문에 아래에서는 그 외의 변수에 대한 분석을 추가하여 북한의 핵 보유 여부를 진단하였다.

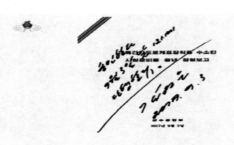

〈그림 2-11〉 北 6차 핵실험을 승인한 김정은의 친필 승인, 2017.9.3.,
사진-노동신문(북한)

둘째, 핵탄두를 실어 나를 수 있는 주된 매개체가 되는 이동체인 미사일, 특히, ICBM의 완성도 여부이다. 유효 사거리 확보와 대기권 재진입 여부를 말한다. 주적으로 삼는 국가와 그 국가와 군사적 동맹 관계 혹은 조약에 의해 개입할 수 있는 국가의 전역을 커버할 수 있는, 대상국의 가장 원거리에 달할 수 있는 미사일 발사체가 성공적으로 운용되는지가 관건이다. 중국 북경일 경우는 미국 동부 해안까지, 러시아의 모스크바일 경우 미국 서부 해안까지가 목표 도달 유효 사거리인 셈이며, 북한의 경우, 미국 동부 해안가 도착 여부가 관건이다.

그런데 중국과 러시아는 이미 그 기술을 오래전부터 보유하고 있기에 재론의 여지는 없다. 때문에 이제는 북한과 이란이 과연 미 동부 해안과 서부 해안에 이를 정도의 ICBM을 소유하고 있느냐는 사실 여부로 자연스럽게 옮겨진다. 이란은 JCPOA 협정에 의한 규제와 미국과 이스라엘의 견제와 감시를 심하게 받고 있어 ICBM에 이를 정도의 장거리 미사일 발사는 어려워 논외로 치기로 한다. 그러면 이제는 사실상 북한만이 판단 여부의 대상이 되는 셈이다.

결론적으로 HWASONG-15의 경우를 보면, 북한은 대기권 재진입 때 50kg에 달하는 플루토늄이 7,000℃가 넘는 고온을 완벽히 견딜 수 있도록 보호하는 장치를 제작하지 못했으며, 이를 포함한 총중량

핵이라는 이름의 청구서

500kg의 탄두를 탑재할 능력도 갖추지 못한 상태로 판단되어 최대 유효 사거리는 8,500㎞에 국한될 것으로 보인다. 그러나 핵탄두를 싣지 않은 상태에서는 최고도가 4,500㎞에 이르러 "최대 유효 사거리는 13,500㎞(3배수 사거리 계산법을 적용)에 이르러 미국 동부에 도착할 수 있다."[268]라고 할 수 있다.

이 결과는 그동안 언론에 회자되던 화성-12호의 대기권 진입 성공과 화성-15호의 미 동부 가시권 진입이라는 내용과는 다른 다소 냉정한 평가에 해당한다. ICBM의 두 가지 성공 필수 요건인 ① 재진입 시 열과 압력을 견딜만한 기술과 ② 500kg 이상의 탄두 중량 탑재 후 발사 가능 기술까지는 완벽히 갖추지는 못했다는 평가가 타당하기 때문이다. 그러나, 이러한 기술을 확보하는 것은 사실상 시간문제라는 점과 이제 남은 것은 마무리 준비를 마치는 일이라는 점은 또 다른 사실이다.

셋째, 국제적 제약의 정도이다. 북한은 이란 못지않은 강한 국제적 제약을 받아오고 있다. JCPOA 협정을 받아들이기 이전과 2018년 트럼프 행정부의 협정 파기 선언 이후 이어진 이란의 경제 제재 국면과 마찬가지로, 한국의 문재인 정부가 호의적 태도를 보임으로써 일정 부분 완화를 시도하지만, 여전히 북한은 UN과 미국 등 서방으로부터 제재를 가장 가혹하게 받고 있는 나라로 분류된다.

넷째, 지정학적 독립성이다. 여기서는 대륙, 해양, 반도 등 3개의 지정학적 범주를 놓고 세부적인 위치를 분류하여 어느 정도 지정학적 독립성을 띠는가를 살펴보는 부분이다. 이 항목에 총 6점을 배정하였다. 그 이유는 핵무기를 보유해 온 국가들의 지정학적 중요성을 감안해 보면 경제 부분과 비슷하거나 오히려 더 중요할 수 있기 때문이다.

미국은 전형적인 독립 해양 국가이며, 러시아(소련)는 전형적인 대륙 독립 국가이나, 중국은 동쪽의 대부분이 바다를 끼고 있어 해양 국가들의 간섭에 많이 노출되어 있다. 따라서 중국은 대륙 독립 국가가 아닌 해양 노출형 대륙 국가로 분류할 수 있다. 이와 달리 영국과 일본은 사면이 바다로 둘러싸인 전형적인 독립 해양 세력이다. 그런가 하면 프랑스는 대부분의 영토가 유럽 대륙 내에 위치해 있어 해양 세력보다는 대륙 주변의 간섭에 노출된 대륙 국가로 분류할 수 있다.

그러나, 이와 달리 북한은 반도 국가에 속해 해양 세력과 대륙 세력, 양 세력의 교차점에 놓여있어 간섭과 제재에 쉽게 노출되어 있다. 때문에, 역사가 입증하였듯, 지난 2,000여 년 동안 한국과 함께 900여 회의 내·외환 속에 놓여 왔다. 따라서, 이번 북한의 핵 문제도 이러한 지정학적 독립성 여부에 많이 좌우되게끔 되어 있다.

결국, 북한과 한국은 반도국으로서 해양 세력과 대륙 세력의 파워 게임의 한가운데에 위치함으로 인해, 양 세력의 견제와 압력을 견디며 자신들만의 정책을 펴나가야 하는 위치에 놓여있다. 핵무기 보유 여부 또한 여기서 크게 벗어날 수 없다. 따라서 이 문제는 먹거리 문제인 경제보다 오히려 더 크게 넘어야 할 장애물로 인식될 수 있다. 이러한 면에서 북한은 반도형 국가로서 핵 보유 인정 항목에서 낮은 등급을 받을 수밖에 없다.

다섯째, 경제 종속형 부분이다. 경제 부분 또한 상기 여타 항목과 마찬가지로 경제력 규모인 GDP와는 비례하지 않는 타 인력(引力) 관계에 의해 영향을 많이 받는다. 예를 들어, 이스라엘이나 파키스탄의 경제 규모가 세계에서 차지하는 구성비를 보거나, 러시아가 미국이나 중국과 같은 거대 핵보유국들과 경제 규모를 비교해 보면 사실 초라할 수 있다. 그러나 핵 보유와 핵 파워 면에서 미국 다음으로 위치를 굳건히 지키는 것은 핵 보유 가능성이 GDP 규모나 경제적 헤게모니에 의해 크게 좌우되지 않음을 잘 보여 준다.

즉, 현재 모든 핵 보유 국가들은 어느 한 나라의 절대적인 경제력에

핵이라는 이름의 청구서

의해 좌지우지되지 않는 독립적 경제 구조를 띠고 있다. 예를 들어, 이스라엘은 인근 팔레스타인이나 시리아 혹은 레바논과 같은 인접 국가들의 경제력에 크게 의존하지 않는 상황이 이를 잘 대변해 주며, 러시아는 미국으로부터 경제적인 제재를 받는다고 하더라도 상대국 들에게는 역으로 천연가스 등 지하자원을 전략 무기화하는 등 갈등 국가들과는 경제적으로 독립 상태에 있다고 봐야 할 것이다.

이러한 측면에서, 상기 국가들과는 다소 다르나 북한은 폐쇄적 자급자족 독립형에 속한다고 볼 수 있다. 과거 김일성이 지미 카터에게 "우리는 제재를 두려워하지 않는다. 지금까지 제재를 받으며 살아왔지, 제재를 받지 않은 적이 한 번도 없다."라고 말한 대목은 이를 잘 보여 주며, 극심한 대북 제재 하의 김정은 정권 때 오히려 경제성장률이 상승했던 것을 보면 그의 말이 다소 일리가 있음을 보여 준다. 이 부분은 경제 부분에서 자세히 다루고자 한다.

마지막으로, 상기 5가지 요인들을 각 항목별 기준에 적용한 결과, 북한은 72점을 득하여 완전한 핵보유국으로서의 입지를 구축하지는 못하고 있는 것으로 나타났다. ICBM&REENTRY 부분에서 -6점을, 국제 제재 부분에서 -10점을 기록한 것이 주원인으로 파악되었다.

핵실험 부분에서 북한은 등비수열을 적용한 점수의 만점에 해당하는 높은 점수를 받았으며, 기타 항목에서도 거의 만점에 가까운 점수를 받아, 최종적으로는 72점으로 '예비 인정' 단계를 득한 것으로 나왔다. 그러나 '핵 보유 인정' 점수에는 8점이 모자라며, 설령 ICBM&REENTRY 부분에서 만점을 기록한다고 하더라도 2점이 부족하여 대내외적 인정 여부에서 상당한 갈등과 논란을 초래할 가능성이 크다 할 것이다.

항목	기준 1	기준 2	기준 3	기준 4	기준 5	구성비(%)	가이드	인정 단계(P)	판단
핵실험	1차	2차	3차	4차	5차	64	기하수열 ar(n-1)	64	
ICBM&REENTRY	괌	하와이	알래스카	LA	뉴욕	15	3,6,9,12,15	9	
국제 제약	NPT	IAEA	UN	금융 제재	차단봉쇄	10	-2,-,4,-6,-8,-10	-10	예비인정
지정학적 독립성	대륙내	해양내	반도	독립대륙	독립해양	6	2,3,4,5,6	4	
경제	수출 의존형	수입 의존형	양자 교류형	경제 블록형	자급 자족형	5	1,2,3,4,5	5	
합 계						100		72	북한

<표 2-6> 핵보유국 인정 산식[269]

[산식표 설명]

1. 핵실험
   - 지진파 규모 최소 6.0~6.3 이상은 200KT 수소폭탄에 해당, 핵실험의 사실상 완성 단계로 인식
   - 첫 항이 1이고 공비(Common Ratio)가 2인 등비수열(기하수열, Geometric Sequence) 적용, ar(n-1)=a, ar, ar^2, ar^3, ar^4, ar^5
2. ICBM과 재진입: 주적 혹은 주적과의 군사적 동맹 및 조약 관계에 의한 대상국의 전역 영향 사거리와 대기권 재진입 성공 기술 보유 여부
3. 국제 제약: 비호세력: 러시아(푸틴), 중국: 혈맹으로서 비호감적 지지, 미국: 금융 무역 제재를 넘어선 봉쇄 작전이 가장 큰 제약.
4. 지정학적 독립성: 대륙 혹은 해양상 지정학적 위치에 따른 견제 정도 분석
5. 경제 규모: 자급자족형이냐, 대외의존형이냐에 따른 구분
6. 최종 판단: IF(인정 점수)=80, "핵 보유", IF(인정 점수)=70, "예비 인정", "인정 불가")

4-2. 3차 해법-한국의 핵 옵션 선택

4-2-1. 내부적 배경

2018년 8월 30일 도널드 트럼프 미 대통령이 "지금까지 미국은 지난 25년 동안 북한에게 얘기만 했었고, 심지어는 그들의 공갈·협박에 돈까지 쥐여줬다. 답이란 게 얘기만 한다고 나오는 게 아니다."[270]라고 그간의 대북한

핵 문제 접근법을 강하게 성토한 바 있다. 일부분은 틀릴 수 있지만 다른 부분은 맞는 얘기가 될 수 있다. 그런데 중요한 점은 트럼프 대통령의 말처럼 지난 수십 년간 과연 무엇을 했기에 북한이 핵무장하는 상황으로까지 치달았느냐 하는 점이다.

여기에 대해서는 북한의 기만적 대화술과 은밀한 핵시설 및 미사일 개발 등 핵에 대한 북한의 강한 집념을 주요 이유로 내세울 수 있다. 그도 그럴 것이, 북한은 핵 위협과 평화공세를 번갈아 가면서 미국과 한국에 충격을 주어 왔으며, 이를 통해 대부분 우위적인 입장에서 남북한 간 대화를 주도해 온 것은 사실이기 때문이다. 이와 같이 상당수 한국인은 수십 년간의 북핵 문제 해결 실패의 첫째 원인을 북한에게 돌리는 경우가 대부분이었다.

그러나 필자는 이와 다른 견해를 제시한다. 북한 혹은 중국이 가세한 외부적 요인이 북핵 문제의 가장 큰 원인이라기보다는 한국 내부에서 먼저 문제가 야기되었다는 사실이다.

그 원인을 한 줄로 요약하자면, '경제적으로 풍요해진 한국의 오만과 오판이 빚어낸 비극'이다. 이 말을 접하게 되는 독자들은 다소 어리둥절할 수 있을 것이다. 그러나 이는 분명 사실이며, 그것은 한국인들 스스로 풀었어야 할, 그러나 풀지 못했던 역사적 과오이기도 하다. 또한 이러한 실책은 한반도에서 대대로 순환되어 온 아이러니이자 숙명처럼 보인다. 이 숙명은 필자가 한반도의 전쟁사와 분석 내용들을 통해 위에서 충분히 다루었으므로 재론하지는 않기로 한다.

북한이 핵무기를 손에 넣게 된 과정은 하나의 거대한 체스판과 같다. 남과 북, 한·미와 북·중 간의 숨 막히는 머리싸움으로 체스판이 때로는 요동을 치다가 어느새 갑자기 놀라우리만큼 조용해졌다. 그러다가 또다시 체스 플레이어들은 공포와 압력으로 신경을 곤두세우기를 반복했다. 그러다 결국 최후의 패자는 한국이었다.

한국은 1970년대를 거쳐 1990년에 이르기까지 눈부신 경제 성장으로 세계의 중심권으로 진입했으며 한국 사회는 풍요해져 갔다. 어느샌가 북한의 명목 GNI와는 54배(2019, 한국은행)가 넘는 격차를 보이면서 OECD와 G20 회원국이 될 만큼 세계 속의 대한민국이 되어 갔다.

1988년의 서울 올림픽과 2002년 월드컵 축구 대회 그리고 2018년 평창 동계 올림픽에 이르기까지 세계 메이저 스포츠 경기를 모두 훌륭히 소화해 낼 정도로 다방면에서 강국이 되어 갔으며, 한류 등은 한국의 이름을 전 세계에 알리는 홍보 도우미가 되기도 했다.

그러나 그사이에 한국은 점점 자아도취에 빠지기 시작했다. 간간이 애를 먹이던 북한은 말썽을 부리다가도 곧장 조용해지기를 반복했고, 그런 북한을 다독이던 중국은 한국과의 수교 이후에는 한국과는 떼려야 뗄 수 없는 경제 파트너로 자리 잡았다. 그럴수록 북한은 한국의 상대가 되지 않았고, 무엇보다 안보는 영원한 동맹 같은 미국이 든든히 받쳐주고 있었다. 천안함 피격이든 연평 해전이든 대형 사건들은 시간이 지나고 북한이 조용히 지내면, 한국은 다시 아무 일 없다는 듯 일상생활로 돌아가기를 반복해 왔다.

1991년경에는 북한의 연형묵 총리를 초대해서 한반도 비핵화 선언을 하는 등 여유도 보였다. 한국이 비핵화를 먼저 추진하면 북한도 이에 동조하여 따를 것으로 생각했다. 이후 2000년엔 김대중 대통령이 북한을 직접 방문하여 김정일과 악수하면서 곧 한반도에는 평화와 통일이 찾아오는 것 같았다. 2007년에는 그의 후임자였던 노무현 대통령이 다시 북한을 찾아가 이제 마무리만 잘하면 북한과의 통일은 문제없이 잘 진행되어 갈 것처럼 보였다.

정권이 바뀐 2011년 이명박 대통령은 한국의 강력해진 경제력을 바탕으로 "통일은 도둑같이 온다."라는 희망의 메시지와 준비 자세를 강조했다. 그런가 하면 2014년 박근혜 대통령은 "통일은 대박"이라는 메시지를 던지면서 곧 북한은 한국으로 흡수 통일될 것 같다는 뉘앙스를 풍기기도 했다. 그사이 크고 작은 북한의 핵실험과 미사일 시험 발사들은 시간이 지나면 묻힐 수준의 일들로 치부되었다.

그러다 2017년 북한이 6차 핵실험에 성공하고 ICBM에 가까운 대륙 간 탄도 미사일이 고도 4,500km까지 무사히 올라가는 것을 확인하고서는 모두들 무릎을 꿇었다. 북한은 승리를 외쳤고 한국은 극심한 패배의 후유증과 내분에 직면했다. 한국의 안보가 순식간에 풍전등화의 격랑 속으로 빠져드는 순간이었다.

한편, 미국은 자신의 대륙에까지 북한의 ICBM이 올 거라는 루머들이 현실로 다가오자 극도로 예민해지기 시작했다. 2017년 들어서 한 번은 괌에서, 또 한 번은 하와이에서 충격적인 일들이 벌어졌다. 2017년 하와이에서 벌어진 북한의 미사일 공습경보 오작동 발생으로 순식간에 하와이섬과 미국 전체가 쇼크 상태에 빠져들었다. 우왕좌왕하는 모습에서 1942년 일본의 진주만 공습이 연상되었다.

2017년 북한의 미사일이 일본 상공을 통과했을 때 일본은 더 깊은 혼란의 도가니로 빠져들어 갔다. 일순간 모든 자아도취들이 패닉으로 빠져든 장면들이었다.

그러나, 한국은 태연했다. 종합주가지수(KOSPI)는 큰 변동 없이 정상을 유지해갔으며, 한국인들은 예전에도 그랬듯 '편안한 무감각'으로 둔감해져 갔다. 제아무리 북한이라 할지라도 경제 규모가 1/54밖에 되지 않고, 한반도의 남쪽을 감싸고 있는 세계 최대 군사 대국 미국을 감당해낼 수 없다는 강한 자만심 속에 많은 것들이 잊혀 갔다. 더군다나 문재인 정부는 북한을 자주 초청하여 경색된 분위기를 다시 평화로 돌리고 북한의 김정은과도 자주 만나면 북핵 문제도 한반도 안보상황도 개선될 것임을 강조하였다. 그렇게 한반도 핵 문제에는 애타게 걱정하는 주인이 없었고 대신 그 드라마의 주인공은 늘 북한이었다. 이렇게 한국은 북한이 핵무장을 준비하는 것을 시나브로 용인하고 있었던 것이다.

4-2-2. 외부적 배경

그런데, 북한의 핵무장에 대해 한국이 취할 수 있는 대응책은 제한적이다. 미국과 UN의 경제 제재도 엄밀히 따지면 한국 정부의 제한적인 역할만 허용할 따름이다. 북한은 통미봉남(通美封南)과 주한미군 철수를 위해 한국을 주로 이용할 대상으로 인식하고 있다. 중국은 한국과 북한 모두 자신들의 속국으로 여겨 온 만큼 이번 핵 문제도 역시 자신들의 과거 조공국에서 벌어진 만큼 적극적으로 관여하고 싶어 한다. 일본은 미국과 연합이 최선의 길이라 여기며 강한 대북 정책을 주문하면서도 한국이 과거사를 언급하는 것 자체에 거부감을 보이며 제한적인 협조만 하고 있다. 러시아는 중국과의 경쟁 관점에서 한 발짝 물러나 있는 것처럼 보이지만, 중국의 역할이 제한적일 경우 곧장 중국의 자리를 대신하여 들어오기 위해 주변을 서성거린다.

그런데 미국 조야는 중국과 미국 두 거대 국가 간의 빅딜로 몰고 가려 한다. 미국은 자신의 한반도에서의 운신의 폭이 줄어들거나 대북 제재가 효과를 발휘하지 못하는 상황은 결코 스스로 용납하지 않는다.

이런 와중에 한국 내부는 남남 간의 이념 갈등이 점점 격화되고 하나의 한국이 되지 않고 쪼개어진 한국이 되어 자신이 주인 역할을 못하는 모습을 자주 노출했다. 적전분열(敵前分裂)의 심화다. 북한은 이러한 상황을 즐기려 하며 중국은 이러한 빈틈을 노리며 대국은 대국끼리라는 대화 기법을 들고나왔다. 결국 한반도는 점점 미국과 중국이라는 거대한 국가들의 빅딜을 위한 대여 장소만 되고 말 것이며,

핵이라는 이름의 청구서

탁월한 안목과 활동 범위의 지도자가 나오지 않는 한, 한국의 선택지는 줄어들게 마련이다.

이러한 현실을 냉철하게 짚어낸 인물이 있었다. 브레진스키였다. 그는 『전략적 비전(Strategic Vision: America and the Crisis of Global Power)』에서 미국이 물러설 경우 한국이 북한의 장거리 미사일과 핵무기와 관련하여 취할 수 있는 '뼈아픈 선택 두 가지'[271]를 제시하고 있다.

"하나는 중국의 한반도에 대한 종주권을 받아들여서 동아시아에서의 안보를 보장받는 것이며, 또 다른 하나는 역사적으로 달갑지 않은 일본과 더욱 강력한 관계를 형성하는 것이다. 그러나 일본도 미국의 강력한 지원 없이 중국과 맞서기란 힘들다. 이와 같이 한국은 미국의 역할이 제한적일 경우 자신들의 내부에서부터 군사적·정치적 위협에 직면할 것이다."라고 적시하고 있다.

브레진스키는 이 남겨진 경우의 수들이 한국이 쉽게 받아들일 수 없는 고통스러운 선택지임을 솔직하게 밝혔다고 할 수 있다. 좀 더 부연하자면, 미국의 힘이 약화되거나 한반도에 더 이상 발을 디딜 수 없는 상황이 한국에 닥칠 경우, 한국은 중국의 압력과 영향력 아래 신하국으로서의 삶을 살아가든가, 아니면 미래를 장담할 수 없는 일본과 관계를 강화해서 북한의 위협으로부터 견디어 보라고 얘기한 것으로 해석할 수 있다.

어찌 되었든, 한국이 북핵 앞에서 받아 든 선택지가 많지 않아 보이는 것은 사실이다. 그렇다고 한국은 브레진스키의 두 가지 처방전만을 바라볼 수만은 없다. 왜냐하면 평화회담 등을 통하든, 경제적 지원을 강화하여 경제적 동반자의 길을 나가든, 북한과의 관계를 강화하는 길 등 여러 가지 경우의 선택지도 알아볼 수 있기 때문이다.

그러나 북한과의 대화와 경협 두 가지 모두 지난 수십 년간의 기록을 되짚어 볼 때, 그 결과들은 항상 '고양이에게 생선가게를 맡긴 격'

이었다. 이를 단적으로 보여 주는 표현이 있다. 북한의 『노동신문』이 2013년 5월 3일 자 밝힌 경제·핵 무력 건설 병진 노선이 가지는 의의를 밝힌 내용이다. **"이는 우리 조국의 자주권과 안전을 영원히 담보할 수 있게 하는 불멸의 기치'이며 '사회주의 강성국가건설과 조국통일위업을 앞당기게 하는 필승의 보검이다.'"[272]**

결국 아무리 북한이 화해의 유화적 제스처와 평화협정 체결과 남북 간의 긴밀한 정치·경제적 협력을 내세우고 미국, UN과 해빙 무드를 형성하더라도 북한이 결코 포기할 수 없는 가치란 이 불멸의 기치임을 분명히 밝혀 둔 것이다.

한편, 한국이 가장 우려해야 할 국가는 역설적이게도 북한도, 중국도, 러시아도 아닌 바로 한국 자신과 미국임을 잊지 말아야 한다. 한국과 미국의 깨지지 않는 동맹 관계는 북핵과 중국의 위협을 방어하는 최선의 방어책임을 잊지 말아야 한다는 얘기다.

되짚어 보면, 북한과 중국이 노리는 가장 큰 노림수는 역시 남-남 갈등으로 인한 분열과 한-미 동맹 균열로 인한 주한미군의 철수이다. 이때는 핵 카드 하나로 한국과 미국을 흔들어 온 김정은과 중국몽을 구현하려는 시진핑의 낡은 카드 패가 동시에 잭폿을 터뜨리는 순간이 된다. 그 이후의 역사적 바퀴의 축은 다시 1950년대로 회귀하게 됨은 자명한 일이다.

따라서 한국은 자생적인 힘과 한미동맹을 더욱 견고히 가져가야 한다. 어설픈 한미동맹은 쌍방에 더 큰 부작용과 불신을 유발할 수 있기 때문이다.

이와 동시에 한국도 핵무기의 실제 보유와는 별개로 서서히 핵 옵션을 갖는 과정을 시작해야 한다. 이는 간결해 보이지만, 어려운 선택의 길일 수 있다. 그러나 이 고통스러운 길을 외면해서는 안 된다. 그래야 북핵과 북·중의 위협을 막을 수 있을 것이다. 북핵은 북한만의

핵이라는 이름의 청구서

문제가 아닌 중국과의 2중 연결고리 문제이기 때문이다. 즉, 북한의 핵무기 아래 포장된 북핵과 중국몽의 한반도 장악을 완강히 거부하고 벗어나기 위해서는 현실적으로 핵 옵션을 갖는 만큼 확실한 방법은 없기 때문이다.

그런데, 이러한 핵 보유 옵션에 대해 확실한 논리와 정당성을 부여한 이로는 드골만 한 이가 없다. 1960년 2월 알제리에서 최초의 핵실험을 성공시키기까지 사실 프랑스는 미국의 거센 핵 포기 요구에 시달려야 했다. 그러나 드골은 포기하지 않고 핵실험을 밀어붙였다. 미국의 대유럽 핵우산 제공 공약에 대한 근본적인 의구심 때문이었다.

"그 어떠한 분쟁이라도 일어난다면 미국은 자신의 안위부터 챙길 것이며, 다른 지역 특히 유럽의 방위는 고려치 않을 것이다. 또한 미국이 그렇게 할 하등의 이유도 없다. 소련이 미국을 공격할 때 미국은 가만히 앉아서 뉴욕 대신 파리를 포기할 생각은 전혀 없을 것이다."[273]라는 표현에서처럼 드골은 소련이라는 강력한 핵무기 공격자가 있는 한, 미국은 안방을 먼저 지킬 수밖에 없을 것이며 당연히 프랑스 등 유럽 국가들은 핵우산의 보호 아래 있을 수 없다는 확신에 차 있었다.

프랑스는 미국을 신뢰하지 않았다. 왜냐하면 "미국은 1954년 디엔비엔푸에서 어려움을 겪을 때 우리를 도와주지 않았다. 그뿐만 아니라 그들은 1956년 수에즈 운하 운영권 각축을 벌일 때에는 우리를 외면했다. 1957년 이후 미국이 보여 준 유연한 대응이란 유럽을 보호하는 데 있어서의 망설임의 표현일 뿐이었다."[274]라는 드골의 불만에서 알 수 있듯이 유럽, 특히, 드골의 프랑스는 과거 영국의 식민지로 억압받던 미국이 독립하는 데 공헌했던 자신들이 정작 필요했을 때 미국은 철저히 외면해 왔음을 인지하고 있었으며, 국제정치 환경의 변화 앞에서는 누구나 변절자가 될 수 있음도 직시하고 있었기 때문이다.

이러한 드골의 생각은 비단 프랑스에만 해당하는 것이 아니었다.

드골의 예지력은 미국 자신들이 한때 맹방으로 여겼던 대만과도 단교하고 급기야는 미군을 철수하면서 더욱 도드라졌다.

사실, 미국과 대만은 혈맹에 가까울 정도로 강한 유대관계를 자랑하는 사이였다. 1954년 미국 워싱턴에서 정식으로 체결된 '중·미(中美) 공동방어조약'이란 군사동맹이 이를 잘 대변해 주었다. 또한 1958년의 금문도(金門島) 전투인 '제2차 대만해협 위기'를 무사히 넘긴 것도 바로 이 군사동맹 조약의 효력 때문이었다.

그러던 대만에 천지가 흔들린 배반의 충격이 엄습했다. 1971년 10월 25일, UN 총회는 '2758호 결의안'을 채택하면서 "국제연합 및 관련 조직을 불법적으로 점거하고 있는 장제스 대표를 추방하기로 결정한다."라는 결의안을 발표했다.

그런데 그 이면에는 중국과 '상하이 코뮈니케(1972.2.27.)'를 공동 준비한 헨리 키신저의 보이지 않는 외교적 수완이 들어 있었다. 시간의 역류를 만들어 낸 그의 작품에 대만은 20여 년간 동고동락해오던 미군을 내보내야만 했다.

아래의 사진에서 보는 것과 같이, 어제의 단란했던 동맹이 국제정치 환경의 변화 아래 단교라는 변절을 맛보아야 하는 상황에까지 이르렀던 것이다.

　　　　　　　　　　　　　핵이라는 이름의 청구서

〈그림 2-12〉 미합중국 대통령 아이젠하워, 대만의 퍼스트레이디 송미령,
대만 총통 장개석, 1960년 타이완, 사진-위키피디아[275]

　위의 역사적 배경을 통찰할 때, 한국은 핵 옵션을 실행해야 할 시
간들이 점차 다가오고 있음을 알아야 한다(단, 핵무기의 실제 보유와는
별개). 역사적 사실들 앞에 평화라는 가식적인 운문들이 차지할 자리
는 없어지게 마련이다. 진정한 평화에는 비용이 따름을 직시해야 함
이다. 따라서, 아래에서는 국민 대다수가 찬성한다는 가정하에 핵 옵
선을 수행하기 위한 절차적 과정과 그 실현 가능성을 중점적으로 다
루기로 한다.

4-2-3. 핵 옵션 선택을 위한 준비단계

4-2-3-1. 전제조건 성립

　그러나, 위에서 다룬 핵 옵션의 배경만으로는 핵 옵션을 선택할 수
는 없다. 일부 학자들이 언급하듯 한국의 핵무장은 한국의 뜻만으로
이루어질 수도, 이루어져서도 안 되는 중차대한 이슈이기 때문이다.

또 다른 학자들은 한국에서의 핵무장은 아예 불가능하다는 진단을 내리기도 한다.

어쨌든, 핵무기 보유란 어느 한쪽의 감정이나 정치적 쏠림 등 수많은 변수가 배제된 절대에 가까운 성립 요건 없이는 반영되기 힘든 고난도의 과정이라고 볼 수 있다. 따라서, '필자가 위에서 언급한 일반적인 배경만으로 핵 옵션을 선택할 수 있을까?'라는 질문을 던져 볼 수 있다. 그러나 대답은 즉시 '아니다'로 나올 것이다. 왜냐하면 거기에는 방금 언급한 절대에 가까운 성립 요건이 결여되어 있기 때문이다.

그렇다면 이 절대 요건은 어떻게 구성되어 있는가를 살펴보기로 한다. 이와 관련하여 필자는 아래의 7가지 요건을 모두 수용해야 다음 핵 옵션 획득을 위한 초기 단계 논의가 가능함을 밝히고 있다.

순서	요건	요건 설명	판단 설정 기준	참고치	배제 대상
1	임박성	적의 침략이 임박한 상태의 상존	상대국 핵실험 5회 이상, ICBM 완성	한국	
2	존립성	국가체제의 존립이 위협받는 상태	사전 공언 상태, 해당국 소멸 가능성	북한, 대만	인도, 파키스탄
3	포위성	주변 우호세력이 없으며 주위가 적으로 둘러싸임	지정학상 3면 이상 적 세력에 의한 포위 상태	이스라엘	
4	역사성	상대국과 전쟁의 역사 존재	침공이 아닌 피침의 역사	한국	
5	용도성	무기보유가 공격적이 아닌 순수한 방어용	방어형 미사일 체제의 비율	한국, 이스라엘	
6	신뢰성	최근 100여 년 내 테러 혹은 비평화적 방법 동원 기록 비존재	각종 테러 행위, 전쟁 행위, 위협 행위	한국	독일, 일본, 북한
7	회귀성	보유 후 평화기간 내 핵무기 완전 폐기로의 회귀	평화적 용도인 농축우라늄 20% 미만 등 JCPOA 기준 이하	우크라이나, 벨라루스	

〈표 2-7〉 핵 옵션 선택을 위한 전제 7조건[276]

첫째, 임박성이다. 말 그대로 적의 공격이 임박한 상황을 말한다. 그렇다고 불과 며칠간의 일(日)별 단위가 아닌 대칭형이든, 비대칭형이든 공격의 징후가 갖추어진 시간대를 말한다. 수개월에서 수년에 이르기까지 기간별 다양성은 인정되어야 한다.

특히, 핵 공격과 관련해서는 상대국이 핵실험 완성 단계인 5회 이상의 핵실험과 ICBM 발사에 성공했다는 점을 기준으로 삼을 수 있다. 이에 해당하는 핵 관련 국가(보유, 준보유, 가능성)로는 한국을 들 수 있다. 이 조건에 가까이 갈 수 있는 국가로는 이스라엘이나 주변 인접 국가 중 핵실험과 미사일 요건을 갖춘 국가가 없어 이에 해당하

핵이라는 이름의 청구서

지 않는다.

둘째, 존립성이다. 체제의 위협이나 불안정성 정도의 단계가 아닌, 붕괴와 몰락의 징조를 언급한 상태의 국가를 말한다. 주로 관련국의 모든 정보 매체를 통해 접할 수 있는 통상적 기준을 통해 정해진다. 관련국 스스로의 방송 매체를 통해 체제 붕괴를 전파(A)하거나 상대 당국이 체제의 전복을 공공연히 얘기하는 상황(B)이라면 분명히 이 요건에 해당한다. 대표적인 경우로 북한(A)이 해당한다. 또한 중국이 수시로 외교부 대변인을 통해 무력침공과 무력통일 대상으로 공언해 온 대만(B)도 이에 해당한다.

셋째, 포위성이다. 지정학상 삼면이 적성 국가로 에워싸인 국가 상태를 말한다. 대표적인 국가가 이스라엘이다. 좌측 국경선을 맞댄 국가인 이집트가 적성 국가가 아님에도 이스라엘이 포함된 것은 바로 가자지구와 웨스트뱅크 때문이다. 또한 이 두 지역이 국가가 아님에도 타 2면 포위 국가로 분류하는 것은 헤즈볼라, 시리아, 이란 등 시아파 국가나 단체와의 긴밀한 연계성 때문이다. 그리고 이와 같은 타 2면에다 위쪽의 제3면에는 강력한 적성 국가인 시리아와 국경을 맞대고 있다.

넷째, 역사성이다. 최근 100여 년 동안이 아닌 그 이전까지를 놓고 보았을 때 상대국으로부터 피침의 역사가 있었느냐의 문제다. 사실 100년이라는 연도 기준만 놓고 보더라도 내전이든 국제전이든 전쟁에 휘말리지 않은 나라들이 별로 없을 정도로 전 세계는 항상 전쟁에 노출되어 왔다. 어쩌면 인류의 숙명으로 보이기까지 한다. 그러나, 그것이 대량살상을 목적으로 국가적 차원에서 조직적으로 계획되고 운용되었다면 그것은 반인륜적인 범죄행위가 된다. 독일과 일본의 제2차 세계대전, 북한의 6·25 전쟁 등은 특히나 되새겨야 할 가해 역사의 상흔들이다.

그런데 여기서 문제점은 가해자 측들은 전쟁의 고통과 상혼에 대하여 뼈저린 반성과 통회의 기록과 사과를 선뜻 하지 않는다는 점이다. 그 때문에 피침략국들은 막대한 국방 예산을 들여 재(再) 피침략을 막으려 하며 이를 통해 전쟁의 트라우마에서 벗어나려고 안간힘을 쓴다. 왜냐하면 그 전쟁의 상혼은 당대뿐만 아니라 대를 이어 고통이 승계되기 때문이다. 따라서 전쟁과 관련하여 피침략의 역사를 갖고 있는 국가들은 필연적으로 보다 확실한 무기인 핵무기에 의존하려는 경향이 강해진다. 또한 이를 근거로 UN과 UNSC 국가들을 설득할 때 내세우는 논리로서 상당한 힘을 가지는 것도 사실이다.

다섯째, 용도성이다. 어디까지나 방어형에 국한되어야 한다. 이에 대한 참고치로는 ⓐ 균형 잡힌 국가 예산 편성 여부, ⓑ 투명한 국방 예산 운용 과정 공개 여부, ⓒ 방어형 군제, 국경 안보 체계 수립 여부 등을 꼽을 수 있다. 만약 국가 예산을 비대칭적으로 운영하거나, 국방 예산을 비공개 혹은 비밀리에 운영할 대부분의 경우 공격적이며 간접적으로라도 테러 지원의 형식을 취할 가능성이 있는 만큼 핵 옵션 대상에서 배제되어야 하며 UN과 서방국가들의 견제와 간섭이 이뤄져야 한다.

한편, 방어형 군제와 국경 유지 문제는 기간별 전·후방 군제 및 병력 이동체계를 들여다보면 쉽게 판단할 수 있다. 침략을 준비하는 대다수의 국가는 단기간에 국경 전방 주변에 강력한 화기들을 배치하는가 하면, 전방 라인 주변에서 병력 이동을 하는 경우가 많다.

반면, 방어형 국가에서는 전·후방·측면 등 고른 방향에서 병력과 무기 체계를 운영하며 주로 전형적인 방어형 무기 체제를 갖추고 있다. 이를 대표하는 국가가 아이언 돔 방어 체계를 도입한 이스라엘과 한반도 전체를 가르는 철책선을 건설한 한국이다.

여섯째, 신뢰성이다. 최근 100여 년 이내 어떠한 침략행위, 범죄·테

　　　　　　　　　　　핵이라는 이름의 청구서

러 집단과도 연계되어 있지 않아야 한다. 규모가 큰 침략 전쟁 행위는 당연히 제외 1순위에 해당하겠으나, 범죄·테러 단체와의 연계 부분까지 100년을 설정하는 것은 가혹할 수 있다는 반론이 나올 수 있다.

그러나, 그 어떤 침략 전쟁도, 반인륜적 침탈 행위도 상호 호혜성을 중시하는 국가 간의 관계에서는 신뢰성에 치명상을 주는 행위가 되며, 침략 행위의 뒷면에는 항상 테러와 준전시 게릴라 행위 등이 사전에 동반되어 왔기에 이 부분에 대한 엄격한 적용 없이는 이면에서 일어나는 행위에 대한 근본적인 차단은 불가능할 것이다.

예를 들어, 한국전쟁 이전에는 북한이 한국 내에서 연속적인 소요와 테러와 살상 행위를 자행했으며, 제2차 세계대전 이전에는 독일이 유대인들을 지속해서 박해하고 물리적인 공격을 감행해 왔으며, 일본은 전쟁 이전 한국과 만주 그리고 동남아에서 수많은 무고한 인명을 살상해 왔기 때문이다. 침략 본성 앞뒤에는 항상 테러와 살생 본능이 같이 연계되어 있다. 이를 감안하면 100여 년이라는 검증 기간 자체가 오히려 짧아 보일 수 있다.

일곱 번째, 회귀성이다. 이는 핵무기 보유 이후 평화 기간 복귀 시 개발 보유 중인 핵무기를 100% 폐기처분할 수 있어야 함을 의미한다. 이를 이행하기 위해서는 보유를 명문화할 때 동시에 그 기간도 명기해야 한다. 그렇지 않으면 신생 핵보유국은 영원히 핵을 소유하려 할 것이며, 또 다른 핵 위기의 진앙지가 될 수 있다.

비록 러시아라는 거대 국가의 압력과 체르노빌 원자력 발전소 폭발이라는 충격적인 사건이 영향을 미친 것은 사실이지만, 결국 우크라이나와 벨라루스는 구소련으로부터 넘겨받은 핵무기를 완전 이전, 폐기함으로써 핵에 쏠린 시선들을 긍정적으로 바꿔 놓을 수 있었다. 이 두 국가의 선례는 향후 재발(再發)국에 대한 엄중한 경고이자 선(善)

사례로서의 가치를 동시에 보여 주는 중요한 모델이다.

이상과 같이 7가지 전제조건을 놓고 봤을 때, 비핵국가나 비인정 실 보유 핵 국가 중 전제조건을 가장 많이 소화하는 나라는 한국으로 나타나고 있다. 한국은 그만큼 타당한 전제조건을 가장 많이 확보한 국가로서 핵 옵션 제시에 가장 근접한 상태의 국가로 판단하고 있다.

4-2-3-2. 절차 및 과정

위의 전제조건이 달성되면, 다음으로 거쳐야 하는 과정이 바로 가장 까다로운 아래의 절차이다. 이 과정은 크게 4가지 단계로 이루어진다. '선언→결정→해제→제조'의 순서로 진행된다.

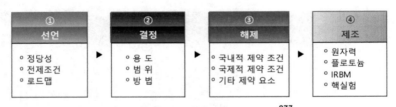

<표 2-8> 핵무기 보유를 위한 4단계 절차[277]

첫째, 선언 단계이다. 이 단계는 앞서 논의한 전제조건을 바탕으로 정당성을 확보하는 단계이다. 아울러 향후 진행될 과정인 로드맵을 선언함으로써 본격적인 핵 옵션인 핵무기 보유로 방향을 선회함을 대내외에 선언해야 한다. 국내외의 공식적인 인지가 있어야 이 선언 과정은 향후 나타날 수 있는 여러 문제점을 해결하기 위한 설득과 논지의 바탕이 될 수 있기 때문이다.

둘째, 결정 단계이다. 여기서 한국은 용도를 반드시 방어용으로 한

핵이라는 이름의 청구서

정해야 하며, 범위도 한반도 및 부속도서 포함 이내로 한정해야 한다. 그리고 방법은 평화적으로 정당성을 확보할 수 있도록 국내외 감시와 감찰을 모두 수용하는 방법상의 조건을 내걸고 스스로도 확인하는 과정을 거쳐야 한다.

셋째, 해제 단계이다. 이는 가장 고난도이며 여기에는 '국내—남북—국제'의 넘어야 할 3가지 산이 있다. 우선 정부의 강력한 의지가 없다면 아예 불가능하다. 또한 추진 과정에 대한 명확한 설명과 국민적 동의를 얻지 못하면 도중에 좌초할 수 있다. 그리고 미국을 비롯한 외국과 UN 등 국제기구의 승인을 얻지 못하게 되면 경제 제재 등 각종 국제 제재에 노출되는 역풍을 만날 수 있어 치밀하고 조직적인 대응 활동이 뒷받침되어야 한다. 이와 관련한 중요한 항목들을 국내외적 범주로 나누어 짚어보기로 한다.

① 대내적으로는 남북 간에 체결된 한반도의 비핵화에 관한 공동선언(1992.2.19. 발효) 조약을 불인증(不認證)할 수 있어야 한다. 이유는 1항의 "남과 북은 핵무기의 시험, 제조, 생산, 접수, 보유, 저장, 배비, 사용을 하지 아니한다."라는 쌍방 간의 조약 내용에 대하여 북한은 핵시설을 파괴하지 아니하고, 보유한 상태에서 거듭 핵실험을 하였으며, 핵탄두 또한 제작하였으며 이를 실전에 배치하기 위한 각종 미사일을 시험 발사함으로써 이 조항을 정면으로 위반하였기 때문이다. 그리하여 현재 이 조약은 한국만 적용한 채 사문화되어 사실상 효력이 없어진 상태다. 따라서 이 조약을 한국 정부가 불인증할 수 있어야 핵 옵션으로 가는 첫 단추를 끼울 수 있다.

② 국민 동의 절차가 있어야 한다. 핵 보유 옵션 준비과정에는 국내외 찬반 여론이 뜨거워지고 자칫 사회 분열도 발생할 소지가 크다. 또한 아무리 북핵에 대한 국민의 반감과 불신이 많더라도 행정부와 국회는 냉철한 입장에서 국가의 앞날을 내다보는 혜안을 가져야 하

며, 올바른 방향으로 지도할 수 있어야 한다.

따라서 대통령과 여당이 주축이 되는 단방향 의사결정으로는 핵 보유 옵션의 후폭풍과 향후 발생 가능한 극심한 사회적 혼란을 극복하기 어렵다. 더 나아가 국회에서 다수결을 통한 핵 보유 옵션 여부를 선택할 수도 없다. 왜냐하면 이 같은 북한의 핵실험과 미사일 발사 등은 단순히 북한의 위협 차원이 아닌 국가 안위와 국민의 생명과 관련된 내용으로서 국민 스스로가 결정할 권리이지, 대표기관이 대신할 수 없는 헌법의 기본권인 생존권 문제에 해당하기 때문이다.

따라서 대한민국 헌법 제4장 정부, 72조의, "대통령은 필요하다고 인정할 때에는 외교·국방·통일 기타 국가 안위에 관한 중요 정책을 국민투표에 붙일 수 있다"라는 조항의 실행은 핵 옵션 관련 국민 동의 및 통합 차원에서 반드시 필요한 과정이다.

이러한 국민투표를 통해 정리된 핵 옵션 안건은 더 이상 논란의 대상이 아닌 명문화된 법으로서 국내외적으로 법적 효력과 구속력을 지니게 된다. 특히, 아래의 NPT와 UNSCR 그리고 미국에 대한 설득 과정에서는 강한 힘을 발휘하게 된다.

③ 대외적으로는, 우선, IAEA와 NPT에게 탈퇴 의사를 전달하여 조약 당사국 과반의 찬성을 얻는 데 노력하여야 한다. 그 근거는 동 조약 10조 1항, "비상사태가 자국의 최고 이익을 위태롭게 하고 있음을 결정하는 경우에는 본 조약으로부터 탈퇴할 수 있는 권리를 가진다"에서 보장하고 있다. 여기서 언급한 비상사태는 비핵국가인 한국의 입장에서 발생한 북한의 6차 핵실험과 ICBM 미사일 발사 2가지 외 핵탄두 탑재 실제 발사 시험의 경우 충족요건이 성립된다고 볼 수 있다. 때문에 대한민국 정부는 이러한 요건과 국민 투표의 결과를 당사국들과 UNSC에 통보하면 된다.

단, 일각에서 우려하는 바와 같은 NPT 탈퇴에 따른 보복과 제재의

핵이라는 이름의 청구서

문제는 10조에 맞는 요건을 구비하지 못한 채 회원국과 UNSC의 동의도 얻지 못한 상태에서 무리하게 핵 개발과 핵실험을 감행한 이란과 북한이 해당한다고 볼 수 있다. 따라서 한국의 경우는 정부가 충분히 그 배경을 설명하고 당위성을 주장함으로써 불필요하며 과도한 제재와 견제를 받지 않도록 외교적 역량을 집중해야 한다.

④ 그러나 역시 가장 어렵고 까다로운 부분은 어떻게 하면 미국의 동의를 구하며 또한 중국의 보복을 견디어 낼 것인가 하는 2강국과의 힘의 역학관계를 풀어내는 데 있다. 따라서 이 부분은 지면을 더 할애하여 3가지 측면에서 살펴보기로 한다.

4-2-3-2-1. 미국 설득

우선, 한국이 넘어야 할 첫 번째 과제는 한미원자력 협정의 개정이다. 이 협정은 IAEA 관할의 NPT 조약과는 전연 별개로 양국 간에 맺어진 협정으로 한국의 단독 원자력발전과 핵물질 전용을 사전에 차단하기 위해 만들어졌다.

사실, 1974년 개정 이후 41년 만인 2015년에야 수정을 허락할 만큼 미국의 전 세계 거의 모든 원자력 분야에 대한 통제권은 절대적인 편이다. 결국 이러한 미국과 어떻게 수정 협정을 얻어낼 수 있는가가 문제시되어 왔다.

1972년 체결 당시 양국 간 원자력 협정은 '원자력의 평화적 이용(Atoms for Peace)' 원칙에 기반을 두면서 미국이 비핵국가인 한국에 핵물질 및 기술은 제공하되 한국이 군사적인 목적으로 전용하지 못하도록 대부분의 운용 항목에서 미국에 사전 동의를 구할 것을 의무화하여 왔다. 그러나 한국의 원자력 기술이 일취월장하고 규모가 커짐에 따라 여러 차례 한국의 개정 요구가 이어져 마침내 2015년 재개정 단계에 이르렀다. 그런데 이 개정안은 한국의 입장에서 보면 기존

안보다 훨씬 발전된 내용들로 이뤄져 있다.

특히 주목할 부분은 미국 측으로부터 고온(500~650℃)에서 전기화학적 방법을 이용하여 사용후 핵연료를 처리, 원소들을 분리해 다시 핵연료로 재사용할 수 있는 기술인 파이로프로세싱과 관련, 현존 연구시설에서의 미국산 사용 후 핵연료를 이용한 "전처리, 전해환원 등에 대해 장기 동의를 확보했다."[278]라는 사실이다. 특히 **"한국은 우라늄 농축과 파이로프로세싱을 통한 재처리를 할 수는 없었으나 이 또한 향후에는 어떻게 될지 알 수 없으며 이번 협정은 분명히 한국의 승리이다."**[279]라는 미국 CSIS의 분석은 의미심장하다.

평화적인 방법과 협정 내용을 충실히 지켜온 국가에 대한 신뢰 그리고 이를 토대로 한 향후 역할 증대 가능성을 한국에 부여한 개정협정이라 해도 무리는 없을 것이다. 그럴수록 한국 정부는 동맹으로서의 본분 준수와 철저한 상호 검증 그리고 지속적인 협의를 통해 현 협정 내용을 북핵 위기를 타개하는 방향으로 끌어올려야 하는 과제도 안게 되었다.

결국 2015년 한미원자력 협정 개정안은 한국의 핵 옵션 선택과 대미 설득에 있어 빠른 진척을 보여 줄 수 있는 획기적인 개정안임이 분명하다. 핵 재처리만 빠진 사실상 한미동맹의 대북핵 견제용 재개정협정이라고 볼 수 있다. 이러한 점에서 한국 정부는 핵 옵션 선택 과정에서 미국을 설득할 수 있는 명분을 얻은 것이나 마찬가지다.

여기서 또 하나의 중요한 매개체를 찾을 수 있다. 비핵국가 중 유일하게 일본만이 예외로 적용받은 '핵 재처리 허용' 사실을 상기할 때 한국 정부도 이의 확대 도입을 주장할 수 있다는 근거를 확보한 셈이다. 그 근거로는 1988년 7월 17일에 발효된 미·일 개정 원자력 협정이다. 이 협정에 의거해 일본은 향후 30년간 사용 후 핵연료(Spent Fuel)에서 플루토늄을 추출할 때 일일이 미국의 동의를 받을 필요가 없게

핵이라는 이름의 청구서

되었다.

그런데 이러한 일본의 움직임에 불을 지핀 것은 1990년대 이후 지속되어 온 북한의 핵 문제였다. 이에 민감하게 반응한 일본 정치권의 일각에서는 꾸준히 일본의 핵무장을 주장했으며, 극우세력들은 이를 더욱 부추기는 모습을 보였다.

그러는 동안 일본은 핵 보유를 위한 준비를 꾸준히 해 왔으며 2006년 3월에는 아오모리현 롯카쇼무라의 롯카쇼 재처리 시설에서 마침내 액티브 시험을 진행하기에 이르렀다. 게다가 일본은 GEKKO-XII라는 관성 레이저(Inertial Laser) 계열[280]의 핵융합 실험 장치까지 보유함으로써 핵실험을 굳이 할 필요가 없는 사실상의 핵보유국이 되었다.

물론, 이러한 필자의 논지 배경에 대해서는 다툼의 여지가 있을 수 있다. 그러나 분명한 것은 일본의 핵무장이 거의 완성 단계에 왔다는 것과 북핵이라는 국가의 위험한 안위를 등에 지고 있는 한국으로서는 이러한 일본의 재처리 수용과정을 눈여겨볼 필요가 있다는 점이다. 따라서, 한국 정부는 미국과의 설득 협상에 나설 때 일본의 선례를 놓치면 안 된다. 왜냐하면 선례는 결실을 유도하기 위한 가장 확실한 논거이기 때문이다.

4-2-3-2-2. 중·러의 반발

한국의 핵 옵션 고려에 대한 중국과 러시아의 반발은 극에 달할 것으로 보인다. 특히, 중국은 한국에 대해 군사적으로 위협하는 단계까지 긴장감을 높일 수 있다.

반발의 근본 원인은 종주권 상실 심리로 귀결된다. 북한의 핵 문제로 인한 피로감은 컸으나, 한반도의 영향력 구도를 보면 북·중과 한·미의 양대 분할 구도인 만큼 북한의 핵은 중국에도 그리 나쁘지 않을 수 있다. 때문에 중국은 북한에 대한 종주권을 너무나 당연시함과 동시에 북핵을 '장차의 보검'으로 여기며 이 또한 중국 소유물의 일부로 받아들여 온 것도 사실이다.

그러나, 한국은 분명 다른 범주에 서 있는, 복속시켜야 하지만 그리 호락호락하지 않은, 미국이라는 거대한 해양 세력을 등에 업어 영원히 중국의 역사적 배타적 권역에서 멀어질 수 있는 상대이다. 이러한 역사적 연고권을 저의에 두고 있는 중국은 쉽사리 한국의 핵무장 옵션을 받아들이려 하지 않을 것이다.

러시아는 중국만큼은 아니라고 하더라도 1950년 한국전쟁의 기획자였던 만큼 북한에서의 영향력을 유지하려는 것이 사실이다. 다만 중국과는 달리 영토에 대한 간섭은 없는 편이므로 주로 안보상의 문제를 주요 이슈로 내걸 것으로 보인다.

그러나 가장 큰 문제점은 역시 보복이다. 그중에서도 거의 절대적인 보복은 중국 측으로부터 나온다. 과거 역사는 두말할 것도 없거니와 최근래의 사례는 이를 잘 입증해 준다. THAAD와 LOTTE의 경우는 이에 대한 사례로서 충분하다. 하물며 이러한 핵 옵션 보유와 관련해서 중국과 러시아의 보복 위협은 헤아리기 어려울 것이다.

따라서 대응책을 강구하지 않으면 피해는 불을 보듯 뻔하다. 그러자면 중국이란 어떠한 나라이며, 이러한 경우 어떻게 위협해 왔으며, 상대국들은 이러한 사태를 어떻게 해결해 왔으며, 한국은 이를 핵 옵션과 어떻게 연결지을 수 있을지에 대한 연구가 이뤄져야 한다.

4-2-3-2-2-A. 중국 해부 요약

중국 혹은 중국인의 내면 모습을 한 단어로 정의하자면 필자는 '자아몽(自我夢)'이라고 단언한다. 여기서 말하는 자아는 중국과 중국인 개인별 자아 중심주의를 말한다. 그리고 몽이란 강한성당(强漢盛唐)의 부활을 통한 세계 제일의 국가가 되는 것을 말한다.

　우선, 자아(自我)에 대해서 알아보자. 중국 내부는 철저한 자기 이익 중심과 상인적 관념으로 이뤄져 있다. 소위 '상인종(商人種)의 나라 중국'이라는 말은 이를 잘 대변해 준다. 그런데 이 대목을 이해하려 하지 않거나 간과할 경우 어느 외국 기업이든, 국가든 쉽게 낭패를 보게 마련이다.

　이 상인종은 치밀한 계산과 상대에 대한 경계 그리고 철저한 자기 이익 중심주의에서 나온다. 여기에 대한 사회적 바탕은 두 가지 용어로 정리된다. '촤이모상이(揣摩上意)'와 '관시(關係)'이다.

　'촤이모상이'란 '상부의 뜻을 깊이 헤아려 적절한 조치를 취한다'라는 뜻이다. 최근에 등장한 신조어가 아닌 유구한 세월을 거쳐 뿌리 깊게 중국 행정 관료 세계에 자리 잡은 관습이며 정부뿐만 아니라 인민들의 삶 깊숙이 자리 잡고 있다. 소위 "알아서 하라."는 말이 들어맞을 정도로 중국의 내부는 은밀하게 위를 떠받쳐주는 상향식 구조 체계를 띠고 있으며, 타국 기업과 타 국가가 중국에 반하는 행위를 할 경우 중국 정부가 상대를 입김 없이 옥죄는 행위가 가능한 것도 바로 이러한 배경 때문이다. THAAD와 관련한 중국의 한한령(限韓令)과 LOTTE의 중국 철수에는 이러한 배타성이 연계되어 있으며 정치, 사회, 경제 등 모든 분야에 걸쳐 폭넓게 자리 잡고 있다.

　'관시(꽌시)'란 집안에서 일어난 애경사를 상부상조한다는 의미에서 생겨난 개념이나 점차 인간관계를 활용하여 이익을 얻기 위해 인맥을 동원하는 개념으로 확대되었다. 특히, 사인간의 거래에 있어서 신뢰에 강한 의문을 가지는 중국인들의 특성상 이 문제는 관료와 연계하려는 습관으로 굳어져 상업적 이익과 관료사회의 신뢰 관계가 서로 연결된 구조를 보이고 있다. "하늘과 싸우고 땅과 싸워도 관료와는 절대 싸우지 말라."라는 표현은 이 관시 문화의 특성을 함축적으로 담고 있다.

　그런가 하면, '멘쯔(面子)'라는 '체면 세우기 혹은 품위 지키기' 의식도 중국 인민들의 사고 중 큰 비중을 차지하고 있다. 이것은 일종의 과시욕 혹은 보여 주기식 행위로 해석할 수 있다. 개개인에서부터 지방 정부 그리고 중앙 정부에 이르기까지 밖으로 드러나는 부분에 그토록 민감하게 반응하는 것도 이 때문이다.

이와 같이 자아와 관련된 중국 내부의 요인들에 대해 간단히 알아보았다. 그런데 이러한 요인들이 중국 특유의 끼리끼리 문화인 방파문화(幇派文化)와 소국을 하대하는 대국주의(大國主義)와 국가정책이 결합하면서 등장한 것이 바로 중국몽(中國夢)이라는 국수주의이다.

두 번째, 몽(夢)에 대해 살펴보기로 한다. 중국인들이 갖고 있는 꿈은 거대하다. 단순히 지역 내에서 거대한 영향력을 행사하며 살기를 원하는 상대적으로 소박한 꿈이 아니다. 2010년 이후 중국의 이러한 모습은 자주 목격되었다. 남중국해 산초 위에 인공 섬을 만들고 그 위에 군사 기지를 만들어 지역 일대를 자신들의 것으로 공언하는 행위라든가, 아프리카, 남미 등 거의 전 세계에 중국 자본을 불어넣어 경제적인 헤게모니를 장악하려는 태도 모두 이러한 몽(夢)의 일환이라고 봐야 한다.

그런데 불과 수십 년 전만 해도 이러한 꿈의 표현은 잠재되어 있을 뿐이었다. 1989년 천안문 사태로 중국이 국제적으로 고립되어 이를 타개하기 위해 내건 덩샤오핑의 5책략 중 4, 5책인 도광양회(韜光養晦, 어둠 속에서 조용히 실력을 기를 것)와 유소작위(有所作爲, 꼭 해야 할 일이 있는 경우에만 나서서 할 것)를 통해 중국은 수면 아래서 후일을 기약하는 자세를 취하였다. 그 결과는 대성공이었다. 수많은 공산주의 국가가 몰락하는 와중에도 굳건히 공산주의를 유지하면서 아프리카와 아시아의 후진국들인 제3 세계와 외교, 경제적 관계를 형성하면서 힘을 기르기 시작했으며 미국과 영국 등 서구 열강들의 견제를 피하면서 성장할 수 있었다.

그러던 중, 후진타오가 기존의 화평발전에 굴기를 대신 넣은 화평굴기(和平堀起·Peaceful Rise)를 발표하면서 미국과 유럽 연합체는 중국을 자신들에게 도전하는 세력으로 간주하기 시작했다. 이어 버락 오바마 미 대통령은 2011

년에 발표한 '아시아로의 회귀(Pivot to Asia)' 전략 선언을 통해 미국이 본격적으로 중국을 견제의 대상으로 선언함으로써 미·중 간의 불꽃 튀는 경쟁과 적대관계를 형성하였다.

이에 맞서 중국은 미국과 대등한 관계를 설정한 신형대국관계(新型大國關係)를 선보이며 향후 주도적으로 외교 관계를 풀어나가려는 주동작위(主動作爲)를 뽐내기 시작했다. 세계의 초강대국으로 우뚝 서려는 대국굴기(大國崛起)를 시작한 것이다. 그뿐만 아니라, 초영간미(超英赶美)를 넘어 월미(越美)를 꿈꾸는 단계에까지 이르렀다. 일대일로(一帶一路), 강군몽(强軍夢), 중화부흥(中華復興) 모두 이를 잘 대변하고 있다.

이와 같이, 중국은 강한 자아적 꿈의 실현으로 몰입해 간다고 요약할 수 있다. 따라서 필자는 중국을 '대내외적으로 자시들만의 자아를 드러내려는 자아몽(自我夢)의 국가'로 표현하였다. 자신을 위한 꿈을 꾸는 것이 중국과 중국인들의 원대한 희망이며 이를 실현하고자 하는 것이 중국이 여태껏 드러내지 않았던 숙원인 셈이다.

그런데 중국이 이러한 관념을 소유하게 되면 핵 옵션을 희망하는 한국은 어려운 도전에 직면하게 된다. 철저히 자신들의 이익을 먼저 생각하는 중국은 핵 문제를 조그마한 변방으로부터의 이익 침해 요인으로 받아들일 것이며, 원대한 세계 초강대국을 지향하는 몽의 중국에게 한국의 핵 옵션 문제는 '옆구리를 겨냥한 창끝'이 될 수 있기 때문이다. 또한, 이러한 성향의 소유자들은 자신들의 이익이 위험에 처했을 경우 2가지의 행태를 주로 보여 준다. 위협과 보복이다.

　우선, 이러한 중국의 위협과 보복이 실제로 존재하는가에 대한 한국인들의 의구심은 2016년 THAAD 배치 논란과 동시에 현실로 바뀌었다. 사실 THAAD 배치를 확정 발표한 문재인 정부 시절인 2017년 6월 9일 이전부터 중국의 대한국 위협과 보복행위는 지속되어 왔다.

　물론 이와 관련한 중국 정부의 공식적인 발표는 없었다. 위에서 언급한 촤이모상이(揣摩上意) 문화로 인해 굳이 중국 정부가 발표할 이유도, 물리적 증거도 없었기 때문이다. 보이지 않는 중국형 자아가 만들어 낸 보복행위임을 의심하는 한국인들은 없었다.

　그런데 이와 유사한 위협과 보복을 받은 사례가 비단 한국에만 국한된 것은 아니었다. 중국과 국경선 혹은 영토 이해 문제가 관련된 국가들은 대부분 위협과 보복을 받아 왔다. 한국은 군사적인 위협보다는 주로 경제적 차원에서 통상(通商) 위협 위주의 보복 카드를 꺼내 들었지만, 한국 외의 국가들에게는 군사적 물리력을 동원한 사례도 있어 이는 더 큰 위협 보복 사례로 기록된다.

　그런데 상당수의 국가는 중국의 군사적 보복이 가해지기도 전에 먼저 조치를 취하는 태도를 보임으로써 사태를 수습하는 경우가 많았다. 대표적인 국가들과 사례는 다음의 표와 같다.

상대 국가	발생 연도	발생 원인	중국의 행위	상대국의 대응	상대적 적극성
한 국	2015	THAAD부대 한국 내 설치	한한령(限韓令·한류 규제령)과 중국 내 한국 제품 불매 및 영업점포 공격	문재인과 시진핑 대화를 통해 해결 노력, 상호 이해 부족으로 확실한 결말 부재	한 국
노르웨이	2010	류샤오보(劉曉波)의 노벨평화상 수상	류샤오보의 가택연금으로 수상식 불참, 노르웨이산 연어 수입금지 조치	2017년 노르웨이 총리 방중하여 사실상 사과 성명 발표, 이후 수입금지 해제	노르웨이
프랑스	2008	사르코지 대통령과 달라이라마 회동	구매예정이던 에어버스 150대 구매 취소	2009년 사르코지의 티베트 독립 지지 철회	프랑스
영 국	2012	캐머런 총리와 달라이라마 회동	80억 파운드 규모의 대영국 투자 계획 백지화	2013년 캐머런의 중국의 주권과 영토 통합성 존중 성명 발표 및 시진핑의 영국 고속철도 및 원전 사업에 86조 원 투자 약속	영국

〈표 2-9〉 중국의 보복에 대한 소극적 대응 사례, 도표-저자 작성

반면, 위 국가들의 소극적이며 회피적인 대응과는 달리 원칙적이며 강경한 대응으로 승리를 끌어낸 국가들이 있다. 대만, 필리핀 그리고 일본이다. 이 3개국이 극복한 과정을 연구하게 되면 한국 정부가 핵 옵션을 추진하는 도중 만나게 될 중국을 상대하는 과정에서의 중요한 실마리를 얻을 수 있다.

첫째, 대만의 정책 추진 변경을 통한 극복 건이다. 2016년 차이잉원의 대만 총통 취임으로 촉발된 중국의 대만 여행 금지 차이모상이(揣摩上意)로 초반 여행객의 급감이 이어졌으나, 연말에 이르러서는 오히려 2015년 실적을 뛰어넘는 외국인 관광 실적을 거양함으로써 중국의 압박을 벗어나는 쾌거를 거두었다. 이 같은 여행 분야에서 대만의 성공적인 대응책을 간략하게 정리하면 다음과 같다.

대만의 중국 대응 정책 방향[281]

ⓐ 신남향 정책 추진(2016.9.5.): 아세안 10개국 및 남아시아 6개국 등과의 협력 관계 확대를 통해 경제 전반에서 중국 의존도를 줄여나감
ⓑ 관광산업 육성을 위한 4대 전략(2016.9.8.): 다양한 시장 개척, 관광 관련 산업 협력, 국민 여행 카드 발행을 통한 국내 관광 확대, 새로운 상품 개발
ⓒ 해외 관광시장 마케팅 강화: 해외 TV 홍보, 해외 항공사와 호텔 판촉, 비자 면제, 외국인들을 위한 언어별 여행 가이드 확보하여 대만으로 여행 오도록 홍보
ⓓ 이를 통한 결과, 전년 대비 2016년 외국 관광객 수 오히려 2.4% 증가
(10,439,785명→10,690,279명)

그러나 무엇보다 획기적인 대응책은 미국과의 관계 강화에 있었다. 비단 관광 교류 차원만이 아닌 외교·군사 면에서 미국과의 진전된 관계를 형성함으로써 강한 대항력을 기른 것이 상당한 효과를 거두었다. 그 예로, ① 중국의

대만 여행 봉쇄가 지속되던 2017년 6월 30일에도 미국의 대만에 대한 무기 판매액이 14억 달러(1조 5천억 원)[282]에 이른 사실과 ② 수십 년간 중단되었던 고위 공직자의 상호 방문을 허용, 이를 명시한 미국의 대만 여행법(2018.3.16.)을 들 수 있다. 비록 중국의 거센 반발이 계속 이어지고 있으나, 이는 미국과의 든든한 관계를 통한 대만의 독립 의지 강화와 대중국 대항력 증진의 일환으로 볼 수 있다.

둘째, 필리핀의 국제해양법재판소(ITLOS) 상정과 사법적 승리 사례이다. 2012년 남중국해의 스카보러섬에서 필리핀 전함들이 중국 어선을 단속하는 와중에 중국의 초계함과 대치하는 사건이 발생, 영유권 문제가 다시 불거졌다. 이에 중국은 필리핀산 과일을 사실상 금수 조치함과 동시에 관광객의 발길도 묶었다.

그러나 필리핀은 2013년 이에 아랑곳하지 않고 국제중재재판소로 끌고 갔다. 결과는 필리핀의 승리였다. 근거 없는 중국의 남중국해 영유권 주장에 국제사법재판소가 필리핀의 손을 들어준 것이다.

이와 같이, 필리핀은 외형상으로는 군사적으로도, 경제적으로도 중국에 맞서 싸울 수 없어 보였지만, 재판 기구의 판결이라는 국제적인 승리를 거머쥠으로써 당당히 앞서 나갈 수 있게 되었다. 필리핀의 승리는 중국과 약자의 관계에서 시름하는 국가들에게는 또 하나의 시사점을 던져준 계기가 되었다.

셋째, 일본 특유의 전략 전술을 통해 벗어난 경우이다. 대부분의 언론에서는 일본이 중국의 희토류 수출 제한에 굴복했다는 보도를 많이 내보냈다. 그러나 이는 사실과 다르다. 일본의 치밀한 전략을 이해하지 못했기 때문이기도 하다.

2010년 9월 7일 센카쿠 열도(댜오위다오)에서 일본 순시선을 들이받은 혐의(공무집행 방해)로 중국어선 선장(잔치슝)을 구속한 지 불과 17일(9월 24일) 만에 석방하였기 때문에 그렇게 여겨질 수 있다. 또한 명분으로 '처분 보류'라는 애매한 단서를 단 것도 일본의 패배로 인식하기에 충분해 보였다. 더군다나 이

핵이라는 이름의 청구서

중국인 선원의 석방 배경에 중국의 희토류 수출 중단이라는 강한 조치가 있었다는 사실이 알려지면서 일본은 굴욕이란 단계를 넘어 막대한 경제적인 손실도 감내해야 할 상황으로 몰리는 듯했다.

그러나 일본 특유의 전략 전술적 대응 전략은 기민하며 치밀하였다. ⓐ 우선, 강한 상대에게 큰 패가 잡혀 있을 경우 즉각 물러나고, ⓑ 상대가 방심하는 틈을 타서 후일을 도모하며, ⓒ 그런 다음 강한 우군과 연합하여 비장의 카드를 준비하여, ⓓ 반드시 상황을 역전시키는 전략을 사용하였다. 이를 구체적으로 설명하면 다음과 같다.

ⓐ 희토류라는 희귀 광물이 일본 전자 업계에 미치는 손실이 막대하므로 분쟁 기간을 최소화하여 수출 재개가 빨리 이뤄져야 한다.

ⓑ 중국 내에서 일본 제품의 불매와 항일 집회가 이어지는 등 극심한 반일 정서가 대륙을 들끓게 하는 상황일수록 일본은 이를 국내 경제활동을 강화하는 기간으로 삼아야 한다.

ⓒ 미국, EU, 일본 3개국의 경제연합체는 중국의 희토류 수출 제한 건을 WTO에 정식으로 제소하도록 하며, 각국은 개별 단위로 자체 투자와 개발을 서둘러야 한다.

ⓓ 2014년 3월 26일, WTO는 "중국의 희토류 등에 대한 수출 제한 조치가 WTO 협정에 일치하지 않는다."[283]라는 패널 보고서를 채택함으로써 결국 일단의 논란은 일본의 승리로 귀결되었다.

철저히 계획대로 실행에 옮긴 일본의 승리였다. 또한 외부에 잘 알려지지 않은 희토류와 관련된 중국 내부의 정보를 철저히 분석하고, 이미 추진 중이던 자체 개발 프로젝트인 '원소(元素) 전략'을 더욱 가속화함으로써, 자체 개발에 따른 실리 획득과 동시에, 향후 안정적인 희토류 확보에도 박차를 가할 수 있게 되었다.

사실, 일본은 이미 2010년 센카쿠 사태 이전인 2009년 "중국 내의 희토류 보유량이 전 세계 보유량의 35%(75%, 1970년)"[284] 선까지 내려오고 그로 인한 과도한 개발로 자국 내 수요를 맞추기에도 급급한 상황임을 알았으며, 그 이전까지 일본은 중국의 최대 희토류 소비처이면서도 불법적인 암시장을 통해 "희토류를 몰래 공급받아"[285] 온 전력이 있었다.

이를 통해서 볼 때, 일본은 이미 중국의 희토류 시장에서 얻을 수 있을 만큼 최대한 혜택을 본 후, 2010년 센카쿠 사태 이후로는 중국 시장을 사실상 이탈하여 다른 국가로 공급처를 선회하는 실리적인 방향을 선택하였다. 즉, 표면상의 후퇴가 아닌, 실리는 충분히 취한 뒤 동맹국들과 힘을 합쳐 다른 전략으로 중국을 공략하면서 WTO 제소라는 공격적인 방법까지 동원하여 결국 승리함으로써 일본은 중국에 대한 희토류 공급과 이후의 대결에서 사실상 승리를 거둔 셈이었다.

그뿐만 아니라, 이 WTO 제소 분쟁 건으로 미국·일본·유럽연합(EU)은 한 편대를 이뤄 맞붙어 중국을 패배시킴으로써 중국이 서구 경제권과의 대결에서 입은 내상(內傷)은 컸다.

결국 중국은 ① 2011년 이후 눈에 띄게 늘어난 "전 세계 희토류 개발 프로젝트 추진 세력(Rare Earth Project Tracker)들의 압박"[286]과, ② 타국에 희토류 시장을 상실할 수 있다는 우려와, ③ 자국 산업체의 수출 물량 감소에 따른 경제적 손실, 그리고 ④ '삼각편대'와의 법적 분쟁 패배에 대한 대가로 수출 물량을 늘리지 않을 수 없게 되었으며, 2015년 이후 수출 물량은 점차 늘어나 "2017년에는 월평균 3,646t(2017년 1월~7월, 총량 25,526t)의 희토류 수출 물량을 기록하였는데, 아이러니하게도 이 물량의 최대 수입국은 바로 일본"[287]이었다.

4-2-3-2-3. 핵 옵션과의 연계

4-2-3-2-3-A. 중국 유도

위에서 살펴본 바와 같이 중국은 친북 국가이며 패권 추구 국가라는 두 가지 특성을 연결해 보면 한국의 핵 옵션 방향을 정할 수 있다.

첫째, 도광양회가 아직도 진행형임을 인식해야 한다. 비록 중국 정부가 겉으로는 덩샤오핑의 도광양회를 정리하고 대국굴기를 표면화하는 방향을 선택한 것 같으나 사실은 이와 다르다. 아직도 미국 앞에서는 세계 유일의 강대국이 될 수 없을뿐더러, 영국 등 EU와 일본을 위시한 남중국해 국가들과의 갈등과 견제 등으로 중국은 자칫하면 고립될 소지마저 가지고 있다. 즉, 밖으로 뻗어 나가려는 세력과 이를 틀어막으려는 세력들이 치열하게 각축을 벌이는 상황에서 대국굴기는 아직 섣부른 판단이라고 할 수 있다.

따라서 한국이 핵 옵션 행사 의향을 비칠 경우 미국과는 전연 별개의 국가인 중국을 상대해야 함을 직시해야 한다. 부연 설명하자면, 한국은 중국의 대국굴기의 명분을 찾으려 혈안이 된 중국의 도광양회가 밖으로 나오게 되는 상황을 적극적으로 자극할 필요가 없다는 점이다.

둘째, 강군몽에 도전하려는 경쟁자들을 인정하지 않는다. 그러나, 군사력을 세계화하기에 중국은 너무 많은 적과 경쟁국을 지닌 국가이다. 위로는 협조와 경쟁을 겸하는 러시아가, 아래로는 인도, 베트남, 필리핀 등 영토 분쟁에 격한 대립을 하는 남방 국가들이, 왼쪽으로는 강한 응집력의 EU가, 오른쪽으로는 세계 최강대국인 미국과 최대 동맹국인 일본이 버티며 사면을 에워싸고 있는 모양새이다.

그런 형국에 한국마저 핵 옵션을 사용하려 든다면 중국은 이전투구식으로 나올 가능성이 높다. 비록 영토는 작으나 군사력이 만만치 않은 한국이 핵무기를 보유할 경우 사실상 한반도에 대한 통제권을 상실하게 될 중국으로서는 최선을 다해 한국의 핵 제로 옵션을 추진할 것으로 보인다.

셋째, THAAD 때와는 차원이 다른 경제 보복을 할 가능성이 높다. 박근혜 정부 때의 THAAD 보복과는 차원이 다른 것임은 앞선 타국의 사례를 통해서도 충분히 인지할 수 있다. 또한 중국은 LOTTE 건과는 달리 한국 경제의 숨통을 조이려고 하는 의도에서 파상적인 공세를 펼칠 가능성도 크다.

그러나, 타국의 사례를 연구하고, THAAD 시절의 촤이모상이(揣摩上意)의 상당 부분을 극복해낸 한국으로서는 이에 대한 방어력과 면역력을 상당히 많이 축적한 것으로 판단된다. 또한 미국, 일본, EU가 보여 준 대응 방법을 접목할 경우 한국과 마찬가지로 중국 또한 경제적 내상을 피할 수는 없을 것이다.

넷째, 중국은 상인종(商人種, 철저한 상술로 상권을 장악하려는 중국인) 국가의 특징 중 하나인 이권 확보를 위해 적극성을 띨 것으로 보인다. 그런데 이 부분은 중요한 대목이다. 왜냐하면, 중국의 몽니 부림 현상은 최종적으로는 영토 확보와 돈의 획득을 목적으로 하기 때문이다. 한반도에 대한 연고권 주장에는 영토 욕구가, 한국과의 FTA를 통한 경제 교류에는 막대한 경제적 이득을 취하려는 금전적 욕구가 이 상인종의 마음속에 강하게 자리 잡고 있다.

그런데 이러한 상인종 국가인 중국에 한국의 핵 옵션은 북한뿐만 아니라 이제는 남한도 동시에 방어해야 한다는 상당한 부담감으로 작용해 상인종 국가가 양쪽 모두를 동시에 다루기에는 버거운 상태가 되는 것이 사실이다.

다섯째, 중국의 불순한 한국 내 분열 책동을 조심해야 한다. 사실 한국은 고대를 거쳐 현대사에 이르기까지 분열로 영토를 중국에 빼앗기거나 일본으로부터 유린당한 사례가 많았다. 이러한 사례는 위에서 충분히 제시하였으므로 여기서는 생략하기로 한다.

중국은 북한 그리고 소련(러시아)과 떼려야 뗄 수 없는 혈맹관계를 유지하고 있다. 또한 이 연결고리는 1950년의 한국전쟁을 통해서 분명하게 드러났으며, 이후 계속되는 남-북 간의 갈등의 고리 속에서도 전혀 변함없는 사이클로 움직여 왔다.

1950년 이전에는 남한 내의 극심한 좌-우 분란을 초래하여 북한 정권의 김일성화와 한반도 무력통일의 호기를 잡는 성과를 거두었다면, 2000년대 이후에는 핵 문제와 남북경협 그리고 통일 희망을 남한 내에 불어넣음으로써 극심한 남-남 갈등을 유발하였으며, 종국적으로는 한반도의 평화정착도, 통일 도움도 아닌 북한 내부의 불안과 경제난 해결에 집중하려는 모습을 보였다. 때문에 이를 위해서 남한 내 북한 우호 세력 형성에 상당한 공을 들여왔다.

또한 2020년대에 들어와서는 트럼프 행정부와의 북미 정상회담과 한국의 문재인 정부를 활용하여 한국 내 보수-진보 세력 간의 갈등을 촉발하였으며, 남한 내 진보 세력을 북한 자신과 동일 유사점을 갖는 인력(引力)으로 활용해 왔다. 이를 통해 북한은 미국과 한국 양쪽에 적당한 거리에 둔 채, 양 동맹국에 이견의 틈(隙)과 이념의 극(極)을 극대화하였다.

따라서 이러한 남한 내 갈등 구도를 훤히 꿰뚫고 있는 중국은 한국의 핵 옵션에 대해서는 남한 내 찬반 여론 분산을 위한 여론 조작에 들어갈 것이 분명하며, 이에 따라 남한 내에서의 이념 갈등은 그 어느 때보다 극심해질 것으로 판단한다. 국가의 이익 앞에서는 일심동체가 되는 미국이나 일본과는 전연 다른 이념과 사상의 분란이 지속되는 한 이러한 목적을 가진 중국과의 연결고리를 차단하기란 결코 쉽지 않을 것이다. 따라서 이 문제는 한국 정부와 정치권에서 얼마나 긴밀하고 유기적인 협조를 보이느냐에 따라 성패(成敗)가 갈릴 것으로 보인다.

여섯째, 중국을 설득하기 위한 시간대를 설정해야 한다. 핵 옵션 설정에 대한 정부의 방침과 국민적 동의가 일정한 수준에 도달했을 때는 중국으로부터의 협조를 무한정 기다리거나 굳이 극한 저자세의 외교를 보일 필요는 없다.

그러나 그만큼 대부분 시간은 중국과의 극심한 대립으로 점철될 것이다. 그러면서도 한국은 어떻게든 중국을 설득할 시간을 벌어야 하며, 설령 어렵더라도 국교 중단이라는 최악의 시나리오는 막아야 한다. 때문에 한국은 큰 외교적 시험대에 오를 것이며 이를 슬기롭게 해결해야 하는 중차대한 갈림길에 서게 될 것이다.

하지만, 이 어려운 과정에 굴복하게 되면, 핵 옵션 추진은 더 어려워지게 된다. 따라서, 지혜로운 중국 대응법을 연구해야 한다. 탄력적 시간대 설정이다. 복싱에 비유하자면 철저한 아웃복서가 되는 것과 흡사하다.

상대가 강하게 나올 때는 한 발짝 물러서고, 반면 상대가 유화적인 틈을 보일 때는 과감하게 설득하러 들어가는 인파이터의 모습을 보여야 한다. 이 노력은 불과 몇 개월이라는 단기간이 아닌 수년을 필요로 하는 장거리 경기라고 할 수 있다. 즉, 누가 먼저 지치느냐의 싸움일 뿐, 절대 승자도, 절대 패자도 존재하지 않는 시간과 호기(好期)의 철저한 수(數) 싸움인 것이다.

따라서 시의적절한 대응 능력이 우선시되는 만큼 정확한 기간을 설정한다는 것은 무의미하다고 볼 수 있다. 다만 필자는 그 기간을 한국전쟁 지속 기간인 3년과 비슷할 것으로 추정한다. 그 배경으로는 중국 국내 상황과 미국과 일본 등 주변 국가들과의 역학관계 변화가 한국전쟁 당시와 비슷하게 흘러갈 가능성이 높기 때문이다. 즉, 한국의 핵 옵션에 대한 중국 국내의 찬반 여론 비등과 한국-미국-일본이라는 강력한 동맹 라인과의 대결 가능성에 대한 국제적인 긴장감 형성으로 인해 중국의 압력과 긴장 형성 모드는 1950년 공산-민주진영 간의 극심한 이념 갈등으로 폭발했던 한국전쟁 이상으로 지속되기란 어렵다는 얘기이다.

따라서 이때쯤에는 중국의 내외적인 환경변화에 따라 기간 설정은 오히려 탄력적으로 조절할 수 있을 것으로 보인다. 그러나 무엇보다도 상황을 더 악화시키는 것을 막기 위한 아웃 파이터식 외교에 더욱 집중하여 이 인내의 기간을 최소화하는 일이 중요하다.

마지막으로 위의 내용을 종합해 보면, 중국은 설득의 대상이라기보다는 강·온 양면 그리고 합종연횡을 통해 다루며 나아가는 전략을 실행해야 할 것으로 보인다. 꼭 굳이 중국을 한국 편으로 만들거나 적으로 돌릴 필요 없이 한국은 동맹과 우호 세력들과의 합종연횡을 통해 경제적, 군사적 보복에 대응하기 위한 체계를 강화해 나가야 한다. 중국몽과 대국굴기의 기운도 미국을 비롯한 동맹과의 든든한 연결고리를 끊을 수는 없기 때문이다.

이렇게 지구적(持久的)인 노력을 경주하게 되면, 이번에는 오히려 중국이 어려운 핵 옵션 행사의 선택지를 받아들게 될 것이다. 그러면서도 우려스러운 점은 남한 내의 분열이다. 따라서, 중국을 설득하는 과정상의 성패 여부는 외

핵이라는 이름의 청구서

적인 요인만큼이나 한국의 내적 요인도 영향을 미치게 될 것이다.

4-2-3-2-3-B. 일본과의 협력

한국의 핵 옵션 보유와 관련하여 열쇠(KEY)를 쥔 국가는 다름 아닌 일본이
다. 미국도, 중국도, 러시아도, 한국 당사국도 아닌 일본이 한국의 핵무장의
열쇠를 쥐고 있다. 다들 의아해할 수 있을 것이다. 그러나 다음의 설명을 읽게
되면 그 이유를 알 수 있다.

첫째, 위에서 설명한 일본의 핵 재처리 가능 관련이다. 일본은 미·일 원자
력 협정으로 핵 재처리를 할 수 있게 되었다. 반면 진보된 협상안이 있어 왔지
만 한국은 어떠한 재처리 과정도 직접 운영할 수 없는 것은 분명한 사실이다.

그러나, 이 사실은 향후 한국에는 재처리 요구를 위한 분명한 근거로 작용
할 수 있다. 북한이 본격적으로 핵무기를 실전에 배치할 경우를 대비해서라도
핵 재처리 문제는 반드시 해결되어야 한다는 논리는 타당성을 결(缺)하기 어렵
다는 뜻이다.

둘째, 일본의 핵무장 관련 고체 연료의 역할이다. 고체 연료를 사용하는 로
켓의 고(高) 효용성은 유사시에 즉각 사용할 수 있다는 데 있다. 액체 연료가
장시간 연료 투입으로 적으로부터 노출과 반격을 받을 수 있는 대신, 고체
연료는 단시간 내 장착에 따른 이동으로 정찰 자체가 어려운 비밀병기에 속
한다.

그러나 일본은 평화헌법 제9조에 의거, 탄도 미사일을 사실상 보유할 수 없
다. 그 때문에 일본은 이러한 고체 연료 로켓 실험을 우주 궤도 진입 혹은 관
측용 인공위성 발사 때 적절히 활용함으로써 사실상 보유를 확정할 수 있게
되었다.

이에 비하면 한국은 일본보다 훨씬 더 공개적이며 공격적으로 고체 연료 로
켓으로 훈련, 실전에 대비하여 배치하고 있다. 이 점에서 일본과 한국은 상호
교류를 통한 윈-윈 전략을 공유할 수 있을 것이다.

셋째, 준(準) 보유국의 지위를 활용하는 모델을 정확히 제공하고 있다. 우선 일본은 핵 재처리를 통해 2020년까지는 70t[288]에 달하는 플루토늄을 비축할 것으로 전해지고 있다. 물론 여기서 일본의 비축량 자체가 중요한 것은 아니다. 그러나, 핵물질 중 핵탄두 생산과 직결된 물질을 공식적으로 보유할 수 있다는 것 자체가 이미 핵보유국에 준하는 지위를 얻은 것이나 다름없다. 이는 일본 조야에서 원자력 산업 발전을 지속적이고 강하게 추진해 온 또 다른 배경 중의 하나였다.

여기에 일본은 핵보유국인 중국과 러시아에 전혀 위축되지 않는 행보를 보이는데, 그 바탕에는 향후 마음만 먹으면 언제라도, 얼마든지, 순식간에 핵무기를 실전에 배치할 수 있다는 준 핵보유국으로서의 자신감에서 나왔다고 볼 수 있다. 이는 한국에 시사하는 바가 크다.

넷째, 미국 최대 동맹국의 하나로서 일본의 역할이다. 이는 미국의 일본에 대한 신뢰를 의미한다. 그러나 이와는 달리, 미국 조야는 한국을 미국으로부터 안보 이득은 취하면서 친미적인 행태는 보이지 않는 국가로 받아들이고 있다. 그것은 진보와 보수가 뚜렷이 구분되는 양당의 이데올로기적 세계관에서 선호도를 달리하기 때문인데, 진보는 북한과 중국과의 관계를 중시하는 반면, 보수는 일본과 미국과의 관계를 더 우선시하는 경향 때문으로 파악된다.

그러나, 한국은 일본-미국과 북한-중국과의 관계도 설정 면에서 압도적으로 전자에 무게의 중심을 실어 주어야 한다. 그것은 국제역학 구도상 어쩔 수 없는 부분이기도 하거니와 정치·군사적 목적에서 북한-중국이라는 공산 라인과는 근본적으로 부합하지 않기 때문이다.

이 점에서 일본은 현실적으로 미국과의 친교를 중시한다. 1940년대 태평양에서 수많은 전투를 벌인 적대국이었던 미국을 일본이 끌어안고 나아가는 데는 그만한 이유가 있기 때문이다. 그것은 국가의 이익과 안정에 직결된 문제이기 때문이다. 이는 양국 간 정상회담 중 친밀도 면에서도 쉽게 확인할 수 있다.

핵이라는 이름의 청구서

특히, 핵 옵션 보유와 관련해서 일본의 모델은 적절하다. 이 점에서 한국은 일본의 우방 관리 방법을 배워야 하며, 아울러 일본이라는 견원지간의 관계도 북핵이라는 공동의 문제 앞에서는 현실적으로 다르게 보는 시각도 필요하다는 점을 알아야 한다. 그런 점에서 일본은 빠르고 뛰어난 혜안을 지녔다고 볼 수 있다.

다섯째, 미국이 일본에 선택권을 주는 것이 아니라 일본이 미국에 선택권을 주고 있다. 언뜻 듣기에 이 말은 이해하기 어려울 수 있다. 엄연히 미국은 세계 유일의 초강대국이므로 선택권을 그 밑 단계의 국가가 쥔다는 것은 무리한 주장으로 비칠 수 있기 때문이다. 그러나, 동북아시아 주변의 핵 군비 경쟁을 놓고 보았을 때는 상황이 다르다.

이를 가장 정확하게 예측한 사람은 도널드 트럼프였다고 할 수 있다. 그는 대통령이 되기 전 일본의 핵무장에 대한 가능성과 그 이유를 솔직하게 얘기하였다. "미국이 지금처럼 약한 과정을 이어간다면 우리가 그 문제를 논의하든, 말든 그들은 결국 핵무기를 갖기를 원할 것이다."[289]라는 표현에서 주변의 비판적인 시각에도 불구하고 트럼프는 상당히 현실적이고 솔직한 의견을 피력했다고 볼 수 있다.

그러나 보다 더 확실한 표현은 **"일본 핵무장을 결정하는 관건은 미국이 북핵 문제 및 남중국해 위기에 어떻게 행동하느냐다. 미국이 중국에 약하게 보이면 일본의 핵무장을 재촉하게 될 것이다."**[290]라는 데서 찾을 수 있다. 시사하는 바가 크다. 따라서 일본과 마찬가지로 한국 또한 이 부분으로부터 자유롭지 않음을 염두에 둬야 한다.

여섯째, 한반도 핵 문제에서 오월동주(吳越同舟)는 한일동주(韓日同舟)를 의미한다. 역사적으로 볼 때, 한국과 일본은 대부분 적대적인 관계사 속에 놓여 있었다. 보다 정확히는 일본은 한국을 셀 수 없을 만큼의 횟수에 걸쳐 침략과 노략질을 해 왔다. 이로 인해 한국인들 사이에는 일본에 대해 씻기 힘든 상처와 적개심을 품고 살아가는 사람들이 많다.

21세기에 들어서도 일제강점기와 독도 문제 그리고 일본군 위안부 문제에 이르기까지 한시도 조용한 날이 없던 양국이기도 하다. 일본 측으로부터의 진정한 사죄 없이 한반도 핵 문제에서 상호신뢰를 바탕으로 한 협력을 기대하기란 어려울 수밖에 없는 점도 이해가 가는 부분이다. 한 맺힘을 풀기까지 남북한이 일본에 공동 대응해야 했으나 지난 긴 세월 동안 이를 제대로 해결하지 못했으며, 강점기에 따른 피해 보상도 군사정권의 일방적인 처리로 완료되지 못했다. 또한, 위안부 문제도 미봉책으로 해결하려다가 두 국가 간의 감정만 더 악화하는 결과를 낳고 말았다.

그러나 지금은 구원(舊怨)을 잠시 묻어 두어야 한다. 그 원한보다 훨씬 더 급박하며 위험한 북한의 핵무기가 목전에서 한국을 위협하고 있기 때문이다. 한국-미국-일본 3각 동맹라인이 힘을 합쳐서 북핵에 대응해야 하며, 어느 한 축도 먼저 빠져나가거나 무너지면 안 된다는 것을 의미한다.

일본은 많은 해결 능력을 지닌 국가이다. 과거사 문제 이전에 현실적으로 북핵을 해결할 수 있고, 한국의 핵 옵션을 가능케 할 동반자적 관계에 놓여 있기도 하다. 왜냐하면 일본과 한국은 같은 시간대, 같은 명분으로 핵 옵션을 주장하여 관철할 수 있는 쌍협마차(雙協馬車) 관계이기 때문이다.

4-2-3-2-3-C. 미국 움직이기

가장 먼저 고려해야 할 점은 "파리가 공격을 받을 때 혹은 징후가 임박할 때 워싱턴이 프랑스를 대신하여 적에게 핵 공격을 해 줄 수 있느냐?"라고 물은 프랑스 드골의 질문이 한반도에도 적용될 수 있다는 점이다. 이 부분은 미국이 동맹국에 해 줘야 할 가장 취약하면서도 궁색한 질문이다. 그 답변은 "해 줄 수 없다."이다. 때문에 영국과 프랑스는 자신들만의 최소한의 억지력이라도 키우기 위해 핵 옵션을 선택할 수밖에 없었으며, 지금에 와서는 이에 크게 반론을 달지는 않는다.

한국과 일본 또한 이 논란에서 예외가 될 수 없다. 따라서 한국이 미국을 움직이기 위해 첫 번째로 제시할 명분으로는 ① 한국이 자신의 생존을 위해, ② 핵 공격에 노출되거나 공격을 받았을 때, ③ 미국이 북한에 대신 핵 공격을 해 줄 수 있는지 여부이며, 또한 이에 대한 ④ 분명한 답변을 협정 형식으로 확인해 줄 수 있는지 묻는 일도 놓쳐서는 안 된다.

두 번째로는 시간 차이로 인한 비극이 발생할 개연성이 있을 경우, 이를 사전에 차단하는 보이콧(Pre-emptive Boycott)을 행할 수 있다는 부속 합의를 해 줄 수 있는지를 묻는 일이다. 즉, 한반도 유사시 미국이 북한의 핵 공격으로부터의 완벽한 사전 방어가 불가능할 경우 미국과의 본 협정에는 없지만, 임시적·선제적으로 '불가피한 임시 대응'을 통해 선(先) 방어할 수 있다는 보장을 받아내야 한다는 얘기다.

결국, 위의 두 가지 조항은 한국의 생존권을 위한 처절한 협정 체결 요청이라고 봐도 무방하다. 그만큼 한국인들의 생명을 담보로 하는 북한의 핵무장과 실전 배치 그리고 위협적 군사훈련에 대응하는 일이 핵심적 요청 사안이 되며, 이에 미국이 대체할 대의명분을 찾기란 쉽지 않음을 의미한다.

셋째, 일본 수준의 동맹 관계를 확신시켜 주어야 한다. 2000년 이후 한국 정부와 워싱턴의 신뢰도는 도쿄와 워싱턴 간의 신뢰도에 훨씬 못 미친다. 수적인 데이터를 제시할 수는 없으나 그간 삼국 간의 외교 행위와 정권 간의 이견 등을 종합해 볼 때 이에 반론을 제기하기란 쉽지 않다. 특히, 김대중 정부의 햇볕 정책 이후 북한과 친밀해질수록 미국은 상대적인 의구심을 느꼈지만, 고이즈미와 아베를 비롯한 철저한 친미주의 일본 정부들은 일사불란할 정도로 워싱턴과 밀착하는 모습을 보여 주었다.

거기에 대한 대가로 미국은 개정된 미·일 원자력 협정 중 핵 재처리 부분에 있어 신뢰감을 보여 주고 있으며 별다른 부정적인 반응을 보이지 않고 있다. 이와 반면 2015년 개정된 한미 원자력 협정에서 일부 분야에서 장기 동의를 확보했으며, 농축, 파이로 등 민감한 분야에 대해서도 장기 동의 추진 경로(Pathway)를 규정하고 이에 대한 전략적 대화를 위한 차관급 협의 채널(고위급

위원회)을 구성키로 하는 등 "실질적 성과를 거둔 것으로 평가"[291]하고 있으나, 일본의 핵 재처리 허용과는 비교할 수 없다.

결국, 상황의 전개 여부에 따라 한국원자력연구원은 미국과 또 다른 원자력 협정을 개정해야 할 것으로 보이는데, 이 세 번째의 신뢰 관계를 대폭 강화하지 않은 상태에서 워싱턴이 서울에 일종의 미세한 의구심마저 갖게 된다면 핵 옵션 추진은 상당한 장애를 맞이하게 될 가능성이 크다. 따라서 향후 안보면에서 미국과의 신뢰 강화에 철저히 힘써야 한다.

넷째, 다음의 네 가지 부가적인 요건을 거론할 수 있어야 한다.

ⓐ 한·일의 핵무장은 미국에 도움을 줄 수 있다는 사실이다. 한국과 일본이 핵무기 공격을 받을 때 미국이 선뜻 핵무기로 양국을 방어해 줄 수 없는 현실을 미국에 인식시켜 주는 것과 일본의 핵 옵션 보유는 남중국해와 중국 그리고 북핵의 3가지 문제를 동시에 수행해야 하는 미국의 어깨를 가볍게 해 줌과 동시에 북한과 중국의 활동반경을 줄여줄 수 있어 대일·대한 방위조약의 적극적인 이행에서 상대적으로 미국을 자유롭게 해 줄 수 있다.

ⓑ 이 핵 옵션은 북핵의 완전 비핵화 완성과 동시에 폐기되는 일몰법적 성격임을 확증시켜 주어야 한다. 한국과 일본의 핵 옵션은 분명 북한 비핵화 완성이라는 정해진 기간 외에는 일체 보유를 할 수 없음을 3국이 확인하는 협정 조인이 있어야 하며, 이를 벗어난 행위에 대해서는 구체적인 제재 또한 명시해 주어야 한다.

ⓒ 핵 옵션 행사 도중 한국에 대한 경제 제재는 장기적으로는 세계 경제에도 도움이 되지 않음을 알려야 한다. 한국은 북한과는 비교가 되지 않을 정도의 세계적인 무역 강국임을 전 세계가 인정하고 미국 또한 충분히 인지하고 있으므로 경제 제재까지의 언급을 구체화하지 않도록 외교적인 노력으로 이러한 부정적인 과정은 생략되도록 해야 한다.

ⓓ NPT는 한국의 핵 옵션 의지를 막을 수 없음을 미국이 인지하도록 해야

　　　　　　　　　　　　　　　　　　　핵이라는 이름의 청구서

한다. 이 문제는 미국도 사전에 충분히 인식하고 있는 문제이나 사전에 충분한 설명과 이해를 구해야 한다.

4-2-4. 한반도의 비핵화 완성 가능성
- 모든 유형의 핵무기 폐기(저단위 포함)

위에서와 같이 우리는 한반도의 핵 옵션 보유를 위한 복잡하지만 충분히 가능한 여러 과정과 방법에 대하여 알아보았다. 많은 시간이 걸리는 만큼 국력 소모와 이념 대립 등 보이지 않는 숱한 분야의 소모력도 만만치 않아 보인다. 좀 더 직접적으로는 상기 과정은 핵 옵션을 성공시킬 가능성은 크나 시간과 돈 그리고 인내력이 있어야 하는 만큼 더욱 효율적인 방안을 마련하는 게 더 시급한 일이라는 얘기다.

그런데, 이와는 정반대의 핵 옵션이 한반도의 완전한 비핵화이다. 여기서는 남북 양측이 마음만 먹으면 곧장 핵무기로 전용할 수 있는 기초 단계의 핵물질과 미사일 등을 포함한 전 종류, 전량을 '공동 폐기 합의와 동시에 전량 폐기하여 비핵화 과정을 완성해야 한다'는 선결 조건 이행을 기본으로 한다.

그러자면, 핵을 가진 양측은 그에 상응하는 정신적·물질적 포기 비용을 기꺼이 감내할 수 있어야 하며, 처분 뒤에는 다시금 핵으로 회귀하려는 태도는 절대 버려야 한다. 왜냐하면, 핵 완전 폐기를 위한 이 2가지의 기본 구조가 형성되어 있지 않으면 마법의 반지인 핵을 영구히 포기할 수도, 했다고 볼 수도 없기 때문이다.

따라서 이 대원칙 앞에선 누구도 예외가 있어서는 안 되며 비핵화로 인정받을 수 있는 핵 폐기란 마지막 남은 극미세량의 플루토늄 추출물과 사용하던 장갑까지도 포함한 완전한 폐기처분을 의미해야 한다.

4-2-4-1. 비핵화의 두 가지 형태

이와 관련하여, 아래에서는 이 방법에 대하여 좀 더 구체적으로 알아보기로 한다. 크게 두 가지 모델을 제시할 수 있다.

하나는 리비아·우크라이나식의 전면적 타입이며, 또 다른 하나는 이란식의 부분적 타입이다. 이는 고르디우스의 매듭을 자르느냐 아니면 뫼비우스의 띠를 풀듯이 할 것이냐의 두 가지 방법과 마찬가지다.

그런데 뫼비우스의 띠 방식의 이란식 부분적 타입은 협정이 틀어지거나 상황 돌변 시 즉각 핵무기를 재생산할 수 있으며 오히려 위장 전술을 차용하여 처음과는 달라진 뒷면의 원점으로 다시 돌아갈 공산이 큰 미봉책에 불과해 진정한 비핵화 추진방식으로는 적합하지 않다.

반면, 선(先) 핵 폐기, 후(後) 보상을 수용한 카다피의 리비아식은 처음부터 비핵화로 방향을 전환했던 방식이며, 우크라이나의 경우는 구소련의 핵무기와 시설을 모두 러시아로 반환하여 비핵화로 남은 경우에 속한다. 고르디우스의 매듭을 잘라 완전히 비핵화한 상황에 해당한다.

그런데, 일각에서는 북한의 김정은이 아랍의 봄으로 몰락한 카다피의 실패 원인 중의 하나로 핵을 쉽사리 포기한 데서 그 원인을 찾고 있다고 본다. 그러나 이는 핵 보유의 정당성을 뒷받침하려는 고의성이 담긴 어불성설에 불과하다. 왜냐하면, 설령 핵을 지닌 국가라 할지라도 비핵화 의지와 방향 정립이라는 2가지 내부 요건만 확고히 갖추면 얼마든지 진행 가능하기 때문이다. 이를 우크라이나가 잘 대변해 주었다. 우크라이나의 국민적 합의가 이뤄진 것은 체르노빌 사건이라는 역사적 상처를 통해 원자력 발전소와 핵의 무서움을 몸으로 체감하였기 때문이다.

이처럼 비핵화냐, 핵 보유냐의 문제는 정권 유지 여부가 아닌 국민의 생존권에 관한 문제인 만큼 국민적 동의와 국제 핵 기구의 철저한 관리·감독 등 비핵화를 위한 투명한 절차를 결(缺)하는 논란들은 진정한 비핵화의 의지가 없음을 보여 준다고 할 수 있다.

따라서, 핵 옵션을 주장하기까지 한국이 NPT와 IAEA 그리고 미국으로부터 삼중의 엄격한 감시와 통제 속에서 비핵화를 실천해 왔던 것처럼 타 국가들도 순전한 국민 소비용 전력 에너지 생산의 기치를 실행에 옮긴다면 이러한 속임수형 비핵화 논리는 등장하지 않을 것이다.

그러므로 진정한 비핵화 실행 의지에 대한 논쟁과 의구심의 여지를 끊임없이 제공해 온 이란과 북한의 비핵 협상 과정은 순수성을 결(缺)하고 기만적 전면성(前面性)을 지녔다고 할 수 있다. 이러한 배경으로 지난 수십 년간 있어 왔던 한반도의 비핵화 논의 과정들은 실패의 연속이 될 수밖에 없었으며, 성공을 위한 냉철한 패턴 분석과 그 결과에 대한 수용 노력이 미미했음을 스스로 증명한 셈이다.

4-2-4-2. 북한의 6가지 패턴 변화 분석

한편, 이러한 타 국가의 패턴 분석과는 별개로 아래에서는 그동안 비핵화 주장을 들고나왔던 북한의 저의와 이후 패턴 변화를 요약하였다.

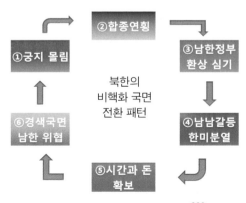

〈그림 2-13〉 북한의 6 패턴 변화도[292]

첫째, 북한이 비핵화를 들고나올 때는 분명한 내부적 목적과 배경이 있었다. 여기에는 지난 수십 년간 반복되던 패턴 중의 하나인 이른바 '궁지에 몰린 경우'가 주된 원인으로 자리 잡고 있다. 그 예로 1992년 남북 한반도 비핵화 선언 이전, 국제사회의 가장 날 선 요구 사항이었던 IAEA의 핵 안전협정 이행에 대한 서명과 사찰 수용 요구로 궁지에 몰렸던 때와 2017년 절정에 달했던 UN과 미국의 대북 경제 제재 조치로 더는 물러날 곳이 없었다고 판단했을 때 북한이 들고나온 깃발이 비핵화였다.

둘째, 이를 헤쳐나가려는 방법으로 주변 국가들 모두를 연관 짓는 '합종연횡(合從連衡)'으로 북한에 집중된 제재와 압박을 분산시킨 패턴이었다. 핵 개발에 한창 열중해야 할 상황이거나 통상적인 수준으로 중국과 러시아로부터 핵 개발 중단을 요구받는 경우에는 묵묵부답과 무시하는 태도로 일관해 오다가 상황이 지나치게 불리하다고 판단되면 수뇌가 직접 중국을 방문하고 러시아에는 친선단을 파견하거나 초청하는 등 구(舊) 친교 세력과의 관계 회복과 더불어 '연횡'을 추진하여 어려운 국면을 타개하려 하였다.

더구나 북한의 놀라운 연횡 추진 포인트는 미국과 직접 거래를 위해 발로 뛰는 데 있다. 상전벽해를 느끼게 할 정도로 전향적으로 선회함을 의미한다. 북미 정상회담 이후 제재 국면을 벗어나고 통미봉남(通美封南)을 위해 미국과의 국교 수립을 위해 더욱 동분서주할 것이며, 이 일의 성사는 연횡의 완성이 될 것이다. 과거 장의(張儀)의 연횡이 승리했던 때를 연상시키는 대목이다.

한편으로는 남한 정부 수반과의 정상회담을 기획하여 수세 국면을 일거에 공세 판도로 돌려놓는 '합종' 전략도 간헐적으로 선보였는데, 아이러니하게도 이 시도의 상당 부분은 성공으로 이어졌다. 즉, 남한과 북한이 힘을 합하여 외부 세력과 대응하는 신개념의 대응 전략을 현실에 접목하면서 상당한 반향을 일으켰다는 얘기다. 이 사실은 유념해야 할 부분이다.

셋째, 남한 정부의 비핵화와 통일이라는 '보여 주기식 업적 달성에 대한 환상'을 적극적으로 활용했다. 남한은 북한과는 달리 5년 단임제의 대통령제이다. 그리고, 한반도의 통일은 국시라는 생각이 늘 청와대를 지배해 왔다. 따라서 현 대통령의 임기 내 북한 정상과의 대화는 업적 홍보용으로 중요하며 대국민 설득과 평화통일 비전 제시에도 효과적으로 활용되었다. 김영삼, 김대중, 노무현, 문재인 정권 등 보수와 진보를 망라한 모든 정권의 책임자들이 북한 최고지도자와의 정상회담을 기대하는 것은 이 때문이었다.

그래서 이러한 배경 아래 남북정상회담이 추진된 경우, 여러 전문가 집단을 통한 긍정-부정 양면에서의 사전 의도 점검과 사후 영향 분석 등 필수적으로 거쳐야 할 과정들을 생략한 채 남북정상회담 자체에 함몰된 경우가 대부분이었다.

그런데 이러한 모양새는 북한에는 정치적 꽃놀이패 수단으로 활용됐다. 남북평화통일의 초석을 다진 대통령이란 환상의 허울을 남한 정권에 던져줌으로써 많은 것을 얻어내려 설치해 둔 덫을 북한은 교묘히 활용했다. 더욱이 남한의 정권 책임자가 북한을 '알현(謁見)'하는 모양새를 갖추게 함으로써 체제의 우월성을 과시하려 하였다.

넷째, 한국 내 친북한 성향 정파를 최대한 활용하여 반북 세력을 공격하는 등 남한 내 이념 갈등과 분열을 도모하고, 미국과는 친(親)북한 한국 정부를 이용하여 남한-미국 정부 사이의 불신 관계를 조장, 한미 동맹 관계 자체를 이완시키려 하였다. 특히, 각종 선거 때와 굵직한 남북 간 사건들이 발생하면 예외 없이 두 가지 분열 양상은 반복을 거듭해 왔다. 북한 공연단의 한국 방문, 북한 미녀 응원단의 한반도팀 응원, 북한 수뇌들의 잇따른 대남 유화 제스처, 비무장지대지뢰 제거 등의 소프트 전략과 연평도 포격, 천안함 격침 등 하드 전략을 번갈아 사용함으로써 한쪽으로는 좌측 진영을 통한, 다른 한쪽으로는 우측 진영을 자극함으로써 남남 갈등을 심화시켰다.

그런가 하면 한반도 비핵화 진행 중 피폐화된 북한의 경제 상황을 부각하고, 한국 진보 정권과의 정상회담의 요건으로 한국 정부가 미국의 강한 압박을 비판하고, 남한 정부가 앞장서서 미국의 강력한 경제 제재의 축소를 건의해 줄 것을 사전에 주문하는 등 북한의 이익을 옹호해 달라고 요청함으로써 오히려 한미 간 갈등의 불씨만 더 키운 경우도 여기에 해당한다.

그러나 한국인들의 높은 교육열을 통한 교육 수준 증가, 국민 생활 밀착으로의 정치권 의제 변화, 남북 간 경제 격차 확대에 따른 생활 수준의 비교 불가, 사회제도의 선진 국제화 시스템 편입으로 북한 편중 정책 시행 불가, 특정 이념에 함몰되지 않으려는 20~30대 젊은 층의 현실적인 의식 수준 제고 등으로 북한이 원하는 형태의 사회 분열은 일부 정치권, 사회 운동권 분야를 제외하고는 별다른 성과를 거두지 못하는 것이 현실이다.

다섯째, 시간과 돈을 벌기 위하여 남북한 간 특별 세리머니를 최대한 장기간 끌고 가며, 소기의 목적을 달성하기까지 남한으로부터 얻어내기식 압박을 계속한다. 그 단적인 예가 2017년의 UN과 미국의 극심한 경제 제재 망을 뚫기 위해 돌연 참여한 2018년 평창 올림픽과 북미 정상회담이었다.

김정은은 분명 이러한 세리머니의 효과를 톡톡히 보았다. ① 북미 간 정상회담 이후 트럼프의 미국 행정부가 과거처럼 극심한 제재를 밀어붙일 수는 없다는 점과 ② 등거리 관계 형성을 통해 오히려 '미국이 북미 대화에 집착하도록 유도→대화의 주도권을 장악→시간 운영의 우위를 확보'한 점은 분명한 사실이었다. 또한, 한국의 문재인 정권과는 ① 북한과의 경제적 거래를 '한반도 평화를 위한 역내 경제교류 활성화'로 포장하여 각종 경제적 개발과 이권을 최대한 확보하도록 하며, ② 이를 견제하려는 미 의회의 보수적이며 강압적인 입김 차단과 대북 경제 제재 완화 역할을 재촉한 것도 사실이었다.

그러나 이러한 시도도 결국은 한국과 미국의 국내 정치적 상황에 의존할 수밖에 없는 한계를 지니고 있다. 양국 대통령은 국민 지지율에 크게 좌우될 수밖에 없으며, 이는 필연적으로 양 국민의 경제 상황에 대한 불만이 비등할 경우 상당 부분 회석될 수밖에 없다.

여섯째, 이러한 목적 달성이 어렵다고 판단할 경우, 상황 변화를 예의 주시하다가 한국의 정국이 급랭하거나 북한 자신에게 불리한 국면이 전개되면 돌변하여 남한을 다시 압박하고 핵 보유를 활용한 전략적 우위를 재활용하려 하였다.

이 경우는 대부분 보수 정권 초기부터 시작되는 경향이 있다. 대표적인 예로 노무현 정부에서 이명박 정부로 정권 교체(2008.2.25.)된 후 1년 9개월여 만에 터져 나온 북한의 대(對)남한 공격인 대청해전(2009.11.10.)은 이러한 북한의 의중을 잘 드러낸 사건이다. 그런가 하면 4개월 후 벌어진 천안함 피격사건(2010.3.26.)은 기울어진 운동장을 북한으로 되돌리려는 도발이라고 볼 수 있다.

그런가 하면, 이후 더욱더 거세진 북한의 핵 위협은 한국과 미국의 강한 견제와 제재를 촉발하였다. 그런데도 한국, 일본은 물론이거니와 미국 본토에 도달할 수 있는 ICBM까지 실험한 것은 미국뿐만 아니라 한국도 위협함으로써 대남 핵 우위를 확고히 하려는 의도에서였다.

이상과 같이 6가지 패턴 다이어그램은 북한이 지난 수십 년간 시의적절한 카드로 활용해 온, 핵무기를 성공적으로 보호하며 핵과 경제를 병진하여 경제적인 여유를 득(得)한 후, 강한 체제 결속을 통해 정권과 지도부 자신들의 기득권을 보장하려는 전형적인 북한식 비핵화 카드 활용 방법이라고 할 수 있다.

4-2-4-3. 변화 없는 북한과 좁아진 선택지

이를 고려하면, 2018년 5월 북한과 미국, 김정은과 도널드 트럼프 간의 회담과 협상 또한 북한의 비핵화 카드놀이의 일면에 지나지 않으며 오히려 미국이 북한의 전술에 휘말려든 감도 없지 않다.

요컨대, 북한은 필자가 위 항목 '핵보유국 인정'에서 진단한 바와 같이 72점을 획득하고 있는 불완전한 핵 옵션 국가이며, 목표인 80점을 향해 속도를 조절하고 상황을 예의 주시하며 나머지 8점을 채우려 하고 있다. 결국, 이 형국은 남은 8을 누가 가져가느냐의 게임인데 북한은 오히려 완급을 조절하며 한반도 정세가 다시 경색되기를 기다리고 있다.

그도 그럴 것이, 핵 보유 옵션은 북한에게는 결국 생존의 몸부림이며, 1950년대 이후 2020년대인 지금까지 70여 년을 유지, 발전시켜 온 '선대의 피어린 유훈이며 결코 포기할 수 없는 최후의 카드'이기 때문이다.

결국, 북한은 삶을 담보로 한 채 보유하려 해 온 선대의 보검을 포기할 수 없으며, 자신들의 정권과 바꿀 생각은 더더욱 없다. 설령 한국과 미국이 제재와 비핵화를 놓고 담금질을 계속하더라도 자신들의 생계와 생존을 목적으로 한 북한의 핵무기는 결코 거래의 대상이 될 수 없음을 알아야 한다.

때문에, 필자가 위에서 언급한 바와 같이 장기적으로는 ① 한국이 핵 옵션을 확보함으로써 강력한 대응력을 갖추거나, ② 북한의 '핵 노예'가 되어 북한에 종속되는 현상이 발생하거나, ③ 한국의 저항에 대해 북한이 핵 전투를 도발하거나 하는 등 선택폭이 좁아진 시나리오로 진행될 것으로 보인다.

결국, 한국에게는 그다지 우호적이거나 다양한 선택지가 주어지지 않는다는 점은 분명하다. 따라서 이것을 막으려면 가장 평화로워 보일 때 가장 위험한 전쟁이 기다리고 있음을 항상 염두에 두고 북한 핵과 관련된 국정운영을 우선적으로 펼쳐 나가야 하며 생존을 위한 핵 옵션을 강화해 나가야 한다.

5
통합 혹은 피통합
—

이 문제는 가장 궁극적이며 원초적인 해결 방법의 시작이자 마지막이 될 수 있는, 그래서 중차대하며 현실적으로 다가올 거대한 쓰나미일 수 있다. 따라서 여기에 대한 분명한 현실 파악은 한국인과 한반도를 핵의 재앙에서 구할 수 있는 필수 불가결한 커다란 테두리 설정 작업이 될 것이며 이에 대해 필자는 오랜 연구에 따른 진단 결과를 제시하고자 한다.

5-1. 통합 가능성 진단

흔히들 한국이 주도적으로 경제적으로 피폐해진 북한을 흡수 통일하는 방식으로 한반도 분단 문제를 정리할 것이라고 얘기한다. 또한, 언젠가는 한국이 가련한 북한을 통일로 정리해 진정한 북한 인민의 해방을 이뤄서 한반도 민족끼리 축제가 이뤄지리라는 희망 섞인 얘기들을 많이 한다.

그러나 필자의 연구 결과는 그러하지 못하다는 점에서 우려와 유감이 섞여 나온다. 즉, 남한이 북한을 흡수 통일하기도, 북한 인민을 진정으로 해방하기도 어려우며, 오히려 통합이 아닌 극심한 갈등 속

핵이라는 이름의 청구서

에서 국지전의 소용돌이 속에 놓일 수 있다는 점을 언급하고 있다. 필자의 이러한 논리에 대한 근거는 아래 4가지 항목으로부터 나온다. 여기서 통합은 통일의 이전 단계로 이해하여야 한다.

5-1-1. 정권유지탄력도

첫째, 정권유지탄력도 면이다. 아래 그래프는 국민 저항도와 정권 대응에 따른 북한의 정권유지탄력도를 나타내는 것으로서 1980년대 이후 북한의 국민과 정권 자체의 안정도를 나타내는 필자의 연구 자료이다.

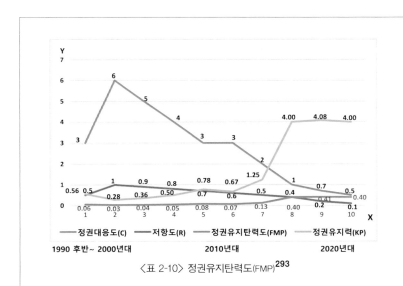

〈표 2-10〉 정권유지탄력도(FMP)[293]

[그래프 설명]
1. X축의 저항도(R)는 1.0이 최고점, 최저점은 0.1, 참고치: 저항도 1.0은 내란 직전 수준, 일상적 수준: 0.1~0.2

2. Y축의 정권 대응도(C)는 6.0점이 최고점, 최저점은 0.5, 참고치: 정권 대응도 8 점은 내란 수준(정권 대응도를 상대적으로 높은 수치로 대입한 배경은 1970년 이후~2020 년대까지 약 50년간 지속된 북한 정권의 각종 사회 분규 및 문제에 대한 대응 횟수 비율임. 즉, 1건의 각종 저항성 문제를 해결하기 위해서 그의 6배에 달하는 행정력이 동원되었다는 필자의 연구 견해에 기초함)

3. 정권유지탄력도(FMP)=$\dfrac{x}{y^2}$, 최고점 1.0, 최저점 0.1

4. 정권 유지력(KP)=$\dfrac{x}{y^2}$×5, 최고점 5, 최저점 1.0

위 그래프를 좀 더 구체적으로 설명하자면, 우선, 정권유지탄력도 (FMP)는 저항도(R)가 높을수록 현격히 상승한다. 초기 저항도가 급작 스럽게 0.5로 상승했을 때 북한 정권의 대응 수위가 3까지 올라갔으 며, 1로 급상승할 경우 대응 수위는 6까지 상승하여 위험한 상황임 을 나타낸다.

이러한 경우는 민중 봉기로 인해 정권 유지의 불안정성이 높아지거 나, 최고지도자의 급작스러운 유고 발생, 진영 간 내전 직전 수준까지 의 분쟁이 발생하여 정권의 안위를 장담할 수 없는 상황이 이에 해당 한다. 그런데, 북한의 김정은 정권은 국민의 저항도를 하향 조정 관리 하면서 2020년대 초에는 대응도를 0.5선에서 관리하고 있다.

북한 정권은 다른 선진 민주주의 국가와는 달리, 내적 구성원들과 국민의 집단행동에 대해 취약한 구조를 보인다. 반면, 사회가 안정된 국가의 경우 시위와 장기간 파업 등에도 저항도는 0.3~0.4 수준에 머 물며, 정권의 대응도도 1~2 사이에 머문다.

그런데, 북한은 김정일 암살 미수 사건과 김정은 집권 초기 총격전 등으로 인해 저항도가 1.0(R)까지 오르고 정권유지탄력도가 0.1(FMP) 이하로까지 떨어진 적도 있었다. 이는 정권의 안정성에 치명적인 약

핵이라는 이름의 청구서

점으로 작용할 가능성이 컸다.

그러나, 김정은은 집권 이후 시간이 갈수록 두 지표를 0.1(R)과 0.5(FMP)로 하향 관리하고 있어 안정적 정권 유지력을 보여 주고 있다. 이로써 김정은의 정권유지탄력도(FMP)도 0.4로 올라가면서 정권 유지도(KP)가 4를 넘어가는 안정권(4.0~5.0)을 형성하고 있다.

이처럼 북한은 정권유지탄력도 면에서 급상승과 급하강을 겪은 바 있으나 이내 강력한 대응력으로 탄력도(FMP)를 제고, 안정도(KP)를 회복하는 능력을 보유했음을 잘 보여 주고 있다. 그러나 이 모든 수치도 결국은 북한과 같은 권위주의적 독재 정권 형태에서나 가능한 것으로 자본주의 및 민주주의의 경제적 및 정치적 과정이 도입될 경우는 복잡해질 수 있다. 하지만 김정은의 정권 기간에 이러한 패턴은 반복될 수 있으며, 쉽사리 타 형태로 전환되기는 쉽지 않아 보인다.

5-1-2. 핵심층의 응집도

둘째, 핵심층의 응집도 면이다. 남북 간의 차이를 가장 극명하게 보여 주는 대목이다. 남한이 50:50이라면 북한은 사실상 90 이상이다. 체제의 견고함 속에 반 김일성가에 대한 불만도 잠재해 있으나 80여 년을 거치며 다져온 핵심 계층의 충성도는 세계 어느 곳에서도 찾기 어려울 만큼 견고하다. 이는 철저한 세뇌교육과 체제 선전교육에 따른 결과물로 봐도 무방하다.

이와 반면, 한국의 핵심층 응집도는 진보와 보수, 혹은 북·중 유화파와 미·일 친화 세력으로 양분되어 있으며, 이 두 세력 간의 접점을 찾기란 쉽지 않다. 1945년 이후 1950년대와 그 이후를 거치면서도 쉽게 좁혀지지 않는 이 세력 간의 간극이 한반도 통합 문제 앞에서는 거대한 걸림돌로 작용할 가능성이 크다. 결국 이 대목은 북한이 아닌 남한의 가장 큰 문제점 중 하나로 남게 된다.

5-1-3. 대외 합종연횡력

셋째, 대외 합종연횡력 면이다. 아래 표를 보게 되면 100점 만점 기준의 Axis 축과 Line 연합 국가 간의 합종연횡 점수를 확인할 수 있다. 이 자료는 필자가 오랜 기간 각 국가 간의 우호 관계도를 관찰, 평가한 득점 현황이다.

A-line	미국	EU	일본	기타	핵심 3국	평균	민주주의
한국	80	70	50	50	66.7	62.5	구미·해양
북한	90	80	70	20	80.0	65.0	아시아
B-axis	중국	러시아	이란	기타	북한 우위	북한>한국	공산·권위주의

〈표 2-11〉 한국-북한 합종연횡력 환산표[294]

여기서 놀라운 결과는 한국과 북한의 A-B 관계 평균이 한국이 62.5점인 반면에 북한은 65.0점으로 소폭 우위를 점하고 있다는 점이다. 혹자는 북한 우위에 대한 이의 제기를 거론할 수 있으나 2010~2020년대 사이 국제관계에 관심을 가진 사람들이라면 크게 반대할 수치는 아닌 것으로 판단된다.

이를 좀 더 자세히 살펴보면, 북한과 중국은 핵실험 문제로 격화된 경색 관계를 보여 낮은 점수를 기록할 것으로 예상되었지만, UNSC와 미국의 국제 제재를 중국이 러시아와 더불어 감싸 준 국가란 점과 과거 1950년 한국전쟁 이후 혈맹관계란 점을 들어 높은 점수를 받았다. 러시아 또한 중국에는 다소 못 미치나 UN 안보리에서 보여 준 보호막 역할과 긴밀한 양국 간의 관계도를 감안할 때 높은 점수가 나왔다.

반면, 한국은 미국과의 합종연횡 관계도에서 북한의 중국 대 관계

핵이라는 이름의 청구서

도 대비 -10이라는 점수가 나왔다. 이 수치는 정권의 부침에 따른 이데올로기 차이뿐만 아니라 한국 특유의 강한 독립성이 상호작용한 것으로 보인다. 그 뒤를 이어 EU가 미국의 순위를 뒤이어 한국의 평화적 세계관을 인정해 온 만큼 높은 점수를 주고 있다.

그런데 문제는 EU와 근사한 관계 점수를 받아야 할 일본과는 50점이라는 우려스러운 점수를 득하고 있다는 사실이다. 이 일본과의 점수는 특히나 중요하여 필자가 수년에 걸친 언론 등의 자료를 10점 단위 평균치로 환산한 자료로서 결과는 우려스러울 만큼 낮은 점수로 나왔다. 유사시 서로 긴밀하게 협조하고 지원해야 할 양국 간의 합종연횡 관계도가 상대적으로 낮은 상태란 점은 우려스러운 일이 분명하다. 이와 반면 북한은 이란이라는 다른 문명 세력과도 친밀한 관계를 보여 주고 있어 한국과는 상대적으로 비교가 된다.

그런데, 북한은 기타 국가들과의 관계에서는 20점이라는 저조한 점수를 득하고 있다. 북핵 문제로 인한 UN과 미국 등으로부터 국제 제재의 영향이 컸던 것으로 보이며, 인권 문제 악화 등 숱한 국제적 비행으로 인한 기타 국가들과의 마찰도 주요 원인으로 파악된다. 이에 반해 한국은 기타 국가들과도 중간 정도의 관계는 형성하고 있어 큰 문제점으로 지적되지는 않는다.

이상과 같이 양측 간의 합종연횡 관계도를 놓고 볼 때 필수 연대 3개 국가들과의 관계도에서 북한은 오히려 더 높은 80점을 기록, 66.7점을 기록한 한국을 무려 13.3점이나 앞서고 있다. 이는 의외의 결과로 보이며, 그동안 대북 외교 관계도에서 우위를 점했을 것이라는 한국의 안일한 태도에 일침을 가하는 수치임이 분명하다.

따라서, 이 대외 합종연횡 부분에서도 한국은 북한과의 관계 점수에서 열세에 놓이게 되었다. 이는 김일성-김정일-김정은의 3대에 걸친 효과적인 합종연횡식 외교 관계가 어느 정도 성과를 내고 있다고 보인다. 반면, 한국은 미국-일본-EU 등 전통적 우호 세력을 제대로 규합하지 못함으로써 적어도 동북아라는 한정적·최우선적 관리 대상 지역 내 관계도에서만큼은 분명 북한에 뒤지고 있음을 인정하고 개선하도록 해야 한다.

5-1-4. 내적 구성원 통합에 대한 종합 지표

넷째, 내적 구성원의 통합에 대한 종합 지표 면이다. 이 부분은 한국이 북한과의 통합 때 고려해야 할 가장 큰 과제이며 종합적으로 판단할 때 도움이 되는 2번째 판단 척도이다. 아래의 필자의 연구 그래픽을 보면서 설명하기로 한다.

북 한		적용기준	남 한	
편향도	진 단		진 단	편향도
-90	절대 불가	ⓐ비핵화	핵추진 포기 가능	90
-70	불가	ⓑ민주적 절차 선거	가능	80
-90	초기 단계	ⓒ경제 통합	준비 가능 단계	60
-70	체제 반항	ⓓ사회 순응도	체제 비판	50
-30	일부 지역	ⓔ인적 교류	긍정적	50
-80	강함	ⓕ연합력	분란형	60
-430		ⓖ합계	390	
-0.72		ⓗ참고치(-0.5<r<0.5)	0.65	

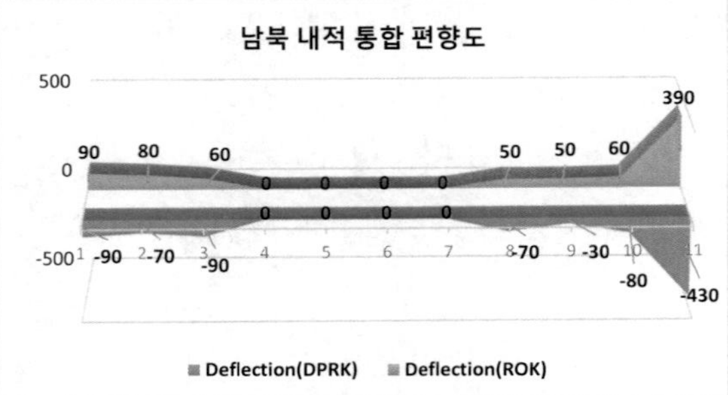

〈그림 2-14〉 내적 통합에 대한 진단 내용[295]

핵이라는 이름의 청구서

ⓐ 비핵화 부분에서 남한은 상황이 맞으면 핵 추진을 포기할 가능성이 90도(°) 가까이 되는 데 비해 북한은 정반대인 -90도(°)를 기록하고 있다. 남북-북미 정상회담을 통해서 뿌려진 화해의 기운에도 한국과 미국이 북한의 완전 비핵화를 관철하지 못하며, 하기도 어려운 배경은 필자가 앞서 밝힌 것처럼 김일성-김정일-김정은으로 이어져 온 북한 정권에게 있어서 핵은 사실상 체제의 전부나 다름없기 때문이다. 따라서 이 김씨 정권이 유지되는 한 비핵화할 가능성은 10도(°)도 되지 않는다.

ⓑ 민주적 선거 절차 과정이다. 이 부분은 쌍방이 통합의 길로 가는 데 있어 양측 국민 간 국민투표를 거치게 되는 과정상의 공정성, 자발성 등 국민의 순수한 자유의사 개진이 허용되는 수치를 나타낸다. 여기서 남한은 헌법 제41조에서 보장한 대로 직접·보통·평등·비밀선거의 4대 원칙에 따라 별 무리 없이 진행할 것으로 보인다. 다만 정치적 협상에 따라 선거 활동 기간이 바뀔 수는 있으나 민주적인 선거 절차에는 무리가 없다. 반면, 북한의 선거는 절대적인 정권의 입김에 따라 좌우되는 일당독재에 의한 거수기 역할의 형식 선거에 지나지 않아 민주적 선거는 기대하기 어렵다.

ⓒ 경제 통합은 북한의 일부 지역 내 제한적 조건 상태에서부터 시작해 볼 수 있다. 과거 개성공단이 좋은 사례이다. 남한은 북한의 낮은 인건비와 비교적 높은 근로자들의 숙련도에 대한 장점으로 북한과 많은 경협을 희망할 수 있다. 그렇다고 단기간 내 일정 단계까지 진행할 수 있다는 의견에는 동의하기 어렵다. 경제와 정치는 항상 맞물려가기 때문이며 적어도 6단계(① 특혜무역협정-② 자유무역협정-③ 관세동맹-④ 공동시장-⑤ 경제동맹-⑥ 경제통화동맹)[296]는 거쳐야 경제 통합 완성이라는 표현을 쓸 수 있기 때

문이다.

한편, 북한도 일부 지역 외 경협 등 경제 통합을 시작하려면 남한에 예속될 수 있다는 우려로 제한된 지역만 개방 운영할 것으로 보인다. 그러나 제한적이고 점진적이어도 장기적인 면에서는 나쁘지 않다. 그렇다고 해서 일부 주장처럼 10~20년 이내에 완성되리라는 주장은 허구에 가깝다.

ⓓ 여기서 사회 순응도는 남북 간 합의된 정치 일정에 따라 통합 절차를 밟아갈 때 남북 쌍방 정권과 국민의 정치적 합의에 대한 순응도를 말한다. 한국은 진보와 보수 양측 간의 전반적인 불신과 갈등으로 50%의 순응도를 나타낼 것으로 보인다. 그러나 북한은 예측이 어려우며 생떼를 쓰는 모습을 과거 협상을 통해 보여 준 만큼, 신뢰도가 30이 채 안 될 것으로 보인다.

ⓔ 인적 교류에서 북한은 일부 지역만 개방할 수 있다. 과거 개성공단 경협은 차치하고서라도 금강산 관광 등의 경우처럼 철저히 준비된 곳도 지역 주민들이 자의적으로 접근할 수 있는 곳이라면 철저히 통제하기 때문이다. 이보다는 긍정적이나 남한 또한 북한인들의 남한 지역 활동에 그다지 호의적이지 않다는 점은 상기해야 할 필요가 있다. 과거 2000년대 남북 인적 교류는 뜨거운 관심 속에 왕래가 있었지만, 2010년 이후의 인적 교류에 대한 남한 내의 열기는 그때와는 비교가 되지 않을 만큼 식었기 때문이다. 또한, 남한 젊은 층의 대북 인식이 상당히 개인주의적, 보수주의적으로 흘러가는 점은 짚고 넘어가야 할 부분이다.

ⓕ 여기서 연합력이란 소위 똘똘 뭉치는 힘을 말한다. 북한의 뭉침 현상, 즉, 북한 김정은 정권하의 지도층의 연합력은 최고 수준을 보여 주고 있다. 이에 반해, 남한의 뭉침 현상은 자본주의, 민주주의, 다원주의, 세계 경제 통합주의 등 다양한 체계로 나뉘어

핵이라는 이름의 청구서

있어 연합력은 이완될 수밖에 없다. 이 부분은 부정적인 면이
아닌 한 국가의 정치, 경제가 발전할수록 나타나는 자연스러운
현상이다. 그러나, 국가가 국난에 처하는 등 어려운 상황에 처하
면 합심하는 경향은 50%를 훨씬 웃돌 것으로 조사되었다.

ⓖ 협력 합계는 좌(북한)와 우(남한)를 각각 총합산하면 된다.

ⓗ 참고치는 좌와 우의 합을 600으로 나눈 수를 기준으로 삶는데
좌는 -0.5, 우는 0.5가 되는 것을 기준으로 진단하면, 북한은 참
고치의 -1.44배를, 한국은 1.3배를 기록하여 참고치를 30% 이상
씩 벗어나 있어 2020년대인 현재 양측 간 통합의 길은 멀다는
판단을 내릴 수 있다. 따라서 얼마나 많은 시간이 지나야 할지
는 이 분석표를 장기간 관리하면서 참고치 안으로 들어올 경우
에 알 수 있다(참고로 필자는 이 참고치 적용 기간을 최소 60년으로 계산: 기본
적 생활 가능 수준인 1인당 GDP 1만 달러 근처에 이르기까지 중국은 개혁개방정
책 이후 약 40여 년을, 베트남은 1986년의 '도이머이'라는 자신들의 경제 개혁 개방
정책을 통해 추진했으나 40년이 지난 2020년대 초반 1만 달러에 많이 미치지 못
함. 따라서 단순 추정만으로도 북한의 경제 개혁개방을 통한 베트남 수준까지의 접
근에는 최소 40년 이상을 웃도는 기간이 소요될 것으로 비교 분석. 여기에 김정은
정권의 한반도 정책 선회 가능, 유예 기간을 20년으로 책정함).

이상과 같이 남북한의 통합 가능성 여부에 관한 분석을 여러 기준
에 맞추어 판단하여 보았다. 결국, 해답은 2020년대인 현재 남북 간
의 통합은 시기상조이며, 설령 남북 간의 화해 분위기가 무르익더라
도 그 내면을 깊이 살펴보면 아직은 구호 단계에 불과하다는 사실이
다. 즉, 상기 7항목 평가의 결괏값이 참고치에는 근접해야 함에도 기
준치에 훨씬 미치지 못한다는 얘기이다.

5-2. 섣부른 통일 주장에 대한 경계

그러나 다행인 점은 일각의 우려처럼 그렇게 쉽게 남한이 북한 핵의 노예화가 되지는 않으리라는 사실이다. 왜냐하면, 핵이라는 단일 변수만을 놓고 보면 그렇게 여길 수 있으나, 나머지 5개 평가 항목에서는 비교적 안정적인 모습을 보이고 있어 남한은 북한에 대해 강한 대응력을 보여 주고 있기 때문이다. 즉, 핵 보유에 대해서도 양쪽(남:북)의 의지가 상반되는 입장이어서(90:-90) 중심값(median)이 0이 되며, 민주적 선거 절차 등 달성하기 어려운 이후 5개 항목에서는 300:-270으로 오히려 한국이 북한을 앞서 나가는 왜도(Skewness) 양수(+)의 정적편포(Positively Skewed Distribution)를 보여 주기 때문이다.

여기서 한국은 북한 핵의 노예도, 피지배도 쉽게 당할 구조는 아님을 알 수 있다. 물론 이 측정 항목은 경제력 항목을 배제한 사회 정치상 분석기준이기에 완전한 틀이라고 볼 수는 없다. 그러나, 일각의 우려를 씻어내기에는 충분한 논리의 틀로 보인다.

그리고 이 평가 시스템은 군사적, 우발적 충돌이라는 변수는 감안하지 않은, 남북 간의 갈등과 평화 외의 우발적인 충돌을 포함한 3각 구도 모두를 감안할 수는 없다는 한계점도 있다. 또한 이러한 수치상 제시할 수 없는 분야인 심리적인 부분에서 핵의 노예 가능성이라는 주장의 허위 여부까지 이 평가 시스템이 감지해 낼 수 없다는 한계점도 지니고 있다. 따라서 이 부분들의 해결은 위정자들의 몫으로 남겨질 것이다.

요컨대, 이 책을 읽게 될 독자들 중 남북한 통합 혹은 통일이 곧 이뤄질 것이라는 기대를 한 사람들이 있다면 이 책은 분명 실망감을 던져주기에 충분할 것이다. 한편, 남북 핵 긴장을 핵 노예 혹은 피지배 국면으로 인식하려는 사람들이 있다면 그렇게 될 가능성 또한 적음을 이 책은 분명히 보여 주고 있다.

그러나 분명한 사실은 남북한의 통일이나 통합은 결코 어느 날 갑자기 혹은 단기간에 이뤄질 수 없다는 사실이다. 만약 통일 혹은 통합의 새벽이 눈앞에 왔다고 외치는 누군가가 있다면 그의 메아리는 되돌아오지 않을 것이다. 오히려 뒤에 숨어있는 또 다른 거대한 음모가 도사리고 있는지부터 살펴보아야 할 것이다.

그런가 하면, 분명 한반도에는 전운의 구름이 완전히 걷힌 것은 아니다. ① 북한 김일성 3대 정권의 숙명인 적화통일에 대한 열망이 식지 않았기 때문이며, 더군다나 ② 미완이나 사실상 핵무기를 보유한 상태에서의 북한에게 경제 문제를 빼고는 그렇게 두려운 항목은 없기 때문이다.

이 경제 문제로 북한은 새로운 남·북한과 미국, 중국, 러시아, 일본 등 주변국과 자신에게 유리한 관계를 설정하려 할 것이며, 이 과정에서 한국은 자칫하면 또다시 꿰다 놓은 보릿자루가 될 수 있으므로 국운을 지킨다는 비장한 각오로 주도면밀하며 적극적으로 참여해야 한다.

그리고 통합과 통일은 점진적이되 오랜 세월을 겨냥한 50년 단위의 역사적 여정에 맡겨두어야 한다. 누구든 한반도의 핵 문제에서 영웅이 되려 하거나, 무리한 통합을 시도할 경우 그 사람은 영웅이 아닌 역사의 죄인이 될 수 있다. 왜냐하면 극심한 긴장감 속에서 과욕으로 인해 한쪽으로 강한 쏠림을 일으킬 경우 필연적으로 힘의 공백이 발생하며 이는 핵 연무가 올라올 수 있는 절묘한 공간을 만들어 주기 때문이다. 날카로우며 예민해진 양측은 이미 그것을 소유하고 있을 수 있기 때문이다.

역사는 한반도를 영원히 분단으로 내버려 두지는 않는다. 과거의 역사가 그래 왔다. 그러나 그 과정에는 항상 희생이 요구되어 왔다. 그것이 생명이든, 자산이든 필연적으로 수반되어 왔다. 그 때문에 핵 문제부터 시작하여 통합까지 가는 여정은 세월을 요한다는 점을 인정해야 한다. 그것이 100년이 걸려도 한 걸음씩 나가야 한다. 서두름은 또 다른 파국을 예고한다.

STOP
BOM
BING
CITY

제3편

군사경제 및 핵의 비용

V

군사경제학의 개념 정의

1
군사경제학의 정의와 당위성

이 장은 한반도의 핵 문제와 결부된 경제 비용을 다루는 군사경제학의 내용으로 이뤄져 있다. 구체적으로는, '군사적 의사결정에 응용할 수 있는 경제학의 제반 이론과 분석 기법을 도입하여 제한된 자원을 효율적으로 관리하고 최적으로 운용할 수 있는 학문'이라 할 수 있는 일반적 의미의 군사경제학을 넘어서 '핵 문제와 기타 군사 문제로 인해 발생할 수 있는 경제적 비용을 연구한 학문이며 이를 통한 보다 실질적인 경제적 연구 결과를 나타내고 있다'라고 해석할 수 있다.

사실, 필자가 한반도의 핵 문제를 군사경제 분야로 연결하려는 것에 대해서는 몇 가지 어려움 있었다.

첫째, 군사 분단국가인 한국에서 의외로 군사경제학 연구가 활성화되지 않은 점.

둘째, 군사학과 연계되는 데 대한 반군사주의적 견해들.

셋째, 국방 경제와 혼용되는 데 대한 과학적 검증 여부에 대한 논리였다.

그도 그럴 것이 이 학문 분야는 군사, 국방 분야와 더불어 정확도가 높은 자료를 통한 경제 논리가 가미되며 이를 통해 국민 생활과 국가 경제에 미치는 영향을 측정하려는 것이므로 여러 방향에서 비판의 대상이 될 수 있다.

그 때문에 이 분야에 대한 연구는 괄목할 만한 성장을 끌어내는

데 한계가 있을 수밖에 없을 것이다. "전쟁과 전략의 이론은 전쟁에 작용하는 물적, 정신적 요소들을 포괄하여야 하며 그것은 계량화되거나 수학적인 엄격성을 가진 법칙으로 표현될 수는 없다."라고 진단한 클라우제비츠의 주장이 이러한 논리를 잘 대변한다.

그런데 이 군사경제 연구 분야의 발전은 아이러니하게도 실증주의에 치중한 서구 국가들이 아닌 마르크스주의를 신봉한 소련의 유물변증법에서 토대가 마련되었다. 과거 전쟁 경험에 기초한 철저한 수학적 데이터의 활용이야말로 물질적 기초를 중시한 유물론의 이념적 측면에서의 전쟁과 군사 문제에서 서로 맞닿아 왔다는 얘기다.

이를 통해 군사경제학의 새싹이라 할 만한 『전쟁과 군대에 관한 마르크스-레닌주의의 교의(Markszim-Leninizm o voine I armii)』라는 소중한 자산이 태어났다. 이 책은 과거 서구에서 팽배했던 군사 문제와 국방 문제의 현실중주의적 사고로부터 배제되었던 전쟁과 군사-경제학을 연결한 새로운 연구 분야가 탄생하였음을 의미했다. 따라서 이 책은 귀중한 군사경제학의 초기 자산으로 남아야 한다는 것이 필자의 의견이다.

그러다 서구 학계는 제2차 세계대전을 겪으면서 히로시마-나가사키에 투하된 핵무기의 위력을 경험하면서 본격적으로 핵 억제를 위한 연구를 시작했다. 물론 핵 문제의 위험성에 대한 고찰이 대부분이었으며, 여전히 국방부는 군사와 경제 문제를 연결하는 것을 달가워하지 않았다.

그러던 중 줄리앙 라이더(Julian Lider)가 1983년 출판한 『Military Theory』라는 책에서 군사학을 하나의 독립적인 학문으로 인정하면서 군사력 운용의 이론에서 군사경제학을 본격적[297]으로 다루었다. 비록 군사경제학이라는 체계를 완성하였다고 볼 수는 없으나, 새로운 학문의 방향을 설정한 부분에 대해서는 나름대로 의미를 지닌다고 할 수 있다.

　필자 또한 군사경제학이라는 학문 체계의 발전에 이바지하고자 핵 문제를 결부시킨 경제 현상과 향후 벌어질 핵 분쟁으로 인한 경제적인 문제를 연구하여 한반도의 핵 문제와 경제 문제를 군사경제학이라는 스펙트럼에 넣어 이 책을 읽으시는 분들과 공감을 나누고자 한다. 단, 아래에서는 상기 핵 문제와 관련한 주제가 주가 되어야 하는 만큼, 군사경제학 분야 중 주로 북한 핵과 관련된 경제 문제를 다루고자 한다.

2
군사경제학의 연구 분야
―

   미국의 복잡성 과학자 존 L 캐스티는 자신이 선정한 '11가지 문명 붕괴 시뮬레이션' 가운데 디지털 암흑, 즉 장기적이고 광범위한 인터넷 정지 사태[298]를 최우선으로 꼽았다. 핵폭발은 6위로 상대적으로 덜 위험하다고 쓰고 있다. 이는 핵무기 위에 디지털 월드와 그 속에 연결된 경제[299]가 있다는 얘기로 볼 수 있다.

   그런데 이는 우리가 체감으로 느끼는 위험도와는 다소 다른 얘기여서 자칫 나르시스적 관찰로 오해할 수 있는 부분이기도 하다. 그러나 핵과 경제의 무게를 소신껏 달아낸 얘기라고 할 수 있는데 그만큼 돈도 핵만큼이나 무섭다는 얘기가 된다.

   따라서 아래에서는 경제를 핵과 연결 선상에서 바라보고자 한다. 그러나, 아래에서 상세히 다루기로 할 만큼 여기서는 전체적인 개념의 이해 차원에서 개괄적으로 서술하기로 한다.

   한편, 이 장에서는 북한 핵이 한반도 경제에 미치는 영향을 4가지 방향에서 살펴보기로 한다. ① 한반도 주변 국가의 군비 현황 분석, ② 국가별 GDP와 군비와의 관계 연구, ③ 균형 잡힌 군사경제의 방향 정립, ④ 평화의 비용 등 한반도의 안보와 결부된 미시-거시 경제적 차원에서 핵 문제를 들여다보기로 한다.

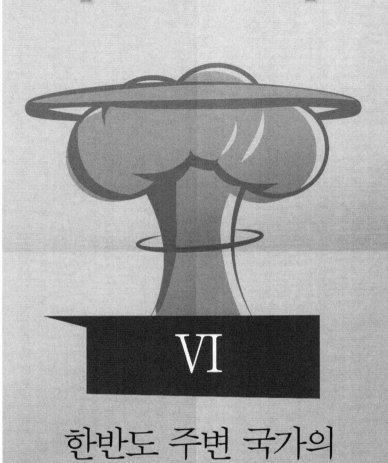

VI

한반도 주변 국가의
무기 보유 현황

WARNING!

인류가 지구상에 태동한 이래로 이 땅에서는 크고 작은 분규 혹은 전투, 더 크게는 전쟁을 치르지 않은 민족과 역사는 존재하지 않는다. 아프리카 혹은 아마존의 깊은 밀림 속에서도 부족 간의 알력과 갈등으로 살육이 자행되는 비극은 유사 이래로 항상 존재해 왔으며, 호모 사피엔스 DNA를 지닌 현 인류가 지속하는 한 전쟁으로 인한 인명 피해는 사라지지 않을 것이다.

이러한 현상이 강대국 간 군사력 경쟁의 가장 약한 고리에 속하는 한반도에서 일어날 가능성은 그만큼 더 농후하다 할 것이다. 여기는 세계 각국 무기들의 경연장이라 할 만큼 다양한 종류의 무기들이 배치되어 있으며 그 규모 또한 어마어마하다. 이와 관련하여 크게 두 가지로 나누어 국가별 무기 보유 현황을 알아보기로 한다.

핵이라는 이름의 청구서

1
재래식 무기

재래식 무기에 대한 정확한 정의에 대하여는 사전별로 차이가 있으나, 칼, 총, 대포와 같이 예로부터 사용하던 무기의 통칭이라 할 수 있으며, 핵무기, 생화학적 무기 등 대량살상을 유발할 수 있는 무기를 제외한 무기라고 정리할 수 있다.

그런데, 이의 구체적인 무기 종류를 지정하고 보다 실체적으로 접근하기 위하여 필자는 유엔 재래식 무기 등록 제도인 UNROCA(United Nations Register of Conventional Arms)에서 공식으로 지정한 7가지 중요 무기 종류를 재래식 무기의 대표 항목으로 선정하였다. UNROCA에서는 이 7가지 중요 재래식 무기를 다음 기준과 같이 명확히 하고 있다.

카테고리	무기류	주요 내용
Category I	전차	최소 75밀리미터 구경
Category II	장갑차	최소 12.5밀리미터 구경
Category III	대구경 야포	75밀리미터 구경 이상
Category IV	전투기(무인기 포함)	훈련기 제외
Category V	공격형 헬리콥터	정찰기, 전자전 임무 수행 가능 형태 포함
Category VI	전함	최소 25킬로미터 이상 사거리의 미사일 탑재 가능, 잠수함 포함
Category VII	미사일 및 이동장비	최소 25킬로미터 이상 사거리

〈표 3-1〉 UNROCA 지정 주요 재래식 무기 종류 및 범위[300]

사실, 이와 같은 재래식 무기는 핵무기 등 비 재래식 무기가 실제로 사용되지 않는 현실성을 고려하면, 무형의 능력(첨단 유무 포함)을 제외한 유형의 군사력을 가늠할 수 있는 척도가 될 수는 있다는 점에서 나름대로 의미를 지니고 있다. 즉, 핵무기나 생화학 무기 등 반인륜적인 무기 사용을 불가능하게끔 만든 각종 조약과 상호 간의 감시 체계를 감안하자면, 이러한 형태의 재래식 군 무기 체제만으로도 각종 전쟁을 수행하기에 충분하다는 얘기다.

물론, 전쟁이 발생했을 때의 결과를 예측하기 힘든 상황을 고려하자면 이를 통한 섣부른 추측은 할 수 없다는 한계점은 분명히 있다. 그러나, 이 책에서 주장하고자 하는 국가 간의 군비 현황을 분석하려면 아래의 카테고리 자료를 인용할 필요는 있다.

무기류/국가별(동맹그룹)	한국 동맹국				북한 동맹국				참고 사항
	한국	미국	일본	소계	북한	러시아	중국	소계	
① 전 차	2,300	5,884	690	8,874	4,300	12,980	6,740	24,020	
② 장갑차	2,800	25,489	863	29,152	2,500	27,140	9,682	39,322	보병전투차량 포함
③ 대구경 야포	6,000	5,393	1,774	13,167	14,100	26,633	12,918	53,651	다련장포 포함
④ 전투기	530	2,693	366	3,589	1,180	1,119	1,868	4,167	수송기, 급유기도 제외
⑤ 공격형 헬리콥터	680	4,348	471	5,499	290	999	1,026	2,315	러시아, 중국 일부 미집계
⑥ 전 함	110	232	72	414	500	196	351	1,047	항공모함등 대형 동수
⑦ 미사일(사거리 25~1,000km)	1,000	1,183	327	2,510	1,300	1,520	344	3,164	IRBM, ICBM 제외
합 계	13,420	45,222	4,563	63,205	24,170	70,587	32,929	127,686	

〈표 3-2〉 한반도 주변 국가별 재래식 무기 보유 현황, ①~⑥
2018년 대한민국 국방백서[301], ⑦ 저자의 Missile Statistics 참조

이와 같은 재래식 무기 현황을 보면, 단순히 수적인 면에서는 북한 동맹국이 보유한 재래식 무기의 숫자가 한국 동맹국을 2배 가까이 추월하고 있는 것으로 나타난다. 그러나, 여기에는 항공모함을 단순히 1대로 표기한 것과 첨단 기술이 가미된 전투기 숫자를 동수로 표기하는 등 효용 변수를 배제한 자료로 실질적인 전투력 비교는 불가하다.

그러나, 이 표가 보여 주는 것은 그만큼 한반도 주변에는 상당한 군사력을 보유한 국가들이 있고, 특히 재래식 군비만으로도 위협적인

핵이라는 이름의 청구서

수준의 주변 국가들이 한반도를 둘러싼 만큼 한반도가 충분히 위험
한 지형이라는 사실이다.

2
비대칭적 무기
—

그런데, 이렇게 객관적인 자료로 드러난 사실과는 다르게 눈으로 잘 드러나지 않는 무기 체계, 이른바 비대칭적 군사 무기 체계의 상황은 한반도에 또 다른 문제를 야기하고 있다. 따라서 여기서는 비대칭적 군사력의 정의와 종류를 살펴보도록 한다.

비대칭적 군사력에 대한 정확한 개념이 성립되지는 않고 있으나 여러 문서를 종합해 보면, '상대의 취약점을 성공적으로 공략하여 승리하기 위해 기존 재래식 전력과는 근본적으로 다르거나 현격히 차별화된 방법을 구사하는 전력'이라고 요약할 수 있다. 따라서 일각에서 주장하는 전력이 절대 열세인 측이 비정상적인 방법으로 세를 만회하려는 전력 구사라는 주장과는 다소 차이가 있다.

또한, 비대칭 전략은 시대별, 지역별, 재래식 장비 현황에 따라 적용되는 범주가 조금씩 다르다. 예를 들어, 북한과 아프가니스탄의 비대칭 전략 구사는 각각 주어진 상황에 따라 사뭇 다를 수밖에 없으며 베트남 전쟁 때의 베트콩의 전략과도 차이가 날 수밖에 없다. 이와 관련, 여기서 북한의 비대칭 전략을 아래 표와 같이 필자가 간략히 다이어그램화 하였다.

핵이라는 이름의 청구서

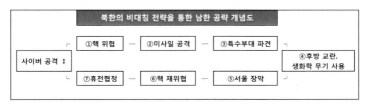

<그림 3-1> 북한의 비대칭 전략을 통한 남한 공략 개념도, 다이어그램-저자

위 내용을 설명하자면, 우선, 북한은 각종 사이버 공격으로 한국 사회를 교란에 빠뜨리고, 핵무기로 한국을 위협한 후, 미사일로 서울과 대도시를 집중적으로 공격하여 한국을 극도의 공포 상태로 몰아넣는다. 이후 고도로 훈련된 특수부대를 후방에 침투시켜 기간산업과 중요 군사 시설을 불능화하는가 하면, 일부 요충지에는 생화학무기를 사용, 대량살상을 자행하여 남한 사회를 충격에 빠뜨린 뒤 전면적으로 공격하여 내려오는 주 공격군과 합세하여 서울을 함락한다.

그러나 이러한 가정이 현실화되지 못하고 패배할 경우, 다시 북한으로 귀대하여 '핵무기 사용 가능성을 가시화하는 핵 위협을 감행하거나 한국의 일부 지역에 핵무기를 실제 투하하여' 한국과 미국의 진격을 사전에 막는다. 그 이후 다시 휴전협정을 추진하여 현 체제를 유지하려 한다. 이와 같은 비대칭적 공격 전략을 위해 북한이 계획하거나 이미 실행해 온 내용들을 필자가 아래 표와 같이 요약, 정리하였다.

분 류	형 태	사례 및 내용
A. 전면성	① 핵실험	2019 북미정상회담 이후 지속 판단
	② ICBM 실험	2019 북미정상회담 이후 지속 판단
B. 국지성	① 기습공격	연평도 포격, 천안함 폭침, 연평해전
	② 무장공비	동해안 간첩단, 울진 삼척지구 공비단
	③ 특수부대	후방교란, 전방협공위한 특수부대 공격
	④ 인명테러	반북한인사 혹은 망명자 암살활동
C. 비가시성	① 사이버공격	군사정보해킹, 금융 침탈 행위
	② 생물·화학무기	1960년대 이후 여러 지역에 분산 운영
	③ 땅굴 굴착	4차 땅굴 발견 이후 미발견 상태

<표 3-3> 북한의 비대칭 공격 형태 및 내용, 도표-저자 작성

그런데 이러한 북한의 비대칭 전력 자체보다 한국이 더 무겁게 받아들여야 할 부분은 네 가지로 요약해 볼 수 있다. ① 한국이라는 세계 질서에 순응, 선도하는 국가로서 지니는 항상성과 예측 가능성을 북한은 전연 도외시하고 있음으로 인해 오히려 한국은 상호협력과 신뢰도에 있어서 큰 내상을 안고 있다. ② 북한의 비대칭 전략은 전반적으로 남한을 극도의 긴장감으로 몰아넣는 데 목적이 있어 한국인들이 안고 가야 할 정치·군사적 스트레스 수치가 높아 이에 대한 심리적 대비책을 마련하기가 쉽지 않다. ③ 상기 표의 북한의 비대칭 전력에 대응하려면 한국이 부담해야 할 경제적 비용은 추산키조차 어려울 정도로 천문학적이며 또한 범위도 방대하다. ④ 가장 문제시되는 부분은, 비대칭 전력 중 가장 큰 부분을 차지하는 핵 문제에 대한 대응 부분으로 한국뿐만 아니라 한반도 전체, 그리고 나아가 동북아의 힘의 균형 질서를 위협하여 동북아 자체를 위협에 빠뜨리고 있다.

VII

국가별 GDP와 군비

1
남북 경제 격차의 이해와 분석
—

전 분야를 통틀어 전쟁을 다루는 분야에서 상대국 간의 경제 격차는 많은 점을 시사한다. 통상 전쟁 피해국이 되는 경우는 경제력이 전쟁 가해국의 1/2에도 못 미치는 상태가 많았는데, 이와는 반대 상황인 2020년대 한반도의 현실에서 전쟁 가능성을 알아보는 일은 분명 그만한 이유가 있음을 의미한다.

이 경제적 격차를 규정할 수 있는 항목에는 ① 인구, ② 명목 GNI, ③ 1인당 GNI, ④ 경제성장률, ⑤ 무역 총액, ⑥ 예산 규모 등이 있으며 이를 기준으로 남북한 간의 경제적인 차이를 살펴보면 다음 표와 같다.

구분 / 연도별		2019			2018			2017			2016			2015		
항목	단위	한국	북한	배수	한국	북한	배수	한국	북한	배수	한국	북한	배수	한국	북한	배수
1. 인구	천명	51,709	25,250	2.0	51,606	25,132	2.1	51,446	25,014	2.1	51,246	24,897	2.1	51,015	24,779	2.1
2. 명목 GNI	조 원	1,936	36	54.4	1,906	36	53.1	1,730	37	46.8	1,646	36	45.7	1,568	35	44.8
3. 1인당 GNI	만원	3,744	141	26.6	3,693	143	25.9	3,364	146	23.0	3,212	146	22.0	3,074	139	22.1
4. 경제성장률	%	2.0	0.4	6.6	2.9	-4.1	6.6	3.1	-3.5	6.6	2.9	3.9	0.7	2.8	-1.1	3.9
5. 무역총액	억달러	10,456	32	322.7	11,401	28	401.4	10,522	56	187.9	9,016	65	138.7	9,633	63	152.9
6. 예산규모	억달러	2,871	85	33.9	2,763	82	33.5	2,520	78	32.3	2,408	73	33.0	2,320	69	33.6

〈표 3-4〉 남북한의 연도별 주요 경제지표 비교-한국은행 [302]

※ 4. 경제성장률 -%는 좌변 -합산 후 분자로, 분모는 1로 계산, 6. 예산 규모: 북한은 결산 기준, 한국은 추경 포함 일반 회계 총계 기준

첫째, 인구 면에서는 한국이 북한의 2배를 약간 상회하는 수준을 유지하고 있다. 양측 모두 인구의 급감이 아닌 약(弱) 상승세를 유지,

핵이라는 이름의 청구서

소폭 상승 추세를 이어가고 있다.

둘째, 물가 변동과 국외 소득을 반영해 실질적인 국가 경제 규모를 반영하는 명목 GNI(명목 GDP에 명목 국외순수취요소소득을 합산, 명목 GNP의 개념을 바꿔서 사용)는 한국이 북한을 무려 54배 이상 추월하고 있다. 때문에 인구 총수를 나눈 1인당 GNI에서는 무려 20배가 넘는 차이가 남을 알 수 있다.

셋째, 경제성장률 면에서는 북한이 2012~2014년의 1%대 초반의 안정적인 약 성장세를 유지하다가 2015~2017년 사이에 큰 격차의 등·하락세를 보인다. 특히 2017년 북한의 경제성장률이 -3.5%에 이를 정도로 대북 제재의 영향이 컸던 것으로 보인다. 이 부분은 이후 언급할 균형 잡힌 군사경제 부분에서 자세히 다루기로 한다.

넷째, 무역 총액 부분에서의 차이는 극명하게 갈린다. 2017년 기준(최고 수위 제재 기간 2018~2019년 제외) 180배를 넘어선, 사실상 비교가치로서의 의미를 무색하게 한 무역 거래량 차이 현상이 발생한 것이다. 좀 더 자세히 들여다보면, 한국은 꾸준히 무역 총액을 유지하고 있지만, 북한은 상대적으로 미미한 무역량 수준에도 하락세를 이어가고 있었다. 이 또한 최근 압박의 끈을 놓지 않고 있는 대북 제재의 영향으로 인한 무역량의 급감에서 기인한 것으로 보인다.

다섯째, 예산 규모 면이다. 한 국가의 예산은 크게 일반 회계와 특별 회계로 이루어져 있으며, 이 예산과 기금을 합쳐서 총지출 예산이라고 한다. 혹자들이 대한민국의 1년 예산이 400조 원을 넘어선 지가 언제인데 예산이 230조 원 정도밖에 되지 않느냐고 반론을 제기하기도 하는데, 이는 대한민국의 예산에서 기금이 차지하는 부분이 상대적으로 크다(2020년, 기금 161조/총예산 512조, 31.5%)는 점을 이해하지 못했기 때문이다. 또한, 이러한 기금과 특별 회계 부분까지 합쳐서 북한과 비교할 때 격차의 대소와는 상관없이 북한 측의 예산 구조와 집행 자료에 대한 신뢰성 문제로 유의미한 자료가 될 수 없기 때문이다. 따라서, 보수적 입장에서 바라본 일반 회계 예산 측면에서도 한국과 북한 간 1년 치 살림살이를 비교해 보면 사실상 의미가 없는 대북 30배+@ 배율이 나오게 된다.

이상과 같이 남북한의 경제적인 격차는 여러 측면에서 비교 불가한 상태임을 확인할 수 있다. 경제적인 측면에서는 북한이 한국에 절대적으로 열세임은 부인할 수 없는 상태이다. 그러나 양측이 군사 비용에 얼마만큼의 비율을 투입하느냐 하는 예산의 비대칭적 구조는 들여다볼 필요가 있다. 따라서 아래 항에서는 주요 국가별 경제 규모 대비 군비 투입 비용 대비 북한의 투입 규모를 동시에 알아보고자 한다.

핵이라는 이름의 청구서

2
한반도 주변
주요 국가별 경제와 군비
—

    한 국가 단위로 군비 지출 현황을 집계하는 데는 상당한 시일이 소요된다. 미국 군사비 지출 리포트인『세계 군비 지출 및 무기 이전 보고서(WMEAT)』는 경쟁국 및 주요 관심 국가들의 실질적인 군비 지출 명세를 샅샅이 조사한 후 보고하는 만큼 대략 2년의 세월을 요한다고 하였다. 그만큼 자료의 신뢰성은 장기간에 걸친 면밀함에 있다고 할 수 있다.

    사실 어느 나라도 국가 정보에 해당하는 군사비 지출 규모를 공개적으로 밝히는 나라는 드물다. 심지어 한국의 경우도 세입·세출 결산 보고서에 총지출 규모는 밝히고 있으나, 어디에 어떻게 사용했는지에 대한 상세한 경위 과정을 밝히지 않는 것과 같은 논리이다.

    이런 점을 고려할 때 해마다 발표되는 미국의 WMEAT 보고서는 높은 신뢰도와 시사점을 제공하는 만큼 이 자료를 살펴보기로 한다.

기 간	최근년도			11년 중간값			최근년도			11년 중간값		
년 도별	2017			2007 - 2017			2017			2007 - 2017		
범 위	최저	최고	순위	최저	최고	순위	최저	최고	순위	최저	최고	순위
미합중국	643,000	643,000	1	741,000	741,000	1	3.3	3.3	26	4.2	4.2	16
중국	228,000	433,000	2	173,000	329,000	2	1.1	1.8	67	1.1	1.9	62
인도	62,500	226,000	3	46,800	169,000	3	0.9	2.4	44	0.9	2.4	48
러시아	66,500	159,000	5	60,900	144,000	5	2.7	4.2	17	2.7	4.0	20
사우디아라비아	76,600	198,000	4	56,500	146,000	4	6.5	11.1	3	5.9	9.3	3
영국	55,700	67,200	6	54,300	66,600	6	2.1	2.2	49	2.2	2.4	48
프랑스	46,000	54,400	8	47,400	57,000	7	1.8	1.8	67	1.9	2.0	58
일본	45,400	52,500	10	44,000	53,500	8	0.9	1.0	123	1.0	1.0	126
이란	15,300	57,200	7	11,300	42,300	12	2.3	3.4	24	2.3	2.9	35
한국	39,300	51,300	11	34,500	45,600	10	2.5	2.6	40	2.6	2.6	45
독일	45,600	53,600	9	42,800	49,000	9	1.2	1.2	104	1.3	1.3	103
브라질	29,300	46,500	12	28,300	44,800	11	1.1	1.4	90	1.0	1.4	91
UAE	19,900	36,300	16	17,900	32,600	13	3.9	5.2	11	4.1	5.4	10
알제리	10,100	38,000	15	6,930	26,100	18	3.6	6.0	6	3.1	4.7	12
파키스탄	11,500	41,200	13	8,320	31,000	14	1.8	3.8	21	1.8	3.5	26
호주	24,300	31,200	18	20,200	26,400	17	2.0	2.4	44	1.9	2.4	48
터키	13,000	34,400	17	10,500	27,100	16	1.4	1.5	83	1.6	1.6	78
이탈리아	23,900	30,400	19	24,500	29,700	15	1.2	1.2	104	1.2	1.3	103
오만	9,070	24,600	22	7,460	20,200	24	7.3	12.8	2	7.5	12.1	2
북한	3,740	9,910	39	3,590	9,640	38	13.6	24.0	1	13.4	23.3	1

〈표 3-5〉 GDP 대비 국가별 국방비 지출 내역(WMEAT 2019)[303],
도표-저자 편집, 고정 환율(2017 U.S. dollars) 적용

위의 표는 미 국무부가 발표한 『2019년 세계 군비 지출 및 무기 이전 보고서(WMEAT)』를 저자가 편집한 것으로 이 분석 내용을 살펴보면, 2017년 미국과 중국의 군비 지출이 각각 6,430억 달러(GDP 대비 3.3%)와 4,330억 달러(GDP 대비 1.8%)에 이른 것으로 나와 있다. 그런데 최근 11년을 놓고 보았을 때는 미국이 압도적으로 많은 7,410억 달러(GDP 대비 4.2%)를 군비에 지출하여 최대 군사 대국의 면모를 보였다. 이 기간은 미국이 아프가니스탄에서 전쟁을 계속하던 중이어서 전비 충당이 많았던 시기이기도 하다.

한국은 2017년 국방비 지출이 513억 달러(GDP 대비 2.6%)로 40위를 기록하였으며, 북한은 99억 달러(GDP 대비 24.0%)로 1위를 차지하고 있다. 유럽의 중추국인 독일(2017년 536억 달러, GDP 대비 1.2%)과 비슷한 규모의 국방 예산을 운영하는 한국으로서는 경제 규모 면에 비추

핵이라는 이름의 청구서

어 보면 상대적으로 많은 국방비를 지출한다고 볼 수 있다. 그렇지만 주적인 북한이 GDP의 20% 이상을 국방 예산에 투입하는 상황에서는 결코 많이 사용한다고 보기는 힘들다. 미국, 러시아, 사우디아라비아 등 전통적 군비 지출국 외에 미국과 첨예한 대립각을 세우고 있는 이란(GDP 대비 약 3.4%)보다 낮은(한국, 최근 11년 2.6%, 40위권) 예산 지출을 보이는 것은 나름대로의 경제적인 국방 운용 예산 혹은 방위비 분담 인상 가능성 대비 등 여러 의미를 동시에 지닌 것으로 볼 수 있다.

또한 미 국방부의 WMEAT 국방비 지출 내역 보고서는 당해년도의 자료뿐만 아니라 최근 11년간 최저·최고 지출 자료를 제공하고 있는데, 당해년도와 11년의 편차가 소폭에 준하는 것을 보게 되면, 국방비 지출은 기하급수적이 아닌 상대적으로 안정된 등락 폭을 유지하는 패턴을 보여 주고 있다.

3
이상적인 GDP
국방비 비율 1.37%
—

    그런데 이러한 국방비의 지출 규모는 각국이 처한 상황에 맞춰서 지출할 수밖에 없는 결과물이라고 볼 수 있다. 그 때문에 각 국가가 내부적으로 처한 경제, 문화, 사회 등 여러 분야의 문제들에 골고루 대처할 수 있는 균형 예산 집행과는 별개의 문제이다. 즉, 지나치게 군비 확충에 치우칠 경우 사회·경제적인 부작용을 유발하고, 국방 예산을 어느 정도 더 투입해도 될 상황임에도 오히려 긴축 재정 운용을 추진할 경우 주변국의 비정상적인 움직임을 야기할 수도 있다는 얘기다. 그러나 이는 해당 국가의 특이한 상황에 초점을 맞춘 만큼 그 의사결정이 존중되어야 할 때도 있다.

    따라서 여기서는 이러한 문제점들을 분석한 다음 이를 대체할 수 있는 보다 효과적이면서도 이상적인 국방비 운영 비율을 추산하여 적용해 보기로 한다. 이를 위해서 국방부 자료인 WMEAT 보고서 중 MER-PPP 기준 GDP의 5분위 분석값을 활용하도록 한다. 아래 표는 한반도 주변국에 대한 MER-PPP 기준 대비 GDP별 분위 값에 NGO가 평가한 민주화 평가 항목까지 추가, 총 3개 항목을 평균, 순위화한 내용이다.

핵이라는 이름의 청구서

국가별 해당 항목별 인구대비 5분위 분포도				
국가명	①1인당 GDP: 35% (시장환율 MER 기준)	②1인당 GDP: 35% (구매력 PPP 기준)	③NGO 평가: 30% 민주주의 지수	①~③ 항목별 합산	순위
프랑스	1.0	1.0	1.0	1.0	1
독일	1.0	1.0	1.0	1.0	1
이탈리아	1.0	1.0	1.0	1.0	1
일본	1.0	1.0	1.0	1.0	1
한국	1.0	1.0	1.0	1.0	1
영국	1.0	1.0	1.0	1.0	1
미국	1.0	1.0	1.0	1.0	1
러시아	1.0	1.0	4.0	1.9	50
중국	2.4	2.6	4.9	3.2	100
북한	5.0	5.0	5.0	5.0	166

〈표 3-6〉 국가별 GDP 항목별 분포 순위, 도표-저자 편집[304]

※ 중국의 경우 조사대상의 43%가 3분위, 57%가 2분위에 속하여 2.43으로 계산, 최종 숫자가
적을수록 GDP 순위가 높음을 의미(1~5 범위 내 분포도별 역순위를 의미)

시장 환율(MER)을 기준으로 한 1인당 GDP와 구매 지수(PPP)를 기준으로 한 1인당 GDP의 차이점은 시장 환율의 경우 환율 조작이 의심되는 국가의 신뢰도 지수는 상대적으로 약하게 보이게 하며, 구매 지수는 국가별 제품의 품질과 서비스 차이를 정확하게 반영하지 못하는 단점을 안고 있다는 점이다. 따라서 두 가지 기준을 50:50(35%:35%)으로 적용하는 방법이 단점을 희석시킬 수 있다. 그리고 NGO가 조사한 민주주의 지수를 두 기준과 비슷한 구성비 30%로 적용한 점은 공산국가라는 뚜렷한 시대적·체제적 오류라는 감점 요인을 수치화한 데 의미가 있다. 따라서, 이 항목들의 평가 합산은 '1≤(MER GDP×0.35)+(PPP GDP×0.35)+(NGO-DEM×0.30)} ≤5'의 범위 값을 지니게 된다.

여기서 바람직한 국방비 비율을 계산하기 위한 1차 가이드가 정해진 셈이 된다. 우선, ① 분포도 순위가 1그룹에 있어야 한다는 점이다. 따라서 1 초과 그룹에 속하는 러시아와 중국 그리고 북한은 2가지 기준에 의한 GDP 분야의 개선이 시급하며, 통치권의 행사 방법을

기준으로 한 정체(政體)에서는 민주제가 아닌 독재제(러시아의 대통령제
는 사실상 독재제로 인정)로서 상위 그룹에 포함시킬 수 없다.

한국은 2가지의 GDP 및 민주주의 지수에서 1순위 분포도를 배정
받아 아래 두 번째 항목으로 넘어갈 수 있게 된다. 그런데 만약 중국-
러시아-북한처럼 1순위를 배정받지 못했을 경우, 즉, 이상적 형태의
군비 지출을 위한 1차 관문을 통과하지 못했을 때는 1번대로 다시 진
입해야 한다. 결국, 이러한 조건을 충족하지 못하는 경우의 해당 국
가는 군비를 지나치게 높게 책정하여 국민에게 더 많은 국방비 부담
을 지우게 되며 장래에는 재정 불균형 상태로 접어드는 좋지 않은 결
과를 낳게 된다.

그런가 하면, ② GDP 대비 국가별 국방비 지출을 보조 데이터로
활용하여야 한다. 이를 위해서는 개별단위의 국가별 국방비보다는
③ 지역별 국방비를 포함하는 전반에 걸친 정치 및 국방비 합계의 보
조 지표를 먼저 확인한 다음, 그 지역에 속한 개별 국가를 찾아 해당
국가의 국방 비율을 확인하는 단계를 거치는 게 바람직하다. 이 세
번째 보조지표는 다음과 같다.

국가별/반영 항목	ⓐ 3항목 Quintile 평균(분위)	순위	ⓑ11년 MEAN GDP 국방 비율 평균(%)	순위	ⓒ11년 MEAN 국방 비용 평균(백만 달러)	순위
북미	1.6	1	2.8	4	373,675	1
중동	2.5	4	4.5	1	16,180	4
북아프리카	3.3	8	2.8	2	7,453	8
동북아시아	3.1	7	2.8	3	23,376	2
비 EU	3.1	6	1.6	8	7,671	7
EU	1.7	2	1.3	13	9,682	5
남미	2.9	5	1.5	11	7,242	9
오세아니아	2.4	3	1.3	14	8,052	6
중앙아시아	3.4	10	2.0	7	1,711	10
동아프리카	4.3	13	2.4	5	899	13
남아시아	4.3	14	2.2	6	17,910	3
중앙아프리카	3.8	12	1.6	10	327	15
오세아나	3.8	11	1.5	12	87	16
남아프리카	4.4	15	1.6	9	1,177	11
중미카리브해	3.4	9	0.9	16	1,067	12
서아프리카	4.7	16	1.0	15	396	14
합계	3.2		1.9		12,280	

〈표 3-7〉 세계 권역별 3개 항목 분석표[305], 도표-저자 편집

핵이라는 이름의 청구서

위 테이블을 보면, 북미-중동-북아프리카-동북아시아 4개 그룹이 Quintile 분포도 순서의 상위를, 11년 평균 GDP 대비 군비 지출 규모 면에서는 중동-북아프리카-동북아시아-북미 순으로 그룹 내 순위가 정해졌다. 따라서, 이 4개 그룹에 속한 국가이면서도 한반도에 영향력을 미치는 국가들을 선별하는 것이 중요한데, 이를 통해 주변 환경적 요소를 고루 반영하여 적정 비율의 국방비를 산출할 수 있다.

이 공식에 의하여 해당 국가를 선별하면, 북미에서는 미국, 동북아시아에서는 중국, 일본, 한국, 북한이, 비EU에서는 러시아가 해당한다. 그런데 이 6개국에게 개별적으로 국방 비율을 줄이라고 하는 것은 통일성과 현실성이 부족하다. 따라서 일차적으로 그룹별로 목표율을 부여하고 이를 달성하도록 독려하는 것이 현실에 더 부합한다.

그런데 이를 위해서는 기준이 되는 가상의 그룹을 설정해야 동일 비율의 목표를 부여할 수 있다. 때문에 그 기준 그룹 설정에 신중해야 할 필요가 있다. 그 조건으로는 ① 최근 50여 년 내 해당 지역에 전쟁이 없었으며, ② 정체(政體)가 민주제 국가여야 하며, ③ 타국을 침탈한 역사가 없어야 한다는 3가지 요건을 갖추어야 한다. 이 3가지 요건을 두루 갖추는 그룹으로는 EU, 남미, 오세아니아 3개가 해당하는데, 1982년 4월 발생한 영국-아르헨티나 간의 포클랜드 전쟁은 당사국이 해당 그룹을 탈퇴한(일명, Brexit) 국가의 전쟁이어서 이 문제는 논외로 하기로 하였다. 이러한 요건을 적용하여 계산한 결과, 기준 그룹의 GDP 비율 범위 값인$((1.3(\times2)+1.5(\times1))\div3)=1.37\%$가 적절한 기준 국방 비율로 산정되었다.

따라서, 이상적인 국방 비율인 GDP 대비 1.37%의 비율을 얼마나 효율적이며 실질적으로 유지·감축해 나가느냐 하는 것이 결국 이 연구의 초점이 된다고 할 수 있다. 이에 필자는 이 과정을 요약하여 다음과 같은 다이어그램을 작성하였다.

GDP 대비 국방비율 조사	→	3 Quintile 분포도 순위 작성	→	3 Quintile 그루핑 작업	→	그룹에서 목표 대상 국가 선별
그룹별 군비 목표 달성	←	달성 여부 지속적 FEEDBACK	←	목표 대상 국가 그룹별 목표 부여	←	3가지 요건 충족 기준 국가 선별

〈표 3-8〉 이상적 국방 비율 산출 단계, 다이어그램-저자

VIII

균형 잡힌
군사경제 방향

그러나, 국방부의 공식 입장은 "현재 2.6%의 국방 비율은 주변 상황에 비추어 낮다."라는 입장인가 하면, 보수정당과 단체에서는 날로 위협적으로 변해 가는 북한 핵 문제에 맞대응하기 위해서도 3% 이상으로 올려야 한다는 입장을 보인다. 물론, 당장 눈앞에 보이는 현 상황을 놓고 보면 틀린 말은 아닐 수 있다.

그러나, 국방 체계라는 특성이 보여 주는 비(非) 재생산 능력을 고려하면, 3%가 아닌 하향 조정을 목표로 추진해야 한다. 이는 미시적 관점인 생산성 함수관계를 통해서도 잘 드러난다. 따라서, 아래에서는 이러한 주장에 대한 반론을 몇 가지 관점에서 살펴봄으로써 올바른 방향을 제시하고자 한다.

핵이라는 이름의 청구서

1
경제 이론적 관점

무릇 국방비는 국가의 안위를 다루는 부분인 만큼 국가 경제 성장에도 미치는 영향이 클 수밖에 없다. 따라서 그만큼 논쟁을 야기하는 분야일 수밖에 없다. 결국 한정된 자원을 어떻게 효율적으로 활용하여 경제 성장에 이바지하게 하거나 투자 대비 이윤이 손익분기점(균형 재정) 이하로 떨어지지 않도록 할 것인가의 문제로 귀결된다.

국방비는 한 국가의 평화 유지를 위한 기회비용으로서 해당 국가가 안정적으로 저축, 투자, 생산을 할 수 있도록 하는 경제 성장 촉진 요인으로 작용할 수 있다는 주장도 일면 타당성은 있다. 그 때문에 미시적 생산함수와의 관계 외에 거시적 재정 측면에서도 국방비의 경제 성장과의 연관성을 동시에 비교해야 할 필요성이 있는 것 또한 부인할 수 없다. 비록 GDP의 3% 선에 육박하는 높은 국방 예산 비율이지만 이는 평화의 비용으로 볼 수 있다는 얘기다.

이를 위해 필자는 국회예산처가 국방비의 경제적 연관성에서 밝힌 국방비의 공급과 수요적 측면에서의 분석 자료를 인용하고 여기에 필자의 분석 내용을 더하여 이 논지를 보완하였다.

"공급 측면에서 국방비는 경제 산출을 증가시키는 투입 요소로서 군사적 목적으로 건설된 댐, 교통, 도로 또는 군에서의 교육 훈련 등과 같은 외부효과(externality effects)와 군사 기술의 민간 기술로의 파급효과(spin-off) 등뿐만 아니라 군대 및 관련 군수 산업에서의 고용을 통해 경제 성장을 촉진하는 역할을 한다. 그러나 수요 측면에서는 보다 생산적인 민간 경제로의 자원 배분을 국방 분야에서 흡수함으로써 경제 성장에 걸림돌이 되기도 한다. 즉, 민간 저축과 투자를 구축(crowding-out)하고 민간 경제를 위한 국내 산출을 제한함으로써 경제 발전을 저해하는 요인으로 작용하기도 한다. 또한, 국방비는 정부 예산에서 경직성 경비로 분류됨으로써 재정의 효율적 운용을 저해하는 요소의 하나로 인식되기도 한다. 그러나 수요와 공급곡선 양방향 분석에 의하면 한국과 터키는 국방비가 경제 성장에 긍정적, 개도국은 부정적인 결과가 나왔다."[306]

이 이론은 많은 시사점을 남기고 있다. 전반적인 논조는 국방 예산의 비경제 성장 요인에 방점을 두고 있으나, 한국과 터키 등은 비교 대상 국가들과는 달리 경제 성장에 비교적 긍정적인 결과를 미친다고 하였기 때문이다. 결국, 한반도의 핵 문제와 결부된 경제 효과를 논하는 자리인 만큼 이 논리를 인정하지 않을 수는 없다. 그렇지만 확연한 플러스 요인을 지니고 있지는 않은 만큼 점진적으로 하향 조정하는 일이 필요하다. 공급 측면부터 살펴보기로 하자.

1-1. 공급적 측면(생산함수)

우선, 리카도의 비교우위론에서 보았을 때 군수품은 비교우위론의 대상이 되지 못한다는 점을 상기해 볼 필요가 있다. 따라서 군수물자를 포함한 국방비 자체를 생산함수에 투입할 이외 요소(토지, 노동, 자본 이외)로 국방 예산이라는 항목을 투입했을 때 상대 교역대상에 대한 비교우위 상품이 될 수 있느냐다. 그러나 비생산적이며 경직성

핵이라는 이름의 청구서

경비체계가 높은 국방비라는 요소를 생산함수에 넣기 어려워 평균 수준 이상의 상호 교역 대상에서는 빠지게 된다.

이를 좀 더 구체적으로 설명하자면, 리카도의 비교우위론에서는 1) 기술 종속화 가능으로 인해 기술 속도가 다른 반도체 상품 등, 2) 식량 제국주의화를 야기할 수 있는 세계 최대의 농산물 생산국인 미국의 농산물, 3) 압도적인 군사력으로 압박 시 피침략의 대상이 될 수 있으며 전쟁 시에는 속국화를 우려하게끔 하는 군수 물자 등은 상대 교역 비교우위론에서 제외하는 항목[307]이라 할 수 있다.

따라서 공급 측면에서 생산함수 요소에 국방비를 장기적 혹은 영구적으로 기본 요소로 삼을 수 없으며, 오히려 생산함수를 구하기 위한 투입요소로 고려한다면 공급적 생산함수에 국방비는 또 하나의 '해로운 장기적 공급 충격'을 줄 수 있는 요소로 볼 수 있다.

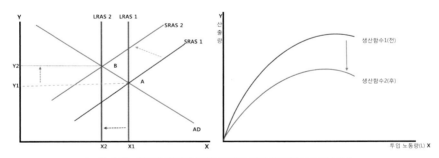

〈그림 3-2〉 해로운 장기적 공급 충격에 따른 공급곡선 이동(좌)과
생산함수의 감소 곡선(우), 그래프-저자

참고로 장기공급곡선(LRAS)은 노동, 자본 및 기술에 의해 산출량이 결정되어 $Y=F(\overline{K}, \overline{L}, \overline{T})$가 되며, 특정 물가 수준에 의존하지 않으므로 인해 수직의 형태를 이루고, 고용 수준은 완전고용 수준에서 유지하게 되며, 다른 생산 요소도 이와 같은 과정을 거침으로 산출량도 자

연산출량 수준에서 결정된다. 이와 반면, 단기공급곡선(SRAS)은 물가 수준과 연계돼 있어 일반 공급곡선의 형태인 우상향의 기울기를 가지며, 경직적 가격(Sticky Price)과 불완전 정보(Imperfect Information)를 가지게 된다.

특히, 군사적 긴장감이 고조될 때에는 단기간 내에 막대한 전비 투입(예, 무기구매 등으로 인한 전시 재정 상승)으로 인해 비생산적 생산 요소까지 동원하게 되어 비효율이 발생하며 이로 인해 생산 요소에 높은 가격을 지출하게 된다. 또한 민간 경제에 대한 공급량의 중단 혹은 감소가 불가피해 부정적 공급 충격을 더할 수 있으며, 강한 통제와 규제를 받고 내부 경상비의 비중이 높을 수밖에 없는 군사체계의 특성(경직적 요소)상 장기적으로는 경제 성장을 위한 재정확보에도 걸림돌이 된다.

그 때문에 위의 그래프에서처럼, 해로운 장기적 공급 충격은 물가 상승을 유발하여 물가(가격, Y)를 상승시키고 단기총공급곡선(SRAS, Short Run Aggregate Supply Curve) 및 장기총공급곡선(LRAS, Long Run Aggregate Supply Curve)을 각각 왼쪽 방향으로 이동시킨다. 따라서 B에서 균형을 형성, 국민소득의 감소 혹은 느린 폭의 증가를 유도하여 경제 성장에 플러스 요인으로 작용하지 못하게 된다.

이와 같이 충격이 가해졌을 때 생산성에 미치는 영향도를 판단하는 노동 산출 생산함수 곡선에서는 충격 이전(생산함수 1)에 비하여 충격 이후(생산함수 2)의 생산성이 큰 폭으로 하락하는 것을 볼 수 있다.

이처럼 공급 측면에서 리카도의 비교우위에 따른 국방비의 생산 요소로서의 긍정적인 의미와 역할은 제한적이며 공급 충격 측면에서는 생산성이 하락하는 현상에 일조하고 있음을 확인할 수 있다.

물론 국방 예산이라는 특수한 요소를 단순히 비교우위론이라는 기준에 적용하여 판단할 수 있겠느냐는 반론이 제기될 수 있겠으나,

그렇다고 국방비가 일반 생산 요소처럼 고정요소가 될 수는 없으며 어떤 식으로든 상대 비교 평가되어야 할 요소란 점은 부인키 어렵다. 이러한 이유로 일정 기간을 놓고 봤을 때 국방비는 공급에 충격 요인으로 작용할 수 있다는 사실 또한 외면하기 어려울 것이다.

참고로, 국방비는 생산량과 운영방식이 국가의 상황에 따라 수시로 변할 수 있어 생산량의 증가에 투입량도 동시에 증감하는 노동력과 같은 가변투입요소(VI, Variable Input)로 판단할 수 있어 노동생산함수와 연계하여 분석하는 것도 가능하다.

따라서, 공급 측면에서 국방비의 생산함수는 특이한 상황을 배제한다면 시간의 경과에 따른 생산성의 감소 패턴을 벗어나기 어렵다는 것을 알 수 있다.

이와 다르게, 국방비가 GDP의 3%를 초과하거나 근접하는 대규모의 국방비를 운영하는 국가들인 미국, 북한, 사우디아라비아, 터키, 한국 등은 국방 산업 자체가 해당 국가의 경제 성장에 일정 부분 기여할 수 있다는 논리도 어느 정도 수렴의 대상이 될 수 있다.

그러나, 공급 측면의 생산함수가 제시하는 하락 현상을 극복하기란 결코 쉽지 않아 보인다. 따라서 국방비 투입의 증가가 해로운 공급 충격의 요인으로 나타난 이상 생산성 하락 폭은 더 클 수밖에 없을 것이다.

1-2. 수요적 측면

수요 측면에서 가장 중요한 대목은 역시 한계비용(MC)이다. 경제학에서 가장 이상적인, 즉, 이윤을 극대화할 수 있는 부분이 한계수입과 한계비용이 일치(MR=MC)하는 지점이며, 그 이하로 떨어지게 되면

(MC>MR) 경제 체제를 제대로 운용하기 어려워진다. 군사경제도 이러한 원칙을 벗어나기 어려운 건 마찬가지다.

또한 여기에는 한계비용은 생산량이 증감함에 따라 꾸준히 비용도 증가하는 한계비용체증이 존재함으로 인해 비탄력적 생산성을 지닌 국방 예산처럼 장기적이며 영구적으로 운영할 경우 비용은 점차 늘어나 국방이 민간을 구축(驅逐, Crowding-out)하게 된다. 이를 이해하기 위해서는 한계비용(MC)과 평균총비용(ATC)의 교차 곡선을 보면 된다.

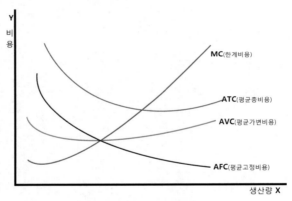

〈그림 3-3〉 한계비용과 평균총비용 곡선, 그래프-저자

한계비용(MC)은 초기 하락 단계를 지나면 산출량이 증가할수록 비용이 증가하는 우상향 곡선임을 나타내는데, 이는 생산량(산출량)이 적을 때는 AFC(평균고정비용)가 낮아지고 AVC(평균가변비용)도 저점을 지나기 이전이어서 ATC(평균총비용)도 하향 곡선을 그리지만, 생산량이 점차 많아지면서는 AVC가 상승함에 따라 결국 ATC도 증가한다.

핵이라는 이름의 청구서

따라서, 해마다 국방 예산 지출이 늘어날 경우 한계비용(MC)의 증가는 필연적인데, 이는 앞서 언급한 국방비가 지닌 특성인 불규칙적 평균가변비용(Irregular AVC)이 늘어남에 따라 평균총비용(ATC)의 증가로 이어진다. 결국, 국방 예산 지출(특히, 불규칙적 수요에 따른 소비, 전쟁, 전투, 비대칭적 긴장 상태 등) 비율을 축소하지 않는 한 수요 측면은 부정적일 수밖에 없다는 설명이 된다.

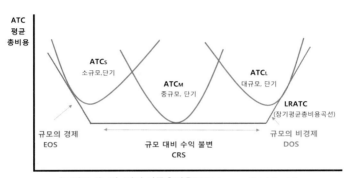

〈그림 3-4〉 장·단기 평균총비용(ATC, Average Total Costs)
곡선과 규모의 경제·비경제 곡선, 그래프-저자

한 걸음 더 나아가 규모의 경제 측면과 연계시켜 보면, 위 그래프처럼 초대형 규모의 군수공장이라고 할 수 있는 군사 비용 지출은 생산량이 증가할수록 비용이 더욱 늘어가는 규모의 비경제적 현상이 나타나게 된다. 따라서 국방비 지출은 수요함수 면에서도 비경제적이라는 결론에 도달하게 된다.

이와 같이, 수요 측면의 분석에서 국방비는 그 외부효과와 기술적 파급효과라는 긍정적인 면보다는 한계비용(MC)과 평균총비용(ATC)이론에서의 부정적인 분석과 민간 경제의 저축, 투자, 수출 등에 부정적인 효과를 미치는 민간 경제 구축(Crowding-out)을 유발하는 부정적 평가가 더 크게 자리 잡는다.

따라서 국방비 지출은 세율, 통화량, 정부 지출의 상승을 가져와 아래 그래프에서와 같이 부정적인 방향으로 수요 충격을 유발, 수요를 감소시키며 장·단기적으로는 물가 하락, 총생산의 감소, 명목 임금 하락을 가져와 성장경제를 다시 하강 경제 국면으로 후퇴시킬 가능성을 커지게 한다. 총수요공급곡선이 장기로 이동함에 따라 발생하는 문제점을 ①~⑤번 순으로 그래프에 정리하였으므로 참조하기를 바란다.

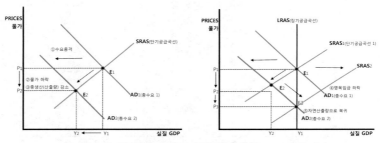

〈그림 3-5〉 단기수요 충격(좌)과 장기수요 충격(우), 그래프-저자

그런데, 수요 측면에서의 국방비와 경제 성장의 관계에 있어서 국방비의 저축에 대한 구축 효과(Crowding-out Effect)는 우리나라에서는 별 영향이 없다고 보고[308]되기도 하였다. 국방비가 무역수지에 미치는 효과 역시 최소자승법에서는 유의 수준 5%에서 부정적 영향이 있는 것으로 나타났으나, 2단계 최소자승법 및 3단계 최소자승법에서는 별 영향이 없는 것으로 나타났다는 주장이다. 통상 1단계에서 2단계를 거쳐 최종 3단계에서 10%를 넘어서는 유의 수준과는 달리, 5% 이하를 기록했다는 의미이다. 국방비 지출의 생산유발계수가 민간에 대규모 군사 시설 및 건설을 위탁하고 최첨단 방위 산업 물자 구매 등을 통해 미약하나마 국내 경제에 이바지하고 있음을 의미한다고

핵이라는 이름의 청구서

볼 수 있다. 그러나 결국 국방비의 지출은 그다지 긍정적인 결과를 보여 주지 못한다는 점은 부인키 어렵다. 이는 군사경제의 기회비용 측면에서 보다 구체적으로 설명하고 있다.

한편, 여기서 왜 한국이 다른 국가들과는 달리 국방비 지출이 수요 충격에서 정(正)과 부(負)의 언저리 가운데 머물 수 있느냐는 사실은 한국의 국방비는 지출을 일으키는 주요 4가지 독립변수에 모두 영향을 받는다는 "{[ME= ME(INCOME, SPILL, THREAT, PRICES)], ME:국방비, INCOME:소득, SPILL:동맹 간의 군사원조 및 지원, THREAT:적으로부터의 잠재적 위협, PRICE: 민수 경제와 군수 경제 간의 물가 수준의 차이} 함수관계 가설"[309]이 실증적으로 입증되었다는 데서 나왔다. 이는 한국과 터키를 비롯한 일부 국가는 국방비 지출에 따른 이익 발생에 제한적이나마 일정 부분 영향을 미친다고 할 수 있다.

1-3. 공급·수요 양 측면 분석

1-3-1. 최소자승법을 통한 수요·공급 양 측면 분석[기타 정부 예산과 국방비와의 상충(相衝)관계를 통한 분석]

그런데, 이러한 국방비의 경제적 효과 연관성은 수요든, 공급이든 어느 한쪽의 논리만으로는 정립하기 어렵다. 따라서 여기서는 ① 재정예산의 상충관계, 즉, 수요와 공급 측면에서 국방지출과 예산이 경제성과에 미치는 영향(최소자승법)과 ② 수요·공급의 충격이론을 비교·분석하여 결론을 도출하고자 한다.

그런데 상기의 2가지 이론을 실제로 시뮬레이션한 결과, 이론과 실제에서 큰 차이가 있지 않음을 보여 주고 있다. 박승준, 권오성 2명에 의해 규명된 2가지 예산 항목(국방비 對 사회복지·보건비, 한국 포함)들이 아래 표의 결정 요인[310]에 의해 어떻게 정(正)과 부(不)로 나타나는지 드러나고 있다.

$$y_{1it} = r_1 y_{2it} + \beta_1 \ln x_{1it} + \beta_2 x_{2it} + \beta_3 x_{3it} + \beta_4 x_{4it} + \beta_5 x_{5it} + \alpha_{1t} + \varepsilon_{1it}$$
$$y_{2it} = r_2 y_{1it} + \beta_6 \ln x_{1it} + \beta_7 x_{6it} + \beta_8 x_{7it} + \beta_9 x_{8it} + \beta_{10} x_{9it} + \alpha_{2t} + \varepsilon_{2it}$$

① y_{1it}: GDP대비 국방 분야 재정지출 비중

x_{1it}: 1인당 GDP, x_{2it}: 무기구입, x_{3it}: 군복무 인원수, x_{4it}: 테러충격, x_{5it}: 대외갈등분쟁

② y_{2it}: GDP대비 사회복지 및 보건 분야 재정지출 비중

x_{6it}: 총인구 대비 노인인구 비중, x_{7it}: 서비스 산업 비중, x_{8it}: 인구밀도, x_{9it}: 실업률

③ α_{1t}, α_{2t}: 미관찰 대상 감안 오차항, $\varepsilon_{1it}, \varepsilon_{2it}$: 확률적 교란항

〈표 3-9〉 3단계 최소자승법(SLS)을 위한 구조방정식(Structural Form Equation)

기준 분야	결정요인 변수	패널고정 효과 모형	패널2 SLS 모형	패널3 SLS 모형
국방비	GDP대비 사회복지·보건비 비중	0.0027	-0.0443**	-0.1171***
		-0.19	(-2.19)	(-3.68)
	1인당 GDP	-1.3729**	-2.3509***	0.3695***
		(-2.58)	(-3.75)	-2.7
	무기 수입액	0	0.0000**	0.0000***
		(MC)	-2.32	-3.61
	무기 접근성	-0.0326	-0.0304	0.1354*
		(-0.42)	(-0.37)	-1.73
	테러 충격	0.0421	0.0459	0.0479*
		-0.9	-0.93	-0.55
	군복무 인원수	-1.0024***	-1.1323***	-0.8238***
		(-2.65)	(-2.83)	(-1.94)
	대외 갈등·분쟁	0.0888***	0.0816***	0.1221
		-3.67	-3.19	-2.99
	constant	16.2874***	27.6232***	0.3915**
		-2.82	-4.01	-0.28
	R-Square	0.2493	0.1664	0.344
사회복지 및 보건비	GDP 대비 국방비 비중	1.9217***	2.7297**	-2.6167***
		-3.95	-2.23	(-2.33)
	1인당 GDP	-16.8596***	-16.4709***	4.0732***
		(-5.78)	(-4.97)	-5.54
	65세 이상 인구 비중	0.8615***	0.9484***	0.4002***
		-6.01	-6.26	-3.07
	전 산업 대비 서비스업 비중	0	0	0.0000**
		-1.13	-1.26	(-1.11)
	인구밀도	0.1068***	0.1041***	-0.0042**
		-3.39	-3.36	(-2.15)
	실업률	0.1127**	0.0955*	0.1358*
		-2.26	-1.77	-1.96
	constant	159.4460***	152.3511***	-21.3408**
		-5.35	-4.3	(-2.36)
	R-Square	0.698	0.7004	0.4039

— *10%, ** 5%, *** 1% 수준에서 통계적으로 유의함을 나타냄.
— ( )은 t값 또는 z값을 나타냄.
*출처: Seung-Jun Park, O-Sung Kwon, 'Analysis on the Determinants of OECD Countries National Defense and Social Welfare Expenditures and on the Trade-off Relationship by Using PSEM,' KAPF, October 30, 2016, p15~20

〈표 3-10〉 국방 예산 결정 요인 분석(한국 포함)을 위한
패널 연립방정식 모형 설정, 도표-저자 편집

핵이라는 이름의 청구서

필자가 노란색 음영으로 처리한 부분은 국방비 지출로 인한 각 결정요인 항목들의 영향도를 눈에 띄도록 플러스(+)와 마이너스(-)로 편집한 내용이다.

우선, GDP 대비 사회복지·보건비 비중이 늘어날 경우 국방비 지출이 -0.1171% 감소하였고, 1인당 GDP가 증가할 때에 국방비도 0.3695% 증가하는 것으로 나왔다. 그런데 군 복무 인원수가 늘어날 때는 3개 모델에서 모두 국방비가 마이너스를 기록하였으며 패널 3 SLS 모형에서는 -0.8238% 감소한 것으로 나와 있는데 이는 상당한 아이러니가 아닐 수 없다. 결국 이는 필요 인력의 증가가 오히려 효율성을 증가시켜 국방 비용을 줄이는 결과를 가져왔다는 해석을 가능케 하는데, 판단 여부에 따라서는 군병력을 생산성 증가를 위한 저임금 노동에 대단위 규모로 투입하였을 가능성이 상당함을 엿보게 하는 대목이기도 하다.

반면, GDP 대비 국방비 지출 상대 비율이 증가할 때 사회복지·보건 지출은 -2.6167% 감소하였으며, 1인당 GDP 증가 시에는 사회복지·보건 지출이 4.0732% 증가하였다. 이는 사회복지·보건과 국방비 상호 간의 상충도(相衝度)를 방증하는 수치가 될 수 있다. 이때 R-Square 값은 0.4039로 국방비 기준일 때인 0.344보다 데이터 적합도는 더 높게 나왔다.

따라서 이를 정리해 보면, 무기 구매, 테러 및 대외 갈등이 증가할 경우 국방비가 상승하며, 65세 이상 인구와 실업률이 늘어날 경우 부담해야 할 사회복지·보건비용의 증가는 당연하다고 보인다. 양 기준에서도 1인당 GDP의 증가 시에는 국방비와 사회복지·보건 지출이 동시에 증가하는 양상을 보여 주고 있다. 이는 국민소득의 증가에 따른 해당 분야에 대한 과세의 증가가 미친 영향이 크다고 볼 수 있다.

그러나, 이 연구 분석표에서 중요시해야 할 점은 GDP 대비 국방비 비중과 GDP 대비 사회복지·보건비 비중의 2개 변수에서 국방비와 사회복지·보건 지출은 플러스(+)와 마이너스(-)의 상충관계를 보여 주고 있다는 사실이다. 이는 국방비가 국민 삶의 질을 높이는 방향과는 다른 방향으로 향하고 있음을 반증한다고 보면 된다.

이를 좀 더 적극적으로 살펴보자면, 한국의 국회예산처에서 작성 연구한 국방비와 경제 연관성 수요공급 모델의 종속변수와 4개의 연립방정식을 필히 참조할 필요가 있다. 특히 국방비 방정식은 한국식 모델로 신뢰할 수 있어 그 인용 가치가 크다고 볼 수 있다.

종속 변수 (결정 요인)	연립방정식	내생 변수	외생 변수
①실질 GDP	$g=a_0+a_1 m+a_2 s+a_3 TB+a_4 L+a_5 H+a_6 T$	L = 고용된 노동인구; H = 고등학교 진학률(%); T = GDP 대비 민간 연구개발투자(%); NGE = 총 정부재정투자 대비 비 군사 부문 지출(%); infla = 물가상승률(%); EXCH = 실질 환율; PCY = 실질 1인당 GDP;	US = 한미동맹의 군사비 대비 대한국 군사 원조(%); NK$_{-1}$ = 작년도 북한의 실질 군사비; DUM$_1$ = 경제 불안정 요소 (DUM$_1$ = 0: 안정; DUM$_1$ = -1: 불안정); DUM$_2$ = 남북간 갈등요소(모든 내생변수는 1995년도 불변가격(미 달러기준) 이며 DUM$_1$DUM$_2$는 가변수이고 a_0,b_0,c_0,d_0 는 상수임).
②실질 국내저축	$s=b_0+b_1 m+b_2 g+b_3 TB+b_4 NGE+b_5 infla$		
③실질 무역수지	$TB=c_0+c_1 m+c_2 g+c_3 EXCH+c_4 DUM_1$		
④실질 국방비	$m=d_0+d_1 PCY+d_2 NGE+d_3 US+d_4 NK_{-1}+d_5 DUM_2$		

〈표 3-11〉 국방비 지출을 위한 수요함수에 바탕을 둔 국방비 방정식
(Defense Equation)[311], 도표-저자 편집

이의 국방비 지출 분석 관련 방정식에 따른 연구 결과를 분석·정리하면 다음과 같다.

첫째, 공급 측면에서 국방비와 경제 성장의 상호 연관성에 있어서 3단계 최소자승법(3SLS)까지 계산하면 한국의 국방비는 경제 성장에 별로 효과를 주지 않는다.

둘째, 수요 측면에서의 국방비의 저축에 대한 구축 효과(Crowding-out Effect)는 한국인들의 저축 심리를 위축시키지 않았고 유의수준에도 속해 있지 않은 등 한국에서는 국방비가 민간 저축에 별다른 영향을 미치지 않는 것으로 나타났다. 그러나, 한국의 국방비는 국방비

핵이라는 이름의 청구서

지출을 일으키는 주요 독립변수인 소득, 타국과의 동맹 및 잠재적 위협 등에 양성 반응으로 나타났다.

셋째, 국방비가 수요와 공급에 미치는 영향을 동시에 확인할 수 있는 무역수지에 미치는 결과 중 1단계에서는 유의 수준 5%에서 부정적 영향이 있는 것으로 나타났으나, 최종 3단계 최소자승법에서는 명확하게 영향을 미친다는 정황을 발견하지 못했다.

1-3-2. 수요 충격 및 공급 충격을 통한 분석

위에서 살펴본 수요측의 충격과 공급측의 충격을 아래와 같이 요약 정리해 볼 수 있다.

첫째, 해로운 영구적 공급 충격은 높은 물가 상승을 유발하여 가격(π)을 제고, 단기총공급곡선(SRAS) 및 장기총공급곡선(LRAS)을 각각 왼쪽 방향으로 이동시킨다. 때문에 국민소득의 감소를 유발하여 경제 성장에 플러스 요인으로 작용하지 못한다. 특히, 군사적 긴장감이 고조될 때, 막대한 전비 투입(무기 구매 등 전시 재정 상승)으로 인해 민간 경제에 대한 공급요소의 중단 혹은 감소가 불가피해 부정적인 공급 충격이 더해질 수 있다.

둘째, 수요적인 측면의 분석에서 국방비는 그 외부효과와 기술적 파급효과라는 긍정적인 면보다는 한계비용(MC)과 평균총비용(ATC)에서의 부정적인 결과와 민간 경제의 저축, 투자, 수출 등에 부정적인 효과를 미친다. 따라서 국방비 지출은 세율, 통화량, 정부 지출의 상승을 가져와 사회복지·보건 등에 수요 충격을 유발하고 수요를 감소시켜 공급을 줄여 경제 성장을 저해하는 요인으로 작용할 수 있다.

이상과 같이 경제학 측면에서 비용과 수요 그리고 공급을 분석했을 때 결과는 국방비 같은 경직적이며 비 재생산적인 투자 요인은 공급과 수요 양 측면에서 경제 성장을 유인하는 매개체로서는 적합하지 못하다는 결론에 이른다.

1-3-3. 합리적 지출에 근거한 국방비의 효용성 분석

그러나, 일정 규모의 국방비 지출은 분쟁 지역 국가, 특히 한반도와 그 주변국에 있어서는 결코 피할 수 없으며 때에 따라서는 긴급한 상황을 통제해야 하는 비경상적 요인이 많을 수밖에 없다. 따라서, 일각에서 주장하는 GDP 대비 최소 3% 국방 예산 필요 이론도 허구적인 논리라고 보기는 힘들다. 사방이 적으로 둘러싸인 이스라엘과 전면·측면에서 강력한 적을 지닌 사우디아라비아의 국방 예산이 한국과는 비교가 되지 않을 만큼 높다는 사실은 이를 뒷받침한다.

그러나, 이러한 논리는 자칫 군사경제 강화를 뒷받침하는 이론으로 비칠 수 있으며, 이를 등에 입고 여론을 호도하여 군비 경쟁을 촉발하는 잘못된 논리를 제공할 수 있다. 따라서, 군사경제 논리를 경제학적인 가이드라인에 맞추려는 노력을 게을리하면 위정자들로 하여금 경제 성장 및 생산성 제고를 저해하고 국민복지-보건재정 확충에도 부정적인 정책을 양산하게 할 수 있다.

따라서 필자는 ① 군사경제 규모는 최소화할수록 국가 경제와 국민복지에 유리하며, ② 국방비 지출을 최소화화려는 노력을 위해서는 한반도 주변의 군사적 긴장감을 최소화해야 하며, ③ 이를 위해서는 쌍방이 한계비용을 필연적으로 감소시켜야 함을 대내외에 알려야 제대로 된 군사경제를 운용할 수 있다는 점을 강조하고자 한다.

③을 좀 더 세부적으로 설명하자면, 경제학적으로 합리적 소비란 ⓐ 최소의 비용으로 최대의 효과를 얻는 것인데 이는 곧 ⓑ 한계효용을 극대화하되 기회비용은 최소화하는 것과도 같다. 이를 위해서 국

핵이라는 이름의 청구서

가든, 개인이든 ⓒ 계획적인 지출을 바탕으로 한 경제활동이 기본이
되어야 한다.

　그러한 점에서 군비 경쟁은 이 3가지 경제 원리에 역행하는데, ①
최소 비용 측면에서는 무기와 군수품은 고가의 제품이어서 경제적이
지 못하며, ② 최대 효과 면에서는 고가의 무기를 구매했을 경우 비상
시 외에 실전 투입이 없으면 가격 대비 재고액 과다로 효과를 거두기
힘들며, ③ 계획적 소비 면에서는 준전시 이상과 같은 응급상황 시 비
계획적인 군사경제 체제를 가동할 수밖에 없어, ④ 한계비용은 극대
화되며, 따라서 ⑤ 기회비용이 상당히 높은 구조를 띠게 된다.

　따라서 한국의 국방비 운용은 위에서 논한 수요와 공급 측면과 합
리적인 소비기준을 견주어 보더라도 최소 운영하되 최대의 효과를 얻
기 위한 노력을 기울여야 한다는 결론에 달하게 된다. 따라서 현
2.8%에 이르는 국방 비율을 경제적 논리를 접목하지 않은 상태에서
과거와 주변 환경에 견주어 3% 이상 증액해야 한다는 논리는 비경제
학적인 접근방식이라 할 수 있다.

2
재정 운용적 관점
—

2-1. 예산 지출 구조(재량지출)

세계의 어느 나라 할 것 없이 각국은 국가재정 상태를 한눈에 볼 수 있도록 계획을 수립하여 재정 운용을 시행하고 있다. 한국은 2004년도부터 중기적 시계에서 재원을 전략적으로 배분할 목적으로 국가재정 운용계획을 수립하고 있으며, 재정수지와 국가채무 등의 재정 총량 지표를 5년 시계에서 전망하고 연도별로 재원 배분계획을 명확히 제시하여 투명성과 계획성을 동시에 보여 주고 있다.

수입·지출/연도·증감	2017(조 원)		2018(조 원)	증 감	
	본예산	추경(A)	예산(B)	B-A(조 원)	(B-A)/A(%)
총수입	414.3	423.1	447.2	24.1	5.7
●예산수입	268.7	277.5	294.8	17.3	6.2
▷국세수입	242.3	251.1	268.1	17.0	6.8
▷세외수입	26.4	26.4	26.7	0.3	1.1
●기금수입	145.6	145.6	152.4	6.8	4.7
총지출	400.5	410.1	428.8	18.7	4.6
●예산	274.7	280.3	296.2	15.9	5.7
▷일반회계	224.4	229.8	248.8	19.0	8.3
▷특별회계	50.2	50.6	47.5	-3.1	-6.1
●기금	125.9	129.8	132.6	2.8	2.2
의무지출	197.0	201.1	216.9	15.8	7.9
재량지출	203.5	209.0	211.9	2.9	1.4

〈표 3-12〉 중앙정부의 총수입과 총지출, 국회예산정책처, 2019, 도표-저자 편집

핵이라는 이름의 청구서

그런데 국방비 지출을 제대로 이해하기 위해서는 한국 정부의 1년 예산구조를 먼저 알아야 한다. 위의 표와 같이 예산은 대분류로 총수입-총지출-지출방식의 3가지로 구분되어 있다. 그중에서 사업의 법적인 지출 의무 여부에 따라 의무지출과 재량지출로 나뉘는데 이에 대하여 상세히 알아보도록 한다.

우선, 의무지출은 재정지출 중 법률에 따라 지출 의무가 발생하고 법령에 따라 지출 규모가 결정되는 법정지출 및 이자지출을 말한다. 의무지출에는 4대 공적연금, 지방이전재원, 노후소득 및 건강보장에 대한 재정, 이자지출 등이 있다.

재량지출은 행정부와 의회가 재량권을 가지고 예산을 편성·심사할 수 있는 지출을 말한다. 재량지출은 보다 세분할 수도 있는데, 완전자유재량, 편의재량 및 준의무지출이 있다. 여기에 기획재정부는 2012년부터 공식적으로 의무지출과 재량지출의 비중을 산정하고 있다.

그런데, 이 재량지출이 문제가 되는 것은 이 가운데 특히 국방비가 일정 부분을 차지하고 있으며, 아래 표에서 보는 바처럼 해마다 그 비율이 증가하고 있는데 이는 기획재정부가 지출 축소의 핵심 요인 중의 하나로 인식하고 있기 때문이다. 특히 2012~2016년 대비 2017~2021년 연평균 재량지출에서 국방비가 4.2%에서 6.0%로 증가한 것은 예산 집행 관리 부서로의 기획재정부의 고민을 반영하고 있다고 볼 수 있다.

지출 항목/연도별	2017	2018	2019	2020	2021	연평균 증가율	
						2017~2021	2012~2016
재량지출(조 원)	209.0	209.9	217.9	228.0	238.7	3.4	4.2
GDP 대비(%)	12.2	11.7	11.6	11.6	11.6		
경직성 경비	45.0	45.6	46.7	48.9	50.9	3.1	5.1
재량지출 대비	21.5	21.7	21.4	21.4	21.3		
인건비	33.4	35.8	38.3	41.0	43.9	7.1	
경직성 경비 대비	74.2	78.5	82.0	83.9	86.3		
기본경비 등	11.6	9.8	8.4	7.9	7.0	-11.9	
경직성 경비 대비	25.8	21.5	18.0	16.1	13.7		
국방비	36.3	39.0	41.0	43.3	45.8	6.0	4.2
재량지출 대비	17.4	18.6	18.8	19.0	19.2		
비경직성 경비	127.7	125.3	130.2	135.9	142.0	2.7	3.9
재량지출 대비	61.1	59.7	59.7	59.6	59.5		

〈표 3-13〉 국가재정 운용계획, 재량지출 총량-국회예산정책처, 2019, 자료: 기획재정부, 저자 편집

또한 재량지출의 확대가 우려스러운 이유는 예산집행의 투명성이 결여되어 있기 때문이다. 의무지출은 선명하게 집행·기록되어 지출 자체에 대해서는 논란의 여지가 적으나, 재량지출은 상대적으로 비정형성을 띠고 있어 그만큼 신뢰도가 약하기 때문이다.

따라서 선진국일수록 이 의무지출 비중은 60%가 넘는 경우가 많으며 재량지출의 비중은 그만큼 축소되고 있는데, 다행히 한국 정부도 점차 이 지출 비율을 제고하여 위의 그래프에서 보는 바와 같이 2018년에는 처음으로 의무지출 비율이 50%를 넘어서게 되었다. 이는 재정확보 차원에서는 부정적이나 투명성 면에서는 긍정적인데, 특히 방산 비리가 발생한 적이 있는 국방 등 군사경제 분야에서는 활성화될 필요가 있다.

〈그림 3-6〉 본예산 기준 총지출 대비 의무지출 및 재량지출 비중,
국회예산정책처, 2019, 그래프-저자 편집

핵이라는 이름의 청구서

그래서, 이번에는 재량지출 중 국방비가 어느 정도를 차지하는가를 알아보기로 한다. 아래 표는 저자가 업데이트한 총지출 대비 국방비 재정을 평가한 자료로 총지출과 국방비 지출금액의 증감이 나와 있으며, 규모로는 2018~2019년 국방지출 금액이 43.2~46.7조 원(2020년 예산 50.15조 원)에 이른다. 전년 대비 증가율도 정부 총지출 증가율과 비슷한 비율로 증가하는 것을 볼 수 있다. 비록 총지출 대비 국방비 증가율 갭은 줄어들었으나 2019년 명목 GDP 대비 증가율은 2.43%로 최근 5개년을 놓고 보면 가장 큰 상승률을 기록하였다.

비중 및 지출 증감	2015	2016	2017	2018	2019	연평균 증가율
① 정부 총지출(A)(조 원)	375.4	386.4	400.5	428.8	469.6	
- 전년 대비 증가율(%)	5.5	2.9	3.6	7.1	9.5	4.6
② 국방비(B)(조 원)	37.5	38.8	40.3	43.2	46.7	
- 전년 대비 증가율(%)	4.9	3.6	4.0	7.9	7.9	4.5
③ 국방비 비중						
- 총지출 대비(%)	9.98	10.04	10.06	10.07	9.94	
- 국방비-총지출 증가율 갭(%p)	-0.6	0.6	0.3	-0.1	-1.6	
- 명목 GDP 대비(%)	2.26	2.23	2.20	2.28	2.43	

〈표 3-14〉 총지출 대비 국방비 비중, 형식 인용: 2018~2022,
국가재정운용계획, 한국경제연구원, 자료 업데이트-저자

한편, 이 숫자를 그 위 그래프(국가재정 운용계획: 재량지출 총량)의 국방지출 중 재량 부분인 36.3~39.0조(2017~2018년)와 비교하면 평균 90%에 해당하는데 이는 국방지출의 90%가 재량지출로 이뤄졌다는 사실임을 말해 준다. 10년 전인 2007년의 97%에 비해서는 -7%로 그 폭이 줄어들었으나 체감상으로는 여전히 100%에 가까운 금액이 재량으로 지출된다는 우려의 목소리는 그만큼 현실적인 문제가 되었다.

이와 관련, 아래에서는 재정지출의 구조에 대하여 간단히 설명하기로 한다.

재량지출은 크게 ① 기속재량과 ② 편의재량(국방비와 비국방비)으로 나눈다. 이중 기속재량은 준의무지출인 인건비를 말하며, 편의재량은 다시 국방비와 비국방비로 나뉜다. 비국방비는 다시 재량의 정도에 따라서 인건비, 운영비와 기타 등 경직성과 비경직성 지출로 나눌 수 있다. 따라서 국방부와 방위사업청의 일반 회계에서 인건비, 기본경비, 의무지출 비용을 공제한 금액이 편의재량 중 순수한 의미인 국방비에 해당한다. 이를 한 눈으로 볼 수 있게끔 정리하면 아래 도표와 같다.

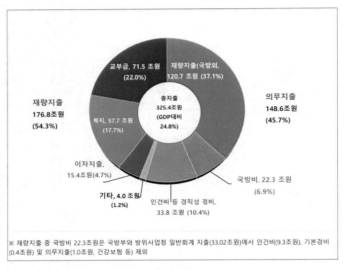

〈그림 3-7〉 재량지출과 의무지출 구분 예시, 국회예산정책처, 2012

그러면 국방 예산 지출 중 민감하며 개선의 여지가 필요한 기타 재량지출을 들여다보기로 한다. 그 이유는 재량지출은 법령에 의해 정확한 집행을 요하는 의무지출과는 달리 국회 예산안 심의과정에서 규모가 조정될 수 있으며, 높은 사업성을 띠고 있어 섬세한 부분까지 파고들기가 힘들기 때문이다. 가끔 언론을 통해 드러나는 방위 산업 사업 비리의 경우도 대부분 이 부분의 느슨함에서 파생된 결과이기도 하다.

핵이라는 이름의 청구서

그런데, 필자가 여기서 강조하는 점은 이런 유형의 비리 문제가 아닌 북한 핵과 비대칭적 군사 불균형 문제를 어떻게 하면 시정하고 개선할 수 있는가 하는 점이다. 이 재량지출은 군사경제의 중요한 축을 담당하기 때문이기도 하다.

구 분	세부 유형		대상 사업(예시)
의무지출	법정지출		㉠교부금: 지방교부세, 부동산교부세, 교육교부금 ㉡연금부담금: 공무원연금, 군인연금, 사학연금 ㉢법정 복지지출: 기초노령연금, 기초생활보장, 장애수당등 ㉣국회비준 조약등 일반적으로 승인된 국제법규: 국제기구분담금등 ㉤기타: 과거사보상, 국가배상등 ㉥가족관계사무등록, 국선변호료, 농어민지원등
	이자지출		이자상환소요: 국채, 민간차입금 차관, 일시차입금등 이자 상환
재량지출	◆기속재량 (준의무지출) /경직성지출	인건비	공무원 인건비
		기본경비	기본경비, 기금운영비(기금인건비포함)
		국가기능 유지	㉠기관유지: 청사유지비, 전산운영경비등 ㉡국가책무이행 기본소요: 필수전력유지비 및 병무행정, 국가안전보장및, 치안 및 소방임수수행, 징세업무수행, 식품의료등 국민건강관련, 항공안전 및 교통안전, 범죄조사 및 법집행, 일반회계예비비등
		계약이행	확정적 계약이행: 차관원금 상환, MRG, BTL임차료, 국고채무부담행위, 외국과의 계약체결된 무기도입(전력투자비)등
	◆편의재량 /기타 재량지출	정책적 합의이행	㉠지역간 합의 및 대국민약속 ㉡국가간 합의: 국회동의없이 체결된 조약, 국회동의가 불필요한 단순한 행정협조, 기술적인 행정협정등
		정책추진 소요	㉠국책사업: 경제부서와 합의된 주요 정책관련 소요 ㉡국회에서 의결한 계속비 사업 ㉢기타 국가적 핵심사업: 핵심전력투자비, 재해복구비 등
		기타사업	위 분류에 해당하지 않는 모든 사업

〈표 3-15〉 의무지출과 재량지출 세부유형 및 내용[312],
한국재정학회, 외국의 중기재정계획(92P, 2012, 저자 편집)

여기서 짚고 넘어가야 할 점이 바로 편의재량인 기타 재량지출 부분이다. 왜냐하면 비록 재량지출의 범위에 속한다고는 하지만, 인건비, 기계약 이행 지급 등 경직성 비용 지출 성격의 기속재량은 사실상 의무지출에 가깝기 때문이다. 그래서 정책적 합의와 국책사업 등 국가적 핵심 사업을 다루는 편의재량에 상당한 관심이 집중되는 것이다.

이러한 편의재량에 대해 좀 더 자세히 살펴보려면 아래의 국방 운영 프로그램 예산 비용을 보면 도움이 될 수 있다. 참고로 아래 표는 한국국방연구원의 국가재정 운용계획 보고서를 필자가 이해가 쉽도록 편집하였으며 일부 누락 부분은 보정하여 수치에 오류가 없도록 조정하였다.

프로그램(억 원, %)	2014	2015	2016	2017	2018
국방비 총액=①+②	357,056	375,550	388,421	403,347	431,581
① 전력 운영비	251,960	265,410	271,597	281,377	296,379
비중	70.6	70.7	69.9	69.8	68.7
증가율	4.0	5.3	2.3	3.6	5.3
- 인건비	101,890	108,362	114,742	120,693	131,914
비중	28.5	28.9	29.5	29.9	30.6
증가율	3.8	6.4	5.9	5.2	9.3
- 급식 및 피복	19,694	20,501	21,351	21,660	21,892
- 군수 지원	45,217	47,470	46,021	46,743	49,355
- 시설 건설	24,756	26,957	26,567	27,727	27,946
- 기타	60,403	62,120	62,916	64,554	65,272
② 방위력 개선비	105,096	110,140	116,824	121,970	135,203
비중	29.4	29.3	30.1	30.2	31.3
증가율	3.9	4.8	6.1	4.8	10.8
- 구매 및 양산	81,751	85,785	91,253	94,132	106,186
- R & D	23,345	24,355	25,571	27,838	29,017
비중	6.5	6.5	6.6	6.9	6.7

※ 2013-2014 인건비 증가율3.8%:128,715
比 123,980(국방부예산 자료 참조, 환산적용)

〈표 3-16〉 국방비 주요 프로그램별 국방 예산[313], 저자 일부 편집

위의 표 중 인건비, 급식 및 피복, 군수지원은 기속재량에 속한다고 볼 수 있으며, 나머지 항목들은 편의재량에 속한다. 이중 전력운영비는 비중이 해마다 감소하였으나 인건비는 지속해서 증가하여 2018년 들어서는 증가율이 거의 2배에 가까울 정도로 폭이 커졌다(참고로 위의 표에서 비중과 증가율을 따로 구분한 것은, 비중이 감소한다는 것은 단순 점유비의 감소일 뿐, 증가율은 과거 기간 대비 증가임을 밝혀 실제적인 변화를

표기한 것으로 눈여겨봐야 할 부분이기 때문이다). 아울러 방위력 개선 부분도 큰 폭의 증가세를 보였다. 따라서 국방비 증액의 주요인은 인건비와 방위력 개선비의 증가임을 확인할 수 있다.

그 외 항목들은 국방비 총액 증가율과는 +2% 이내 범위에 있어서 큰 증가 폭을 기록하고 있지는 않은 것처럼 보일 수 있다. 그러나 일정 규모 이상의 국가 예산에서 차지하는 증가율 +1%는 상당한 증가율로 인식해야 하는바, 구매 및 양산 그리고 연구·개발(R&D) 부분의 증가분도 주시해야 한다.

한편, 인건비 증가분의 주요 원인[314]은 국방개혁 2.0에 의거, ① 약 6,000명에 달하는 범 민간 병력 확충(군무원과 민간인 채용)과 전체 병력 구조조정(2022년까지 62만 명에서 50만 명으로 감축) 중, ② 사병 12만 명 감축 외 장교 및 부사관 병력의 사실상 유지(19.8만에서 19.7만으로)에 따른 실질 임금상승률 분을 그대로 적용함에 따른 결과로 보인다.

따라서, 위에서 언급한 나머지 부분인 시설 건설, 구매 및 양산, R&D 항목들을 어떻게 효율적으로 관리해 나가느냐가 예산 지출 구조(재량지출) 개선에 대한 핵심사항이 된다.

2-2. 재정 투자 분석

국방백서나 국가 예산 운용계획 등 대한민국 정부의 국방 예산 중 재정 투자에 대한 방침을 정리해 보면 다음과 같이 크게 다섯 가지로 요약된다. ① 자주국방 및 튼튼한 안보를 위해 국방비를 점진적으로 확대 투자한다. ② 전시작전통제권 전환과 관련하여 한국형 3축 체계와 핵심전력의 보강에 집중적으로 투자한다. ③ 국방 R&D 투자 확대와 방위 산업의 차세대 전략산업화를 추진한다. ④ 전방과 격오지 부대를 중심으로 한 장병복지와 근무 여건을 대폭 개선한다. ⑤ 미래전을 대비하고 예비군을 정예화하기 위해 적극적으로 투자를 확대한다.

우선, 국방비의 점진적인 확대에 대하여 알아보기로 한다. 아래 표의 중기 정부 예산계획에 의하면 최소 2022년까지는 연평균 지출액이 정부 총지출의 6.5%, 총지출 대비 평균은 9.9%를 기록할 것으로 보인다. 2020년부터는 국방 예산 규모도 마침내 50조 원 시대에 접어들면서 재정 투자 관리 부분의 중요성은 더욱 커지게 되었다.

구 분	항 목	2018	2019	2020	2021	2022	연평균 증가율
규모 (조 원)	총지출	428.8	470.5	504.6	536.9	567.6	7.3
	예산지출	296.2	327.3	349.8	370.4	391.2	7.2
	재량지출	211.9	228.8	248.3	262.3	274.7	6.7
	국방 분야	43.2	46.7	49.9	52.8	55.5	6.5
비중 (평균.%)	총지출 대비	10.1	9.9	9.9	9.8	9.8	9.9
	예산지출 대비	14.6	14.3	14.3	14.3	14.2	14.3
	재량지출 대비	20.4	20.4	20.1	20.1	20.2	20.2

※ 예산지출 = 일반회계 + 특별회계 (기금제외)

〈표 3-17〉 2018~2022년 국가재정 운용 계획상 정부 재정 대비 국방 예산 비중[315], 도표-저자 재작성

한편, 위 표에는 표기되어 있지 않으나 방위비 개선 비율의 증가 폭은 상당히 큰 것으로 파악되고 있다. 2018년의 31.3%에서 무려 4.3%가 늘어난 35.6%[316]가 방위력을 개선하는 데 투입될 것으로 보인다. 그런데 이 개선 비율이 정확히 무엇을 의미하는지는 100% 가름하기란 어렵다. 그만큼 국방지출의 특성인 재량(편의)지출의 특성 때문이다. 더군다나 표에서 보는 바와 같이 재량지출 비율은 거의 변동 없이 그대로 유지될 가능성이 높아 북한 핵 문제와 동북아시아에서의 군사적 긴장감과 관련한 한반도 분위기를 고려할 때 한국형 3축 체계와 핵심전력의 보강에 상당 부분의 예산이 투자될 것으로 보인다.

핵이라는 이름의 청구서

이와 관련하여 중요하게 인용될 정부의 예산안으로는 2019년 재경부 계획안을 꼽는다. 방위 산업의 예산 증액이 눈에 띌 만큼 대폭 증가하여 국방재정 투자가 획기적으로 증가한 해이기 때문이다. 중요한 항목을 요약하면 다음과 같다.

"① 국방 R&D 투자 확대와 방위 산업의 차세대 전략산업화 추진을 위해 2018년 2.9조 원에서 2019년에는 8.4% 늘어난 3.1조 원을 책정한 데 이어, ② 한국형 3축 체계에 집중적인 투자로 전작권 전환 지원을 2018년 4.4조 원에서 2019년에는 16.4%가 증가한 5.1조 원으로 대폭 확대했는가 하면, ③ 국방 R&D 측면에서 방산기술 우위 확보 및 무기 국산화하기 위하여 8.4%를 증액하고 방위 산업을 수출 구조로 전환하기 위해서는 2018년 22.4억 원에 머물던 예산을 2019년에는 무려 792.9%인 약 200억 원이라는 괄목상대할 만한 예산안을 배정한 것은 획기적인 국방에 대한 재정 투자계획이 아닐 수 없다(물론 금액이 조 단위에는 미치지 못하지만, 기하급수적인 재정 투자 증액은 여러 가지 측면에서 논란을 불러올 수 있음을 직시해야 한다)."[317]

이러한 국방 예산은 과거의 상승-하강-안정 패턴과는 달리 향후에는 점진적 상승 기조가 확대되는 양상을 보일 것으로 분석된다. 때문에 국가방위를 위해서는 과감한 투자도 필요하다고 주장하는 반면, 또 다른 한쪽에서는 편의성 재량지출 폭의 확대로 인한 문제점 악화 및 비용관리의 우려 증가로 정확한 계약과 투명한 공개를 줄기차게 요구하고 있는 실정이다.

이를 위해 기획재정부에서는 제반 시설을 첨단화하고, 방위력 개선사업에 대해서는 추진단계별로 합리적 진행 여부를 체크하고, 재정지출은 얼마만큼 효율적으로 집행되고 있는지를 관리하는 총사업비 관리 제도를 실시하고 있다. 한마디로 얼마나 정확히 그리고 적재적소에 예산을 사용하는가를 평가하는 제도라고 볼 수 있다. 그만큼 국민의 세금이 엉뚱한 방향으로 새어 나가지 않도록 정밀한 평가와 관리·감독을 통해 국가방위 산업을 더욱 건강하고 경쟁력을 갖출 수 있도록 하고자 함이다.

그러나 실사 결과는 여러 면에서 부실하다는 평가가 나왔다. 사전 총사업비 추정 신뢰성 저하, 총사업비 관리 부실, 목표 비용관리 부실 등이 서로 얽힌 상태에서 부실을 낳고 있었다. 군 내부에 적극적으로 관여, 관리·감독하지 못해 온 현실에 대한 냉정한 평가이기도 하다. 이를 간단히 도표로 정리해 보면 아래와 같다.

구 분	원 인
ⓐ 사전 총사업비 추정 신뢰성 저하	○ 사업착수 전 형상의 불확실성 ○ 분석평가 기관의 비용분석 전문성 부족 ○ 비용분석의 의도적 왜곡
ⓑ 총사업비 관리 부실	✦ 사업 진행 중 형상 확정시 비용 증가 미고려 ✦ 개발비용과 양산비용 간의 연관성 간과 ✦ 사업성관리제도, 총사업비 관리제도와 계약제도의 연관성 간과 ✦ 연구개발 판정과 총사업비관리 결과의 무관성 ✦ 총사업비 증액요구 시점
ⓒ 목표 비용 관리 부실	● 목표 비용관리의 이해 부족 ● 목표 비용관리 시스템 부재 ● 비용 대 성능 절충분석 주체 부재

〈표 3-18〉 방위사업 총 사업관리 부실 원인 조사 결과 종합[318], 도표-저자 편집

이러한 외부 기관의 심사평가 결과는 우려의 수준을 넘어 심각한 위기상황에 직면했다고 판단할 수 있다. 단순한 부실 차원을 넘어 총체적인 이해 부족과 방만한 운영의 과정을 적발한 것이라고 해도 지나침이 없을 정도의 평가 결과표란 얘기다.

그러나, 이는 1950년 이후 국가안보와 방위력 개선이라는 명제로 선뜻 나서지도 뚜렷한 해법을 제시하지도 못해 온 국가의 미필적 고의에 해당한다고 볼 수 있다. 한편으로는 군사경제학은 이러한 문제점을 면밀하게 다뤄야 할 또 다른 명제를 제시받았다고 볼 수 있으므

핵이라는 이름의 청구서

로, 이 재정 투자 분야에 있어서 군사경제학 연구자들의 적극적인 분발과 현실 참여적 자세를 촉구한다.

2-3. 지출 구조 개편

그런데 현재의 국방 예산 구조로는 날로 높아지고 있는 동북아의 군사적 긴장과 북한의 핵과 미사일 실험으로 인한 비대칭 무기에 대한 대응력이 부족하다. 위에서 잠시 언급한 것처럼 설령 예산을 증액한다고 하더라도 제대로 사업을 운용·관리·감독하여 실제적인 효과를 거양하기란 어렵다는 것이 현실적인 진단이다.

이와 함께 군사적 공포감을 유발하는 북한의 핵 문제에 대응하기 위해서는 일반 회계에 포함된 국방 예산 구조로는 신속하며 탄력적인 지출을 하기가 어렵다는 문제도 있다. 그 때문에 현행 예산편성과 지출 구조를 개선하지 않고서는 근본적으로 유연한 대응을 하기란 어렵다.

더군다나 2022년까지 한국 정부의 국가재정 운용계획에는 과학과 국방을 명확히 연계하는 예산 배분 항목이 따로 없다는 점도 문제이다. 이는 날로 빨라지는 무기 개발과 비대칭적 무기에 대응하기 위해서는 일정 규모의 국방 예산을 배정받는(필자 기준 연간 100조 원 이상) 국가가 아닌 이상 별도로 운영해서는 시너지 효과를 거두기 힘들며 획기적인 군 무기 체계를 갖출 수 없을 것으로 판단한다. 따라서 필자는 핵 대응용 무기 체계의 개선을 위한 지출 구조 일부를 아래 표와 같이 재편해 줄 것을 제언한다.

현행 분야	대상 항목	2018 지출(억 원)
국방비	전력운영비	296,379
국방비	방위력개선비	135,203
국방비	구매 및 양산	106,186
합 계	3	537,768

변경 분야	변경 항목	배정 예산(억 원)	배정 비율(%)
R&D	스마트형 무기	10,373	25.8
신설.과학기술	미래형 무기	13,520	33.7
신설.과학기술	핵심무기 사업	16,246	40.5
합 계	3	40,140	100.0

〈표 3-19〉 비대칭 무기 대응을 위한 일부 지출 구조의 미래 지향적 재편안,
도표-저자 작성

이는 현재의 국방 예산 편성구조로는 미래 위기에 대처할 수 없다는 현실 진단에 기초한 것이다. 따라서 위 표에 의거하여 2018년 기준 국방비 총지출의 7.5%를 따로 분리·변경하여 새로운 분야를 만들어야 한다. 이에 의거 아래에서는 대표적 2가지 핵심 사안인 ① Robo-berets 예산과 ② 초(超) 핵심 사업 예산 도입 및 초기 예산 배정(향후 증액 필요)을 소개하기로 한다.

2-3-1. Robo-berets 예산

이는 무인 로봇의 활용을 확대하여 국방력을 강화하는 것으로 요약할 수 있다. 안전을 의미하는 Green과 특수병력을 의미하는 Berets의 합성어(저자)로 군 병력도 인간으로서의 존엄성을 유지하고 소중한 생명으로 인식되어야 하며, 전쟁이든, 전투이든, 훈련 시기이든 그것은 반드시 준수되어야 함을 의미하는데 이를 제대로 반영할 운영 체계가 바로 Robo-berets일 것으로 판단한다. 그런데 이는 국가 예산 중 별도로 편성해 주어야 국방 예산의 한계를 극복할 수 있다.

그 대표적인 사례가 LIG 넥스원의 추진 계획인데, 이 안이 추구하는 핵심 요소[319]로는 ① 최적의 종합군수지원(ILS) 서비스 제공과 ② 정비환경 맞춤형 착용 로봇 개발을 추진하는 등 MRO(Maintenance, Repair and Operation) 사업이 있다. 또한, 미래 보병 체계의 핵심기술로 주목받는 ③ 근력 증강 로봇 개발도 적극 진행 중이며, ④ 유압 파

위팩, 센서 처리 보드, 제어 알고리즘 등 핵심기술도 확보한 것으로 알려졌다. 그런가 하면 미래 보병·산악 수송 전의 핵으로 부상 중인 착용 로봇인 LEXO(Lower Extremity EXO skeleton for Soldiers)를 본격적으로 출시, 한국 방위 산업의 새로운 장을 열어주고 있다. 그리고, ⑤ 다목적 무인 헬기와 정찰 드론 등 드론 로봇의 미래를 열어놓음으로써 진정한 의미의 국방개혁 로드맵을 보여 주고 있다.

〈그림 3-8〉 DX Korea 2018에 전시된 LIG 넥스원의 LEXO 2.0, 사진-Army Recognition(국방부, 좌)/드론 군집 비행 시행(우), 사진-세종시 정부 센터(국방부)

이러한 LIG의 국가방위 무기 개발은 정부의 국방 운영 선진화와도 맥락을 같이하고 있다. 또한 Green-berets 예산이 속해야 할 범위를 정확히 짚어 주고 있다. 즉, 최정예 최첨단 과학기술을 통한 무기 체계의 완성은 1) 민간의 하이테크 무기(④, ⑤) 기술 제공과 종합군수지원(① ILS) 그리고 MRO(②)는 '연구·개발과 신설될 과학기술 분야'에서 전담하고, 2) 운영은 국방부에서 담당하는 2원 체계로 가야 미래전의 승리에 보탬이 될 것이다.

2-3-2. 초(超) 핵심 사업 예산

대한민국 정부를 포함한 대부분의 국가에서는 전시나 준전시일 경우를 제외한 평상시 일반 회계 및 특별 회계 예산과 각종 기금 내에 국가의 장래가 위험에 처할 수 있는 상황을 대비하는 종류의 예산, 필자의 판단에 의하면 초(超) 핵심 사업으로 편성될 만한 성격의 정부 예산은 따로 편성하지 않고 있다.

그러나, 수요와 공급의 생산함수, 재정수요, 지출 측면에서 본 바와 같이 국운을 좌우할 수 있는 류(類)의 예산은 필수적이나 그 효율성 측면에서 떨어질 수밖에 없는 항목의 성격상 핵 위기 상황이 전개되는 특수한 국가의 경우에는 이 예산과목을 실질적인 독립 항목으로 신설·운영하고자 하는 논의가 필요하다.

필자가 정의한 초(超) 핵심 사업이란 정부가 해마다 책정하는 일반 사업이나 핵심 사업을 뛰어넘는 한 국가의 국민에 대한 안위와 생명권을 즉각적으로 수호하는 데 사용하기 위하여 준비하는 예산을 일컫는다. 그 목적 및 상세한 내용은 필자가 작성한 아래 표에 맞추어 설명하기로 한다.

번호	필수 항목	내 용	번호	필수 항목	내 용
1	운영 용도	전쟁억제 방어력 및 평화 유지력 강화	6	추가 용도	회복 준비 기금
2	예산배분 분야	국방비와 R&D 분야 공통	7	재정 규모	전체 국방비의 1/50
3	예산 형태	총지출 > 기금 > 기속재량	8	연구개발 범위	차세대 에너지원 개발 및 제작
4	균형 측면	형평성 및 좌우 균형 필요	9	예산확보 주체	국방부가 아닌 국무회의
5	대응 무기 형태	대량학살 수준 이상의 무기	10	법안 성격	국회 승인 대상

〈표 3-20〉 초(超) 핵심 사업 예산 배정 목적 및 내용, 도표-저자 작성

1. 운영 목적: 국가의 존립과 국민의 대단위 인명 손실을 유발할 대규모 전쟁을 사전에 억제하는 방어력을 키우고 이러한 힘의 균형을 통해 평화 유지력을 강화한다.

2. 예산 배분 분야: 국방비와 R&D 분야 양쪽에 공통으로 적용이 가능하나 국방비 지출의 문제점과 R&D 분야의 독자적 운영상의 한계를 감안, 별도 항목으로 신설이 필요하다.

3. 예산 형태: 총지출 > 기금 > 기속재량 > 국가기능유지 > 국가안전보장 단계로서 편의재량이 아닌 기속 재량지출로 명시화하며 그 용도는 국가안전보장으로 국한하는 등 해당 예산의 임의적인 사용에 제한을 두며 주기적·정기적 감사 대상으로 분류한다.

4. 형평·균형성 예산: 통일 분야에 남북협력기금이 있다면 안보 분야에는 초(超) 핵심 사업 예산이 있음으로 인해서 협력과 견제의 균형 있는 예산으로서의 기능을 한다.

5. 대응 무기 형태: 적이 가공할 만한 폭발력을 보유하여 대량학살 수준 이상의 무기로 위협을 가할 때를 대비하여 아군 측에서 준비해야 할 해당 정도의 규모에 상응하는 무기를 말한다.

6. 추가 용도: 회복 준비기금으로 핵 사태 이후의 피폐한 상황을 극복, 재건하기 위한 재정지출 대상으로서 필수적·선제적으로 준비해야 한다.

7. 재정 규모: 국방비의 1/50 규모, 남북협력기금과 1:1(10,977억 원[320], 2019) 등가 원칙에 의해 1년 1조 원씩(2020년 기준, 이후 변동) 투자하도록 한다.

8. 연구 개발 범위: 차세대 무기용 에너지의 개발 및 제작, 강력한 대적 방어력 구축 위한 물질 개발, 우주 공격 대항 방위체계를 구축(Kill Chain과 별개)한다.

9. 예산 확보 주체: 국방부가 아닌 국무회의에서 마련하여 국회에 제출한다.

10. 기존법과 상충성: 신설대상으로 국회의 승인을 얻어 간접적 형식으로나마 국민적 동의를 얻도록 한다.

3
경제 밸런스 관점
—

3-1. 제재 경제: UNSCR 조치의 경제적 효과 분석

우리는 흔히들 경제 제재를 당할 경우 그 국가의 대외 교역량은 급격히 감소할 것으로 생각할 수 있다. 그러나, 미국과 UNSC로부터 핵 문제로 인해 국제적인 대북 제재를 받고 있는 북한은 아래 도표와 그래프에서 보듯 상당 기간 교역량이 역으로 증가하는 현상을 보여 주었다.

즉, 국제 제재가 강화될수록 피 제재국의 교역 규모(2018년 이후 미·중 무역전쟁 기간 제외)는 줄어들 것이라는 관념을 이 그래프는 완전히 빗나가게 한다는 사실이다.

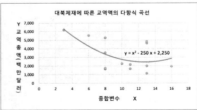

〈그림 3-9〉 대북 제재 및 북한의 무역 규모 변화(좌)와 제재와
교역액의 상관관계 함수 그래프(우), 저자 작성

핵이라는 이름의 청구서

위 내용을 좀 더 자세히 설명하자면, 교역 총액(Y)은 남북교류 제외 북한의 총수출입 규모를 말하며, 변화 추세선은 해당 년의 총수출입 금액 곡선에 해당하며, 종합 변수는 X={8-(메인 변수(-5)+기타 변수(+5)+외인 변수(-3)+정치 환경(+3))}의 합으로 설정되어 있다. 이를 좀 더 구체적으로 설명하자면, 총 8점을 기준으로 ① 메인 변수(UNSC 등 메이저 제재), ② 기타 변수(개성공단 등 플러스 경제 요인), ③ 외인 변수(비정형 비대칭 군사적 돌발 변수), ④ 정치 환경(북한 선호 한국 정부)의 4개 변수의 합으로 이뤄져 있다.

이 X와 Y의 합을 좌우로 병렬한 후 이를 추세선 도표로 옮겨보면 위 왼쪽 그래프가 생성되며, 우측 그래프에서는 다항성곡선(Polynominal)을 적용, Y축을 총수출입액으로, X축을 종합 변수로 정하였는데 결과는 $y=x^2-250x+2,250$의 수식이 도출되었다. 이를 통해 보자면, 종합 변수가 북한에 우호적으로 증가할수록 오히려 교역 규모는 적었으나, 종합 변수가 비우호적으로 감소할 경우 오히려 교역 규모가 증가하는 제재와 교역이 반비례하는 그래프로 나타났다.

한편, 이러한 결과에 대한 배경으로는 여러 가지가 있을 수 있겠으나, 대표적인 원인으로는 '미증유의 반발' 심리가 큰 것으로 파악된다. 즉, 북한은 본격적인 UNSC의 제재가 있기까지는 그다지 큰 전면적인 봉쇄형 제재를 받아본 적이 없었으므로 평소와 같은 경제 체제로 견디어 왔다는 얘기다. 반면 2012년 이후부터 본격적으로 시행된 국제 제재와 맞물리면서 북한은 총력 생산, 총력 수입 체제를 가동하여 체제의 붕괴 방지와 생존권 사수를 유지하려는 일찍이 겪어보지 못한 저항 경제 심리를 본격적으로 가동하고 있다고 봐야 할 것이다.

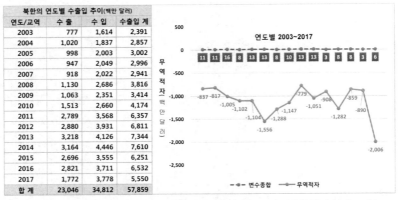

북한의 연도별 수출입 추이(백만 달러)			
연도/교역	수 출	수 입	수출입 계
2003	777	1,614	2,391
2004	1,020	1,837	2,857
2005	998	2,003	3,002
2006	947	2,049	2,996
2007	918	2,022	2,941
2008	1,130	2,686	3,816
2009	1,063	2,351	3,414
2010	1,513	2,660	4,174
2011	2,789	3,568	6,357
2012	2,880	3,931	6,811
2013	3,218	4,126	7,344
2014	3,164	4,446	7,610
2015	2,696	3,555	6,251
2016	2,821	3,711	6,532
2017	1,772	3,778	5,550
합 계	23,046	34,812	57,859

〈그림 3-10〉 대북 제재 전후 북한의 연도별 수출입 현황(좌) 및 북한의 무역 적자 그래프 (우, 2018~2019년 미·중 무역전쟁 기간 제외)[321~322], 도표 및 그래프-저자

그러나, 북한은 전체 교역량이 증가하는 상황에서도 무역 적자 폭이 갈수록 커지는 상황에 대해서는 상당히 우려하고 있는 것으로 판단된다. 위의 도표에서 보듯 북한은 교역량 면에서는 매년 증가하는 경향을 보여 왔지만, 무역 적자는 해를 거듭할수록 그 증가 폭이 커져 상당한 문제점을 표출하고 있다. 물론 한 국가와 국제교역대상과의 경제거래를 확인하는 항목은 이 상품수지만이 전부는 아니며 서비스, 본원수지, 이전소득 그리고 자본 및 금융계정 등이 종합적으로 어우러져야 그 국가의 경제교역내용 지표를 분석하고 그 성장세를 진단할 수 있다.

그런데, 북한은 이 상품수지 외에 크게 기대할 부분이 없어서 한국과 마찬가지로 무역 교역인 상품수지 분야에서의 흑자는 매우 중요하며, 반대로 적자일 경우 장기적인 경기침체로 이어질 수 있음에 주의해야 한다. 따라서, 단기적으로 제재가 해당 국가에 미치는 영향을 정확히 짚어내기는 어려우나 장기적으로는 그 국가의 경제에 상당한 피해를 미치고 있음을 알 수 있다.

결국, 무역 적자 폭의 증가로 인한 북한의 고민은 분명해 보인다.

핵이라는 이름의 청구서

따라서 '무역 규모의 확대와 이를 통한 경제성장률 증가로 경제적 난국을 돌파하려는 김정은 정권의 대내외적 의지가 분명해 보인다'라고 할 수 있을 것이다.

한편, 위의 필자의 연구 방법과는 달리 구체적으로 제재 효과의 추정을 위한 실증분석 기법으로는 Difference-in-Difference 기법이 사용되기도 한다. 이를 위해 이 중력함수와 회귀 결과를 추정해내기 위해 필자는 아래 도표에 이 함수를 계산 과정을 설명하는 자료(동영상 링크 표시)를 첨부하여 독자들의 이해를 돕고자 하였다.

$$Q_{ij} = P_i \frac{A_j F_{ij} K_{ij}}{\sum_j A_j F_{ij} K_{ij}}$$

※ 동영상 링크:

https://www.youtube.com/watch?v=xvRquOvDbPw

(The DoctorSpring, Published on Jan. 26, 2012, Trip Distribution using the Gravity Model)

이 동영상 강의를 접했을 경우, 좀 더 쉽게 아래의 이론을 이해할 수 있으리라 본다.

우선, 한국개발연구원(KDI)에서는 기본모형인 중력모형을 기초로 계측된 추정 결과를 다음과 같이 밝혔다.

$$\ln(X_{jt})=a_0+a_1\ln(GDP_{kt}\times DP_{jt})+a_2\ln(DIST_{kj})+[\ a_3D_1+a_4D_2+a_5(D_1\times D_1)]+\ E_{jt}$$

- 단, X_{jt} 는 북한의 j 국가에 대한 t년도 무역액(수출액, 수입액 또는 수출입액)

- GDP_{kt} 는 t년도 북한의 명목 GDP

- GDP_{jt} 는 t년도 북한의 교역상대국인 j국가의 명목 GDP

- $DIST_{kj}$ 는 북한과 상대국과의 거리

- D_1, D_2 는 각각 제재 시점 및 제재국 더미를, (D_1, D_2)는 interaction을

의미

변 수 명		Pooled OLS			Random Effects		
		(1)	(2)	(3)	(1)	(2)	(3)
기본 제어 변수	거리(로그)	-0.590*** (-2.820)	-0.642*** (-3.075)	-0.629*** (-3.032)	-0.587* (-1.708)	-0.629* (-1.840)	-0.618* (-1.820)
	GDP(로그)	0.595*** (11.538)	0.683*** (11.112)	0.649*** (12.043)	0.586*** (7.223)	0.677*** (6.928)	0.620*** (7.682)
제어 변수	UN 제재 시점 더미(A)	-0.205 (-0.918)			-0.197 (-1.461)		
	제재 참여국 더미(B)		-0.735*** (-2.623)			-0.770* (-1.658)	
	A×B (Interaction)			-0.943*** (-3.201)			-0.683*** (-3.438)
상수항		-9.702*** (-2.692)	-13.276*** (-3.468)	-11.873*** (-3.270)	-9.396* (-1.648)	-13.217 (-2.165)	-10.740 (-1.903)
관찰수		477	477	477	477	477	477
R-squared		0.278	0.287	0.292	0.276	0.285	0.289

〈표 3-21〉 제재 효과의 추정을 위한 실증분석 기법
Difference-in-Difference 공식과 결과표[323], 저자 편집

위 모형 공식에 의할 경우, 기본 제어 변수에서 거리(로그), UN 제재 시점 더미, 제재 참여국 더미, 그리고 주안점이었던 A×B(D-in-D) 등에서 모두 마이너스를 기록, 분석 대상국인 북한의 Interaction에서 -68%~-94%에 이르는 감소율을 기록, 사실상 무역 거래가 성사되지 않은 단계로 진입했음을 알 수 있다.

우선, 기본 제어 변수와 같은 기본 변수에서 거리가 아닌 필자가 상기에서 언급한 대북관계도를 중시한 연구 방법과는 다르게 진행되었음에도 결과는 대북 제재가 유의미한 결과가 있었음을 나타내고 있다. 즉, 비록 북한의 수출은 거리와는 관계가 적음으로 인해 의미가 다소 약하게 보일 수 있으나 GDP라는 경제 규모와는 상호 연관성을 강하게 지니고 있음을 보여 준 것이라는 얘기다.

다음으로 제어변수에서는, 비제재 참여국을 대상으로 한 더미 그룹에서는 연관성이 약-부(弱-不)로 나와 북한의 무역 관계에 영향을 미쳤다고 보기 힘들다. 그러나 제재 참여국 그룹 단계에서는 연관성이 강-부(强-不)로 나와 대북 제재가 상당한 영향을 미쳤음을 보여 주었다.

이를 요약하자면 정상 국가 간 무역패턴인 중력모형의 경제 규모와는 비례, 거리와는 반비례한다는 원리를 그대로 반영하고 있으며, 제재 실제 참여국의 영향을 나타낸 더미에서는 POLS와 Random 모두에게서 유의미함이 나와 대북 제재가 제재 참여국과 북한과의 무역에서 마이너스 영향을 미침을 보여 주었다. 그런데 이 두 가지를 동시에 보여 주는 A×B 인터액션(Interaction)에서는 POLS와 Random 모두 유의미함을 보여 줌으로써 '이 UNSCR 제재는 북한의 수출에 분명히 부정적인 영향을 미쳤다'라고 정리할 수 있다.

그러나 이 자료는 회귀분석 결과 검정치인 R^2의 수치가 0.27~0.29(27~29%)만을 기록, 대북 제재의 효과성(유용성) 검증자료로 높이 신뢰할 수는 없다. 그런데 중력함수의 적정성과 검증능력에 견주어 볼 때 이 저신뢰도 회귀분석치에는 분명 다른 관여체가 있었음을 암시하고 있다. 한국, 중국, 일본 등 인접국 외 타 아시아지역 국가들과 무역 거래를 했을 수 있는 즉, 제재 이면에 풍선효과가 발생했을 수 있다는 점이다.

이러한 문제점을 보완한 연구로 아래의 Anderson&Wincoop의 모형을 통해 제시한 대외경제 정책연구원의 결과를 참고하기로 한다.

구 분	예상 부호	추정 1	추정 2	추정 3	추정 4
거 리	-	-1.7298***	-1.9893***	-1.5862***	-1.0730***
수출국 GDP	+	1.5926***	1.5784***	1.4037***	1.3226***
수입국 GDP	+	1.3160***	1.5672***	1.3933***	1.1724***
대북제재 일본(07~09)	-	-3.2025***	-2.9461***	-3.7271***	-3.7339***
대북제재 한국(07~09)	+	0.7565***	1.0129***	0.2319	0.2251***
대북제재 중국(07~09)	+	0.6686***	0.9250***	0.1440	0.1372
대북제재 한국(10~15)	+	-1.5540***	-0.7593***	-1.6804***	-2.3465***
대북제재 중국(10~15)	+	1.0859***	1.8806***	0.9595***	0.2934***
대북제재 일본(10~15)	+	탈락	탈락	탈락	탈락
동일언어 더미	+	2.035***	탈락	-1.1849***	-1.9151***
접경 더미	+	탈락	-1.6224***	미포함	탈락
시장경제 더미	+	0.9660***	2.5172***	1.005***	1.1461***
식민지 더미	+	-0.6952***	미포함	미포함	-1.2890***
연도별 내향 다자무역저항 더미		포함	포함	포함	포함
연도별 외향 다자무역저항 더미		포함	포함	포함	포함
연도별 더미		포함	포함	포함	미포함
관측치 개수	-	168			
R²		0.9694	0.9694	0.9694	0.9694

***는 유의수준 1%, 대북제재 일본(10~15)은 쌍방 무역 무의미 수준으로 제외

〈표 3-22〉 북한의 대체 무역 추정 중력모형(Gravity Equation) 시험 결과표[324], 저자 일부 편집

이 모델에는 KDI의 분석과는 달리 무역 비용, 외향의 다자무역저항(OMR) 등 수출 비용과 내향의 수입 비용(IMR), 대체탄력성, 오차를 추가로 투입, 한 단계 더 높은 세분화 작업을 하였다.

분석 결과 일본의 대북 제재(07~09) 시에는 한국과 중국의 무역량은 증가하였다(07~09). 이는 당시 일본은 제재 참여국으로 무역 결과

가 마이너스였으며, 한국과 중국은 각각 교류를 진행한 데 따른 결괏값이 플러스인 데서 알 수 있다.

이와 달리 2010~2015년 사이 한국의 대북 제재 시에는 모든 추정구간에서 한국이 마이너스 부호를 보인 반면, 중국은 전 구간에 걸쳐 플러스 부호를 보이고 있다. 격차도 2006~2007년에 비해 추정 결괏값이 현격히 증가한 것을 확인할 수 있다.

이는 한국과 일본이 대북 제재에 착수함과 궤를 같이하면서 중국은 상당한 무역량 증가를 득하는 현상이 벌어졌음을 잘 보여 주고 있다. 결국 위 KDI에서 암시한 풍선효과가 있었음이 교차 확인한 결과 사실로 입증된 셈이다. 더군다나 회귀분석 결과 적합도인 R^2가 0.97에 이를 정도로 정확도가 높아 현실을 감안한 데이터 모형으로 인용하기에는 문제가 없는 자료로 판단할 수 있다.

요컨대, 위의 2가지 분석법을 종합해 볼 때, 미국과 UN의 경제 제재는 대량·대범위에 걸쳐 실제적인 타격이 이루어졌으나, 그와 동시에 시기별로 풍선효과가 한국-일본-중국-북한 사이에 있었음도 분명히 알 수 있다.

3-1-1. 이란 제재와 유효성 파악

한편, 위의 북한 제재와는 상황은 다소 다르나 전체적인 유효성은 비슷하다는 가정하에 대이란 경제 제재와 영향을 알아보기로 한다. 이어서 북한의 경제적인 상황도 연관지어 설명하도록 한다. 단, 대이란과 대북한 제재 자체에 대한 상세 내용은 핵 관련 사항에서 이미 상세하게 다루었으므로 여기서는 제재로 인한 경제적인 타격에 초점을 맞추도록 하였다.

아래에서는 이란 제재가 시작된 이후 겪게 된 실례를 반영한 저자의 '이란형 경기순환 사이클'을 바탕으로 아래의 3가지 경제지표에 미친 제재의 유효성을 설명하고자 한다.

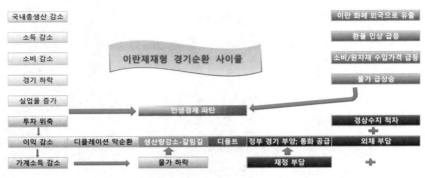

〈그림 3-11〉 이란 제재형 경기순환 사이클 다이어그램-저자 작성

이 다이어그램을 설명하면 다음과 같다. 이란 제재형 경기순환 사이클은 북한 제재 사이클과는 몇 가지 점에서 다르다. 그 차이의 출발점이 되는 이란 제재의 핵심은 원유 수출 봉쇄에 있다. 이는 몇 가지 방향에 걸쳐서 경기 하락을 유발한다.

① 원유 수출 급감에 따른 국내총생산의 감소다. 미국의 이란과의 핵 협상 파기 이후 2019년 4월 발표된 IMF 세계 경제 보고서에는 2018년 이란의 GDP 성장률이 2017년 대비 -3.9% 하락한 것으로 되어 있다. 체감상으로는 이보다 훨씬 더 하락했다고 볼 수 있다. 이러한 국내총생산의 감소는 국민 소득의 감소와 연결되어 있으며, 이는 소비의 감소로 이어져 결국 경기는 하락 국면에 접어들게 되며 이로 인하여 실업률 증가는 피할 수 없게 된다. 2015년 JCPOA 이전의 이란 실업률이 20%에 달했던 사실은 이를 잘 대변해 준다.

② 한편, 원유 수출길이 막히면서부터 이란에 있던 달러는 순식간에 외국으로 빠져나가게 된다. 심각한 외화 유출을 인위적으로 막는

　　　　　　　　　　　핵이라는 이름의 청구서

데도 분명 한계가 있다. 이로써 환율은 급등하게 되며, 기업의 생산에 필수인 원자재와 국민의 소비재 수입량은 급감하게 되어 국민들의 생활고가 뒤따르게 된다. 말 그대로 이중 충격(Double Whammy) 상황을 맞게 되는 것이다.

이처럼 두 가지 불경기 요인이 겹치면서 이란의 서민경제는 어려움을 맞게 되었으며 미국과의 핵 협상이 무위로 끝남과 동시에 경제 상황은 JCPOA 이전으로 돌아갔다.

③ 그러나 상황은 여기서 끝나지 않고, 수요와 공급 측면에서는 투자 위축, 기업의 이익 감소, 가계의 소득 감소에 따른 물가 하락으로 이어져 마땅한 해결책을 마련하기 힘든 디플레이션 국면으로 접어들 수 있다. 재정적인 측면에서는 경상수지 적자, 외채 부담 증가, 경기 부양을 위한 대규모 재정지출에 따른 재정적자 폭의 상승으로 디폴트를 맞이할 수 있게 된다. 몇몇 남미 국가의 전철을 밟는 수순이 진행될 수 있다는 사실이다. 아래의 상황을 보면 상기의 위기 상황 진단이 틀리지 않음을 알 수 있다.

○ "원유 수출 금지: 석유 판매 금지로 정부의 수입이 50% 감소, 하루 250만 배럴을 수출하던 2011년에 비해 국방수권법(NDAA, National Defense Authorization Act) 조치 이후에는 수출량이 60% 감소(2011년 석유 수출 1,000억 달러에서 2013년 250억 달러로 급감)하고,

○ 물가 상승: 2013년 7월 이란 중앙은행은 월평균 물가 상승률을 45%로 공식 발표했으나, 실질 물가 상승률은 50~70% 수준이었을 것으로 보이며,

○ 실업률 증가: 체감 소득 감소는 5~8%, 실업률 증가는 20% 수준으로 파악된다."[325]라는 한국원자력연구소의 보고가 있다.

○ GDP 성장률: 세계은행 통계를 보면 "제재가 부분 해제됐던 2016년

13.4%에 이르렀던 GDP 성장률은 지난해 -1.5%로 떨어졌고, 올해는 -3.6%로 전망된다. 4월 발표된 IMF 세계 경제전망 보고서는 GDP 성장률이 지난해 -3.9%, 올해는 -6%에 이를 것"[326]으로 내다봤다.

상기의 4가지 사례는 결국 이란의 주력 수출품인 석유 수출이 막힌 데서 원인을 찾을 수 있다. 2006년 7월 31일부터 시작된 UNSCR(1696)의 제재가 정점을 치닫던 2013~2015년의 3년 사이 이란의 OPEC 내 석유 수출액 점유율을 보면 위의 내용이 사실임을 확인할 수 있다.

Nation/Years (m $)	2010	2011	2012	2013	2014	2015	2016	2017	본격 제재 이전 2010-2012	제재 정점 기간 2013-2015	해제 이후 2016-2017
Algeria	38,211	51,409	48,271	44,462	40,628	21,742	18,643	22,353	137,891	106,832	40,996
Angola	49,379	65,215	69,954	65,965	56,614	31,509	25,691	31,550	184,548	154,088	57,241
Ecuador	9,673	12,945	13,792	14,107	13,276	6,660	5,459	6,914	36,410	34,043	12,373
Equatorial Guinea	9,279	12,887	13,605	12,119	11,058	5,911	4,352	4,689	35,771	29,088	9,041
Gabon	6,204	8,807	8,221	7,691	6,912	3,740	3,128	3,695	23,232	18,343	6,822
IR Iran	72,228	114,751	101,468	61,923	53,652	27,308	41,123	52,728	288,447	142,883	93,851
Iraq	51,589	83,010	94,090	89,403	84,303	49,211	43,684	59,730	228,689	222,917	103,414
Kuwait	61,753	97,373	108,534	107,543	94,324	48,444	41,461	50,683	267,661	250,311	92,145
Libya	47,245	18,615	60,188	44,445	20,357	10,973	9,313	15,014	126,048	75,775	24,327
Nigeria	67,025	88,449	95,620	90,546	78,053	41,818	27,788	38,607	251,094	210,417	66,396
Qatar	43,369	62,680	65,065	62,519	56,912	28,513	22,958	35,496	171,113	147,944	58,454
Saudi Arabia	214,897	317,614	337,480	321,888	284,558	152,910	136,194	159,742	869,990	759,355	295,937
United Arab Emirates	74,638	79,573	86,016	85,640	88,855	53,836	45,559	65,641	240,228	228,331	111,200
Venezuela	62,317	88,131	93,569	88,753	74,714	37,236	26,473	31,449	244,017	200,703	57,922
OPEC	807,807	1,101,459	1,195,873	1,097,004	964,215	519,801	451,826	578,292	3,105,138	2,581,031	1,030,118
Percentage of Iran	8.9	10.4	8.5	5.6	5.6	5.3	9.1	9.1	9.3	5.5	9.1

<표 3-23> OPEC 그룹 내 석유 수출 규모[327](2010~2017년)
분석, 도표-저자 편집

이 표에서는 본격적인 제재가 이뤄지기 전인 2010~2012년 3년 치의 이란산 석유 수출액이 288,447백만 달러로 OPEC 내 9.3%를 기록하다가 제재가 정점으로 치닫던 2013~2015년 3년간 수출액은 142,883백만 달러로 거의 절반 수준으로 하락하였음을 보여 주고 있다. 그러다가 P5+1과 핵 협상을 마무리 짓고 석유 수출을 재가동하면서 예년 수준으로 회복한 것을 확인할 수 있다. 결국 이란 경제 성장 및 후퇴의 제1 요인이 석유 수출임을 감안할 때 2013~2015의 3년

핵이라는 이름의 청구서

을 전후한 좌우 기간 대비 증감에서 드러났듯 이란 제재의 유의미한 유효성은 충분한 검증력을 지녔다고 할 것이다.

④ 이러한 이론적 검증 외에도 실증적으로 뒷받침할 만한 사례로는 2019년 11월에 발생한 이란 내 소요사태이다. 이란 정부의 휘발윳값 인상에 따른 국민들의 소요사태로 최소 304명[328]의 목숨을 앗아간 이 사건은 미국의 이란 제재 복원이 과연 효과가 있었는가에 대한 논란으로 이어졌다.

그런데 여기에 대한 평가는 역설적으로 이란 정부의 미국 행정부에 대한 비난과 트럼프 행정부와 대척점에 서 있던 아래 워싱턴 포스트의 진단을 통해 간접적·실증적으로 입증되었다.

"이번 궐기대회는 이란이 미국의 경제 제재 재개로 인해 다시 고통받는 많은 사람들의 들끓는 분노를 보여 주었다… 미국의 숨 막히는 제재 속에 8천만 이란인들의 소득이 감소하고 일자리는 더욱 줄어드는 와중에 이란 정부가 휘발윳값을 인상하였다. 하산 루하니 이란 대통령은 데모 집회자들을 향해 소요사태를 획책한 미국이 2년에 걸쳐 보낸 자금을 받은 '용병'이자 '폭력배'라고 몰아세웠다."[329]

3-1-2. 대북 제재와 유효성 파악

사실, 이란과 달리 북한은 제재 국면으로만 점철되어 온 것이 아니라 한국으로부터도 지원을 많이 받아 왔다. 물론 중국으로부터의 직·간접적인 지원은 차치하고서라도 한국으로부터의 지원은 대립과 갈등 속의 양측이 긴장 완화라는 정치적 목적에서 시작하여 북한 인민들의 생계지원 같은 경제적 지원에 이르는 등 북한 GDP의 최대 2.68%에 이를 만큼 상당한 금액을 제공해 온 것이 사실이다.

그 비율은 노무현 정부 때 민간 정부의 총 대북 지원 금액인 43억 달러를 연평균으로 환산한 8.6억 달러가 북한의 연평균 GDP인 320억 달러에서 차지하는 비중이다.

우리가 흔히 대국가 제재의 경제적 효과를 단순하게 집약할 경우 이 통계 자료를 활용하면 개략적인 윤곽을 잡을 수 있다. 지원을 받는 국가라면 대부분 그 국가의 경제적 상황과 규모가 열악하거나 낮은 단계에 있어 타국으로부터의 지원금 규모가 도드라지게 보인다는 얘기도 된다.

역대 정부 **대북 송금 및 현물제공 내역** 단위: 달러					
	정부차원		민간차원		총계
	현금	현물	현금	현물	
김영삼 정부	-	2억 6172만	9억 3619만	2236만	12억2027만
김대중 정부	-	5억 2476만	17억 455만	2억 4134만	24억 7065만
노무현 정부	40만	17억 1621만	22억 898만	4억 3073만	43억5632만
이명박 정부	-	1억 6864만	16억 7942만	1억 2839만	19억7645만
박근혜 정부	-	5985만	2억 5494만	2248만	3억3727만

〈그림 3-12〉 대북 송금 및 현물 제공 내역 자료, 통일부(2017.2.)

이 자료의 주안점은 노란색 음영 부분인 정부와 민간 차원의 현금 지원 부분이며 기타 자료에는 이 부분이 대부분 누락되어 통계 자료로서 불충분하다고 판단된다는 점이다.

따라서 현재처럼 북한의 연 GDP가 한국과는 비교가 되지 않을 만

핵이라는 이름의 청구서

큼 낮은 규모의 경제라면 한국이 제공한 지원금은 상당한 의미를 준 것이 사실이다. 이를 간접적으로 방증할 수 있는 자료로 아래의 그래 프 및 도표가 있다.

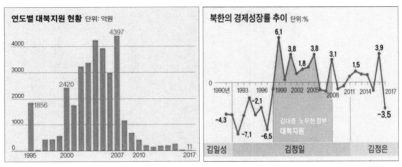

〈그림 3-13〉 연도별 대북지원 현황(좌, 통일부) 및 북한의 경제성장률 추이(우, 한국은행, 국회예산처)

왼쪽 그래프를 보게 되면 1998~2007년 사이 김대중, 노무현 정권 시절 연도별 대북지원 현황과 오른쪽 북한의 경제성장률 추이 곡선 은 유사한 패턴을 띠고 있다. 더군다나 본격적인 대북 제재와 더불어 중단된 한국의 대북지원금과 북한의 경제성장률 하락 곡선의 매칭은 상당한 의미를 던져준다.

그러나, 한국 정부의 대북지원금만으로 북한의 경제성장률이 비슷 한 궤적을 그리고 있다는 주장은 비약적일 수 있다. 이에 필자는 사 실상 지원금이나 다름없는 중국의 대북한 석탄 수출(제공) 현황과 북 한의 경제성장률을 동시에 투입·분석하였다. 아래 표에 나온 것처럼 북한의 경제성장률은 중국의 수출량과 비슷한 등고를 형성하며 상승 및 하강을 반복하고 있음을 알 수 있다.

그런가 하면, 위 두 가지 항목인 한국 정부의 지원금이 사실상 중 단된 이명박 정부 시절인 2009년 이후에는 중국이 대북한 석탄 제공 을 대신 이어 줌으로써 경제성장률과의 연계 흐름을 더욱 명확하게 알 수 있게 해 주었다.

〈그림 3-14〉 중국의 북한 석탄 수입과 북한의 경제성장률 흐름도, 그래프-저자

한편, 이와는 달리 대북한 경제 제재에 따른 효과 분석도 이란 제재 때처럼 아래와 같이 실례를 들어 유효성을 검증하기로 한다.

① 북한에 최대의 이익을 주는 수출 품목은 석탄·철광석 등 지하 광물이다. 북한엔 민간과 정부 모두에게 생명줄과도 같은 돈줄 역할을 한다. 그런데 대북 제재가 한창 진행 중이던 **"지난 5년간**(2012~2016 년) **북한의 공식 수출액 16억 6,000만 달러에 킥백 비율 10%를 더한 약 18억 2,000만 달러만큼 매년 북한의 외화 수지가 감소할 것으로 예상되며, 북한의 광물 수출대금 중 약 절반은 당국으로 유입되고, 절반은 시장으로 유입되는 것 으로 추정된다."330**

이 부분에서 북한은 두 가지 어려운 현실을 동시에 노출하고 있다. 북한 경제의 절대적인 부분을 차지하는 ⓐ 지하 광물로 인한 수입(收入) 경로가 막혔다는 점과 ⓑ 그 수익금의 절반만이 시중으로 흘러 들어간다는 사실이다.

결국, 북한은 유동성이 생명인 시장에 대한 공급원 역할을 제대로 해낼 수 없게 됨에 따라 시중 경제가 더욱 교착상태를 맞이하게 되고

핵이라는 이름의 청구서

이를 만회하려 보유 중인 외화를 풀어야 하나 경제 제재의 지속으로 한계에 부닥친 외화 공급으로 환율이 급등하고 국내 물가도 치솟아 서민경제가 한층 더 고통 속으로 빠져들 가능성이 크다.

② 2017년 12월 나온 제재 결의안 2397호에 의거, 석유 수입은 50만 배럴로 제한되고, "이로 인해 북한의 2018년 대중 수출은 2억 1,314만 달러로 전년 대비 88%나 하락하고, 경제성장률도 2017년 -3.5%, 2018년 -5%(추정)로 뒷걸음질 치고 있다. '제재 효과=제재의 강도×시간'이다. 그럼에도 북한 장마당의 환율은 1달러당 8,000원 선, 쌀값은 kg당 5,000~6,000원, 휘발유는 1kg에 1만 6,000~1만 8,000원 선에서 안정세를 유지하고 있다."[331]

대북 제재 중 인민들의 실생활에 가장 치명적인 부분은 각종 수출 금지도 외화벌이도 아닌 석유 수입 제한이다. 정제유를 1년에 50만 배럴로 축소 공급(2018.1.1. 시행)키로 한 2397호는 북한 정권의 무기 자원뿐만 아니라 인민의 생활 자체에도 영향을 미칠 정도로 충격적인 제재이다. 이 50만 달러 제한량은 2019년 인구 50만 명의 서울시 자치구 중 하나인 관악구의 연간 정제유 총소비량 50만 배럴(LPG 제외)[332]에 불과한 양이다. 50만 명 대 2,500만 명이라는 단순한 인구수 비율(1:50)로 비춰 봐도 이는 북한군과 정권뿐 아니라 인민 전체의 삶의 질 그리고 인민의 최소한의 생계유지권과 직결될 만큼 충격적인 수치이다.

또한, 2018년 경제성장률을 -5% 아래까지 잡은 것과 '제재 효과=제재의 강도×시간'이라고 제재 효과를 언급한 것은 북한을 자극하기에 충분한 표현으로 바람직하지는 않지만, 현실을 외면하지는 않은 수식이다. 그런데 제재의 효과는 위에서 다룬 바와 같이 복합적인 요인을 띠고 있는 만큼 단순하게 풀이될 수 있는 부분이 아니다. 그럼에도 대북 제재가 관심을 끄는 것은 북한의 고통을 경제적인 수치로 전달하려는 시도의 일종이기 때문이다.

그러면서도 쌀값, 휘발윳값, 환율이 안정세를 보이는 것은 놀라운 일이면서도 동시에 민심의 이반을 막으려는 북한 정권의 필사적인 노력의 일환이라고 볼 수 있다. 즉, 비축된 외화 재고를 방출하여 생활 필수품 등을 수입하여 민간 시장인 장마당에 투입함으로써 시장 경제를 안정시키려는 북한 정권의 몸부림이라고 볼 수 있다는 얘기다.

③ 한편, 역설적으로 북한 경제의 해결 방법을 제시한 의견이 눈길을 끈다. **"북한 경제 문제 해결의 실마리가 보인 것은 1990년대 고난의 행군 이후 북한이 무역을 통해 세계 경제에 편입되기 시작하면서부터였다… 북한의 무역의존도는 1999년 15%에서 2005년과 2015년에는 각각 26%, 48%로 높아졌고, 2012~2016년 경제성장률도 연평균 2~3%에서 제재 이후 약 -4%로 관측된다."**[333]라는 연구 결과이다.

이 연구는 세 가지 측면에서 시사하는 바가 크다.

첫째, 고난의 행군기를 거치면서 북한은 자의 반 타의 반으로 한국, 중국, 일본, 러시아 등 주변국들과 국제적인 경제 메커니즘에 일정 부분이나마 발을 담그려는 시도가 있었으며 북한 정권 수립 이후 사실상 처음으로 국제경제 체제에 귀속된 기록을 갖게 되었다는 점이다.

둘째, 북한이 일정 기간 국제적인 제재를 받게 되면 경제성장률은 마이너스(-)를 면키 어렵다는 점이다.

셋째, 이러한 두 가지 선험적인 사실에 기초할 때 북한의 제재 해제라는 새로운 경제 명제를 북한이 받아들일 것인가 하는 선택지를 북한에 던져주고 있다는 점이다.

3-2. 해제 경제: UNSCR 해제와 경제 발전

어느 국가든 일정 기간 타국으로부터 경제 제재를 받아 왔을 경우

정상 궤도로 올라서기 위해서는 우선 경제를 성장시킬 수 있어야 한다. 그러기 위해서 각국은 투자 유치와 더불어 자국 통화 대비 달러 환율 상승을 통해 순수출을 증가시키는 방법을 널리 활용하고 있다. 그러나 이러한 조건을 만드는 과정 자체가 어렵고 그사이에 환율 문제가 끊임없이 제기되어 교역 갈등을 불러올 수 있기 때문에 신중하게 접근할 수밖에 없다.

그 때문에 국가가 경제적으로 어려우면 이를 회복하기 위해 추진하는 경제 정책들이 어떠한 경제 이론에 중점을 두고 있는지 알고 있어야 한다. 물론 아래 본론에서 자세히 다루겠지만, 기본적으로 각국 정부는 이와 관련해서 수입·수요의 상대 가격탄력성(약칭, 수입수요탄력성, 자국 수입재에 대한 수요탄력성)과 수출·공급의 상대 가격탄력성(약칭, 수출공급탄력성, 자국 수출재에 대한 외국의 수요탄력성)의 합이 1을 넘어설 수 있도록 양측의 동반 상승을 강조한다.

그런데 이러한 논리의 전개는 경제 제재를 받고 있는 국가에게는 바람직하다고 볼 수는 없다. 왜냐하면, 각국이 처한 경제 위기 상황에 필요한 자본재의 규모나 시급성이 해당국이 보유 중인 자본재의 가치보다 부족할 경우, 즉, 수출보다는 수입이 더 긴요할 경우에는 수출공급탄력성보다는 수입수요탄력성이 더 중요하기 때문이다.

이 점에서 북한과 이란의 입장이 극명하게 갈린다. 북한이 수입수요탄력성을 보다 중요하게 연구할 부분이라면 이란에 있어서는 수출공급탄력성을 보다 깊이 들여다볼 필요가 있다. 이란이 지닌 세계적인 경질유 보유량과 희귀 광물량 등 수입보다는 수출이 경제발전에 더욱 중요한 상황이라면 당장 수입해 와서 하루의 끼니를 해결해야하는 북한과는 사뭇 다른 상황이란 얘기이다.

그러나 이 두 가지 경제 논리를 별개로 분리해서 설명해야 할 성질의 것도 아니란 점은 분명하다. 출발점만 다를 뿐, 시간이 지나면서 결국 톱니바퀴처럼 같이 묶여 돌아가기 때문이다. 이 사실은 바로 아래에서 마샬-러너 조건을 통해 증명할 것이다.

이와 관련, 아래에서는 각종 경제 정보가 상대적으로 많이 공개된 이란의 경제 제재 전후의 수입수요탄력성이 어떻게 도출되며, 어느 정도까지 변화할 수 있는지 알아보고 이를 통해 북한에 추정치를 적용, 북한 경제 제재 해제의 타당한 필요 사유와 방법에 대해 알아보고자 한다. 그다음으로 성장한 경제 상황과 경쟁력 있는 상품에 대한 수출공급탄력성을 논하는 순서를 마련하였다.

그런데 이 수입수요탄력성을 제대로 이해하기 위해서는 해당국의 '수출 부진의 구조적 측면'과 '최적 관세'라는 필수적 요인들을 이해해야 한다. 즉, 경제 제재로 모든 것이 궁핍해진 경제 상황을 극복하기 위해서는 그 주된 원인이 경제 제재로 인한 구조적인 면에 있으며, 이를 해결하기 위해서는 국제무역에 참여하여 경제 제재 해제로부터 이익을 얻어야 하는데 여기에는 최적 관세가 발생할 수 있음을 이해해야 한다는 얘기다. 어느 국가 간의 국제무역에서도 미세하나마의 관세를 피한다는 것은 불가능하며 오히려 어느 정도까지가 용인할 수 있는 관세인가를 파악하는 것이 중요한데 이는 북한이 국제무역에 본격적으로 참여하기 위해서는 반드시 알아야 할 경제 논리이다.

이를 위해서는 ① 가용한 재정적 자원을 확보하는 일이 중요하다. 즉, 국제사회로부터의 재정적 지원의 하나로 자본재를 확보하는 일이 급선무라는 사실이다. 그런 다음, ② 국내 생산 기반 시설 확충에 이를 투입함으로써, ③ 국내 제품의 생산을 확대하여 경쟁력을 강화하고, 이를 바탕으로 ④ 국내 제품을 미국과 유럽 등 선진국으로 수출함으로써 ⑤ 금전적 재화를 득하고, 동시에 외자를 상환하면서 ⑥ 다시금 좋은 제품을 생산하기 위해 자본재를 재수입하는 등 정상적인 국제무역 사이클을 가동해야 한다는 얘기이다.

그런데 여기서 간과해서는 안 되는 점으로는 생산을 위한 수입·수요의 발생과 수출을 위한 수출·공급의 증가가 동시에 일어나며, 자본재 거래와 상품 거래도 동시에 발생한다는 사실이다. 따라서 ⑦ 수입수요탄력성과 수출공급탄력성은 출발점은 다르나 동시 사이클 속에 연결되어 작동하는 것임을 알 수 있다. 즉, 피(被) 제재국의 경제 제재 해제로 인한 이익의 발생은 해당국이 국제무역시스템으로 편입되고, 동시에 두 가지 탄력성이 순환하면서 무역 거래상 갈등의 최접점이라 할 수 있는 ⑧ 최적 관세 지점에까지 이르는 무역 거래가 최소 1회 이상 형성되었을 때부터 본격적인 무역 거래행위가 발생했다고 할 수 있는 것이다.

즉, 상대방 국가와의 지나친 보복관세를 피할 수 있는 범위인 자유무역 균형점에 도달하는 과정까지 이어져야 하는 것을 의미한다. ⑨ 그리하여 아래의 오퍼 탄력 곡선을 형성하는 단계에 이름으로써 피경제 제재국은 제재 피해 상황으로부터 벗어나는 단계로 진입했다고 할 수 있다. 이 과정을 필자는 아래와 같이 간략히 정리하였다.

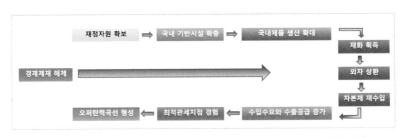

〈그림 3-15〉 경제 제재 해제 이후 진행 경제 프로세스, 다이어그램-저자 작성

3-2-1. 수입수요탄력성, 수출공급탄력성, 최적 관세와 오퍼 탄력 곡선

따라서 아래에서는 수입수요탄력성, 수출공급탄력성, 최적 관세와 오퍼 탄력 곡선에 대한 이론을 연계하여 설명하고자 한다. 단, 규모는 '대국' 가정으로 설정하였으며, 범위는 부분이 아닌 '일반균형' 분석으로 설정하였다. 그 이유는 비록 북한과 이란은 미국이나 중국에 비하면 규모는 작으나, 지정학적·군사적 관점에서 북한과 이란에서의 상황 급변은 국제시장 가격 결정에 충분히 영향을 미치거나 뒤흔들 수 있는 상황이 수반되기 때문이다. 비록 통상적으로 경제학적 관점에서 북한을 국내 시장 규모가 작아서 수입 상품이 세계 시장 가격에는 영향을 미치지 않는 국가로 볼 수 있으나, 과거 한국전쟁, 향후 북핵이 미칠 영향, 제재 해제 가정하의 본격적인 핵무장까지 연관시킨다면 이는 단순한 수입 상품의 영향을 넘어선다. 즉, 군사경제학적 관점, 그것도 군사적으로 첨예한 긴장 상태에 놓인 한반도에서의 상품 수입의 세계시장 가격에의 영향은 통상 경제학적 관점에서 바라보는 것과는 사뭇 다르다는 얘기이다.

그만큼 북한과 이란은 각 개별국이 아닌 무수한 국가들과 경제적·정치적으로 얽혀있는 부분이 많다는 얘기다. 북한은 단순한 북한 자신들만의 경제가 아닌 중국 경제와 밀접한 관계에 있으며, 이란은 석유 수출과 주변 인접 시아파 이슬람 국가에 대한 경제적 연관성을 감안했을 때 이 두 국가의 경제적 영향도는 국지적·소규모에 그칠 수 없다.

먼저, 수입수요탄력성에 대해서 알아보자. 수입수요탄력성이란 수입재의 상대 가격이 변할 때 해당국의 수입량은 얼마만큼 변화하는가를 말한다. $\dfrac{\text{수입량의 변화율}}{\text{수입재의 상대 가격 변화율}}$ 이며 표기는 e_m로 한다.

반면, 수출재의 상대 가격이 변할 때 해당국의 수출량이 얼마만큼 변화하는가를 말하는 것을 수출공급탄력성이라고 한다.

$\dfrac{\text{수출량의 변화율}}{\text{수출재의 상대 가격 변화율}}$ 이며 표기는 e_x로 한다.

이 두 탄력성 관계는 '수입수요탄력성(e_m)=1+수출공급탄력성(e_x)'으로 정리된다. 이를 구하기 위한 방정식을 약식으로 정리하면 아래와 같다.

$$e_m = \frac{X}{X - Y\frac{dX}{dY}} \ , \ e_x = \frac{Y}{-Y + X\frac{dY}{dX}} = \frac{e_x X}{(1+e_x)Y} \ , \ \boldsymbol{e_m = \frac{X}{X - Y\left(\frac{e_x X}{(1+e_x)Y}\right)}} \ , \ \boldsymbol{e_m = \frac{1+e_x}{(1+e_x) - e_x}} = \boldsymbol{e_x + 1}$$

〈표 3-24〉 수입수요탄력성과 수출공급탄력성 도출 과정 약식 [334]

그리고 각국이 무역수지를 개선하기 위해 노력하는 것도 결국 이 이론에서 출발한다. 어느 국가든 통화가치를 평가절하하여 무역수지를 개선하려면 수입수요탄력성(e_m)+수출공급탄력성(e_x)>1이라는 마셜-러너 조건(Marshall-Lerner Condition)의 성립이 필요한 것이 대표적인 예이다.

결국, 수출공급탄력성(e_x)이 최소한 마이너스를 기록하지 않아야 무역수지 개선이 가능한 만큼 위에서 언급한 수입수요탄력성(e_m)은 '수출공급탄력성>0'이 되도록 한 상태에서 한 바퀴의 축을 이루며 진행되는 것이다.

한편, 최적 관세 지점은 아래 그래프의 자유무역 균형점인 E에서 A와 B 두 국가의 오퍼 곡선(Offer Curve, 제시 곡선)이 만나는 지점에서 형성되는데, 여기서 이 오퍼 곡선이란 상대 무역국가의 지정된 재화 가격에 맞추어 ① 필요한 재화를 수입하기 위하여 대신 ② 공급하고자 하는 수출재의 양을 표시한 국제무역의 상호 수요법칙이라고 할 수 있다. 즉, 한 나라의 교역조건은 국내·외에서 다른 상대가격 때문에 발생하는 수출(공급)과 수입(수요)을 통하여 끊임없이 균형을 맞추려 하는 과정에 의하여 결정되는데 이를 오퍼 곡선이 유형화하여 보여 준다고 볼 수 있다.

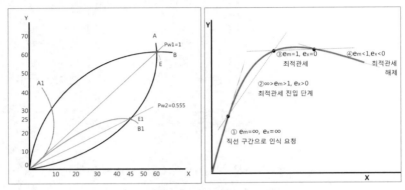

〈그림 3-16〉 최적 관세율 도출 곡선(좌)과 오퍼 곡선의 탄력성(우), 그래프-저자 작성

위의 그래프를 예로 들어 설명해 보자. 우선 A와 B 두 개의 오퍼 곡선이 만나는 지점인 수출재(X재)의 상대가격은 $\dfrac{Px}{Py}$=1이 된다. 그런데 B국이 아래 B1로 이동하여 수입재(Y재)의 상대가격이 0.555(=$\dfrac{수입재\ Y,\ 25}{수출재\ X,\ 45}$)를 형성하게 되면 수출재(X재)의 상대가격은 $\dfrac{Px}{Py} = \dfrac{1}{Pw2^*} = \dfrac{1}{0.555}$ = 1.802로 개선되어 상품 1단위 수출로 더 많은 양의 상품을 수입, 여유 있는 소비를 누릴 수 있어 그만큼 더 후생 수준이 높아지게 된다.

그러나 이렇게 관세 피해를 입은 A국은 보복관세를 부과하여 오퍼 곡선을 좌로 회전하는 곡선 형태 A1을 그려 새로운 무역 균형점에 맞

핵이라는 이름의 청구서

추려 할 것이다. 무역분쟁이 발생하는 것이며, 양국은 우상(Up-right)에서 좌하(Down-left)로 무역균형이 움직이게 되면서 쌍방의 이익 공간이 줄어든다. 여기서 또 다른 관세 보복이 이뤄지면 이익 공간은 더욱 줄어들게 된다. 그래서 관세전쟁은 상호 간의 국제무역 이익 형성에 도움이 되지 않는 것이다.

여기서 다시 이 내용을 오른쪽 최적 관세율로 전환해 보면 보다 쉽게 이해될 것이다. 즉, 맨 꼭대기인 C 구역에서 형성된 e_m-1에서 수입 수요탄력성인 e_m이 1일 경우(이를 단위탄력적이라고 한다) 수출공급탄력성인 $e_x=0$이 됨으로써 곡선은 수평선을 형성하게 되고 동시에 관세인 t는 ∞가 되어 최적의 상태에 진입하게 되는 것이다. 이를 수식화하면 **최적관세율**$(t) = \dfrac{1}{(\text{상대국 수입수요탄력성}(e_m))-1}$이 된다. 이 단계는 최대한 높은 관세율을 부과하면서 후생을 극대화할 수 있는 단계를 말한다.

그러나 최적 관세는 국제무역 관계상 실존하기란 불가능에 가깝다. 상대국의 극심한 반발로 무역전쟁이 발생한 상태가 되기 때문이다. 그러면 가장 이상적인 단계는 우상향 곡선 단계인 B의 탄력적 구간이라고 볼 수 있다. 여기서는 상대국의 수입수요탄력성이 낮아져서(= 당사국의 수출공급탄력성이 높아져서) 당사국의 최적 관세율은 상승세를 탈 수 있다. 따라서 수입수요탄력성 범위가 ∞>e_m>1에 속하고 수출 공급탄력성이 e_x>0이 되는 단계가 현실적으로 가장 이상적이다.

이상과 같이 필자는 수요탄력성과 최적 관세 그리고 오퍼 곡선까지 동원하여 국제무역 경제이론을 설명하였다. 그런데 일부에서는 북한의 경제 제재를 이러한 경제 논리까지 적용해야 하느냐는 반론을 제기할 수 있을 것이다.

그러나 필자의 견해는 다르다. 그 이유는 경제 제재 해제 이후의 수입·수요와 수출·공급의 단계는 필연적으로 거쳐야 할 단계이며 그로 인해 교역상대국 간의 무역마찰(흔히 관세 문제로 귀결된다)도 피할 수 없을뿐더러 이를 해소하기 위해서는 쌍방 간에 균형 잡힌 교역조건을 살펴 가면서 무역 거래를 해야 하기 때문이다.

구체적으로는, 이러한 국제무역 이론과 최적 관세의 과정을 충분히 인지하지 못한 상태에서 국제무역을 재개한 상당수의 국가가 실패한 이유로는 그간 받아 왔던 국제사회의 재정 지원에 익숙하였고, 자국 중심의 부의 축적에 주안점을 두고 그 이후의 경제 정책 방향에 대해서는 올바른 경제 체제 운영 역량을 강화하지 않은 채 교역상대국에게는 불만을 야기하고, 심지어는 또 다른 분쟁을 도발하여 스스로 고립된 경우가 많았기 때문이다. 그러므로, 한국은 북한이 일정 수준의 경제 프로세스로 진입하기 위하여 지원을 요청해 올 경우 반드시 이 두 가지 경제 논리를 설명하면서 세계무역 교역에 적응할 수 있도록 도움을 제공해야 한다. 물론 중요한 단서는 북한 핵이라는 변수가 전 세계 수입수요탄력성 체계를 위협하는 단계로 나아가게 하면 안 된다는 점이다.

한편, 이 항목에서 실질적이며 현실적으로 다가오는 '얼마만큼의 경제적인 효과를 득할 수 있느냐'의 문제에 대하여 언급하고자 한다. 이를 파악하기 위해서는 적정한 비교·분석 대상을 선정하는 일이 중요하다. 즉, 과거 10~20여 년간 데이터를 비교적 정확히 입수할 수 있는 국가이거나 향후 어느 정도의 예상이라도 가늠할 수 있는 최소한의 국제무역과 사회간접자본시설이 있는 국가여야 제대로 된 분석이 이뤄질 수 있으며, 이를 토대로 신뢰 높은 예상치를 제공할 수 있기 때문이다. 구체적인 자료는 아래에 기술되어 있다.

핵이라는 이름의 청구서

3-2-2. 제재 해제 이후는 선(先) 경험 국가에 대한 연구로부터

한편, 북한과 같이 국제무역시스템과 동떨어져 고립된 지역이 경제 제재 해제 이후 추진해야 할 경제 성장 정책의 첫걸음은 유사한 과정 속에 경제 성장의 부진을 먼저 겪었던 다른 국가가 해결해 나갔던 방향을 연구·분석하고, 동시에 이들 국가도 적극적으로 해당 국가의 경제 회복 방안을 제시하면 더욱 효과적이다.

이를 위해서는 위에서 살펴본 수입수요탄력성과 수출공급탄력성을 이해하면서 잘못된 경제적 구조를 극복하고 경제 고립을 벗어나 국제무역체제 가운데 서게 된 국가로부터의 경험을 토대로 해결 방안을 모색하면 도움이 될 것이다.

그런데 이 문제를 해결하기 위해 여기서는 두 가지 전제조건이 필요하다. 첫째는 누구의 입장에서 바라볼 것이냐는 ① 경제 역할 주체의 문제로 여기서는 한국이 북한의 입장을 대변하는 역할을 담당하며, 둘째는 ② 비교 대상 경제모델을 통한 비교·분석 과정으로는 이란 경제 상황을 차용하도록 한다.

우선, ①번 항과 관련, 북한의 경제 제재 이후~성장 이전 교착상태를 해결하기 위하여 역설적으로는 한국이 겪은 수출 부진 국면을 대입하는 방식이다. 여기서 중요한 점은 앞에서 언급한 오퍼 곡선의 상대국 수입수요탄력성 $\infty > e_m > 1$이 되는 관세 상태를 이루기 위해 노력해야 한다는 사실이다.

그러기 위해서 북한은 인민들의 소득 증가를 동시에 추진해야 한다. 인민들의 소득을 증가시키지 않고 국제무역 시장으로의 진입은 소득증대를 통한 수요의 증가-공급의 확대-내수시장 활성화라는 경제 성장의 초석 없이 국제무역에 나섬으로 자칫 사상누각이 될 수 있기 때문이다. 따라서 수입·수요증가 요인 중 하나인 교역 상대국 국민의 소득(GDP) 증가가 왜 필요한가를 한국의 교역 현황과 국민소득의 증가를 통해 배우도록 하며, '상대국의 수입수요탄력성 $\infty > e_m > 1$'은 북한 경제가 나아가야 할 중요한 통로임을 잊지 말아야 한다.

그런가 하면, 경제성장률의 플러스로의 전환과는 별개로, '수입재의 상대가격 변화율과 수입량의 증감 폭이 비례'해지는, '나의 수입량(收入量)이 늘려면 내가 상대로부터 수입해야 할 가격도 유사한 비율로 증가할 수밖에 없다'라는 국제무역의 엄연한 현실을 북한이 받아들이고 이를 넘어서야만 국제 무역 거래의 지속적인 성사가 이뤄진다. 과거 한국과 중국 그리고 러시아로부터 항상 양(+)의 수입인 무상 혹은 동정적인 지원만으로는 결코 해결할 수 없는 치열한 국제 교역 세계의 흐름을 인식해야 한다는 얘기이다.

이와 관련, 소득-수입수요탄력성에 대하여 잠시 알아보기로 한다. 아래 자료는 한국 상품의 세계와 중국에 대한 수입수요탄력성을 보여주는 것인데, GDP로 측정하는 세계 소득이 1% 증가할 때, 수입·수요가 증가하는 정도[335]를 나타내며 소득과 무역의 상관관계를 나타내는 척도로써 한국 상품의 장기 소득-수입수요탄력성이 최저점을 보이는 2010.1분기~2016.2분기를 주목할 필요가 있다. 여기서는 한국 상품에 대한 세계의 장기 소득-수입수요탄력성이 급락한 모습을 보여 주고 있다. 상대 가격 변화율이 같다고 가정했을 때 상대 국가들의 한국 제품에 대한 수입 수요가 그만큼 하락했다고 할 수 있다.

그러나 이 수치는 역설적으로 북한과 경제 제재를 갓 벗어난 국가에는 중요한 교훈이 되는 수치가 된다. 즉, 아무리 경제적 유대관계가 강한 상대국과의 국제무역 거래도 민감한 상황이 발생할 경우 소득-수입수요탄력성이 자국 상품의 해외 수출에 부정적인 영향을 미칠 수 있다는 사실이다. 1.052~-0.082라는 저탄력기로의 진입이 북한에게 발생했을 경우 무역이 북한 인민에 미치는 부정적 영향도가 그만큼 더 커질 수 있다.

공산주의 경제 체제 아래에서 겪어보지 못한 이러한 현상을 어떻게 넘기느냐 하는 것이 북한이 직면할 중대한 시련이 될 수 있다. 그러다가 2.354라는 고탄력기에 머무르는 기간 8년이 찾아올 수 있다는 사실을 접하게 되면 기존의 어려운 시기에 대한 긍정적인 기대심리가 발생하게 된다. 세계 무역이 인민들의 소득 관계에 긍정적인 영향을 발휘하는 시기가 장기간 지속되었다는 경험적 사실 자체만으로도 북한에게는 희망의 씨앗이 될 수 있다. 이를 위해서 북한 경제는 최적 관세 진행 구간임과 동시에 균형 무역 구간으로서 수입수요탄력성이 $\infty > e_m > 1$을 이루는 곳에 최대한 오래 머물 수 있도록 해야 한다.

이러한 사실은 아래 표를 보면 더욱 쉽게 알 수 있다. 그런데 이 표만을 보게 되면 수입수요탄력성이 어느 정도의 유효성을 보이는지 피부에 와 닿지는 않을 것이다. 아래 표는 장기 소득과 한국 상품과 세계 상품의 수입수요탄력성을 KIEP에서 분석한 자료로서 시사하는 바가 커서 인용하였다.

구분	한국상품			세계상품		
주체/기간	2001q1 ~2016q2	2001q1 ~2008q4	2010q1 ~2016q2	2001q1 ~2016q2	2001q1 ~2008q4	2010q1 ~2016q2
세계	2.172	2.354	1.052	1.8	2.186	1.133
중국	-0.905	2.892	-0.082	0.039	2.275	-0.255

〈표 3-25〉 소득에 대한 수입수요탄력성(KIEP) [336], Vol 17

그리고 아래 그래프는 필자가 KIEP 분석 자료를 토대로 그래프화한 것으로 등고점을 눈여겨볼 필요가 있어 작성하였다.

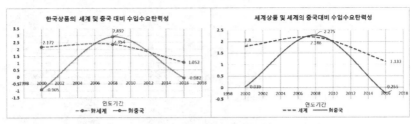

〈그림 3-17〉 상품 대비 수입수요탄력성(KIEP)[337], 그래프-저자 작성

이 중 글로벌 금융위기 기간이었던 2008년의 경우, 한국 상품에 대한 중국의 장기 소득-수입수요탄력성이 종(宗) 모양을 형성, 느슨한 하강 곡선의 세계시장과는 확연한 차이를 보이는 점에 주목할 필요가 있다. 수입·수요의 탄력성이 3배 가까이 뛰어오른다는 것은 한국 GDP 소득 1% 대비 중국의 수입·수요 정도가 2.892%로 약 3배 가까이 뛰어올랐다는 것으로 한국 제품의 대중국 소득-무역 관계가 급상승, 소득이 무역에 미치는 정도가 상승하였다는 것이다.

이는 또한 한국의 입장에서는 최적 관세와 균형 무역 목표를 위해 앞으로 나아갔다는 것을 의미하며 그만큼 벌어들인 돈을 무역에 투자해 온 것으로 이러한 노력이 결국 국민 소득 증진에 이바지하였다고 볼 수 있다. 그러나 전반적 평균치인 1.0과는 상당한 GAP을 보여 불안정한 어떤 상황이 발생했음을 간접적으로 시사하는 상태이기도 하다.

이러한 불안정한 상황임을 감안할 때 우측 그래프에서 보여 주는 것처럼 한국을 포함(중국의 한민족에 대한 경계심을 바탕)한 세계 상품에 대한 중국의 소득-수입수요탄력성은 2.275~-0.255로 등락 폭이 크다는 것을 알 수 있다. 이는 중국이라는 시장의 안정성과 소비자 구매력이 그리 안정적이지 않음을 방증한다.

그런데 북한도 점진적으로는 이 세계라는 범주에 속하게 될 것임은

핵이라는 이름의 청구서

분명해 보인다. 따라서 북한의 향후 시장 경제 진입 방향은 중국 일 변도가 아닌 전 세계와 균형 잡힌 무역을 형성해 나가야 함을 이 두 그래프는 분명히 보여 주고 있다. 경제 해제로 고통받는 북한에게는 부와 균형 잡힌 경제 성장을 보장해 주는 핵전력만큼이나 파급력 있 는 핵심 경제요인이 될 것이다. 개방 국제시장 경제로 진입해야 할 북 한에게는 중요한 시사점이 아니라 할 수 없다.

GDP 변화와 수입수요탄력성의 또 다른 사례로는 이란의 GDP 증 가에 따른 수입수요탄력성의 변화 추이를 들 수 있다.

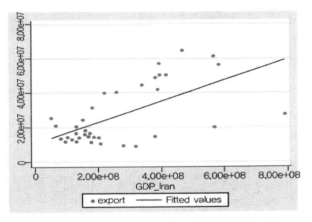

〈그림 3-18〉 World Economic Outlook April 2016(IMF)과
이란의 수출입액(WTO)

위의 그래프는 한국 경제연구원(KERI)이 1980~2015년까지 ① 이란 의 경제성장률 수준과 ② 이란 수입의 GDP 탄력성 추정치를 곱하여 이란 경제성장률 변화에 따른 이란의 수입증가율을 추정한 자료이 다. 이란의 상품 수입 자료를 분석한 결과 탄력도가 0.497[338]로 나왔 다. 여기서 이란의 경제성장률(GDP)을 2.5%로 가정할 경우, 2.5%×

0.497=1.24%를 한국의 대이란 수출증가율 추정치로 정할 수 있다.

이 그래프는 이란이 아닌 한국의 입장에서 상품을 수출하기 위해서 이란 측의 수입·수요를 분석한 자료이지만, 한국의 경제성장률이 증가함에 따라 이란이 한국에 물품을 수출할 수 있는 한국의 수입수요탄력성도 증가하였음을 짐작할 수 있는 자료라고 할 수 있다. 물론, JCPOA 협정 이전 경제 제재 기간이 포함되었다는 단점이 있으나 2012년 대(對)이란 수출이 62.6억 달러로 최고치에 달했고 이후 예외 기간을 인정받고 점진적으로 무역 교류를 축소해 온 만큼 자료 인용 기간인 2013년까지의 수입·수요에는 큰 오류가 없을 것으로 보인다.

결국 이란은 경제 제재가 아닌 GDP의 증가에 따라 한국과의 상품 교역량이 증가하는 곡선을 보여 주고 있는 것이며 북한 또한 크게 다르지는 않을 것이다.

이와 같이 북한 또한 한국의 생산 및 세계의 무역체계와 연계할 경우, 남북 공동 생산 제품에 대한 호감도와 한국의 국제무역 능력을 감안할 때 상대 국가들의 수입·수요 탄력도는 상대적으로 높아질 수 있으며, 경제성장률이 6% 선인 중국, 2~3% 선인 한국, 1~2% 선인 일본(2010년대 후반 기준) 등을 감안할 때 북한은 상대국의 비교적 안정적인 성장률에 힘입어 자신의 경제성장률에도 도움을 얻을 것으로 보인다.

따라서 앞에서 필자가 언급한 것처럼 한국은 북한에 대하여 균형무역과 경제 성장 및 인민의 소득증대를 위한 대외개방정책을 설득할 수 있어야 한다. 다시 말해서 경제학의 이론적 측면에서 살펴본 것처럼 북한은 경제 제재 해제로 인한 이익을 누릴 수 있는 기회를 놓치는 일이 없어야 하며 한국을 비롯한 장차의 교역국들은 북한에 대한 선도적 안내자 역할을 멈추지 말아야 할 것이다.

핵이라는 이름의 청구서

3-2-3. 적용 모델: 베트남

한편, 북한에 가장 안성맞춤인 모델은 성공적으로 평가받은 도이머이 경제 정책으로 불리는 베트남의 대외 경제 개방 정책이라고 할 수 있다. 그런데 그 배경에는 미국과의 화해와 미국의 베트남 지원이 있었다. 우선, 개방경제 정책으로 인한 베트남의 눈부신 발전 현황을 바라보자.

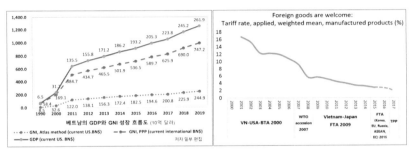

〈그림 3-19〉 베트남의 경제 성장 GDP와 GNI 그래프(좌, World Development Indicators)/베트남의 세계무역 블록 가입 후 관세율 흐름(우, Brookings Future Development)

1986년 도이머이로 시작한 개방 개혁 조치 이전에도 베트남은 적대국이던 미국과는 관계 개선 없이 세계 경제 블록의 일부에 가입했었다. 베트남전이 마무리된 1976년에는 아시아개발은행(ADB)에 가입했으며, 1956년에는 일찌감치 세계은행에도 가입한 전력이 있었다. 거기에는 프랑스 유학파답게 세계 경제와의 관계 형성이 얼마나 중요한지를 알고 있었던 호찌민이 있었기에 가능했다. 바로 이 점에서 베트남의 국부인 호찌민은 북한의 김일성과는 확연히 달랐다.

그러나 베트남전쟁을 기점으로 적대국이 된 상황에서 미국에 손을 벌리기란 국가의 체면과 자존심이 허락하지 않는 터였다. 그 때문에 수많은 외교적 노력에도 불구하고 외국인 직접투자(FDI)는 고작 몇천만 달러에 불과했다. 이 정도로 베트남은 주변국과의 복잡한 갈등 관계를 이겨낼 만한 경제 성장을 끌어낼 수 없었다. 따라서 베트남은 1990년 들어 과거의 앙금을 뒤로하는 용기와 현실적 인식을 바탕으로 미국에 경제적 지원을 요청하기에 이름으로써 대망의 국운 융성의 길로 접어들었다.

이에 반(反)베트남 정서가 강하게 남아있던 미국 정치권의 부담을 뒤로한 채 빌 클린턴이 1992년 미국의 1차 경제 제재 해제와 국제금융기관 지원 재개 허용(1993년)에 이어 미국-베트남 수교(1995년)를 결정함에 따라 베트남은 본격적인 경제 성장의 장도에 오르게 되었다.

이 과정이 바로 북한과 이란이 거쳐야 할 국제정치의 소중한 기본적인 수업 기간에 해당한다고 볼 수 있다. 절실함이 배어있으며 인민을 진정으로 아낀 공산당 정부의 큰 결정이 아니었으면 이루지 못했을 역사적 과업을 베트남 온 국민도 정성으로 묵묵히 따랐던 것이다.

이를 입증할 자료로 위의 그래프 중 좌측의 세계은행 자료는 최근 30여 년간 GNI와 GDP 부분에서 기하급수적인 성장을 이룩한 베트남의 경제 성장 현황을, 우측의 브루킹스 재단 자료는 국제무역에서 관세율 인하와 연도·기간별 국제경제기구 가입과 국가 간 FTA 수립 등 세계 경제 무대에 안정적으로 정착하고 있는 2000년 이후 베트남의 모습을 잘 보여 주고 있다.

여기서 필자가 이 두 그래프를 동시에 보여 준 이유는 최적 관세-GDP 성장 흐름이 막 경제 제재로부터 벗어난 국가에 있어서는 중요한 측정지표임을 베트남의 경제발전이 잘 보여 주었기 때문이다. 이 점에서 베트남은 경제 제재 해제의 모델과 관련한 경제학적 이론과 성공적인 실례가 맞아떨어진 우수한 사례가 아닐 수 없다.

핵이라는 이름의 청구서

3-3. 지정학적 리스크 관리 경제

북한의 김정은이 한창 핵실험과 대륙간 탄도 미사일 발사에 열을 올리고 미국의 대북 강경노선이 강화되고 있을 즈음, 한국 국내 증시에는 이상기류가 감지되었다. 국내 유수 언론들이 앞다투어 북한 핵실험과 이로 인한 전쟁 가능성을 언급하자 불안해진 외국인들이 한국 증시에서 발을 뺌으로써 주식시장의 안정성에 위험 경고등을 알리는 변동성 지수가 급격하게 오르는 상황이 발생했다.

"이달 들어 한국을 비롯한 인도, 대만을 중심으로 자금 유입 속도가 급속히 느려졌다. 지정학적 위험도 발목을 잡았다. 북한의 추가 핵실험 가능성이 커지는 가운데 미국 항공모함 칼빈슨호가 한반도 해역으로 이동하면서 투자자의 불안심리가 커졌다. 공포지수로 불리는 코스피 변동성지수(VKOSPI)는 이날 연고점인 16.68로 치솟았다. NH투자증권의 한 연구원은 '북한의 추가 도발이 예상되면서 당분간 북한 위험은 확대될 가능성이 크다.'라고 말했다. 여태까지 외국인을 유혹했던 원화 강세도 멈췄다."[339]

이와 같이 한국 경제에 있어서 대북 리스크는 한국 증시와 경제 성장을 위한 투자시장에 찬물을 끼얹어 왔다. 단기에 그친 경우가 대부분이었으나 비주기적·반복적으로 발생하는 이러한 지정학적 리스크는 한국 경제가 앞으로 뻗어나갈 중요한 길목 요소요소에서 발생하여 세계 제일 경제 선도그룹의 일원이 되기에 분명한 한계점을 보여주었다. 그만큼 국민 경제발전에도 부정적인 결과를 초래하게 됨은 부인키 어렵다.

동시에 이 지정학적 리스크는 군사경제학에서는 빼놓을 수 없는 필수 연구 대상으로 어떻게 하면 이를 최소화하고 최대 효과를 얻기 위해서는 어떻게 잘 활용해야 하는가를 연구하는 대상이 되었다.

이와 관련, 필자는 아래에서 균형 잡힌 군사경제의 일환으로 지정학적 리스크의 영향과 이를 극복하기 위한 방안을 제시하기로 한다.

우선, 지정학적 리스크는 주식시장의 하강 장세에 영향을 미친다. 아무리 언론에서 한국의 북핵과 동북아의 군사적 긴장감 등 지정학적 위험 요소는 단기적인 영향만을 미친다는 주장을 펴지만, 이는 사실과 다르다. 매월 지정학적 리스크를 평가에 반영하는 미연방준비위원회의 평가 리포트가 이를 정면으로 반박하고 있기 때문이다.

즉, 지정학적 리스크는 "선진국에서도 경기침체를 불러오며 17개 패널 조사 대상 국가들의 월 지정학적 리스크(MGPR, Monthly Geopolitical Risk Index)에서는 주식시장을 짓누르고 있다."[340]라고 말할 정도로 부인할 수 없는 사실이다. IT 최강국이며 국제무역수지에서 매년 막대한 흑자를 기록하는 한국이 주식시장에서만큼은 박스권을 탈출하는 데 어려움을 겪는 것도 GPR(지정학적 리스크)이 미치는 영향이 상당하기 때문이다.

그런데 이러한 중요한 이슈에 대한 체계적인 분석의 하나인 '지정학적 리스크가 경제에 미치는 영향도를 객관적으로 입증하기 어렵다'는 점 또한 경제의 리스크 요인이 되기도 한다. 그런가 하면, 지정학적 리스크가 국민의 실생활에 미치는 범위에 대한 정확한 정보조차 공개되지 않는 경우가 많아 이 분야에 대한 관심도도 한국에서는 낮은 편이다. 이는 경제에 장기적으로 부정적인 인식을 끼칠 수 있는 외풍을 미리 차단하려는 포석이 있었을 것으로 추측되기도 한다.

결국, 이를 입증해내는 일이 중요하게 됨에 따라 필자는 아래에 리스크의 정확한 개념과 추산 방법에 대해서 알아본 다음, 북한의 핵실험과 안보 위협 등 지정학적 리스크에 대하여 한국 경제가 어떻게 대응해야 하는지 알아보고자 한다.

핵이라는 이름의 청구서

3-3-1. 지정학적 리스크의 정의와 기준

지정학적 리스크에 관해서는 여러 가지 정의가 있으나 필자가 이를 종합적으로 판단하건대 '정상적이며 평화적인 국가 간의 관계에 영향을 미치는 전쟁, 테러행위, 군사적 긴장감이 상호 연관되어 불안감을 조성하여 경제, 국방 등 해당 국가의 안정에 해를 미치는 영향도'라고 정의할 수 있다.

그리고 이러한 정의를 내리기 위해서는 "유사성(Replicability), 활동성(Robustness), 투명성(Transparency)의 3가지 기준 요인"[341] 외에도 "국제성(Internationality, 저자)"을 포함한 총 4가지 기준점에 해당하는지에 대한 확실한 검증을 거친 후라야 리스크 여부를 판단할 수 있다. 예를 들어 2010년대 아랍의 봄이 기존 중동국과 중동 지역 전체를 위험에 빠뜨린 점은 지정학적 리스크로 인정 가능하나, 실패한 쿠데타나 국내 민주적 절차에 의해 결정된 브렉시트(Brexit)의 경우가 이에 해당하지 않는 것은 이러한 정의와 기준 때문이다.

이를 구체적으로 보면, 아랍의 봄과 강경 진압의 경우, 해당 사건이 '리비아-이집트-예멘-시리아 등 엇비슷한 상황들이 연속적으로 인접 국가로 전개되었으며(유사성, 국제성 확보), 진행 당시 지하로 잠복하여 활동한 것이 아닌 현시적으로 대중의 공간에서 드러난 사건들이었으며(활동성 확보), 위 사건들은 정권 교체와 독재자 심판이라는 뚜렷한 목적성을 가지고 대중적인 동의를 구한 상태였다(투명성 확보)'라고 필자는 해석하였다.

이와 달리 브렉시트는 '비록 영국 정부가 국민투표를 통하여 합법적으로 국민의 의사를 확인하였으나(투명성 확보), EU에서 연속적으로 이와 유사한 형태의 움직임이 발생하지 않았으며(유사성, 국제성 결여), 국가 전체를 혼란 상태로 빠뜨릴 정도의 반정부 활동이 약했다(활동성 부족)'라고 본 관계로 이 과정은 지정학적 리스크가 있다고 볼 수 없다는 해석을 내렸다.

3-3-2. 지정학적 리스크의 추산법

이 리스크를 측정하는 방법으로 미연방준비위원회는 안보 위협 요인과 위협 사실을 보도한 신뢰성 있는 복수의 언론 보도 횟수를 수집하여 이를 데이터베이스화하는 방법을 사용하고 있다. 시시각각으로 변화하고 각종 안보 위협 요인들을 미리 탐지할 수 있는 능력을 갖춘 단체로는 CIA나 FBI 같은 규모의 정보기관이 있으나 이들 기관들은 각종 정보를 공개할 수 없는 현실적 한계성 때문에 이와 관련된 내용들을 탐사 형식으로 집중 취재하여 공개할 수 있는 신뢰성 높은 언론 보도 내용을 참조로 하는 것은 보다 현실적이며 시의적절한 수집 방법일 수 있다. 이와 관련 참고로 FED는 뉴욕타임스 등 11개의 전국언론을 선별하여 발생한 데이터를 집계 활용하였다.

이러한 과정을 통해 집계한 내용을 토대로 수식화한 항목 중 재정의 동맥 역할을 하는 자본흐름(Capital Flow), 외국자본의 투자, 불경기 유발에 GPR이 미치는 영향도를 FED는 다음 회귀분석 수식[342]을 통해 정리하고 있다.

$$y_{i,t} = \alpha_i + \rho y_{i,t-1} + \beta GPR_t + \Gamma X_t + u_{i,t}$$

ⓐ i: 국가(신흥국, 한국 포함), 미국 제외 선진국, 미국, t: 개월, ⓑ $y_{i,t} = \dfrac{총유입자본(inlows)}{연간\ GDP}$
ⓒ α_i: 고정효과를 가진 국가 ⓓ GPR_i: 당사국의 지정학 위험지수, ⓔ X_i: 통제변수 벡터,
ⓔ 기간: 1986.Q1~2015.Q4, ⓕ 자료: IMF

그 연구 결과는 아래 도표인 '지정학적 위험도(GPR) 및 자금 흐름도 회귀분석 결과'에서 주가지수 분석 지수인 VIX 기준 변동 현황과 같이 설명하도록 한다.

그리고 아래의 자료는 해당국의 역사 기반(1985년 이후 포함, 1900년대 초~2016년,) 지정학적 리스크(GPR Historical)와 기준점 적용 지정학적 리스크(GPR Benchmark)가 해당국에 미친 주식시장수익률 지수 영향도를 나타낸 것이며, GFD가 제공하고 미연방준비제도(Fed, Federal Reserve System)가 인용한 자료로서 공적 신뢰성을 확보한 데이터이다.

국 가	역사 GPR(누계)			기준점 GPR(2차대전~1985)	
	1	2	3	4	5
	상관관계 지수	기준 오류치	시작 년도	상관관계 지수	기준 오류치
호주	-0.30	(0.22)	1900	-0.25	(0.30)
벨기에	-0.70	(0.31)	1900	-1.32	(0.42)
캐나다	-0.62	(0.23)	1914	-0.64	(0.25)
핀란드	-0.20	(0.36)	1923	-0.45	(0.58)
프랑스	-0.59	(0.33)	1900	-1.18	(0.53)
독일	-0.09	(0.62)	1918	-1.44	(0.64)
인도	-0.49	(0.50)	1922	-0.67	(0.58)
이탈리아	-0.90	(0.38)	1905	-1.50	(0.55)
일본	0.07	(0.32)	1914	-0.34	(0.35)
네델란드	-0.30	(0.37)	1919	-1.28	(0.50)
페루	-0.59	(0.71)	1933	-1.05	(0.96)
포르투갈	-0.27	(0.52)	1934	-0.95	(0.43)
스페인	-0.27	(0.32)	1915	-0.83	(0.49)
남아공화국	-0.84	(0.23)	1910	-1.33	(0.32)
스웨덴	-0.40	(0.28)	1906	-0.83	(0.53)
영국	-0.56	(0.23)	1900	-0.96	(0.37)
미국	-0.43	(0.29)	1900	-0.78	(0.35)

〈표 3-26〉 지정학적 위험도(GPR)와 국가별 주가수익률 현황[343], 자료(Global Financial Data), 인용(Board of Governors of the Federal Reserve System, FED), 저자-편집

여기서 보면, 좌측 (1)항은 연도 누계상 리스크로 인한 국가별 GPR 지수이며, 우측이 기준점(제2차 세계대전~1985년) GPR 지수로 국가별

수익률을 보여 주고 있다. 이 보고서의 상관관계지수 측정은 음(-)의 경우 주가지수의 하락을, 양(+)의 경우 주가지수의 상승 관계를 의미한다.

국가별 지수를 확인해보면, 이중 극소수(일본)의 몇 개 국가를 제외하고는 GPR 발생 시 상관관계는 모두 음(-)을 기록한 것을 확인할 수 있다. 즉, 일본을 제외한 대부분의 나라에서 지정학적 리스크가 주가수익률을 억눌러 왔다고 보는 것이다.

그리고 기준점인 제2차 세계대전~1985년의 지정학적 리스크로 인한 주가수익률 감소가 훨씬 컸음을 알 수 있다. 심지어 독일의 경우 -0.09:-1.44로 16배, 네덜란드의 경우 -0.30:-1.28로 4배 가까이 높아졌음을 알 수 있다. 그리고 이탈리아는 후자 기준의 경우 -1.50으로 최고의 주가수익률 마이너스 상관관계를 보이고 있어 해당 기간 동안 경제적 상황이 가장 어려운 국가의 하나였을 것으로 추정된다.

또한 이들 3개 국가는 제2차 세계대전 후 전 국토의 폐허로 국방력이 극도로 쇠약해진 상태에서 동쪽에는 최대의 적대적 공산국가인 소련이 위협적인 자세와 군비 경쟁을 가속함으로써 해당국에 불어넣은 지정학적 리스크가 급상승하고 동시에 주가수익률에 부정적인 영향을 미친 것으로 볼 수 있다.

그와 반면, 일본과 호주는 지정학적 리스크로부터 상대적으로 덜 위협적인 상태였음을 반영하고 있다. 일본이 0.07:-0.34를, 호주가 -0.30:-0.25를 각각 기록하고 있는 데서 알 수 있듯이 양 국가는 타 국가에 비하여 상대 비교국들에 비해 안전한 위치에 있었음을 알 수 있다. 이는 양국의 주가수익률이 전후 회복 시 특이한 위협적 존재가 없거나 오히려 주변 국제환경으로부터 도움을 받았을 수 있으며 좌우 진영 간의 냉전 격화에 따른 극심한 지정학적 리스크로부터 떨어져 있는 상태에 있었다고 볼 수 있다. 특히, 제2차 세계대전의 패망국인 일본이 2가지 GPR 상관관계지수에서 낮은 수치를 기록한 것은 실로 놀라운 일이 아닐 수 없다. 그만큼 일본은 전 세계가 주가 하락으로 신음하는 동안 일사불란하게 경제적 위기를 헤쳐나가고 있었다고 볼 수 있다.

따라서, 한국이 위 표본 국가들보다 더 높은 지정학적 리스크 국가임을 감안할 때 한국의 주가수익률은 정상 시 대비 높은 빈도로 마이너스를 기록해 왔음을 쉽게 추산할 수 있다. 한국 증시, 환율, 금리 변동과 관련해서 핵실험과 미사일 발사 등 비대칭적 군사적 긴장이 증폭될 때마다 정부와 금융기관 등에서 예민하게 반응해 온 것이 이를 잘 대변해 준다. 설령 이의 효과를 최소화하려는 움직임이 있어 왔더라도 한국의 증시 현황이 박스권을 탈출하지 못하는 데는 이러한 GPR 상관관계지수가 영향을 미쳐왔음을 부인키 어렵다. 또한, 미래의 한국 경제를 제대로 바라보고자 한다면 정직하며 정확한 분석이 필수 요건이 된다. 이와 관련해서는 다음 페이지에서 좀 더 구체적으로 다루기로 한다.

한편, 주식시장의 수익률 증감을 따질 때 이 GPR과 마찬가지로 중요하게 감안되는 요인이 있는데 VIX(Volatility Index, 변동성 지수)이다. 이 지수는 S&P500 지수 옵션의 1개월간 변동성을 예측하는 데 쓰이며 지수가 높을 경우 주식시장의 안정성이 떨어져 투자심리를 위축시킬 수 있다. 예를 들어 빅스 지수가 50이라고 한다면 향후 1개월(30일)간 지수의 등락 폭이 50%나 된다는 얘기이다. 때문에 이 같은 높은 등락 폭을 우려하는 시선이 많아 이 지수를 공포의 지수라고 부르기도 한다. 그러나 40 이상의 공포 기간에 이르면 주식가격이 최저점에 달한 것으로 보고 매수하려는 움직임이 나타나기도 한다.

또한 이 VIX 지수는 GPR 상황을 민감하게 반영하여 지정학적 리스크를 판단할 때 보조 자료로 활용하고 있다. 이를 적용한 아래 표를 잠시 보도록 하자.

변 수	1 유입지수/GDP 신흥 국가	2 유입지수/GDP 선진 국가	3 유입지수/GDP 미국
지연 유입 지수	0.30 (0.06)	0.16 (0.06)	0.51 (0.08)
기준 GPR 지수	**-0.23** (0.12)	1.00 (0.32)	0.44 (0.36)
기준 VIX 지수	-1.09 (0.18)	-1.54 (0.59)	-0.88 (0.37)
GDP 지연 성장	0.29 (0.09)	**1.61** (0.36)	0.01 (0.62)
관찰자 수	1,932	2,305	119
R-squared	0.170	0.047	0.329
국가 수	23	22	1
고정 영향 국가	YES	YES	
클러스터 표준 오차	YES	YES	

〈표 3-27〉 지정학적 위험도(GPR) 및 자금흐름도 회귀분석 결과[344], 자료(IMF의 Balance of Payments Statistics database), 인용(Board of Governors of the Federal Reserve System, FED), 한국은 신흥국(Emerging Economy)에 포함, 저자-편집

위 표 중 1열, 신흥경제국의 GPR과 VIX를 보도록 하자. 이 중 신흥국 그룹에서 GPR 자본 유입 상관계수가 -0.23을 기록, 판단할 수 없는 수준의 마이너스를 보였다. 그러나 지정학적 리스크에 매우 민감하게 반응하는 VIX 지수는 모든 국가 그룹에서 -0.88~-1.54를 기록함으로써 자본 유입에 상당한 마이너스 요소로 작용하였음을 알 수 있다. 특히 선진국의 경우 GDP의 성장 지연 지수가 최고인 1.61까지 올라감으로써 경제 성장에 상당히 부정적인 영향을 미친것으로 분석되었다. 결국 이러한 외생변수는 선진국이든, 후진국이든 주식시장의 성장을 더디게 하는 부정적인 요소로 작용함을 확인할 수 있다.

그러나, 위의 2가지 시뮬레이션을 종합해보더라도 후진국과 선진국 모두에 걸쳐 "일정 부분 경제 성장을 더디게 하는 부정적인 영향을 미치는 것은 사실이지만 결정적으로 경제를 어렵게 하는 요인으로는 작용하지는 않는다."[345]라고 FED는 결론을 내리고 있다. 동시에 이

결론은 지정학적 리스크는 시대별, 지역별 특이사항은 차치하고서라 도 전반적으로 경제에 부정적인 요인으로 분명히 작용하고 있음도 밝 히고 있다.

그런데 위의 자료들은 한반도와 한국의 경제 연관성을 구체적이며 분별력 있게 밝혀주지는 못하고 있다. 그것은 한국을 샘플링 국가들 중 한 나라로 묶어 그룹별 데이터로 회귀분석했기 때문이다. 따라서 여기서는 한국과 관련된 기존의 GPR 요인과 2018년 이후 불거진 GPR의 파생 요인인 미·중 무역전쟁이 한국 증시에 보여 준 결과를 제시함으로써 지정학적 리스크가 얼마나 한국 경제에 큰 영향을 미 치는가를 별도로 확인하고자 한다. 또한 이를 통하면 아래 페이지에 나와 있는 것처럼 경제적 불안 요소와 GPR의 연관성도 같이 알아볼 수 있는 계기가 된다.

"2019년 연초 이후 국내 주식형펀드 965개의 평균 수익률은 0.85%에 불 과, 같은 기간 해외 주식형 펀드 777개의 평균 수익률이 21.79%인 것과 비교 하면 극도로 저조한 실적, 지난해 연말 대비 코스피 변동률은 2.33%, 미국의 다우산업(19.64%), 독일(24.12%), 프랑스(23.39%), 브렉시트 변수로 휘청거렸던 영국도 7.52%, 미국과 무역 줄다리기 중인 중국은 이 기간 16.86%, 우리나라 와 무역 갈등을 겪고 있는 일본은 17.07% 상승했다. 아시아 신흥국 중 우리나 라와 가장 유사한 경제 여건을 갖춘 것으로 평가받는 대만(19.88%)도 20%에 육박했다. 국내 증시가 미·중 무역 갈등 향방에 매우 민감하게 반응하며 불확 실성이 커지자 투자 매력이 떨어진 것으로 평가된다(자료 제공: 네이버금융, 에프 엔가이드, 한국예탁결제원)."[346]

위 내용은 한국의 한 경제 일간지가 2019년 연초 대비 연말 평균수 익률 증감과 전년도 연말 대비 금년도 연말의 각국 증시변동률을 비교·분석한 내용과 주요 원인이다. 이와 관련 필자는 다음과 같은 분석을 내놓았다.

ⓐ 펀드 평균수익률이 20배수의 차이를 보이고 코스피 변동률이 10배의 차이를 보이는 것은 상대적으로 증시 침체 혹은 증시 하락 국면에 놓인 상태임을 말하며, ⓑ 타국가와 상승 기울기가 전혀 비례하지 않는 성장률 곡선은 기업 투자금액 공급곡선(S)이 하향인 상태에서 국민들의 생산품에 대한 수요곡선(D)과 일치하는 연속점이 저점에서 장기간 형성되어 균형거래탄력성(= $\frac{\triangle \text{균형 거래량 변화}}{\triangle \text{균형 가격 변화}}$)이 낮아질 가능성이 커 기업 생산과 이윤이 저하되고 결과적으로 고용지표가 어려워지는 국면이 지속된다. ⓒ 한국과 가장 유사한 경제환경을 가지고 있다는 대만과의 주가 변동률 격차가 10배로 벌어진 것은 단순한 주식시장만의 문제가 아닌, 기업 생산 활동을 막는 각종 규제가 큰 원인의 하나임과 동시에, ⓓ 미래의 성장 여력에 대한 청사진을 가로막는 보이지 않는 장벽이 있음을 의미한다. 이중 마지막 ⓓ를 필자는 한국 경제와 증시 성장을 막는 가장 중요한 장애물이라고 파악하였는데 바로 국제무역상 GPR이다.

이를 이해하기 위해서는 이에 큰 영향을 미친 미·중 무역전쟁이 왜 한국 경제의 발목을 잡았는가에 대한 원인 분석을 살펴보면 된다. 그것은 ① 지정학적으로 최근접에 위치해 있으며, ② 정치·군사·경제적으로 최대 영향권 내에 동시에 묶여있기 때문이다. EU가 그러하며 USMCA 체제가 이러한 예에 속한다.

그런데 한국은 미국과는 정체성(政體性), 군사적 동맹성, 경제적 동질성이란 측면에서 양성(Positive)이나, 중국과는 3가지 측면 모두에서 음성(Negative)의 극성(極性)을 띠고 있다는 점이 문제가 된다. 때문에 전통적 우호 교역 상대 국가인 미국과 보복 경제로 타격을 가한 바 있는 중국의 양성과 음성이 격렬히 대결하는 국면에서 한국은 양극

핵이라는 이름의 청구서

으로 갈라짐으로써 국제교역 시 이윤 창출 경로는 부분적으로 차단되고 항상성 있는 양적(+) 경제 성장과 주식시장 활성화는 제약조건을 안게 되는 것이다.

3-3-3. 한국의 GPR 관리 방향

그런데 필자가 연구하는 과정에서 아쉬웠던 점은 군사경제학적으로 매우 중요한 국가임에도 한국 경제학계에는 지정학적 리스크와 관련한 심도 깊은 연구 자료가 부족했다는 사실이다.

이와 달리 자국에 직접적인 군사적·지정학적 리스크가 상대적으로 약한 미국은 연도별, 세계적 규모, 지역별로 리스크 분석 규모를 넓혀 경제에 미치는 영향도(GPR)를 미 국무부가 아닌 FED가 나서 면밀히 분석·연구하여 이를 경제 정책에 적극적으로 반영함으로써 기축통화국으로서의 역할이 무엇인가를 여실히 보여 주고 있다.

그와 반면, 전 세계 지역 중 가장 심각하고 첨예하게 대립하는 군사적 문제인 핵 문제로 예민해진 한반도와 그를 둘러싼 적대적 호전성을 띠는 국가들의 한가운데 있는 한국이 이러한 지정학적 리스크에 대한 신뢰성 높은 자료를 제공하지 않고 있다는 사실은 군사경제학 연구자들에게 주어진 또 다른 과제라고 본다. 이와 달리 민간 업체에서 자체 연구한 지정학적 리스크와 금융에 관한 소고를 보면 정부와 학계에 시사하는 점이 많아 보인다.

우선, 이 기업은 구글의 검색 조회 기능을 차용한 자료를 바탕으로 미국 FED와 비슷한 유형의 GPR 현황 알고리듬을 적용하여 한반도 내의 지정학적 리스크를 분석하여 향후 사업에 활용하고 있음을 보여 주었다. 또한 오른쪽 차트에서는 우리가 평소 생각하지 못했던 현실을 여과 없이 조사하여 자체적인 국가별 리스크 항목으로 관리하고 있음을 보여 주고 있다.

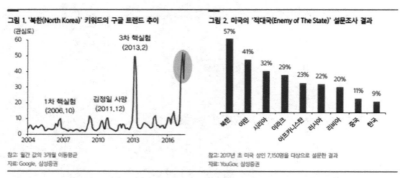

<그림 3-20> 민간 기업의 지정학적 리스크 분석 관리(좌, Google) 현황과
적성국 인지 설문조사(우, YouGov) [347]

이 조사 내용 중 국가별 리스크를 들여다보면, 평소 미국에 대한
한국의 인식과는 다르게 미국인들의 한국에 대한 인식은 사뭇 다르
다는 사실을 발견하게 된다. 총 9개국 중 제1 리스크 국가로 북한을
지목한 데 이어 대한민국을 9번째 적성 국가로 인식한 조사 결과가
포함된 사실이다. 참고로 이 적성 국가 여부는 GPR 중 안보 관련 최우
선 고려 항목으로서 매우 중대하게 다뤄지고 있음을 인지해야 한다.

이 내용은 국제적, 국가적 문제를 야기할 소지가 있어 대부분의 경
우 인용 자체나 인정을 하지 않으려는 경향이 있으나, 이 민간 기업은
과감히 GPR과 동시에 국가 RISK인 적대 국가(Enemy of the State)에
대한민국이 들어 있음을 밝히고 있다. 이 조사 내용이 미국 시장에서
어떻게 하면 미국인들을 대상으로 한 효과적인 마케팅을 할 것인가
를 연구하기 위한 민간 기업의 관심사가 반영되었다면, 한국 정부와
군사경제학계의 관심도는 '미국은 항상 우리 편일 것'이라는 방심 속의
오래된 지정학적 관념 속에 안주하고 있었다고 봐도 무방할 것이다.

한편, 앞서 언급한 바와 같이 어디까지를 GPR의 연구 범위로 정할

핵이라는 이름의 청구서

것이냐에 대해서는 학자들 간에 명확한 의견 일치가 이뤄지지 않고 있으며 여기에 대한 구체적인 연구도 많지 않다. 따라서 필자는 세 가지 방향에서 연구가 이뤄져야 한다는 점을 강조하고자 한다.

구체적으로는, 아래의 지정학적 리스크(GPR) 연계 보조 변수표를 보면, ⓐ 정치·군사 측면(GPT, GPA) 중 위협과 실제 발생 사건을 분석 표기한 자료에서 GPT(Threats)와 GPA(Acts)는 거의 동일한 변화 추세선을 보이고 있다. 그러나, 이러한 상황을 ⓑ 경제 정책 측면[EUP(Economic Policy Uncertainty)]과 ⓒ 주식시장 측면[VIX, 옵션 내재 변동성(Option-implied Volatility)]과 비교했을 때에는 어느 정도의 편차가 발생하며 부합하는지 살펴보도록 하자는 것이다.

우선, GPT와 GTA 중 기준은 GPT가 된다. 위협행위(Threats) 자체만으로도 분명히 지정학적 리스크의 원인을 제공하기 때문이다. 이 기준을 가지고 아래 표인 GPR과 EUP(경제 정책의 불확실성)의 연관성을 보도록 하자. 얼핏 보기에 두 추세선의 간격이 커 상호 연관성이 약해 보이고, 2007~2013년에는 양 지표가 더욱 큰 차이를 보여 연관성을 유도해 내기 어렵다고 볼 수 있다. 1985~2000년까지도 전반적으로 간격의 폭이 커 GPR과 EUP의 연계분석은 신뢰성을 갖추기는 어렵다고 판단할 수 있다. 좀 더 구체적으로는 1997~2000년까지 아시아 금융위기와 2009~2011년 리먼 브라더스 사태로 인한 미 금융위기 기간과 2011년부터 수년간 지속된 EURO CRISIS 등 재정 위기 상황과는 같은 흐름을 보이지 않고 있음을 확연히 알 수 있다.

그런데 세 번째 그래프인 VIX와 GPR의 추세선 간격을 보게 되면 그 폭이 현격히 줄어든 것을 볼 수 있다. 두 번째 그래프인 경제 정책 측면(EUP) 그래프보다는 오히려 첫 번째 그래프인 정치·군사 측면(GPT, GPA)과 GPR이 대동소이한 흐름을 이어가고 있는 것을 확인할 수 있다. 예를 들어 1990년 Gulf War, 2001~2003년 9·11과 이라크 침공, 그리고

2013년 이후 아랍의 봄과 ISIS의 출현에 따른 국제적인 안보 위협은 GPT, GTA가 VIX vs. GPR과 같은 궤적을 그림을 확인시켜 주고 있다.

따라서, 최근 30년간의 기간을 놓고 봤을 때 지정학적 리스크가 주식시장(VIX 변동지수)에 미치는 영향은 상당하다고 결론 내릴 수 있다. 반면 예기치 않는 대형 금융사건 같은 경제적 변수는 이와는 별개의 움직임을 보이고 있음 또한 확인할 수 있다.

때문에 필자는 재정적 위기상황이 GPR에 미치는 영향도가 막대하다는 데는 동의할 수 없으며, 오히려 정치·군사 측면(GPT, GPA)이 VIX 지수와 같이 연계되어 있음을 신뢰할 수 있으며 이와 관련해서는 좀 더 집중적인 연구 과정이 동반되어야 한다고 판단하였다.

그런데 이 VIX 변동지수는 공포의 지수라고 불릴 만큼 정부와 기관에서 다루기엔 부담이 될 수 있다. 그러나 이를 장기간 외면한 상태에서는 국가 안보와 경제와의 연관성을 국민들에게 제대로 알리기란 힘들다. 이는 국민들의 알 권리와도 밀접한 관계가 있다. 즉, 국가의 안보라는 구조적 틀이 흔들리는 상황에서 내부의 경제적 흐름이 결코 순탄할 리 없다는 사실을 국민과 공감하면서 추진해야 한다는 점이다.

따라서 이 연구 결과는 주기적으로 발표·게시되어야 하며, 좀 더 구체적으로는 한국과 주변 동아시아로 범위를 넓혀 자료를 만들 수 있어야 한다. 그런데 이 자료는 통계청과 같은 정부 기관에서 작성하는 것이 바람직하다고 보이나 거시경제 정책에 대한 분석과 방향을 제시하는 중차대한 역할을 수행한다는 측면에서는 독립 기구인 중앙은행이 작성하는 것도 고려해볼 만하다.

그런데 이 자료는 민감한 사안이 될 수 있어 정권 교체 등 정치적 변동성에 노출되고 영향을 받기 쉽다는 점도 인정하지 않을 수 없다. 때문에 미국의 경우 독립 기구이면서 금융정책의 핵심 기구인 FED에서 주관하는 것이다. 따라서 필자는 한국의 GPR 작성 공표 기구로서 미

핵이라는 이름의 청구서

국과 같이 정치적 영향이 미치지 않는 독립기구인 한국은행에서 연도별로 발간하여 경제 정책에 적극적으로 반영토록 할 것을 제언한다.

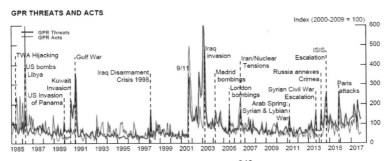

〈그림 3-21〉 지정학적 리스크(GPR) 연계 보조 변수[348]-정치·군사 측면(GPT, GPA)

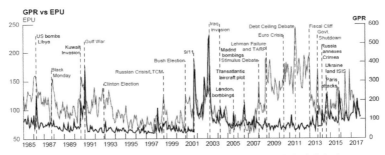

〈그림 3-22〉 지정학적 리스크(GPR) 연계 보조 변수-경제 정책 측면
[EUP(Economic Policy Uncertainty)]

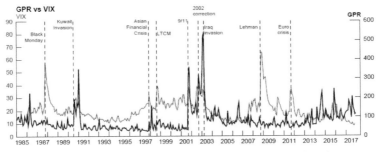

〈그림 3-23〉 지정학적 리스크(GPR) 연계 보조 변수-주식시장 측면
[VIX, 옵션 내재 변동성(Option-implied Volatility)]

IX

핵 문제와 한국이 나아가야 할
군사경제 방향

지금까지 우리는 핵 문제와 국제관계 그리고 경제문제를 논하는 일련의 과정들을 세부적으로 살펴보았다. 네 번째 장(章)인 군사 비용 경제 부분에서는 수요·공급 함수관계와 재정적인 측면 등 미시와 거시경제를 통해 필요한 균형 잡힌 군사경제에 대해서도 알아보았다. 그 과정에서 때로는 방대한 자료를 효과적으로 압축하여 설명하기도 하고, 한편으로는 저자의 분석에 의한 새로운 시각에서 군사경제 전반을 살펴보는 시간도 가졌다.

그러나 지금부터의 마지막 단락은 맨 첫 장인 핵 문제를 방어하지 못한 채 평화의 비용을 순전히 지불해야 하는 단계를 가정하는 매우 통념스러운 경제를 연구하는 단계로 들어갈 것이다. 지금까지의 이론들이 핵물리학을 바탕으로 한 핵의 군사화 그리고 국제관계의 틀 속에서 제재와 해제의 반복이라는 경제적 시나리오였다면 지금부터의 마지막 단락은 실제적인 상황과 이를 현실적으로 극복하는 데 들어갈 평화의 비용을 계산해 내는 데 집중할 것이다.

1
핵 개발·유지 비용

이 핵 개발·유지 비용 부분과 핵 사태에 따른 재건 비용을 계산하는 일은 대외적으로 공개된 자료가 인용되었음에도 불구하고 마치 판도라의 상자를 여는 것과 같을 정도로 매우 민감한 일이었다. 그리고 이 장은 대외적인 신뢰를 높이기 위하여 각국 정부, 국제기구, 국내외의 공신력 있는 단체가 공개한 자료를 토대로 작성하였으나 대부분 저자의 연구·분석 자료로 이루어져 있음을 미리 밝혀두고자 한다.

우선, 핵 사태로 인한 개략적인 인적·물적 피해에 관해서는 상기 장에서 이미 충분히 다루었다고 본다. 따라서 여기서부터는 핵 유지 및 핵 사태 유발 부분과 이로 인한 비용들이 국가와 국민에게 어떻게, 그리고 얼마나 영향을 미치는가를 분야별로 나누어 세부적으로 설명하기로 한다.

흔히들 핵 개발 유지 비용은 농축 우라늄 공장과 플루토늄 공장 신설(토지), 투입 인건비(노동), 미사일 개발 및 사용 후 총지출비용, 실험 및 윤활 과정 비용(자본) 등 선·중(先·中) 단계들이 핵 개발 유지 비용의 전부라고 생각할 수 있다. 사실 한국의 대부분의 언론과 기관 자료에서도 이러한 논리가 우세하다는 것을 부인키 어렵다. 그것은 이 핵 문제를 단순히 정치·군사적인 면에서만 놓고 볼 때 더욱 그러기가 쉽다.

그러나 이를 경제학이라는 틀 속에 넣어 보면 한 가지 중요한 부분이 누락돼 있음을 알 수 있다. 바로 생산성 문제이다. 북한이 핵을 개발하고 유지해 온 것은 정치·경제·사회·군사 등 전 분야에 걸친 자신들의 기준에 맞춰 운영해 온 만큼 그들만의 고유한 생산성이 있었기 때문이다. 따라서 '핵 유지·개발 관리 비용을 어디까지 포함하여 추산할 수 있는가?'라는 문제는 생산성과 연관시켜 파악하면 될 것이다.

생산성을 측정하는 방법은 자료의 형태와 그 목적에 따라 여러 가지 유형으로 구분할 수 있다. 먼저, 투입되는 생산 요소에 따라 단일요소생산성(SFP, single factor productivity)과 총요소생산성(TFP, total factor productivity, multi factor productivity)으로 나눌 수 있다. 또한 총산출량의 비율이냐, 혹은 부가가치의 비율이냐의 측정 방법 혹은 목적에 따라 물적 생산성(Material Productivity)과 부가가치 생산성(Value-added Productivity)으로 구별된다.

우선, 생산 요소는 재화나 서비스를 생산하는 과정에 투입되는 자원을 말하는데, 크게 노동과 자본과 원재료 생산 요소 중 요소별로 각각 측정하거나 두 개 이상의 투입 요소에 대한 산출량을 측정하는 방법으로 나뉜다. 전자를 단일요소생산성(SFP)이라 하며 후자를 총요소생산성(TFP)이라 일컫는다.

그런데 먼저 언급할 단일요소생산성을 총산출이나 부가가치냐의 산출 형태를 기준으로 놓고 보았을 때 대부분의 논의는 노동과 산출물 간의 제품 생산 관계를 나타내는 비율인 노동생산성에 집중한다. 그 이유는 노동은 인간이 수행하는 생산 활동의 가장 기본이며 수입을 통한 생계유지 수단으로써 가계 수입과 기업 생산 그리고 국가 경제 성장의 초석을 이루기 때문이다. 그래서 결국 생산 요소는 노동생산성이 얼마나 높으냐는 문제로 귀결된다.

노동생산성이란 일정 기간 생산에 투입된 노동(근로시간, 근로자 수)에 대한 산출물의 비율로서 투입 노동 한 단위당 산출 생산량(총산출,

부가가치)을 의미한다. 여기서는 다시 노동투입량에 대한 산출량의 비율을 말하는 물적(노동) 생산성 지수와 부가가치의 비율을 말하는 부가가치(노동) 생산성 지수로 나뉜다.

우선, 물적(노동) 생산성은 생산효율의 향상과 기술 수준의 변화 등 기술적 발전 여부를 통한 생산 현장의 효율성과 능률을 측정하는 데 사용된다. 공식으로는 다음과 같다.

> **물적 생산성=[국내 산업 생산 총량/상용 근로자 수×시간(임시 근로자 제외)]×100**

다음으로, 부가가치(노동) 생산성 지수는 단위 노동의 효율성 파악을 통해 임금과 성과 그리고 국가 간 경쟁력을 비교하는 데 주로 사용된다. 공식으로는 다음과 같다.

> **부가가치 생산성=[GDP(국내총생산)/총 근로 시간(전체 근로자)]×100**

그런데 이와 같이 필자가 각 생산성의 성격과 생산성 지수의 산출 공식까지 자세히 열거한 것은 그만큼 북한 핵의 유지·개발 관리 비용을 생산성 측면에서 살펴보기를 간곡히 권하는 측면의 발로에서 이기도 하다.

그 때문에 엄청난 생산 요소가 투입된 북핵 문제도 생산성을 따져 봐야 할 문제임은 분명하다. 그래서 우선, 북한이 막대한 노동과 자본의 생산 요소를 동원하여 개발한 핵무기가 과연 얼마만큼의 노동 생산성을 띠고 있는지는 판단해 볼 필요가 있다는 것이다. 그리고 투입 노동력당 부가가치 생산성도 어느 정도인지 알아야 한다는 얘기도 된다. 그러나 북한의 폐쇄성으로 인해 이를 파악하기란 좀처럼 쉽지 않다. 그럼에도 한국 정부는 북한 경제 요소 전반에 대한 연구를 할 수 있는 기본 자료를 북한 이해나 국방백서를 통해 매년 혹은 격년 단위로 공개하고 있다. 이 자료를 활용할 경우 제한적이나 일정 부분까지의 생산성 파악은 가능하다.

한편, 노동, 자본, 원자재라는 전통적인 경제 투입 요소 외에 기타 요소까지 합산하여 계산해야 진정한 의미의 총요소생산성이라고 말할 수 있다. 즉, 3대 생산 요소는 기본이며 이러한 요소를 잘 혼합하기 위해서 필요한 각종 법률제도, 기술혁신, 지적재산, 회계처리 등을 통하여 이익을 창출하고 과정상 비용을 관리함으로써 진정한 생산성을 분석해낼 수 있다는 것이다. 결국, 그동안 보이지 않게 투입되었던 요소량까지 계산해야만 정확한 총 생산성을 구할 수 있다는 얘기가 된다.

더군다나, 핵은 개발하는 순간, 폐기를 완료하는 최종 단계까지의 총요소생산 과정을 모두 끝내야만 핵과 관련한 제대로 된 총요소생산량(생산성)을 구할 수 있다. 때문에 북한의 핵 개발 유지 비용이 얼마인가를 정확히 구하기 위해서는 숨겨진 기타 요소라 할 수 있는, 핵 폐기가 이뤄지기까지의 모든 과정을 포함한, 노동, 자본, 원재료 외 중간재, 기술혁신, 경영능력(이윤·비용) 등을 추가하여 집계해야 한다.

따라서 필자는 위의 논거에 의해, 단순한 3대 생산 요소 외에 기타 요소인 경영(이윤·비용) 능력 등을 포함한 총요소생산량 차원에서의 북핵 비용을 제시하고자 한다.

핵이라는 이름의 청구서

1-1. 핵 개발 및 유지 비용(단일요소생산)

항 목	내 용	추정 비용(달러)
①핵시설 건설	우라늄 정련 공장(평산) 핵연료 제조 공장(영변) 100MWt 경수로(영변) 등	6억~7억
②HEU 개발	원심분리기 제작 및 농축시설 건설	2억~4억
③핵무기 제조	핵무기 설계, 제조, 실험, 시설 운용비	1.5억~2.2억
④핵실험	핵 실험장 건설 및 핵실험(2회)	0.1억
⑤핵융합	핵융합 원자로 설계 및 제작	1억~2억
⑥미사일*	화성8, 미국괌 사거리 2,900km 기준, 100대 미만(99대)	38억
합 계		49억~53억

〈표 3-28〉 북한의 핵무기 개발 비용(2012년 기준), 국방부, 도표-저자 일부 편집

2012년 기준, 당시 대한민국 국방부가 밝힌 북한의 핵무기 개발비용[349]은 11~15억 달러가 소요된 것으로 나타났다. 그런데 핵무기를 나르기 위한 핵미사일 개발 및 유지 비용은 추가로 포함되어야 향후 핵 폐기 군축을 위한 기초 자료가 될 수 있다. 따라서 필자는 위의 표에서 이미 언급한 바 있는 미국 괌에 도달할 수 있는 사거리 2,900 ㎞의 IRBM 미사일을 기준, 약 100대 추산 미사일 수량을 산입하였다. 그 결과 총 38억 달러의 비용이 추가로 지출되어야 할 것으로 나왔다. 100대 미만의 최대치인 99대에 대당 가격(=투자 비용) 0.38억 달러를 곱한 금액이다.

이 대당 가격의 산출근거로는, ① 미 전략 핵무기의 대당 투자 비용으로 알려진 금액 8,000만 달러[350](미 전략 핵미사일 B61-12의 미 GAO 계산 10년 유지 기준)를 30% 적용, ② 국책연구기관인 INSS(국가정보안보연구원)의 사거리 3,000㎞급 무수단 미사일의 대당 가격 2,000만 달러[351]를 70% 적용한 가격이다(참고로 여기서 발생한 미국의 8,000만 달러와 북한의 2,000만 달러를 노동생산성 연구를 위한 일부 자료로 아래에서 활용하고 있다).

여기서 적용 가중 비율이 다른 이유로는, 북한이 보유 중인 ②번의 미사일을 예산 부족으로 현대화하지 못하고 있을 가능성이 70%에 이를 것으로 추산하였으며, ①번의 나머지 30%의 핵전력은 현대화하지 않을 경우 전반적인 불능에 빠질 수 있어 불가피하게 현대화작업을 실행해야 한다는 가정하에 미 전략 핵무기 현대화 예산 자료를 적용하였기 때문이다.

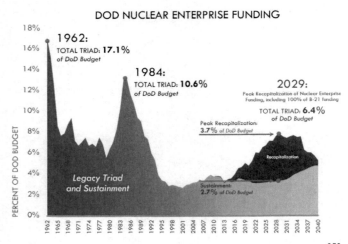

<그림 3-24> 미 국방부의 핵 유지·관리 비용 그래프(Nuclear Posture Review)[352], 그래프-미 국방부(DOD)

이와 함께 연구해야 할 대상으로는 핵 유지 비용이 얼마나 들어가는가이다. 대부분의 연구 자료에서는 핵 개발 비용에 대해서는 기록들이 많이 존재하나 유지 비용 부분에서 신뢰성 있는 논문 자료를 찾기란 쉽지가 않았다. 그래서 이 두 가지를 겸비한 자료로 미 국방부의 1년 국방 예산 대비 "핵 유지 관리 비용 3%"[353]를 우선 참고하기로 하였다. 물론, 핵 보유 국가별 국방 예산 구조가 다른 만큼 핵무기 유지 관리 비용을 미국의 국방비 중 차지하는 비율을 적용하는 것은

핵이라는 이름의 청구서

어폐가 있을 수도 있을 것이다. 그러나, 균형 잡힌 예산 배정에 노력할 수밖에 없는 미 국방부의 예산 구조를 감안할 때, 핵 유지 관리에 대한 비용 책정은 논리를 벗어나지 않는다고 보았다.

그러나 2018년 2월 미 국방부가 핵무기의 10년 현대화 작업을 계획하면서 국방비 대비 투입 비율을 밝히면서 이러한 예산안의 실체가 드러났다. 현대화 작업 실시 직전에 드러난 투입 비율이 6.4%에 이른다는 사실이다(상기 그래프 참조). 결국 참고 이론인 3%가 아닌, 한계수명에 달한 핵무기를 교체하고 유지하는 데 드는 최소한의 국방비 대비 비율이 6%를 넘어선다는 사실에 직면한 것이다.

이를 바탕으로 북한은 과연 얼마만큼의 예산을 핵 유지 비용에 지출해야 하느냐를 계산해 보면, 북한의 1년 재정 규모인 2018년의 83억 달러[354]에 보수적으로 책정한 국방비 15.8%(북한 스스로는 전체 예산의 5.8~5.9%를 국방비로 발표)[355]를 기준으로 삼고, 미 국방부의 향후 10년인 2029년까지 TTDB(Total Triad of DOD Budget)의 핵전력 교체 비용 예상 비율인 6.4%(상기 그래프)를 대입할 경우, 장차 북한이 핵 유지를 위해 투입해야 할 유지 관리비는 매년 0.84억 달러(=83×0.158×6.4/100)에 이를 것으로 예측된다. 한화로 환산하면 매년 970억 원(1S=₩1,160)에 이르는 금액이 핵 유지 비용으로 투입되는 셈이다. 여기서 이 비용을 상기 표(북한의 핵무기 개발 비용)에 대입할 경우, 북한이 핵 개발에 소요한 기간을 최소 10년으로 잡았을 경우에도 8.4억 달러는 투자했을 것으로 파악된다.

이 금액은 위에서 언급한 49~53억 달러의 핵 개발비의 17%에 이르는 금액으로 지속적으로는 북한 재정에 부담으로 작용할 것으로 예상된다.

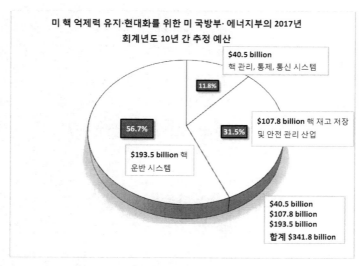

미 핵 억제력 유지·현대화를 위한 미 국방부·에너지부의 2017년
회계년도 10년 간 추정 예산

11.8%

$40.5 billion
핵 관리, 통제, 통신 시스템

31.5%

$107.8 billion 핵 재고 저장
및 안전 관리 산업

56.7%

$193.5 billion 핵
운반 시스템

$40.5 billion
$107.8 billion
$193.5 billion
합계 $341.8 billion

〈그림 3-25〉 2017년 미 국방부·에너지부의 10년 핵 억제 유지 및 현대화 작업 비용[356],
인포그래픽-미 국방부(DOD), 미 에너지부(DOE), 저자 일부 편집

한편, 위의 표는 미 국방부와 미 에너지부가 10년에 걸쳐 미 핵무기
유지 및 개선 작업을 위해 작성한 소요 예산안으로 여기에는 유
지·개선을 위한 3개 카테고리가 들어 있다[주 인용 Nuclear Posture
Review, 미 국방부(DOD) 전망치와는 다소 차이]. ① 405억 달러 규모의
핵 관제 통신 시스템, ② 1,078억 달러에 해당하는 핵무기 재고량과
핵 안보 업체에 대한 투자 금액, ③ 1,935억 달러에 이르는 핵 운반 체
계 등으로 구성되어 있다.

좀 더 구체적으로는, ①에는 인공위성, 조기 경보망, 항공기, 통신
네트워크가 있으며, ②는 7개 유형의 핵무기와 연구소 및 실험기관으
로 이뤄진 핵 안전 업체로 이뤄져 있으며, ③에는 중폭격기, 지상 발
사 크루즈미사일, 탄도 미사일 발사 잠수함 등이 있다.

물론, 북한은 이와 같은 미국의 핵 유지 관리 시스템과는 다른 체
계로 관리하고 있을 것으로 추측된다. 그러나 안전하고 효율적인 미
국방부의 핵무기 유지 관리 시스템의 체계를 크게 벗어나기란 현실적

으로 어렵다.

따라서 위의 항목별 구성비에 위에서 구한 북한의 핵무기 유지 관리 비용 총액을 대입하면 다음과 같다.

항 목	DOD & DOE(억 달러)	구성 비율	북한 적용(억 달러)
①핵 관제 통신 시스템	405	11.8%	1.0
②핵무기 재고와 보안 사업	1,078	31.5%	2.6
③핵 운반 체계	1,935	56.6%	4.8
합 계	3,418	100%	8.4

〈표 3-29〉 북한의 핵무기 유지·관리 추정 비용, 도표-저자 작성

이와 같이 북한은 8.4억 달러에 달하는 유지비를 핵무기 관리에 투입할 것으로 추정되며 이 중 50%가 넘는 금액을 핵 운반 체계에 투자할 것으로 분석된다.

한편, 이를 경제학적 관점인 생산성 측면에서 살펴보도록 하자. 우선, 핵무기는 비용임과 동시에 수입이며 세계 안보 시장에 진열된 상품으로 생각할 수 있는 만큼, 여기에는 엄연히 물적 노동생산성과 더불어 부가가치 노동생산성 또한 반영되어 있다. 그러한 측면에서 앞서 언급한 미국과 북한 간 핵무기 비용인 8,000만과 2,000만 달러의 차이를 필자는 '생산성의 극명한 차이'라고 정리하였다.

미국이 노동, 자본, 원자재, 그리고 뛰어난 기술적 혁신을 등에 업고 고가치 상품인 B61 핵무기를 개발·운영하고 있는데 반하여 북한은 전형적인 노동집약적 상품인 HWASONG 생산에 집중함으로써 총요소생산량과 단일요소생산성 결과물의 차이가 어떻게 벌어졌는가를 냉정한 시장의 관점에서 확인하게 된 계기가 된 것이다.

그 점에서 북한의 핵 개발 운영 과정의 노동 집약 정도를 알 필요가 있다. 그런데 북한이 공개하고 있는 자료의 한계점이 이 연구의 접

근에 큰 장애물로 작용하였음을 인정하지 않을 수 없었다. 즉, 북한의 국내총산출(GDP)은 물론이거니와 국방 예산 혹은 비대칭적 군사비용 자료의 공개는 차치하고서라도 준용할 자료로서 투입된 정규 및 임시 근로자 수와 근로시간이 공개된다면 생산성 지수를 생성할 수 있겠으나 그러지 못한 점은 단일요소·총요소생산성 산출에 한계점으로 작용하였다.

1-2. 핵 개발 및 유지 관리 비용(총요소생산성)

한편, 필자가 바로 위에서 언급하였듯이 핵무기의 유지 관리 과정은 개발 이후 현상을 유지하는 단순한 의미에 국한할 수는 없다. 즉, 전 인류적 숙원사업이자 세계 평화를 구현하는 진정한 유지 관리 단계란 핵 폐기를 말끔히 완성해내는 혁신적인 기술 확보 과정까지 이어져야 함을 의미한다.

그러자면 이 핵 폐기 완성단계에서는 상당한 규모의 재정적 보전 요구와 책임감 있는 행동의 촉구라는 이해관계가 필연적으로 상충하게 된다. 비핵화와 거기에 걸맞은 비용 요구가 맞닥뜨리는 형국으로 전개된다는 얘기이다.

그러나 이 문제는 당면 과제로 추진해야 하지만 한계수입(MR)과 한계비용(MC)이 같아지는 쌍방 간 이윤 극대화라는 합리적 접점을 찾아야 성사될 수 있다. 그러자면 비핵화 요구 측은 최소의 한계비용(MC)을 확보하지 않으면 안 되기 때문에 현행 기술을 벗어난 획기적이면서도 경제적인 핵 폐기 기술과 관리 방안(경영)을 확보하려들 것이며, 비핵화 대상 측은 비핵화를 받아들이는 대신 경제발전에 투입하려 한계수입(MR)의 최대화를 관철하려 할 것이다. 결국, 어느 한쪽의 일방적인 주장이 개입할 공간이 축소되는 현실에 직면하게 된다.

바로 이 과정이 핵 유지 관리 비용의 총요소생산성 확보 과정이 된다. 쌍방은 한계비용과 한계수입을 최적 포인트에 맞추기 위하여 최대 효과를 발휘하기 위해 투입했던 요소들인 노동, 자본, 원자재, 혁신기술 외에 밝히지 않았던 모든 유효 투입 요소들을 이익 확보의 근거로 내세우려 한다는 얘기다. 그렇게 되면 앞서 필자가 국방비의 생산함수 관계를 들어 논했던 부분을 이 논리는 뛰어넘는 셈이 된다.

이는 이익을 극대화하는 측면에서는 핵 개발 투입 국방비의 생산함수가 핵무기 폐기의 생산함수와 서로 맞닿아 있음을 의미함과 동시에 모종의 해결책을 찾았음을 말해 준다. 바로 이윤 극대화의 교차점으로 핵무기 폐기를 통한 평화의 성취라는 값진 의미다. 이를 필자는 아래 그래프 속에 'MC=MR=PM(평화를 만드는 핵무기 폐기)'과 '비핵화를 통한 평화 만들기 지점'을 만들어 보다 이해하기 쉽게 하였다.

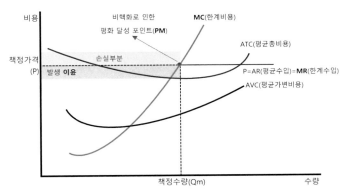

〈그림 3-26〉 한계수입(MR)과 한계비용(MC) 곡선 및 평화를 위한
이윤 극대화 핵 폐기 포인트 그래프, 그래프-저자

다시 말해서, 일반 경제 이론상 이윤 극대화와는 달리 평화를 만드는 핵무기 폐기란 핵 폐기로 인해 정치·경제·군사적으로 거둬들일

한계수입 적용 총수입과 핵무기 최종 관리에 투입된 한계비용 적용 총비용이 서로 일치가 되는 곳에서 포기함으로써 쌍방 간 손실이 발생하지 않고 상호 간 이익이 극대화되는 것을 말한다. 그래서, 이 과정이야말로 핵 폐기를 통한 진정한 한반도 평화 프로세스의 시작점이 된다고 할 수 있다.

한편, 이러한 경제학적 분석과 궤를 같이해서 이제는 북한에게 얼마만큼의 보상금을 지불해야 하는가를 놓고 새로운 각도에서 바라볼 필요가 있다. 그리고 상대방의 손실 혹은 손상에 대한 보상과 관련해서는 건설경제 측면에서 바라보는 시각이 필요하다. 왜냐하면 시설, 설비, 잔존물, 공정 과정, 신기술 투자 등과 관련한 현실적 손실보상에 대해서는 건설경제 분야만큼 뚜렷한 보상기준을 지닌 분야도 드물기 때문이다.

그런데 왜 건설 보상적 경제문제를 군사, 특히 핵 폐기 문제와 연결해야 하는가에 대한 반론에 대해서는 핵 폐기 문제는 경제적 진단 외에 정치적 보상이라는 합의적 성향이 강한 반면, 건설경제 보상 측면은 실제 발생했던 재화와 용역 손실에 대한 실질적인 보상책이기 때문이라는 것이 타당한 답변이 될 것이다.

이에 대한 신뢰성 있는 대안으로 필자는 하인리히 보상법을 제시한다. 이 핵 폐기와 관련한 보상과 관련해서는 직접 손실 비용보다는 간접 손실 비용을 어떻게 책정하느냐에 더 많은 관심이 집중되어 왔기 때문이다. 따라서 많은 연구와 통계자료는 이러한 간접 손실 비용이 어떻게 적정한 배율로 적용되어야 하는지에 집중되어 왔다. 이에 하인리히는 간접 손실 비용은 직접 손실 비용의 4배이며, 따라서 전체 손실 비용은 직접 손실 비용의 5배가 되어야 한다고 제창하였으며, 이 논리를 대한민국 정부(고용노동부)도 산업재해의 경제적 손실 비용에 반영[357]하고 있어 이 보상 법칙은 법적·제도적 장치에 속한다.

핵이라는 이름의 청구서

그런데 왜 간접 손실보상이 직접 손실보상보다 더 많아야 하는가에 대한 의문을 지닌 독자분이라면 비록 분야는 다르지만 간접보상의 배경과 범위를 명시하고 있는 대한민국의 공익사업법(직접 수용의 일반법적 지위를 가진 공익사업을 위한 토지 등의 취득 및 보상에 관한 법률) 제79조 2항을 보면 이해가 될 것으로 본다. 이 법 조항은 "토지·건물 등이 직접 공익사업에 편입(몰수 등)되지 않으나 사업 지구 인근에 위치하여 당해 사업으로 인하여 본래의 기능을 발휘할 수 없을 때, 소유자 등의 청구에 의하여 보상한다."라고 명시하고 있다.

이 같은 경우는 공익사업을 위해 정부나 공공단체 등 법적 지위를 득한 사업시행자가 소유권자의 토지를 강제적으로 취득하는 과정에서 벌어진다. 이는 직접 수용된 농경지 외 일부 주변 농지는 더 이상 기능을 하지 못하여 전체 농지로서의 기능을 상실한 것으로 공익사업 시행 중 직접 수용 시 반드시 간접보상을 시행함으로써 강제 수용 당한 국민의 온전한 경제적 이익을 보호해 주자는 법의 취지에 근거한 것이다.

이러한 맥락에서 북핵 폐기 또한 직접보상 외에 간접보상의 원칙이 적용되어야 한다. 비록 분야가 군사 부분과 건설경제라는 차이점을 보이고 있으나 직접 손실분에 대한 간접 손실분의 보상이라는 성격에는 차이가 없으므로 하인리히 보상법과 동 배율로 보상이 적용되어야 할 것으로 본다.

한편, 이와 관련, 북한 핵 폐기에 따른 보상책에서는 직접보상과 간접보상 외에 별도의 보상 비용을 책정하여 북한에 제공하자는 논리가 대두된 적이 있다. 그런데 상기의 직접보상과 간접보상 이론에는 필자도 전적으로 공감하는 바이나, 이외 보상 비용 책정 부분에 대해서는 반대한다. 그 이유는 보상에는 위의 공익사업법 제79조 제2항이 준용되어야 하며 그 외의 것은 인정적(人情的) 소견이 강한 정치적 타협의 성격을 지닌 것으로 볼 수 있으며 이는 보상 범위를 명시한 이 법의 범위를 자의적으로 넘어선 것으로 볼 수 있기 때문이다. 즉, 법적으로 인정한 하인리히의 보상 배율 항목을 인위적으로 가감하는 행위는 정당성을 결여한 보상에 해당한다고 볼 수 있다는 사실이다.

이상의 논거에 의하여 필자는 북한의 핵 폐기에 대한 보상금을 아래와 같이 책정, 제시하고자 한다.

손실·보상 추정 방향	직 접	간 접	보상 합계
수 식	산재 보상금ⓐ	간접 손실액 ⓑ = ⓐ×4	T = ⓐ+ⓑ
금액(억 달러)	51	204	255

〈표 3-30〉 북핵 폐기에 따른 하인리히식 경제 손실·보상 추정액,
도표-저자 작성

여기서 참고할 점은 산재보상금은 필자가 위에서 정리한 미사일 수량 합산 총합계 금액의 평균치이며 최종 보상 합계는 직접과 간접을 합계하고 나머지 기타 변수는 가감하지 않은 보상법이란 점을 밝혀두고자 한다. 따라서 2020년대 초 현재를 기준으로 북한이 핵과 관련한 모든 시설과 장비들을 폐기할 경우 북한에 제공할 핵 폐기 보상금 전액은 255억 달러이며 이를 넘어서는 것은 훗날 또 다른 남·남 갈등을 유발할 수 있다고 본다.

이는 주류 언론에서 제기한 "핵 시설 폐기와 핵무기 해체, ICBM 해체 비용, 경수로 건설 및 중유 제공, 북한 내 핵 과학자들의 민간 전환, 핵시설 일대 환경 정화 비용"[358] 등이 포함된 금액을 말한다. 그러나 이 피인용 기관에서 제기한 비핵화의 대가로 제공할 '경제 원조나 국채 탕감'과 같은 정치적 타협성의 보상안은 일체 배제되어 있음은 물론이다.

아무튼 이 제시안은 위에서 언급한 노동과 자본의 단일요소생산량

과 중간재와 혁신적 기술 및 경영능력까지 포함한 총요소생산성이라고 볼 수 있다. 단, 이후 항목별 가중치를 어떻게 배분하여 가중평균을 어떻게 구하느냐는 수식상의 과정이 남아 있으나 이 문제도 상기의 하인리히 간접보상의 범위 내에 수렴되어 있다고 보아야 할 것이다.

더군다나 이 보상안에는 북한이 기본적으로 견지해온 물질적, 지정학적, 국제정치적 배경을 감안한 것으로 결국 총요소생산함수라고 부르는 데 어려움이 없어 보인다. 때문에 이 255억 달러 규모의 북핵 보상 금액은 신뢰성을 가질 만한 숫자로 봐도 무방하다. 물론 북한의 핵 제조 기술의 발전과 운영 능력에 대한 부분도 인정하였다.

2
평화의 비용
—

이제 우리는 이 책의 말미를 향해가고 있다. 우리는 위에서 핵의 존재, 그 의미, 한반도에서 벌어질 수 있는 전쟁 그리고 경제적 비용에 대하여 알아보았다. 물론 이 단락 역시 경제에 관한 내용들로 채워질 것이다.

그런데, 이 마지막 부분에서는 핵이라는 위협적인 현실이 만들어 놓을 비극적 미래보다는 어떻게 하면 그 비용을 평화와 바꿀 수 있으며, 어떻게 하면 경제적 통합으로 나아갈 수 있는지를 살펴볼 것이다. 그러기 위해 필자는 왜 그렇게까지 해야 하는지에 대한 당위성을 장기간에 걸친 연구와 철저한 검증을 통해 각 항목별 청구서를 작성하였다. 물론 여기서의 기준은 정치적이거나 고전적 경제학의 입장이 아니라 군사경제학의 입장에서 작성했음을 밝힌다.

2-1. 비핵화 비용은 기회비용이자 매몰 비용

위의 비핵화를 위한 북핵 폐기 비용을 미시경제학에서는 기회비용으로 볼 수 있다. 그 근거로는 한국으로서는 핵전쟁 발발 시 잃을 수 있는 엄청난 경제적 비용 대신 비핵화의 경우 평화라는 상품을 선택할 수 있기 때문이다.

또한 이 기회비용은 매몰 비용과도 연결되어 있다. 평화를 얻기 위하여 일부 차선적 복지 비용이나 그간 해 오던 사업을 처분하여 북핵 폐기 비용에 사용함으로써 이러한 예산을 내다 버려야 한다는 얘기다. 더군다나 지난 1950년 한국전쟁 발발의 전범 국가에 대한 보상 요구와 엄격한 처벌에 대한 사실상 면죄부를 제공함으로써 한국이 보상받았어야 할 돈을 명백하게 매몰 비용으로 대신 처리하게 됨을 의미한다.

결과적으로 두 가지 비용은 한반도의 평화와 연결될 경우에는 기회비용이 되나 한국 정부와 과거사를 기억하는 국민들에게는 동시에 매몰 비용으로 역사 속으로 사라진다.

그런데, 여기서 기회비용과 관련해서 우리가 쉽게 범할 수 있는 오류 한 가지부터 짚고 넘어가고자 한다. 흔히들 기회비용은 A가 B나 C를 포기함으로써 발생하는 비용이므로 B 혹은 C가 기회비용이라고 생각하기 쉽다. 그러나 기회비용은 분명한 숫자로 드러나는 직접적 포기(희생) 비용인 A가 명시적 비용이 되며, 간접적으로 포기해야 하는 B나 C 중 가장 값어치가 높은 것이 암묵적 비용이 되는데, 기회비용이란 이 두 가지 모두를 포함한 금액을 말한다. 즉, '기회비용=명시적 비용(A)+암묵적 비용(B or C 중 최고가)'이다. 또한 합리적 선택이란 이 기회비용보다 큰 것을 선택하는 일이다. 따라서 이를 유념한 채 아래 내용을 접하도록 한다.

우선 합리적 선택이 되기 위한 기회비용을 구해보자. 위에서 필자가 언급한 북핵 폐기의 직접적 보상금액인 51억 달러는 명시적 비용(A)에 해당하며, 204억 달러를 한국과 동맹국의 다른 분야에 투자했을 경우 득할 수 있었을 이율 3.65%(한국의 2019~2020년 국책은행 추정 평균 이자율)인 7.45억 달러(B) 혹은 폐기대상 핵무기 및 시설물을 존치했을 경우 적용할 51억 달러의 감가율 10%인 5.1억 달러(C) 2가지를 암묵적 비용으로 놓고 봤을 때, 기회비용의 합계는 58.45(=51+7.45)억 달러가 될 것이며 합리적 선택은 북핵 폐기 효과가 이 58.45억 달러 초과에 상당하는 금액이 나와야 함을 의미한다.

이로써 북핵에 대한 기회비용과 매몰 비용의 개념에 관해서는 이해가 되었을 것이다. 그러나 아래의 기회비용의 변동률과 계산 방법은 생소하거나 미처 생각하지 못했던 부분일 수 있다. 그것은 기회비용은 단순한 우하향 곡선에 그치는 것이 아닌 살아 움직이는 활과 같은 모양의 역동적인 모션을 보여 준다는 설명 때문이다. 그런가 하면, 이는 우리가 지불해야 할 비용이면서 기회 상실에 대한 관념을 바로잡아 주는 행위 지침이기도 하다.

먼저, 기회비용은 왜 살아있는 생물과도 같은 존재인가를 보여 주기로 한다. 아래 그래프를 보도록 하자.

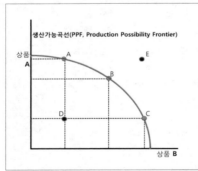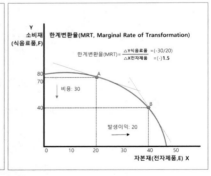

〈그림 3-27〉 기회비용 곡선(좌)과 기회비용체증 곡선(우), 그래프-저자

좌측의 기회비용인 생산가능곡선은 상품 A에 적합한 생산 요소를 상품 B에 투입할 경우 상품 A가 포기해야 할 수량을 보여 주는 곡선이다. 그래서 상품 B축이 우측으로 진행할수록 상품 A축은 우하향한다. 점 D는 비효율적인 자본의 사용이나 실업 등으로 비생산적인

상태이며, 점 E는 현시점상 생산 요소의 능력 부족으로 도달하기 어려운 비현실성을 말해 주고 있다. 따라서 우리가 주목할 곡선은 A-B-C의 흐름 곡선이라고 보면 된다.

그런데, 우측의 곡선을 보면 자본재인 전자제품이 20 증가할 때 소비재인 식음료품은 30을 희생해야 하며, 우측으로 이동할수록 포기해야 할 부분은 점점 더 늘어나게 된다. 이를 A점과 B점에 기울기를 그려 넣는다면 A에서 B로 이동할수록 기울기는 더 기울어져 감소(-)하는 모양을 취할 것이다. 결국 X재를 더 늘릴수록 노동력 추가 투입 등 그전에는 불필요하던 요소 등을 더 추가시키거나 Y재를 더 많이 포기해야 하므로 그만큼의 기회비용이 체증하는 셈이다.

그런데 이러한 비용이 합리적인 선택이 되기 위해서는 시간이라는 변수가 영향을 미침을 알 필요가 있다. 이를 이해하기 위해서는 기회비용을 생산가능곡선과 한계변환율에 투입하여 설명하면 보다 이해가 빠를 것이다.

그래서 자본재인 전자제품을 1단계 더 생산하기 위해서는 투입된 노동력이 늘어나는 만큼 기회비용은 더 증가하게 되므로 결국 소비재인 식음료품 소비를 줄여야 한다. 마이너스로 표기된 부분($MRT = (-)\dfrac{\Delta F(Y)}{\Delta E(X)}$)은 이를 의미한다. 그래서 자본재의 생산이 늘어나는 만큼 소비재의 기회비용은 증가하게 되는데 이를 기회비용 혹은 한계변환율 체증의 법칙이라고 한다.

바로 여기서 조금 전 언급한 시간과 북한 핵 문제를 연결해보자. 평균 51억 달러에 해당하는 북한 핵 유지 개발비용인 직접 보상 대상 금액을 자본재인 X축이라고 가정했을 경우 이 금액이 늘어날수록, 이 금액을 줄이기 위하여 Y축인 보상 국가는 더욱 큰 폭의 마이너스(-)를 기록해야 하는, 즉, Y축 보상 국가는 자국의 경제발전 혹은 사회복지로 투입해야 할 금액을 더 크게 마이너스화해야 하는 상황이 빚어지는 것이다. 이는 당초 204억 달러의 간접보상 비용 금액의 이자율 증가와 함께 시간의 연장에 따르는 노동력의 추가 투입이 불가피해져 북한 핵 폐기가 늦어질수록 보상 국가들이 지불해야 할 금액은 더 증가함을 의미한다.

따라서, 한반도에서의 북한 핵은 시간이 경과할수록 기회비용을 체증시켜 보상국의 재정적 부담을 무겁게 한다. 따라서, 북한 핵 폐기를 서두를수록 보상국은 더 유리해질 것이다. 그래서 당초 204억 달러라는 간접보상 비용 금액은 시간이 경과할수록 더 증가한다고 보는 것이다. 이 문제는 단순히 대출 후 상환 대상 은행 이자나 임대료 지급과 같은 회계상의 이윤이 아닌, 경제학적 차원의 기회비용 및 시간 증가로서 국가와 국민의 생존권 보호를 위한 핵 리스크 방지와 국가의 존망 우려 불식이라는 중차대한 과제와 직결된 개념이다. 그런데, 이와는 정반대로 기회비용 체감의 원칙도 존재한다.

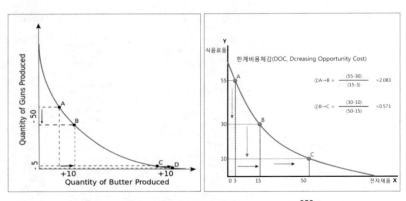

〈그림 3-28〉 기회비용 체감의 법칙, 그래프-위키피디아(좌)[359], 저자(우)

좌측 도표를 보면, X축이 생필품 식자재인 버터를, Y축은 총기류 생산량 및 기회비용 감소 패턴을 보여 주고 있다. 이는 3대 인간 기본

핵이라는 이름의 청구서

생활 요소의 하나인 주식(主食)을 더 확보하려면 호신용인 총기류를 상대적으로 포기해야 함을 의미한다. 즉, 인간의 기본생활이냐, 아니면 호신용 무기냐를 선택하라면 인간의 기본생활을 선택한다는 얘기다.

그런데 오른편 그래프는 이와는 정반대의 개념을 가정하고 있다. X축의 전자제품이라는 기술집약적 고가 상품이냐, 아니면 Y축의 식음료품을 선택할 것인가를 놓고 보았을 때, 이번에는 전자제품 구매량이 늘면 늘수록 식자재류 구매량이 오히려 감소하는 예를 제시하고 있다. 이는 인내할 수 있는 범위라면 식음료품을 줄이는 대신 전자제품(예, 컴퓨터)을 통해 사이버 세상에 접속하고 경제 활동 폭을 넓히는 일이 더 중요하다는 판단하의 구매 선택이라고 볼 수 있다.

이는 마치 다변화된 수입원을 가진 부유층의 경우, 식료품과 같은 기본 생필품의 구매는 기존의 수입으로 충분히 지불할 수 있는 만큼 또 다른 수입원을 통해 이윤을 더 높이기 위해 컴퓨터와 같이 더 높은 수준의 이윤 발생형 전자제품을 구매하는 것과 같은 원리이다.

그런데 이 같은 경우 사업장 단위로 범위를 확대시켜 보면, 대부분 '규모의 경제'와 연관이 있다. 규모가 영세한 사업장의 경우 한 가지 상품만을 지속적으로 만들어 시간이 경과함에 따라 비용은 점점 더 증가한다. 반면, 큰 규모의 시장을 가진 대기업의 경우 다품목을 생산하면서 비용이 점차 줄어든다. 가령 컴퓨터를 생산하는 업체는 분명 일정 규모의 자본과 시장을 바탕으로 하고 있으며 일반 단일 가내수공업 정도의 경제 규모를 훨씬 넘어선 규모의 경제 상태일 것이다. 그래서 대기업의 입장에서는 모니터, 본체, 키보드를 따로 제작해서 개별 판매하는 것보다 3가지를 한꺼번에 합쳐 완성 제품을 생산하여 그 대가로 가격을 더 높게 책정하여 판매할 경우 매출은 더 늘고 생산라인은 줄어 생산비용은 지속적으로 감소하게 되는 것이다. 이해도를 높이기 위하여 예시 숫자를 그래프에 직접 입력하였으므로 참조하기 바란다.

한편, 이러한 두 가지 사례는 이론에 국한할 것인가 아니면 실생활에도 적용이 가능한가에 대한 찬반양론이 제기될 수 있다. 그런데, 필자가 제시한 두 그래프는 모두 각각 의미를 지녔다고 인정한다. 왜냐하면 주어진 선택 제품에 의한 것이 아닌 다른 요인에 의해서도 이러한 경우는 얼마든지 연출될 수 있기 때문이다. 그 가정은 바로 '규모의 경제'에 기인한다. 다시 말해서, 일정 규모의 경제 규모에 이르지 못했을 때는 좌측 그래프를 선택하겠지만, 일정 규모의 경제가 형성된 다음에는, 즉, 의식주가 해결된 다음에 사람들은 기회비용 감소를 위해 오른쪽 그래프를 선택할 가능성이 크다는 얘기이다.

이를 북한 핵 문제에 대입해보면 결과는 비슷하게 나올 수밖에 없다. 즉, 북한이 의식주와 체제 안전보장이 급하여 당장 정권 유지가 긴급한 상황에 내몰릴 때는 자연스레 인민들의 식량난을 의식하지 않을 수 없으나, 충분한 규모의 핵탄두와 핵 제조 시설을 확보한 다음에는 선택지가 완전히 달라진다는 얘기다. 인민들의 식량난을 핵탄두가 해결해 주는 기이한 현상이 발생함을 의미한다. 그 답변은 한국, 일본, 중국, 미국이 제시해야 할 부분이다. 이는 오른쪽 그래프를 추산해 보면 될 것이다.

그런데, 이러한 북한의 핵 폐기와 관련한 선택지 사용은 한국에는 또 다른 형태의 비용 부담으로 다가온다. 하지만 위와 같은 원리로 한국이 규모의 경제를 형성하기 위한 노력을 병행하게 되면 상황은 또 달라진다. 그 답은 한국 단독이 아닌 주변 동맹국과 경제적·재정적인 규모의 경제를 형성해 줄 수 있느냐는 점이다. 1990년대 중반 북한 경수로 때 국제 컨소시엄을 형성했던 실례가 좋은 사례이다.

여기서 필자가 언급한 북한 경수로 사례란, 1994년 10월에 이루어

핵이라는 이름의 청구서

진 '북미 제네바 합의(Agreed Framework)'를 이행하기 위한 국제적인 노력의 일환으로 1995년 3월 9일 설립된 '한반도에너지 개발기구 (KEDO, Korean Peninsula Energy Development Organization)'이다. 이 기구의 출범 목적은 북한에 에너지를 제공함으로써 한반도의 비핵화를 실현하고 평화와 안정을 도모하기 위하여 북한에 2기의 경수로(輕水爐)를 건설해 주고 대신 그 건설 기간 동안에는 중유(重油)를 공급해 주는 것이었다. 그러나 2002년 가을 이후 북한이 비밀리에 고농도의 우라늄을 농축해 왔다는 사실이 불거지면서 사업은 부침을 거듭했으며 북미 관계는 개선될 조짐을 보이지 않고 북핵 폐기도 진척 없는 상황이 지속되었다. 이윽고 2006년 1월 8일에는 전 인력을 철수함으로써 사업을 종료하였다.

그러나 이 사업은 실패에도 불구하고 북핵 폐기와 관련해서는 몇 가지 역사적 의미를 남겼다. 첫째는 남북경협 확대와 이를 통한 북한 경제의 개방 가능성을 열어 두었으며, 둘째로는 단기간이었으나 북한 핵을 동결하고 비 핵확산을 경험한 소중한 사업이었다. 그러나 무엇보다 중요한 시사점은 북핵 문제를 한국 정부 단독으로 진행한 것이 아닌 국제 규모의 컨소시엄 형태로 진행함으로써 경제학적 측면에서 기회비용 체감이라는 상당히 유의미한 업적을 남겼다는 점이다.

구 분	한국	일본	미국	E U	기타 국가	합 계
지원 금액(m $)	118.7	45.3	40.5	12.3	3.3	220.1
현재 기여율(%)	53.9	20.6	18.4	5.6	1.5	100.0
권장 기여율(%)	45.0	18.0	20.0	7.0	10.0	100.0
기여율 과부족(m $)	8.9	2.6	-1.6	-1.4	-8.5	0.0

〈표 3-31〉 각국의 KEDO 경수로 사업 기여도(1995~2006), 도표-국회예산처[360], 저자 편집

이 도표에서와 같이 한국은 총 사업 부담률이 50% 초반에 머문 반면, 미국과 일본이 각각 18.4%, 20.6%에 이르는 금액을 부담한 것으

로 나타나 1995년 KEDO 컨소시엄은 나름대로 국제사회 참여를 성공적으로 끌어낸 사례로 보인다.

그러나 필자는 한국의 분담률 54%는 한반도가 다국가 연관 지정학적 특성을 띠는 면에 비추어볼 때 그 구성비는 여전히 높다고 보아 권장 기여도를 45% 선으로 낮추고, 북·미 관계 개선과 북핵 폐기를 적극적으로 추진하는 미국이 자국의 경제력을 감안하여 비중을 20%로 늘리는 반면, 일본에게는 부담을 다소 경감해 주는 방향이 바람직하다고 본다.

그런데 여기서 기타 국가의 비중이 10%로 늘어난 점에 주목하길 바란다. EU의 소폭 증가와는 다르게 확연한 증가세를 보이는 기타 국가 그룹이다. 바로 중국과 러시아의 참여이다. 왜냐하면 한반도 핵 폐기 문제에서 중국과 러시아 또한 역할 참여 차원에서 최소한의 재정적 참여는 필수이기 때문이다. 재정 부담은 그만큼 책임감을 의미한다.

이와 같이 북핵 폐기에는 규모의 경제가 가지는 기회비용 체감의 법칙이 필히 적용되어야 할 것으로 보인다. 예로부터 내려오는 "백지장도 맞들면 낫다."라는 얘기가 이를 두고 한 말이다.

한편, 이 KEDO에 투자한 총금액 중 이자 비용을 포함, 총 1조 5,156천억 원은 손실금으로 기록되었다. 이 비용에 대해 대한민국 국회예산처는 "매몰 비용으로 인식"[361]하고 있다. 북핵 확산 방지를 위해 이미 지출해서 회수할 수 없는 비용으로 인지하였다는 얘기다. 따라서 이와 같은 실패의 교훈을 복기하여 불필요한 '매몰 비용의 오류'가 재발해서는 안 될 것이다.

그런데 필자가 위에서 언급하였듯이 북핵 폐기와 관련한 재정 예산 외에도, 북한과 관련된 각종 군사, 에너지 사업 그리고 과거의 잘못에 대한 철저한 피드백과 재검증이 없으면 한국과 동맹은 값비싼 매몰

핵이라는 이름의 청구서

비용의 오류에 다시 빠질 수 있다.

이와 같이 북핵 폐기에는 기회비용과 매몰 비용이 동시에 자리 잡고 있음을 알 수 있다. 따라서 우리는 이러한 기회비용의 최소화와 매몰 비용의 오류로부터의 탈피를 위해 최대생산을 위한 생산가능곡선의 우상향을 추진해야 한다.

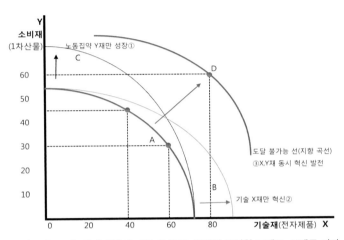

〈그림 3-29〉 경제 성장에 따른 생산가능곡선의 우상향 그래프, 그래프-저자

앞서 언급한 바와 같이, 생산가능곡선이 증가하기 위해서는 자원개발, 노동력의 증가, 기술발전을 통한 경제 성장 등이 주요 요건이다. 그러자면, 이 세 가지 요건 중 최소한 하나를 증가시켜야 한다. 그런데 한반도는 지하자원이 풍부한 곳도, 인구 감소에 따라 과거처럼 낮은 인건비의 우수한 노동력이 풍부한 상황도 되지 못한다.

결국 이를 위해서는 기술진보를 통한 노동생산성의 증가가 현실적이며 미래지향적인 답이 될 수 있다. 그러자면 한국은 세계 일류의 기술혁신을 더욱 가속화하고, 북한은 노동집약적 생산체제를 빠른 속도로 벗어나야 한다. 그런데 여기서 한 가지 더 고려해야 할 점은 위 그래프에서처럼 X재인 기술재만 혁신 성장하거나 Y재인 소비재만 따로 성장하는 것보다는 X, Y재가 동시에 혁신적으로 발전, 성장하는 것이 효과적이라는 점이다. 그래서 쌍방의 경제 분모가 안정적으로 튼튼하게 커지게 하고 분자인 북한 핵 유지 관리 비용은 정체 혹은 감소시키는 일이 바람직하다.

따라서 혹자들이 제기하는 쌍방 동시 핵 제조 기술 보유 및 핵무장 감행 후 강 대 강 대치 주장은 경제학적 측면에서는 기회비용으로 인한 부담이 몇 배로 늘어나는 비효율적인 논리가 된다. 따라서 이를 정리한다면 '북핵 폐기 투입 기회비용=평화의 비용'의 역설적인 등식이 성립하는 셈이다.

그 때문에 한반도에서의 핵 문제는 양측 간에 상당한 규모의 비용 상승을 점증시킬 것이며, 이는 기회비용의 증가와 매몰 비용의 발생 그리고 이러한 오류의 반복을 유발할 수 있는 만큼 기술발전을 통한 쌍방 간의 경제 성장을 위해 앞으로 나아가야 한다.

그런데, 여기서 엄연히 존재하는 2가지 방향에서의 이론(異論)이 공존하는 것을 부인할 수는 없다. 한 가지는 위에서 살펴본 경제학적 측면이며 다른 한 가지는 비경제학적 입장에서의 이견이다. 이 두 가지는 결코 양립할 수 없을 것 같으나 상호 인정하지 않을 수 없는 일종의 현실 게임과도 같다.

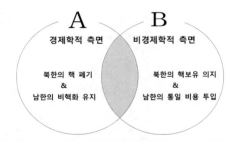

〈그림 3-30〉 한반도 평화의 비용 교집합 조건, 그래픽-저자

핵이라는 이름의 청구서

즉, 한반도의 평화가 성립하기 위해서는 ① 경제학적으로는 북한 핵 폐기-남한의 비핵 상태 유지를, ② 비경제학 분야인 군사, 정치, 사회 등에서는 북한 핵 보유 의지-남한 동일 비용 투입 등 이 2가지 조건이 교집합을 이루어야 한다는 점은 현실적으로 부인키 어렵다는 얘기다.

2-2. 한계비용 전쟁

우리는 전쟁에서의 승리 비용을 경제적으로는 어떻게 해석해야 하며 어떻게 구체화할 수 있는가에 대한 궁극적인 질문에 자주 직면하게 된다. 그런데 그 해답은 우리가 접해 온 가까운 지식 속에 들어 있다. '적의 한계비용 증가'이다. 또한 승리의 방법과 관련해서는 이 비용의 증가로 적이 느끼게 될 '재화에 대한 궁극적인 수요의 증가'라는 또 다른 해답을 제시해 준다. 쉬운 예의 하나로 적을 높은 산악 지대에 오르게 하는 등 인적 자원을 소모하게 함으로써 휴전이나 협력의 장으로 나오도록 하는 일도 경제학적으로는 적의 한계비용의 증가로 인한 승리의 유인(誘因)으로 해석할 수 있다.

한편, 전쟁뿐만 아니라 우리가 제1편에서 줄곧 다뤄온 핵 사태로 인한 천문학적 비용(인명 피해)이 발생하지 않도록 하기 위해서는 경제적 구속력(Economic Curb)을 강화시키는 일도 중요하다. 이에 필자는 우선 한계비용의 증가 부분부터 설명하기로 한다.

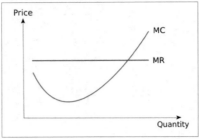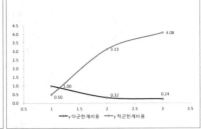

〈그림 3-31〉 한계비용-수입 곡선, 그래프-위키피디아(좌)[362]와
적군과 아군의 한계비용체증 전쟁, 그래프-저자(우)

위 도표에서와 같이 비용은 초기에는 감소하는 것같이 보이나 규모가 커지게 되면 생산 비용의 증가 폭이 생산 수량의 증가 폭보다 더 가파르게 초과한다. 이것이 일반적인 한계비용체증의 법칙이다. 그런데 이와 같은 일반 한계비용 이론의 조건은 어디까지나 정상적인 국면에서의 경제적 생산 행위 때라는 전제를 바탕으로 한다.

그러나 우리가 알고자 하는 전쟁과 관련한 군사경제학에서의 한계비용은 사뭇 다를 수밖에 없다. 즉, 일반 한계비용이 MC=$\dfrac{\Delta C}{\Delta Q}$의 개념이라면 적군과 한계비용 전쟁은 아군은 최소한의 비용을, 적군은 최대한의 비용을 쏟아붓게 만들어야 하는 숫자의 전쟁이란 얘기다. 그래서 각각의 전쟁 시의 상대 한계비용체증은 다음과 같은 공식이 된다.

$$A(\text{아군}) = a \times \frac{1}{x^2}, \quad B(\text{적군}) = \frac{1}{a} \times x^2 \ (a : \text{단계별 상수}, \ x : \text{공격 단계 지수, 저자})$$

이러한 군비 경쟁은 냉전이 한창 진행 중이던 1980년대 초 미국 레이건 행정부가 소련 공산당 정부를 상대로 한 군비 경쟁 압박 작전이 어떻게 해서 성공했는지를 군사경제학에서 단적으로 증명해 주고 있다. 이는 막강한 경제적 기반을 가진 미국과 허약한 경제를 바탕으로 한 소련의 군사 중심 경제 체제가 장기간 상대 한계비용체증 상황에 직면했을 때 경제적 약자는 무너질 수밖에 없다는 사실을 증명하기도 한다. 2020년대 이후를 살아가는 대한민국과 북한이 만약 1:1 경쟁 체제라면 이 또한 쉽게 가늠할 수 있는 대목일 것이다.

그러나 불행히도 대한민국은 이러한 미·소 양국 간의 1:1 경쟁 체제가 아닌 다중 복합적 경쟁 구도 체제하에 놓인 관계로 북한을 쉽사리 공략하거나 굴복시킬 수는 없다. 때문에 어느 한쪽이 상대를 쉽게 굴복시킬 수 없는 만큼 일반 한계비용 곡선은 군사적 상대 한계비용체증 곡선과는 다를 수밖에 없다는 점도 분명해진다.

그런데 이러한 논리가 등장하는 이면에는 왜 적의 한계비용 증가가 종전으로 가는 게 시급한 일인가에 대한 궁금증이 나올 수 있을 것으로 보인다. 이의 설명을 돕기 위하여 필자는 아래에 도식형 그림을 준비하였다. 아군은 최소 비용의 한계비용을 통해 적군으로 하여금 최대 비용의 한계비용을 이끌어내야 하는 모델을 아래와 같이 제시하고 있다.

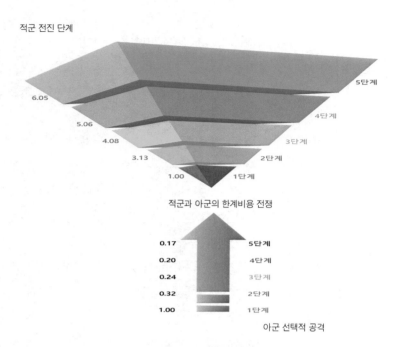

적군 전진 단계

6.05 ... 5단계

5.06 ... 4단계

4.08 ... 3단계

3.13 ... 2단계

1.00 ... 1단계

적군과 아군의 한계비용 전쟁

0.17 5단계
0.20 4단계
0.24 3단계
0.32 2단계
1.00 1단계

아군 선택적 공격

아군과 적군의 바람직한 한계비용체증감 변화

a	x	y 아군 한계 비용	a	x	y 적군 한계 비용
1	1	1.00	1	1	0.50/1.00
2	2.5	0.32	2	2.5	3.13
3	3.5	0.24	3	3.5	4.08
4	4.5	0.20	4	4.5	5.06
5	5.5	0.17	5	5.5	6.05

a: 단계별 상수, x: 공격단계 지수

〈그림 3-32〉 적군과 아군의 한계비용 전쟁 다이어그램, 저자 작성

　위의 다이어그램과 표는 군사적 대치와 한계비용과의 관계를 형상화하고 있다. 아군이 적군을 한계비용 증가로 제압하는 것으로 아군은 단계가 진행될수록 감소를, 적군은 진행 단계에 따라 누적 기회비용 지수가 쌓여 감을 나타내고 있다. 이는 마치 적 1진의 우수한 부대가 섬멸되고 난 후 다음 2진이 1진으로 올라설 경우 역시 분쇄되

핵이라는 이름의 청구서

고, 이후 3-4-5진도 같은 순으로 차례로 분쇄될 경우 선뜻 1진에 나서기를 꺼리는 것과 같은 형태의 전투가 된다.

아군은 소수의 힘이지만 선택과 집중에 의해 1진만 집중적으로 공격함으로써 적의 진군을 막는 것과 비슷하며, 만약 적군이 이러한 무리수를 감행하면서 계속하여 다음 1진을 대체하며 전진할 경우 발생하는 한계비용체증은 위의 공식과 같이 눈덩이처럼 불어나는 원리이다.

결과적으로 X축의 단위 폭 차이에 따라 상대 한계비용체증량은 증감할 수 있으나 선택과 집중에 의해 1진만을 공격하는 아군의 체감량을 감당할 수는 없게 된다. 결국, 이렇게 연속적으로 한계비용 체증이 과도해진 적군은 아군과의 한계비용 전쟁에서 패퇴함으로써 전쟁은 종결된다는 논리이다. 그러나 이러한 선택과 집중이 이루어지기 위해서는 탄탄한 경제적 배경이 뒷받침되어야 함은 물론이다.

2-3. 상업평화로의 이행

그러나 이러한 한계비용 전쟁은 이미 결론이 나 있는 상태나 다름없다. 다시 말해서 남북 간의 한계비용 전쟁은 미·소 간의 경쟁과는 상대가 되지 않을 만큼 작은 규모(북한)와 세계 10위라는 큰 규모(한국) 간의 싸움이라는 무의미한 일이 될 수도 있다는 얘기다. 따라서 우리는 한 단계 더 성숙한 다른 방도에 대한 연구를 해야 한다.

그중 가장 현실적인 대안은 북한을 상업평화 체제로 이끌어 항구적인 평화 체제로 정착시키는 일이다. 여기서 상업평화 체제란 아직 학계에서 일치된 정의를 내린 적은 없으나 여러 학자와 정치·경제·군사 분야의 의견을 종합하여 필자는, '군사적 긴장 관계에 놓인 지역에서 국가 혹은 당사자들이 상호 간 상업적 경제활동을 통하여 이익 관계를 형성하고 이를 정착시키기 위하여 평화적 관계를 형성하고 이를 체제화하는 것'이라고 정의하고자 한다.

그런데, 북한에게 있어 이 방안은 사실상 국제 경제 질서로의 편입을 의미하는 것으로 북한이 과거에는 결코 경험하지 못한 미증유(未曾有)의 거대한 실험이자 새로운 도약의 기회가 될 수 있다. 이를 통하여 한국은 장기적으로 한반도의 평화를 도모하고, 북한은 인민들의 불만을 잠재우고 체제의 안정을 담보할 수 있는 호기로 삼을 수 있다.

한편, 여기에 힘입어 북한이 이 방안을 선뜻 수용하고 핵의 전면 폐기를 완수하고 한국이 원하는 방향으로 평화 체제를 완성할 수 있을 것이라는 장밋빛 전망이 일고 있다. 반면, 이러한 전망이 마땅히 타당할 것이라는 당위성 논리가 난무하고 그럴싸한 추측성 논리에 함몰되어 이와 같은 시도가 일방적으로 추진될 수는 없다는 주장 또한 팽배하다. 따라서, 아래에서는 북핵 폐기와 한반도의 평화를 위한 경제학적 접근 방법인 상업평화 경제 이론의 현실성과 타당성에 대한 찬반양론을 게재함으로써 독자들의 판단에 맡기기로 하였다.

옛 속담에 "돈이 없으면 적막강산이요, 돈이 있으면 금수강산이라." 라는 말이 있다. 동서고금을 통해서 볼 때 돈의 소중함을 느끼게 하는 표현은 숱하게 많다. 그러나 핵 문제와 관련한 북한의 경제 개방과 관련하여 이보다 더 정확한 속담 표현을 찾아보기란 힘들다. 여기서 적막강산은 국제적인 제재로 고립된 북한 경제의 현 상황을, 금수강산이란 개혁 개방을 통해 많은 관광객과 경제인들을 불러 모으는 등 본격적으로 세계를 향해 나아가 경제를 성장시킴을 의미한다.

그러나 그 과정에는 반드시 넘어야 할 물과 산들이 매우 많다. 이러한 과정은 반드시 경제적 연관 활동을 통한 평화적인 방법으로 이뤄져야 한다. 북한으로서는 익숙하지 않을 것이다. 과거 김일성이 언

핵이라는 이름의 청구서

급한 "물과 공기만으로 살 수 있다."라는 말이 얼마나 허식적이었던가를 깨닫게 됨을 의미한다. 이는 공기 면역법이 아닌 상업평화 방법론이 북한 체제에 뿌리를 내려야 함을 의미한다.

2-3-1. 상업평화 체제 진입에 대한 긍정과 부정

그런데 이러한 북한의 상업평화 체제로의 진입에 대해서는 긍정적인 입장과 동시에 부정적인 의견이 뚜렷하게 나뉘어 있다. 때문에 여기서는 이미 언론과 학계를 통해 알려진 정·부 양론에 대한 의견을 요약정리하여 독자들 판단의 몫으로 남기고자 한다.

① 북한 경제의 내구성에 관한 부분이다. 상업평화에 대해 부정적 입장에서는 한국과 국제사회가 주도하는 상업평화 구도에 쉽사리 동승하리만큼 북한 경제가 그리 만만치 않다고 주장한다.

그 근거로는 2017년 북한의 명목 국내총생산(GDP)이 36.4조 원으로 2016년의 36.1조 원에 비해 0.77% 증가하였고, 북한의 내수 시장을 뒷받침하고 있는 수입액은 37.7억 달러로써 2016년의 37.1억 달러에 비해 오히려 늘어난 사실과 2017년 1월부터 11월까지 북한 시장에서 거래되는 쌀값(㎏당 5,000~6,000원)과 시장 환율(북한 원/미화 1달러당 8,000~8,100원) 그리고 유류 가격(휘발유: 15,990~18,750원) 등이 대체로 안정적으로 관리되고 있는 것[363]으로 나타난 점을 들고 있다.

결국 국내총생산의 규모 변화가 미세하고, 인민들의 실생활에 영향을 미치는 장바구니 물가가 안정적인 추세를 보임으로써 상업평화 체제로의 전환을 서두를 만한 유인은 나타나지 않는다고 보았다.

반면 긍정적인 쪽에서는 북한의 1인당 GDP는 세계 최하 수준에 놓여 있으며 2017년 이후 수출입의 대폭 감소와 무역수지 적자 폭의 확

대로 유동성 문제가 불거져 나올 것으로 보여 인민들의 보이지 않는
압력에 따라 상업평화 트랙에 오르지 않을 수 없을 것으로 본다.

"북한의 2017년 경상수지 적자가 약 20억 달러(수출액: 17.7억 달러, 수입액: 37.7억 달러)에 이르렀으며, 2018년 8월까지 북한 수출입의 90% 이상을 차지하고 있는 중국의 대북 수출이 약 38% 줄었고, 수입액도 88.1% 급감하여 전년 대비 수입 40%, 수출 90%가 급감한 상태이다."[364]

특히 인민 생활의 안정에 절대적인 수입액이 40%대로 주저앉은 부분은 체제 안정에 심각한 결과를 가져올 수 있어 이제부터는 서서히 한국과 미국이 지원해 주는 상업평화 체제로 발을 내딛지 않을 수 없는 시점에 이른 것으로 보고 있다.

② 의사결정 관련 정치 권력 구조상 차이이다. 긍정하는 입장에서는 주도적인 정치 세력이 1인 독재체제이며 유일 존재인 수령의 영도 하에 모든 것을 1인이 결정하는 대로 따라야 하는 정치 구조이므로 경제적 상황이 어렵다고 판단될 경우 1인의 결정에 따라 신속하게 체제를 전환할 수 있다고 본다.

트럼프 미국 대통령과 수차례에 걸친 북·미 정상회담을 개최하고 자연스럽게 전 세계인의 관심을 받게 된 것은 1인 독재체제이기 때문에 가능하다는 평가가 나온 것도 이 때문이라고 본다. 즉, 좌고우면 해야 할 민주주의 국가의 정치 리더십에서는 내리기 힘든 결정도 쉽게 내릴 수 있는 결정 능력이 주어졌으므로 가입이 용이하다고 본다. 따라서 굳이 서방 세력과 손잡거나 서구 자본주의에 대해 탁월한 식견을 견지해야 할 필요성은 없다고 보는 시각이다.

반면, 부정적 이론은 북핵이라는 엄청난 규모의 이슈를 1인 혼자서 처리하기란 사실상 불가능한데 비록 북한의 김정은이 자신과 엘리트

들이 한배를 탄 채 북핵호를 운영하는 이른바 운명공동체 속에서 북핵 유지 세력들과 전략적 파트너십을 형성하고 있으나 이는 새로운 형태의 낮은 단계의 정치 권력 시녀화 속의 일부라고 볼 수 있다. 그러므로 상업평화 체제 가입에 절대적 요소인 체제 변경과 관련하여 복잡다기한 처리 과정에 대한 유연한 의사결정을 쉽사리 내릴 수는 없다고 본다.

따라서 북한식 1인 독재의 특징인 경직화된 수령 중심주의로는 자신의 입지를 흔들 수 있는 다변적 개별 요소들의 인정을 체제의 불안정화 요소로 인식할 수 있어 실현 가능성이 낮다고 본다. 즉, 중국의 덩샤오핑이나 베트남의 레주언과 같이 공산권 내에서 대외개방 정책을 펼 수 있는 선진화된 국가 경제 경영 기법을 터득한 인물과 이를 뒷받침할 백업형 정치 시스템이 북한에는 존재하지 않는다는 주장이다.

③ 대외무역 주도 세력의 차이이다. 부정적인 측면에서는, 북한의 김정은과 그의 정치 세력은 핵이라는 물리적인 힘에 의존하는 경향이 점점 강해지고, 미국이라는 강한 세력에 의해 평양이 초토화되어 사실상 패전을 경험한 쓰라린 과거를 지닌 피해 의식으로 인해 의심과 경계의 시각으로 외부 세력을 보는 경향이 강하다고 본다.

반면, 프랑스와 중국 그리고 미국마저 꺾었다는 강한 자부심으로 자력 안보 확보라는 강한 민족주의를 지닌 호찌민의 베트남은 핵 없이도 얼마든지 세계 정치질서 속에서 살아남을 수 있다는 자신감으로 가득 차 있다. 이와 달리 한국과 베트남 같은 비핵국가들과 견주어 볼 때 북한의 김정은 정권은 시장에서 살아남기 위한 경쟁주의 성향이 부족하고 국가와 민족을 위한다는 철저한 민족주의 정서도 결여된 문제점 많은 주도 세력이라고 볼 수 있다. 따라서, 북한의 상업평화 체제로의 진출은 '시작부터 다른 마인드 프레임(Mind Frame)'에서 출발해야 한다고 본다.

한편, 긍정적인 입장에서는, 북한이야말로 베트남보다 더 오랜 국제 교역의 역사를 지니고 있다고 본다. 베트남은 1986년에야 이르러 도이머이 정책으로 개방경제를 본격적으로 시작했지만, 북한은 한국전쟁 직후인 1957년에 이미 무역성을 설립하면서 사회주의 국가와 무역을 시작한 역사를 지니고 있다는 것이다.

더군다나 1971년부터 시작한 서방권과의 차관 금융거래를 시작으로 일본과는 플랜트 수입을 실시하였으며 1978년 9월에는 늘어나는 외화 수요에 대처하기 위하여 조선금강은행을 설립[365]하는 등 외환업무 및 국제교역의 기틀을 1970년대 초부터 닦은 기록을 갖고 있는 점으로 미뤄보아 북한이 김정은 체제 이후 완전히 새로운 개념의 대외무역을 실시해야 한다고 주장하는 부분은 어불성설이라고 보는 것이다. 즉, 대외무역 경험상 북한이 베트남보다 더 노회한 무역 전략을 구사할 수 있는 세력을 지니고 있다고 본다.

④ 안보와 경제, 병진에 관한 차이점이다. 상업평화와 관련 가장 상극의 위치에 놓인 논점이다. 과연 경제와 안보가, 특히, 핵 폐기냐를 놓고 첨예하게 대립하는 상황에서 경제를 핵과 동시에 끌고 나갈 수 있느냐의 병진 이념에 대한 근본적인 양론이다.

긍정적으로 바라보는 입장은 크게 두 부류로 나뉜다. 첫째는 북한을 사실상 핵보유국으로 인정할 수밖에 없는 단계이므로 경제는 선택사항일 뿐이라는 시각이다. 둘째는 그에 맞서 한국도 핵무장을 하여 상호 대등한 관계에서 핵 대 핵, 그리고 경제 대 경제의 관점에서 바라보자는 시각이다. 따라서, 핵을 포기하고 경제를 선택하든가 아니면 경제를 포기하고 핵을 선택하라는 논지를 이분법적 사고로 받아들인다.

이와 달리 부정적인 입장에서는 북한에게 핵 보유를 인정하는 행위는 북한에게 절대적인 힘을 부여함으로써 장차 북한의 요구에 끌려다닐 수밖에 없는 피동형 권력 관계에 놓이게 할 것이므로 상업평화 체제가 결코 이루어질 수 없다는 입장이다. 이미 수차례 핵의 노예에 관한 언급이 있었듯이 북한의 핵무기 인정은 한국이 핵 조공국으로 전락하여 북한에 경제 조공을 해야 하는 피지배 계층화가 진행되므로 결코 받아들일 수 없다는 입장이다.

⑤ 생산과 공급의 연속성 문제이다. 이 대목은 북한이 상업평화 체제로 전환하는 데 있어 갖춰야 할 가장 기본적인 공급 활동에 대한 경제 마인드를 판단하는 부분이다. 특히, 소재·부품의 원자재→중간재→최종재까지의 제품 생산 가치사슬(Value Chain)로 이어지는 구조에서 한 단계에서라도 문제가 생기면 이 체인은 장애가 발생하거나 심지어는 붕괴하게 된다.

그와 마찬가지로 생산지 및 유통과정에서도 동맥경화 현상이 발생할 경우 경제 메커니즘 자체가 큰 타격을 입어 더 이상 신뢰 관계를 유지하기 힘들어진다. 대표적인 경우가 2018년 발생한 미-중간 무역전쟁에서 원자재인 미국 곡물에 대한 중국의 관세 부과로 중국 시장이 동요하고 미국 농민들도 어려움을 겪은 사건과 2019년 들어 발생한 중국의 화웨이 제품에 대한 중간재 공급 제한과 한-일간 발생한 불화수소 공급 제한 사태는 이러한 문제점의 심각성을 잘 보여 주는 경우이다.

그런가 하면, 수요 및 생산이 상승하던 시기에 공단을 폐쇄하고 남한 인력이 전원 철수한 개성공단 사건의 경우는 생산지와 유통망 자체를 경색시킨 대표적인 경우로 상업평화 체제에 앞서 반드시 짚고 넘어가야 할 확인 대상이라고 할 수 있다. 위의 이러한 부분에 대한 긍정적, 부정적 입장을 살펴보면 다음과 같다.

우선, 긍정적으로 바라보는 시각에서는, 북한은 자신들에게 이익이 되는 부분일 경우 약속을 깨트리거나 무산시키지는 않는다고 본다.

개성공단과 금강산 관광도 한국의 정치적 판단에 의해 중단된 바이지만 북한이 먼저 철수나 중단을 시도한 적은 없다는 것이다.

그리고 소재·부품 중 원자재 수출에서 북한만큼 적극성을 띠는 곳도 많지 않다고 주장한다. 북한의 해외 수출 주력품인 무연탄과 수산물은 원자재 성격을 띠는 물품이며, 의류 임가공도 완제품이기 전에 중간재 성향이 강한 만큼 이를 마다할 이유는 없으며, 해외에 체류 중인 수만 명에 이르는 해외 노동자들의 존재는 '돈을 위해서는 무엇이든 한다'는 북한의 절실함이 배어 있어 한국과 동맹국이 생각하는 만큼 무턱대고 가치사슬 관계에 해로운 행위를 하지는 않을 것으로 보고 있다.

따라서 점진적으로 신뢰 관계를 형성해 나가고 한국과의 경협이 북한 경제발전에 득이 된다는 사실을 충분히 인지하게 될 경우, 여타 동남아 국가들보다 더 좋은 조건에서 중간재 생산 라인망을 구축할 수 있고 최종재 교역은 문제없이 진행할 수 있으리라고 본다.

이에 반해, 부정적으로 바라보는 시각에서는, 북한이라는 존재 자체를 불신의 대상으로 바라본다. 이는 경제적인 부분보다는 정치·군사적 측면에서 바라보는 시각이 우세하다. 한국전쟁, 각종 무장공비 침투 사건, 연평-서해교전, 천안함 폭침 사건 등 비일비재한 사건들로 인한 신뢰 관계 부재는 경제활동 체인인 가치사슬 관계를 언제든지 훼손할 수 있는 집단으로 바라보고 있다.

예를 들어 만약 러시아-북한-한국을 잇는 천연가스 공급 라인이 완공된다고 하더라도 북한의 정치적·군사적 도발로 갑자기 공급이 끊기게 되고, 나진-선봉에서 하산으로 이어지는 무역지구에서 선적하여 한국으로 적시에 도달해야 할 연해주산 제품이 북한의 개입으로 늦춰지거나 중단될 경우 그 피해는 한국 기업이 고스란히 떠안아야 할 부분이라고 본다. 더군다나 전자제품 소재를 개성공단 등 무역특

핵이라는 이름의 청구서

구지역에서 생산할 경우 자칫 첨단소재 제품이 전략 무기화될 경우 이는 국가 안보에 미치는 파급효과가 상당해 이런 류의 거래는 불가하다는 입장이다.

이상에서와 같이 필자는 다섯 가지 항목에 걸쳐 상업평화론이 한반도에서 성공할 수 있기 위한 전제조건에 대한 긍정, 부정 양론에 맞추어 정리하여 보았다. 그런데 가장 중요한 점은 북한의 핵무기와 핵 폐기에 관해서는 한국이 결코 양보할 수 없다는 사실과 북한이 현재의 경제 상황을 타개하기 위해서는 어떤 식으로든 자본주의 경제 체제를 일정 부분 받아들이지 않으면 안 된다는 점이다. 그런가 하면 한국은 서방이 중심이 되고 한국도 편승해 온 자본주의 경제 체제가 결코 완벽하지 않다는 사실을 깨달아야 한다. 북한과의 경제협력, 더 나아가 평화는 상업적 거래로 완성된다는 상업평화론에 부합하기 때문이다.

따라서, 한국에서는 베트남이 보여 준 국가자본주의 모델이 북한에서도 일정 부분 성공적으로 정착할 수 있도록 지원과 인내를 아끼지 말아야 하며, 핵 보유는 물론 핵 동결 등의 소극적인 행위도 결코 한반도 평화에 도움이 되지 않으며 장기적으로는 한국과 일본의 핵무장으로까지 이어질 수 있다는 점을 분명히 각인시켜 주어야 한다.

2-3-2. 상업평화 이론 완성 과정

그러면, 다음 단계로, 이러한 상업평화 이론을 완성하기 위한 과정으로는 어떤 것이 있는지 살펴보기로 한다. 여기서는 베트남의 도이머이(1986년) 개방개혁 정책을 본보기로 북한이 수용할 수 있는 방향을 재설정하였다. 북한을 상업평화로 이끌기 위해서는 3가지 핵심 분야를 설정할 수 있는데, 1) 인프라 구축과 2) 국제기구 가입 등 국제

무역 질서 편입 및 3) 기존 적성 국가와의 관계 개선이다.

이렇게 세 분야를 핵심요소로 꼽은 이유로는 북한의 경제 개방과 발전을 논할 때 대부분의 경우 금융 개방 문제에 집중하는 경우가 많을 경우 다른 중요한 부분을 놓칠 수 있는데 이러한 쏠림 현상으로 인한 문제점을 보완하기 위한 것으로, 공산 경제 체제에서 시장 경제 체제로의 체제 전환기에 반드시 선행되어야 할 6가지 단계의 성공적 진행(① 가격 자유화→② 소규모 자유화→③ 무역 자유화→④ 대규모 사유화 →⑤ 기업 구조조정→⑥ 경쟁 정책 시행) [366]과 더불어 이 3가지 핵심 분야의 개선은 상업평화 체제 가동을 위한 초석에 해당한다.

먼저, 인프라 구축 부분이다. 이 부분에 있어서는 가장 전문성을 띠는 국토건설부 산하 국토연구원의 시장 지향적 제도 개선과 국제 공조 체제 구축을 위한 베트남식 개발 가이드라인을 인용하고자 한다. 여기서는 총 4개 분야별 핵심 추진 사항을 제시하고 있다.

① "토지: 민간의 토지사용권을 광범위하게 인정하는 방향으로 제도를 개혁하고, 외국인 투자 유치를 위해 토지 취득, 이용 제도를 개선한다.
② 인프라: 국제금융기구의 공적개발원조(ODA)를 활용하여 주요 인프라를 확충한다.
③ 산업단지: 외국인 투자 유치를 위한 시장 지향적 제도를 구축하고, 주변 국가의 민간 기업들과 협력하여 경제자유구역을 조성한다.
④ 주택: 주택 수요 급증에 대응하는 공공 부문의 주택 공급을 확충한다." [367]
등 4가지 요소를 북한 측과 사전에 공유하는 것을 권유하고 있다.

이러한 인프라 구축 단계가 시작됨과 동시에 북한이 반드시 거쳐야 할 과정으로는 국제무역 질서에 편입하는 일이다. 이와 관련해서는 언론 기고문 중 핵심 내용을 인용하기로 한다.

핵이라는 이름의 청구서

"① 먼저 IMF와 세계은행에 가입한다. ② 아시아 개발은행(ADB)·아시아 인프라 투자은행(AIIB) 가입도 자연히 뒤따른다. 국제금융기구 가입과 함께 북한은 ③ 국제 기준에 따른 통계 작성, ④ 원조 수용 역량 강화 등 기술 지원과 기초 인프라 확충 자금 지원을 받는다. 그러면 ⑤ 선진국 등 국제 사회도 북한에 대한 공적개발원조(ODA)를 시작한다. 여기에 북한은 ⑥ 관세 혜택을 받을 수 있는 무역협정을 국가별로 체결한다. 무역협정 체결은 북한의 수출을 획기적으로 증가시킬 것이다. 마지막으로 ⑦ 북한의 세계무역기구(WTO) 가입이다. 북한의 WTO 가입은 국제 질서에 성공적으로 편입된다는 의미이다."[368]

그리고 마지막 단계로 적성 국가와의 관계 개선이 필수적이다. 과거 김정일 시절 이전에는 상상조차 못 했던 일들을 김정은은 해내고 있으며 국제무대에서 화려한 퍼포먼스까지 연출하고 있는 점은 이와 같은 마지막 단계의 진행을 위해서는 긍정적인 면도 있다. 이와 관련해서 북한의 김정은은 베트남 지도자의 사례를 살펴볼 필요가 있다.

1960~1970년대 수십 년간 철천지원수로 지냈던 미국과 베트남, 58,200명(미국)[369]과 808,000명(베트남, 666,000~950,765)[370]의 군인들을 각각 잃었을 만큼 국지전으로서는 역사상 유례가 없을 만큼 많은 희생자를 냈던 세계 최강국과 아시아의 크지 않은 나라, 1990년 초까지 양국은 과거를 되새기며 서로를 향해 원색적인 비난을 퍼부으며 적대시해 왔다.

그러나, 전체 인민들의 생활고와 악화되는 재정 상황을 견디기 힘들었던 베트남은 전승국이라는 자존심을 묻어둔 채 미국과의 수교를 추진했다. 베트남의 국부이자 한때 미국과는 절친("My good friend")이기도 했던 호찌민의 대를 이은 레주언은 이번에는 자신의 국부를 대신하여 도이머이의 기틀을 마련하였으며, 1995년 그의 동지였던 레득아인은 마침내 미국의 손을 잡았다. 자존심보다는 자긍심으로 미국과 수교를 완성한 순간이었으며, 베트남은 이를 계기로 경제적으로 성장하는 기틀을 마련하였다. 그 이후 연속적으로 서방국과 수교를 맺음으로써 베트남은 대망의 국운 융성의 길로 접어들게 되었다. 북한이 내놓아야 했던 모범 답안을 베트남이 먼저 써 내려갔던 것이다.

그런데, 한반도의 번영과 경제적 평화를 위해서라면 필수적으로 앞으로 나아가야 할 이러한 "상업평화 이론에 부정적인 시각을 드러내는 곳"[371]도 분명히 있다. 그러나, 핵으로 인한 공포를 돈과 연계시키고 평화로 가기 위해 입증된 가장 미래지향적이며 현실적인 대안은 상업평화론이다. 따라서 군사경제학에서는 상업평화 이론을 심층적이며 다각도에서 지속적으로 연구하여 북핵과 핵 사태 이후의 모습까지도 그려낼 수 있는 학문적 체계를 완성해야 할 것으로 본다.

2-4. 핵 비용 청구서

지금까지 우리는 핵 자체와 북한 핵이 주는 영향 등을 핵 이론에서 군사경제학에 이르기까지 오랜 시간에 걸쳐 살펴보았다. 이와 관련 필자는 7년이란 시간을 이 연구에 몰두하였으며 실로 방대한 자료를 섭렵하면서 여기까지 왔던 것도 굳이 숨기지 않으려고 한다. 때로는 기초 핵물리학에서 핵 사태와 관련한 역사적인 기록물까지, 전쟁사에서 핵 사태로 인한 피해 연구 분야까지, 그리고 이러한 일들이 군사경제학적으로 어떻게 연관되어 우리 국민들의 실생활에까지 영향을 미치는가도 다각도에서 연구하였다.

그러나 이 마지막 장을 나가기 전에 잊지 말아야 할 점은 이 연구는 북한이라는 핵을 가진 존재를 내면적으로 이해하고 이를 통해 무탈(無頉)하게 핵을 버리게 하면 세계 경제 질서와 흐름에 동승시킬 수 있으리라는 식의 낙관적·관망적 연구 방법이 아니라는 점이다. 또한 북한이 핵무기를 포기했을 경우 발생할 혜택을 안내하고 지금 당장 핵 개발과 핵실험을 멈춰 공멸의 길을 가지 말자는 형태의 슬로건적 접근 방법은 더욱 아니다.

이에 이 연구서는 북한과 한국 모두에게 핵의 위험을 알리기 위해 객관적인 데이터베이스와 계량적 환산을 통해 핵으로 인한 물적·경제적 피해가 얼마인지를 밝히는 행태론적 연구 방법(Behavioral Approach)으로 접근하였다는 점을 분명히 하고자 한다.

결국 필자가 제시하고자 하는 바는 바로 '한반도에서의 핵이 냉정하게 요청할 비용 청구서'인 셈이다. 따라서 마무리 이전에 우리는 이 핵의 비용 청구서는 얼마인지 위 본문의 내용을 바탕으로 한국이라는 미래의 가상 핵 피해국이 부담해야 할 비용을 제시하기로 한다.

여기서 핵 사태로 인한 피해액 산정은 상기에서 언급한 경제학적 혹은 회계상 관점이 아닌 국민들이 체감적으로 느끼는 실생활 차원에서의 예상 피해 규모를 구체적으로 규명하는 데 주안점을 두었다.

■ 인명 피해액, ■ 건축물 등 부동산, ■ 토지 등 부동산, ■ 차량 피해, ■ 가재도구·잔존물 제거비·농작물 등 기타 부분 피해액 등 실소유·실생활·실피해의 3실(實)에 기초한 손실액을 국토부 공개 자료, 서울시 공개 자료, 부동산 실거래 자료(네이버, 부동산 114), 부동산 지적도 자료, 소방법 제81조 및 소방재청 훈령 제3조에 의거한 소방공무원 근무규정 제25조에 의한 화재현장조사를 기반으로 작성하였음을 밝혀둔다.

2-4-1. 피해 지역 및 범위 설정

필자는 위에서 역사적 사실에 의거, 히로시마-나가사키급 핵폭탄 투하 시 발생할 피해 내용을 기술한 바 있다. 그런데 2020년대를 기점으로는 100KT을 기준으로 발생할 수 있는 핵폭탄의 위력과 피해 범위를 재설정하고 이를 핵 비용 청구서로 갈음하고자 하였다. 그 이유로는 크게 두 가지이다.

첫째, 1940년대 이후 핵폭탄 제조기술의 발달에 따른 현실성을 감안, 북한이 2017년 9월 성공하였다고 주장한 수소폭탄 규모가 100KT에 달한다는 의견이 많다는 점,

둘째, 아래의 인적·물적 피해액을 추산하기 위해서는 현시대에 맞는 피해액 손실 추산 규모와 단가 등이 적용되어야 하기 때문이다.

아래의 경우는 100KT 규모의 핵폭탄이 서울시청에 투하되었을 경우 서울 시내를 중심으로 한 피해 지역명 및 예상 피해 내용을 필자가 수작업 자료 입력 후 정리한 내용이다. 참고로 범위 설정을 위한 기본 검색시스템은 "Nuke Map by Wellerstein"[372]을 활용하였다. 그 이유는 대한민국 국방홍보원에서 인용한 자료와 미 국방부가 시뮬레이션한 20KT대 피해 범위보다 더 보수적으로 나왔으며, 각 범위별 피해 상황 등이 보다 구체적으로 서술되어 있으며, 풍부한 시뮬레이션 결과를 바탕으로 연구자들이 희망하는 지역을 대상화할 수 있으며, 필자가 검증한 시스템 중 가장 신뢰성이 높았기 때문이다. 이에 의거, 아래에서는 핵 사태 피해에 대한 범위를 다음과 같이 요약하고 있다.

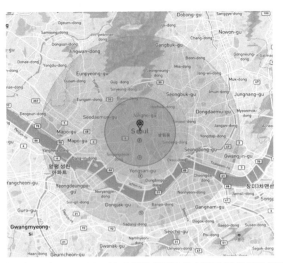

〈그림 3-33〉 Nuke Map상 100KT 핵폭발 시 서울시 예상 피해 범위,
Nuke Map by Wellerstein-저자 편집

A. 투하 지점: 대한민국 서울특별시 시청

B. 투하 핵 기종: W-76(common in the U.S.&U.K. SLBM arsenal, 100KT)

※ 2017년 북한 실험 수소폭탄은 100KT이 아닌 150KT으로 일부 인지되어 제외

C. 반경 단위별 피해 규모: 거리는 Nuke Map을 인용하되, 피해 규모는 여러 논문 공통부분 최대 자료 선정 및 필자 편집

① 서울시청 0.0km~0.38km(덕수궁~소공동~을지로역~세종대로 사거리, 동-북-남-서순 (順), 이하 동일): 모든 건물, 생물 증발

② 0.38km+~1.11km(서대문역~광화문~회현동~을지로3가역): 모든 물체 화재, 녹아내림

③ 1.11km+~3.26km(연세대~삼청각~전쟁기념관~동묘앞역): 모든 건물 완파, 생존율 희박

④ 3.26km+~4.38km(연희 IC 입구~동대문 풍물시장~용산역~정릉터널): 건물 대부분 반파, 전신 3도 화상

⑤ 4.38km+~9.18km(난지 노을공원~덕성여대~이수역~서울 어린이대공원): 건물 일부(유리창 등) 소실, 전신 1도 화상

이상과 같이 핵폭탄으로 인한 피해는 '5가지 반경 별 단위로 증발→

멜트다운→완파→반파(화상 3)→일부 소실(화상 1)'로 진행된다.

피해 범위 영역별 기준은 서울특별시의 행정동과 지적 편집도를 활용한 국토부 자료 검색상 법정동으로 나누어 작성하였다. 그 사유로는 서울시 빅데이터의 기준 중 생활 인구 집계는 행정동별 기준이지만 법정동은 토지와 건물면적을 명확히 명시한 지적상 토지 구획의 개념을 가지고 있고 있기 때문이다.

2-4-2. 항목별 피해 예상 내용

2-4-2-1. 인명 피해 규모

인명 피해 예측을 위한 기산일을 평일로 할 것인지, 주말 혹은 공휴일로 할 것인지에 대한 요일 선택도 사전에 지정해야 했다. 평일일 경우 근무지 내 근로자, 휴일일 경우 휴식 중인 가족 등을 감안하면 피해 인구수가 많은 편차를 보일 수 있기 때문이다. 이와 관련하여 요일 등 시간을 설정하는 문제에 있어서는 서울 시내 KT LTE 통신망을 빅데이터화한 서울시 생활 인구 추산 중 최고치를 기록한 수요일 오후 3시를 기점으로 삼았다. 이는 행정구역상 편입된 주민등록 인구수와 불일치 갭을 높일 수 있으나 적군이 겨냥하는 최대 인명 살상 효과상 필요한 시각에는 적합하기 때문이다.

해당 월은 6월로 선정하였다. 그 이유로는 1950년 한국전쟁 발발 연월이 당시 북한이 남침을 선택한 최적의 적기가 6월임을 감안하지 않을 수 없었으며, 젊은 층이 다수를 이루는 서울시의 특성상 학기와 방학의 일정 기간씩을 포함하고 있으며, 서울시를 벗어나 여유를 즐기려는 외유객 수와 1년 평균 유동인구의 접점 시기임을 감안하여 필자는 6월을 가장 적합한 월로 판단하였다.

그런데 인구수 책정은 조금 전 언급한 주민등록상 인구가 아닌 서울시에서 조사한 '생활(서비스) 인구'를 기준으로 정하였다. 그리고 최종 종합 그래픽인 '최종 핵 피해 청구 비용 다이어그램' 원 테두리 안의 생활 인구는 장기간에 걸쳐 서울시의 빅데이터인 행정동별 인구수를 일일이 환산·적용하여 원 경계선상 인구 비율까지 정확하게 수치화하였으며, 기후 변화의 예측 불가능으로 폭발 당시 날씨와 풍향으로 인한 영향권 설정은 하지 않기로 하였다. 따라서 핵폭발 시에는 그 파급효과가 원형으로 고르게 퍼져 나간다고 가정하였다.

　이와 관련, 사실 지금까지의 예측 보고서들은 풍향을 적용한 경우가 대부분이었다. 그러나 필자의 생각은 다르다. 핵폭탄의 위력은 서울 시내 한가운데일 경우 1~5 반경 단위 모두가 위험군에 속하지만, 풍향을 적용한 방사형의 경우 인구밀도와 건축물 집합도가 낮은 경기 지역에까지 영향을 미쳐 서울, 경기 지역을 통틀어 밀도와 집합도가 높은 지역에 대한 행정동별/법정동별 피해 규모 정보가 배제될 수 있고 나아가 경각심과 초(超)관심사인 서울 시내의 핵 피해 규모에 대한 국민들의 알 권리 차원에서도 풍향 미반영이 바람직하다고 판단하였다.

　한편, 사람과 최고의 친구로 일컬어지는 반려견과 반려묘도 피해 범주에 넣었다. 대상 숫자는 서울시 4가구 1견·묘로 총 250만 견·묘로 책정하되, 가치는 미국 조지아주 대법원의 판례를 적용하여 1견·묘당 7,800만 원(정신적 공감대 가치 제외, 67,000 USD[373], 2016년 6월 매매 기준 환율 ₩1,168.6)으로 책정하였다. 이렇게 반려견·묘를 사람과 같은 범주에 넣은 것은 반려견·묘를 사람과 감정이입이 가능한 존재로 인식해야 한다는 당위성을 반영한 부분으로, 법적 부동산 개념이 아닌 살아 있는 생명체와 인간과의 감정 교류가 가능한 존재에 대한 특별 배려로 인지하여야 하기 때문이다.

그러나 이를 행정동별로 희생 숫자를 계산하지는 않았다. 그 이유는 반려동물에 대한 선입견이 존재하는 상황에서 이를 굳이 적극적으로 반영하여 논지를 흐리게 할 이유는 없었기 때문이다. 하지만, 반려동물당 가치는 분명히 책정되어 사법기관을 통해 공표된 만큼 최소한 반려동물 소유 가정별로는 개별적으로 추정하는 것이 바람직하다고 판단하였다.

그리고 사람의 가치는 금전적으로 환산하지 않고 인명 수만으로 확인하였다. 만약 굳이 피해 인명을 금전적으로 환산할 경우, 사고나 사망에 의한 보험금 지급액, 산업재해로 인한 산재보험 지급금, 이미 납부한 연간 소득, 개인이 보유한 주식·저축 등 여러 자산 항목의 합을 책정 기준으로 삼을 수 있을 것이다. 그러나, 아래 건물 등 부동산과 동산 그리고 농·축·수산물 등 다양한 방면에 걸쳐 추산된 피해액 속에는 인간의 노동과 그로 인한 가치가 동시에 배어 있는 만큼 인간의 가치를 별도로 추산하게 되면 이중 산정의 오류가 발생할 수 있다. 또한, 만물의 영장을 굳이 금전적 가치로 환산하려는 시도로 인한 윤리적 오류를 범하질 않기를 바라는 필자의 의중도 반영하였다.

2-4-2-2. 핵 피해 예상 지역 건축물 면적 및 실거래가 현황

화재 피해 시 소방기본법상 건축물 포함 물건의 피해 금액 산정 시 대부분 공통으로 사용하는 적용 도구[374]를 정리해 보면 현재가, 재구입비, 소실 면적, 잔가율, 내용 연수(내구연한), 경과 연수, 최종감가율, 손해율, 신축단가 등이 있다.

이 연구서에서 건축물 피해 산정에 적용한 도구로는 재조달가액(재취득 가액, 재건축비, 설계감리비 등), 상각률($\frac{경과연수}{내용연수}$), 경년감가율[1년 정액률($\frac{재조달가액 100\% - 최종잔가율}{추정내용연수}$)], 최종잔가율($\frac{내용연수경과가액}{제조달가액} \times 100$),

손해율 등이다.

그리고 산정 금액은 각종 세액 산정의 기초가 되는 공시지가는 배제하였으며, 대신 실질적으로 국민의 자산액에 해당하는 실거래가를 기준으로 잡았다.

그리고 소방법에 의한 피해 산정 방식은 그 보수성으로 인한 현실성 부족으로 한국방재협회의 적극적 피해 산정 방식도 같이 활용하였다. 그런데 두 가지 방식 모두 공적 피해 조사라는 선결 조건 수용 후 사적 피해 부분 추론 산정이라는 방식을 취하고 있어 한국방재협회의 회귀분석을 통한 공공시설 피해와 사유시설 피해액 추산 부분은 제외하기로 하였다. 다만 그 외의 부분은 타당성을 지녔기에 적용하기로 하였다.

한편, 이러한 건물 등 부동산의 피해를 산정하기 위해서는 핵폭발 영향 범위 내의 양 기관이 조사대상으로 삼는 건물들의 형태, 신축 건물 단가, 구조, 면적, 가구 수 등을 정확하게 조사하여야 한다. 예를 들어 종로구와 중구에 밀집한 대형 오피스텔은 아파트나 일반 주택과는 산정 방식이 다르므로 건물 유형별 숫자, 연면적, 실거래액 등의 정밀한 파악이 특히 중요하다.

이를 위한 정확한 자료는 국토교통부에서 운영하는 "건축물 생애 이력 관리 시스템"[375]에서 조회한 행정구역별·용도별 조회 내용을 "네이버의 지적 편집도(40여 개 법정동 실필지 지역 대조 결과 시간 경과에 따른 재개발지구 변화 외 범위 오차 없음)"[376]에 일일이 대조하여 규모를 재측정하는 등 필자가 방대한 빅데이터를 장기간에 걸쳐 재분포·재편성 작업하여 산출한 결과물임을 밝혀둔다.

【『건축물 생애 이력 관리』상 건축물 통계 조회 조건】

1) 지역 범위: 서울특별시 25개 자치구, 2) 규모 범위: 전체, 3) 층수 범위: 1층 이상 전 층, 4) 노후 범위: 5년 단위, 5) 주 선택 단위: 연면적 등, 6) 용도별: 주거용, 상업용, 농수산용, 공업용, 문교·사회용, 기타 등으로 분류한다.

【산출 방법】

① 건축물 생애 이력상의 연면적을 우선 기준으로 하고, ② 국토부 실거래 자료상 전용면적당 매매 가격을 1차 대입하였다. 구체적으로는 연면적(㎡, 국토부 건축물 생애 이력)×전용면적당 금액(만 원/㎡, 국토부 실거래가, 2018.8.~2019.7.)을 적용하였다. 그러나 국토부 실거래 가격 공시는 실매물 거래에 비해 공시 속도가 늦은 관계로 보다 신뢰성 높다고 판단한 네이버 및 부동산 114 등 ③ 부동산 거래 사이트의 실매물 가격을 2차 대입하여 건축물의 최종 실거래 가격을 산출하였다. ④ 이후 변동되는 건축물 실거래 가격은 이 자료를 바탕으로 적용 시점 대비 가격상승률을 구하여 곱하면 될 것으로 본다. 특히, 서울과 수도권에 집중된 아파트 가격 인상 등 가격 변동 시 이 변동률을 반영하기를 권유한다.

통상적으로 면적 산출은 건축면적이나 바닥면적에는 포함되지 않는 일부분, 전용면적, 복도, 엘리베이터, 계단 등을 포함하는 공급면적을 토대로 작성하나 이는 지하층 미포함이라는 한계가 있다. 그 때문에 건축물 소유라는 측면에서는 자투리 부분까지 포함하여 면적 모두를 계산해야 하는 만큼 공급면적의 단점을 극복한 연면적을 실소유 가격 기준으로 삼아 총금액을 측정키로 하였다.

그리고 지하층 등 공급면적 기준 산정 제외 항목들이 이 연면적에 포함되어 있어 용적률은 따로 계산하지 않았다. 따라서 지하주차장을 가진 공동주택인 아파트의 경우, 개별 소유 아파트 실거래가에 지하주차장을 공동 반영한 것으로 건축물별 시가총액의 개념이 적용된 것으로 볼 수 있다. 그래서 이 계산 방법은 보다 정확하게는 전용면적, 주거 공용면적, 기타 공용면적을 포함하는 계약면적과 발코니 등 서비스면적에 지하면적을 합산한 면적 계산법이라고 할 수 있다.

그리고, 핵폭발 시 완파 범위인 1~3 범위 내에는 피해율이 100%임을 감안하여 소방법상의 피해 보상기준은 적용하지 않았으며, 부동산 및 동산 실거래가를 적용하였다. 또한 대지면적은 여기서 제외하기로 하였다. 그 이유로는 법정동별 토지 실거래가가 별도로 적용되므로 이중 산입 방지 차원 때문이다.

【적용 수식 설명】

아래 건축물별 피해 금액 산정은 ① 조회 사이트상 실매매 가격 참조, ② 연면적 및 실거래가 구하기, ③ 건축물 생애 이력 자료 재산입의 과정을 거쳐 작성되었다. 시작의 예로써 공장 건축물의 연면적 및 실거래가 산정 방식을 보면 다음과 같다. 이후 건축물별 내용은 이 과정을 거쳐 작성하였다.

① 부동산 114 및 네이버 부동산 등 사이버 조회 실매매 가격 참조(맵 밸류, 공장 넷 포함, 위 4개 사이트에 법정동별 자료 없을 경우, 최근 평균치를 행정구에 적용), 부동산별 유형에 따라 매매 거래 체결 기간은 최대 5년 내(특히, 대형 공장부지 매매 기간 긴 특성 반영)로 잡음, ② 연면적 대비 ㎡당 평균 매매 가격 추출(ⓐ $4 \leq x \leq 7$, x: 무작위 샘플링 수), 정확한 연면적 부재 혹은 판단 불가 시 건축면적>공급면적>전용면적 순으로 적용, 주변 평균 대비 70% 이하의 자료는 신뢰성 문제로 버림 처리[ⓑ Σ매매가/Σ연면적(공급면적, 건축면적)×100)>70], 매매가 없을 경우 월세를 매매가로 환산[ⓒ (연 임대료/요구수익률 5%)×100)+임대보증금)], ③ 건축물 생애 이력 관리 자료 법정동별 실생활 매매가를 적용함으로써 피해액을 피해자들의 실 자산가에 맞춤. ④ 정확도 97%[±3%, (100-(($4 \leq x \leq 7$)/실거래가 표본 합계)×100), 누락 오차 미신고분]

2-4-2-2-1. 공장 건축물

아래 표에서 보는 것과 같이 공장용 건축물은 행정구별로 편차가 심함을 알 수 있다. 금천구>구로구>성동구>영등포구 순으로 공장 건축물이 밀집되어 있음을 알 수 있으며 최다인 금천구와 최소인 은평구 간의 편차는 1,350배에 이른다.

자치구별	건축물 생애이력상 연면적(㎡)	면적(㎡)당 평균 단가 (만 원)	총 매매가 (억 원)	자치구별	건축물 생애이력상 연면적(㎡)	면적(㎡)당 평균 단가 (만 원)	총 매매가 (억 원)
강남구	36,631	361.6	1,325	서대문구	9,637	139.9	135
강동구	35,779	271.5	1,051	서초구	13,011	506.0	658
강북구	22,867	332.2	691	성동구	1,521,195	362.1	76,279
강서구	519,049	348.5	15,302	성북구	14,282	281.0	254
관악구	10,640	164.6	175	송파구	1,072,989	249.8	35,592
광진구	11,296	491.1	473	양천구	75,855	387.5	3,260
구로구	2,063,819	341.4	63,033	영등포구	1,120,854	422.8	52,652
금천구	4,955,546	225.4	90,964	용산구	36,088	337.6	1,273
노원구	41,241	277.0	1,259	은평구	3,663	165.0	60
도봉구	41,414	286.5	1,430	종로구	14,704	352.2	527
동대문구	79,820	248.3	1,556	중구	110,376	462.9	5,063
동작구	10,687	139.4	149	중랑구	25,171	204.9	553
마포구	100,468	291.0	2,881	합계	11,947,084	298.5	356,594

【핵 폭발로 인해 피해가 예상되는 각 자치구별 법정동의 연면적 및 실거래가는 별첨 부록 참조】

〈표 3-32〉 서울시 자치구별 공업용 건축물 연면적 및 실거래가 현황, 저자-작성

전반적인 특징은 건축면적 1,000㎡ 이하의 소규모 공장/창고 시설이 많았으며 큰 규모의 공단급 시설은 없는 것으로 파악되었다. 연면적(㎡)당 평균 가격은 298.5만 원이며 서울시 전체의 실매매가의 합계액은 35.6조에 이른다. 독자분들이 속하거나 유사한 환경의 지역에 거주할 경우 '최종 핵 피해 청구 비용 다이어그램 및 법정동별 피해 범위 및 피해 금액 별첨 자료(부록)'를 통해 확인하기를 바란다.

2-4-2-2-2. 공공청사

공공청사의 매매 가격 파악은 기능상 문제나 이전(移轉) 필요성으로 파괴 후 신축하거나 매각이 불가피할 경우를 제외하고는 실제 민간

건축물 시세와 얼마만큼의 차이를 보이는지 알기가 쉽지 않다. 대부분의 관공서는 건축연한이 길고 이전 필요성이 낮은 현실에 비춰봤을 때 건축물 자체만으로 시세를 파악한다는 것은 산정값 오류를 일으킬 수 있다.

따라서 실험군으로 인근 사무실의 실매매가 자료를 활용하여야 하는데 이 경우에도 전용면적과 계약면적과의 차이가 70%에 못 미치는 경우, 즉, $(\frac{\text{전용 면적}}{\text{계약 면적}} \times 100) < 70$이거나 용적률이 다소라도 부정확하게 보이는 등 실험군의 추정 정확도가 90%에 못 미칠 경우에도 현시세의 70%만 반영하였으며, 이에 신뢰성을 더 높이기 위하여 한국자산관리공사의 "종전 매각 대상 12개 기관 현황"[377] 자료를 대입, 주변 시장 시세를 실매매가로 환산하여 정부 처리(예정) 금액과의 비율을 추출, 이를 다시 실면적에 대입하여 매매 가격을 산정했다.

아래 표는 지방 이전으로 건축물을 매각한 관공서와 주변의 유사 건축물 실매매 가격 비율이다. 이를 보면 최종 102.94%의 실매가 대비율을 보이고 있는데, 주변 사무실/오피스텔보다 2.94% 증가한 매각 가격률을 기록, 주변 시장가격을 다소 상회, 적자 매각은 이뤄지지 않은 것으로 볼 수 있다. 따라서, 정부에서 발표한 실매각 대상 자료인 만큼 +2.94% 비율(백분율 대비 102.94%)을 그대로 100.0% 백분율로 계상, 그 값을 건축물 생애 리스트에 다시 대입하였다. 비록 원본 12개 기관 중 9개 기관을 선정, 표본 수가 적다고 볼 수 있으나 매각 과정의 신뢰성과 공정성을 인정할 필요가 있는 정부의 발표 자료인 만큼 전체 평균비는 신뢰성이 있다고 판단하여 이를 인용하였다.

이 연구 분석 결과를 보면, 공공용 건축물의 총연면적은 1,100여만 ㎡에 이르러 공업용 건축물 연면적의 합과 비슷하나 단가는 공장 건축물 평균의 193%[대(對) 298.5만 원]를 상회할 정도로 높다. 공공용 건축물의 총 거래 가격은 62조 6,178억 원에 이르는 것으로 나타났다.
위와 마찬가지로 '최종 핵 피해 청구 비용 다이어그램 및 법정동별 피
해 범위 및 피해 금액 별첨 자료(부록)'를 참조하기를 바란다.

관공서 명	매매가 (만 원)	연면적(㎡)	면적당 매가 (만 원)	단위 환산 (백만 원)	실면적(㎡)	환산 실매매가 (백만 원)	정부 예정 금액 (백만 원)	실매가 비율(%)
국립과학수사연구원	149,200	544	274	2.74	2,748	7,533	4,948	65.7
농림식품기술기획평가원	238,500	440	542	5.42	1,414	7,663	4,831	63.0
한국광해관리공단	808,020	1,003	806	8.06	20,856	168,092	165,000	98.2
한국교육개발원	143,000	394	363	3.63	12,353	44,823	68,000	151.7
한국농수산식품유통공사	414,000	727	569	5.69	13,562	77,219	70,351	91.1
한국산업단지공단	442,800	1,117	396	3.96	27,495	108,987	97,504	89.5
한국인터넷진흥원(조정)	2,055,614	2,472	832	8.32	3,692	15,351	12,544	81.7
한국전력기술(주)(조정)	366,800	1,333	275	2.75	45,180	62,173	60,214	96.8
한국해양과학기술원	261,520	950	275	2.75	30,394	83,670	109,044	130.3
합 계	4,879,454	8,980	4,333	43.33	157,694	575,512	592,436	102.9

자치구별	건축물 생애이력상 연면적(㎡)	면적(㎡)당 평균 단가 (만 원)	총 매매가 (억 원)	자치구별	건축물 생애이력상 연면적(㎡)	면적(㎡)당 평균 단가 (만 원)	총 매매가 (억 원)
강남구	331,790	748.8	24,844	서대문구	276,213	583.7	16,122
강동구	233,030	497.5	11,593	서초구	866,484	794.9	68,878
강북구	182,858	479.4	8,766	성동구	382,310	510.5	19,516
강서구	404,744	461.3	18,670	성북구	188,370	341.9	6,441
관악구	514,669	616.4	31,725	송파구	461,523	595.9	27,503
광진구	406,877	603.5	24,555	양천구	695,087	534.5	37,152
구로구	259,570	399.2	10,363	영등포구	1,311,309	616.7	80,863
금천구	162,135	517.5	8,390	용산구	628,173	615.8	38,681
노원구	253,416	408.2	10,345	은평구	175,447	491.9	8,630
도봉구	214,608	479.9	10,299	종로구	587,771	515.0	30,271
동대문구	354,795	456.8	16,206	중구	496,054	694.1	34,432
동작구	548,270	538.5	29,527	중랑구	219,969	373.7	8,221
마포구	675,161	654.4	44,184	합 계	10,830,632	578.2	626,178

【핵 폭발로 인해 피해가 예상되는 각 자치구별 법정동의 연면적 및 실거래가는 별첨 부록 참조】

<표 3-33> 공공기관 건축물 매매 가격(일반 상가/사무실 대비 거래가) 비율(위) 및
서울시 자치구별 공업용 건축물 연면적 및 실거래가 현황(아래), 저자-작성

2-4-2-2-3. 상업용 건축물

그런데 아래의 상가 건축물 거래 가격 합계는 1,196조 원에 이르러
앞선 공장 및 공공용 건축물 거래가를 압도한다. 연면적당 단가 또한
709만 원대로 공공용 건축물의 단가인 578만 원 대비 120%로 상가
의 거래 가격이 높은 편임을 알 수 있다. 그런 만큼 상업용 건축물의

구성비와 평균 단가가 상대적으로 어느 정도인가에 대해 법정동별 단위까지 정확한 데이터가 존재해야 한다. 이를 통해서 최적 근사치에 가까운 핵 사태 피해 규모를 추산해 낼 수 있다. 또한 이 상업용 건축물은 아래의 주택 건축물과 더불어 실생활과 마주하는 국민들의 체감을 그대로 반영하는 부분이어서 부록의 법정동 단위까지의 연면적 및 시장 실거래가 조사는 매우 유의미하다고 할 수 있다. 위와 마찬가지로 '최종 핵 피해 청구 비용 다이어그램 및 법정동별 피해 범위 및 피해 금액 별첨 자료(부록)'를 참조하기를 바란다.

자치구별	건축물 생애이력상 연면적(㎡)	면적(㎡)당 평균 단가 (만 원)	총 매매액 (억 원)	자치구별	건축물 생애이력상 연면적(㎡)	면적(㎡)당 평균 단가 (만 원)	총 매매액 (억 원)
강남구	23,341,830	813.1	1,897,883	서대문구	3,424,191	610.6	209,087
강동구	4,965,741	748.4	371,619	서초구	12,271,002	802.4	984,668
강북구	2,595,748	321.1	83,339	성동구	3,963,626	627.3	248,632
강서구	8,994,207	533.2	479,541	성북구	3,547,893	541.6	192,154
관악구	5,028,043	607.1	305,261	송파구	10,548,214	667.4	703,938
광진구	4,226,207	765.6	323,575	양천구	3,941,381	500.9	197,420
구로구	5,785,959	447.1	258,684	영등포구	12,288,090	542.5	666,570
금천구	3,381,016	451.3	152,595	용산구	5,866,765	1,020.4	598,618
노원구	3,194,829	439.3	140,364	은평구	4,159,968	604.9	251,640
도봉구	2,345,734	389.9	91,467	종로구	8,154,240	1,335.2	1,088,785
동대문구	4,952,958	483.2	239,336	중구	14,380,606	946.1	1,360,498
동작구	3,060,334	554.5	169,698	중랑구	5,681,801	440.5	250,275
마포구	8,513,053	815.9	694,561	합계	168,613,435	709.3	11,960,207

【핵 폭발로 인해 피해가 예상되는 각 자치구별 법정동의 연면적 및 실거래가는 별첨 부록 참조】

〈표 3-34〉 서울시 자치구별 상업용 건축물 연면적 및 실거래가 현황, 저자-작성

2-4-2-2-4. 주택 건축물

그런데, 주택 건축물은 공공용 건축물과 공업용 건축물의 공급면적 산출 시 어려움이 없던 부분인 소위 마당면적만을 따로 추려내는 일이 필요한데, 이 부분만 따로 계산해 내기란 사실상 불가능하며 무리하게 추산할 경우 오히려 오류의 함정에 빠지기 쉽다. 따라서 단독주택은 ⓐ 지상 건물 전 층의 공급면적의 합을 지상층으로 나눈 뒤, ⓑ 대지면적에서 이를 따로 빼내면 ⓒ 소위 '마당면적'이 산출되는데

이 면적은 총면적에 합산하여 지하 포함 연면적당 매매 거래가로 상계하되, 추후 토지 가격 계상 시에는 마당면적을 따로 분리하여 합산하지 않았다. 즉, 서울시 토지면적 및 실거래가 추산 시 주택 건축물 부분에서만큼은 대지면적을 별도로 토지거래가로 환산하지 않음으로써 이중 합산을 방지하였다.

자치구별	주거용 건축물 합계			단독/다가구			공동주택 아파트			공동주택 다세대/연립		
	총 거래액 (억 원)	연면적 (㎢)	단가 (만 원)	총 거래액 (억 원)	연면적 (㎢)	단가 (만 원)	총 거래액 (억 원)	연면적 (㎢)	단가 (만 원)	총 거래액 (억 원)	연면적 (㎢)	단가 (만 원)
강남구	3,203,129	20,391.6	1,570.8	274,046	2,938.4	932.6	2,651,035	14,873.6	1,782.4	278,049	2,579.6	1,077.9
강동구	1,011,725	12,931.4	782.4	133,805	2,603.4	514.0	742,542	8,186.5	907.0	135,377	2,141.4	632.2
강북구	378,304	8,328.2	454.2	109,479	2,753.8	397.6	170,453	3,002.2	567.8	98,372	2,572.2	382.4
강서구	1,138,077	17,221.8	660.8	104,801	2,364.7	443.2	862,737	10,884.6	792.6	170,538	3,972.5	429.3
관악구	686,863	12,206.6	562.7	211,604	4,426.2	478.1	337,664	4,993.7	676.2	137,596	2,786.7	493.8
광진구	696,797	9,677.3	720.0	190,101	3,685.0	515.9	372,631	3,687.3	1,010.6	134,066	2,305.0	581.6
구로구	653,138	11,707.8	557.9	84,491	2,027.6	416.7	473,947	7,524.3	629.9	94,699	2,156.0	439.2
금천구	294,122	6,274.0	468.8	70,686	1,915.2	369.1	152,127	2,846.0	534.5	71,309	1,512.8	471.4
노원구	918,014	15,448.5	594.2	42,252	1,082.0	390.5	825,908	13,195.4	625.9	49,853	1,171.1	425.7
도봉구	465,058	9,974.4	466.3	52,239	1,596.9	327.1	349,904	6,537.9	535.2	62,914	1,839.6	342.0
동대문구	671,626	9,825.6	683.5	160,706	2,893.4	555.4	441,089	5,790.7	761.7	69,831	1,141.4	611.8
동작구	910,942	11,626.0	783.5	184,848	2,974.7	621.4	579,312	6,192.7	935.5	146,782	2,458.6	597.0
마포구	1,057,995	11,358.0	931.5	184,880	2,376.3	778.0	727,992	6,781.0	1,073.6	145,123	2,200.7	659.4
서대문구	595,978	9,249.5	644.3	121,527	2,416.1	503.0	365,552	4,697.5	778.2	108,899	2,135.8	509.9
서초구	2,150,499	15,649.4	1,374.2	162,407	2,016.7	805.3	1,783,337	11,424.6	1,561.0	204,756	2,208.1	927.3
성동구	934,061	9,171.9	1,018.4	116,709	1,791.8	651.3	753,898	6,654.6	1,132.9	63,453	725.4	874.7
성북구	804,272	13,354.8	602.2	193,039	3,628.1	532.1	506,222	7,436.9	680.7	105,011	2,289.8	458.6
송파구	2,209,882	20,393.1	1,083.6	120,720	2,344.5	514.9	1,818,183	13,944.6	1,303.9	270,979	4,103.9	660.3
양천구	1,136,259	13,818.1	822.3	68,655	1,655.7	414.7	961,182	9,715.5	989.3	106,423	2,446.9	434.9
영등포구	911,063	10,839.5	840.5	145,168	2,569.7	564.9	713,351	7,436.6	959.2	52,544	833.2	630.6
용산구	1,025,079	8,563.8	1,197.0	240,649	2,374.0	1,013.7	629,377	4,596.1	1,369.4	155,053	1,593.7	972.9
은평구	801,058	13,233.0	605.3	159,093	3,005.7	529.3	396,227	5,603.4	707.1	245,739	4,624.0	531.4
종로구	381,451	5,018.6	760.1	152,593	1,939.8	786.6	152,795	1,616.7	945.1	76,063	1,462.0	520.3
중구	377,833	4,367.3	865.1	113,908	1,324.0	860.3	228,807	2,419.8	926.1	35,117	572.6	613.3
중랑구	692,639	13,530.3	511.9	141,601	3,607.5	392.5	460,708	7,905.3	582.8	90,331	2,017.6	447.7
합계	24,105,863	294,160.5	819.5	3,540,006	62,311.3	568.1	17,456,979	177,998.6	980.7	3,108,878	53,850.6	577.3

[핵 폭발로 인해 피해가 예상되는 각 자치구별 법정동의 연면적 및 실거래가는 별점 부록 참조]

〈표 3-35〉 서울시 자치구별 주거용 건축물 연면적 및 실거래가 현황, 저자-작성

이를 요약하자면,[(ⓑ-(ⓐ/지상 층수))=ⓒ, ⓒ=마당면적=서울시 토지 면적에서 최종 제외]가 된다. 예를 들어 연면적을 지상 층수로 나눈 층별 공급면적이 100㎡이고, 대지면적이 135㎡일 경우, 마당면적은 (135-100)=35㎡이 된다. 그런데 이 마당면적은 단독주택 거래가에 우선 합산하는데 이는 단독주택의 기능과 구조적인 면을 고려하면 불가피한 현실로 받아들여야 한다. 즉, 아파트형 공동주택의 경우, 공동주차장,

핵이라는 이름의 청구서

공동 재활용 처리장 등의 공간이 실거래 가격에 기본으로 포함된 것처럼 단독주택에서는 마당이 이러한 역할을 대신해 주기 때문이다. 그러나 서울시 토지 합산에는 별도로 추가하지 않았다.

한편, 필자가 연구한 서울시 행정자치구별 주거용 건축물의 총 연면적은 2억 9,416만 ㎡의 규모에 평균 단가 819만 원인 총 2,410조 5,863억 원에 달하고 있다. 이를 주택 형태별로 보면, 단독주택(다중주택/다가구주택)이 354조 원(평균 단가 568만 원)을, 공동주택 중 다세대/연립이 310조 9천억 원(평균 단가 577만 원)을 기록하고 있다(참고로 언론에 자주 등장하는 강남구 지역의 3.3㎡당 1억 원이라는 의미는 특수한 경우에 속하며 이는 본 연구서의 기본 면적 추산법에 사용하는 연면적과는 상이함을 밝혀둔다).

그런데 이중 공동주택 아파트형은 연면적만 1억 8천여 ㎡에 이르며 평균 단가는 타 주거 건물을 압도하는 981만 원이며, 총 거래 가격은 1,745조 6,979억 원을 기록하여 주거 건축물 총합계액의 72.4%를 구성하고 있다. 결국 서울시는 아파트형 주거 도시의 형태를 취하고 있다고 봐도 무방할 것이다. 때문에 아파트형 주택 건축물을 중심으로 한 주택 건축물이 핵 사태 시 가장 큰 피해를 안게 될 가능성이 크다고 할 수 있다. 위와 마찬가지로 '최종 핵 피해 청구 비용 다이어그램 및 법정동별 피해 범위 및 피해 금액 별첨 자료(부록)'를 참조하기를 바란다. 그리고 2020년대 초에 발생한 아파트 가격 등 주택가격의 대폭적인 인상의 근본적인 문제점을 감안, 필자가 작성한 이 실거래 가격을 기준가격으로 참고하기를 권장한다.

2-4-2-2-5. 부대·창고·재생시설 등 기타 시설

국토부 실거래 가격 집계 대상 항목 중 기타 시설 부분은 ① 하역장, 물류 터미널, 집배송 시설, 일반 창고, 냉장·냉동 시설 및 기타 창고 등의 창고 시설, ② 하수 등 처리 시설, 고물상, 폐기물 처분 관리 시설 등의 자원 순환 관련 등을 위한 재활용 시설, ③ 공동 주택의 부대시설과 복리 시설 등으로 나뉜다.

그런데 이 항목들 중 ①은 부동산 실거래 사이트의 분류상, 창고와 공장을 같은 항목으로 분류하고 있는데 동대문구와 성동구 지역에 소재한 창고와 공장을 샘플로 비교한 결과, 실제로 두 건축물 간 가격은 마당면적을 제외한 연면적을 비교하였을 경우 변별력을 갖추기란 어려웠다. 따라서, 창고와 공장은 같은 영역으로 묶은 부동산 거래 사이트의 자료를 인용하기로 하였다.

특히, 서울 시내처럼 인구와 각종 시설물이 밀접한 지역의 경우, 일반 단독주택의 경우처럼 마당면적/대지면적의 샘플 비율인 36.4%[378]를 넘는 경우가 많지 않다는 점도 고려의 대상이었다. 따라서, 이 연구 자료에서는 공장과 창고 형태의 건축물 단가를 동일하게 적용하였다.

②항목은 공장/창고 가격으로 인용하기로 하였는데, 사유로는 재활용 기계 설비 외 건축물 구조는 위 항과 유사하기 때문이다.

그런데 이 ③항목에 대해서는 부대시설이라는 정확한 개념과 피해 산정의 기술적인 어려움을 짚고 넘어갈 필요가 있다. 우선, 부대시설이란 칸막이, 대문, 담과 같이 건물에 부속된 부속물, 간판이나 네온 사인과 같이 건물에 부착하는 부착물, 전기 설비나 통신 설비 및 급·배수 위생시설같이 건물에 기능을 부여하는 부대설비의 3개 부분을 의미한다.

그러나, 제작회사나 종류 및 형태 등이 다양하고 가격도 제각각이어서 일부분 혹은 특수한 부분의 피해를 규명하는데 간이 평가 방식으로 산출해내는 데에는 한계가 있어 실질적·구체적 피해 방식으로 피해 규모를 추산해내야 하는 현실적인 어려움이 있다. 그런데 이 간편 추정 방법도 설비 기자재의 품질, 규격, 재질이 제작회사에 따라

핵이라는 이름의 청구서

가격 차이가 큰 관계로 부득이 부대설비 단위당 표준 단가에 피해 단위를 곱한 금액으로 함이 바람직하다고 보았다.

따라서, 부대설비 피해액은 단위(면적, 개소)당 표준 단가, 피해 단위, 원상회복률(5~20%), 손해율을 곱하는 방식을 사용함으로써 현장 발생 피해를 표준화된 측정 방법에 의하여 산정하는 것이라고 볼 수 있다. 이를 공식화[379]하면 아래와 같다.

---

① 간이평가 방식에 의한 피해액 추산 공식

　　= 소실단위의 재설비비×잔가율×손해율

　　= 건물 신축단가×소실 면적×원상회복률(5~20%)×[1-(0.8×(경과 연수/내용 연수)]×손해율

② 실질적·구체적 방식에 의한 피해액 추산 공식

　　= 소실단위의 재설비비×잔가율×손해율

　　= 단위(면적, 개소)당 표준 단가×피해 단위×원상회복률(5~20%)×[1-(0.8×(경과 연수/내용 연수)]×손해율

그런데 여기서 또 다른 논쟁점은 원상회복률이다. D: 5%(약전 설비 및 위생 설비 위주), C: 10%(난방설비), B: 15%(소화 설비 및 승강기), A: 20%(냉난방비 및 수·변전 선비) 등 5% 단위의 구간별 비율로 책정되어 있는데 앞서 지적한 대로 여러 변수를 감안할 때에는 피해 건이 해당 단계별 요건에 해당된다고 하여 그대로 구간별 최댓값을 적용받기는 쉽지 않다.

이에 필자는 공동주택의 부대시설 실거래 추산 금액으로 서울시 건축물의 부대시설이 갖추고 있는 단계를 B~C 사이로 평가하여 12.5%를 원상회복 기준율로 책정하였다. 이를 적용하여 공동주택과 관련한 부대시설의 일체 비용을 산정함으로써 보다 현실적인 피해 산출금액의 기반을 만들었다.

항목 자치구별	④=①+②+③ 기타 시설물 총합계			①공동주택 부대 시설			②창고 시설			③자원재생 시설 등 기타		
	거래가 합계 (억 원)	연면적 (대지면적 제외, ㎡)	평균 단가 (만 원)	거래가 합계 (억 원)	연면적 (대지면적 제외, ㎡)	평균 단가 (만 원)	거래가 합계 (억 원)	연면적 (대지면적 제외, ㎡)	평균 단가 (만 원)	거래가 합계 (억 원)	연면적 (대지면적 제외, ㎡)	평균 단가 (만 원)
강남구	11,002.4	492.5	223.4	8,180.3	414.5	197.4	439.1	12.1	361.6	2,383.0	65.9	361.6
강동구	1,181.8	93.0	127.1	672.8	75.2	89.5	64.2	2.3	273.4	444.8	15.4	287.9
강북구	1,335.2	153.1	87.2	808.6	135.9	59.5	77.6	2.3	340.0	449.1	15.0	300.3
강서구	16,128.2	1,201.9	134.2	9,188.2	990.7	92.7	1,085.9	30.0	362.6	5,854.0	181.3	323.0
관악구	3,079.2	390.8	78.8	2,991.2	385.4	77.6	32.5	2.0	164.6	55.5	3.4	164.6
광진구	2,253.2	184.8	121.9	1,771.0	175.0	101.2	171.3	3.8	456.6	310.9	6.1	513.3
구로구	5,024.3	240.8	208.6	1,050.5	122.6	85.7	930.3	28.7	323.8	3,043.5	89.5	340.2
금천구	6,866.6	471.4	145.7	1,073.4	170.1	63.1	2,028.1	101.0	200.8	3,765.1	200.3	187.9
노원구	3,073.0	174.8	175.8	708.6	91.3	77.6	111.6	4.0	281.5	2,252.8	79.5	283.5
도봉구	12,988.1	1,699.6	76.4	11,548.2	1,645.5	70.2	397.0	12.6	315.0	1,042.8	41.4	251.7
동대문구	6,779.4	560.0	121.1	4,643.7	485.4	95.7	549.7	19.5	281.5	1,586.0	55.1	287.7
동작구	4,478.0	442.9	101.1	3,970.4	406.5	97.7	178.0	12.8	139.4	329.7	23.7	139.4
마포구	4,005.8	225.1	178.0	1,976.5	154.0	128.4	484.4	17.0	284.3	1,544.9	54.1	285.8
서대문구	2,070.1	235.1	88.1	1,959.9	227.2	86.3	10.3	0.7	139.9	99.9	7.1	139.9
서초구	25,253.9	1,315.7	191.9	22,009.4	1,251.6	175.8	1,335.0	26.4	506.0	1,909.4	37.7	506.0
성동구	10,515.1	377.1	278.9	2,348.5	162.8	144.3	1,655.9	38.2	433.3	6,510.8	176.0	369.8
성북구	1,848.5	157.7	117.2	977.8	120.0	81.4	507.7	21.2	240.0	363.0	16.5	220.5
송파구	49,370.0	2,703.6	182.6	35,029.8	2,270.5	154.3	12,857.2	387.9	331.4	1,483.0	45.2	327.8
양천구	3,187.0	198.8	160.3	1,602.0	155.4	103.1	115.5	3.3	346.4	1,469.5	40.1	366.9
영등포구	15,157.9	772.4	196.2	6,636.6	565.4	117.4	2,012.6	47.9	420.5	6,508.7	159.1	409.1
용산구	7,502.2	371.0	202.2	4,621.5	293.1	157.7	223.0	5.8	384.5	2,657.8	72.2	368.3
은평구	1,149.1	104.7	109.8	428.1	61.5	69.6	82.1	4.5	182.7	638.9	38.7	165.3
종로구	5,517.9	497.9	110.8	3,378.0	434.8	77.7	368.4	11.1	332.3	1,771.5	52.1	340.3
중구	6,121.7	315.2	194.2	2,178.9	229.8	94.8	1,136.0	24.4	465.4	2,806.7	61.0	460.2
중랑구	1,439.0	149.5	96.2	806.9	120.5	67.0	141.1	6.8	207.2	491.0	22.2	220.9
합계	207,327.4	13,529.4	153.2	130,560.7	11,144.7	117.2	26,994.6	826.3	326.7	49,772.2	1,558.4	319.4

【핵 폭발로 인해 피해가 예상되는 각 자치구별 법정동의 연면적 및 실거래가는 별첨 부록 참조】

〈표 3-36〉 서울시 자치구별 기타 시설물 연면적 및 실거래가 현황, 저자-작성

　　이와 같이 기타 시설물은 3개 형태의 시설물로 구분하여 거래 가격을 합산하였다. 창고시설과 자원 재생시설의 평균 단가는 비교적 높으나 전체 합계금액에서 153만 원(㎡당)이 나오는 것은 공동주택 부대시설의 전체 구성비가 62.9%로 압도적인 상태에서 적용 소실 면적의 재설비 비율이 12.5% 적용된 데 따른 것이다. 그래서 총 연면적은 13,529㎢, 평균 단가 153만 원, 총합계금액은 20조 7,327억 원에 해당한다. 위와 마찬가지로 '최종 핵 피해 청구 비용 다이어그램 및 법정동별 피해 범위 및 피해 금액 별첨 자료(부록)'를 참조하기를 바란다.

2-4-2-2-6. 농수산용 건축물-소방법 화재 피해 산정 표준 단가[380] 적용 대상

한편, 상기 항목들에 대해서는 정확한 조회가 가능하여 소유 건축물에 대한 가격산정이 가능하였으나, 아래 3항목(농수산용, 문교·사회용, 문화재는 제외)에 적용할 단위면적(㎡)당 가격 조회는 어려움이 많아 소방법상 규정된 화재 발생 피해 산정 표준 단가 조건 금액을 지역에 상관없이 일괄 적용하였다.

적용 공식으로는 신축단가에 소실 면적을 곱하고 잔가율과 손해율을 각각 곱하는 방식이다. 여기서 신축단가란 2015년 기준 표준금액에 이후 물가 상승률 2.5%를 매년 증액시킨 최근 작성 금액이며, 소실 면적은 국토부 건축물 생애 이력 자료에 나타난 건축물의 연면적이며, 잔가율에서는 내용 연수 대비 경과 연수에 80%를 적용하며, 경과 연수는 공통으로 1/2을 적용하였는데 국토부의 건축물 생애 이력상 연수를 인용하였으며, 손해율은 100%를 책정하였다. 따라서 적용 공식은 아래 표와 같게 된다.

농수산용, 문교·사회용 건축물 피해 산정 적용 공식
=신축단가×소실면적×[1-(0.8×(경과 연수/내용 연수)]×손해율(100%)

---

① 도축장

이 시설은 2011년을 마지막으로 서울시에서 사라졌으나 건축물 용도는 도축장으로 남아있는 현재의 성동구 마장동 축산시장 일대를 가리킨다. 따라서 이 지역은 도축장이 아닌 일반 상가군에 포함하여 연면적당 단가를 산출하였다.

② 종묘 배양시설, 온실, 부화장, 기타 동식물 관련 시설

이 시설물 역시 소방법상 지정된 화재 발생 피해 표준 단가를 대입하여 산출하였다. 그리고 기타 동식물 관련 시설(운동시설, 실험실)등은 표준 단가상 견고한 구조인 시멘트 블록조 슬레이트 지붕(759.37만 원/㎡)을 선택하여 대입하였다. 잔가율 계산을 위한 사용 연수는 상기 시설물의 교체 용이성이 높은 점을 감안, 국토부 주택 생애 이력 관리상 평균 년수 31년[381]은 배척하고 '경과 연수/내용 연수=1/2(15년/30년)'로 대체하였다.

③ 축사

건축물 구조는 철골조(H-Beam 포함)이며, 내용 연수 30년에 경과 연수는 1/2인 15년을 적용하였으며, 물가 상승률은 연간 2.5%를 적용하여 2020년 현재 평균 단가는 신축건물 기준 연면적(㎡) 당 514.3만 원이 되며, 손해율은 100%를 적용하였다. 이 예를 위의 공식에 대입하면, '=514.3×국토부 연면적(예, 100㎡)×[1-(0.8×15/30)]×1.0=30,858만 원'이 된다.

항목 자치구별	총합계 거래 가격 (억원)	총합계 연면적 (㎡)	총합계 평균 단가 (만원)	①도축장 거래 가격 (억원)	①도축장 연면적 (㎡)	①도축장 평균 단가 (만원)	②종묘배양시설 거래 가격 (억원)	②종묘배양시설 연면적 (㎡)	②종묘배양시설 평균 단가 (만원)	③온실 거래 가격 (억원)	③온실 연면적 (㎡)	③온실 평균 단가 (만원)	④축사 거래 가격 (억원)	④축사 연면적 (㎡)	④축사 평균 단가 (만원)	⑤부화장 거래 가격 (억원)	⑤부화장 연면적 (㎡)	⑤부화장 평균 단가 (만원)	⑥기타동식물 거래 가격 (억원)	⑥기타동식물 연면적 (㎡)	⑥기타동식물 평균 단가 (만원)
강남구	117.3	3.0	386.0				14.2	0.1	1,466.0	2.1	0.1	245.7	61.2	2.0	308.6				39.7	0.9	455.6
강동구	84.1	2.3	368.9							2.0	0.1	245.7	38.0	1.2	308.6				44.1	1.0	455.6
강북구	12.2	0.4	298.1							1.7	0.1	245.7	10.5	0.3	308.6						
강서구	40.8	1.2	353.1							1.6	0.1	245.7	21.9	0.7	308.6				17.2	0.4	455.6
관악구	4.4	0.2	273.1							2.2	0.1	245.7	2.1	0.1	308.6						
광진구	57.9	1.5	378.1							1.0		245.7	23.2	0.8	308.6				33.8	0.7	455.6
구로구	136.3	4.4	308.8							0.5		245.7	114.7	3.7	308.6	14.5	0.5	272.7	6.6	0.1	455.6
금천구	6.1	0.2	335.5							0.2		245.7	4.1	0.1	308.6				1.7		455.6
노원구	70.9	1.9	365.6							11.2	0.5	245.7	16.6	0.5	308.6				43.1	0.9	455.6
도봉구	3.6	0.1	280.1							1.4	0.1	245.7	2.2	0.1	308.6						
동대문구	105.4	2.5	425.7							2.0	0.1	245.7	12.0	0.4	308.6				91.4	2.0	455.6
동작구	4.2	0.1	455.6																4.2	0.1	455.6
마포구	4.5	0.1	320.2							0.7		245.7	2.8	0.1	308.6				1.1		455.6
서대문구	16.4	0.6	286.6							5.9	0.2	245.7	9.8	0.3	308.6				0.7		455.6
서초구	213.1	6.8	312.0							22.0	0.9	245.7	166.4	5.4	308.6				24.7	0.5	455.6
성동구	381.2	6.7	569.7	277.1	4.3	644.0							9.9	0.3	308.6				94.1	2.1	455.6
성북구	54.3	1.8	306.3							9.4	0.4	245.7				27.5	1.0	272.7	17.4	0.4	455.6
송파구	22.7	0.8	298.0							4.1	0.2	245.7	17.9	0.6	308.6				0.8		455.6
양천구	16.4	0.5	335.4										12.3	0.4	308.6				4.1	0.1	455.6
영등포구	50.0	1.3	377.8							11.2	0.5	245.7	1.5		308.6				37.3	0.8	455.6
용산구	12.7	0.4	351.2							4.4	0.2	245.7							8.3	0.2	455.6
은평구	54.5	1.4	394.1							7.2	0.2	245.7	7.2	0.2	308.6				41.3	0.9	455.6
종로구	67.9	1.7	411.7				5.4	0.1	524.3	9.3	0.4	245.7							53.2	1.2	455.6
중구	13.5	0.5	265.9							11.3	0.5	245.7							2.2		455.6
중랑구	261.7	5.8	454.6							0.2		245.7	0.9		308.6				260.6	5.7	455.6
합계	1,811.9	46.0	393.5	277.1	4.3	644.0	19.6	0.2	981.0	110.3	4.4	245.7	535.2	17.3	308.6	42.0	1.5	272.7	827.7	18.0	455.6

[핵 폭발로 인해 피해가 예상되는 각 자치구별 법정동의 연면적 및 실거래가는 별첨 부록 참조]

〈표 3-37〉 서울시 자치구별 농수산용 건축물 연면적 및 실거래가 현황, 저자-작성

핵이라는 이름의 청구서

이와 같이 핵 사태 영향권 대상인 서울시의 농수산용 건축물은 총 연면적 45.657㎢에 총 거래 가격은 1,811억 원이며, 평균 단가는 394만 원인 것으로 나타났다. 위와 마찬가지로 '최종 핵 피해 청구 비용 다이어그램 및 법정동별 피해 범위 및 피해 금액 별첨 자료(부록)'를 참조하기를 바란다.

2-4-2-2-7. 문교·사회용 건축물

문교·사회용 건축물은 공연장, 극장, 집회장, 예식장, 회의장, 공회당, 관람장, 경마경기장, 체육 운동장, 전시장, 박물관, 동식물원, 종교시설, 병원, 학원(학교) 시설, 연구실험실, 아동 보호실, 사회복지시설, 수련시설 등으로 구성되어 있다.

이들 건축물 종류 중 유사한 형태의 건축물은 한 그룹으로 모아 건축물 가격을 산정하였다. 이는 이러한 종류의 건축물은 상가용이며, 저 종류는 공연-영화관이라는 뚜렷한 경계선이 주어지지 않다는 사실을 말해 준다. 비록 건축물 용도는 구분되어 있으나 실거래가에 해당하는 거래 가격을 산정할 때는 정확히 구분 짓기가 어렵다는 점이다. 심지어 한국의 유명한 부동산 실거래 사이트에서도 구분이 어려워 검색 범위에 들어가 있지 않은 것이 현실이다. 즉, 상황에 따라 상가나 사무실 용도 혹은 공장 용도로 매물 거래에 포스팅하는 경우가 다반사라는 얘기이다.

따라서 필자는 소방방재청의 화재조사원 양성 교과서의 표준 단가 항목 중 건축물 구조 그룹별로 평균 단가를 계산하여 대조 그룹과 실험 그룹의 상대 비율을 찾아내고 이를 다시 대상 그룹에 대입하여 연면적 평균 단가를 책정해내는 과정을 거쳤다.

예를 들어 ⓐ 대조 그룹의 동일 구조 그룹상 평균 표준 단가가 955만 원이며, ⓑ 국토부 실거래가상 실험 그룹의 평균 표준 단가가 905

만 원일 경우, ⓐ/ⓑ×100%인 105.5%를 적용 비율로 책정, 이를 ⓒ 적용 대상 그룹의 평균 단가에 곱하는 방법을 사용하였다. 대조 그룹은 화재 피해 산정 표준 단가 상 해당 유형이며, 실험 그룹은 국토부 실거래가상 유사 그룹이다. 전반적으로 실험 유사 그룹이 대조군의 단가에 다소 못 미침으로 인해, '실적용 대상의 피해 축소/감소 금지 원칙'에 의거, 대조 그룹을 분자로, 실험 그룹을 분모로 배치하였다.

이를 건축물 피해 산정 공식인, 신축단가×소실 면적×(1-(0.8×(경과 연수/내용 연수))×1차 손해율 100%에 투입하여 최종 피해 금액을 산출하였다.

그런데 여기서 경과 연수는 서울시 철근콘크리트 슬래브지붕의 23년(국토부 건축물 생애 이력[382], 법정동별 차등 적용)으로 잡았으며, 내용 연수는 75년으로 적용하였다. 물가 상승률은 연 2.5%로 산정(부동산식 시세 추이 반영 배제)하였다.

① 영화관, 공연장

따라서 이를 영화관, 공연장의 경우에 투입하여 보면, ⓐ 대조 그룹인 화재 피해 산정 표준 단가상 영화관, 공연장의 동일 구조 그룹 내 평균 표준 단가가 1,013만 원이며, ⓑ 국토부 실거래가상 실험그룹의 평균 표준 단가는 960만 원이었는데 이를 (ⓐ/ⓑ×100%) 수식에 대입하면 105.5%가 된다. 그리고 다시 이를 ⓒ 적용 대상 그룹인 강남구 신사동 상가의 평균 단가인 1,011만 원 평균 단가에 곱하면 1,067만 원(1,011만 원×105.5%, 이하 법정동별 차등 적용)이 나오며, 이를 상기 ⓓ 건축물 피해 산정 공식에 투입하여 최종금액을 추출해 내는 방식이다.(상기류의 건축물 잔가율을 위한 경과 연수는 서울시 평균 23년, 법정동별 차등 적용, 연간 물가 상승률 2.5% 감안함(부동산식 시세 반영 배제).

② 집회, 예식장

이 시설물의 대조군은 관람집회시설 예식장/철근콘크리트조 슬래브지붕 5층 이하이며, 실험군으로는 사무실/업무시설이며 경과 연수 및 내용 연수는 (23년(법정동별 차등 적용)/75년)에 연간 물가 상승률은 2.5%(부동산식 시세 반영 배제)를 반영하였다.

③ 전시, 관람장

이 시설물의 대조군은 관람집회시설 극장 및 공연장/철근콘크리트조 슬래브 지붕 5층 이하이며, 실험군은 사무실/업무시설이며 경과 연수 및 내용 연수는 (23년(법정동별 차등 적용)/75년)에 연간 물가 상승률은 2.5%(부동산식 시세 반영 배제)를 반영하였다.

④ 동식물원

그런데, 상기의 상가~주거형 건축물 등과는 달리 동식물원의 가치를 구하는 데 있어서는 몇 가지 문제점이 드러났다. 먼저, 이 시설들을 주거지로 하는 존재가 사람이 아닌 동식물이란 점과 거기에 따른 생활공간의 형태가 인간이 거주하고 생활하기 위한 공간구조와는 사뭇 다른 모습을 갖출 수밖에 없다는 사실이었다. 그런가 하면, 기존의 화재 피해 산정 표본 자료도 이 범위를 설명할 수 없을 만큼 세밀하지 못한 점도 또 다른 해결책을 찾게 한 요인이 되었다.

이에 의거 필자는 이러한 특수시설형 건축물의 가격을 구하기 위한 조건으로 ① 일정 지역에 편재(偏在)하고, ② 대단위 사업체 혹은 단체가 운영하고, ③ 지역 공동 편익을 담당하는 지역에 국한하여 발표된 ④ 언론과 각종 공개 자료를 취합하여 ⑤ 건축물에 준하는 건물 가격과 동식물 구성체의 가격을 동시에 추산하고 이를 ⑥ 해당 요건을 갖춘 지역에 다시 산입하는 것이다.

예를 들어 서울시 마곡동에 들어선 서울 식물원의 경우, 건물 밖 야외에 진열된 식생물을 제외한, 화재 소방법의 표준가격과 기타 추산 연계가 가능한 국토부 실거래용 단순 관리-전시용 건물 자료만으로는 위의 문제점을 해결할 수 없어 (① 투입된 총 사업비/② 총면적)× 10(원가 대비 최대 배율)=③ 식물원 가치(㎡)로 정하였다. 따라서 여기에는 건축비와 구성체(식물)의 가치가 동시에 반영되었다고 할 수 있다.

또한 이 마곡식물원(50만 4,000㎡)은 한국 내 식물원의 표준모델로 지정이 가능하다고 볼 수 있다. 숲, 호수, 습지, 전시공간의 4개 공간을 기본 구성요소[383]로, 가격은 타 건축물 등을 감안할 때 적정선으로 판단되는 1㎡당 427만 원 선을 기준으로 잡고 있기 때문이다. 따라서 서울 마곡식물원의 시가는 장차 2조 원을 넘을 수 있다는 계산이 나왔다(아래 계산식 참조).

한편, 서울 능동 어린이대공원과 같이 동식물 혼합 시설의 경우는 이와 다르다. 2018년에 개장한 서울 마곡식물원의 시가는 이 책의 출판 시점과 불과 2년 남짓 차이 나는 점을 감안할 때 상기 금액을 서울시 발표 자료로 인용해도 무리는 없으나, 1973년에 완공하여 무려 50년의 세월이 경과한 대규모 도심 종합공원인 서울 능동 어린이대공원의 가치를 파악하려면 좀 더 세밀한 단계를 거쳐 현재 시가를 추산해야 한다. 식물 위주의 구성체인 식물원과는 달리 동물과 위락시설을 갖춘 어린이대공원은 규모와 상업적인 가치부터 다르기 때문이다.

이를 위하여 필자는 ① 1973년 완공 당시 총사업비 파악: 총사업비 가치 증가 1,625%(16억 원, 1973년)[384]에서 260억 원(2018년, 물가 상승 배수 화폐가치 상승 적용[385]), ② 주변 상권의 건설 비용 대비 종합 가치 상승률 파악, 1975년 대비 토지가치 증가분 496%[386](2000년 기준 전후 1975~2018년), ③ 현재 시가 가치 환산(아래 수식)이라는 3단계의 연구 분석 과정을 거쳐 현 감정가를 책정하였다.

　　　　　　　　　　　　핵이라는 이름의 청구서

산술 과정(저자)은 다음과 같다.

TPV=△CV%×△2AV%×(IC×x)

TPV(Total Present Value): 현재가치 총액, △CV% (Construction Value, 사업비용 증가율), △2AV% (Assets Value, 2배 자산가치 증가율), IC(Initial Costs, 최초 투입 비용), x: 10(최대 원가 배율)

위의 자료를 이 수식에 대입하면 2조 5,789억 원(16.25×(2×4.96)× 16(억 원)×10배)의 가치가 서울 능동 어린이대공원의 자산 가치로 나온다. 따라서 대규모 도심형 종합공원인 능동 어린이대공원의 1㎡당 481만 원의 단위 가격이 산정된다. 서울 마곡식물원보다 가치가 조금 더 높게 형성된 것은 동물을 포함한 유형 자산이 추가된 결과로 볼 수 있다(참고로 동물 총합산 가격은 10억 선에 가깝다는 추정[387]이 있으나, 동물 수명과 감가상각을 고려했을 때는 이를 훨씬 상회한다는 판단).

이상과 같이 시민들에게 휴식과 창조적 공간을 제공하는 국가적 사업의 도심형 종합 공원의 가치는 일반 상가나 주거공간에 미치지는 못하더라도 상당한 가치를 지닌다고 볼 수 있다.

⑤ 종교시설
대조군은 철근콘크리트 슬라브로 단가는 928만 원/㎡이고, 실험군으로는 관람집회시설/예식장으로 단가는 1,013만 원/㎡이며 적용 대비율은 ⓐ/ⓑ=91.6%이다.

⑥ 병원시설
대조군으로는 철근콘크리트 슬라브로 단가는 1,191만 원/㎡이고,

실험군으로는 사무실이며 단가는 899만 원/㎡이며 적용 대비율은 ⓐ /ⓑ=132.52%이다.

항목 / 자치구별	총합계 =ⓐ+ⓑ+ⓒ+ⓓ			ⓐ공연·집회·전시 시설			ⓑ종교 관련 시설			ⓒ의료 관련 시설			ⓓ기타 건축물		
	매매가 (억 원)	연면적 (㎢)	평균 단가 (만 원)	매매가 (억 원)	연면적 (㎢)	평균 단가 (만 원)	매매가 (억 원)	연면적 (㎢)	평균 단가 (만 원)	매매가 (억 원)	연면적 (㎢)	평균 단가 (만 원)	매매가 (억 원)	연면적 (㎢)	평균 단가 (만 원)
강남구	251,453.7	4,131.4	608.6	47,282.0	672.8	702.7	20,274.5	371.4	545.9	53,255.6	695.0	766.2	130,641.5	2,392.1	546.1
강동구	171,008.5	5,324.3	321.2	5,566.0	101.1	550.5	8,363.0	210.2	397.9	22,693.6	344.6	658.6	134,385.9	4,668.5	287.9
강북구	45,219.0	1,098.8	411.5	2,489.6	54.7	455.5	8,028.9	197.2	407.1	3,510.3	90.9	386.2	31,190.2	756.0	412.6
강서구	170,337.8	2,895.5	588.3	3,750.6	72.1	520.4	11,288.7	295.7	379.1	6,430.4	133.8	480.7	148,948.0	2,393.9	622.2
관악구	132,394.7	2,633.5	502.7	2,915.2	45.4	642.8	9,805.5	199.8	490.7	4,745.5	67.3	705.6	114,928.4	2,321.0	495.2
광진구	129,022.9	1,951.8	661.1	5,513.4	95.0	580.4	6,067.3	111.5	544.0	14,312.9	156.1	916.6	103,129.3	1,589.1	649.0
구로구	58,566.1	1,648.4	355.3	6,366.5	149.2	426.7	13,709.9	398.8	343.8	7,737.3	165.9	466.4	30,752.3	934.6	329.1
금천구	36,017.3	861.3	418.2	1,410.0	28.1	501.3	2,353.9	64.3	366.0	1,905.2	39.4	483.3	30,348.1	729.5	416.0
노원구	112,000.9	3,083.1	363.3	3,080.7	73.4	420.0	6,999.8	219.0	319.6	15,029.6	265.1	566.8	86,890.8	2,525.6	344.0
도봉구	43,971.7	1,094.2	401.8	826.5	18.7	440.8	5,498.8	147.7	372.3	3,926.1	91.3	430.2	33,720.3	836.5	403.1
동대문구	84,417.2	2,211.3	381.8	3,580.2	73.1	489.6	7,835.5	232.3	337.3	15,325.2	267.7	572.6	57,676.3	1,638.2	352.1
동작구	81,276.2	1,968.4	412.9	1,718.4	32.4	530.2	7,269.7	178.5	407.3	8,014.3	175.1	457.7	64,273.8	1,582.4	406.2
마포구	104,925.4	2,084.9	503.3	7,860.1	107.9	728.4	10,126.5	200.7	504.7	3,012.4	35.9	838.4	83,926.3	1,740.4	482.2
서대문구	161,619.4	3,083.7	524.1	5,172.1	80.1	645.8	9,896.4	213.9	462.8	4,694.4	75.0	625.7	141,856.5	2,714.7	522.5
서초구	208,566.3	3,289.4	634.0	18,972.0	249.8	759.6	18,516.5	329.6	561.7	14,331.5	163.3	877.7	156,746.2	2,546.8	615.5
성동구	92,647.0	1,808.6	512.3	3,938.3	62.3	632.0	10,661.2	220.0	484.7	5,218.4	110.1	473.9	72,829.2	1,416.2	514.3
성북구	98,742.3	3,157.7	312.7	3,368.0	86.3	390.4	9,641.7	335.0	287.8	4,959.2	80.9	612.9	80,773.4	2,655.6	304.2
송파구	156,992.6	3,214.0	488.5	27,246.8	379.2	718.5	12,518.6	255.2	490.5	26,998.3	654.4	412.5	90,228.9	1,925.1	468.7
양천구	69,562.3	1,643.6	423.2	9,256.8	140.1	660.6	6,682.8	208.9	319.9	9,234.2	154.6	597.3	44,388.4	1,140.0	389.4
영등포구	83,612.9	1,650.2	506.7	9,325.9	154.3	604.3	15,311.4	316.1	484.3	12,656.3	224.4	564.0	46,319.3	955.4	484.8
용산구	78,760.5	1,473.5	534.5	22,601.8	359.9	628.1	7,998.0	187.5	426.5	9,468.0	91.3	1,036.8	38,692.7	834.8	463.5
은평구	61,478.8	1,455.0	422.5	3,273.0	51.4	636.6	7,846.8	187.0	419.6	6,631.7	126.2	525.3	43,727.1	1,090.3	401.1
종로구	114,661.7	2,716.2	422.1	30,956.8	537.2	576.2	5,795.5	167.4	346.2	20,362.3	410.7	495.8	57,547.0	1,600.9	359.5
중구	111,746.6	1,971.0	567.0	20,150.9	355.7	566.5	10,734.9	206.5	519.8	11,480.8	117.6	965.3	69,512.7	1,291.2	538.3
중랑구	47,199.5	1,278.5	369.2	4,710.5	97.6	482.8	3,704.1	125.2	295.8	11,083.2	188.9	586.8	27,701.9	866.8	319.6
합계	2,706,201.3	57,728.5	468.8	251,332.2	4,077.8	616.3	236,850.4	5,579.4	424.5	296,884.1	4,925.6	602.7	1,921,134.7	43,145.6	445.3

【핵 폭발로 인해 피해가 예상되는 각 자치구별 법정동의 연면적 및 실거래가는 별첨 부록 참조】

〈표 3-38〉 서울시 자치구별 문교·사회용 건축물 연면적 및 실거래가 현황, 저자-작성

⑦ 기타 시설물: 법정동별 별첨 참조

이상과 같이 문교·사회용 건축물의 합계는 아래 표와 같이 집계하였다. 총 가치 금액은 270조 6,201억 원에 이르며, 연면적의 합계 (동·식물원 토지 포함)는 5,772만 ㎢에 달하며 평균 단가는 469만 원을 기록하였다. 위와 마찬가지로 '최종 핵 피해 청구 비용 다이어그램 및 법정동별 피해 범위 및 피해 금액 별첨 자료(부록)'를 참조하기를 바란다.

2-4-2-2-8. 문화재

이 문화재 부분은 상기 내용 중 공공용과 문교·사회용 건축물 등

일정 범위 내에 이미 일부 포함되어 있다. 따라서 문화재 부분만 정확히 분리하여 자산 가치를 평가하기란 쉽지 않다. 그러나, 그 무엇보다도 문화재는 단순히 금액으로 환산할 수 없는 민족의 정신적·무형적 가치가 더욱 큰 부분이어서 일반적 계산법으로는 추산할 수 없다. 이는 재산적 개념을 넘어서 인명의 고귀함과 더불어 민족의 숭고함을 동시에 지닌 무형 자산으로서의 가치가 더 큰 만큼 독자들의 가치판단에 맡기는 것이 바람직하다고 필자는 판단하였다.

2-4-2-3. 토지 피해

이 토지 피해액 산정은 방사능 오염으로 인한 '재활용 불가 기간×핵 사태 이전 토지 거래 가격'으로 계산할 수 있다. 즉, 상기에서 살펴본 각종 건축물 거래 가격은 다시 지으면 해결될 문제이나 '지표에 잔류하고 지하로 스며든 핵 방사능이 안전 단계에 이르기까지 얼마만큼의 기간이 필요하며 이에 따른 토지 피해액'은 얼마냐 하는 문제이다.

이와 관련해서는 필자가 상기에서 히로시마-나가사키 핵 사태 이후의 토양 오염과 후쿠시마와 체르노빌 원자력 발전소 폭발 사건으로 인한 반감기와 치유 과정 정도에 따른 회복기 단축 등에 관하여 언급한 바 있다. 국민들의 안전한 토양 활용을 위해 필요한 조치 과정과 기간에 대하여 구체적으로 언급하였으므로 해당 부분을 참조하기를 바란다.

그러나 여기서는 국민들이 부담해야 할 피해 부분을 경제학적인 측면에서 환산하여 정확한 피해 규모를 알리는 데 주목적이 있다. 그렇다고 반감기나 단축 회복기에 대한 구체적인 기간을 여기서 명시하고자 하는 것도 아니다. 그 기간의 장단 여부를 떠나서 핵 사태 발발 당시를 기준으로 한 피해 규모라도 제대로 규명하자는 것이다.

자치구별	거래 금액 (2019 기준, 억 원)	계약 면적 (㎢)	면적 단가 (만 원/㎡)	자치구별	거래 금액 (2019 기준, 억 원)	계약 면적 (㎢)	면적 단가 (만 원/㎡)
강남구	26,462.1	169.3	1,562.8	서초구	8,171.2	835.1	97.8
강동구	5,517.9	296.1	186.3	성동구	4,020.1	55.0	730.7
강북구	3,435.9	425.2	80.8	성북구	4,275.8	175.8	243.2
강서구	4,569.8	454.1	100.6	송파구	3,830.6	74.6	513.2
관악구	2,453.2	112.2	218.6	양천구	1,639.2	54.1	302.8
광진구	2,894.9	112.0	258.4	영등포구	12,579.4	126.7	993.2
구로구	12,229.1	435.6	280.7	용산구	15,921.6	94.6	1,682.7
금천구	1,552.0	58.9	263.3	은평구	3,733.7	296.0	126.2
노원구	4,400.9	450.8	97.6	종로구	8,407.1	295.6	284.4
도봉구	1,679.8	907.3	18.5	중구	2,950.2	16.6	1,780.4
동대문구	3,482.0	63.1	551.6	중구	3,622.4	20.1	1,801.5
동작구	5,749.3	119.8	480.1	중랑구	3,297.2	91.8	359.1
마포구	7,697.5	68.9	1,116.9	합 계	157,835.2	5,910.5	267.0
서대문구	3,262.3	101.0	322.9				

【핵 폭발로 인해 피해가 예상되는 각 자치구별 법정동의 토지면적 및 실거래가는 별첨 부록 참조】

〈표 3-39〉 서울시 자치구별 토지 면적 실거래가 현황, 저자-작성

　결국 이 토지 부분은 국민들의 실생활인 삶의 터전과 직결되는 말 그대로 최대의 민생 문제인 것이다. 그 때문에 상세한 자료를 위하여 필자는 국토부 실거래가(토지)를 자치구/법정동 단위까지 정밀하게 계산하여 기록하였으므로 독자 여러분 본인이 거주하고 있거나 유사한 환경을 지닌 지역을 가정할 경우 해당 법정동별 별첨 자료를 참조하기를 바란다.

　기초 자료의 산출 기간은 2017~2019년 3개년 치이며 총거래량은 24,453건에 총면적은 5,910㎢에 이르러 서울시 총면적 605.2㎢의 9.8배에 이르러 법정동별 거래 표본 면적의 신뢰도는 높다고 볼 수 있으며, 총 거래 가격은 10조 원을 상회한 15조 7,835억에 달하여 상당한 규모의 면적을 보여 주고 있다(2017~2018~2019년의 거래 가격은 2019년 기준 물가 상승률 2.5%를 점증적으로 기산 소급 적용). 그런데 이 산출 금액은 통상적으로 생각하는 행정구역별 상업 거래액으로서의 의미와 동시에 서울시 전체 토지로서의 성격도 잘 보여 준다.

　예를 들어 인접 자치구인 마포구 1,117만 원/㎡ 대 서대문구 323만

원/㎡ 간 면적 단가 차이가 현격한 이유는 행정구역별 거래 대상 중 다양한 형태의 지목과 용도지역이 혼합되었기 때문이다. 가령 강북구 우이동의 경우 자연녹지에 해당하는 임야 거래가 많은가 하면 개발제한구역도 포함되는 등 다양한 용도 지역이 분포되어 단순 매매 거래용이라는 단계를 넘어선 종합적 용도의 국토 성격을 보여 주는 것과 유사하다.

이에 비하여 상기의 매매 거래 가격 산정은 소중한 자연자산에 대한 가치보다는 토지면적 가격을 실거래의 상(商) 거래가로 보여 준다는 한계를 가지고 있다. 그러나 핵 사태로 인한 자산 가치 손실 파악 부분에서는 중요한 의미를 지닌다 할 것이다. 위와 마찬가지로 '최종 핵 피해 청구 비용 다이어그램 및 법정동별 피해 범위 및 금액 별첨 자료(부록)'를 참조하기를 바란다.

2-4-2-4. 차량 피해

이 차량 피해 부분에 대해서는 핵 사태로 인한 각종 피해 예측 프로그램에서 간과한 부분이 많다. 인명과 주요 건물 피해 부분을 주로 부각한 것 외에 차량 피해 부분에 대해서는 많이 다루지 않았다. 그러나 필자는 차량의 종류별, 서울 시내 유출입 교통량의 구간별 수량을 서울시 데이터 자료에 의거 상기에서 조사한 행정구역별 면적 분포도에 재산입하여 평일인 수요일 오후 3~4시를 기준으로 한 차량 수량과 차량 가액을 계산하여 시민들의 소중한 자산인 차량 피해에 대한 소구력을 갖추기 위한 정확한 근거를 마련하고자 하였다.

색상별 조사 포인트 지역 구분: ●도심 ●시계 ●교량 ●간선 ●도시고속도로]

〈그림 3-34〉 2016년 서울 시내 교통 현황 조사 포인트 조감도[388]

이 그래픽은 가장 신뢰성이 높다고 판단한 2016년 서울시 교통본부의 자료로 총 145개소 조사 지점을 기점으로 ① 도심 24개소(서울시내 도심 사대문 내 유출입 지점), ② 시계 36개소(경기도와 시 경계 유출입지점), ③ 교량 22개소(한강의 남북 간 연결 대교 지점), ④ 간선 54개소(타지점 군에 속하지 않는 간선 도로 지점), ⑤ 도시 고속 9개소(도시고속도로지점)[389]에 나누어 차량검지기(LOOP)를 매설 또는 레이더 검지기(VDS)와 교통량 제어기를 설치하고 전용선으로 연결한 통신망을 활용한온라인 조사로 집계되었다.

구 분	전체	도심	시계	교량	간선	도시고속
차량 대수(천 대)	267	32.2	62.2	56.2	78.2	38.2
구성비(%)	100.0	12.1	23.3	21.0	29.3	14.3
전체 차량수(천 대)	5,021	606	1,170	1,057	1,471	718

〈표 3-40〉 서울시 일평균 시간대별 유입 차량 위치별 교통량 분석, 도표-저자 편집

핵이라는 이름의 청구서

위 표에 의하면 교통 비율은 위치상 시(市) 경계선(이하, 시계)과 간선도로상이 가장 높은 것으로 파악되고 있다. 하루 평균 서울 유입 차량 수 502만여 대를 기준으로 했을 때는 시계와 간선도로상 차량수는 250만 대(유출 대비 유입 편차는 0.0013(5,021천 대/5,014천 대[390])로 0에 가까움)를 넘어서고 있음을 보여 준다.

그러나 이 분석 방법으로는 유출입 차량 외 생활권 내에 이미 주정차 중인 차량의 숫자를 구할 수 없는 한계점이 있다. 따라서 위에서 기술한 서울시 행정동별 생활 인구 상대도수에 등록된 차량 수를 대입하여 얼마만큼의 차량이 행정구역별로 이동하여 산재(散在)해 있는가를 실생활 차원에서 평균·간접적으로 추론해내는 방법의 정확도가 높다고 판단하였다. 비록 이 접근법이 차량 종류별이 아닌 총량 단위의 분포도를 공통으로 대입했다는 한계점을 지니고 있으나, 핵 사태로 인한 실질적인 차량의 산재 현황을 적용하는 데 문제점은 없다고 판단하였다.

한편, 핵 사태 발생 시 이런 류의 의제부동산(擬制不動産)에 대해서는 별도로 피해액을 산정하지 않는 경우가 많다. 그러나 이 고가 제품의 재산 상실에 대한 손해액은 필히 산정해야 한다. 이에 필자는 행정동별 자동차 피해 예상 규모를 부록에 첨부하였으므로 참조하기를 바란다.

구 분	1일 실시간 생활인구(명)				서울시 차량 산재(散在) 현황(대)		구 분	1일 실시간 생활인구(명)				서울시 차량 산재(散在) 현황(대)	
자치구별	내국인	장기 외국인	단기 외국인	합계	상대도수	산재 차량수	자치구별	내국인	장기 외국인	단기 외국인	합계	상대도수	산재 차량수
강남구	787,066	21,953	4,588	813,606	0.0748	375,388	서대문구	368,577	25,942	2,199	396,719	0.0365	183,041
강동구	461,591	9,307	337	471,235	0.0433	217,422	서초구	574,678	17,239	1,395	593,311	0.0545	273,746
강북구	288,367	4,874	193	293,435	0.0270	135,387	성동구	334,162	17,410	409	351,980	0.0323	162,399
강서구	525,121	9,925	1,727	536,773	0.0493	247,661	성북구	418,717	16,453	387	435,558	0.0400	200,961
관악구	479,726	20,803	745	501,275	0.0461	231,282	송파구	735,777	15,971	1,087	752,835	0.0692	347,349
광진구	374,858	25,407	500	400,765	0.0368	184,908	양천구	381,132	5,741	238	387,111	0.0356	178,608
구로구	381,151	26,047	794	407,992	0.0375	188,243	영등포구	453,264	35,725	1,569	490,558	0.0451	226,337
금천구	215,960	15,725	350	232,036	0.0213	107,059	용산구	290,711	22,254	1,871	314,837	0.0289	145,262
노원구	503,386	5,413	208	509,007	0.0468	234,850	은평구	427,234	7,200	253	434,687	0.0399	200,559
도봉구	278,039	2,932	117	281,088	0.0258	129,690	종로구	298,881	19,595	2,803	321,278	0.0295	148,234
동대문구	359,302	25,697	681	385,680	0.0354	177,948	중구	285,130	24,364	10,014	319,508	0.0294	147,417
동작구	393,548	17,404	331	411,282	0.0378	189,761	중랑구	344,404	5,574	124	350,101	0.0322	161,533
마포구	461,263	24,601	3,864	489,728	0.0450	225,954	총 합계	10,422,044	423,557	36,783	10,882,384	1.0000	5,021,000

【핵 폭발로 인한 피해가 예상되는 각 행정동별 생활인구수(2019. 6월 기준), 차량 산재(散在), 피해 영향권 현황은 별첨 부록 참조, 저자-작성】

〈표 3-41〉 서울시 자치구별 생활인구수(2019. 6월 기준), 차량 산재(散在), 피해 영향권 현황

그런데 자동차의 피해액 산정은 소방법상 피해 산정 공식이 아닌 '① 서울시 등록 차량 종류와 등록 수, ② 중고차 시중 매매 가격'을 피해액 산정의 기준으로 정하였다. 그 이유는 배기량, 내재 부속품, 정량화 불가능한 기술력 등 계량화 산정 불가에 따라 가격 차이가 크며, 서울 시내 진입 차량 소재지를 정확히 예측한다는 것은 불가하여 서울시 자치구에 등록된 차량 데이터를 우선 적용하는 것이 보다 정확하기 때문이었다. 또한 소방법상 피해 규모 산정에도 자동차의 경우 매매 가격 자료(중고 자동차 매매 협회의 가격)를 우선시하고 있다.

핵 사태로 인한 차량 피해 계산은 행정동별 생활 인구(외국인 포함)를 서울 시내 전체 생활 인구로 나누어 얻은 상대도수에 따라 전체 차량 수를 곱하여 산재(散在) 현황을 구하였다. 행정동 재편집 과정상 기술적 정확도는 96.43%(255.16㎢/264.62㎢)이며 오차는 -3.6%이다. 위와 마찬가지로 '최종 핵 피해 청구 비용 다이어그램 및 행정동별 피해 범위 및 피해 금액 별첨 자료(부록)'를 참조하기를 바란다.

2-4-2-5. 기타 부문 피해 산정

2-4-2-5-1. 행정구역별 피해 산정 방법

이어 필자는 위 자료 모두를 취합하여 행정구역별 피해량 맵 작성을 위한 핵 영향의 행정동별-법정동별 피해 면적 비율을 장기간에 걸쳐 조사와 연구를 병행하였다. 조사 방법은 ① 정부24(https://www.gov.kr/portal/main)에서 '지적도 등본교부' 열람 시 지자체별로 샘플을 선택한 후, ② 네이버 지도(https://map.naver.com/)의 지적 편집도(법정동 기준)와의 면적 일치 여부를 확인 후, 이를 기초로 필자가 ③ 서울 시내 전 행정동별 면적을 별도로 계산해 낸 다음, ④ 이 결과를 핵 사태 영향범위에 재투입하는 방식으로 연구를 진행하였다.

예를 들어 핵 영향의 가장자리 범위인 4.38~9.18㎞ 내에 위치하는 서초구의 4개 서초동(행정동, 서초 제1동~제4동)의 핵 사태 영향 범위 면적 및 비율을 보자면, ⓐ 4개 행정동의 면적 합이 6.47㎢인데, ⓑ 핵 사태로 인해 직접 영향권에 들어가는 법정동 기준 서초동의 영향권 면적은 4.07㎢로 나와, ⓒ 영향범위율은 62.9%에 이른다고 보는 방식이다. 따라서 서초구 4개 동은 개별 동으로 나누지 않고 법정 서초 1개 전체동의 62.9%에 걸쳐 건물 일부가 파손(건물 피해 정도)되고 인체는 핵 방사능에 노출되어(생활 인구 피해도) 향후 중질병에 이르게 된다는 설명이다.

그런데 이를 위해서는 '법정동별 실매가를 한 건씩 뽑아내어 건축 연면적에 일일이 대입하는 과정'을 거쳐야 했다. 때문에 이 과정은 매우 방대하였으며, 이러한 빅데이터를 실제 발생할 수 있는 핵 사태 피해 금액에 산정하기 위해서는 상당한 기간이 소요되었다. 그러나 실제 피해를 입게 되는 법정동 단위까지 피해 범위를 계산해냈다는 점에서 상당히 유의미한 연구였다고 평할 수 있다.

한편, 이러한 건물당 실거래가를 구하는 이유를 다시 한번 더 명확히 하자면, 1~5 카테고리 범위 내 건물 등 자산의 피해를 국민들의 실제 자산과는 거리가 먼 공시지가를 적용하는 것을 사전에 차단하려는 의미와 함께 향후 재건을 위해서는 얼마만큼의 재원이 소요될 것인가를 미리 산정해 놓을 수 있어야 한다는 당위성에 기반한 것이다.

2-4-2-5-2. 피해 산정 원칙

카테고리 ①~③이다. 이 범주에서의 인명·건축물 등 피해 상태는 '증발-녹아내림-완파'에 해당하여 피해 범위를 전부 파괴로 처리, 건축물의 피해액=[용도별 연면적의 합(Σ㎡)×단위당 부동산 실거래 가격(원)]+잔존물 제거 비용으로 산정하였다. 여기서 건물 잔가율([1-(0.8×(경과 연수/내용 연수))]×100)과 손해율은 대한민국 소방기본법(2008.6.5) 제5장의 화재조사의 집행과 보고 및 사무처리 지침을 기본으로 하였으나 제거 비용은 개별 적용 대상으로 보기 어려웠다.

그 이유로는 이 피해 복구에 따른 잔존물 제거 비용은 서울시와 정부가 전적으로 책임을 지고 공적 복구 차원에서 진행하여야 할 국가적 사업의 성질을 갖기 때문이다. 히로시마-나가사키-후쿠시마 복구 과정이 이를 잘 대변한다.

그런가 하면, 중발~완파 측면에서 피해를 입은 국민들의 입장에서는 파괴 직전 건축물 자체의 가치를 의미하는 부동산 실거래가가 가장 피부에 와 닿기 때문에 이를 우선적으로 반영하였다.

① 손해율

손해율은 건물의 종류, 업종, 실내외 여부, 소실 혹은 소손 정도에 따라 차이가 발생한다. 예를 들어 건물 내 작업 시설이며 사무실 소실의 경우 손해율이 통상적으로 60% 선이며, 영업 시설일 경우 업종별 재시설 단가가 차등 적용(다방업 375,000원/㎡, 학원업 250,000원/㎡)되어 손상이 심각할 경우 손해율은 60%에 이르고, 시설 일부 교체 및 도배 시에는 손해율이 40%에 머무는 등 다소 복잡하다.

따라서 표준 형태의 소손 정도에 따른 소방기본법상 화재 피해조사 산정 방식[391]을 제시한 손해율 표를 기반으로 저자 가상 기연구를 통해 반영한 핵 피해 후 손해율과 이후 처리 방향을 아래 표와 같이 정리하였다.

핵이라는 이름의 청구서

피해 정도	해당 업종	손해율(%)	핵피해 반영 손해율(%)	최종 권유 방향
주요 구조체의 재사용 불가	전부	90~100	100	철거 후 신축
주요 구조체의 재사용 가능, 기타부분 재사용 불가	공동주택, 호텔, 병원	65	100	철거 후 신축
주요 구조체의 재사용 가능, 기타부분 재사용 불가	일반주택, 사무실, 점포	60	100	철거 후 신축
주요 구조체의 재사용 가능, 기타부분 재사용 불가	공장, 창고	55	100	철거 후 신축
천장, 벽, 바닥 등 내부 마감재 소실의 경우	전부	40	100	철거 후 신축
천장, 벽, 바닥 등 내부 마감재 소실의 경우	창고, 공장	35	100	철거 후 신축
지붕, 외벽 등 외부부감재 등이 소실될 경우	창고, 공장(나무 구조, 단열 패널)	25~30	80	철거 후 신축
지붕, 외벽 등 외부마감재 등이 소실될 경우	전부	20	80	철거 후 신축
화재로 인한 소손 또는 그을음만 입은 경우	전부	5~10	70	철거 후 신축

〈표 3-42〉 핵 피해로 인한 건물의 소손 정도에 따른 손해율

② 내(內) 부대시설 및 구축물 등 부동산

부대시설 종류에는 전기 설비, 냉난방 설비, 소화 설비, 위생 설비, 승강 설비, 수변·전 설비 등이 있으며 피해 산정은 상기에서 이미 제시한 바와 같이 부동산 실거래가에 포함되어 있다. 피해 손해율은 상기 표에 준한다.

③ 가재도구류 동산

이 가재도구류 피해 부분을 핵 사태로 인한 추산 피해액 총액에 추가할 것인가에 대한 판단과 관련해서는 '포함하는 것이 바람직하다'는 결론에 이르렀다. 사유로는 상기 각종 건축물과 토지, 차량, 생활 인구, 각종 부대시설 등의 피해 규모를 연구한 주된 목적이 핵 사태를 겪은 후 재건 과정에 필요한 준비금을 예상하고 핵 사태로 초래될 미래의 비용을 계산하기 위한 자료로서 국가적 복구 및 청구 비용을 공적으로 산정하기 위해서이다.

그 때문에 실생활과 생존을 위한 기본도구라 할 수 있는 가재도구 피해액을 추산할 수 있는 계산법을 아래 표와 같이 기술하여 본인이 거주하는 지역의 개인별·가정별 피해액을 부록에 상세하고 세밀하게 첨부하였으니 참고하기를 바란다. 단, 상가와 사무실에 비치된 도구는 집기로 분류되므로 여기서는 제외하며 순수한 개별 가정의 관점

에서 접근하기를 권한다.

구분	종류별/상태별 기준액(천 원)	상	중	하
주택 종류별·상태별 기준액	아파트	38,026	23,766	16,637
	일반주택(다가구주택)	32,498	17,105	10,842
	기타공동주택(연립주택)	32,051	20,032	12,020
	기타주택	23,253	16,608	11,627
주택 면적별 기준액	49.6㎡ 미만	14,929	14,085	9,860
	49.6㎡+~82.6㎡ 미만	25,034	16,689	15,855
	82.6㎡+~115.7㎡ 미만	23,446	19,538	18,561

구분	구간별(천 원)	금 액	구간별	금 액
주택가격별 (㎡) 기준액	100만원 미만	12,014	500만원+~600만원 미만	42,215
	100만원+~200만원 미만	16,900	600만원+~700만원 미만	48,792
	200만원+~300만원 미만	23,361	700만원+~800만원 미만	56,494
	300만원+~400만원 미만	28,403	800만원이상	63,556
	400만원+~500만원 미만	35,309		

구분	인원수(명)	금 액(천 원)	인원수	금 액(천 원)
거주 인원별 기준액	2인 이하	12,268	3인~4인	16,196
	5인	22,166	6인 이상	22,954

〈표 3-43〉 가재도구의 피해액 산정 [392], 도표-저자 편집

수식:[(주택 종류별·상태별 기준액×가중치(10%))+(주택 면적별 기준액×가중치(30%))+(거주 인원별 기준액×가중치(20%))+(주택 가격(㎡)별 기준액×가중치(40%))×손해율(100%)](단, 손해율은 옷가지 등 세척 후 재사용 가능한 물품 외에는 100% 산정)

위의 표는 소방서 화재 피해조사에 적시된 종류별, 상태별 적용단가를 2020년 기준(물가 연 2.5% 상승)으로 환산하고 중산층 기준에서 저자가 편집·재구성한 내용이다.

우선, 한국해양수산개발원에서 소개한 다차원 홍수피해 산정법에서의 건물 내용물의 자산가치 평가 방식을 활용할 경우 전체적인 윤곽을 그리는 데 용이하다. 비록 홍수 피해와 핵 피해의 규모와 성질의 차이점은 명백하나 손상 발생 시 보상률이 100%로 같이 적용된다는 사실을 감안할 때 가재도구 피해액 산정의 기본공식으로서의 인용 적합도는 높다고 판단하였다.

핵이라는 이름의 청구서

　한편, 통계청은 국부통계를 통해 가정용품의 세대당 재산액을 별도로 추산하지 않고 있는바, 필자는 2006년 제시한 지역 가재자산액 중 서울시와 생활 여건이 비교적 가까운 인천광역시와 부산광역시의 평균(8,610,042원)을 서울시에 대입하였으며, 2006년 대비 2020년 화폐가치 변동은 한국은행에서 제공하는 화폐가치 계산법을 활용하여 실질적인 화폐 인상분을 반영하였다. 그 결과 2018년 기준(2015년=100), 2020년 계산, 서울시 세대당 가정용품 자산 금액의 비교 시점 평가액은 11,210,275원으로 파악하였다. 이후 증가 시 전년 대비 해당 종류의 물가상승률을 적용하면 된다.

　이를 통해 필자가 서울 시내 행정동별 및 핵 영향 범위권별 피해 규모를 계산한 결과, 세대수는 1,808,937가구에 이르며 이를 평가액과 곱하면 20조 2,786억 원 규모의 가재도구(가정용품) 손실액이 발생하는 것으로 나타났다.

범위구분	영향권 행정동별 세대 총수	직접 영향 행정동별 세대수	세대당 가재자산 피해 금액(억 원)
a	12,212	524	59
b	41,708	11,152	1,250
c	253,964	168,090	18,843
d	449,626	196,710	22,052
e	1,846,871	1,432,461	160,583
합계	2,604,381	1,808,937	202,787

〈표 3-44〉 핵폭발로 인한 피해 범위별 가재자산 예상 피해액, 도표-저자 작성

피해 보상률은 앞서 언급한 바와 같이 자산 재고의 경우 소득증대와 국민 보건 의식의 증가에 따라 핵 피해와 이로 인한 자산손상에 대한 교환율을 100%로 가정, 보상률도 100%로 설정하였다. 또한 이 결과는 최종 핵 피해 집약 다이어그램에도 포함되어 있다. 행정동별 자료는 부록에 별첨하였으므로 실제 거주하거나 유사 환경으로 인용할 필요가 있을 경우 확인하기를 바란다.

④ 재고자산

이 항목은 상업적인 부분과 연관된 생계형 사업장의 자산인 재고량과 그 가격이 얼마인가를 분석해내는 데 있다. 따라서 이 책의 취지인 '추산키 어려운 사적인 부분에서의 피해를 전체적인 관점과 연계토록 하기 위한 방향'에 어긋나지 않도록 소방법상 화재 피해 산정 방법[393]을 인용하였다. 그러므로 핵 사태 발생으로 인한 피해액 소구 시 개별 가계가 정부에 피해 구제금을 신청하기 위한 추산 근거로서 서술하였으므로 참조하기를 바란다.

재고자산 피해액=연간 매출액÷재고자산 회전율(1.0=100%)×손해율(100%)

여기서는 먼저, 재고자산에 대한 정확한 개념 정의가 필요하다. 국민계정 면에서 볼 것이냐, 기업회계의 관점에서 볼 것이냐에 따라서도 그 개념은 차이를 보이며, 위에서 다룬 일반 가계의 가산재고(家産在庫)와는 확연히 다른 범주에 속해 있다.

필자는 기업회계의 관점에서 보기를 권장하는데 이때의 개념은 "정상적인 영업 과정에서 판매를 위하여 보유하거나 생산과정에 있는 자산 및 생산 또는 서비스 제공 과정에 투입될 원재료나 소모품의 형태로 존재하는 자산"[394]을 말한다. 그리고 재고자산의 경제 자산 속의 범주는 아래 국민대차대조표에 필자가 별도로 표식을 해 둔 것처럼 금융자산과 비금융 자산 중 후자에서 고정자산에 양립하는 자산항목으로 자리 잡고 있다.

한편, 상기 수식 중 재고자산 회전율은 한국은행이 발표하는 "기업경영분석"에 의하며, 통계청(KOSIS, http://kosis.kr/search/search.do)의 '자산·자본의 회전율(제10차 한국표준산업분류)' 항목에서 조회가 가능하다. 예를 들어 2020년 조회, 2018년의 기업경영분석상 재고자산 회전율은 7.13%를 기록하고 있는데 이 수치가 높을수록 영업 매출 활동을 잘하고 있다고 판단할 수 있다.

그러나, 각 개별 사업장별, 자치구 행정동별 재고자산 회전율을 보다 세밀하고 기간별로 탄력적으로 값을 구하려면 다음 공식에 대입하면 된다.

$$\text{재고자산 회전율(\%)} = \frac{\text{매출액}}{(\text{기초재고자산} + \text{기말재고자산}) \div 2} \times 100$$

이와 관련, 아래에 한국의 2018년 국민대차대조표 상의 재고자산을 알기 쉽도록 필자가 편집하였다. 2018년 기준으로 재고자산 금액은 약 386조 원에 해당한다. 비록 대조표에서 차지하는 비율은 적으나 필자가 이를 중요시하는 이유는 이 자산은 영업 과정에서 판매를 위해 보유하거나 투입 예정으로 우리 국민들 가계의 생계와 관련된 자산이기 때문이다. 다만, 영업적인 성격이 강하여 위의 피해량 집계에 산입하지는 못하였으나, 이 또한 우리 국민들의 소중한 자산인 만큼 영업 현장에 종사하는 모든 기업체 및 관련자들이 철저히 기록 관리하여 핵 사태와 같은 국난의 상황에서도 스스로의 증빙력은 갖춰 놓기를 희망한다.

자산별 순자본 스톡 Net capital stock by assets	당 해 년 가 격, 연 말 기 준						2015년 연 쇄 가 격, 연 말 기 준			
	2017ᵖ		2018ᵖ		증 감 률		2017ᵖ	2018ᵖ	증 감 률	
	금액(십억 원)	구성비	금액(십억 원)	구성비	2017ᵖ	2018ᵖ	금액(십억 원)	금액(십억 원)	2017ᵖ	2018ᵖ
비금융 자산 Non-financial assets	14,056,905.6	100.0	15,049,906.8	100.0	6.6	7.1	12,989,474.0	13,285,033.5	2.6	2.3
비금융 생산 자산 Produced non-financial assets	6,366,954.9	45.3	6,775,556.9	45.0	6.3	6.4	6,130,185.9	6,346,160.6	4.1	3.5
고정자산 Fixed assets	6,000,277.8	42.7	6,389,365.8	42.5	6.3	6.5	5,773,154.6	5,975,699.2	4.2	3.5
건설자산 Construction assets	4,716,445.1	33.6	5,038,552.6	33.5	6.1	6.8	4,523,244.9	4,666,163.5	3.6	3.2
주거용 건물 Residential buildings	1,477,820.5	10.5	1,608,538.6	10.7	8.3	8.8	1,413,298.1	1,487,779.2	5.9	5.3
비주거용 건물 Non-residential buildings	1,494,514.2	10.6	1,606,402.4	10.7	6.9	7.5	1,427,422.1	1,480,565.9	4.4	3.7
토목건설 Other construction	1,744,110.5	12.4	1,823,611.6	12.1	3.6	4.6	1,681,962.6	1,696,910.3	1.2	0.9
설비자산 Facilities assets	846,200.7	6.0	876,700.8	5.8	6.4	3.6	825,254.4	860,996.5	5.9	4.3
운송장비 Transport equipment	228,483.9	1.6	237,304.3	1.6	4.9	3.9	218,717.7	227,677.0	3.6	4.1
기계류 Machinery and equipment	604,410.2	4.3	626,002.5	4.2	7.1	3.6	593,550.7	620,405.7	7.0	4.5
육성생물 자원 Cultivated biological resources	13,306.6	0.1	13,394.0	0.1	0.2	0.7	13,037.9	12,982.6	-0.4	-0.4
지식재산 생산물 Intellectual property products	437,632.0	3.1	474,112.4	3.2	8.3	8.3	424,611.3	448,712.8	6.8	5.7
연구 개발 Research and development	306,754.9	2.2	335,138.3	2.2	8.3	9.3	296,737.8	313,875.1	6.7	5.8
기타 지식재산 생산물 Other intellectual property products	130,877.1	0.9	138,974.1	0.9	8.1	6.2	127,873.7	134,835.0	6.9	5.4
재고자산 Inventories	366,677.1	2.6	386,191.0	2.6	5.8	5.3	356,915.3	370,351.2	2.9	3.8

〈표 3-45〉 2018년 국민대차대조표 작성 결과 및 2015년 기준
국민대차대조표 결과[395], 도표-저자 편집

2-4-3. 범위별 건축물 및 토지 피해 내용 집계

이제 우리는 이 책의 대단원 바로 직전에 와 있다. 아래의 핵 집약도에 다다르기 전 여기서는 지금까지 연구해 온 건축물별, 연면적과 금액을 핵 피해 범위별로 집계하였다. 그 결과는 '2-4-5. 최종 핵 피해 다이어그램' 설명부에서 보는 것과 같이 대권역에 걸쳐 피해가 발생함을 알 수 있다.

그러나 단순히 나열된 숫자만으로는 어느 정도의 피해인지 체감으

로 느끼기엔 역부족이다. 그래서 필자는 대한민국에 건립된 보편적 규모의 서민용 아파트 1개 동(棟)을 척도로 보여 주기로 하였다. 여기서 보편적 아파트 1동이란 높이 15층×12가구×연면적 84㎡=15,120㎡로 설정하였다. 그리고 토지는 가로 63.25m×63.25m=4,000㎡ 넓이를 가진 건축물과 별개인 독립 형태로 매매가 가능한 중학교 운동장 규모의 토지를 그 척도로 설정하였다. 이를 토대로 범위별 피해를 가늠해 보기로 한다.

[핵 사태로 인한 카테고리별 가늠 척도 기준 피해 추산 규모(저자)]

a(1): 건축-아파트 119개 동 증발, 토지-건물 위주 밀집, 소(少) 면적
b(1): 건축-아파트 816개 동 융해, 토지-6개 운동장 불모지화
c(1): 건축-아파트 1,930개 동 완파, 토지-33개 운동장 불모지화
d(1/2=1): 건축-아파트 1,883개 동 반파, 토지-66개 운동장 불모지화
e(1/5=1): 건축-아파트 3,130개 동 일부 파손, 토지-4,717개 운동장 장기
　　　　 불모지화

또한 이 표를 기반으로 한 부록 별첨분에는 법정동별(행정동별 별도) 피해 영향도가 자세히 기재되어 있다. 참고로 여기서는, 사태와 동시에 핵폭탄의 위력이 언제 어느 범위로까지 이어질지 알 수 없는 사실을 고려하여 사고 당일 발생할 풍향은 고려치 않았으며 독자들이 현재 거주하고 있는 행정동별 예상 피해 규모를 기재하였다.

건축물 종류별로는 주거형 아파트와 상업용 건축물 수량이 85%를 차지하고 있으며 금액은 90%를 차지하고 있어 이 핵 피해에 있어 주된 피해 건축물은 주거형 아파트와 상업용 건축물이라고 해도 과언

은 아니다. 그다음으로 문교·사회용과 공공용 건축물이 뒤를 잇고 있다.

한편, 영향범위 a~d까지는 피해의 정도에 대한 이론의 여지는 없을 것으로 본다. 중발~완파는 물론 핵 방사능의 영향으로 인한 반파 또한 완파에 다름 아니기 때문이다. 그런데 이론의 여지는 범위 e에 있다. 여기서는 일부 제한적인 영향이 나타날 것이기 때문이다. 즉, 9.18 km에 가까이 갈수록 피해 정도와 강도는 약해진다.

그러나 필자는 이 부분을 독자들의 판단에 맡기는 것이 옳다는 결론에 이르러 전체 피해 규모에 포함시켰다. 그 이유로는 아무리 강도가 약한 핵이라 할지라도 인체와 사물에 미치는 영향은 일반적으로 인지하는 화학 물질 정도의 감염이나 파급효과와는 차원이 다른 당대와 차후 세대 이후의 생명에도 직간접적인 영향을 미치는 존재이기 때문이다.

한편, 이상에서 우리는 핵 사태로 인한 범위별 영향권 내의 예상 피해 총면적, 생활 인구수, 건축물, 토지, 차량, 가재자산 등에 대하여 상세히 알아보았다. 따라서 이제는 이를 총 집계한 다이어그램을 만들어 일목요연하게 정리할 필요가 있다. 마치 내가 살고 있는 곳에 핵 폭탄이 투하되었을 경우, 어느 정도의 피해가 발생할 것인가를 눈으로 먼저 인식하는 만큼 핵에 대한 경각심을 일깨우는 것은 없을 것이다. 바로 아래의 '2-4-5 최종 핵 피해 청구 비용 다이어그램'에 모든 것이 담겨 있다. 이제 이 판도라의 상자를 열어 확인해 보기를 바란다.

핵이라는 이름의 청구서

2-4-4. 최종 핵 피해 청구 비용 다이어그램

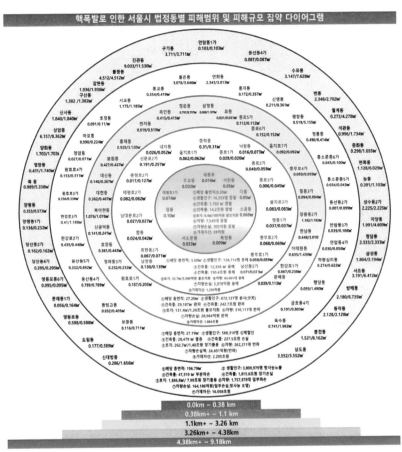

〈그림 3-35〉 서울시청 상공 핵폭발 시 법정동별 영향 범위 및 피해 현황 최종 집약도, 다이어그램-저자

이 최종 핵 피해 청구 비용 다이어그램을 보다 이해하기 쉽도록 다시 한번 더 간략한 설명을 다음과 같이 부연하였다.

① 행정동-법정동 기준

총면적, 건축물 연면적 및 피해 가격, 토지면적 및 피해 가격은 법정동 기준으로 하였으며, 인명 피해, 가재자산 및 차량 손실은 행정동을 기준으로 하였다. 이는 면적은 법정동 그리고 생활권은 행정동 귀속이라는 원칙에 충실한 것으로 서울시 생활권자들의 체감에 보다 더 와닿도록 계산하였다. 행정동별 면적과 피해면적 법정동 간 재구성상 전체 합과 분할 합의 기술적 정확도는 97.74%(258.64㎢/264.62㎢)이며 오차는 -2.3%이다.

② 항목별 표기 내용
A. 원 테두리: 핵 피해 단계별(Thick Red-Red-Yellow-Gray-Lavender) 범위
B. 행정구역 표기: 법정동으로 표기, 지면상 한계로 경계선상 동명(洞名)만 기재
C. 해당 면적: 000/000㎢로 표기, 분모는 해당 법정동의 총면적(㎢)을 말하며, 분자는 단계별 권역 내에서 차지하는 순수 면적분을 말함.
D. 권역 단계별 설명 항목: 1) 영향 해당 총면적, 2) 생활 인구 및 피해 상태, 3) 건축물 수량, 금액 및 피해 상태, 4) 토지 면적 및 피해 금액, 5) 차량 대수 및 금액, 6) 가재자산

이와 같은 항목별 설명에 의하여 필자의 핵 집약도를 보게 될 경우 거주하는 법정동 위치 혹은 유사 행정동에 거주하는 내·외국인 거주자들은 핵 피해 시 본인이 어느 정도의 피해 범주에 속하게 되는지

또렷하게 인지할 수 있다.

③ 실례 적용 이해

예를 들어, 세계인들이 가장 많이 모여 거주하는 이태원동의 경우
ⓐ 해당 면적은 0.635/1.430(㎢)로 44.2%가 ⓑ 분사(分死) 혹은 완파되
는 Yellow 단계(0.1+~3.26㎞)에 속하는데, ⓒ 이 Yellow 권역의 면적
은 27㎢에 해당한다. 세부적으로는 ① 67만 명의 생활 인구가 분사
(分死)하고, ② 24.3조 원의 연면적 29,187㎢의 건축물이 완파되며, ③
1.3조 원의 131㎢ 토지가 완전 불모지화되며, ④ 2.8조 원의 31만 대
차량이 완파되며, ⑤ 가재자산(100% 손해율)도 2조 원 가까이 완전히
소실되는 피해를 입게 된다. 각 행정동-법정동별 피해 규모를 좀 더
자세히 보자면 부록 편을 참고하면 된다.

이러한 원리에 의한 피해 내용들을 아래 두 표에 요약·집계하였다.
위의 핵 사태로 인한 피해 다이어그램상 행정동-법정동별 인명, 차량,
건축물, 토지 피해량을 권역별로 집계한 결과표이다. 위 다이어그램
과 집계표를 같이 살펴보면서 첨부 부록 편을 참고하게 되면 핵 사태
로 인한 파괴와 피해의 규모가 얼마인지 체감하는 계기가 될 것임을
의심치 않으리라 본다.

핵 폭발로 인한 범위별 인명 및 차량피해

범위 구분 (서울시청-반경)	영향 정도	영향 면적(㎢)	반영 영향 -생활인구(명)	인명 영향 참고	반영 영향 -차량 유동수(대)	반영 영향 -차량 피해액(억원)
a (0.0~0.38km)	증발	0.386	16,353	사망	7,545	705
b (0.38+~1.11km)	융해	3.604	138,714	사망	64,001	5,978
c (1.11+~3.26km)	완파	27.196	672,127	사망	310,111	28,964
d (3.26+~4.38km)	반파	27.191	568,310	중상<사망	262,211	24,491
e (4.38+~9.18km)	일부 손실	196.786	3,809,979	노출<장기질병	1,757,878	164,186
합 계		255.163	5,205,483		2,401,747	224,323

1. 차량반파는 폐차로 인지, 일부손실도 방사능 노출시 폐차 권고 차원 전액 손실 처리대상으로 분류
2. 차량매매가 확인 경로 ①다이렉트 법원 경매장: drcourt-cars.com, ②공정거래 인증 경매장: smart-gm.com, ③K 마이 트럭: my1.kr

범위 구분	공업용 건축물 (연면적 ㎢)	공업용 건축물 (매매가격, 억원)	공공용 건축물 (연면적 ㎢)	공공용 건축물 (매매가격, 억원)	상업용 건축물 (연면적 ㎢)	상업용 건축물 (매매가격, 억원)	문교사회용 건축물 (연면적 ㎢)	문교사회용 건축물 (매매가격, 억원)
a(1)	0.2	7	109.3	8,892	1,584.5	128,717	92.0	3,825
b(1)	23.9	1,168	402.1	23,936	10,297.2	1,361,602	868.5	41,622
c(1)	114.2	4,692	656.7	38,769	12,459.2	1,141,735	4,830.3	242,069
d(1/2=1)	42.3	1,508	858.7	48,142	9,161.1	727,106	3,523.6	170,820
e(1/5=1)	2,924.4	137,319	5,500.6	348,034	78,016.7	5,224,675	23,617.5	1,144,756
합계	3,104.9	144,694	7,527.3	467,772	111,518.7	8,583,834	32,932.0	1,603,092

범위 구분	농수산용 건축물 (연면적 ㎢)	농수산용 건축물 (매매가격, 억원)	주거형 건축물 (연면적 ㎢)	주거형 건축물 (매매가격, 억원)	매매 토지 (면적 ㎢)	매매 토지 (매매가격, 억원)	면적 합계 (연면적 ㎢)	금액 합계 (매매가격, 억원)
a(1)	0.0	1	5.9	721	0.4	103	1,792.3	142,267
b(1)	0.8	30	743.4	75,751	23.7	5,086	12,359.6	1,509,195
c(1)	1.5	58	11,124.9	999,808	131.4	12,895	29,318.2	2,440,025
d(1/2=1)	0.4	11	14,892.8	1,327,061	262.7	14,070	28,741.6	2,288,719
e(1/5=1)	16.8	766	134,067.9	11,302,518	1,886.8	79,937	49,206.1	18,238,004
합계	19.5	866	160,834.9	13,705,860	2,305.0	112,091	121,417.8	24,618,210

※ 핵폭발로 인한 방사능 노출 건축물 및 토지는 사용가능 연한 내 인간거주 불가능 지역으로 판단, 범위 구분 피해 정도(1~1/2~1/5) 모두 불용지(1)로 처리, 도표·저자 작성

〈표 3-46〉 핵 사태로 인한 권역별, 항목별 피해 집계표

핵이라는 이름의 청구서

X

이 책을 마무리하면서

이 책은 김정은의 등장 후인 2013년 2월 12일 한반도를 뒤흔든 북한의 3차 핵실험과 이로 인한 한국 경제의 위기 가능성 등 한국 국방과 경제의 전반적인 어려움을 타개하기 위한 기술적 고찰 끝에 7년 만에 완성한 군사경제학 연구서이다. 참고문헌만 300여 권에 이를 뿐 아니라 그중 인용된 개체 수는 400여 항목에 달하며, 필자의 연구 기록지만 하더라도 수 권에 이를 정도의 방대한 작업이었다.

그 때문에 필자는 요청이 들어올 경우 가능한 범위 내에서 본인의 연구기록을 제출할 의사를 가지고 있으며, 이 분야를 연구하거나 참고하려는 모든 사람에게 도움이 될 수 있다면 기꺼이 강의 또한 마다치 않을 것이다.

사실 핵 문제는 어제와 오늘 심지어 수십 년 만의 문제는 아니다. 한국전쟁 이후 체제를 유지하려 한 북한 정권이 생존기술로 삼기 위해 철저히 준비해 온 방어력의 일환이라고 볼 수 있다. 이는 주위의 강력한 상대인 미국이 다시 평양을 공격하여 체제를 붕괴시킬 수도 있다는 피해의식 때문이라고도 볼 수 있다.

그런가 하면 이러한 예상은 서로가 핵을 보유하고 있는데 설마하니 핵전쟁까지야 가겠느냐는, 핵무기 사용은 서로를 멸망케 한다는 '상호 확증 파괴(MAD: Mutual Assured Destruction)'를 믿고 서로가 전략적으로 안정을 도모할 것이라는 '공포의 균형 이론'에 의해 관리될 것이라는 믿음이 더 강한 것도 사실이다.

그러나 그 과정에서 어느 한쪽은 정치적으로든, 경제적으로든 여러 시험대를 거쳐야 한다. 내부통제가 완벽하든, 경제력이 튼튼하든 상당한 기간 동안 강한 내구성으로 혹독한 견제와 도전을 이겨내야 한다. 그렇지 못할 경우 불안정은 가속화되고 핵탄두에 불을 붙이는 시간은 더욱 빠르게 다가올 것이다.

혹자들은 전쟁은 그리 쉽게, 더군다나 핵 재앙은 결코 일어나지 않을 것이라고들 한다. 그러나 제1차 세계대전 이후 각종 전쟁을 통틀어 보면 전쟁은 예고된 단계를 반드시 거쳐 왔으며 단지 인간이 이를 무시했을 뿐이다. 잔인하게 수천만 명을 대학살 하는 수준으로까지 이어진 양차의 세계대전은 핵 재앙이 다시 일어날 수 있다는 신호임을 강력한 톤으로 일깨워 주었다.

우리 모두는 지금까지 북한의 핵이 준 해결 방안이 담긴 과제 제출을 명령받았으며 이를 수행해야 하는 책임자들의 자세로 지금까지 연구에 전념하여 왔다고 할 수 있다. 그 연구 결과 중의 하나가 필자가 제시하는 이 연구서일 것이다.

핵이 무엇인가에 대한 기초지식부터 전쟁은 어떻게, 얼마나 많이 벌어져 왔으며, 이를 회복하기 위한 한반도와 인류의 노력은 무엇이었으며, 얼마나 많은 비용이 투입되어야 하는가에 대한 본격적인 연구를 진행해 왔다는 얘기이다.

그러나 이 과정은 매우 복잡하고 어려운 구조물을 통과해야 하는 고단한 군사 훈련 과정과도 같았다. 또한, 북한 핵은 한반도에서 사라지게 하려는 노력 자체를 거부하고 그러한 노력이 이뤄질수록 오히려 더욱 심각한 수준으로 발전하곤 하였다. 바로 이것이 핵 보유에 대한 중독성이다. 즉, 한 번 핵에 손을 댄 자들은 결코 놓지 않는 일종의 중독과도 같은 증세를 겪게 된다는 사실이다. 때문에 핵 문제는 강력한 처방전이 없으면 해결되지도, 해결에 응하려는 태도 또한 나타나지 않게 마련이다.

그렇다고 조바심을 갖고 급하게 해결하려다 보면 오히려 상태만 더 악화할 수 있다. 각종 핵 협상 선례들이 잘 말해 준다. 또한 느긋하게 대처하다 보면 그때는 회복이 불가능한 수준까지 핵 보유 과정이 진행되어 버린다. 그러고서는 이런 과정들 앞에서 국론이 분열되기도 한다. 우리도 핵을 가짐으로써 핵의 노예가 되지 말고 강력한 방어력을 지니도록 하자는 주장과 천문학적인 유지 관리 비용과 핵 사태의 발생으로 서로가 완파되는 상황을 감내할 수 있느냐는 주장이 팽팽히 맞서는 등 극심한 분열상이 초래될 것이다.

이에 본 연구서는 두 가지 입장 모두를 면밀히 고찰하는 연구 과정을 담았다. 결국 핵의 비용이 얼마이며, 치러야 할 대가가 정확히 얼마인가를 앎으로써 '상호 확증 안보(Mutual Assured Safety)'가 발을 내디딜 수 있다는 점이다. 이 핵 비용에 대한 이해가 이뤄지면 차후에는 어떻게 대응해야 할 것인가에 대한 답은 명료해진다. 어느 한쪽이든 감내할 자신은 있는가 하는 점이다. 만약 그렇다면 핵무장은 이뤄질 수 있겠으나 불가한 상태라면 비핵화로 가야 한다.

그 당위성으로 필자는 핵 사태로 인한 피해 규모가 얼마인가를 방대한 자료와 철저한 분석을 통하여 그 수치를 제시하였다. 그러한 차원에서 이 연구서는 핵 피해 집약도를 통해 비용 계산서를 명확히 청구하였다. 이제 역사적인 청구서 지불 책임의 공은 국내외를 포함한 모든 위정자에게로 넘어갔다. 현명한 의사결정을 기대할 따름이다.

핵이라는 이름의 청구서

부록

최종 핵 피해 청구 비용 다이어그램 및
법정동별 피해 범위 및 피해 금액 별첨 자료

범위 구분	행정동 명	해당 행정동 전체 면적 (㎢)	피해 면적(㎢)	피해면적 영향도	행정동 전체 생활 인구수(명)	피해 -생활인구 (명, 2019)	차량 전체 유동수(대)	피해-유동 차량수(대)	피해-차량 금액(억원, 2019)
a	명동	0.99	0.1529	0.1544	50,449	7,790	23,277	3,594	336
a	사직동	1.23	0.0157	0.0127	28,502	363	13,150	168	16
a	소공동	0.95	0.2015	0.2121	36,416	7,723	16,802	3,563	333
a	종로1.2.3.4가동	2.35	0.0158	0.0067	71,259	478	32,878	220	21
b	교남동	0.35	0.0286	0.0818	6,916	566	3,191	261	24
b	명동	0.99	0.8941	0.9031	50,449	45,562	23,277	21,022	1,963
b	사직동	1.23	0.5968	0.4852	28,502	13,830	13,150	6,381	596
b	소공동	0.95	0.4804	0.5057	36,416	18,416	16,802	8,497	794
b	종로1.2.3.4가동	2.35	0.6762	0.2877	71,259	20,504	32,878	9,460	884
b	중림동	0.48	0.0292	0.0608	9,338	568	4,308	262	24
b	천연동	1.12	0.0014	0.0012	18,346	23	8,465	10	1
b	충현동	0.46	0.1143	0.2484	41,703	10,358	19,241	4,779	446
b	필동	1.14	0.0664	0.0583	17,768	1,035	8,198	478	45
b	회현동	0.84	0.7164	0.8529	32,658	27,853	15,068	12,851	1,200
c	가회동	0.54	0.5414	1.0026	8,269	8,291	3,815	3,825	357
c	공덕동	0.76	0.7346	0.9666	37,773	36,513	17,428	16,847	1,573
c	광희동	0.74	0.6439	0.8701	28,184	24,522	13,004	11,314	1,057
c	교남동	0.35	0.2754	0.7868	6,916	5,441	3,191	2,510	234
c	남영동	1.19	1.0103	0.8490	21,283	18,069	9,820	8,337	779
c	다산동	0.51	0.5100	1.0000	16,620	16,620	7,668	7,668	716
c	대흥동	0.88	0.0564	0.0641	29,396	1,886	13,563	870	81
c	명동	0.99	0.0362	0.0366	50,449	1,845	23,277	851	79
c	무악동	0.36	0.3626	1.0071	7,536	7,590	3,477	3,502	327
c	부암동	2.27	0.5160	0.2273	13,746	3,125	6,342	1,442	135
c	북아현동	0.97	1.0758	1.1091	36,931	40,959	17,039	18,898	1,765
c	사직동	1.23	1.3150	1.0691	28,502	30,472	13,150	14,060	1,313
c	삼선동	0.92	0.0167	0.0182	29,735	540	13,719	249	23
c	삼청동	1.49	0.3919	0.2630	7,382	1,942	3,406	896	84
c	성북동	2.86	0.0740	0.0259	20,777	537	9,586	248	23
c	신당동	0.55	0.5500	1.0000	29,941	29,941	13,814	13,814	1,290
c	신당동	0.55	0.0273	0.0497	29,941	1,487	13,814	686	64
c	신촌동	2.63	1.1676	0.4440	74,596	33,117	34,418	15,280	1,427
c	아현동	1.01	1.0118	1.0018	28,076	28,126	12,954	12,977	1,212
c	용산2가동	1.96	0.9590	0.4893	12,708	6,218	5,863	2,869	268
c	원효로1동	0.59	0.2252	0.3816	20,717	7,907	9,559	3,648	341
c	을지로동	0.6	0.4626	0.7710	20,071	15,475	9,261	7,140	667
c	이태원2동	0.86	0.6355	0.7389	15,007	11,089	6,924	5,116	478
c	이화동	0.78	0.7665	0.9826	25,113	24,676	11,587	11,385	1,063
c	장충동	1.36	1.3313	0.9789	14,777	14,465	6,818	6,674	623
c	종로1.2.3.4가동	2.35	1.6709	0.7110	71,259	50,667	32,878	23,377	2,183
c	종로5.6가동	0.6	0.6035	1.0058	21,678	21,804	10,002	10,060	940
c	중림동	0.48	0.4136	0.8618	9,338	8,047	4,308	3,713	347
c	창신2동	0.26	0.3898	1.4993	10,897	16,338	5,028	7,538	704
c	천연동	1.12	0.9745	0.8701	18,346	15,963	8,465	7,365	688
c	청운효자동	2.57	1.8214	0.7087	16,488	11,686	7,608	5,392	504
c	청파동	0.91	0.9033	0.9927	26,659	26,463	12,300	12,210	1,140
c	충현동	0.46	0.3902	0.8484	41,703	35,379	19,241	16,324	1,525
c	필동	1.14	1.2434	1.0907	17,768	19,379	8,198	8,941	835
c	한강로동	2.9	0.0672	0.0232	49,773	1,154	22,965	532	50
c	한남동	3.01	0.4477	0.1487	36,456	5,422	16,820	2,502	234
c	혜화동	1.12	0.8993	0.8029	41,489	33,312	19,143	15,370	1,436
c	홍제1동	1.23	0.4920	0.4000	26,659	10,663	12,300	4,920	460
c	홍제2동	0.81	0.5400	0.6667	8,725	5,817	4,026	2,684	251
c	회현동	0.84	0.4161	0.4953	32,658	16,176	15,068	7,463	697
c	효창동	0.44	0.3613	0.8212	10,038	8,243	4,631	3,803	355
c	후암동	0.86	0.8650	1.0058	14,679	14,763	6,773	6,812	636
d	공덕동	0.76	0.2710	0.3566	37,773	13,470	17,428	6,215	580
d	금호1가동	0.46	0.1489	0.3236	15,881	5,139	7,327	2,371	221
d	금호2.3가동	0.64	0.5371	0.8393	22,850	19,177	10,543	8,848	826
d	금호4가동	0.84	0.1913	0.2277	9,574	2,180	4,417	1,006	94
d	남영동	1.19	0.1768	0.1486	21,283	3,162	9,820	1,459	136

핵이라는 이름의 청구서

범위 구분	행정동 명	해당 행정동 전체 면적 (km²)	피해 면적(km²)	피해면적 영향도	행정동 전체 생활 인구수(명)	피해 -생활인구 (명, 2019)	차량 전체 유동수(대)	피해-유동 차량수(대)	피해-차량 금액(억원, 2019)
d	대흥동	0.88	0.5606	0.6370	29,396	18,726	13,563	8,640	807
d	대흥동	0.88	0.2458	0.2793	29,396	8,212	13,563	3,789	354
d	도화동	0.62	0.7196	1.1606	22,073	25,618	10,184	11,820	1,104
d	돈암2동	0.48	0.2143	0.4465	12,030	5,371	5,550	2,478	231
d	동선동	0.73	0.0523	0.0717	28,140	2,017	12,983	931	87
d	보광동	0.71	0.1157	0.1629	12,534	2,042	5,783	942	88
d	보문동	0.56	0.5423	0.9684	17,488	16,934	8,069	7,813	730
d	부암동	2.27	1.4147	0.6232	13,746	8,567	6,342	3,953	369
d	삼선동	0.92	0.8987	0.9769	29,735	29,047	13,719	13,402	1,252
d	삼청동	1.49	1.0985	0.7373	7,382	5,442	3,406	2,511	235
d	서강동	1.45	0.0817	0.0563	30,177	1,699	13,923	784	73
d	서교동	1.65	0.0615	0.0372	88,844	3,309	40,992	1,527	143
d	서교동	1.65	0.0671	0.0406	88,844	3,611	40,992	1,666	156
d	서빙고동	2.8	0.0317	0.0113	19,110	217	8,817	100	9
d	성북동	2.86	2.7975	0.9782	20,777	20,323	9,586	9,377	876
d	숭인1동	0.23	0.2552	1.1097	8,173	9,070	3,771	4,185	391
d	숭인2동	0.35	0.3403	0.9723	15,803	15,366	7,291	7,090	662
d	신당동	0.55	0.5500	1.0000	29,941	29,941	13,814	13,814	1,290
d	신당동	0.55	0.1247	0.2266	29,941	6,786	13,814	3,131	292
d	신수동	0.78	0.5372	0.6887	19,849	13,670	9,158	6,307	589
d	신촌동	2.63	1.4056	0.5344	74,596	39,867	34,418	18,394	1,718
d	아현동	1.01	0.3062	0.3032	28,076	8,512	12,954	3,927	367
d	안암동	1.33	0.0747	0.0562	32,556	1,828	15,021	844	79
d	연희동	3.05	0.6694	0.2195	48,625	10,673	22,435	4,924	460
d	옥수동	1.95	0.7414	0.3802	31,453	11,959	14,512	5,518	515
d	왕십리2동	0.41	0.1642	0.4006	14,357	5,751	6,624	2,653	248
d	왕십리도선동	0.72	0.1516	0.2105	21,275	4,479	9,816	2,067	193
d	왕십리도선동	0.72	0.1095	0.1521	21,275	3,235	9,816	1,493	139
d	용강동	0.84	0.2559	0.3046	26,715	8,139	12,326	3,755	351
d	용문동	0.28	0.2802	1.0007	9,673	9,680	4,463	4,466	417
d	용산2가동	1.96	0.9993	0.5098	12,708	6,479	5,863	2,989	279
d	용신동	1.61	0.2773	0.1722	44,469	7,658	20,518	3,533	330
d	원효로1동	0.59	0.3686	0.6247	20,717	12,941	9,559	5,971	558
d	원효로2동	0.71	0.5027	0.7080	13,332	9,440	6,151	4,355	407
d	이태원2동	0.86	0.7943	0.9237	15,007	13,861	6,924	6,395	597
d	이화동	0.78	0.0165	0.0212	25,113	532	11,587	246	23
d	정릉2동	1.17	0.4903	0.4190	21,429	8,979	9,887	4,143	387
d	창신2동	0.26	0.3898	1.4993	10,897	16,338	5,028	7,538	704
d	평창동	8.87	0.5194	0.0586	19,980	1,170	9,219	540	50
d	필동	1.14	0.0068	0.0060	17,768	106	8,198	49	5
d	한강로동	2.9	1.7148	0.5913	49,773	29,431	22,965	13,579	1,268
d	한남동	3.01	1.4755	0.4902	36,456	17,870	16,820	8,245	770
d	행당2동	0.42	0.0588	0.1401	16,467	2,307	7,598	1,064	99
d	혜화동	1.12	0.2161	0.1930	41,489	8,007	19,143	3,694	345
d	홍은2동	2.06	0.5680	0.2757	24,746	6,824	11,418	3,148	294
d	홍제1동	1.23	0.8723	0.7092	26,659	18,906	12,300	8,723	815
d	홍제2동	0.81	0.5745	0.7092	8,725	6,188	4,026	2,855	267
d	홍제3동	1.05	0.7447	0.7092	16,928	12,005	7,810	5,539	517
d	황학동	0.33	0.3268	0.9902	14,323	14,182	6,608	6,543	611
d	효창동	0.44	0.0817	0.1858	10,038	1,865	4,631	860	80
e	갈현1동	0.97	0.9700	1.0000	28,499	28,499	13,149	13,149	131
e	갈현2동	0.96	0.9600	1.0000	24,680	24,680	11,387	11,387	114
e	구산동	1.38	1.3815	1.0011	26,031	26,060	12,011	12,024	120
e	군자동	0.74	0.7343	0.9923	21,788	21,621	10,053	9,976	100
e	금호1가동	0.46	0.2957	0.6429	15,881	10,210	7,327	4,711	47
e	금호2.3가동	0.64	0.0961	0.1501	22,850	3,431	10,543	1,583	16
e	금호4가동	0.84	0.6119	0.7285	9,574	6,974	4,417	3,218	32
e	길음1동	0.79	0.7900	1.0000	31,788	31,788	14,667	14,667	147
e	길음2동	0.58	0.5800	1.0000	16,422	16,422	7,577	7,577	76
e	남가좌1동	0.51	0.5100	1.0000	15,274	15,274	7,047	7,047	70
e	남가좌2동	0.77	0.7700	1.0000	20,963	20,963	9,672	9,672	97

범위구분	행정동 명	해당 행정동 전체 면적 (km²)	피해 면적 (km²)	피해면적 영향도	행정동 전체 생활 인구수(명)	피해 -생활인구 (명, 2019)	차량 전체 유동수(대)	피해-유동 차량수(대)	피해-차량 금액(억원, 2019)
e	노량진1동	1.58	1.5800	1.0000	44,673	44,673	20,612	20,612	206
e	노량진2동	0.64	0.6400	1.0000	18,893	18,893	8,717	8,717	87
e	녹번동	1.79	1.5800	0.8827	32,491	28,679	14,991	13,232	132
e	논현1동	1.25	1.2500	1.0000	44,792	44,792	20,667	20,667	207
e	논현2동	1.47	1.4700	1.0000	44,861	44,861	20,698	20,698	207
e	능동	1.1	0.3915	0.3559	16,523	5,880	7,624	2,713	27
e	답십리1동	0.81	0.8100	1.0000	23,674	23,674	10,923	10,923	109
e	답십리2동	0.85	0.8500	1.0000	23,668	23,668	10,920	10,920	109
e	당산1동	0.75	0.7429	0.9906	23,028	22,811	10,625	10,525	105
e	당산2동	1.55	1.5787	1.0185	40,141	40,883	18,520	18,863	189
e	대방동	1.55	1.5301	0.9872	39,070	38,570	18,027	17,796	178
e	대조동	0.85	0.8489	0.9987	35,917	35,870	16,571	16,550	165
e	도림동	0.89	0.1771	0.1990	17,629	3,509	8,134	1,619	16
e	도화동	0.62	0.0901	0.1454	22,073	3,209	10,184	1,481	15
e	돈암2동	0.48	0.4800	1.0000	12,030	12,030	5,550	5,550	56
e	동선동	0.73	0.5496	0.7529	28,140	21,186	12,983	9,775	98
e	마장동	1.06	1.0709	1.0103	27,318	27,600	12,604	12,734	127
e	망원1동	1.13	1.1300	1.0000	19,730	19,730	9,103	9,103	91
e	망원2동	0.67	0.6700	1.0000	18,181	18,181	8,389	8,389	84
e	면목2동	0.73	0.4164	0.5704	21,653	12,352	9,990	5,699	57
e	면목4동	1.11	0.2082	0.1876	18,044	3,385	8,326	1,562	16
e	면목5동	0.64	0.4685	0.7320	10,753	7,871	4,962	3,632	36
e	면목7동	0.87	0.0347	0.0399	18,433	735	8,505	339	3
e	목1동	1.41	0.0705	0.0500	46,946	2,347	21,660	1,083	11
e	목2동	1.03	0.1717	0.1667	24,310	4,052	11,216	1,869	19
e	목5동	1.81	0.7466	0.4125	41,154	16,975	18,988	7,832	78
e	문래동	1.49	0.5722	0.3840	40,825	15,678	18,836	7,234	72
e	미아동	0.73	0.7300	1.0000	23,012	23,012	10,618	10,618	106
e	반포1동	1	1.0000	1.0000	35,853	35,853	16,542	16,542	165
e	반포2동	1.35	1.3500	1.0000	19,072	19,072	8,800	8,800	88
e	반포3동	1.28	1.2800	1.0000	20,230	20,230	9,334	9,334	93
e	반포3동	1.28	1.2800	1.0000	20,230	20,230	9,334	9,334	93
e	반포4동	1.43	1.4300	1.0000	47,166	47,166	21,762	21,762	218
e	반포본동	1.01	1.0100	1.0000	10,430	10,430	4,812	4,812	48
e	방배1동	0.7	0.2094	0.2992	20,045	5,998	9,249	2,767	28
e	방배2동	1.93	0.3208	0.1662	25,853	4,297	11,928	1,983	20
e	방배4동	0.98	0.9800	1.0000	24,232	24,232	11,180	11,180	112
e	방배본동	0.67	0.6700	1.0000	24,968	24,968	11,520	11,520	115
e	번1동	0.55	0.2380	0.4327	20,689	8,952	9,546	4,130	41
e	번2동	1.25	1.2500	1.0000	11,537	11,537	5,323	5,323	53
e	번3동	0.86	0.8600	1.0000	15,279	15,279	7,050	7,050	70
e	보광동	0.71	0.5957	0.8390	12,534	10,516	5,783	4,852	49
e	보라매동	0.76	0.7600	1.0000	21,157	21,157	9,762	9,762	98
e	보문동	0.56	0.0152	0.0272	17,488	475	8,069	219	2
e	부암동	2.27	0.3352	0.1477	13,746	2,030	6,342	937	9
e	북가좌1동	0.52	0.5373	1.0333	14,058	14,526	6,486	6,702	67
e	북가좌2동	0.84	0.8680	1.0333	35,573	36,757	16,413	16,959	170
e	불광1동	3.13	3.1300	1.0000	35,905	35,905	16,566	16,566	166
e	불광2동	1.38	1.3800	1.0000	21,979	21,979	10,141	10,141	101
e	사근동	1.11	0.6686	0.6023	29,791	17,945	13,745	8,279	83
e	사당1동	0.79	0.0608	0.0769	26,964	2,074	12,441	957	10
e	사당2동	2.75	2.7500	1.0000	35,287	35,287	16,281	16,281	163
e	사당3동	0.92	0.9200	1.0000	17,775	17,775	8,201	8,201	82
e	사당5동	0.57	0.1900	0.3333	8,473	2,824	3,909	1,303	13
e	삼선동	0.92	0.0085	0.0092	29,735	275	13,719	127	1
e	삼성1동	1.94	0.6940	0.3577	47,603	17,030	21,964	7,857	79
e	삼성2동	1.24	1.1104	0.8955	41,247	36,937	19,031	17,042	170
e	상도1동	1.51	1.5204	1.0069	51,411	51,764	23,720	23,883	239
e	상도2동	0.98	0.9867	1.0069	24,687	24,856	11,390	11,468	115
e	상도3동	0.6	0.6041	1.0069	18,056	18,180	8,331	8,388	84
e	상도4동	0.75	0.7551	1.0069	22,444	22,598	10,356	10,427	104

범위 구분	행정동 명	해당 행정동 전체 면적 (km²)	피해 면적(km²)	피해면적 영향도	행정동 전체 생활 인구수(명)	피해 -생활인구 (명, 2019)	차량 전체 유동수(대)	피해-유동 차량수(대)	피해-차량 금액(억원, 2019)
e	상봉2동	0.68	0.0828	0.1218	26,106	3,180	12,045	1,467	15
e	상암동	8.4	6.1573	0.7330	49,119	36,005	22,663	16,612	166
e	서강동	1.45	1.4913	1.0285	30,177	31,037	13,923	14,320	143
e	서교동	1.65	1.5297	0.9271	88,844	82,367	40,992	38,003	380
e	서빙고동	2.8	2.7681	0.9886	19,110	18,892	8,817	8,716	87
e	서초1동	1.42	0.5317	0.3745	32,893	12,317	15,176	5,683	57
e	서초2동	1.24	0.4643	0.3745	43,773	16,392	20,196	7,563	76
e	서초3동	2.93	1.3715	0.4681	67,526	31,608	31,156	14,584	146
e	서초4동	0.88	0.8238	0.9362	45,986	43,051	21,217	19,863	199
e	석관동	1.73	0.9956	0.5755	28,176	16,216	13,000	7,482	75
e	성산1동	0.8	0.8076	1.0095	21,488	21,693	9,914	10,009	100
e	성산2동	2.07	2.0897	1.0095	37,894	38,255	17,484	17,650	177
e	성수1가1동	1.98	1.9800	1.0000	17,169	17,169	7,921	7,921	79
e	성수1가2동	0.89	0.8900	1.0000	20,820	20,820	9,606	9,606	96
e	성수2가1동	1.18	1.1800	1.0000	20,393	20,393	9,409	9,409	94
e	성수2가3동	1.03	1.0300	1.0000	29,185	29,185	13,466	13,466	135
e	성현동	0.68	0.6800	1.0000	28,116	28,116	12,973	12,973	130
e	송정동	0.68	0.6800	1.0000	10,692	10,692	4,933	4,933	49
e	수색동	1.29	1.2915	1.0011	10,169	10,180	4,692	4,697	47
e	수유1동	1.07	1.0700	1.0000	19,433	19,433	8,966	8,966	90
e	수유2동	0.73	0.0730	0.1000	19,963	1,996	9,211	921	9
e	수유3동	0.86	0.4300	0.5000	28,964	14,482	13,363	6,682	67
e	신길1동	0.66	0.6600	1.0000	18,625	18,625	8,593	8,593	86
e	신길3동	0.52	0.3483	0.6698	17,305	11,591	7,984	5,348	53
e	신길4동	0.35	0.3500	1.0000	7,229	7,229	3,335	3,335	33
e	신길6동	0.68	0.1366	0.2009	19,448	3,908	8,973	1,803	18
e	신길7동	0.64	0.3215	0.5024	13,907	6,986	6,416	3,223	32
e	신대방2동	1.03	0.2860	0.2777	27,444	7,620	12,662	3,516	35
e	신사1동	0.84	0.8400	1.0000	23,867	23,866	11,012	11,011	110
e	신사2동	1	1.0000	1.0000	16,013	16,013	7,388	7,388	74
e	신사동	1.89	1.7233	0.9118	39,523	36,038	18,235	16,627	166
e	신사동	1.89	1.8900	1.0000	39,523	39,523	18,235	18,235	182
e	신수동	0.78	0.2963	0.3799	19,849	7,541	9,158	3,479	35
e	신촌동	2.63	0.0572	0.0218	74,596	1,623	34,418	749	7
e	안암동	1.33	1.2506	0.9403	32,556	30,611	15,021	14,124	141
e	압구정동	2.53	2.5300	1.0000	49,417	49,417	22,800	22,800	228
e	양평1동	0.88	0.1361	0.1547	19,284	2,983	8,897	1,376	14
e	양평2동	3	3.2491	1.0830	28,272	30,620	13,045	14,128	141
e	여의동	8.4	8.4333	1.0040	93,281	93,651	43,039	43,210	432
e	역삼1동	2.35	2.4369	1.0370	111,280	115,397	51,343	53,243	532
e	역삼2동	1.15	0.1242	0.1080	52,435	5,664	24,193	2,613	26
e	역촌동	1.16	1.1583	0.9986	42,760	42,698	19,729	19,700	197
e	연남동	0.64	0.6445	1.0070	21,817	21,970	10,066	10,137	101
e	연희동	3.05	2.3434	0.7683	48,625	37,359	22,435	17,237	172
e	염창동	1.74	0.4312	0.2478	32,123	7,960	14,821	3,673	37
e	영등포동	1.26	1.3412	1.0645	51,790	55,128	23,895	25,436	254
e	영등포본동	1.02	0.5880	0.5765	25,604	14,760	11,813	6,810	68
e	옥수동	1.95	1.2202	0.6257	31,453	19,681	14,512	9,081	91
e	왕십리도선동	0.72	0.3112	0.4323	21,275	9,196	9,816	4,243	42
e	용강동	0.84	0.1623	0.1932	26,715	5,162	12,326	2,382	24
e	용답동	2.32	2.3200	1.0000	20,506	20,506	9,461	9,461	95
e	용답동	2.32	1.5927	0.6865	20,506	14,078	9,461	6,495	65
e	용신동	1.61	1.3357	0.8296	44,469	36,893	20,518	17,022	170
e	우이동	10.95	0.6600	0.0603	18,304	1,103	8,445	509	5
e	원효로2동	0.71	0.2027	0.2855	13,332	3,807	6,151	1,756	18
e	월계1동	1.16	0.1949	0.1680	26,844	4,510	12,385	2,081	21
e	월계2동	1.94	0.0780	0.0402	19,865	798	9,165	368	4
e	월곡1동	0.81	0.8100	1.0000	21,841	21,841	10,077	10,077	101
e	월곡2동	1.36	1.3600	1.0000	26,773	26,773	12,353	12,353	124
e	월곡2동	1.36	0.5320	0.3912	26,773	10,473	12,353	4,832	48
e	은천동	1.18	0.3933	0.3333	27,288	9,096	12,591	4,197	42

범위구분	행정동 명	해당 행정동 전체 면적 (㎢)	피해 면적(㎢)	피해면적 영향도	행정동 전체 생활 인구수(명)	피해 -생활인구 (명, 2019)	차량 전체 유동수(대)	피해-유동 차량수(대)	피해-차량 금액(억원, 2019)
e	용봉동	0.57	0.5568	0.9768	14,175	13,847	6,540	6,389	64
e	용암1동	1.2	1.2000	1.0000	23,506	23,506	10,845	10,845	108
e	용암2동	0.78	0.7800	1.0000	16,154	16,154	7,453	7,453	75
e	용암3동	0.63	0.6300	1.0000	24,006	24,006	11,076	11,076	111
e	이문1동	1.04	1.0400	1.0000	30,687	30,687	14,159	14,159	142
e	이문2동	0.69	0.6900	1.0000	17,857	17,857	8,239	8,239	82
e	이촌1동	2.86	2.8600	1.0000	28,077	28,077	12,955	12,955	130
e	이촌2동	1.22	1.2200	1.0000	7,652	7,652	3,530	3,530	35
e	인수동	2.93	2.9300	1.0000	28,033	28,033	12,934	12,934	129
e	자양3동	1.2	0.8309	0.6924	23,752	16,447	10,959	7,588	76
e	자양4동	1.16	1.1600	1.0000	34,797	34,797	16,055	16,055	161
e	장원동	1.76	1.7600	1.0000	38,986	38,986	17,988	17,988	180
e	장안1동	1.25	1.2500	1.0000	37,127	37,127	17,130	17,130	171
e	장안2동	1.09	1.0900	1.0000	27,364	27,364	12,625	12,625	126
e	장위1동	0.7	0.7000	1.0000	18,143	18,143	8,371	8,371	84
e	장위2동	0.67	0.6700	1.0000	13,677	13,677	6,310	6,310	63
e	장위3동	0.65	0.6500	1.0000	7,167	7,167	3,307	3,307	33
e	전농1동	1.19	1.1900	1.0000	36,023	36,023	16,621	16,621	166
e	전농2동	0.86	0.8600	1.0000	16,077	16,077	7,418	7,418	74
e	정릉1동	0.44	0.4400	1.0000	15,372	15,372	7,092	7,092	71
e	정릉2동	1.17	1.1700	1.0000	21,429	21,429	9,887	9,887	99
e	정릉3동	3.71	3.7100	1.0000	20,245	20,245	9,341	9,341	93
e	정릉4동	3.13	3.1300	1.0000	19,179	19,179	8,849	8,849	88
e	제기동	1.18	1.1837	1.0032	39,454	39,580	18,204	18,262	183
e	종암동	1.46	1.4583	0.9988	38,695	38,649	17,853	17,832	178
e	중곡1동	0.62	0.5346	0.8622	15,967	13,767	7,367	6,352	64
e	중곡2동	0.55	0.0948	0.1724	18,903	3,260	8,722	1,504	15
e	중곡3동	0.6	0.3104	0.5173	16,023	8,289	7,393	3,825	38
e	중화2동	0.98	0.2983	0.3044	26,835	8,169	12,381	3,769	38
e	증산동	0.81	0.8069	0.9961	11,434	11,390	5,275	5,255	53
e	진관동	11.53	9.0330	0.7834	61,276	48,006	28,272	22,149	221
e	청담동	2.33	2.3329	1.0012	44,214	44,269	20,400	20,425	204
e	청량리동	1.2	1.1974	0.9978	20,710	20,665	9,555	9,535	95
e	청림동	0.78	0.7800	1.0000	9,360	9,360	4,318	4,318	43
e	평창동	8.87	8.3459	0.9409	19,980	18,800	9,219	8,674	87
e	한강로동	2.9	1.1206	0.3864	49,773	19,232	22,965	8,874	89
e	한남동	3.01	1.0870	0.3611	36,456	13,166	16,820	6,075	61
e	합정동	1.72	1.7228	1.0016	25,700	25,742	11,858	11,877	119
e	행당2동	0.42	0.4200	1.0000	16,467	16,467	7,598	7,598	76
e	행운동	0.39	0.0300	0.0769	27,433	2,110	12,657	974	10
e	화양동	1.16	0.9086	0.7832	50,008	39,168	23,073	18,072	181
e	회기동	0.76	0.7619	1.0025	27,617	27,685	12,742	12,774	128
e	휘경1동	0.63	0.6300	1.0000	19,334	19,334	8,920	8,920	89
e	휘경2동	1.05	1.0500	1.0000	21,620	21,620	9,975	9,975	100
e	흑석동	1.68	1.6675	0.9926	43,379	43,057	20,015	19,866	199
합계		393.4	255.2		7,947,254	5,205,483	3,666,767	2,401,747	77,716

핵이라는 이름의 청구서

부록 ❷ 핵폭발로 인한 해당 법정동별 건축물 및 토지 피해 현황

범위 구분	법정동 명	해당 법정동 전체 면적(㎢)	영향 면적(㎢)	반영 영향도	공업용 건축물 (연면적 ㎢)	공업용 건축물 (매매가, 억 원)	공공용 건축물 (연면적 ㎢)	공공용 건축물 (매매가, 억 원)	상업용 건축물 (연면적 ㎢)	상업용 건축물 (매매가, 억 원)	주거형 건축물 (연면적 ㎢)	주거형 건축물 (매매가, 억 원)	문교사회용 건축물 (연면적 ㎢)	문교사회용 건축물 (매매가, 억 원)	농수산용 건축물 (연면적 ㎢)	농수산용 건축물 (매매가, 억 원)	토지 (거래면적 ㎢) (2016~2019)	토지 (매매격, 억 원) (2016~2019)
a	다동	0.06	0.05	0.789	0.00	0.0	0.41	22.5	220.92	29,752.7	1.42	142.3	5.14	380.0	0.00	0.0	0.23	69.7
a	무교동	0.03	0.03	1.000	0.00	0.0	0.43	24.9	251.08	23,338.9	1.14	114.3	1.30	49.4	0.00	0.0	0.00	0.0
a	북창동	0.04	0.01	0.200	0.13	5.9	0.02	1.2	20.99	1,340.5	0.72	226.1	0.58	26.6	0.00	0.0	0.01	0.8
a	서린동	0.05	0.02	0.333	0.00	0.0	4.69	270.9	97.44	21,792.8	0.03	3.3	1.46	82.5	0.00	0.0	0.00	0.0
a	서소문동	0.12	0.02	0.200	0.02	0.8	1.57	71.8	95.52	7,359.1	0.37	27.7	5.96	240.5	0.00	0.0	0.01	1.5
a	세종로	0.89	0.02	0.018	0.01	0.2	1.74	110.6	5.15	601.6	0.09	11.1	2.66	152.0	0.02	0.8	0.00	0.3
a	소공동	0.08	0.07	0.833	0.00	0.0	1.14	58.4	650.57	29,947.0	0.00	0.0	13.28	512.0	0.00	0.0	0.00	1.1
a	정동	0.30	0.10	0.333	0.00	0.0	3.91	182.7	66.46	5,774.9	1.89	170.5	51.93	1,826.6	0.00	0.0	0.19	29.6
a	태평로1가	0.07	0.07	1.000	0.00	0.0	95.37	8,149.1	176.37	8,809.5	0.25	25.5	9.69	555.8	0.03	0.6	0.00	0.0
b	견지동	0.05	0.05	1.000	0.60	21.5	0.48	22.0	56.57	4,901.1	10.68	716.4	27.72	1,122.9	0.00	0.0	2.24	616.0
b	경운동	0.06	0.00	0.052	0.00	0.0	0.43	32.2	4.48	500.8	0.12	8.1	0.91	50.2	0.00	0.0	0.00	0.0
b	공평동	0.04	0.04	1.000	0.00	0.0	0.00	0.0	259.26	168,002.7	0.17	12.1	8.81	568.0	0.00	0.0	0.00	0.0
b	관수동	0.06	0.06	1.000	0.87	31.1	1.99	141.6	93.01	14,513.9	5.81	399.6	21.76	1,942.5	0.00	0.0	0.39	74.6
b	관철동	0.08	0.08	1.000	0.03	1.2	0.25	10.2	200.91	22,228.8	2.02	131.3	34.32	1,307.1	0.00	0.0	0.41	190.4
b	관훈동	0.07	0.06	0.750	0.00	0.0	1.39	61.2	103.56	11,877.0	3.31	234.2	12.65	593.4	0.00	0.0	2.83	752.8
b	교남동	0.02	0.01	0.625	0.00	0.0	0.00	0.0	7.63	524.4	0.52	91.1	0.05	4.0	0.00	0.0	0.04	6.8
b	낙원동	0.07	0.02	0.222	0.00	0.0	1.77	95.5	43.74	2,604.0	4.44	1,588.1	0.68	31.4	0.00	0.0	0.16	27.8
b	남대문로2가	0.03	0.03	1.000	0.00	0.0	0.00	0.0	96.05	20,914.9	0.00	0.0	5.28	239.2	0.00	0.0	0.00	0.0
b	남대문로3가	0.03	0.03	1.000	0.01	0.6	0.00	0.0	63.57	43,693.7	0.50	49.9	12.24	388.3	0.00	0.0	0.01	2.8
b	남대문로4가	0.05	0.05	1.000	0.00	0.0	0.05	4.9	238.26	31,023.5	0.52	52.5	9.75	672.1	0.00	0.0	0.00	0.0
b	남대문로5가	0.23	0.09	0.400	0.00	0.0	5.39	235.4	327.49	24,425.6	15.49	1,610.7	8.66	343.6	0.00	0.0	0.15	69.1
b	남산동1가	0.02	0.02	1.000	0.00	0.0	0.06	2.7	25.14	1,812.0	8.41	836.8	17.36	680.9	0.00	0.0	0.10	11.5
b	남산동2가	0.07	0.07	0.980	1.29	58.6	2.93	231.2	70.32	2,282.7	27.06	1,643.0	24.60	1,492.3	0.00	0.0	0.01	1.2
b	남산동3가	0.03	0.02	0.568	0.00	0.0	2.95	124.1	18.39	1,509.0	3.81	379.8	2.94	91.9	0.00	0.0	0.13	12.7
b	남창동	0.14	0.13	0.937	0.00	0.0	0.81	30.4	629.64	45,585.6	21.66	1,018.2	30.95	867.6	0.00	0.0	0.19	26.4
b	내수동	0.07	0.07	1.000	0.02	0.6	0.36	10.6	264.02	21,787.6	124.03	11,106.2	6.62	236.1	0.00	0.0	0.00	0.0
b	내자동	0.05	0.03	0.500	0.00	0.0	34.96	1,571.4	25.95	1,540.2	2.29	242.6	0.20	10.0	0.00	0.0	0.07	5.5
b	냉천동	0.12	0.00	0.012	0.01	0.2	0.05	2.1	0.29	37.8	1.23	132.5	0.44	15.3	0.00	0.0	0.00	0.0
b	다동	0.06	0.01	0.211	0.00	0.0	0.11	6.0	59.18	7,969.8	0.38	38.1	1.38	101.8	0.00	0.0	0.06	18.7
b	당주동	0.04	0.04	1.000	0.00	0.0	0.00	0.0	171.35	9,942.0	9.82	1,229.5	1.08	31.2	0.00	0.0	0.54	79.1
b	도렴동	0.03	0.03	1.000	0.00	0.0	63.63	3,305.8	66.82	3,220.7	0.71	50.2	11.07	498.6	0.00	0.0	0.00	0.0
b	명동1가	0.04	0.04	1.000	0.00	0.0	0.34	25.2	216.37	27,847.3	1.38	138.4	8.87	618.8	0.00	0.0	0.02	8.9
b	명동2가	0.12	0.12	1.000	0.10	4.6	20.81	959.3	233.64	82,610.5	3.44	343.5	67.50	2,363.2	0.00	0.0	0.65	87.1
b	미근동	0.08	0.07	0.934	0.79	11.1	17.72	795.4	183.47	8,224.9	10.80	426.8	9.12	347.6	0.00	0.0	0.04	2.3
b	봉래동1가	0.04	0.04	1.000	0.00	0.0	0.00	0.0	117.13	9,928.9	0.14	10.1	0.40	14.8	0.00	0.0	0.00	0.0
b	봉래동2가	0.13	0.01	0.115	0.00	0.0	0.95	89.6	16.01	1,474.6	0.00	0.0	0.33	32.1	0.00	0.0	0.00	0.0
b	북창동	0.04	0.04	0.800	0.52	23.4	0.07	4.7	83.96	5,362.1	2.88	904.5	2.33	106.4	0.00	0.0	0.03	3.1
b	삼각동	0.03	0.03	1.000	0.00	0.0	0.00	0.0	50.86	7,842.6	0.57	42.5	0.00	0.0	0.00	0.0	0.83	425.0
b	서린동	0.05	0.03	0.667	0.00	0.0	9.37	541.8	194.87	43,585.6	0.05	6.7	2.91	165.0	0.00	0.0	0.00	0.0
b	서소문동	0.12	0.09	0.800	0.07	3.2	6.30	287.2	382.06	29,436.5	1.48	110.7	23.83	961.8	0.00	0.0	0.03	6.0
b	세종로	0.89	0.14	0.160	0.06	2.2	15.79	1,004.9	46.84	5,466.4	0.79	101.3	24.13	1,381.6	0.17	7.5	0.00	2.6
b	소공동	0.08	0.01	0.167	0.00	0.0	0.23	11.7	130.11	5,989.4	0.00	0.0	2.66	102.4	0.00	0.0	0.00	0.2
b	수송동	0.10	0.10	1.000	0.00	0.0	57.11	3,940.1	386.23	34,622.0	3.74	1,200.5	10.94	537.2	0.00	0.0	0.18	23.9
b	수표동	0.04	0.04	1.000	0.56	25.5	0.00	0.0	165.50	31,847.6	1.05	264.9	8.84	670.5	0.00	0.0	0.67	248.6
b	수하동	0.02	0.02	1.000	0.00	0.0	0.00	0.0	229.32	29,986.4	0.12	8.9	5.62	264.8	0.00	0.0	0.03	13.6
b	순화동	0.14	0.14	1.000	0.07	3.0	6.43	587.7	372.27	21,993.1	124.22	14,672.2	58.10	4,280.1	0.00	0.0	0.40	37.7
b	신문로1가	0.07	0.07	1.000	0.00	0.0	3.45	318.1	327.47	35,826.3	5.69	569.0	11.43	1,040.5	0.31	14.0	0.13	23.9
b	신문로2가	0.26	0.19	0.745	1.16	41.7	17.51	1,009.0	104.09	13,319.5	19.74	3,452.4	30.69	1,774.2	0.00	0.0	8.67	818.4
b	을지로1가	0.06	0.06	1.000	0.32	18.1	0.06	2.8	221.40	17,144.5	1.08	53.1	28.45	1,427.8	0.13	3.2	0.00	0.0
b	을지로2가	0.11	0.11	1.000	0.35	20.2	10.79	797.1	665.47	58,475.5	4.20	377.7	9.70	476.5	0.22	5.4	0.83	360.3
b	을지로3가	0.08	0.08	1.000	11.24	640.7	7.56	341.7	130.08	15,677.0	20.45	3,900.1	13.80	527.6	0.00	0.0	0.16	33.0
b	의주로1가	0.03	0.03	1.000	0.54	24.3	3.64	219.5	50.68	2,256.1	0.44	21.6	2.06	130.8	0.00	0.0	0.00	0.0
b	의주로2가	0.04	0.04	1.000	0.34	15.3	0.00	0.0	45.15	1,826.4	1.17	63.9	2.48	113.3	0.00	0.0	0.00	0.0
b	인사동	0.07	0.07	1.000	0.10	3.7	1.57	61.3	113.66	11,803.7	3.11	398.0	10.34	274.1	0.00	0.0	2.33	758.0
b	장교동	0.03	0.03	1.000	0.00	0.0	0.00	0.0	178.94	8,902.0	0.14	6.8	0.00	0.0	0.00	0.0	0.00	0.0
b	저동1가	0.04	0.04	1.000	0.00	0.0	0.66	25.2	92.80	22,666.5	1.19	115.5	34.89	1,204.4	0.00	0.0	0.10	68.2
b	저동2가	0.05	0.05	0.970	1.54	70.0	9.72	989.8	115.20	8,393.9	3.44	351.7	33.27	2,412.8	0.00	0.0	0.14	18.0
b	적선동	0.04	0.03	0.667	0.00	0.0	0.04	1.9	82.60	14,721.4	1.19	248.2	1.92	68.3	0.00	0.0	0.00	0.0
b	정동	0.30	0.20	0.667	0.00	0.0	7.83	365.4	132.93	11,549.9	3.79	341.0	103.86	3,653.2	0.00	0.0	0.38	59.3
b	종로1가	0.03	0.03	1.000	0.00	0.0	0.00	0.0	182.14	20,500.0	0.19	24.5	6.33	166.8	0.00	0.0	0.00	0.0
b	종로2가	0.06	0.05	0.833	0.00	0.0	1.39	53.2	110.42	8,801.2	0.15	18.6	20.78	654.5	0.00	0.0	0.02	11.8
b	종로3가	0.04	0.01	0.134	0.04	1.2	0.00	0.0	5.66	944.6	0.12	13.7	0.19	8.3	0.00	0.0	0.00	0.5
b	중림동	0.23	0.03	0.128	0.15	6.7	1.02	73.2	37.38	2,257.3	24.76	2,452.9	2.90	177.2	0.00	0.0	0.14	13.1
b	중학동	0.03	0.03	1.000	0.00	0.0	0.00	0.0	138.86	13,760.5	3.13	392.6	3.02	126.4	0.00	0.0	0.00	0.3
b	청진동	0.06	0.06	1.000	0.00	0.0	0.00	0.0	450.37	130,477.9	1.38	177.1	5.57	186.4	0.00	0.0	0.01	3.4
b	충무로1가	0.06	0.06	1.000	1.22	55.2	72.48	4,882.3	333.40	63,561.6	3.58	324.9	5.16	304.4	0.00	0.0	0.07	14.6
b	충무로2가	0.07	0.07	0.980	1.22	55.3	0.38	25.5	248.61	23,171.6	1.57	64.1	6.28	347.0	0.00	0.0	0.00	0.8
b	충정로1가	0.03	0.03	1.000	0.00	0.0	0.37	17.2	125.88	11,221.9	0.98	100.2	13.92	638.2	0.00	0.0	0.00	0.0
b	충정로2가	0.13	0.02	0.135	0.00	0.0	0.62	39.1	19.11	1,115.5	4.36	264.5	6.61	303.5	0.00	0.0	0.02	0.2
b	태평로2가	0.08	0.08	1.000	0.55	24.9	0.68	39.9	389.97	48,725.9	5.17	529.1	4.97	262.8	0.00	0.0	0.01	7.1
b	평동	0.08	0.01	0.182	0.00	0.0	0.00	0.0	2.05	155.2	11.16	1,975.9	16.02	1,142.1	0.00	0.0	0.15	19.9
b	합동	0.04	0.02	0.567	0.00	0.0	6.70	438.0	40.41	1,383.6	14.84	1,165.9	1.99	96.4	0.00	0.0	0.00	0.0
b	회현동1가	0.30	0.15	0.495	0.00	0.0	1.13	31.2	171.72	10,127.1	107.47	8,546.4	20.12	489.8	0.00	0.0	0.14	16.4
b	회현동2가	0.07	0.07	0.950	0.05	2.2	1.79	69.7	111.86	12,360.7	95.66	9,021.7	3.22	243.8	0.00	0.0	0.21	104.3
b	회현동3가	0.01	0.01	1.000	0.04	1.7	0.00	0.0	34.60	3,358.8	9.56	978.4	3.51	236.8	0.00	0.0	0.00	0.0
c	가회동	0.16	0.16	1.000	0.00	0.0	0.44	17.6	21.70	4,297.9	59.57	7,069.1	15.74	538.3	0.00	0.0	0.57	40.1
c	갈월동	0.22	0.22	1.000	1.55	49.7	3.69	247.9	229.02	12,741.0	72.64	7,491.2	17.89	901.8	0.00	0.0	0.83	102.6
c	경운동	0.06	0.05	0.948	0.00	0.0	7.82	581.7	81.02	9,048.2	2.11	146.7	16.44	906.6	0.00	0.0	0.00	0.0
c	계동	0.17	0.17	1.000	0.00	0.0	0.54	23.7	160.04	22,391.5	34.40	2,073.3	45.73	1,562.2	0.00	0.0	0.26	13.9
c	공덕동	0.76	0.59	0.776	1.79	70.2	41.90	2,848.7	575.78	63,486.0	595.75	64,748.2	49.71	2,486.3	0.02	0.8	3.96	302.1
c	관훈동	0.07	0.02	0.250	0.00	0.0	0.46	20.4	34.52	3,959.0	1.10	78.1	4.22	197.8	0.00	0.0	0.94	250.9
c	광희동1가	0.05	0.05	1.000	2.39	109.8	3.29	138.5	92.25	16,563.3	10.73	1,110.2	0.54	40.2	0.00	0.0	0.13	14.5
c	광희동2가	0.06	0.06	1.000	0.00	0.0	0.55	28.2	59.36	2,177.9	26.90	2,256.9	0.46	15.7	0.00	0.0	0.08	8.1
c	교남동	0.02	0.01	0.375	0.00	0.0	0.00	0.0	4.58	314.7	0.31	54.7	0.03	2.4	0.00	0.0	0.02	4.1
c	교북동	0.03	0.03	1.000	0.00	0.0	0.00	0.0	14.76	2,006.0	18.04	2,117.6	0.17	107.4	0.00	0.0	0.99	111.6
c	궁정동	0.07	0.07	1.000	0.00	0.0	1.66	80.4	9.48	623.0	14.45	914.5	3.51	139.2	0.00	0.0	0.01	1.1
c	권농동	0.03	0.03	1.000	0.00	0.0	0.06	1.8	11.37	2,293.8	4.05	653.7	4.43	151.2	0.00	0.0	0.00	0.0
c	낙원동	0.07	0.06	0.778	0.00	0.0	6.18	334.1	153.08	9,113.9	15.55	5,558.3	2.38	109.8	0.00	0.0	0.55	97.2
c	남대문로1가	0.02	0.02	1.000	0.00	0.0	0.50	28.8	15.58	1,012.7	0.00	0.0	1.02	36.6	0.00	0.0	0.00	0.0
c	남대문로5가	0.23	0.14	0.600	0.00	0.0	8.08	353.2	491.24	36,638.4	23.23	2,416.0	12.99	515.4	0.00	0.0	0.23	103.6

범위 구분	법정동 명	해당 법정동 전체 면적(㎢)	영향 면적(㎢)	반영 영향도	공업용 건축물 (연면적 ㎢)	공업용 건축물 (매매가, 억 원)	공공용 건축물 (연면적 ㎢)	공공용 건축물 (매매가, 억 원)	상업용 건축물 (연면적 ㎢)	상업용 건축물 (매매가, 억 원)	주거형 건축물 (연면적 ㎢)	주거형 건축물 (매매가, 억 원)	문교사회용 건축물 (연면적 ㎢)	문교사회용 건축물 (매매가, 억 원)	농수산용 건축물 (연면적 ㎢)	농수산용 건축물 (매매가, 억 원)	토지 (거래면적 ㎢) (2016 ~2019)	토지 (매매격, 억 원) (2016 ~2019)
c	남산동2가	0.07	0.00	0.020	0.03	1.2	0.06	4.7	1.44	46.6	0.55	33.5	0.50	30.5	0.00	0.0	0.00	0.0
c	남산동3가	0.03	0.01	0.432	0.00	0.0	2.25	94.4	14.00	1,148.3	2.90	289.0	2.24	70.0	0.00	0.0	0.10	9.6
c	남영동	0.07	0.07	1.000	0.07	1.6	1.42	52.4	75.01	8,110.1	26.12	4,640.1	3.52	127.7	0.00	0.0	0.19	15.6
c	남창동	0.14	0.01	0.063	0.00	0.0	0.05	2.0	42.25	3,059.2	1.45	68.3	2.08	58.2	0.00	0.0	0.01	1.8
c	남학동	0.01	0.01	1.000	0.16	7.4	0.00	0.0	10.36	584.1	3.92	391.7	5.50	129.0	0.06	1.4	0.01	0.7
c	내자동	0.05	0.03	0.500	0.00	0.0	34.96	1,571.4	25.95	1,540.2	2.29	242.6	0.20	10.0	0.00	0.0	0.07	5.5
c	냉천동	0.12	0.12	0.988	0.94	13.1	4.07	177.6	24.87	3,192.9	104.08	11,178.2	37.45	1,290.4	0.00	0.0	0.04	2.0
c	누상동	0.26	0.26	1.000	0.00	0.0	0.09	3.4	4.64	304.7	92.40	5,239.3	14.54	586.5	0.00	0.0	0.05	2.0
c	누하동	0.06	0.06	1.000	0.00	0.0	0.03	1.5	12.59	827.5	24.59	2,209.7	0.23	11.1	0.00	0.0	0.09	9.5
c	대신동	0.27	0.14	0.525	0.00	0.0	1.32	86.3	23.30	1,321.6	30.25	1,598.3	44.44	2,343.7	0.00	0.0	0.00	0.0
c	대현동	0.47	0.36	0.774	0.14	1.9	4.17	365.0	232.50	22,889.9	108.97	9,432.4	412.61	29,370.7	0.00	0.0	0.51	50.3
c	대흥동	0.62	0.06	0.091	0.11	3.1	0.21	17.2	16.76	1,146.3	36.54	3,904.9	6.30	472.7	0.00	0.0	0.34	18.8
c	돈의동	0.03	0.03	1.000	0.14	5.1	0.11	5.7	49.00	3,565.6	9.61	2,745.7	16.61	742.4	0.00	0.0	0.50	42.8
c	동숭동	0.37	0.35	0.955	0.00	0.0	0.93	56.5	143.35	9,394.7	109.72	4,940.1	145.97	7,739.7	0.00	0.0	0.92	59.3
c	동자동	0.29	0.29	1.000	0.91	22.6	3.15	267.5	334.31	18,607.0	146.86	13,577.3	15.91	1,035.2	0.01	0.2	0.30	26.7
c	만리동1가	0.07	0.07	1.000	0.78	35.5	0.33	12.4	39.13	10,391.2	41.67	4,092.1	7.67	218.4	0.00	0.0	0.03	4.5
c	만리동2가	0.14	0.14	1.000	0.00	0.0	1.86	70.6	43.28	1,982.5	28.88	2,940.8	34.40	1,029.2	0.00	0.0	0.04	3.6
c	명륜1가	0.19	0.15	0.781	0.00	0.0	0.80	24.2	36.96	2,397.1	111.98	6,112.4	49.58	1,187.5	0.00	0.0	0.25	10.8
c	명륜2가	0.11	0.11	1.000	0.00	0.0	0.00	0.0	71.96	9,467.0	103.15	7,861.9	11.08	528.7	0.00	0.0	0.41	28.8
c	명륜3가	0.41	0.41	1.000	0.00	0.0	1.25	37.3	51.91	1,561.0	131.92	5,828.4	182.19	3,930.3	0.04	0.9	0.40	11.3
c	명륜4가	0.07	0.07	1.000	0.00	0.0	0.27	9.9	48.32	7,367.1	27.25	1,512.8	11.68	414.5	0.00	0.0	0.78	54.1
c	묘동	0.03	0.03	1.000	0.04	1.5	0.54	24.8	41.46	2,385.9	1.16	82.3	9.57	384.5	0.00	0.0	0.10	19.7
c	무악동	0.36	0.36	1.000	0.00	0.0	2.08	71.3	27.58	1,287.4	274.28	25,866.1	15.40	629.9	0.00	0.0	3.10	124.4
c	무학동	0.03	0.03	1.000	0.13	6.0	7.58	292.3	26.37	1,468.8	3.32	304.7	0.49	19.3	0.00	0.0	0.00	0.0
c	묵정동	0.06	0.06	1.000	0.00	0.0	1.79	56.3	37.34	2,803.1	27.68	1,780.0	31.75	2,364.6	0.00	0.0	0.89	142.7
c	문배동	0.11	0.04	0.340	1.46	59.5	0.50	15.3	33.95	1,728.5	79.59	8,682.2	2.48	78.6	0.00	0.0	0.19	30.8
c	미근동	0.08	0.01	0.066	0.06	0.8	1.26	56.5	13.03	584.3	0.77	30.3	0.65	24.7	0.00	0.0	0.00	0.2
c	방산동	0.06	0.06	1.000	0.00	0.0	0.92	42.4	51.73	6,599.7	3.17	237.1	2.38	70.7	0.00	0.0	0.01	1.4
c	봉래동2가	0.13	0.11	0.885	0.00	0.0	7.30	686.0	122.62	11,294.8	0.00	0.0	2.53	245.5	0.00	0.0	0.00	0.0
c	봉원동	0.43	0.43	1.000	0.00	0.0	1.91	65.4	3.48	159.2	11.23	1,083.7	0.41	10.1	0.00	0.0	0.01	0.3
c	봉익동	0.04	0.04	1.000	0.00	0.0	0.30	14.4	49.02	16,329.2	3.25	416.1	1.14	37.4	0.00	0.0	0.18	24.5
c	부암동	1.55	0.52	0.333	0.00	0.0	1.32	55.2	24.06	2,140.2	59.41	3,168.0	6.82	290.2	0.01	0.3	13.94	69.9
c	북아현동	1.08	1.08	1.000	0.47	6.6	18.41	1,695.5	110.31	14,881.8	614.88	56,132.2	152.75	11,402.9	0.00	0.0	12.94	695.2
c	사간동	0.03	0.03	1.000	0.96	34.5	0.25	15.6	12.13	1,336.8	5.54	709.1	10.63	592.4	0.00	0.0	0.00	0.0
c	사직동	0.28	0.28	1.000	0.00	0.0	1.56	135.7	52.56	9,154.3	203.83	18,469.7	25.84	1,441.0	0.00	0.0	1.47	36.2
c	산림동	0.05	0.05	1.000	1.52	69.0	0.59	20.6	35.38	4,670.5	35.50	3,773.9	1.05	64.3	0.00	0.0	0.37	46.1
c	삼선동1가	0.21	0.02	0.080	0.01	0.3	0.12	5.2	2.08	41.7	9.50	470.0	0.41	14.5	0.00	0.0	0.17	8.2
c	삼청동	1.19	0.09	0.074	0.00	0.0	4.63	286.6	2.63	310.1	3.88	327.0	1.94	81.6	0.00	0.1	0.04	3.7
c	서계동	0.25	0.25	1.000	1.17	29.1	2.06	78.4	122.87	10,657.6	127.57	8,674.1	22.21	953.7	0.00	0.0	0.44	26.9
c	성북동	2.63	0.07	0.028	0.00	0.0	0.29	11.1	2.30	219.7	16.07	1,269.7	2.81	98.5	0.00	0.0	2.35	29.9
c	세종로	0.89	0.73	0.822	0.32	11.5	80.98	5,152.7	240.15	28,028.0	4.06	519.5	123.73	7,083.8	0.86	38.4	0.02	13.3
c	소격동	0.06	0.06	1.000	0.00	0.0	0.22	10.4	16.19	2,255.2	6.15	2,061.3	56.08	3,304.0	0.00	0.0	0.27	54.7
c	송현동	0.05	0.05	1.000	0.00	0.0	0.00	0.0	3.19	299.9	3.20	408.9	4.85	146.5	0.00	0.0	0.00	0.0
c	신공덕동	0.24	0.14	0.587	1.03	29.3	0.39	12.0	91.70	17,933.3	270.16	30,557.1	2.93	87.4	0.00	0.0	0.27	34.0
c	신교동	0.10	0.10	1.000	0.00	0.0	0.85	31.4	12.64	836.3	44.24	4,217.2	35.01	1,046.8	0.00	0.0	0.53	32.4
c	신당동	2.39	0.95	0.400	6.18	248.8	25.69	3,634.6	518.78	38,904.0	854.55	70,418.6	126.40	13,939.5	0.00	0.0	1.51	59.8
c	신문로2가	0.26	0.07	0.255	0.40	14.3	6.00	345.7	35.66	4,562.9	6.76	1,182.7	10.51	607.8	0.00	0.0	2.97	280.4
c	신촌동	0.86	0.24	0.277	0.00	0.0	0.20	13.3	13.24	751.1	6.22	43.4	313.97	14,722.0	0.00	0.0	1.54	25.0
c	쌍림동	0.08	0.08	1.000	1.09	39.3	0.50	20.8	169.22	9,081.5	30.56	3,433.9	0.00	0.0	0.00	0.0	0.26	46.3
c	아현동	0.78	0.78	1.000	2.71	77.1	12.78	777.4	243.00	21,331.7	749.95	97,819.6	116.64	5,352.9	0.00	0.0	5.84	652.6
c	안국동	0.07	0.07	1.000	0.00	0.0	0.26	15.3	27.43	2,163.2	10.95	1,875.3	24.43	1,115.2	0.00	0.0	0.03	3.1
c	연건동	0.30	0.30	1.000	0.00	0.0	4.07	274.6	114.85	4,297.2	46.95	2,980.5	536.82	25,033.2	0.00	0.0	0.02	0.9
c	연지동	0.11	0.11	1.000	0.43	13.7	0.28	11.7	260.52	49,366.2	11.34	929.0	31.41	1,856.9	0.00	0.0	0.62	71.1
c	염리동	0.54	0.23	0.429	0.23	6.4	2.26	154.5	71.21	4,280.3	142.15	13,685.6	36.55	1,888.5	0.00	0.0	3.21	122.2
c	영천동	0.14	0.14	1.000	0.01	0.2	0.82	31.2	28.12	1,035.5	103.29	8,697.7	2.36	61.8	0.00	0.0	0.07	2.9
c	예관동	0.04	0.04	1.000	1.69	76.8	0.13	7.2	61.94	5,193.7	7.21	634.5	0.18	11.1	0.00	0.0	0.51	85.1
c	예장동	0.68	0.67	0.990	0.00	0.0	26.45	892.5	42.11	1,312.3	31.97	3,141.5	36.58	988.8	0.00	0.0	0.40	19.7
c	예지동	0.07	0.07	1.000	0.00	0.0	0.00	0.0	79.99	5,014.6	2.58	317.1	0.00	0.0	0.00	0.0	0.04	5.7
c	오장동	0.07	0.07	1.000	5.04	238.6	4.27	127.5	118.72	11,066.1	9.11	660.5	4.18	114.0	0.00	0.0	0.05	2.9
c	옥인동	0.41	0.41	1.000	0.00	0.0	8.44	434.5	20.34	1,252.4	59.35	5,776.7	17.69	794.9	0.00	0.0	0.21	15.1
c	옥천동	0.05	0.05	1.000	0.00	0.0	0.89	33.6	8.10	330.5	23.87	1,085.1	0.13	5.8	0.00	0.0	0.00	0.0
c	와룡동	0.71	0.71	1.000	0.00	0.0	0.76	51.1	39.23	9,164.1	4.95	633.6	19.50	1,494.9	0.00	0.0	0.05	5.4
c	용산동1가	0.61	0.43	0.710	0.00	0.0	0.00	0.0	14.19	843.3	0.01	1.0	48.48	3,425.3	0.00	0.0	0.00	0.0
c	용산동2가	1.17	0.96	0.820	0.10	4.0	3.73	144.4	171.09	14,536.5	246.46	14,975.0	57.69	1,824.1	0.00	0.0	0.84	39.3
c	운니동	0.07	0.07	1.000	0.05	1.8	2.21	85.0	69.00	5,053.9	5.70	268.0	8.22	239.1	0.00	0.0	0.03	3.0
c	원남동	0.07	0.07	1.000	0.14	4.8	0.33	17.5	93.17	4,737.1	14.69	998.0	18.69	757.7	0.00	0.0	0.16	15.9
c	원서동	0.16	0.16	1.000	0.12	4.2	0.84	34.7	22.55	1,961.8	57.27	4,673.5	11.71	429.2	0.00	0.0	0.55	59.1
c	원효로1가	0.21	0.19	0.909	9.28	315.1	16.88	990.3	158.04	10,710.8	189.85	20,136.8	10.07	415.8	0.00	0.0	0.48	38.6
c	을지로4가	0.07	0.07	1.000	0.74	42.0	7.63	592.4	135.48	10,364.6	14.31	1,139.0	43.09	2,196.7	0.00	0.0	0.36	57.3
c	을지로5가	0.08	0.08	1.000	1.94	110.8	3.72	123.3	167.10	9,926.0	15.75	2,367.1	3.79	154.6	0.00	0.0	1.25	243.1
c	을지로6가	0.19	0.19	1.000	4.84	276.1	10.60	683.3	609.55	80,959.8	14.19	1,811.7	71.73	6,722.2	0.05	2.2	0.07	9.3
c	을지로7가	0.09	0.09	1.000	0.00	0.0	1.45	73.9	63.91	13,291.9	2.55	350.7	77.00	4,850.5	0.00	0.0	0.01	1.7
c	이태원동	1.43	0.64	0.444	0.19	6.2	30.99	2,706.8	210.31	28,892.3	332.81	36,139.2	21.87	1,602.7	0.02	0.5	21.35	5,074.0
c	이화동	0.12	0.12	1.000	0.00	0.0	2.06	89.6	47.51	2,523.3	43.05	4,307.3	20.47	708.4	0.00	0.0	0.78	33.0
c	익선동	0.05	0.05	1.000	0.00	0.0	0.00	0.0	59.57	6,707.6	26.07	2,239.3	3.62	86.2	0.00	0.0	1.32	289.2
c	인의동	0.08	0.08	1.000	0.00	0.0	6.04	367.2	166.96	12,677.7	40.01	3,415.3	13.44	586.2	0.06	1.6	0.04	2.8
c	인현동1가	0.04	0.04	1.000	7.95	360.5	8.72	285.5	66.48	7,176.0	24.02	2,026.2	7.45	172.6	0.00	0.0	0.07	5.9
c	인현동2가	0.07	0.07	1.000	5.80	263.0	0.16	6.4	46.28	5,705.1	32.59	3,422.0	12.14	322.2	0.00	0.0	0.50	103.4
c	입정동	0.04	0.04	1.000	0.30	13.5	1.86	120.0	32.05	3,171.6	8.10	1,170.3	4.19	180.2	0.00	0.0	0.24	29.9
c	장사동	0.06	0.06	1.000	1.39	49.8	0.85	40.5	72.53	4,551.8	4.60	770.0	0.03	1.2	0.00	0.0	0.06	9.6
c	장충동1가	0.15	0.15	1.000	0.26	11.7	0.38	27.8	105.65	4,694.3	88.65	5,923.1	35.72	2,052.7	0.00	0.0	0.01	0.2
c	장충동2가	1.18	1.18	1.000	1.04	47.3	10.34	591.2	276.68	13,488.4	108.92	4,594.6	269.40	12,209.7	0.00	0.0	0.38	102.3
c	재동	0.05	0.05	1.000	0.00	0.0	19.32	896.1	22.06	6,587.5	5.15	659.6	0.72	28.6	0.00	0.0	0.00	0.0
c	저동2가	0.05	0.00	0.030	0.05	2.2	0.30	30.6	3.56	259.6	0.11	10.9	1.03	74.6	0.00	0.0	0.00	0.6
c	적선동	0.04	0.01	0.333	0.00	0.0	0.02	0.9	41.30	7,360.7	0.60	124.1	0.96	34.1	0.00	0.0	0.00	0.0
c	종로2가	0.06	0.01	0.167	0.00	0.0	0.28	10.6	22.08	1,760.2	0.03	3.7	4.16	130.9	0.00	0.0	0.00	2.4
c	종로3가	0.04	0.04	0.866	0.25	8.0	0.00	0.0	36.54	6,094.9	0.75	88.5	1.21	53.3	0.00	0.0	0.01	3.3
c	종로4가	0.04	0.04	1.000	0.03	1.0	0.00	0.0	56.77	5,672.0	2.23	285.3	0.00	0.0	0.00	0.0	0.01	1.3
c	종로5가	0.11	0.11	1.000	0.09	2.9	0.31	14.9	113.15	7,631.0	4.42	560.2	1.69	60.7	0.00	0.0	2.98	641.4
c	종로6가	0.15	0.15	1.000	0.22	7.2	0.82	29.5	221.43	45,762.7	15.02	975.2	24.31	685.0	0.00	0.0	0.91	11.1

556 핵이라는 이름의 청구서

범위 구분	법정동 명	해당 법정동 전체 면적(㎢)	영향 면적(㎢)	반영 영향도	공업용 건축물 (연면적 ㎢)	공업용 건축물 (매매가, 억 원)	공공용 건축물 (연면적 ㎢)	공공용 건축물 (매매가, 억 원)	상업용 건축물 (연면적 ㎢)	상업용 건축물 (매매가, 억 원)	주거형 건축물 (연면적 ㎢)	주거형 건축물 (매매가, 억 원)	문교사회용 건축물 (연면적 ㎢)	문교사회용 건축물 (매매가, 억 원)	농수산용 건축물 (연면적 ㎢)	농수산용 건축물 (매매가, 억 원)	토지 (거래면적 ㎢) (2016 ~2019)	토지 (매매격, 억 원) (2016 ~2019)
c	주교동	0.07	0.07	1.000	0.74	23.7	5.98	195.0	146.85	8,782.4	16.67	4,974.4	14.63	323.6	0.00	0.0	0.02	4.8
c	주자동	0.02	0.02	1.000	0.00	0.0	0.21	8.8	11.49	304.1	5.95	609.3	0.00	0.0	0.00	0.0	0.03	2.6
c	중림동	0.23	0.20	0.872	1.02	46.1	6.97	500.5	255.73	15,441.5	169.35	16,779.5	19.86	1,212.0	0.00	0.0	0.94	89.9
c	창성동	0.06	0.06	1.000	0.00	0.0	39.05	1,795.1	12.12	1,348.6	18.76	4,213.4	5.98	317.4	0.00	0.0	0.00	0.0
c	창신동	0.78	0.39	0.500	0.73	28.1	6.54	188.5	167.53	14,511.6	281.17	14,415.7	32.57	872.0	0.00	0.0	0.72	44.7
c	천연동	0.15	0.15	1.000	0.07	1.0	0.62	23.6	13.14	783.8	135.96	10,066.7	31.17	1,003.4	0.00	0.0	0.08	3.6
c	청운동	0.80	0.80	1.000	0.00	0.0	4.64	155.5	15.86	2,560.6	111.51	6,687.2	68.15	1,736.2	0.10	2.5	3.62	184.1
c	청파동1가	0.20	0.20	1.000	0.74	18.5	1.21	54.6	63.69	3,560.9	185.58	10,726.4	31.59	1,102.8	0.00	0.0	0.78	76.7
c	청파동2가	0.22	0.22	1.000	0.24	5.9	4.45	287.9	80.75	4,561.1	75.51	5,246.0	200.03	11,020.6	0.00	0.0	0.26	11.4
c	청파동3가	0.23	0.23	1.000	0.15	3.8	0.84	38.0	53.09	2,826.1	92.60	6,121.0	58.39	1,999.3	0.01	0.5	1.38	179.7
c	체부동	0.05	0.05	1.000	0.00	0.0	0.10	4.2	16.39	2,555.6	22.11	2,342.6	0.09	4.0	0.00	0.0	0.50	45.0
c	초동	0.05	0.05	1.000	22.93	1,039.6	1.52	55.6	120.04	10,437.6	3.95	557.1	9.49	358.9	0.00	0.0	0.25	23.7
c	충무로2가	0.07	0.00	0.020	0.02	1.1	0.01	0.5	5.07	472.9	0.03	1.3	0.13	7.1	0.00	0.0	0.00	0.0
c	충무로3가	0.05	0.05	1.000	3.77	171.1	4.12	146.5	167.38	14,253.9	14.38	1,467.2	7.90	190.9	0.00	0.0	0.00	0.0
c	충무로4가	0.06	0.06	1.000	4.09	185.6	0.41	27.8	109.02	8,833.0	118.86	10,697.6	0.34	24.1	0.00	0.0	0.66	96.5
c	충무로5가	0.05	0.05	1.000	2.50	113.5	2.05	161.5	97.74	6,317.5	27.75	2,637.9	3.47	206.6	0.00	0.0	0.00	0.0
c	충신동	0.13	0.13	1.000	0.39	12.5	1.23	48.7	95.24	10,098.2	70.10	2,374.2	1.58	53.1	0.00	0.0	0.29	8.3
c	충정로2가	0.13	0.11	0.865	0.00	0.0	3.94	250.0	122.04	7,123.6	27.85	1,689.1	42.22	1,938.4	0.00	0.0	0.12	1.1
c	충정로3가	0.26	0.26	1.000	2.70	37.8	13.76	741.4	255.29	11,717.6	164.20	13,439.3	14.38	613.2	0.00	0.0	1.31	112.5
c	통의동	0.06	0.06	1.000	0.00	0.0	0.28	17.8	35.42	4,961.4	15.58	2,382.6	12.39	640.7	0.00	0.0	0.20	25.3
c	팔판동	0.04	0.04	1.000	0.00	0.0	0.33	23.9	12.10	937.3	10.90	1,106.2	4.12	262.3	0.00	0.0	0.01	1.0
c	평동	0.08	0.07	0.818	0.00	0.0	0.00	0.0	9.19	696.1	50.06	8,862.5	71.87	5,122.7	0.00	0.0	0.68	89.3
c	필동1가	0.04	0.04	1.000	0.85	38.5	4.57	320.6	93.27	5,554.8	9.03	464.0	2.43	151.0	0.03	0.7	0.00	0.1
c	필동2가	0.19	0.19	1.000	0.74	33.4	2.14	91.1	122.85	7,163.7	36.64	2,576.5	55.94	2,042.2	0.00	0.0	0.22	16.0
c	필동3가	0.09	0.09	1.000	0.85	38.5	0.23	14.6	83.08	3,429.1	41.60	3,291.5	2.63	119.5	0.00	0.0	0.27	18.2
c	필운동	0.09	0.09	1.000	0.00	0.0	0.27	10.2	28.71	2,067.2	35.05	2,109.2	34.34	995.0	0.00	0.0	0.03	1.5
c	한강로1가	0.24	0.07	0.283	0.01	0.4	4.34	382.2	37.81	3,674.1	40.46	4,951.3	1.14	72.6	0.00	0.0	0.23	31.1
c	한남동	3.01	0.45	0.149	0.05	1.8	3.06	215.9	119.77	7,584.6	177.05	27,438.8	30.16	1,869.9	0.02	0.5	1.33	142.9
c	합동	0.04	0.02	0.433	0.00	0.0	5.12	334.7	30.88	1,057.2	11.34	890.8	1.52	73.7	0.00	0.0	0.00	0.0
c	행촌동	0.13	0.13	1.000	0.00	0.0	0.95	33.8	9.11	459.5	123.72	5,024.6	28.34	789.2	0.00	0.0	0.85	11.2
c	현저동	0.52	0.52	1.000	0.00	0.0	27.45	747.3	18.04	736.8	184.81	16,749.1	34.75	791.2	0.00	0.0	3.23	49.7
c	혜화동	0.32	0.15	0.464	0.00	0.1	1.22	45.0	31.07	1,923.5	51.51	4,808.1	60.94	1,839.1	0.00	0.0	0.50	26.0
c	홍제동	3.12	0.93	0.298	0.98	13.7	5.76	170.5	84.27	3,366.1	513.93	30,351.9	40.00	992.9	0.00	0.0	6.25	197.5
c	홍파동	0.04	0.04	1.000	0.00	0.0	0.00	0.0	6.94	1,930.4	135.14	23,400.9	2.56	149.2	0.00	0.0	0.00	0.0
c	화동	0.06	0.06	1.000	0.17	5.9	0.05	2.4	8.35	965.6	9.24	1,194.6	13.67	599.2	0.00	0.0	0.01	0.3
c	회현동1가	0.30	0.15	0.505	0.00	0.0	1.15	31.8	174.97	10,318.7	109.51	8,708.2	20.50	499.1	0.00	0.0	0.14	16.8
c	회현동2가	0.07	0.00	0.050	0.00	0.1	0.09	3.7	5.89	650.6	5.03	474.8	0.17	12.8	0.00	0.0	0.01	5.5
c	효자동	0.06	0.06	1.000	0.00	0.0	0.00	0.0	14.42	1,386.5	28.63	2,666.3	6.52	235.5	0.00	0.0	0.44	34.0
c	효제동	0.10	0.10	1.000	1.48	47.3	2.94	162.4	98.26	8,704.7	13.71	1,212.1	15.67	777.9	0.00	0.0	0.75	93.6
c	효창동	0.44	0.36	0.815	0.00	0.0	3.57	141.1	59.57	3,206.5	233.79	16,427.0	34.15	1,304.8	0.02	0.5	2.92	197.5
c	후암동	0.86	0.86	1.000	0.22	7.3	2.73	96.4	164.55	15,957.2	513.79	38,141.8	66.21	2,022.5	0.16	6.7	1.71	75.4
c	훈정동	0.21	0.21	1.000	0.00	0.0	0.86	51.4	54.38	3,324.4	0.08	10.3	4.31	220.2	0.00	0.0	0.00	0.0
d	공덕동	0.76	0.17	0.224	0.52	20.3	12.11	823.1	166.37	18,343.6	172.14	18,708.3	14.36	718.4	0.01	0.2	1.14	87.3
d	금호동1가	0.44	0.15	0.335	0.01	0.5	1.29	63.4	18.03	1,082.3	125.86	10,733.2	11.26	483.1	0.00	0.0	0.29	23.1
d	금호동2가	0.31	0.26	0.837	0.03	1.4	3.56	175.1	35.70	2,231.4	268.66	31,772.6	36.99	1,643.2	0.00	0.0	1.13	45.4
d	금호동3가	0.33	0.28	0.859	0.03	1.1	0.68	34.5	33.81	3,809.2	511.48	46,567.4	9.33	444.1	0.00	0.0	0.50	21.7
d	금호동4가	0.80	0.19	0.238	0.02	0.9	1.03	72.4	16.60	1,912.8	106.22	12,557.6	10.12	637.9	0.00	0.0	0.33	18.1
d	노고산동	0.31	0.31	1.000	0.00	0.0	5.02	304.0	290.83	17,593.8	124.79	9,293.4	68.84	3,369.5	0.00	0.0	5.95	1,380.1
d	대신동	0.27	0.13	0.475	0.00	0.0	1.19	78.1	21.07	1,195.3	27.36	1,445.6	40.20	2,119.7	0.00	0.0	0.00	0.0
d	대현동	0.47	0.11	0.226	0.04	0.6	1.22	106.5	67.84	6,678.5	31.79	2,752.1	120.39	8,569.4	0.00	0.0	0.15	14.7
d	대흥동	0.62	0.56	0.909	1.10	31.1	2.09	170.5	166.46	11,383.5	362.92	38,779.0	62.55	4,694.1	0.00	0.0	3.33	186.5
d	도원동	0.09	0.09	1.000	0.14	4.7	0.48	14.3	12.51	654.3	177.12	17,891.5	9.14	236.9	0.00	0.0	0.02	3.0
d	도화동	0.59	0.59	1.000	2.46	69.9	21.80	1,513.7	861.88	52,975.2	741.96	67,888.3	28.57	1,696.0	0.03	0.7	0.28	26.9
d	돈암동	1.13	0.21	0.189	0.19	3.6	1.01	52.2	22.85	763.3	279.08	17,636.9	45.55	1,839.2	0.00	0.0	0.54	16.9
d	동교동	0.41	0.06	0.145	0.08	2.2	2.27	135.7	85.99	7,448.2	19.42	2,688.7	5.46	283.8	0.00	0.0	1.01	263.1
d	동빙고동	0.40	0.03	0.078	0.08	3.2	0.58	34.0	5.31	158.7	18.08	1,801.3	0.37	17.0	0.00	0.0	0.09	5.4
d	동선동2가	0.10	0.01	0.076	0.01	0.5	0.74	30.6	3.09	135.5	4.11	205.4	0.78	23.9	0.00	0.0	0.03	1.8
d	동소문동1가	0.06	0.06	1.000	0.00	0.0	0.05	1.7	24.25	1,988.5	30.72	1,701.5	15.52	463.0	0.00	0.0	0.00	0.1
d	동소문동2가	0.04	0.04	1.000	0.00	0.0	0.00	0.0	18.82	2,036.1	10.56	868.5	0.26	8.7	0.00	0.0	0.19	12.5
d	동소문동3가	0.03	0.03	1.000	0.00	0.0	0.13	4.3	25.04	934.1	2.52	270.9	2.60	84.5	0.00	0.0	0.07	2.5
d	동소문동4가	0.09	0.09	1.000	0.00	0.0	4.69	161.6	51.22	1,684.6	92.10	5,727.1	13.38	367.4	0.00	0.0	0.00	0.0
d	동소문동5가	0.04	0.03	0.802	0.00	0.0	0.16	5.4	33.86	2,697.5	41.84	3,406.8	0.21	7.3	0.00	0.0	0.34	39.0
d	동소문동6가	0.10	0.04	0.449	0.06	2.0	0.50	17.1	21.34	1,450.9	18.64	1,501.4	15.62	411.0	0.00	0.0	0.25	9.6
d	동숭동	0.37	0.02	0.045	0.00	0.0	0.04	2.7	6.79	445.3	5.20	234.1	6.92	366.8	0.00	0.0	0.04	2.8
d	마포동	0.22	0.13	0.598	0.00	0.0	2.05	72.6	98.22	6,444.5	76.65	7,139.0	4.41	196.6	0.00	0.0	0.17	19.1
d	명륜1가	0.19	0.04	0.219	0.00	0.0	0.23	6.8	10.38	673.5	31.46	1,717.3	13.93	333.6	0.00	0.0	0.07	3.0
d	문배동	0.11	0.07	0.660	2.84	115.5	0.96	29.7	65.89	3,354.5	154.47	16,849.5	4.82	152.5	0.00	0.0	0.37	59.8
d	보광동	0.71	0.12	0.163	0.00	0.0	0.47	19.0	16.28	1,577.1	64.98	8,291.6	9.56	318.4	0.00	0.0	0.97	46.3
d	보문동1가	0.07	0.05	0.778	0.04	1.3	0.01	0.2	15.64	817.0	21.93	1,492.6	4.40	129.7	0.00	0.0	1.54	52.6
d	보문동2가	0.06	0.06	1.000	0.00	0.0	0.24	7.5	32.37	1,820.1	49.19	2,253.5	7.93	187.4	0.00	0.0	0.00	0.0
d	보문동3가	0.11	0.11	1.000	0.00	0.0	0.87	27.4	2.56	150.3	99.52	7,599.5	16.97	455.3	0.00	0.0	0.46	12.6
d	보문동4가	0.04	0.04	1.000	0.00	0.0	0.10	3.0	34.64	1,491.7	40.21	2,098.1	5.42	204.2	0.00	0.0	0.00	0.0
d	보문동5가	0.06	0.06	1.000	0.00	0.0	1.67	52.6	31.60	1,855.8	42.09	2,529.5	1.70	55.4	0.00	0.0	0.15	8.5
d	보문동6가	0.14	0.14	1.000	0.00	0.0	2.80	88.0	17.90	1,051.3	195.43	15,265.5	2.03	52.6	0.00	0.0	1.42	48.5
d	보문동7가	0.07	0.07	1.000	0.00	0.0	2.14	67.3	57.60	3,310.6	17.98	746.2	8.55	307.5	0.00	0.0	0.03	1.6
d	부암동	1.55	1.03	0.667	0.00	0.0	2.64	110.4	48.12	4,280.4	118.82	6,336.0	13.65	580.4	0.03	0.7	27.87	139.8
d	산천동	0.10	0.10	1.000	0.13	4.3	0.09	2.8	17.49	580.6	154.28	17,107.9	17.52	483.9	0.00	0.0	0.13	8.1
d	삼선동1가	0.21	0.19	0.920	0.10	3.3	1.32	59.6	23.74	476.8	108.61	5,372.5	4.66	165.6	0.00	0.0	1.90	94.1
d	삼선동2가	0.23	0.23	1.000	0.09	3.1	0.35	15.7	33.70	3,584.4	199.98	12,574.1	111.05	3,946.7	0.03	0.8	2.69	19.6
d	삼선동3가	0.17	0.17	1.000	0.00	0.0	8.22	137.1	17.95	1,313.5	138.75	10,101.5	51.41	766.2	0.00	0.0	0.40	12.6
d	삼선동4가	0.09	0.09	1.000	0.00	0.0	0.82	37.1	59.73	3,504.5	82.70	5,136.8	1.39	52.8	0.00	0.0	0.40	26.0
d	삼선동5가	0.12	0.12	1.000	0.00	0.0	40.20	1,820.5	58.44	1,676.8	89.15	4,389.3	3.83	179.5	0.00	0.0	0.40	26.2
d	삼청동	1.19	1.10	0.926	0.00	0.0	57.62	3,565.8	32.76	3,857.5	48.24	4,068.3	24.09	1,014.8	0.05	1.2	0.48	46.0
d	상왕십리동	0.15	0.15	1.000	0.35	8.8	3.56	204.0	53.67	5,737.1	125.75	15,570.4	37.27	2,354.4	0.00	0.0	0.38	26.1
d	서교동	1.18	0.01	0.006	0.02	0.5	0.04	2.4	7.54	580.2	4.50	362.6	0.48	23.4	0.00	0.0	0.05	7.5
d	성북동	2.63	2.56	0.972	0.00	0.0	9.96	385.5	79.49	7,596.7	555.71	43,905.1	97.15	3,407.7	0.04	1.0	81.25	1,035.4
d	성북동1가	0.08	0.08	1.000	0.00	0.0	0.36	13.9	34.17	1,790.3	55.00	3,888.9	9.81	310.7	0.00	0.0	0.70	60.0
d	숭인동	0.60	0.60	1.000	2.67	103.1	6.23	360.0	436.06	25,009.6	397.06	31,082.6	58.32	2,627.7	0.00	0.0	3.40	274.1
d	신계동	0.14	0.14	1.000	0.38	13.0	0.20	7.6	46.41	3,765.7	106.30	16,074.5	4.03	113.0	0.00	0.0	0.20	19.2
d	신공덕동	0.24	0.10	0.413	0.73	20.6	0.28	8.4	64.64	12,641.1	190.43	21,539.5	2.06	61.6	0.00	0.0	0.19	24.0

범위 구분	법정동 명	해당 법정동 전체 면적(㎢)	영향 면적(㎢)	반영 영향도	공업용 건축물 (연면적 ㎡)	공업용 건축물 (매매가, 억 원)	공공용 건축물 (연면적 ㎡)	공공용 건축물 (매매가, 억 원)	상업용 건축물 (연면적 ㎡)	상업용 건축물 (매매가, 억 원)	주거형 건축물 (연면적 ㎡)	주거형 건축물 (매매가, 억 원)	문교사회용 건축물 (연면적 ㎡)	문교사회용 건축물 (매매가, 억 원)	농수산용 건축물 (연면적 ㎡)	농수산용 건축물 (매매가, 억 원)	토지 (거래면적 ㎡) (2016 ~2019)	토지 (매매가, 억 원) (2016 ~2019)
d	신당동	2.39	1.43	0.600	9.27	373.2	38.54	5,452.0	778.16	58,356.0	1,281.83	105,627.9	189.60	20,909.2	0.00	0.0	2.26	89.8
d	신설동	0.34	0.28	0.814	2.83	139.8	20.01	1,126.5	265.64	20,172.6	55.99	3,582.4	63.56	3,147.3	0.00	0.0	0.32	15.9
d	신수동	0.59	0.54	0.904	2.10	59.7	12.14	514.7	170.45	6,396.6	373.90	31,687.6	254.88	8,676.4	0.00	0.0	2.86	114.0
d	신영동	0.36	0.21	0.584	0.20	7.0	1.08	39.2	13.13	537.3	74.95	4,173.0	10.77	320.1	0.00	0.0	24.52	198.1
d	신창동	0.06	0.06	1.000	0.00	0.0	0.00	0.0	17.92	868.4	61.49	4,289.3	4.80	280.9	0.00	0.0	0.61	20.9
d	신촌동	0.86	0.62	0.723	0.00	0.0	0.53	34.8	34.63	1,964.3	16.27	113.6	821.08	38,500.2	0.00	0.0	4.02	65.4
d	안암동2가	0.11	0.01	0.063	0.00	0.0	0.12	4.3	2.00	117.3	2.98	133.7	2.04	60.6	0.00	0.0	0.02	0.7
d	안암동3가	0.11	0.04	0.355	0.00	0.0	1.57	46.2	7.07	416.9	39.14	1,644.9	4.47	90.2	0.00	0.0	0.09	2.2
d	안암동4가	0.06	0.03	0.506	0.00	0.0	0.02	0.6	17.19	1,009.6	13.96	583.9	0.30	6.4	0.00	0.0	0.00	0.0
d	연희동	3.01	0.67	0.222	0.04	0.5	7.76	525.1	100.08	6,037.7	281.50	15,553.3	55.95	3,098.3	0.04	1.0	1.13	52.5
d	염리동	0.54	0.31	0.571	0.30	8.6	3.01	206.0	94.95	5,707.1	189.53	18,247.4	48.73	2,518.0	0.00	0.0	4.28	163.0
d	예장동	0.68	0.01	0.010	0.00	0.0	0.27	9.0	0.43	13.3	0.32	31.7	0.37	10.0	0.00	0.0	0.00	0.2
d	옥수동	1.96	0.74	0.378	0.03	1.3	3.64	231.2	43.21	5,127.8	387.90	50,938.0	34.98	1,874.9	0.00	0.0	1.83	79.8
d	용강동	0.30	0.23	0.763	0.00	0.0	2.61	131.2	83.00	4,720.9	200.22	24,647.7	8.15	366.1	0.00	0.0	0.26	13.2
d	용문동	0.19	0.19	1.000	1.23	41.9	0.24	10.4	51.92	6,667.6	181.54	17,303.1	1.19	69.6	0.00	0.0	0.30	25.9
d	용산동1가	0.61	0.18	0.290	0.00	0.0	0.00	0.0	5.81	345.2	0.01	0.4	19.84	1,402.1	0.00	0.0	0.00	0.0
d	용산동2가	1.17	0.21	0.180	0.02	0.9	0.82	31.6	37.46	3,183.1	53.97	3,279.2	12.63	399.4	0.00	0.0	0.18	8.6
d	용산동3가	0.34	0.34	1.000	0.00	0.0	329.46	12,762.9	14.11	2,517.8	5.92	1,122.6	4.16	151.0	0.00	0.0	0.03	3.0
d	용산동4가	0.79	0.79	1.000	0.00	0.0	0.00	0.0	1.39	82.9	0.00	0.0	0.00	0.0	0.00	0.0	0.00	0.0
d	용산동5가	0.69	0.33	0.480	0.00	0.0	4.48	439.0	23.11	5,027.4	109.53	17,075.1	2.68	222.3	0.00	0.0	0.00	0.0
d	원효로1가	0.21	0.02	0.091	0.93	31.5	1.69	99.1	15.82	1,072.1	19.00	2,015.6	1.01	41.6	0.00	0.0	0.05	3.9
d	원효로2가	0.13	0.13	1.000	1.10	37.3	0.49	14.3	88.06	13,287.1	49.37	4,214.1	17.27	441.5	0.00	0.0	0.70	75.5
d	원효로3가	0.16	0.16	1.000	1.18	40.1	1.91	65.1	90.34	7,980.3	45.31	3,846.0	10.40	305.5	0.00	0.0	0.72	101.8
d	원효로4가	0.31	0.15	0.491	1.90	64.5	0.64	16.2	28.27	1,155.0	66.06	8,348.6	13.90	303.2	0.00	0.0	0.37	40.5
d	이태원동	1.43	0.79	0.556	0.23	7.7	38.73	3,383.4	262.88	36,115.4	416.01	45,174.0	27.34	2,003.4	0.03	0.7	26.69	6,342.5
d	정릉동	8.41	0.49	0.058	0.08	1.6	0.99	29.4	23.47	941.5	151.84	7,334.3	37.60	946.6	0.01	0.5	0.93	20.0
d	창신동	0.78	0.39	0.500	0.73	28.1	6.54	188.5	167.53	14,511.6	281.17	14,415.7	32.57	872.0	0.00	0.0	0.72	44.7
d	창전동	0.48	0.08	0.172	0.00	0.0	0.31	21.7	21.08	1,008.4	80.22	7,476.3	4.38	249.5	0.02	0.5	1.18	106.5
d	창천동	0.61	0.55	0.906	0.00	0.0	48.34	2,900.5	491.81	31,784.0	270.80	15,481.9	77.01	3,782.8	0.04	1.1	0.19	19.3
d	청암동	0.07	0.03	0.383	0.00	0.0	0.04	1.2	1.00	28.4	19.43	1,579.2	1.67	46.7	0.00	0.0	0.20	12.2
d	토정동	0.12	0.03	0.228	0.00	0.0	0.00	0.0	1.06	69.4	12.19	1,398.8	0.00	0.0	0.00	0.0	0.00	0.0
d	평창동	5.15	0.52	0.101	0.04	1.5	0.69	28.9	11.24	456.2	69.45	4,148.2	11.07	448.0	0.00	0.0	11.82	59.2
d	하왕십리동	0.62	0.27	0.440	0.92	23.0	0.68	36.0	92.97	8,090.5	476.62	50,966.8	33.71	1,882.8	0.00	0.0	2.26	56.1
d	한강로1가	0.24	0.17	0.717	0.03	1.1	11.01	969.5	95.90	9,319.5	102.64	12,559.3	2.88	184.1	0.00	0.0	0.59	78.8
d	한강로2가	0.45	0.43	0.970	1.57	64.0	34.93	3,373.7	931.90	113,388.3	264.42	40,129.5	43.86	3,934.7	0.00	0.0	2.81	428.0
d	한강로3가	1.19	0.44	0.371	1.48	60.3	23.34	1,507.7	340.69	48,911.2	96.10	13,380.8	50.24	3,707.5	0.00	0.0	2.37	429.4
d	한남동	3.01	1.48	0.490	0.18	6.0	10.10	711.6	394.74	24,996.6	583.50	90,430.4	99.40	6,162.8	0.05	1.8	4.37	471.0
d	행당동	1.49	0.06	0.039	0.12	5.1	3.77	259.7	17.50	797.0	50.10	4,839.4	31.02	1,795.6	0.00	0.0	0.07	4.6
d	혜화동	0.32	0.17	0.536	0.00	0.1	1.40	51.9	35.84	2,219.0	59.42	5,546.7	70.30	2,121.6	0.00	0.0	0.58	30.0
d	홍은동	3.65	0.57	0.156	0.05	0.7	5.14	312.0	62.76	2,519.5	242.53	11,039.9	40.97	2,144.1	0.01	0.3	5.86	114.5
d	홍제동	3.12	2.19	0.702	2.31	32.4	13.59	402.7	198.97	7,948.2	1,213.49	71,667.7	94.45	2,344.4	0.00	0.0	14.76	466.3
d	홍지동	0.36	0.17	0.482	0.00	0.0	1.22	36.8	9.96	369.2	27.59	1,375.7	62.86	1,483.9	0.00	0.0	0.30	5.1
d	황학동	0.33	0.33	1.000	1.31	55.3	14.43	883.8	416.26	23,923.8	440.26	35,921.1	8.57	421.0	0.00	0.0	0.45	31.1
d	효창동	0.44	0.08	0.185	0.00	0.0	0.81	31.9	13.48	725.5	52.89	3,716.5	7.73	295.2	0.00	0.1	0.66	44.7
d	훈인동	0.12	0.12	1.000	0.00	0.0	7.64	345.7	199.31	9,674.2	129.63	12,096.6	168.37	5,831.9	0.00	0.0	0.00	0.1
e	갈현동	1.94	1.94	1.000	0.32	5.3	18.64	438.1	425.02	15,409.5	1,427.59	66,394.7	135.04	3,071.8	0.01	0.3	55.82	152.7
e	구기동	3.71	3.71	1.000	0.12	4.3	16.75	636.7	39.41	2,064.8	253.06	13,224.2	26.55	830.8	0.00	0.0	38.40	370.9
e	구산동	1.38	1.38	1.000	0.00	0.0	2.31	59.8	140.84	7,621.4	871.10	36,478.5	158.37	3,906.6	0.00	0.0	62.42	125.8
e	구수동	0.05	0.05	1.000	0.44	12.4	0.04	1.8	28.13	1,710.2	21.26	1,854.4	2.48	92.3	0.00	0.0	0.00	0.0
e	군자동	0.73	0.73	1.000	0.00	0.0	3.63	160.2	253.04	16,240.9	529.57	29,533.8	281.78	9,937.2	0.00	0.0	2.37	258.3
e	금호동1가	0.44	0.30	0.665	0.03	1.1	2.56	126.0	35.83	2,150.3	250.06	21,324.6	22.37	959.9	0.00	0.0	0.57	45.8
e	금호동2가	0.31	0.05	0.163	0.01	0.3	0.69	34.1	6.96	435.2	52.39	6,196.3	7.21	320.5	0.00	0.0	0.22	8.9
e	금호동3가	0.33	0.05	0.141	0.00	0.2	0.11	5.7	5.55	625.7	84.01	7,648.8	1.53	72.9	0.00	0.0	0.08	3.6
e	금호동4가	0.80	0.61	0.762	0.07	2.8	3.29	231.6	53.13	6,120.2	339.87	40,179.2	32.38	2,040.9	0.00	0.0	1.06	57.8
e	길음동	1.21	1.21	1.000	0.67	12.7	6.41	276.1	257.02	26,940.2	1,497.18	118,836.1	162.61	6,648.6	0.00	0.0	10.02	529.2
e	남가좌동	1.26	1.26	1.000	0.43	6.0	11.17	782.2	253.23	19,755.1	1,217.73	99,187.5	172.42	9,641.9	0.27	8.3	10.66	501.8
e	노량진동	1.47	1.47	1.000	2.75	38.4	294.05	25,742.1	494.10	33,560.5	975.53	84,111.1	209.72	15,136.7	0.00	0.0	6.14	278.9
e	녹번동	1.79	1.79	1.000	0.16	2.6	52.01	3,365.7	258.28	19,281.6	876.31	48,495.5	131.52	8,241.1	0.75	34.3	2.65	73.7
e	논현동	2.72	2.72	1.000	0.21	7.6	52.89	3,967.5	3,445.22	266,627.9	1,857.17	187,159.7	281.78	19,460.9	0.00	0.0	48.61	6,043.6
e	농동	1.10	0.39	0.355	0.81	39.9	3.21	124.6	146.93	10,032.2	302.21	17,970.9	134.12	30,573.0	0.76	33.8	2.22	137.2
e	답십리동	1.66	1.66	1.000	10.41	173.0	24.48	1,238.7	595.61	26,953.7	1,504.25	115,826.1	120.95	5,313.8	0.00	0.0	5.21	231.7
e	당산동	0.83	0.83	1.000	1.26	49.6	15.12	730.4	138.42	8,902.5	225.11	18,291.0	28.46	936.1	0.00	0.0	0.91	93.1
e	당산동1가	0.22	0.22	1.000	1.47	61.1	8.35	433.1	135.02	7,684.8	231.21	17,582.0	3.94	186.4	0.00	0.0	3.47	283.1
e	당산동2가	0.16	0.16	1.000	7.27	291.4	3.05	158.0	209.70	16,618.9	130.10	10,138.7	7.30	303.0	0.00	0.0	0.40	14.6
e	당산동3가	0.36	0.36	1.000	2.18	90.7	67.15	3,482.6	287.43	22,667.7	287.46	26,386.3	29.01	1,528.2	0.00	0.0	0.40	25.9
e	당산동4가	0.30	0.30	1.000	116.25	5,011.5	9.66	518.9	178.27	7,238.4	434.33	44,233.9	11.74	497.1	0.06	1.4	4.52	354.2
e	당산동5가	0.29	0.29	1.000	1.67	69.6	1.31	68.1	173.93	11,627.9	379.42	42,045.2	32.82	1,306.5	0.00	0.0	0.05	1.4
e	당산동6가	0.17	0.17	1.000	1.42	59.2	9.33	483.7	157.75	6,445.4	62.49	3,664.3	28.70	1,437.9	0.00	0.0	0.85	95.4
e	당인동	0.32	0.32	1.000	0.00	0.0	0.67	39.4	5.01	494.5	29.61	1,833.9	1.83	57.1	0.00	0.0	2.67	56.0
e	대방동	1.53	1.53	1.000	1.16	16.2	88.42	5,275.2	389.08	18,035.0	1,049.27	84,602.0	253.56	11,983.7	0.00	0.0	3.25	157.4
e	대조동	0.85	0.85	1.000	0.61	10.1	11.61	646.0	441.59	45,992.9	753.86	42,949.6	56.03	2,702.2	0.00	0.0	8.83	776.9
e	도림동	0.59	0.18	0.301	1.15	41.8	5.16	278.0	83.34	2,892.5	133.86	7,811.9	8.42	368.4	0.00	0.0	0.55	26.7
e	도선동	0.14	0.14	1.000	0.20	4.9	2.96	128.1	185.47	10,238.1	112.86	7,548.1	16.74	630.9	0.00	0.0	1.35	236.8
e	돈암동	1.13	0.92	0.811	0.81	15.3	4.31	223.5	97.83	3,268.0	1,194.81	75,508.0	195.03	7,874.1	0.00	0.0	2.32	72.3
e	동교동	0.41	0.35	0.855	0.46	13.0	13.33	798.0	505.79	43,808.5	114.23	15,814.5	32.14	1,669.2	0.00	0.0	5.93	1,547.4
e	동빙고동	0.40	0.37	0.922	0.92	37.6	6.87	399.4	62.40	1,864.9	212.48	21,169.8	4.35	199.4	0.00	0.0	1.10	63.0
e	동선동1가	0.08	0.08	1.000	0.00	0.0	0.03	1.3	139.77	8,445.9	29.34	1,383.2	12.55	433.4	0.00	0.0	0.00	0.1
e	동선동2가	0.10	0.09	0.924	0.18	5.9	9.09	373.8	37.73	1,655.0	50.23	2,507.8	9.55	292.1	0.00	0.0	0.33	22.2
e	동선동3가	0.10	0.10	1.000	0.00	0.0	2.13	87.5	38.57	1,920.9	66.44	3,999.3	2.97	103.3	0.00	0.0	0.00	0.0
e	동선동4가	0.09	0.09	1.000	0.06	2.0	0.07	2.9	71.02	2,565.1	54.12	2,419.1	6.62	271.3	0.00	0.0	2.58	259.6
e	동선동5가	0.07	0.07	1.000	0.00	0.0	0.27	11.2	23.01	1,431.9	57.64	2,694.5	6.23	184.5	0.00	0.0	0.24	6.0
e	동소문동5가	0.04	0.01	0.198	0.00	0.0	0.04	1.3	8.35	665.4	10.32	840.3	0.05	1.8	0.00	0.0	0.08	9.6
e	동소문동6가	0.10	0.06	0.551	0.07	2.5	0.61	21.0	26.20	1,780.9	22.88	1,842.9	19.18	504.5	0.00	0.0	0.31	11.8
e	동소문동7가	0.07	0.07	1.000	0.00	0.0	0.11	3.7	12.27	671.8	79.94	6,454.7	12.68	352.1	0.00	0.0	0.14	5.9
e	동작동	2.13	2.13	1.000	0.00	0.0	6.62	344.6	11.55	581.5	180.90	17,938.2	42.14	1,338.3	0.00	0.0	5.47	135.5
e	마장동	1.07	1.07	1.000	4.43	118.7	35.15	1,560.7	329.02	13,799.8	662.89	48,382.0	76.97	2,816.0	4.30	290.9	1.04	43.2
e	마포동	0.22	0.09	0.402	0.00	0.0	1.38	48.7	65.92	4,324.8	51.44	4,790.8	2.96	131.9	0.00	0.0	0.11	12.8
e	망원동	1.75	1.75	1.000	0.78	22.3	7.38	297.9	296.04	33,109.9	1,128.12	73,634.4	50.05	2,384.7	0.00	0.0	2.44	132.4
e	면목동	6.03	1.13	0.187	6.91	145.7	70.89	2,035.9	1,142.80	43,834.6	3,462.01	158,669.0	370.28	9,327.8	0.03	0.9	22.81	597.4
e	목동	5.34	0.99	0.185	11.02	199.2	366.16	26,220.3	1,778.16	93,642.8	5,086.96	489,053.7	638.79	37,946.1	0.09	4.1	21.73	779.0

558 핵이라는 이름의 청구서

범위 구분	법정동 명	해당 법정동 전체 면적(㎢)	영향 면적(㎢)	반영 영향도	공업용 건축물 (연면적 ㎢)	공업용 건축물 (매매가, 억 원)	공공용 건축물 (연면적 ㎢)	공공용 건축물 (매매가, 억 원)	상업용 건축물 (연면적 ㎢)	상업용 건축물 (매매가, 억 원)	주거형 건축물 (연면적 ㎢)	주거형 건축물 (매매가, 억 원)	문교사회용 건축물 (연면적 ㎢)	문교사회용 건축물 (매매가, 억 원)	농수산용 건축물 (연면적 ㎢)	농수산용 건축물 (매매가, 억 원)	토지 (거래면적 ㎢) (2016 ~2019)	토지 (매매격, 억 원) (2016 ~2019)
e	문래동1가	0.16	0.06	0.342	64.78	3,806.4	5.90	136.3	39.26	2,435.7	9.64	323.4	9.66	217.2	0.00	0.0	0.33	13.2
e	문래동3가	0.67	0.52	0.770	218.40	6,863.2	57.14	3,394.8	678.64	36,506.3	460.28	42,768.5	68.49	3,340.2	0.00	0.0	1.58	129.2
e	미아동	4.38	4.38	1.000	3.72	132.5	93.09	5,764.8	993.78	25,012.0	3,730.42	191,599.4	531.27	26,459.9	0.00	0.0	23.62	583.3
e	반포동	4.78	5.70	1.192	0.00	0.0	40.06	3,455.2	1,476.17	117,280.5	3,137.03	614,470.9	689.64	50,304.0	0.42	12.9	3.91	504.5
e	방배동	6.73	2.18	0.324	1.24	63.0	103.47	6,803.0	1,707.52	107,905.2	4,030.39	441,495.7	388.20	21,384.2	0.15	4.2	80.51	1,418.8
e	번동	2.70	2.35	0.869	17.07	484.6	41.12	1,889.9	489.93	16,494.5	1,435.97	63,097.8	164.36	6,338.7	0.00	0.0	12.79	274.2
e	보광동	0.71	0.60	0.837	0.00	0.0	2.42	98.0	83.86	8,122.1	334.62	42,701.5	49.23	1,640.0	0.00	0.0	4.98	238.4
e	보문동1가	0.07	0.02	0.222	0.01	0.4	0.00	0.1	4.45	232.5	6.24	424.8	1.25	36.9	0.00	0.0	0.44	15.0
e	본동	0.76	0.76	1.000	0.26	3.6	13.90	611.3	41.46	1,542.3	385.20	35,635.9	38.94	1,331.0	0.00	0.0	2.98	215.3
e	봉천동	8.16	2.64	0.324	6.55	107.9	210.48	13,078.4	2,099.31	138,780.4	5,674.05	352,274.2	876.23	45,109.8	0.00	0.0	26.94	1,144.5
e	북가좌동	1.41	1.41	1.000	0.21	2.9	12.47	533.0	228.39	12,418.4	1,547.56	98,409.3	88.46	3,155.1	0.00	0.0	2.33	79.0
e	불광동	4.51	4.51	1.000	0.48	7.9	25.04	1,294.2	766.70	40,520.0	1,977.65	113,595.4	215.69	8,538.2	0.42	14.9	19.47	341.8
e	사근동	0.67	0.67	1.000	1.01	27.1	4.43	217.8	20.34	375.8	167.32	9,084.2	143.96	4,012.6	0.00	0.0	1.84	98.9
e	사당동	3.28	3.73	1.137	0.10	1.4	10.26	563.4	699.01	42,340.2	2,826.35	214,369.6	223.29	10,297.9	0.00	0.0	23.41	840.5
e	삼성동	3.19	1.80	0.565	0.00	0.0	52.16	3,152.6	3,377.93	264,960.6	2,025.03	335,826.0	684.72	41,707.2	0.07	2.5	4.43	1,191.2
e	상도1동	0.31	0.31	1.000	0.14	1.9	2.44	132.7	117.39	7,737.1	244.51	13,217.7	33.11	1,633.8	0.00	0.0	0.43	18.9
e	상도동	3.55	3.87	1.089	1.85	25.8	15.39	613.1	523.98	37,152.6	3,457.97	257,159.0	452.42	15,523.0	0.00	0.0	40.86	2,007.3
e	상봉동	1.53	0.08	0.054	16.91	380.0	21.52	886.1	701.47	44,225.5	1,717.17	106,836.4	122.40	4,900.1	0.01	0.2	10.51	951.2
e	상수동	0.57	0.57	1.000	0.00	0.0	19.43	1,385.8	194.86	27,914.0	283.84	32,073.6	268.07	14,952.7	0.00	0.0	0.87	48.1
e	상암동	8.36	6.16	0.736	78.40	2,228.6	398.21	22,351.0	1,586.23	116,703.3	953.87	94,639.6	402.04	23,577.1	0.00	0.0	2.91	234.3
e	상월곡동	0.53	0.53	1.000	0.00	0.0	3.82	89.0	59.27	2,829.5	285.39	15,594.6	15.28	282.6	0.00	0.0	0.64	16.0
e	서교동	1.18	1.18	0.994	2.91	82.8	6.98	407.1	1,301.50	100,216.1	777.32	62,622.4	83.26	4,040.2	0.00	0.0	8.47	1,291.0
e	서빙고동	0.79	0.79	1.000	0.09	3.5	12.29	714.4	42.37	4,482.2	283.84	37,898.3	14.75	662.0	0.00	0.0	3.22	133.8
e	서초동	6.41	3.19	0.498	11.48	581.0	602.89	45,890.7	5,824.52	531,207.8	4,001.93	460,322.7	945.59	60,830.0	0.32	8.3	21.69	2,938.7
e	석관동	1.73	1.00	0.574	1.40	24.8	7.92	239.4	234.73	9,515.6	910.72	50,264.1	145.08	3,810.7	0.03	0.9	6.95	190.9
e	성산동	2.56	2.56	1.000	1.89	53.8	48.35	3,176.4	633.53	58,152.6	1,337.26	105,931.0	339.95	13,676.5	0.00	0.0	3.26	139.8
e	성수동1가	2.88	2.88	1.000	415.03	25,520.9	27.75	1,761.4	521.62	49,267.2	1,018.33	134,940.3	181.33	10,018.8	0.00	0.0	9.34	937.6
e	성수동2가	2.22	2.22	1.000	1,064.48	49,758.7	53.02	2,972.5	1,203.90	58,944.1	836.20	90,704.8	132.81	5,962.4	1.94	88.4	14.37	1,205.3
e	송정동	1.44	1.44	1.000	4.33	127.1	61.05	1,993.7	85.90	4,136.8	263.32	14,492.4	21.70	753.8	0.06	2.0	0.44	22.3
e	수색동	1.29	1.29	1.000	0.53	8.8	5.91	253.5	137.50	13,163.3	424.53	28,776.5	24.01	828.7	0.20	4.9	15.92	576.9
e	수유동	7.63	4.50	0.590	2.07	73.9	43.91	1,415.6	1,034.58	39,085.5	2,789.64	109,124.6	369.82	11,376.3	0.41	12.2	52.68	573.7
e	신길동	3.60	2.84	0.788	2.92	105.8	260.27	17,519.8	707.00	49,758.0	2,565.12	203,817.2	435.95	24,449.9	0.13	3.2	57.41	2,726.7
e	신대방동	1.66	0.29	0.173	4.35	60.6	111.66	5,486.6	627.46	22,755.7	1,470.07	94,914.8	239.15	9,296.9	0.09	4.2	18.76	1,207.9
e	신사동	1.72	3.56	2.068	0.12	4.2	8.48	439.2	2,075.89	209,829.6	506.25	49,857.0	382.81	18,719.2	0.00	0.0	5.13	1,270.0
e	신설동	0.34	0.06	0.186	0.64	31.9	4.57	257.0	60.60	4,602.1	12.77	817.3	14.50	718.0	0.00	0.0	0.07	3.6
e	신수동	0.59	0.06	0.096	0.22	6.3	1.28	54.4	18.01	675.7	39.50	3,347.5	26.93	916.6	0.00	0.0	0.30	12.0
e	신영동	0.36	0.15	0.416	0.14	5.0	0.77	27.9	9.35	382.8	53.39	2,972.7	7.67	228.0	0.00	0.0	17.47	141.1
e	신정동	0.11	0.11	1.000	63.60	2,997.2	0.00	0.0	11.82	682.7	64.17	6,660.5	654.87	19,272.5	0.40	12.3	19.25	662.1
e	안암동1가	0.10	0.10	1.000	0.00	0.0	0.32	9.4	24.63	1,446.5	112.49	6,928.1	3.70	100.5	0.00	0.0	0.10	7.6
e	안암동2가	0.11	0.10	0.937	0.00	0.0	1.79	63.7	29.83	1,752.0	44.43	1,996.3	30.48	905.1	0.00	0.0	0.33	10.6
e	안암동3가	0.11	0.07	0.645	0.00	0.0	2.85	83.8	12.83	756.3	71.00	2,983.5	8.10	163.6	0.00	0.0	0.15	4.0
e	안암동4가	0.06	0.03	0.494	0.00	0.0	0.02	0.6	16.78	985.1	13.63	569.7	0.29	6.3	0.00	0.0	0.00	0.0
e	안암동5가	0.95	0.95	1.000	0.36	11.9	3.34	119.0	170.43	6,487.1	115.50	5,671.2	745.41	22,447.1	0.18	4.4	0.84	45.0
e	압구정동	2.69	2.69	1.000	0.00	0.0	0.65	63.4	161.29	55,660.8	1,484.23	322,242.1	75.27	5,828.5	0.00	0.0	0.00	0.0
e	양평동	0.57	0.35	0.615	3.98	157.1	0.33	19.6	0.41	22.5	4.65	226.2	4.78	178.9	0.00	0.0	0.00	0.0
e	양평동1가	0.23	0.14	0.587	10.98	433.2	27.00	2,556.1	110.60	4,511.2	125.51	10,376.1	14.75	768.2	0.00	0.0	1.05	69.5
e	양평동3가	0.47	0.47	1.000	161.62	10,574.2	14.34	842.9	266.74	11,891.2	314.30	25,150.8	54.50	2,865.3	0.00	0.0	0.32	29.9
e	양평동4가	0.37	0.37	1.000	96.87	6,337.9	21.98	1,292.0	297.50	15,441.9	154.96	10,653.4	50.36	2,487.8	0.00	0.0	0.78	81.9
e	양평동5가	0.22	0.22	1.000	121.32	7,937.2	6.27	368.8	144.60	10,893.7	152.03	12,926.1	15.60	891.2	0.00	0.0	4.72	506.6
e	양평동6가	0.12	0.12	1.000	11.28	738.2	2.33	136.8	38.43	5,511.7	93.36	6,297.5	3.63	198.7	0.00	0.0	0.36	31.8
e	양화동	1.70	1.70	1.000	0.00	0.0	43.88	1,398.9	1.19	61.2	0.32	12.0	6.99	187.3	0.00	0.0	0.00	0.0
e	여의도동	8.43	8.43	1.000	0.16	6.2	566.95	38,798.0	5,209.64	265,239.0	1,553.60	182,937.3	295.38	15,679.5	1.04	42.8	17.85	6,168.3
e	역삼동	3.50	2.56	0.732	0.32	11.8	51.54	3,686.2	6,646.94	453,390.9	2,749.67	367,105.8	524.58	30,916.0	0.00	0.0	30.36	12,264.2
e	역촌동	1.16	1.16	1.000	0.02	0.3	8.40	465.0	326.82	11,979.7	1,232.95	54,813.3	95.12	4,235.9	0.00	0.0	1.45	52.8
e	연남동	0.64	0.64	1.000	0.81	22.9	4.26	235.0	207.28	13,579.0	534.72	43,627.7	40.60	1,842.7	0.00	0.0	0.42	20.6
e	연희동	3.01	2.34	0.778	0.12	1.7	27.16	1,838.2	350.32	21,135.0	985.37	54,443.8	195.84	10,845.5	0.15	3.6	3.96	183.8
e	염창동	1.74	0.43	0.248	146.22	5,107.8	14.19	377.6	382.47	12,616.5	1,249.24	95,362.8	105.21	2,459.7	0.00	0.0	1.89	79.0
e	영등포동	0.59	0.59	1.000	2.61	102.9	9.45	555.7	238.05	8,778.2	417.98	35,217.8	35.18	1,828.0	0.00	0.0	3.72	175.4
e	영등포동1가	0.08	0.08	1.000	0.09	3.6	0.17	10.0	132.16	4,827.9	37.68	4,174.1	1.29	52.0	0.00	0.0	1.26	167.0
e	영등포동2가	0.31	0.31	1.000	0.63	24.9	10.71	629.5	237.09	10,927.8	40.81	3,732.7	21.33	1,022.1	0.00	0.0	1.00	92.3
e	영등포동3가	0.12	0.12	1.000	0.64	25.1	7.60	446.9	289.17	10,853.6	7.36	1,773.4	35.33	1,881.4	0.00	0.0	0.40	60.4
e	영등포동4가	0.19	0.19	1.000	1.07	42.3	14.28	839.8	534.40	45,673.5	16.32	1,468.1	32.73	2,421.6	0.04	1.0	0.34	23.5
e	영등포동5가	0.09	0.09	1.000	0.65	25.8	8.82	1,340.0	84.20	5,555.3	56.62	3,748.6	1.84	173.5	0.00	0.0	0.25	33.8
e	영등포동6가	0.09	0.09	1.000	0.71	28.0	9.81	576.6	87.27	4,874.2	22.37	1,589.0	29.67	1,893.3	0.00	0.0	0.80	66.4
e	영등포동7가	0.29	0.29	1.000	0.03	1.3	13.36	785.3	173.37	8,069.2	251.26	27,124.3	77.74	4,067.5	0.00	0.0	4.37	284.1
e	영등포동8가	0.16	0.16	1.000	66.27	2,615.3	3.82	224.8	200.51	13,866.9	134.75	12,946.0	22.87	1,161.3	0.00	0.0	0.52	38.5
e	옥수동	1.96	1.22	0.622	0.05	2.1	5.99	380.5	71.11	8,439.3	638.41	83,834.0	57.57	3,085.8	0.00	0.0	3.02	131.4
e	용강동	0.30	0.07	0.237	0.00	0.0	0.81	40.8	25.80	1,467.3	62.23	7,660.9	2.53	113.8	0.00	0.0	0.08	4.1
e	용답동	1.59	1.59	1.000	22.51	401.7	69.53	2,956.1	491.21	29,804.8	292.45	15,640.2	63.92	2,380.4	0.00	0.0	9.23	730.2
e	용두동	1.27	1.27	1.000	5.48	147.4	55.81	2,645.2	720.81	28,380.2	777.47	62,741.5	101.41	4,085.7	0.00	0.0	10.41	859.3
e	용산동5가	0.69	0.36	0.520	0.00	0.0	4.85	475.5	25.03	5,444.3	118.61	18,491.0	2.90	240.7	0.00	0.0	0.00	0.0
e	용산동6가	1.43	1.43	1.000	0.86	34.9	0.36	20.9	21.49	1,277.1	22.77	2,079.7	165.16	9,369.7	0.00	0.0	0.00	0.0
e	우이동	8.89	0.66	0.074	0.00	0.0	4.74	176.7	77.46	2,746.7	372.18	14,482.3	33.32	1,044.2	0.00	0.0	336.10	2,004.7
e	원효로4가	0.31	0.16	0.509	1.97	67.0	0.66	16.8	29.36	1,199.3	68.60	8,669.0	14.43	314.9	0.00	0.0	0.38	42.1
e	월계동	4.28	0.27	0.064	8.47	189.0	11.83	449.4	323.25	18,986.4	2,395.72	142,185.6	457.89	14,721.7	0.00	0.0	85.82	3,028.2
e	응봉동	0.56	0.56	1.000	0.13	5.4	1.27	80.9	25.23	1,496.8	493.08	42,291.9	24.20	1,241.3	0.00	0.0	0.64	9.4
e	응암동	2.61	2.61	1.000	0.32	5.2	13.56	601.5	721.72	27,621.7	1,862.31	98,868.7	218.79	8,363.5	0.00	0.0	39.08	1,052.4
e	이문동	1.73	1.73	1.000	44.94	703.8	13.72	425.2	286.07	15,107.0	1,370.70	90,287.1	239.88	6,265.4	0.46	15.0	7.49	253.2
e	이촌동	4.08	4.08	1.000	0.00	0.0	8.55	497.3	195.36	36,737.1	1,489.48	224,014.4	70.22	4,200.7	0.00	0.0	0.57	20.9
e	자양동	4.61	1.99	0.432	3.00	171.6	169.64	10,887.9	1,013.21	112,602.0	2,920.32	241,410.6	402.20	24,438.6	0.34	10.5	13.59	945.9
e	잠원동	3.04	3.04	1.000	0.00	0.0	8.73	1,096.8	734.28	79,694.9	1,908.08	360,152.8	113.92	11,214.0	0.00	0.0	2.12	258.5
e	장안동	2.34	2.34	1.000	3.95	113.2	88.67	3,494.3	1,347.14	59,112.0	1,982.77	114,711.2	212.35	7,537.6	0.00	0.0	4.92	305.3
e	장위동	2.01	2.01	1.000	1.26	26.6	13.93	533.7	361.00	17,238.6	1,391.11	67,558.9	126.82	3,890.1	0.00	0.0	24.10	718.7
e	전농동	2.05	2.05	1.000	1.80	37.4	31.12	1,846.4	515.39	27,509.0	1,354.63	110,469.6	441.14	20,670.3	0.00	0.0	17.14	1,189.2
e	정릉동	8.41	7.92	0.942	1.34	25.7	16.00	475.0	379.29	15,217.7	2,454.14	118,539.9	607.77	15,299.0	0.19	8.9	15.00	323.6
e	제기동	1.18	1.18	1.000	1.94	87.0	27.70	1,374.7	454.40	21,040.9	758.75	45,589.2	112.10	4,577.5	0.08	2.0	3.79	140.0
e	종암동	1.46	1.46	1.000	1.41	26.6	13.55	349.7	307.99	15,358.4	1,139.20	72,239.1	172.98	4,305.8	0.09	2.3	6.65	166.6
e	주성동	0.17	0.17	1.000	0.00	0.0	0.00	0.0	2.12	752.4	27.67	4,352.3	1.89	88.6	0.00	0.0	1.09	19.2
e	중곡동	4.09	0.94	0.230	6.31	208.0	24.24	2,264.8	852.06	33,673.4	2,021.22	97,088.5	222.18	15,451.7	0.02	0.7	72.96	228.5
e	중동	0.33	0.33	1.000	0.12	3.4	0.37	10.9	28.58	2,268.8	328.73	24,694.5	29.67	620.4	0.00	0.0	0.06	1.1

범위구분	법정동 명	해당 법정동 전체 면적(㎢)	영향 면적(㎢)	반영 영향도	공업용 건축물 (연면적 ㎡)	공업용 건축물 (매매가, 억 원)	공공용 건축물 (연면적 ㎡)	공공용 건축물 (매매가, 억 원)	상업용 건축물 (연면적 ㎡)	상업용 건축물 (매매가, 억 원)	주거형 건축물 (연면적 ㎡)	주거형 건축물 (매매가, 억 원)	문교사회용 건축물 (연면적 ㎡)	문교사회용 건축물 (매매가, 억 원)	농수산용 건축물 (연면적 ㎡)	농수산용 건축물 (매매가, 억 원)	토지 (거래면적 ㎡) (2016-2019)	토지 (매매가, 억 원) (2016-2019)
e	중화동	1.65	0.30	0.180	0.44	7.9	10.03	502.1	2,597.59	109,193.2	1,319.52	61,039.1	96.65	3,690.3	0.00	0.0	3.69	135.2
e	중산동	0.81	0.81	1.000	1.13	18.6	3.66	159.9	138.01	7,607.7	561.68	35,483.0	42.56	1,478.7	0.00	0.0	2.84	116.8
e	진관동	11.53	9.03	0.783	0.10	1.6	27.32	1,784.9	553.04	37,128.9	1,913.53	133,942.5	263.03	15,225.1	0.00	0.0	81.23	327.9
e	창전동	0.48	0.39	0.828	0.00	0.0	1.50	104.5	101.68	4,863.8	386.93	36,061.6	21.12	1,203.6	0.07	2.3	5.69	513.6
e	창천동	0.61	0.06	0.094	0.00	0.0	5.03	301.7	51.16	3,306.5	28.17	1,610.6	8.01	393.5	0.00	0.1	0.02	2.0
e	청담동	2.33	2.33	1.000	0.00	0.0	16.23	2,187.5	1,598.54	155,954.8	1,443.63	225,654.6	208.68	22,426.8	0.00	0.0	8.90	2,545.4
e	청량리동	1.20	1.20	1.000	0.61	8.4	30.04	901.9	268.07	14,410.4	613.65	43,380.0	238.52	5,901.5	1.94	88.4	1.75	66.9
e	청암동	0.07	0.04	0.617	0.00	0.0	0.06	2.0	1.61	45.7	31.25	2,539.9	2.68	75.1	0.00	0.0	0.32	19.6
e	초당동	0.12	0.09	0.772	0.00	0.0	0.00	0.0	3.59	235.6	41.38	4,748.1	0.00	0.0	0.00	0.0	0.00	0.0
e	평창동	5.15	4.64	0.899	0.37	13.3	6.16	257.7	100.32	4,071.1	619.83	37,022.3	98.76	3,998.0	0.00	0.0	105.51	528.8
e	하왕십리동	0.62	0.35	0.560	1.17	29.2	0.87	45.9	118.34	10,298.7	606.70	64,876.9	42.91	2,396.7	0.00	0.0	2.87	71.4
e	하월곡동	1.80	1.80	1.000	6.11	115.7	22.35	1,013.5	480.78	26,112.6	1,338.75	84,907.3	405.27	16,185.8	1.18	35.5	8.24	319.8
e	하중동	0.09	0.09	1.000	0.00	0.0	0.00	0.0	4.01	263.6	80.54	8,540.3	0.00	0.0	0.00	0.0	0.02	2.1
e	한강로2가	0.45	0.01	0.030	0.05	2.0	1.08	104.3	28.81	3,505.2	8.17	1,240.5	1.36	121.6	0.00	0.0	0.09	13.2
e	한강로3가	1.19	0.75	0.629	2.51	102.1	39.52	2,552.7	576.83	82,811.2	162.71	22,654.9	85.07	6,277.1	0.00	0.0	4.02	727.0
e	한남동	3.01	1.09	0.361	0.13	4.4	7.44	524.2	290.82	18,415.8	429.89	66,623.0	73.23	4,540.3	0.04	1.3	3.22	347.0
e	합정동	1.72	1.72	1.000	1.28	36.3	49.34	6,296.3	376.29	30,079.0	581.12	44,377.9	62.45	6,343.8	0.00	0.0	1.37	161.4
e	행당동	1.49	1.43	0.961	2.94	125.2	91.62	6,315.3	425.65	19,385.2	1,218.61	117,702.8	754.57	43,671.9	0.00	0.0	1.62	113.0
e	현석동	0.19	0.19	1.000	0.00	0.0	0.58	23.4	8.09	521.5	198.37	24,509.3	3.78	161.6	0.00	0.0	0.00	0.0
e	홍은동	3.65	3.08	0.844	0.27	3.8	27.84	1,690.2	340.02	13,650.6	1,314.02	59,814.7	221.98	11,616.8	0.05	1.9	31.77	620.2
e	홍익동	0.17	0.17	1.000	3.30	111.7	3.82	198.4	72.87	4,325.8	82.77	5,268.9	23.66	1,166.3	0.00	0.0	0.54	29.5
e	홍지동	0.36	0.18	0.518	0.00	0.0	1.31	39.6	10.72	397.4	29.70	1,480.6	67.66	1,597.1	0.00	0.0	0.32	5.5
e	회기동	0.76	0.76	1.000	0.14	2.2	5.55	197.9	168.02	11,104.7	325.08	18,541.4	447.67	16,143.5	0.00	0.0	0.47	31.1
e	회현동	1.68	1.68	1.000	7.09	112.0	53.12	2,836.1	271.21	10,942.9	1,069.52	65,680.4	219.20	10,056.4	0.00	0.0	11.55	385.7
e	흑석동	1.67	1.67	1.000	0.08	1.1	5.53	204.7	156.31	5,992.8	1,036.20	108,993.9	476.08	14,734.8	0.00	0.0	18.46	887.7
합계		387.37	262.16		3,104.90	144,694.4	7,527.35	467,772.2	111,518.71	8,583,834.4	160,834.88	13,705,859.5	32,932.02	1,603,092.5	19.54	865.8	2,304.99	112,091.0

핵이라는 이름의 청구서

부록 ❸ 서울시 법정동별 기타 시설물 연면적 및 실거래가 현황

법정동 명	연면적(㎢)	기타 시설 거래 금액(억원)	평균 단가 (만원)	법정동 명	연면적(㎢)	기타 시설 거래 금액(억원)	평균 단가 (만원)
가락동	164.807	2,074.2	125.9	등촌동	146.557	1,555.6	106.1
가리봉동	0.298	7.3	243.3	마곡동	64.045	2,031.2	317.2
가산동	242.932	4,042.8	166.4	마장동	17.539	457.7	261.0
가양동	194.936	2,693.5	138.2	마천동	21.113	204.2	96.7
가회동	2.540	23.1	91.1	마포동	0.648	18.4	284.3
갈월동	3.863	123.7	320.3	만리동1가	2.992	135.7	453.4
갈현동	2.219	21.1	94.9	만리동2가	0.060	2.7	453.4
강일동	0.323	9.6	297.0	망우동	45.302	490.9	108.4
개봉동	3.608	64.2	178.0	망원동	0.582	15.7	270.8
개포동	11.038	282.6	256.1	면목동	17.987	206.7	114.9
개화동	2.522	87.0	344.8	명동1가	0.011	0.5	453.4
거여동	70.383	717.0	101.9	명동2가	0.000	0.0	
견지동	7.932	65.9	83.1	명륜1가	7.437	50.7	68.1
경운동	0.000	0.0		명륜2가	19.222	201.7	104.9
계동	0.673	13.4	199.5	명륜3가	2.009	21.9	109.0
고덕동	5.772	171.4	297.0	명륜4가	2.478	25.9	104.4
고척동	21.637	740.5	342.2	명일동	1.074	15.0	139.4
공덕동	60.253	908.8	150.8	목동	76.240	1,050.5	137.8
공릉동	8.645	88.8	102.8	묘동	0.578	20.7	358.7
공평동	0.083	3.0	358.7	무교동	0.000	0.0	
공항동	52.948	1,825.9	344.8	무악동	2.278	26.6	116.6
과해동	3.639	125.5	344.8	무학동	0.193	1.4	71.0
관수동	0.028	1.0	358.7	묵동	18.820	151.0	80.3
관철동	0.000	0.0		묵정동	2.562	116.0	452.8
관훈동	1.010	36.2	358.7	문래동1가	5.759	338.4	587.6
광장동	10.674	146.0	136.8	문래동2가	4.013	230.3	573.9
광희동1가	2.674	47.4	177.4	문래동3가	36.148	973.2	269.2
광희동2가	0.479	14.0	292.3	문래동4가	0.409	13.6	333.4
교남동	0.000	0.0		문래동5가	20.689	294.7	142.4
교북동	2.292	35.7	155.7	문래동6가	26.066	258.8	99.3
구기동	112.051	745.9	66.6	문배동	37.968	658.6	173.5
구로동	103.251	1,938.7	187.8	문정동	497.554	6,409.6	128.8
구산동	2.170	14.7	67.8	미근동	0.340	4.6	134.8
구수동	0.790	22.5	284.3	미아동	49.767	379.2	76.2
구의동	81.564	941.2	115.4	반포동	189.087	4,938.3	261.2
군자동	1.984	25.3	127.6	방배동	259.775	3,841.6	147.9
궁동	6.829	229.5	336.0	방산동	0.000	0.0	
궁정동	0.996	9.5	95.2	방이동	252.590	3,315.5	131.3
권농동	0.000	0.0		방학동	145.900	818.5	56.1
금호동1가	10.368	114.8	110.7	방화동	227.538	2,178.2	95.7
금호동2가	1.141	20.2	177.0	번동	57.320	587.6	102.5
금호동3가	1.216	14.5	119.5	보광동	3.381	99.8	295.1
금호동4가	1.008	32.7	324.1	보문동1가	0.403	13.3	328.9
길동	10.709	107.4	100.3	보문동2가	0.421	13.1	311.4
길음동	4.037	56.2	139.2	보문동3가	0.000	0.0	
낙원동	0.003	0.1	358.7	보문동4가	0.682	22.4	328.9
남가좌동	9.112	101.6	111.5	보문동5가	0.087	2.9	328.9
남대문로1가	0.000	0.0		보문동6가	4.577	49.3	107.6
남대문로2가	0.000	0.0		보문동7가	0.632	20.5	324.2
남대문로3가	0.463	21.0	453.4	본동	22.825	281.7	123.4
남대문로4가	0.246	8.8	358.7	봉래동1가	11.534	0.0	0.0
남대문로5가	0.645	29.6	459.1	봉래동2가	3.221	147.9	459.1
남산동1가	0.000	0.0		봉원동	0.000	0.0	
남산동2가	1.779	80.3	451.5	봉익동	0.000	0.0	
남산동3가	0.000	0.0		봉천동	235.488	1,953.0	82.9
남영동	0.030	0.7	248.0	부암동	5.947	38.8	65.3
남창동	2.386	109.6	459.1	북가좌동	33.549	287.2	85.6
남학동	0.129	5.8	453.4	북아현동	11.801	163.0	138.1

법정동 명	연면적(㎢)	기타 시설 거래 금액(억원)	평균 단가 (만원)	법정동 명	연면적(㎢)	기타 시설 거래 금액(억원)	평균 단가 (만원)
남현동	20.792	170.0	81.8	북창동	0.496	22.5	453.4
내곡동	1.421	71.9	506.0	불광동	27.746	426.5	153.7
내발산동	7.580	82.6	109.0	사간동	0.000	0.0	
내수동	18.174	204.3	112.4	사근동	0.196	3.3	168.7
내자동	0.000	0.0		사당동	58.427	625.0	107.0
냉천동	3.036	42.3	139.2	사직동	1.285	15.8	123.1
노고산동	0.064	1.4	216.6	산림동	0.211	9.6	453.4
노량진동	46.519	571.8	122.9	산천동	5.786	82.8	143.2
녹번동	10.313	84.9	82.3	삼각동	0.145	6.6	453.4
논현동	32.440	466.6	143.8	삼선동1가	0.136	4.1	301.4
누상동	8.609	56.4	65.6	삼선동2가	0.346	3.5	101.4
누하동	0.021	0.1	55.8	삼선동3가	0.839	11.1	132.8
능동	4.546	86.3	189.9	삼선동4가	0.187	6.2	328.9
다동	0.000	0.0		삼선동5가	0.433	11.7	270.9
답십리동	124.084	1,401.3	112.9	삼성동	27.044	607.2	224.5
당산동	1.863	31.2	167.5	삼전동	1.639	28.3	172.6
당산동1가	44.073	883.8	200.5	삼청동	0.794	14.1	177.5
당산동2가	126.625	1,643.5	129.8	상계동	67.782	1,646.2	242.9
당산동3가	4.443	157.2	353.9	상도1동	1.712	21.4	124.8
당산동4가	2.057	27.7	134.6	상도동	52.455	517.4	98.6
당산동5가	13.966	334.7	239.6	상봉동	13.066	155.9	119.3
당산동6가	0.506	12.6	249.2	상수동	1.725	22.6	131.1
당인동	0.035	0.7	210.2	상암동	47.221	1,342.3	284.3
당주동	6.168	44.9	72.7	상왕십리동	0.102	2.5	248.9
대림동	55.522	469.6	84.6	상월곡동	0.775	21.0	270.9
대방동	54.658	593.6	108.6	상일동	2.980	62.2	208.8
대신동	0.802	7.6	94.7	서계동	2.868	71.0	247.4
대조동	1.743	19.2	110.2	서교동	12.456	164.1	131.8
대치동	58.581	1,518.9	259.3	서린동	0.000	0.0	
대현동	0.900	10.6	118.0	서빙고동	4.103	101.3	246.8
대흥동	1.421	40.4	284.3	서소문동	7.333	332.5	453.4
도곡동	187.854	3,632.7	193.4	서초동	494.813	7,595.1	153.5
도렴동	0.000	0.0		석관동	9.190	129.9	141.4
도림동	10.648	138.7	130.3	석촌동	32.294	303.6	94.0
도봉동	86.823	962.7	110.9	성내동	14.193	225.7	159.0
도선동	0.051	0.5	96.9	성북동	5.191	49.6	95.5
도원동	7.934	101.1	127.4	성북동1가	0.073	0.7	93.2
도화동	2.063	51.7	250.4	성산동	7.473	179.8	240.6
독산동	95.749	1,602.7	167.4	성수동1가	10.592	571.5	539.6
돈암동	3.951	44.4	112.4	성수동2가	142.070	5,650.7	397.7
돈의동	0.740	0.0	0.0	세곡동	0.000	0.0	
동교동	0.731	20.8	284.3	세종로	0.841	30.2	358.7
동빙고동	1.178	30.0	254.4	소격동	0.421	15.1	358.7
동선동1가	0.068	2.2	328.9	소공동	11.372	45.1	39.7
동선동2가	0.085	2.8	328.9	송월동	0.000	0.0	
동선동3가	1.357	16.0	117.6	송정동	47.256	1,323.0	280.0
동선동4가	0.463	10.8	233.5	송파동	93.464	1,076.1	115.1
동선동5가	0.056	1.9	328.9	송현동	0.000	0.0	
동소문동1가	0.000	0.0		수색동	1.672	27.6	165.0
동소문동2가	0.046	1.5	328.9	수서동	23.130	526.8	227.8
동소문동3가	0.077	2.5	328.9	수송동	0.181	6.5	358.7
동소문동4가	0.777	24.0	309.5	수유동	39.000	315.7	80.9
동소문동5가	0.244	8.0	328.9	수표동	1.058	48.0	453.4
동소문동6가	0.268	8.1	302.6	수하동	0.000	0.0	
동소문동7가	0.000	0.0		순화동	0.412	18.7	453.4
동숭동	4.847	37.1	76.5	숭인동	13.119	162.3	123.7
동자동	0.232	5.4	231.2	시흥동	132.721	1,221.1	92.0
동작동	9.959	134.2	134.7	신계동	1.595	54.1	339.4
둔촌동	4.047	60.5	149.5	신공덕동	17.394	257.8	148.2

핵이라는 이름의 청구서

법정동 명	연면적(㎢)	기타 시설 거래 금액(억원)	평균 단가 (만원)	법정동 명	연면적(㎢)	기타 시설 거래 금액(억원)	평균 단가 (만원)
신교동	3.263	34.6	106.1	자곡동	0.004	0.1	361.6
신길동	82.366	1,045.2	126.9	자양동	57.446	770.2	134.1
신내동	47.529	367.9	77.4	잠실동	672.219	14,740.3	219.3
신당동	60.155	894.7	148.7	잠원동	190.479	4,656.6	244.5
신대방동	190.722	1,652.0	86.6	장교동	0.000	0.0	
신도림동	58.494	1,176.3	201.1	장사동	0.033	1.2	358.7
신림동	134.476	956.2	71.1	장안동	144.861	1,377.9	95.1
신문로1가	0.000	0.0		장위동	5.560	75.8	136.4
신문로2가	1.343	23.9	177.6	장지동	454.896	14,383.0	316.2
신사동	19.388	307.5	158.6	장충동1가	4.085	43.8	107.1
신설동	5.233	258.8	494.6	장충동2가	7.146	177.2	248.0
신수동	2.592	67.2	259.1	재동	0.000	0.0	
신영동	7.872	69.6	88.4	저동1가	0.000	0.0	
신원동	0.493	24.9	506.0	저동2가	0.079	3.6	453.4
신월동	54.062	479.6	88.7	적선동	0.000	0.0	
신정동	68.549	1,659.2	242.0	전농동	134.546	1,483.7	110.3
신창동	0.645	8.3	129.1	정동	0.155	7.0	453.4
신천동	159.791	3,008.6	188.3	정릉동	19.082	188.4	98.8
신촌동	0.098	0.8	78.5	제기동	16.243	553.6	340.8
쌍림동	1.396	50.5	362.0	종로1가	0.099	3.2	319.8
쌍문동	101.038	663.4	65.7	종로2가	0.792	0.0	0.0
아현동	10.669	192.7	180.7	종로3가	0.019	0.6	319.8
안국동	0.000	0.0		종로4가	0.193	6.2	319.8
안암동1가	0.506	16.6	328.9	종로5가	1.374	43.9	319.8
안암동2가	0.003	0.1	328.9	종로6가	7.028	224.6	319.6
안암동3가	1.121	36.9	328.9	종암동	16.432	175.2	106.6
안암동4가	0.025	0.8	328.9	주교동	0.352	11.2	319.8
안암동5가	2.283	74.4	326.1	주성동	0.107	3.3	304.7
암사동	4.495	63.9	142.1	주자동	0.007	0.3	453.4
압구정동	8.709	236.9	272.1	중계동	40.707	365.4	89.8
양재동	141.887	3,362.1	237.0	중곡동	26.573	254.4	95.7
양평동	2.715	107.2	394.7	중동	0.104	3.0	283.4
양평동1가	10.713	159.3	148.7	중림동	2.174	35.5	163.1
양평동2가	2.470	67.7	274.3	중학동	0.000	0.0	
양평동3가	18.607	528.4	284.0	중화동	6.831	66.5	97.3
양평동4가	6.944	278.1	400.5	증산동	1.527	20.0	130.8
양평동5가	8.559	330.0	385.5	진관동	8.883	146.6	165.0
양평동6가	4.291	271.5	632.8	창동	1,365.796	10,543.5	77.2
양화동	0.000	0.0		창성동	1.410	11.3	80.2
여의도동	246.707	5,456.8	221.2	창신동	70.743	665.3	94.0
역삼동	47.106	880.8	187.0	창전동	0.161	4.6	284.3
역촌동	10.131	60.1	59.3	창천동	6.334	43.3	68.3
연건동	2.501	20.3	81.0	천연동	0.976	12.2	124.8
연남동	1.187	32.1	270.0	천왕동	1.190	32.0	268.5
연지동	2.419	74.0	306.1	천호동	49.379	466.1	94.4
연희동	34.873	249.8	71.6	청담동	19.396	402.5	207.5
염곡동	0.116	5.9	506.0	청량리동	17.867	172.1	96.3
염리동	1.981	55.9	282.1	청암동	1.010	11.9	118.0
염창동	435.729	4,373.1	100.4	청운동	42.353	386.8	91.3
영등포동	13.278	410.0	308.8	청진동	0.031	1.0	319.8
영등포동1가	0.861	34.0	394.7	청파동1가	1.429	26.0	182.2
영등포동2가	1.966	77.6	394.7	청파동2가	1.406	30.4	216.1
영등포동3가	0.433	10.1	233.7	청파동3가	1.079	24.5	227.0
영등포동4가	9.344	365.2	390.9	체부동	0.272	2.9	106.0
영등포동5가	0.483	14.7	303.2	초동	1.456	66.0	453.4
영등포동6가	0.281	7.6	271.7	충무로1가	0.156	1.5	96.6
영등포동7가	8.655	171.6	198.3	충무로2가	0.020	0.9	453.4
영등포동8가	0.955	14.8	155.2	충무로3가	11.434	113.0	98.8
영천동	5.596	60.0	107.2	충무로4가	0.549	8.3	152.1
예관동	0.444	20.4	459.1	충무로5가	0.362	16.4	453.4
예장동	6.914	223.2	322.8	충신동	15.413	490.4	318.2
예지동	0.231	8.3	358.7	충정로1가	0.000	0.0	

법정동 명	연면적(㎢)	기타 시설 거래 금액(억원)	평균 단가(만원)	법정동 명	연면적(㎢)	기타 시설 거래 금액(억원)	평균 단가(만원)
오곡동	1.086	37.5	344.8	충정로2가	2.451	25.2	102.6
오금동	73.315	774.0	105.6	충정로3가	3.958	41.3	104.3
오류동	18.849	312.9	166.0	태평로1가	0.000	0.0	
오쇠동	0.873	30.1	344.8	태평로2가	1.656	75.1	453.4
오장동	0.209	9.9	473.3	토정동	0.000	0.0	
옥수동	54.477	891.6	163.7	통의동	0.441	14.1	319.8
옥인동	0.953	17.2	180.4	통인동	0.945	20.8	220.6
옥천동	0.144	1.3	90.4	팔판동	0.036	1.3	358.7
온수동	11.761	145.8	124.0	평동	0.000	0.0	
와룡동	0.213	6.8	319.8	평창동	36.579	255.9	70.0
외발산동	20.719	714.5	344.8	풍납동	209.546	2,335.8	111.5
용강동	0.065	1.9	284.3	필동1가	0.000	0.0	
용답동	31.583	530.8	168.1	필동2가	2.853	122.7	430.0
용두동	52.352	958.2	183.0	필동3가	0.718	28.0	389.8
용문동	1.051	33.8	321.8	필운동	3.321	36.1	108.6
용산동1가	0.000	0.0		하계동	9.139	80.1	87.6
용산동2가	2.180	65.3	299.6	하왕십리동	36.958	536.2	145.1
용산동3가	0.245	10.0	407.3	하월곡동	77.253	742.4	96.1
용산동4가	0.000	0.0		하중동	0.000	0.0	
용산동5가	0.636	25.9	407.3	한강로1가	47.635	702.9	147.6
용산동6가	2.665	108.6	407.3	한강로2가	16.672	382.9	229.6
우면동	33.021	522.3	158.2	한강로3가	35.342	1,243.5	351.9
우이동	7.049	52.8	74.9	한남동	49.917	1,138.0	228.0
운니동	0.302	10.8	358.7	합동	0.172	1.7	101.8
원남동	1.923	69.0	358.7	합정동	51.827	543.6	104.9
원서동	5.449	56.0	102.8	항동	14.911	377.2	253.0
원지동	4.648	235.2	506.0	행당동	16.026	282.2	176.1
원효로1가	59.070	832.6	141.0	행촌동	3.862	19.3	49.9
원효로2가	1.496	50.4	336.9	현석동	3.548	55.8	157.2
원효로3가	2.076	70.5	339.4	현저동	42.434	486.7	114.7
원효로4가	7.687	139.3	181.2	혜화동	8.791	213.0	242.3
월계동	48.505	892.4	184.0	홍은동	52.848	328.6	62.2
율현동	11.739	424.5	361.6	홍익동	1.132	25.4	224.4
을지로1가	3.427	9.4	27.3	홍제동	25.673	202.4	78.8
을지로2가	3.791	54.9	144.8	홍지동	1.614	17.9	110.7
을지로3가	0.396	22.6	569.8	홍파동	0.840	18.2	216.6
을지로4가	5.088	290.0	569.8	화곡동	43.703	393.6	90.1
을지로5가	0.554	31.6	569.8	화동	0.392	2.8	70.5
을지로6가	14.803	418.9	283.0	화양동	2.049	29.8	145.5
을지로7가	0.104	4.8	459.1	황학동	29.329	426.1	145.3
응봉동	5.343	57.5	107.7	회기동	2.620	23.7	90.6
응암동	35.340	277.3	78.5	회현동1가	36.508	412.9	113.1
의주로1가	0.000	0.0		회현동2가	0.680	30.8	453.4
의주로2가	11.938	541.3	453.4	훈정동	0.000	0.0	
이문동	28.519	258.5	90.7	휘경동	33.687	291.7	86.6
이촌동	46.096	885.4	192.1	흑석동	5.628	81.0	144.0
이태원동	11.977	191.0	159.5	흥인동	53.438	653.9	122.4
이화동	1.423	39.0	274.3	회현동3가	0.421	19.1	453.4
익선동	16.301	179.7	110.2	효자동	1.653	11.7	70.5
인사동	0.000	0.0		효제동	4.795	153.3	319.8
인의동	27.941	400.2	143.2	효창동	4.683	91.5	195.4
인현동1가	0.112	5.1	453.4	후암동	7.001	97.7	139.6
인현동2가	1.386	62.8	453.4	합계	13,529.425	207,327.4	153.2
일원동	49.036	1,766.3	360.2				
입정동	0.542	24.6	453.4				

핵이라는 이름의 청구서

부록 ❹ 서울시 법정동별 문교사회용 건축물 연면적 및 실거래가 현황

법정동 명	연면적 (㎢)	거래 금액 (억원)	평균 단가 (만원)	법정동 명	연면적 (㎢)	거래 금액 (억원)	평균 단가 (만원)
가락동	220.987	8,819.8	399.1	등촌동	612.998	26,585.6	433.7
가리봉동	48.657	1,213.3	249.4	마곡동	854.880	88,757.9	1,038.2
가산동	189.929	9,427.5	496.4	마장동	76.972	2,816.0	365.8
가양동	194.833	8,869.5	455.2	마천동	65.271	3,167.3	485.3
가회동	15.742	538.3	341.9	마포동	7.367	328.5	445.9
갈월동	17.890	901.8	504.1	만리동1가	7.666	218.4	285.0
갈현동	135.043	3,071.8	227.5	만리동2가	34.401	1,029.2	299.2
강일동	110.268	4,373.9	396.7	망우동	309.898	14,135.5	456.1
개봉동	167.371	3,958.6	236.5	망원동	50.052	2,384.7	476.4
개포동	300.600	16,294.3	542.1	면목동	370.279	9,327.8	251.9
개화동	11.016	339.6	308.3	명동1가	8.868	618.8	697.8
거여동	87.943	2,997.8	340.9	명동2가	67.498	2,363.2	350.1
견지동	27.723	1,122.9	405.1	명륜1가	63.514	1,521.2	239.5
경운동	17.349	956.8	551.5	명륜2가	11.075	528.7	477.4
계동	45.729	1,562.2	341.6	명륜3가	182.185	3,930.3	215.7
고덕동	192.384	6,947.3	361.1	명륜4가	11.676	414.5	355.0
고척동	304.355	9,492.4	311.9	명일동	181.178	7,873.2	434.6
공덕동	64.079	3,204.7	500.1	목동	638.786	37,946.1	594.0
공릉동	1,051.601	41,957.0	399.0	묘동	9.574	384.5	401.7
공평동	8.811	568.0	644.7	무교동	1.305	49.4	378.3
공항동	98.048	3,998.2	407.8	무악동	15.396	629.9	409.1
과해동	0.000	0.0		무학동	0.486	19.3	398.0
관수동	21.764	1,942.5	892.5	묵동	140.792	3,348.5	237.8
관철동	34.316	1,307.1	380.9	묵정동	31.754	2,364.6	744.7
관훈동	16.863	791.2	469.2	문래동1가	9.655	217.2	224.9
광장동	191.200	5,958.7	311.6	문래동2가	9.380	381.6	406.8
광희동1가	0.541	40.2	742.2	문래동3가	68.487	3,340.2	487.7
광희동2가	0.465	15.7	337.0	문래동4가	7.195	329.7	458.2
교남동	0.082	6.4	773.4	문래동5가	1.112	59.1	531.4
교북동	0.171	107.4	6,270.4	문래동6가	25.382	1,016.3	400.4
구기동	26.550	830.8	312.9	문배동	7.304	231.1	316.3
구로동	526.880	21,553.4	409.1	문정동	163.514	9,700.5	593.3
구산동	158.367	3,906.6	246.7	미근동	9.763	372.3	381.3
구수동	2.480	92.3	372.2	미아동	531.272	26,459.9	498.0
구의동	171.361	8,909.7	519.9	반포동	689.640	50,304.0	729.4
군자동	281.782	9,937.2	352.7	방배동	388.205	21,384.2	550.8
궁동	172.106	4,070.9	236.5	방산동	2.385	70.7	296.5
궁정동	3.513	139.2	396.2	방이동	541.707	28,660.4	529.1
권농동	4.431	151.2	341.3	방학동	209.725	8,265.1	394.1
금호동1가	33.634	1,443.0	429.0	방화동	211.274	6,831.0	323.3
금호동2가	44.208	1,963.6	444.2	번동	164.357	6,338.7	385.7
금호동3가	10.867	517.1	475.8	보광동	58.789	1,958.4	333.1
금호동4가	42.506	2,678.7	630.2	보문동1가	5.649	166.6	294.9
길동	180.539	11,157.2	618.0	보문동2가	7.932	187.4	236.3
길음동	162.606	6,648.6	408.9	보문동3가	16.974	455.3	268.2
낙원동	3.066	141.2	460.7	보문동4가	5.417	204.2	377.0
남가좌동	172.419	9,641.9	559.2	보문동5가	1.701	55.4	325.7
남대문로1가	1.022	36.6	357.7	보문동6가	2.029	52.6	259.2
남대문로2가	5.284	239.2	452.7	보문동7가	8.547	307.5	359.7
남대문로3가	12.240	388.3	317.2	본동	38.937	1,331.0	341.8
남대문로4가	9.750	672.1	689.3	봉래동1가	0.403	14.8	366.3
남대문로5가	21.646	858.9	396.8	봉래동2가	2.863	277.6	969.4
남산동1가	17.363	680.9	392.1	봉원동	0.411	10.1	245.3
남산동2가	25.101	1,522.8	606.7	봉익동	1.137	37.4	328.9
남산동3가	5.184	161.9	312.3	봉천동	876.233	45,109.8	514.8
남영동	3.523	127.7	362.5	부암동	20.475	870.6	425.2

법정동 명	연면적 (㎢)	거래 금액 (억원)	평균 단가 (만원)	법정동 명	연면적 (㎢)	거래 금액 (억원)	평균 단가 (만원)
남창동	33.023	925.9	280.4	북가좌동	88.461	3,155.1	356.7
남학동	5.500	129.0	234.6	북아현동	152.753	11,402.9	746.5
남현동	37.263	1,878.1	504.0	북창동	2.917	133.0	456.1
내곡동	51.629	3,813.3	738.6	불광동	215.689	8,538.2	395.9
내발산동	283.804	10,687.2	376.6	사간동	10.634	592.4	557.1
내수동	6.618	236.1	356.7	사근동	143.960	4,012.6	278.7
내자동	0.395	20.0	507.3	사당동	223.292	10,297.9	461.2
냉천동	37.898	1,305.7	344.5	사직동	25.836	1,441.0	557.7
노고산동	68.842	3,369.5	489.5	산림동	1.054	64.3	609.6
노량진동	209.718	15,136.7	721.8	산천동	17.519	483.9	276.2
녹번동	131.524	8,241.1	626.6	삼각동	0.000	0.0	
논현동	281.783	19,460.9	690.6	삼선동1가	5.067	180.1	355.4
누상동	14.541	586.5	403.3	삼선동2가	111.055	3,946.7	355.4
누하동	0.234	11.1	473.6	삼선동3가	51.409	766.2	149.0
능동	134.119	30,573.0	2,279.6	삼선동4가	1.387	52.8	381.0
다동	6.514	481.8	739.7	삼선동5가	3.833	179.5	468.4
답십리동	120.955	5,313.8	439.3	삼성동	684.721	41,707.2	609.1
당산동	28.462	936.1	328.9	삼전동	96.519	4,982.2	516.2
당산동1가	3.944	186.4	472.7	삼청동	26.026	1,096.3	421.2
당산동2가	7.301	303.0	415.0	상계동	724.701	25,034.3	345.4
당산동3가	29.008	1,528.2	526.8	상도1동	33.109	1,633.8	493.5
당산동4가	11.742	497.1	423.4	상도동	452.419	15,523.0	343.1
당산동5가	32.819	1,306.5	398.1	상봉동	122.399	4,900.1	400.3
당산동6가	28.702	1,437.9	501.0	상수동	268.070	14,952.7	557.8
당인동	1.834	57.1	311.2	상암동	402.043	23,577.1	586.4
당주동	1.075	31.2	289.9	상왕십리동	37.267	2,354.4	631.8
대림동	203.338	8,003.6	393.6	상월곡동	15.277	282.6	185.0
대방동	253.558	11,983.7	472.6	상일동	3,806.281	101,085.7	265.6
대신동	84.639	4,463.4	527.3	서계동	22.212	953.7	429.3
대조동	56.032	2,702.2	482.3	서교동	83.742	4,063.6	485.3
대치동	539.829	33,924.2	628.4	서린동	4.372	247.5	566.1
대현동	532.991	37,940.1	711.8	서빙고동	14.745	662.0	448.9
대흥동	68.849	5,166.8	750.5	서소문동	29.791	1,202.3	403.6
도곡동	370.459	22,169.6	598.4	서초동	945.594	60,830.0	643.3
도렴동	11.068	498.6	450.4	석관동	145.077	3,810.7	262.7
도림동	27.994	1,224.4	437.4	석촌동	80.554	6,919.8	859.0
도봉동	153.720	7,275.9	473.3	성내동	210.430	10,324.5	490.6
도선동	16.736	630.9	377.0	성북동	99.963	3,506.2	350.8
도원동	9.136	236.9	259.3	성북동1가	9.807	310.7	316.9
도화동	28.565	1,696.0	593.7	성산동	339.955	13,676.5	402.3
독산동	322.320	14,343.6	445.0	성수동1가	181.330	10,018.8	552.5
돈암동	240.578	9,713.3	403.7	성수동2가	132.811	5,962.4	448.9
돈의동	16.615	742.4	446.8	세곡동	80.549	5,839.0	724.9
동교동	37.604	1,953.0	519.4	세종로	150.513	8,617.5	572.5
동빙고동	4.720	216.4	458.4	소격동	56.083	3,304.0	589.1
동선동1가	12.552	433.4	345.3	소공동	15.941	614.3	385.4
동선동2가	10.329	316.0	305.9	송월동	7.525	427.1	567.6
동선동3가	2.968	103.3	348.1	송정동	21.700	753.8	347.4
동선동4가	6.622	271.3	409.7	송파동	148.734	7,149.0	480.7
동선동5가	6.230	184.5	296.2	송현동	4.847	146.5	302.2
동소문동1가	15.524	463.0	298.3	수색동	24.012	828.7	345.1
동소문동2가	0.257	8.7	336.9	수서동	139.701	7,363.5	527.1
동소문동3가	2.600	84.5	324.9	수송동	10.941	537.2	491.0
동소문동4가	13.379	367.4	274.6	수유동	369.815	11,376.3	307.6
동소문동5가	0.260	9.2	352.9	수표동	8.840	670.5	758.5
동소문동6가	34.798	915.5	263.1	수하동	5.617	264.8	471.4
동소문동7가	12.683	352.1	277.6	순화동	58.096	4,280.1	736.7
동숭동	152.885	8,106.5	530.2	숭인동	58.325	2,627.7	450.5
동자동	15.915	1,035.2	650.5	시흥동	349.061	12,246.2	350.8
동작동	42.141	1,338.3	317.6	신계동	4.034	113.0	280.1
둔촌동	277.673	10,857.3	391.0	신공덕동	4.991	148.9	298.4

핵이라는 이름의 청구서

법정동 명	연면적 (㎢)	거래 금액 (억원)	평균 단가 (만원)	법정동 명	연면적 (㎢)	거래 금액 (억원)	평균 단가 (만원)
신교동	35.007	1,046.8	299.0	자곡동	119.455	6,108.6	511.4
신길동	435.954	24,449.9	560.8	자양동	402.197	24,438.6	607.6
신내동	238.473	11,797.3	494.7	잠실동	611.889	37,647.7	615.3
신당동	315.997	34,848.7	1,102.8	잠원동	113.918	11,214.0	984.4
신대방동	239.152	9,296.9	388.7	장교동	0.000	0.0	
신도림동	208.012	10,413.1	500.6	장사동	0.030	1.2	391.0
신림동	1,719.981	85,406.8	496.6	장안동	212.350	7,537.6	355.0
신문로1가	11.432	1,040.5	910.2	장위동	126.820	3,890.1	306.7
신문로2가	41.207	2,382.0	578.1	장지동	180.087	5,198.4	288.7
신사동	382.809	18,719.2	489.0	장충동1가	35.717	2,052.7	574.7
신설동	78.055	3,865.2	495.2	장충동2가	269.397	12,209.7	453.2
신수동	281.804	9,592.9	340.4	재동	0.718	28.6	398.5
신영동	18.445	548.2	297.2	저동1가	34.895	1,204.4	345.2
신원동	18.370	1,168.7	636.2	저동2가	34.296	2,487.4	725.3
신월동	349.946	12,343.7	352.7	적선동	2.875	102.4	356.4
신정동	654.868	19,272.5	294.3	전농동	441.144	20,670.3	468.6
신창동	4.796	280.9	585.8	정동	155.795	5,479.8	351.7
신천동	178.553	10,816.2	605.8	정릉동	645.377	16,245.5	251.7
신촌동	1,135.045	53,222.2	468.9	제기동	112.098	4,577.5	408.4
쌍림동	0.000	0.0		종로1가	6.327	166.8	263.6
쌍문동	390.604	15,739.5	403.0	종로2가	24.936	785.4	315.0
아현동	116.643	5,352.9	458.9	종로3가	1.399	61.6	440.5
안국동	24.425	1,115.2	456.6	종로4가	0.000	0.0	
안암동1가	3.700	100.5	271.5	종로5가	1.686	60.7	360.1
안암동2가	32.517	965.8	297.0	종로6가	24.306	685.0	281.8
안암동3가	12.567	253.7	201.9	종암동	172.980	4,305.8	248.9
안암동4가	0.592	12.7	214.2	주교동	14.626	323.6	221.2
안암동5가	745.414	22,447.1	301.1	주성동	1.885	88.6	470.1
암사동	108.024	4,911.6	454.7	주자동	0.000	0.0	
압구정동	75.275	5,828.5	774.3	중계동	511.366	18,186.5	355.6
양재동	403.020	13,295.7	329.9	중곡동	222.176	15,451.7	695.5
양평동	4.781	178.9	374.3	중동	29.675	620.4	209.1
양평동1가	14.746	768.2	521.0	중림동	22.761	1,389.2	610.3
양평동2가	15.811	638.0	403.5	중학동	3.020	126.4	418.6
양평동3가	54.501	2,865.3	525.7	중화동	96.649	3,690.3	381.8
양평동4가	50.360	2,487.8	494.0	증산동	42.556	1,478.7	347.5
양평동5가	15.604	891.2	571.1	진관동	263.034	15,225.1	578.8
양평동6가	3.627	198.7	547.8	창동	340.191	12,691.2	373.1
양화동	6.993	187.3	267.9	창성동	5.976	317.4	531.2
여의도동	295.380	15,679.5	530.8	창신동	65.131	1,744.1	267.8
역삼동	524.582	30,916.0	589.3	창전동	25.496	1,453.1	569.9
역촌동	95.118	4,235.9	445.3	창천동	85.024	4,176.3	491.2
연건동	536.815	25,033.2	466.3	천연동	31.171	1,003.4	321.9
연남동	40.605	1,842.7	453.8	천왕동	45.644	2,193.1	480.5
연지동	31.414	1,856.9	591.1	천호동	257.566	13,477.8	523.3
연희동	251.784	13,943.8	553.8	청담동	208.684	22,426.8	1,074.7
염곡동	102.669	8,442.8	822.3	청량리동	238.516	5,901.5	247.4
염리동	85.273	4,406.6	516.8	청암동	4.349	121.7	279.9
염창동	105.211	2,459.7	233.8	청운동	68.153	1,736.2	254.7
영등포동	35.176	1,828.0	519.7	청진동	5.565	186.4	335.0
영등포동1가	1.294	52.0	401.9	청파동1가	31.592	1,102.8	349.1
영등포동2가	21.330	1,022.1	479.2	청파동2가	200.031	11,020.6	550.9
영등포동3가	35.327	1,881.4	532.6	청파동3가	58.394	1,999.3	342.4
영등포동4가	32.730	2,421.6	739.9	체부동	0.088	4.0	454.6
영등포동5가	1.843	173.5	941.3	초동	9.490	358.9	378.2
영등포동6가	29.665	1,893.3	638.2	충무로1가	5.161	304.4	589.8
영등포동7가	77.738	4,067.5	523.2	충무로2가	6.408	354.1	552.6
영등포동8가	22.866	1,161.3	507.9	충무로3가	7.898	190.9	241.7
영천동	2.356	61.8	262.5	충무로4가	0.344	24.1	701.5
예관동	0.177	11.1	626.5	충무로5가	3.466	206.6	596.2

법정동 명	연면적 (km²)	거래 금액 (억원)	평균 단가 (만원)	법정동 명	연면적 (km²)	거래 금액 (억원)	평균 단가 (만원)
예장동	36.945	998.8	270.3	충신동	1.580	53.1	336.0
예지동	0.000	0.0		충정로1가	13.918	638.2	458.5
오곡동	0.963	25.3	262.3	충정로2가	48.828	2,241.9	459.2
오금동	202.946	9,290.2	457.8	충정로3가	14.383	613.2	426.3
오류동	132.242	4,841.6	366.1	태평로1가	9.693	555.8	573.4
오쇠동	0.000	0.0		태평로2가	4.967	262.8	529.0
오장동	4.181	114.0	272.8	토정동	0.000	0.0	
옥수동	92.551	4,960.7	536.0	통의동	12.386	640.7	517.3
옥인동	17.688	794.9	449.4	통인동	0.922	35.5	384.7
옥천동	0.131	5.8	445.0	팔판동	4.117	262.3	637.1
온수동	26.226	465.2	177.4	평동	87.888	6,264.7	712.8
와룡동	19.496	1,494.9	766.8	평창동	109.827	4,446.0	404.8
외발산동	17.387	554.7	319.0	풍납동	635.331	21,643.3	340.7
용강동	10.689	479.9	449.0	필동1가	2.431	151.0	621.1
용답동	63.917	2,380.4	372.4	필동2가	55.940	2,042.2	365.1
용두동	101.414	4,085.7	402.9	필동3가	2.634	119.5	453.7
용문동	1.195	69.6	582.4	필운동	34.336	995.0	289.8
용산동1가	68.326	4,827.4	706.5	하계동	337.561	12,101.4	358.5
용산동2가	70.321	2,223.6	316.2	하왕십리동	76.626	4,279.6	558.5
용산동3가	4.161	151.0	362.9	하월곡동	405.267	16,185.8	399.4
용산동4가	0.000	0.0		하중동	0.000	0.0	
용산동5가	5.584	463.0	829.1	한강로1가	4.022	256.7	638.3
용산동6가	165.159	9,369.7	567.3	한강로2가	45.212	4,056.3	897.2
우면동	549.154	36,139.4	658.1	한강로3가	135.311	9,984.6	737.9
우이동	33.317	1,044.2	313.4	한남동	202.784	12,573.0	620.0
운니동	8.218	239.1	291.0	합동	3.508	170.0	484.7
원남동	18.689	757.7	405.4	합정동	62.448	6,343.8	1,015.9
원서동	11.711	429.2	366.5	항동	16.947	364.4	215.0
원지동	27.232	1,974.2	725.0	행당동	785.598	45,467.5	578.8
원효로1가	11.075	457.5	413.0	행촌동	28.342	789.2	278.5
원효로2가	17.268	441.5	255.6	현저동	3.777	161.6	427.8
원효로3가	10.402	305.5	293.7	현동	34.749	791.2	227.7
원효로4가	28.330	618.1	218.2	혜화동	131.249	3,960.7	301.8
월계동	457.889	14,721.7	321.5	홍은동	262.952	13,760.9	523.3
율현동	19.795	1,503.9	759.7	홍익동	23.663	1,166.3	492.9
을지로1가	28.448	1,427.8	501.9	홍제동	134.447	3,337.3	248.2
을지로2가	9.698	476.5	491.3	홍지동	130.520	3,081.0	236.1
을지로3가	13.804	527.6	382.2	홍파동	2.564	149.2	582.0
을지로4가	43.093	2,196.7	509.8	화곡동	505.092	21,229.2	420.3
을지로5가	3.785	154.6	408.4	화동	13.671	599.2	438.3
을지로6가	71.730	6,722.2	937.1	화양동	548.950	33,754.1	614.9
을지로7가	77.005	4,850.5	629.9	황학동	8.572	421.0	491.2
응봉동	24.205	1,241.3	512.8	회기동	447.668	16,143.5	360.6
응암동	218.790	8,363.5	382.3	회현동1가	40.624	988.8	243.4
의주로1가	2.062	130.8	634.6	회현동2가	3.385	256.6	758.0
의주로2가	2.481	113.3	456.8	회현동3가	3.508	236.8	674.8
이문동	239.879	6,265.4	261.2	효자동	6.518	235.5	361.3
이촌동	70.216	4,200.7	598.3	효제동	15.670	777.9	496.4
이태원동	49.217	3,606.1	732.7	효창동	41.878	1,600.1	382.1
이화동	20.475	708.4	346.0	후암동	66.214	2,022.5	305.4
익선동	3.620	86.2	238.0	훈정동	4.306	220.2	511.3
인사동	10.340	274.1	265.1	휘경동	219.198	10,056.4	458.8
인의동	13.443	586.2	436.1	흑석동	476.083	14,734.8	309.5
인현동1가	7.452	172.6	231.6	흥인동	168.366	5,831.9	346.4
인현동2가	12.140	322.2	265.4	합계	57,728.483	2,706,201.3	468.8
일원동	518.005	24,079.1	464.8				
입정동	4.187	180.2	430.5				

핵이라는 이름의 청구서

부록 ❺ 서울시 법정동별 토지 면적 및 실거래가 현황

자치구/법정동 명	계약면적 (㎢)	2019년 기준 거래 금액(억원)	면적 단가 (만원/㎡)	자치구/법정동 명	계약면적 (㎢)	2019년 기준 거래 금액(억원)	면적 단가 (만원/㎡)
강남구	**169.324**	**26,462.1**	**1,562.8**	하중동	0.023	2.1	917.3
개포동	4.636	942.6	2,033.4	합정동	1.370	161.4	1,178.7
논현동	48.610	6,043.6	1,243.3	현석동	0.003	0.0	3.6
대치동	2.000	373.9	1,869.1	**서대문구**	**101.020**	**3,262.3**	**322.9**
도곡동	4.709	350.3	743.9	남가좌동	10.657	501.8	470.9
삼성동	4.428	1,191.2	2,689.9	냉천동	0.042	2.0	471.6
세곡동	19.593	931.2	475.3	대현동	0.653	65.0	995.3
수서동	4.718	41.8	88.6	미근동	0.042	2.5	584.7
신사동	5.133	1,270.0	2,474.3	봉원동	0.010	0.3	315.0
역삼동	30.360	12,264.2	4,039.6	북가좌동	2.329	79.0	339.2
율현동	12.979	159.2	122.6	북아현동	12.944	695.2	537.1
일원동	0.643	20.5	318.1	신촌동	5.557	90.5	162.8
자곡동	22.618	328.3	145.1	연희동	5.090	236.3	464.3
청담동	8.897	2,545.4	2,861.0	영천동	0.069	2.9	420.4
강동구	**296.118**	**5,517.9**	**186.3**	창천동	0.211	21.4	1,013.7
강일동	11.158	531.8	476.6	천연동	0.085	3.6	426.0
고덕동	29.289	455.6	155.6	충정로2가	0.138	1.3	90.8
길동	6.781	65.7	96.9	충정로3가	1.312	112.5	857.1
둔촌동	58.357	1,634.0	280.0	현저동	3.232	49.7	153.7
명일동	91.646	216.1	23.6	홍은동	37.635	734.7	195.2
상일동	26.556	861.4	324.4	홍제동	21.015	663.8	315.9
성내동	6.195	518.0	836.1	**서초구**	**835.107**	**8,171.2**	**97.8**
암사동	55.575	465.0	83.7	내곡동	497.527	1,596.1	32.1
천호동	10.561	770.3	729.4	반포동	3.913	504.5	1,289.3
강북구	**425.188**	**3,435.9**	**80.8**	방배동	80.512	1,418.8	176.2
미아동	23.619	583.3	247.0	서초동	21.692	2,938.7	1,354.8
번동	12.789	274.2	214.4	신원동	26.239	201.0	76.6
수유동	52.680	573.7	108.9	양재동	15.988	348.4	217.9
우이동	336.100	2,004.7	59.6	염곡동	27.272	294.4	107.9
강서구	**454.060**	**4,569.8**	**100.6**	우면동	95.480	414.4	43.4
가양동	2.985	222.1	744.1	원지동	64.365	196.5	30.5
개화동	87.119	192.0	22.0	잠원동	2.119	258.5	1,219.5
공항동	4.720	132.7	281.2	**성동구**	**55.017**	**4,020.1**	**730.7**
과해동	48.807	88.8	18.2	금호동1가	0.853	68.9	808.0
내발산동	19.006	184.0	96.8	금호동2가	1.356	54.3	400.5
등촌동	6.554	525.0	801.1	금호동3가	0.577	25.3	438.4
마곡동	21.848	1,259.7	576.6	금호동4가	1.397	75.9	542.8
방화동	57.154	489.3	85.6	도선동	1.345	236.8	1,760.2
염창동	1.885	79.0	419.2	마장동	1.041	43.2	415.0
오곡동	155.497	307.0	19.7	사근동	1.841	98.9	537.4
오쇠동	27.825	68.0	24.5	상왕십리동	0.380	26.1	686.5
외발산동	3.767	61.4	163.0	성수동1가	9.341	937.6	1,003.8
화곡동	16.894	960.7	568.7	성수동2가	14.372	1,205.3	838.6
관악구	**112.209**	**2,453.2**	**218.6**	송정동	0.436	22.3	511.0
남현동	18.848	206.3	109.4	옥수동	4.849	211.2	435.6
봉천동	26.939	1,144.5	424.8	용답동	9.231	730.2	791.0
신림동	66.421	1,102.5	166.0	용봉동	0.641	9.4	147.2
광진구	**112.041**	**2,894.9**	**258.4**	하왕십리동	5.132	127.5	248.5
광장동	4.471	36.5	81.6	행당동	1.685	117.7	698.2
구의동	12.905	976.9	757.0	홍익동	0.539	29.5	546.6
군자동	2.372	258.3	1,089.0	**성북구**	**175.794**	**4,275.8**	**243.2**
능동	2.223	137.2	617.2	길음동	10.024	529.2	527.9
자양동	13.589	945.9	696.1	돈암동	2.860	89.2	311.8
중곡동	72.955	228.5	31.3	동선동1가	0.004	0.1	126.0
화양동	3.526	311.6	883.7	동선동2가	0.355	24.0	676.2
구로구	**435.650**	**12,229.1**	**280.7**	동선동4가	2.576	259.6	1,008.0
가리봉동	1.873	109.6	585.2	동선동5가	0.243	6.0	245.1
개봉동	47.037	722.2	153.5	동소문동1가	0.004	0.1	334.2
고척동	167.320	9,321.1	557.1	동소문동2가	0.194	12.5	645.1
구로동	10.474	507.2	484.3	동소문동3가	0.067	2.5	372.6
궁동	101.477	293.3	28.9	동소문동5가	0.419	48.7	1,162.1

자치구/법정동 명	계약면적 (㎢)	2019년 기준 거래 금액(억원)	면적 단가 (만원/㎡)	자치구/법정동 명	계약면적 (㎢)	2019년 기준 거래 금액(억원)	면적 단가 (만원/㎡)
양평동5가	4.718	506.6	1,073.9	필운동	0.032	1.5	464.9
양평동6가	0.364	31.8	873.7	행촌동	0.855	11.2	131.0
여의도동	17.849	6,168.3	3,455.8	혜화동	1.087	56.0	515.4
영등포동	3.716	175.4	472.0	홍지동	0.625	10.5	168.7
영등포동1가	1.256	167.0	1,329.6	화동	0.007	0.3	438.5
영등포동2가	0.999	92.3	923.9	효자동	0.438	34.0	775.8
영등포동3가	0.400	60.4	1,508.4	효제동	0.754	93.6	1,241.8
영등포동4가	0.344	23.5	682.4	**중구**	**16.570**	**2,950.2**	**1,780.4**
영등포동5가	0.248	33.8	1,362.7	광희동1가	0.129	14.5	1,124.9
영등포동6가	0.799	66.4	832.1	광희동2가	0.084	8.1	969.9
영등포동7가	4.368	284.1	650.3	남대문로5가	0.380	172.7	4,546.2
영등포동8가	0.521	38.5	738.6	남산동1가	0.008	1.2	1,562.5
용산구	**94.619**	**15,921.6**	**1,682.7**	남산동3가	0.229	22.3	972.7
갈월동	0.826	102.6	1,242.0	남창동	0.205	28.2	1,372.4
남영동	0.191	15.6	816.5	다동	0.296	88.4	2,989.0
도원동	0.021	3.0	1,463.4	만리동2가	0.040	3.6	890.9
동빙고동	1.191	68.3	573.7	명동2가	0.650	87.1	1,339.8
동자동	0.303	26.7	881.3	방산동	0.008	1.4	1,865.1
문배동	0.553	90.5	1,635.9	북창동	0.033	3.9	1,171.3
보광동	5.948	284.6	478.6	산림동	0.371	46.1	1,242.4
산천동	0.128	8.1	631.4	삼각동	0.833	425.0	5,101.4
서계동	0.439	26.9	612.3	소공동	0.004	1.3	3,437.4
서빙고동	3.219	133.8	415.8	수표동	0.671	248.6	3,704.5
신계동	0.200	19.2	962.0	수하동	0.026	13.6	5,343.8
신창동	0.611	20.9	342.0	신당동	3.765	149.6	397.4
용문동	0.305	25.9	850.2	쌍림동	0.258	46.3	1,797.6
용산동2가	1.022	47.9	468.5	예관동	0.511	85.1	1,666.7
용산동3가	0.028	3.0	1,058.4	예장동	0.403	19.9	494.2
원효로1가	0.524	42.4	810.2	오장동	0.055	2.9	526.4
원효로2가	0.704	75.5	1,072.3	을지로2가	0.826	360.3	4,362.4
원효로3가	0.722	101.8	1,409.7	을지로3가	0.161	33.0	2,045.8
원효로4가	0.746	82.6	1,107.1	을지로4가	0.361	57.3	1,589.6
이촌동	0.569	20.9	366.5	을지로5가	1.250	243.1	1,944.5
이태원동	48.037	11,416.5	2,376.6	을지로6가	0.074	9.3	1,261.0
주성동	1.090	19.2	176.4	을지로7가	0.013	1.7	1,356.8
청암동	0.516	31.9	616.9	인현동1가	0.066	5.9	885.1
청파동1가	0.779	76.7	985.2	인현동2가	0.496	103.4	2,085.0
청파동2가	0.261	11.4	437.5	입정동	0.244	29.9	1,229.5
청파동3가	1.381	179.7	1,300.6	장충동1가	0.008	0.2	308.2
한강로1가	0.823	109.9	1,335.3	장충동2가	0.382	102.3	2,678.6
한강로2가	2.894	441.2	1,524.6	저동1가	0.102	68.2	6,706.0
한강로3가	6.389	1,156.3	1,809.9	저동2가	0.148	18.5	1,250.6
한남동	8.916	960.9	1,077.7	주교동	0.019	4.8	2,601.9
효창동	3.577	242.2	677.2	주자동	0.026	2.6	1,028.9
후암동	1.707	75.4	441.7	중림동	1.076	103.0	957.9
은평구	**295.954**	**3,733.7**	**126.2**	초동	0.250	23.7	946.6
갈현동	55.817	152.7	27.4	충무로2가	0.004	0.8	2,076.9
구산동	62.420	125.8	20.1	충무로4가	0.657	96.5	1,468.0
녹번동	2.648	73.7	278.2	태평로2가	0.010	7.1	7,140.0
대조동	8.830	776.9	879.9	필동1가	0.003	0.1	318.2
불광동	19.466	341.8	175.6	필동2가	0.216	16.0	740.4
수색동	15.922	576.9	362.3	필동3가	0.270	18.2	676.2
신사동	6.242	136.2	218.2	황학동	0.449	31.1	693.8
역촌동	1.454	52.8	362.9	회현동1가	0.284	33.2	1,170.6
응암동	39.079	1,052.4	269.3	회현동2가	0.220	109.7	4,999.9
증산동	2.843	116.8	410.7	흥인동	0.002	0.1	679.4
진관동	81.233	327.9	40.4	**중구**	**20.108**	**3,622.4**	**1,801.5**
종로구	**295.578**	**8,407.1**	**284.4**	광희동1가	0.019	1.8	955.7
가회동	0.568	40.1	706.4	광희동2가	0.042	2.8	670.2
견지동	2.236	616.0	2,754.9	남대문로3가	0.010	2.8	2,711.3
계동	0.263	13.9	529.3	남대문로5가	0.133	14.3	1,074.3

핵이라는 이름의 청구서

자치구/법정동 명	계약면적 (㎢)	2019년 기준 거래 금액(억원)	면적 단가 (만원/㎡)	자치구/법정동 명	계약면적 (㎢)	2019년 기준 거래 금액(억원)	면적 단가 (만원/㎡)
신도림동	2.837	119.8	422.3	동소문동6가	0.556	21.5	386.2
오류동	30.812	784.0	254.4	동소문동7가	0.140	5.9	421.5
온수동	4.230	140.5	332.2	보문동1가	1.980	67.6	341.5
천왕동	3.561	52.5	147.4	보문동3가	0.463	12.6	272.2
항동	66.029	178.8	27.1	보문동5가	0.154	8.5	548.3
금천구	**58.940**	**1,552.0**	**263.3**	보문동6가	1.419	48.5	341.4
가산동	16.909	582.9	344.7	보문동7가	0.029	1.6	543.6
독산동	14.716	545.8	370.9	삼선동1가	2.068	102.3	494.7
시흥동	27.315	423.2	155.0	삼선동2가	2.693	19.6	72.6
노원구	**450.779**	**4,400.9**	**97.6**	삼선동3가	0.395	12.6	319.5
공릉동	68.288	533.3	78.1	삼선동4가	0.405	26.0	642.5
상계동	174.802	568.6	32.5	삼선동5가	0.403	26.2	650.1
월계동	85.819	3,028.2	352.9	상월곡동	0.643	16.0	249.4
중계동	89.061	118.3	13.3	석관동	6.947	190.9	274.8
하계동	32.809	152.4	46.5	성북동	83.598	1,065.4	127.4
도봉구	**907.316**	**1,679.8**	**18.5**	성북동1가	0.702	60.0	854.6
도봉동	820.341	339.0	4.1	안암동1가	0.104	7.6	727.9
방학동	66.245	565.6	85.4	안암동2가	0.353	11.3	319.8
쌍문동	16.690	545.1	326.6	안암동3가	0.239	6.3	261.2
창동	4.040	230.1	569.7	안암동5가	0.841	45.0	535.6
동대문구	**63.128**	**3,482.0**	**551.6**	장위동	24.099	718.7	298.2
답십리동	5.214	231.7	444.4	정릉동	15.930	343.6	215.7
신설동	0.399	19.6	491.3	종암동	6.652	166.6	250.4
용두동	10.408	859.3	825.6	하월곡동	8.235	319.8	388.4
이문동	7.492	253.2	337.9	**송파구**	**74.638**	**3,830.6**	**513.2**
장안동	4.918	305.3	620.8	가락동	0.921	78.3	850.2
전농동	17.144	1,189.2	693.7	거여동	7.438	692.7	931.3
제기동	3.786	140.0	369.8	마천동	33.246	244.3	73.5
청량리동	1.753	66.9	381.5	문정동	4.706	903.8	1,920.3
회기동	0.470	31.1	663.2	방이동	14.644	1,160.6	792.6
휘경동	11.546	385.7	334.0	삼전동	0.202	19.5	968.5
동작구	**119.764**	**5,749.3**	**480.1**	석촌동	2.177	206.2	947.0
노량진동	6.140	278.9	454.3	송파동	1.334	92.8	696.1
대방동	3.246	157.4	484.8	오금동	5.548	162.6	293.0
동작동	5.474	135.5	247.5	잠실동	0.418	43.8	1,046.7
본동	2.981	215.3	722.4	장지동	3.869	221.5	572.4
사당동	23.412	840.5	359.0	풍납동	0.136	4.6	337.6
상도1동	0.426	18.9	443.2	**양천구**	**54.140**	**1,639.2**	**302.8**
상도동	40.857	2,007.3	491.3	목동	21.728	779.0	358.5
신대방동	18.765	1,207.9	643.7	신월동	13.161	198.2	150.6
흑석동	18.464	887.7	480.7	신정동	19.251	662.1	343.9
마포구	**68.917**	**7,697.5**	**1,116.9**	**영등포구**	**126.656**	**12,579.4**	**993.2**
공덕동	5.101	389.4	763.2	당산동	0.912	93.1	1,021.1
노고산동	5.947	1,380.1	2,320.8	당산동1가	3.467	283.1	816.5
당인동	2.673	56.0	209.4	당산동2가	0.400	14.6	365.1
대흥동	3.666	205.3	560.0	당산동3가	0.400	25.9	646.8
도화동	0.282	26.9	953.2	당산동4가	4.517	354.2	784.0
동교동	6.942	1,810.5	2,608.0	당산동5가	0.047	1.4	309.1
마포동	0.284	31.9	1,124.7	당산동6가	0.850	95.4	1,123.2
망원동	2.438	132.4	542.9	대림동	6.816	297.1	435.9
상수동	0.867	48.1	555.5	도림동	1.821	88.9	488.0
상암동	2.907	234.3	806.1	문래동1가	0.326	13.2	405.1
서교동	8.515	1,298.5	1,524.9	문래동2가	0.393	23.2	590.0
성산동	3.262	139.8	428.5	문래동3가	1.577	129.2	819.5
신공덕동	0.461	58.0	1,258.1	문래동4가	0.076	4.8	625.9
신수동	3.157	126.0	399.1	문래동5가	0.115	2.6	229.0
아현동	5.837	652.6	1,118.1	문래동6가	8.878	532.9	600.3
연남동	0.418	20.6	494.1	신길동	57.405	2,726.7	475.0
염리동	7.493	285.2	380.6	양평동1가	1.047	69.5	664.0
용강동	0.342	17.3	505.5	양평동2가	0.936	63.7	681.2
중동	0.056	1.1	200.5	양평동3가	0.315	29.9	947.4
창전동	6.875	620.0	901.8	양평동4가	0.778	81.9	1,053.7

자치구/법정동 명	계약면적 (㎢)	2019년 기준 거래 금액(억원)	면적 단가 (만원/㎡)	자치구/법정동 명	계약면적 (㎢)	2019년 기준 거래 금액(억원)	면적 단가 (만원/㎡)
관수동	0.387	74.6	1,930.2	남산동1가	0.101	11.5	1,139.6
관철동	0.412	190.4	4,625.5	남산동2가	0.472	28.6	606.3
관훈동	3.777	1,003.7	2,657.4	남창동	0.532	192.1	3,611.4
교남동	0.057	10.8	1,890.2	남학동	0.008	0.7	871.3
교북동	0.994	111.6	1,122.3	다동	0.121	34.3	2,827.4
구기동	38.403	370.9	96.6	만리동1가	0.025	4.5	1,815.6
궁정동	0.012	1.1	905.2	만리동2가	0.207	15.5	748.7
낙원동	0.708	125.0	1,766.4	명동1가	0.022	8.9	4,019.4
내자동	0.132	11.0	834.5	묵정동	0.891	142.7	1,601.8
누상동	0.049	2.0	409.4	방산동	0.019	3.7	1,942.9
누하동	0.086	9.5	1,100.0	북창동	0.047	6.6	1,399.7
당주동	0.535	79.1	1,476.4	산림동	1.685	199.8	1,185.6
돈의동	0.499	42.8	856.6	삼각동	0.927	334.5	3,608.8
동숭동	0.968	62.1	642.1	서소문동	0.040	7.5	1,903.8
명륜1가	0.319	13.9	434.5	소공동	0.085	39.7	4,658.3
명륜2가	0.415	28.8	694.0	수표동	1.557	720.7	4,630.2
명륜3가	0.403	11.3	279.4	순화동	0.403	37.7	936.5
명륜4가	0.783	54.1	691.4	신당동	3.257	289.0	887.5
묘동	0.104	19.7	1,891.5	쌍림동	0.364	38.3	1,052.9
무악동	3.096	124.4	401.9	예관동	0.140	22.4	1,603.8
봉익동	0.177	24.5	1,383.8	오장동	0.355	64.7	1,823.3
부암동	41.807	209.7	50.1	을지로2가	0.307	94.9	3,090.6
사직동	1.470	36.2	246.0	을지로3가	0.226	52.0	2,298.0
삼청동	0.514	49.7	967.9	을지로4가	0.617	162.8	2,639.4
세종로	0.022	16.2	7,350.0	을지로5가	0.016	1.3	856.8
소격동	0.267	54.7	2,046.5	을지로6가	0.079	12.7	1,613.7
수송동	0.175	23.9	1,362.6	인현동1가	0.033	3.8	1,142.1
숭인동	3.399	274.1	806.4	인현동2가	0.208	48.4	2,331.0
신교동	0.525	32.4	617.4	입정동	1.148	244.8	2,132.3
신문로1가	0.128	23.9	1,872.3	장충동1가	0.166	11.5	694.1
신문로2가	11.643	1,098.8	943.7	장충동2가	0.021	0.9	442.7
신영동	41.993	339.2	80.8	저동1가	0.080	33.0	4,122.8
안국동	0.032	3.1	976.4	저동2가	0.329	82.2	2,495.1
연건동	0.019	0.9	448.5	정동	0.571	88.9	1,558.2
연지동	0.616	71.1	1,154.5	주교동	0.107	22.6	2,114.5
예지동	0.040	5.7	1,404.5	중림동	0.418	32.6	779.7
옥인동	0.215	15.1	703.1	충무로1동	0.068	14.6	2,150.0
와룡동	0.052	5.4	1,041.7	충무로2가	0.241	47.3	1,966.3
운니동	0.029	3.0	1,015.5	충무로4가	0.527	87.7	1,663.3
원남동	0.160	15.9	998.0	필동3가	1.240	84.0	677.2
원서동	0.551	59.1	1,073.4	황학동	1.188	110.7	932.0
이화동	0.780	33.0	423.1	회현동1가	0.839	76.8	914.9
익선동	1.315	289.2	2,198.7	회현동2가	0.168	77.8	4,644.8
인사동	2.325	758.0	3,259.6	흥인동	0.052	5.9	1,138.9
인의동	0.040	2.8	695.0	**중랑구**	**91.829**	**3,297.2**	**359.1**
장사동	0.060	9.6	1,585.8	망우동	34.421	1,324.4	384.8
종로2가	0.027	14.2	5,354.1	면목동	22.813	597.4	261.9
종로3가	0.008	3.8	4,630.2	묵동	0.946	42.1	444.5
종로4가	0.009	1.3	1,344.1	상봉동	10.506	951.2	905.4
종로5가	2.978	641.4	2,153.7	신내동	19.450	247.0	127.0
종로6가	0.906	11.1	122.1	중화동	3.693	135.2	366.2
중학동	0.001	0.3	2,598.0	**합계**	**5,910.461**	**157,835.2**	**267.0**
창신동	1.446	89.5	618.6				
청운동	3.615	184.1	509.3				
청진동	0.014	3.4	2,421.0				
체부동	0.501	45.0	897.9				
충신동	0.289	8.3	286.0				
통의동	0.198	25.3	1,278.5				
통인동	0.057	2.5	434.0				
팔판동	0.011	1.0	978.8				
평동	0.834	109.2	1,309.0				
평창동	117.327	588.0	50.1				

핵이라는 이름의 청구서

부록 ❻ 서울시 차종별·규모별 자동차 등록 현황 통계(국외산 포함) 및 중고 매매 가격 환산

	수량별	계(대)	승용차	승합차	화물차	특수차
서울시 차량등록 현황	계(대)	3,124,651	2,658,637	120,780	337,241	7,993
	경형	223,120	195,676	7,249	20,182	13
	소형	317,539	65,944	5,614	241,970	4,011
	중형	1,685,049	1,534,990	94,270	53,700	2,089
	대형	898,943	862,027	13,647	21,389	1,880
	비율별	**비율(%)**	**승용차**	**승합차**	**화물차**	**특수차**
	구성비	**100.0**	**85.1**	**3.9**	**10.8**	**0.3**
	경형	7.1	7.4	6.0	6.0	0.2
	소형	10.2	2.5	4.6	71.7	50.2
	중형	53.9	57.7	78.1	15.9	26.1
	대형	28.8	32.4	11.3	6.3	23.5
중고차 매매가격	**중고차가격(국산)**	**중고매매가(백만원)**	**승용차**	**승합차(SUV)**	**화물차**	**특수차**
	경형	363	373	400	260	980
	소형	596	622	430	400	2,820
	중형	752	764	622	580	6,030
	대형	1,365	1,195	1,000	2,500	15,425
	1대 가격	**885**	871	643	553	6,621
	중고차가격(외산)	**중고매매가(백만원)**	**승용차**	**승합차(SUV)**	**화물차**	**특수차**
	경형	694	705	900	508	1,915
	소형	993	987	1,425	781	5,509
	중형	1,235	1,194	1,750	1,122	11,780
	대형	2,043	1,600	2,000	4,884	30,134
	1대 가격	**1,404**	1,285	· 1,712	1,080	12,934
	중고차가격(총량)	**중고매매가(백만원)**	**승용차**	**승합차(SUV)**	**화물차**	**특수차**
	경형	394	404	447	283	1,068
	소형	634	656	524	436	3,073
	중형	797	804	728	631	6,571
	대형	1,429	1,233	1,094	2,724	16,808
	1대 가격	**934**	910	743	603	7,214

도표-저자 작성

1. 화물,특수차분류: 1톤(경형), 3톤(소형), 5톤(중형), 8톤이상(대형)
2. 2018년말: 국산 90.6%, 외산 9.4%(국토교통부 동일적용)
3. 출처사이트: https://data.seoul.go.kr/dataList/datasetView.do?infId=10963&srvType=S&serviceKind=2
4. 서울시 차종별·규모별 자동차등록현황 통계
5. 국토교통부-국토교통 통계누리

부록 ❼ 핵 폭발로 인한 행정동별 가재자산 예상 피해액

범위구분	행정동 명	해당 행정동 전체 면적(㎢)	영향 면적(㎢)	반영 영향도	영향권 행정동별 세대 총수	직접 영향 행정동별 세대수	세대당 가재자산 피해액 (백만 원, 2019)
a	명동	0.990	0.153	0.1544	1,440	222	2,492.6
a	사직동	1.230	0.016	0.0127	4,399	56	628.7
a	소공동	0.950	0.201	0.2121	989	210	2,351.2
a	종로1.2.3.4가동	2.350	0.016	0.0067	5,384	36	404.5
b	고남동	0.350	0.029	0.0818	2,268	186	2,079.9
b	명동	0.990	0.894	0.9031	1,440	1,300	14,578.9
b	사직동	1.230	0.597	0.4852	4,399	2,135	23,929.2
b	소공동	0.950	0.480	0.5057	989	500	5,606.7
b	종로1.2.3.4가동	2.350	0.676	0.2877	5,384	1,549	17,366.5
b	중림동	0.480	0.029	0.0608	4,211	256	2,869.0
b	천연동	1.120	0.001	0.0012	8,465	10	117.3
b	충현동	0.460	0.114	0.2484	8,879	2,205	24,722.4
b	필동	1.140	0.066	0.0583	2,301	134	1,503.0
b	회현동	0.840	0.716	0.8529	3,372	2,876	32,239.9
c	가회동	0.540	0.541	1.0026	2,131	2,136	23,950.6
c	공덕동	0.760	0.735	0.9666	17,401	16,821	188,562.9
c	광희동	0.740	0.644	0.8701	2,947	2,564	28,744.3
c	고남동	0.350	0.275	0.7868	2,268	1,784	20,003.1
c	남영동	1.190	0.649	0.8490	5,452	4,629	51,889.0
c	다산동	0.510	0.510	1.0000	6,930	6,930	77,687.2
c	대흥동	0.880	0.056	0.0641	7,373	473	5,301.8
c	명동	0.990	0.036	0.0366	1,440	53	590.3
c	무악동	0.360	0.363	1.0071	3,056	3,078	34,503.4
c	부암동	2.270	0.516	0.2273	4,371	994	11,137.9
c	북아현동	0.970	1.076	1.1091	5,756	6,384	71,564.1
c	사직동	1.230	1.315	1.0691	4,399	4,703	52,723.2
c	삼선동	0.920	0.017	0.0182	12,537	228	2,553.6
c	삼청동	1.490	0.392	0.2630	1,403	369	4,137.0
c	성북동	2.860	0.074	0.0259	8,112	210	2,352.2
c	신당동	0.550	0.550	1.0000	4,219	4,219	47,296.2
c	신당5동	0.550	0.027	0.0497	4,219	209	2,348.4
c	신촌동	2.630	1.168	0.4440	11,294	5,014	56,208.6
c	아현동	1.010	1.012	1.0018	10,467	10,486	117,546.5
c	용산2가동	1.960	0.959	0.4893	5,628	2,754	30,870.1
c	원효로1가동	0.590	0.225	0.3816	6,581	2,512	28,155.9
c	을지로동	0.600	0.463	0.7710	1,205	930	10,414.8
c	이태원2동	0.860	0.635	0.7389	4,870	3,599	40,340.7
c	이화동	0.780	0.766	0.9826	4,443	4,366	48,942.1
c	장충동	1.360	1.331	0.9789	2,723	2,665	29,880.5
c	종로1.2.3.4가동	2.350	1.671	0.7110	5,384	3,828	42,914.4
c	종로5.6가동	0.600	0.604	1.0058	3,170	3,189	35,744.3
c	중림동	0.480	0.414	0.8618	4,211	3,629	40,680.8
c	장신2동	0.260	0.390	1.4993	4,391	6,583	73,800.8
c	천연동	1.120	0.974	0.8701	8,465	7,365	82,566.6
c	청운효자동	2.570	1.821	0.7087	5,658	4,010	44,952.5
c	청파동	0.910	0.903	0.9927	10,697	10,618	119,035.3
c	충현동	0.460	0.390	0.8484	8,879	7,533	84,442.6
c	필동	1.140	1.243	1.0907	2,301	2,510	28,133.5
c	한강로동	2.900	0.067	0.0232	7,659	178	1,990.8
c	한남동	3.010	0.447	0.1487	10,795	1,606	17,999.3
c	혜화동	1.120	0.899	0.8029	9,292	7,461	83,635.3
c	홍제1동	1.230	0.492	0.4000	10,116	4,046	45,361.3
c	홍제3동	0.810	0.540	0.6667	5,885	3,923	43,981.6
c	회현동	0.840	0.416	0.4953	3,372	1,670	18,723.5
c	효창동	0.440	0.361	0.8212	3,799	3,120	34,972.5
c	후암동	0.860	0.865	1.0058	8,665	8,715	97,697.2
d	공덕동	0.760	0.271	0.3566	17,401	6,205	69,564.0
d	금호1가동	0.460	0.149	0.3236	5,339	1,728	19,367.9
d	금호2.3가동	0.640	0.537	0.8393	10,246	8,599	96,397.3
d	금호4가동	0.840	0.191	0.2277	6,087	1,386	15,536.2
d	남영동	1.190	0.417	0.1486	5,452	810	9,080.5
d	대흥동	0.880	0.561	0.6370	7,373	4,697	52,652.1
d	대흥동	0.880	0.245	0.2793	7,373	2,060	23,088.9
d	정릉2동	1.170	0.490	0.4190	9,692	4,061	45,526.8
d	장신1동	0.260	0.390	1.4993	4,391	6,583	73,800.8
d	평창동	8.870	0.519	0.0586	7,537	441	4,947.2
d	필동	1.140	0.007	0.0060	2,301	14	153.6
d	한강로동	2.900	1.715	0.5913	7,659	4,529	50,769.7
d	한남동	3.010	1.475	0.4902	10,795	5,292	59,320.4
d	행당1동	0.420	0.059	0.1401	9,341	1,309	14,671.6
d	혜화동	1.120	0.216	0.1930	9,292	1,793	20,102.8
d	홍은2동	2.060	0.568	0.2757	12,672	3,494	39,171.9
d	홍제1동	1.230	0.872	0.7092	10,116	7,174	80,425.3
d	홍제2동	0.810	0.574	0.7092	5,885	4,174	46,787.5
d	홍제3동	1.050	0.745	0.7092	8,153	5,782	64,818.8
d	황학동	0.330	0.327	0.9902	6,099	6,039	67,700.4
d	효창동	0.440	0.082	0.1858	3,799	706	7,912.4
d	길현1동	0.970	0.970	1.0000	11,075	11,075	124,153.8
d	길현2동	0.960	0.960	1.0000	12,306	12,306	137,953.6
d	구산동	1.380	1.382	1.0011	12,476	12,490	140,012.5
d	군자동	0.740	0.734	0.9923	10,223	10,145	113,723.0
d	금호1가동	0.460	0.296	0.6429	5,339	3,433	38,480.0
d	금호2.3가동	0.640	0.096	0.1501	10,246	1,538	17,244.2
d	금호4가동	0.840	0.612	0.7285	6,087	4,434	49,709.6
d	길음1동	0.790	0.790	1.0000	12,983	12,983	145,543.0
d	길음2동	0.580	0.580	1.0000	5,526	5,526	61,948.0
d	남가좌1동	0.510	0.510	1.0000	5,854	5,854	65,624.9
d	남가좌2동	0.770	0.770	1.0000	10,205	10,205	114,400.9
d	노량진1동	1.580	1.580	1.0000	14,443	14,443	161,910.0
d	노량진2동	0.640	0.640	1.0000	7,111	7,111	79,716.3
d	녹번동	1.790	1.580	0.8827	14,398	12,709	142,469.7
d	논현1동	1.250	1.250	1.0000	14,246	14,246	159,701.6
d	논현2동	1.470	1.470	1.0000	11,027	11,027	123,615.7
d	능동	1.100	0.391	0.3559	5,878	2,092	23,450.5
d	답십리1동	0.810	0.810	1.0000	10,134	10,134	113,604.9
d	답십리2동	0.850	0.850	1.0000	12,003	12,003	134,556.9
d	당산1동	0.750	0.743	0.9906	9,733	9,641	108,078.9
d	당산2동	1.550	1.579	1.0185	16,551	16,857	188,973.5
d	대방동	1.550	1.530	0.9872	16,137	15,930	178,582.5
d	대조동	0.850	0.849	0.9987	15,629	15,609	174,977.6
d	도림동	0.890	0.177	0.1990	9,364	1,864	20,892.2
d	도화동	0.620	0.090	0.1454	9,656	1,404	15,738.9
d	돈암2동	0.480	0.480	1.0000	7,827	7,827	87,742.8
d	동선동	0.730	0.550	0.7529	8,857	6,668	74,744.9
d	마장동	1.060	1.071	1.0103	10,271	10,377	116,329.1
d	망원1동	1.130	1.130	1.0000	10,243	10,243	114,826.8
d	망원2동	0.670	0.670	1.0000	8,259	8,259	92,585.7
d	면목2동	0.730	0.416	0.5704	12,165	6,939	77,792.2
d	면목4동	1.110	0.208	0.1876	9,668	1,813	20,329.7
d	면목5동	0.640	0.468	0.7320	4,823	3,514	39,395.9
d	면목7동	0.870	0.035	0.0399	10,265	409	4,589.9
e	목1동	1.410	0.071	0.0500	10,583	529	5,931.9
e	목2동	1.030	0.172	0.1667	12,655	2,109	23,644.3
e	목5동	1.810	0.747	0.4125	13,605	5,612	62,910.8
e	문래동	1.490	0.572	0.3840	12,168	4,673	52,383.7
e	미아동	0.730	0.730	1.0000	10,849	10,849	121,620.3
e	반포1동	1.000	1.000	1.0000	13,501	13,501	151,349.9
e	반포2동	1.350	1.350	1.0000	7,566	7,566	84,816.9
e	반포3동	1.280	1.280	1.0000	6,622	6,622	74,234.4
e	반포4동	1.280	1.280	1.0000	6,622	6,622	74,234.4
e	반포본동	1.010	1.010	1.0000	4,244	4,244	47,576.4
e	방배1동	0.700	0.209	0.2992	7,201	2,155	24,153.0
e	방배2동	1.930	0.321	0.1662	11,044	1,836	20,579.4
e	방배4동	0.980	0.981	1.0000	10,343	10,343	115,947.9
e	방배본동	0.670	0.670	1.0000	7,878	7,878	88,314.5

핵이라는 이름의 청구서

범위구분	행정동 명	해당 행정동 전체 면적(㎢)	영향 면적(㎢)	반영 영향도	영향권 행정동별 세대 총수	직접 영향 행정동별 세대수	세대당 가재자산 피해액(백만 원, 2019)	범위구분	행정동 명	해당 행정동 전체 면적(㎢)	영향 면적(㎢)	반영 영향도	영향권 행정동별 세대 총수	직접 영향 행정동별 세대수	세대당 가재자산 피해액(백만 원, 2019)
d	도화동	0.620	0.720	1.1606	9,656	11,207	125,629.0	e	번1동	0.550	0.238	0.4327	9,824	4,251	47,652.3
d	돈암2동	0.480	0.214	0.4465	7,827	3,495	39,177.7	e	번2동	1.250	1.250	1.0000	7,563	7,563	84,783.3
d	동선동	0.730	0.052	0.0717	8,857	635	7,117.3	e	번3동	0.860	0.860	1.0000	7,693	7,693	86,240.6
d	보광동	0.710	0.116	0.1629	8,012	1,305	14,632.5	e	보광동	0.710	0.596	0.8390	8,012	6,722	75,356.9
d	보문동	0.560	0.542	0.9684	7,106	6,881	77,139.3	e	보라매동	0.760	0.760	1.0000	11,444	11,444	128,290.4
d	부암동	2.270	1.415	0.6232	4,371	2,724	30,538.7	e	보문동	0.560	0.015	0.0272	7,106	193	2,163.9
d	삼선동	0.920	0.899	0.9769	12,537	12,247	137,291.9	e	복가좌1동	0.520	0.537	1.0333	7,069	7,304	81,883.7
d	삼청동	1.490	1.099	0.7373	1,403	1,034	11,595.5	e	복가좌2동	0.840	0.868	1.0333	14,371	14,849	166,466.4
d	서강동	1.450	0.082	0.0563	11,639	655	7,347.7	e	불광1동	3.130	3.130	1.0000	17,577	17,577	197,043.0
d	서교동	1.650	0.061	0.0372	14,604	544	6,097.8	e	불광2동	1.380	1.380	1.0000	13,340	13,340	149,545.1
d	서교동	1.650	0.067	0.0406	14,604	594	6,653.8	e	사근동	1.110	0.669	0.6023	6,429	3,872	43,411.5
d	서빙고동	2.800	0.032	0.0113	5,292	60	672.5	e	사당1동	0.790	0.061	0.0769	11,681	899	10,072.9
d	성북동	2.860	2.798	0.9782	8,112	7,935	88,951.4	e	사당2동	2.750	2.750	1.0000	12,115	12,115	135,812.5
d	숭인1동	0.230	0.255	1.1097	3,062	3,398	38,092.6	e	사당3동	0.920	0.920	1.0000	9,754	9,754	109,345.0
d	숭인2동	0.350	0.340	0.9723	5,527	5,374	60,245.4	e	사당5동	0.570	0.190	0.3333	5,667	1,889	21,176.2
d	신당동	0.550	0.550	1.0000	4,219	4,219	47,296.2	e	삼선동	0.920	0.009	0.0092	12,537	116	1,298.9
d	신당동	0.550	0.125	0.2266	4,219	956	10,719.5	e	삼성1동	1.940	0.694	0.3577	5,794	2,073	23,236.3
d	신수동	0.780	0.537	0.6887	9,193	6,331	70,975.5	e	삼성2동	1.240	1.110	0.8955	13,322	11,930	133,739.0
d	신촌동	2.630	1.406	0.5344	11,294	6,036	67,664.4	e	상도1동	1.510	1.520	1.0069	20,774	20,917	234,481.0
d	아현동	1.010	0.306	0.3032	10,467	3,173	35,573.1	e	상도2동	0.980	0.987	1.0069	11,889	11,971	134,193.9
d	안암동	1.330	0.075	0.0562	8,747	491	5,506.7	e	상도3동	0.600	0.604	1.0069	11,006	11,082	124,227.3
d	연희동	3.050	0.669	0.2195	18,489	4,058	45,492.8	e	상도4동	0.750	0.755	1.0069	12,599	12,685	142,207.8
d	옥수동	1.950	0.741	0.3802	9,787	3,721	41,713.6	e	상봉2동	0.680	0.083	0.1218	9,764	1,189	13,333.2
d	왕십리2동	0.410	0.164	0.4006	6,922	2,773	31,083.7	e	상암동	8.400	6.157	0.7330	12,345	9,049	101,441.8
d	왕십리도선동	0.720	0.152	0.2105	9,276	1,953	21,894.1	e	서강동	1.450	1.491	1.0285	11,639	11,971	134,192.9
d	왕십리도선동	0.720	0.109	0.1521	9,276	1,411	15,813.3	e	서교동	1.650	1.530	0.9271	14,604	13,539	151,779.4
d	용강동	0.840	0.256	0.3046	8,925	2,719	30,480.5	e	서빙고동	2.800	2.768	0.9886	5,292	5,232	58,648.9
d	용문동	0.280	0.280	1.0007	5,221	5,225	58,570.7	e	서초1동	1.420	0.532	0.3745	8,954	3,353	37,587.8
d	용산2가동	1.960	0.998	0.5098	5,628	2,869	32,166.8	e	서초2동	1.240	0.464	0.3745	8,565	3,207	35,954.8
d	용산동	1.610	0.277	0.1722	16,410	2,826	31,679.3	e	서초3동	2.930	1.371	0.4681	12,163	5,693	63,823.5
d	원효로1동	0.590	0.369	0.6247	6,581	4,111	46,085.7	e	서초4동	0.880	0.824	0.9362	9,707	9,087	101,872.0
d	원효로2동	0.710	0.503	0.7080	6,047	4,281	47,996.4	e	석관동	1.730	0.996	0.5755	14,708	8,465	94,890.5
d	이태원2동	0.860	0.794	0.9237	4,870	4,498	50,425.8	e	성산1동	0.800	0.808	1.0095	9,174	9,261	103,821.4
d	이화동	0.780	0.017	0.0212	4,443	94	1,055.5								

범위구분	행정동 명	해당 행정동 전체 면적(㎢)	영향 면적(㎢)	반영 영향도	영향권 행정동별 세대 총수	직접 영향 행정동별 세대수	세대당 가재자산 피해액 (백만 원 ,2019)
e	성산2동	2.070	2.090	1.0095	16,257	16,412	183,979.1
e	성수1가1동	1.980	1.980	1.0000	7,197	7,197	80,680.3
e	성수1가2동	0.890	0.890	1.0000	7,559	7,559	84,738.5
e	성수2가1동	1.180	1.180	1.0000	8,722	8,722	97,776.0
e	성수2가3동	1.030	1.030	1.0000	5,472	5,472	61,342.6
e	성현동	0.680	0.680	1.0000	12,867	12,867	144,242.6
e	송정동	0.680	0.680	1.0000	5,454	5,454	61,140.8
e	수색동	1.290	1.291	1.0011	6,753	6,761	75,788.7
e	수유1동	1.070	1.070	1.0000	10,107	10,107	113,302.2
e	수유2동	0.730	0.073	0.1000	9,209	921	10,323.5
e	수유3동	0.860	0.430	0.5000	11,684	5,842	65,490.4
e	신길1동	0.660	0.660	1.0000	10,061	10,061	112,786.6
e	신길3동	0.520	0.348	0.6698	7,148	4,788	53,674.0
e	신길4동	0.350	0.350	1.0000	4,652	4,652	52,150.2
e	신길6동	0.680	0.137	0.2009	8,574	1,723	19,314.5
e	신길7동	0.640	0.322	0.5024	5,011	2,517	28,220.5
e	신대방2동	1.030	0.286	0.2777	8,783	2,439	27,338.0
e	신사1동	0.840	0.840	1.0000	11,163	11,162	125,134.0
e	신사2동	1.000	1.000	1.0000	8,871	8,871	99,446.3
e	신사동	1.890	1.723	0.9118	12,079	11,014	123,468.3
e	신사동	1.890	1.890	1.0000	12,079	12,079	135,408.9
e	신수동	0.780	0.296	0.3799	9,193	3,493	39,152.2
e	신촌동	2.630	0.057	0.0218	11,294	246	2,754.7
e	안암동	1.330	1.251	0.9403	8,747	8,224	92,198.9
e	압구정동	2.530	2.530	1.0000	10,788	10,788	120,936.4
e	양평1동	0.880	0.136	0.1547	7,832	1,212	13,581.8
e	양평2동	3.000	3.249	1.0830	9,209	9,974	111,808.2
e	여의동	8.400	8.433	1.0040	12,531	12,581	141,032.8
e	역삼1동	2.350	2.437	1.0370	22,275	23,099	258,947.7
e	역삼2동	1.150	0.124	0.1080	14,955	1,615	18,109.6
e	역촌동	1.160	1.158	0.9986	20,306	20,277	227,306.6
e	연남동	0.640	0.644	1.0070	8,936	8,999	100,879.2
e	연희동	3.050	2.343	0.7683	18,489	14,205	159,246.5
e	염창동	1.740	0.431	0.2478	13,978	3,464	38,827.7
e	영등포동	1.260	1.341	1.0645	12,967	13,803	154,735.0
e	영등포본동	1.020	0.588	0.5765	10,333	5,957	66,776.0
e	옥수동	1.950	1.220	0.6257	9,787	6,124	68,652.4
e	왕십리도선동	0.720	0.311	0.4323	9,276	4,010	44,949.6
e	용강동	0.840	0.162	0.1932	8,925	1,724	19,330.7
e	용답동	2.320	2.320	1.0000	8,087	8,087	90,657.5
e	용답동	2.320	1.593	0.6865	8,087	5,552	62,238.4
e	용신동	1.610	1.336	0.8296	16,410	13,614	152,618.0
e	우이동	10.950	0.660	0.0603	9,242	557	6,244.7
e	원효로2동	0.710	0.203	0.2855	6,047	1,727	19,356.1
e	월계1동	1.160	0.195	0.1680	10,192	1,712	19,196.4
e	월계2동	1.940	0.078	0.0402	11,059	444	4,981.9
e	월곡1동	0.810	0.810	1.0000	10,759	10,759	120,611.3
e	월곡2동	1.360	1.360	1.0000	8,764	8,764	98,246.9
e	월곡2동	1.360	0.532	0.3912	8,764	3,428	38,432.4
e	은천동	1.180	0.393	0.3333	15,021	5,007	56,129.8
e	응봉동	0.570	0.557	0.9768	6,255	6,110	68,495.3
e	응암1동	1.200	1.200	1.0000	11,621	11,621	130,274.6
e	응암2동	0.780	0.780	1.0000	7,974	7,974	89,390.7
e	응암3동	0.630	0.630	1.0000	12,441	12,441	139,467.0
e	이문1동	1.040	1.040	1.0000	14,775	14,775	165,631.8
e	이문2동	0.690	0.690	1.0000	8,685	8,685	97,361.2
e	이촌1동	2.860	2.860	1.0000	10,050	10,050	112,663.3
e	이촌2동	1.220	1.220	1.0000	3,888	3,888	43,585.5

범위구분	행정동 명	해당 행정동 전체 면적(㎢)	영향 면적(㎢)	반영 영향도	영향권 행정동별 세대 총수	직접 영향 행정동별 세대수	세대당 가재자산 피해액 (백만 원 ,2019)
e	인수동	2.930	2.930	1.0000	13,884	13,884	155,643.5
e	자양3동	1.200	0.831	0.6924	10,939	7,575	84,913.6
e	자양4동	1.160	1.160	1.0000	11,216	11,216	125,734.4
e	잠원동	1.760	1.760	1.0000	13,804	13,804	154,746.6
e	장안1동	1.250	1.250	1.0000	16,314	16,314	182,884.4
e	장안2동	1.090	1.090	1.0000	12,395	12,395	138,951.4
e	장위1동	0.700	0.700	1.0000	9,250	9,250	103,695.0
e	장위2동	0.670	0.670	1.0000	8,788	8,788	98,515.9
e	장위3동	0.650	0.650	1.0000	5,460	5,460	61,208.1
e	전농1동	1.190	1.190	1.0000	14,021	14,021	157,179.3
e	전농2동	0.860	0.860	1.0000	7,653	7,653	85,792.2
e	정릉1동	0.440	0.440	1.0000	7,060	7,060	79,144.5
e	정릉2동	1.170	1.170	1.0000	9,692	9,692	108,650.0
e	정릉3동	3.710	3.710	1.0000	7,580	7,580	84,973.9
e	정릉4동	3.130	3.130	1.0000	11,017	11,017	123,503.6
e	제기동	1.180	1.184	1.0032	12,758	12,799	143,475.1
e	종암동	1.460	1.458	0.9988	17,026	17,006	190,641.0
e	중곡1동	0.620	0.535	0.8622	7,618	6,568	73,633.8
e	중곡2동	0.550	0.095	0.1724	9,951	1,716	19,236.8
e	중곡3동	0.600	0.310	0.5173	8,105	4,193	47,004.6
e	중화2동	0.980	0.298	0.3044	13,904	4,232	47,446.4
e	증산동	0.810	0.807	0.9961	7,858	7,828	87,750.8
e	진관동	11.530	9.033	0.7834	18,103	14,182	158,989.5
e	청담동	2.330	2.333	1.0012	12,237	12,252	137,351.5
e	청량리동	1.200	1.197	0.9978	10,594	10,571	118,504.6
e	청림2동	0.780	0.780	1.0000	6,644	6,644	74,481.1
e	평창동	8.870	8.346	0.9409	7,537	7,092	79,499.4
e	한강로동	2.900	1.121	0.3864	7,659	2,959	33,176.0
e	한남동	3.010	1.087	0.3611	10,795	3,899	43,703.3
e	합정동	1.720	1.723	1.0016	9,643	9,659	108,277.4
e	행당2동	0.420	0.420	1.0000	9,341	9,341	104,715.2
e	행운동	0.390	0.030	0.0769	16,034	1,233	13,826.6
e	화양동	1.160	0.909	0.7832	14,514	11,368	127,437.9
e	회기동	0.760	0.762	1.0025	5,799	5,813	65,170.0
e	휘경1동	0.630	0.630	1.0000	7,052	7,052	79,054.9
e	휘경2동	1.050	1.050	1.0000	10,833	10,833	121,440.0
e	흑석동	1.680	1.668	0.9926	14,144	14,039	157,380.8
합계		393.430	255.163		2,604,381	1,808,937	20,278,683.2

인용 자료

1. 과학문화소통팀, '핵분열반응', 한국원자력연구원(KAERI), https://www.kaeri.re.kr/board?menuId=MENU00450&siteId=null[Accessed on August 8, 2020]

2. Wikipedia contributors, 'Radioactive decay', Wikipedia, The Free Encyclopedia, 15 January 2020, 07:17 UTC, 〈https://en.wikipedia.org/w/index.php?title=Radioactive_decay&oldid=935868512〉[Accessed 7 January, 2015]

3. Wikimedia Commons contributors, 'File:D-t-fusion.png', Wikimedia Commons, the free media repository, 31 March 2019, 23:57 UTC, 〈https://commons.wikimedia.org/w/index.php?title=File:D-t-fusion.png&oldid=344513510〉[Accessed 27 January, 2020]

4. 과학문화소통팀, '핵분열반응', 한국원자력연구원(KAERI), https://www.kaeri.re.kr/board?menuId=MENU00450&siteId=null[Accessed on August 8, 2020]

5. Doopedia. "Hydrogen bomb(수소폭탄)", http://terms.naver.com/entry.nhn?docId=1115501&cid=40942&categoryId=32429[Accessed on January 10, 2015]

6. William J. Broad, The New York Times, "Hydrogen Bomb Physicist's Book Runs Afoul of Energy Department", http://www.nytimes.com/2015/03/24/science/hydrogen-bomb-physicists-book-runs-afoul-of-energy-department.html?ref=science&_r=0.[Accessed on March 23, 2015]

7. 강태욱 외 11인, 'ZUM학습백과', ZUM교육, 2012.1.2., http://study.zum.com/book/12557[Accessed on January 7, 2015]

8. 한국원자력학회, '원자력방사선 바로 알기', KNS School, https://school.kns.org/archives/629[Accessed on January 27, 2020]

9. Wikimedia Commons contributors, 'File:Binding energy curve-common isotopes.svg', Wikimedia Commons, the free media repository, 23 August 2019, 09:59 UTC, 〈https://commons.wikimedia.org/w/index.php?title=File:Binding_energy_curve_-_common_isotopes.svg&oldid=362996012〉[Accessed 27 January, 2020]

10. Doopedia, "Nuclear Fission(핵분열)", http://terms.naver.com/entry.nhn?docId=1162264&cid=40942&categoryId=32248[Accessed on January 20, 2015]

11. 한국학중앙연구원, '한반도비핵화 공동선언문', 한국학중앙연구원, http://terms.naver.com/entry.nhn?docId=532872&cid=46626&categoryId=46626[Accessed on December 27, 2015]

12. 이정철, '한반도 비핵화와 북한의 고립주의 승리사관, 대한민국정책브리핑', 대한민국청와대, 2018.10.8., http://www.korea.kr/news/contributePolicyView.do?newsId=148854432[Accessed on October 9, 2018]

13. Wikipedia, 'Juche Ideology(주체사상)', February 7, 2016, https://ko.wikipedia.org/wiki/%EC%A3%BC%EC%B2%B4%EC%82%AC%EC%83%81

14. Wikipedia, 'Juche Ideology(주체사상)', February 7, 2016, https://ko.wikipedia.org/wiki/%EC%A3%BC%EC%B2%B4%EC%82%AC%EC%83%81

15. 이기원, '김일성주체사상', 한국민족문화대백과사전, 1998, http://encykorea.aks.ac.kr/Contents/Item/E0010280[Accessed on February 15, 2015]

16. 이기원, '김일성주체사상', 한국민족문화대백과사전, 1998, http://encykorea.aks.ac.kr/Contents/Item/E0010280[Accessed on February 15, 2015]

17. 이기원, '김일성주체사상', 한국민족문화대백과사전, 1998, http://encykorea.aks.ac.kr/Contents/Item/E0010280[Accessed on February 15, 2015]

18. 한국문학평론가협회, '주체사상, 문학비평용어사전', 국학자료원, 2006.1.30., https://terms.naver.com/entry.nhn?docId=1530890&cid=41799&categoryId=41800

19. 박보균, '북한은 중국에 무엇인가?', 중앙일보, 2016.2.4., http://news.joins.com/article/19526945

20. Anatory Vasilievich Torkunov, Editor, 'Zagadochnaya Voina : Koreiskii Konflike 1950-1953', June 20, 2003, 44P

21. 이화여자대학교 통일학연구원, 이화여대출판부, '남북관계사:갈등과 화해의 60년', 2009.11.10., 46P

22. 노무현, 노무현재단 사람사는 세상, '어록', 2006.12.21., http://www.knowhow.or.kr/rmhno/speech/quotation_view.php?pri_no=999999991&stype=&sword=&date1=&date2=&page=2

23. 위키피디아, 우리 모두의 백과사전, '아웅산테러', 2016.2.19., https://en.wikipedia.org/wiki/Rangoon_

24. 조민, 김진하, 통일연구원, 늘품플러스, '북핵일지', 2009.12., 4-5P

25. 조민, 김진하, 통일연구원, 늘품플러스, '북핵일지', 2009.12., 5-6P

26. 장인성, 신동진, 최세중, 황종률 등 4인 정책관, 국회예산정책처, '남북교류협력 수준에 따른 통일비용과 시사점', 2015.12.2., 요약 중 11P, 본문 II 중 24-28P

27. 국제위기감시기구, '아시아보고서N°112, 중국과 북한:영원한 동지인가?', 2006.2.1., 4-5P

28. 김형구, 중앙일보, '제2차 남북정상회담 대화록에 나타난 김정일의 개성공단 인식',

2016. 2. 17., http://news.joins.com/article/19581581

29. 국방부군사편찬연구소, 국가기록원, '알아봅시다, 6·25전쟁사', 2005년, 144P

30. 국방군사연구소, 국가기록원, '한국전쟁 피해 통계집', 1996년, 145P

31. Wikipedia contributors, 'Korean War', Wikipedia, The Free Encyclopedia, 3 March 2016, 14:33 UTC, 〈https://en.wikipedia.org/w/index.php?title=Korean_War&oldid=708081275〉[Accessed 5 March, 2016]

32. 국방군사연구소, 국가기록원, '한국전쟁 피해 통계집', 1996년, 144P

33. 국방군사연구소, 국가기록원, '한국전쟁 피해 통계집', 1996년, 144P

34. Alan J. Levine, Praeger Publisher, 'The Pacific War: Japan versus Allies', 1995, ISBN 0-275-95102-2, 150P

35. 고수석, 평화재단 2013 심포지엄, '최근 북한의 핵위협과 한반도 리스크의 실체', 2013. 6. 29., 13P

36. Wikipedia, the free encyclopedia, 'Chinese People's Volunteer Army(PVA)', 2016.2.28, https://en.wikipedia.org/wiki/People%27s_Volunteer_Army[in Korean Version]

37. 교육개발부, '북한이해 2016', 통일부 통일교육원, 2015. 12., 126P

38. 교육개발부, '북한이해 2016', 통일부 통일교육원, 2015. 12., 126P

39. 조홍용, '북한 지상전력 개편의 의미와 우리 군의 대응 정책, 국방정책연구 제29권 제3호', 국방정책연구원, 2013. 10., 35P

40. 박병광, 세종연구소, '중국 우주개발의 의미와 영향(국가전략 2006년 12권 2호)', 2006. 6. 1., 36P

41. 정용덕, 김근세, '북한 사회주의 국가의 기능과 기구', 한국행정연구원, 2002. 9., 155P

42. 공동필진, '김정은 건강 이상설에 대한 진실', 월간조선, 2014. 11. 1., 65P

43. 연구 개발부, '북한이해 2016', 통일부 통일교육원, 2015. 12., 189P

44. 한민구, '국방백서 2014', 대한민국 국방부, 2014. 12., 270P

45. 정성임, '남북 군사회담의 제약요인과 가능조건', 국가전략 제21권 2호 2015년 여름(통권 제72호), 세종연구소, 2015. 6. 1., 80P

46. 정용수, "한민구 '북한 실제 국방비 11조5,000억'", 중앙일보, 2016.5.5., http://news.joins.com/article/19984520[Accessed on May 9, 2016]

47. Wikipedia contributors, 'North Korean Famine(북한기근)', Wikipedia, The Free Encyclopedia, 19 April 2016, 23:40 UTC, 〈https://en.wikipedia.org/w/index.php?title=North_Korean_famine&oldid=716111352〉[Accessed 29 April, 2016]

48. 유민호, '급물살 타기 시작한 日北修交', 조선일보, 2014.5.1., 273-274P

49. 최진욱 통일연구원장, '북일 스톡홀름 합의와 동북아정세', 통일부 통일연구원, 2014.9., 5P

50. Wikipedia contributors, 'Ryongchon disaster(룡천열차폭발사고)', Wikipedia, The Free Encyclopedia, 10 June 2015, 07:29 UTC, 〈https://en.wikipedia.org/w/index.php?title=Ryongchon_disaster&oldid=666304697〉[Accessed 25 May, 2016]

51. 안용현, 김명성, "안보리 제재 교란 노렸나… '협상' 언급한 北", 조선일보, 2016.4.5., http://premium.chosun.com/site/data/html_dir/2016/04/05/2016040500745.html

52. 이부형, 이해정, 이용화, '북한 농업개혁이 북한 GDP에 미치는 영향', 현대경제연구원, 2014.9.24., 2P

53. 경제통계국 국민소득총괄팀, '남북한의 주요경제지표 비교', 한국은행, https://www.bok.or.kr/portal/main/contents.do?menuNo=20009 1[Accessed on July 18, 2020]

54. 이영종, '북한 중대변화 맞닥뜨릴 20대 국회', 중앙일보, 2016.4.15., https://news.joins.com/article/19892210[Accessed on April 15, 2016]

55. 홍순직, 현대경제연구원, 통일경제, '남북경협부문의 비전과 발전과제', 2015.1., 19P

56. 현대경제연구원, 14-44호(통권595호), '한반도 르네상스 구현을 위한 VIP리포트', 2014.12.8., 1P(요약본)

57. 대변인실, '통일부 주요 기사', 통일부, 2015.11.19., 3-5P

58. Ben Moores, IHS Jane's 360, 'The IHS Balance of Trade 2014 - The Changing Worldwide Defence Market', http://www.janes.com/article/35731/the-ihs-balance-of-trade-2014-the-changing-worldwide-defence-market[Accessed on April 10, 2016]

59. 통계청장 강신욱, '2019 북한의 주요통계 지표', 대한민국 통계청, 2019.12., 122P

60. SHAAN SHAIKH, 'North Korea Tests KN-25 in Salvo Launch', CSIS(the Center for Strategic and International Studies), DECEMBER 2, 2019, https://missilethreat.csis.org/north-korea-tests-kn-25-in-salvo-launch/[Accessed on February 9, 2020]

61. 정은숙, 세종연구소, 정세와 정책(2016년 4월호, 통권 241호), '유엔안보리결의 2270호와 대북 제재 레짐의 미래', 2014. 4. 1., 1-4P

62. VLADIMIR ISACHENKOV, THE ASSOCIATED PRESS, 'Putin seeks to charm, insists Russian economy on the mend', http://www.570news.com/2016/04/14/putin-russian-economy-is-on-the-road-to-recovery/, Apr 14, 2016[Accessed on May 7, 2016]

63. Sipri(Stockholm International Peace Research Institute), SIPRI Yearbook 2019, 'Armaments, Disarmament and International Security', ISBN 978-0-19-187561-8, online, 8P

64. Sipri(Stockholm International Peace Research Institute), SIPRI Yearbook 2019, 'Armaments, Disarmament and International Security', ISBN 978-0-19-187561-8, online, 10P

65. 국방기술품질원, '국방과학기술용어사전', 2011., http://terms.naver.com/entry.nhn?docId=2759273&cid=50307&categoryId=50307

66. 이태규, 일월서각, '군사용어사전', 2012. 5. 10., http://terms.naver.com/entry.nhn?docId=1535648&cid=50307&categoryId=50307

67. 서인호, ㈜신원문화사, 'Basic 고교생을 위한 화학 용어사전', 2002. 9. 30., http://terms.naver.com/entry.nhn?docId=945319&cid=47337&categoryId=47337423

68. 전인명(서울대 정치학과 명예교수), 사단법인한미우호협회(The Korea American Friendship Society), '한미상호방위조약 60주년: 회고와 과제', 2014. 11. 5., 1-6P

69. 박지향 등 4인, 책세상, '해방 전후사의 재인식 2', 2006. 2. 10., 269-270P

70. 유영익(Lew Young Ick), 한국학중앙연구원, "화해와 협력시대의 한국학(Proceedings of the Congress of Korean Studies) 중 '한미동맹 성립의 역사적 의의-1953년 이승만 대통령의 한미상호방위조약 체결을 중심으로'", 2005., 243P

71. 한국사편찬위원회, 대한민국정부, '러시아연방대통령문서보관소 문서군 45', http://db.history.go.kr/item/level.do?levelId=fs_011_0030_0190[Accessed on October 15, 2016], 목록 1, 문서철 334, 55P, 사본

72. 한국사편찬위원회, 대한민국정부, '러시아연방대통령문서보관소 문서군 45', http://db.history.go.kr/item/level.do?levelId=fs_011_0030_0190[Accessed on October 15, 2016], 목록 1, 문서철 346, 76P, 사본

73. 예영준, 중앙일보, '중국이 남중국해에 그은 구단선, 역사적 근거 인정 못받아', http://news.joins.com/article/20298941[Accessed on October 16, 2016]

74. 본 저서의 저자 '제2차 세계대전 전사 비율' 참조

75. 민경현, 성균관대학교 대동문화연구원, '특집: 수교와 교섭의 시기 한러 관계: 19세기 후반 러시아의 조선정책과 조러수호통상조약', 2008., 69-70P

76. 통일연구원 북핵대응 T/F팀, 통일연구원, '통일나침반 16-05', 사드 배치 결정 이후 한반도 정세 및 대응 방안, 2016.8., 9P

77. 조상언 사무관(외교부/양자경제진흥과), 청와대 홈페이지, '한-러시아 정상회담', 2016.9.4., 1P

78. REUTERS, The New York Times, 'Japan's PM Abe Meets Trump, Says Confident Can Build Trust[Accessed on November 23, 2016]', NOV. 18, 2016, 12:03 A.M. E.S.T., s ASIA PACIFIC

79. 최몽룡, 국사편찬위원회, '신편한국사4 II-고조선', 2002.12.30., 58P

80. 최몽룡, 국사편찬위원회, '신편한국사4 II-고조선', 2002.12.30., 114P

81. 이재외 5인, 교학연구사, '한민족전쟁사총론', 1999.2.30., 41P

82. 한국콘텐츠진흥원, '현도성(玄菟城)전투', 대한민국정부 문화체육관광부, <http://www.culturecontent.com/content/contentView.do?search_div=CP_THE&search_div_id=CP_THE009&cp_code=cp0208&index_id=cp02081436&content_id=cp020814360001&print=Y>[Accessed 6 July, 2016]

83. 이윤수, ㈜책으로 보는 세상, '다시 읽는 삼국사', 2014.1.20., 147P

84. 김부식(1145), <본기 권3 내물 이사금>.《삼국사기》'

85. 이재외 5인, 교학연구사, '한민족전쟁사총론', 1999.2.30., 144-149P

86. - 이규철, <1419년 대마도 정벌의 의도와 성과>,《역사와 현실》(74호)', 한국역사연구회, 423P - 태조실록(1413) 4권, 태조 2년 11월 28일 기사 3번째 기사,《조선왕조실록》<태조강헌대왕조실록 2년 11월 28일 세 번째 기사> - 태조실록(1413) 5권, 태조 3년 3월 17일 병진 1번째 기사 - 태조실록(1413) 6권, 태조 3년 8월 15일 임오 3번째 기사 - 태조실록(1413) 9권, 태조 5년 6월 18일 갑진 1번째 기사 - 태조실록(1413) 10권, 태조 5년 8월 9일 갑오 3번째 기사 - 태조실록(1413) 10권, 태조 5년 10월 27일 신해 1번째 기사 -《세종실록》,<元年(1419年) 六月 九日>

87. Wikipedia contributors, 'Japanese invasions of Korea(1592-98)', Wikipedia, The Free Encyclopedia, 20 July 2016, 08:18 UTC, <https://en.wikipedia.org/w/index.php?title=Japanese_invasions_of_Korea_(1592%E2%80%9398)&oldid=730630511>[Accessed 23 July, 2016]

88. 위키백과 기여자, '임진왜란', 위키백과, 2016.6.29., 04:02 UTC, <https://ko.wikipedia.org/w/index.php?title=%EC%9E%84%EC%A7%84%EC%99%9C%EB%9E%80&oldid=16792437>[Accessed 23 July, 2016]

89. 위키백과 기여자, '정묘호란', 위키백과, 2016.6.1. 06:45 UTC, 〈https://ko.wikipedia.org/w/index.php?title=%EC%A0%95%EB%AC%98%ED%98%B8%EB%9E%80&oldid=16714504〉[Accessed 23 July, 2016]

90. 위키백과 기여자, '정묘호란', 위키백과, 2016.6.19일, 06:45 UTC, 〈https://ko.wikipedia.org/w/index.php?title=%EC%A0%95%EB%AC%98%ED%98%B8%EB%9E%80&oldid=16714504〉[Accessed 23 July, 2016]

91. 위키백과 기여자, '병자호란', 위키백과, 2016.6.19., 06:30 UTC, 〈https://ko.wikipedia.org/w/index.php?title=%EB%B3%91%EC%9E%90%ED%98%B8%EB%9E%80&oldid=16714431〉[Accessed 23 July, 2016]

92. 위키백과 기여자, '홍경래의 난', 위키백과, 2016.7.6., 22:39 UTC, 〈https://ko.wikipedia.org/w/index.php?title=%ED%99%8D%EA%B2%BD%EB%9E%98%EC%9D%98_%EB%82%9C&oldid=16847072〉[Accessed 24 July, 2016]

93. Wikipedia contributors, 'Donghak Peasant Revolution', Wikipedia, The Free Encyclopedia, 13 June 2016, 12:59 UTC, 〈https://en.wikipedia.org/w/index.php?title=Donghak_Peasant_Revolution&oldid=725081599〉[Accessed 24 July, 2016

94. Wikipedia contributors, 'Donghak Peasant Revolution', Wikipedia, The Free Encyclopedia, 13 June 2016, 12:59 UTC, 〈https://en.wikipedia.org/w/index.php?title=Donghak_Peasant_Revolution&oldid=725081599〉[Accessed 24 July, 2016

95. Wikipedia contributors, 'Donghak Peasant Revolution', Wikipedia, The Free Encyclopedia, 13 June 2016, 12:59 UTC, 〈https://en.wikipedia.org/w/index.php?title=Donghak_Peasant_Revolution&oldid=725081599〉[Accessed 24 July, 2016

96. 위키백과 기여자, '봉오동 전투', 위키백과, 2016.4.5., 03:56 UTC, 〈https://ko.wikipedia.org/w/index.php?title=%EB%B4%89%EC%98%A4%EB%8F%99_%EC%A0%84%ED%88%AC&oldid=16138584〉[Accessed 28 July, 2016]

97. 윤병석, 《간도역사의 연구》(국학자료원, 2006)', 74P

98. Wikipedia contributors, 'Battle of Fengwudong', Wikipedia, The Free Encyclope₩-dia, 1 July 2015, 08:41 UTC, 〈https://en.wikipedia.org/w/index.php?title=Battle_of_Fengwudong&oldid=669453174〉[Accessed 28 July, 2016]

99. 박은식, 《한국독립운동지혈사》(소명출판, 2008)', 393P

100. 위키백과 기여자, '청산리 전투', 위키백과, 2016.6.6., 13:03 UTC, 〈https://ko.wiki₩-pedia.org/w/index.php?title=%EC%B2%AD%EC%82%B0%EB%A6%AC_%EC%A0%84%ED%88%AC&oldid=16534050〉[Accessed 28 July, 2016]

101. 위키백과 기여자, '청산리 전투', 위키백과, 2016.6.6., 13:03 UTC, 〈https://ko.wiki₩-pedia.org/w/index.php?title=%EC%B2%AD%EC%82%B0%EB%A6%AC_%EC%A0%84%ED%88%AC&ol-

핵이라는 이름의 청구서

did=16534050>[Accessed 28 July, 2016]

102. 위키백과 기여자, '청산리 전투', 위키백과, 2016.6.6., 13:03 UTC, <https://ko.wiki₩-pedia.org/w/index.php?title=%EC%B2%AD%EC%82%B0%EB%A6%AC_%EC%A0%84%ED%88%AC&oldid=16534050>[Accessed 28 July, 2016]

103. 박영선, 국가보훈처, '쌍성보전투', http://www.mpva.go.kr/intro/intro_board_view.asp?ID=17662&jicode=52[Accessed 29 July, 2016]

104. Wikipedia contributors, 'Korean War', Wikipedia, The Free Encyclopedia, 30 July 2016, 01:31 UTC, <https://en.wikipedia.org/w/index.php?title=Korean_War&ol₩-did=732160533>[Accessed 31 July, 2016]

105. Wikipedia contributors, 'Korean War', Wikipedia, The Free Encyclopedia, 30 July 2016, 01:31 UTC, <https://en.wikipedia.org/w/index.php?title=Korean_War&ol₩-did=732160533>[Accessed 31 July, 2016]

106. 국방부 군사편찬연구소, '<알아봅시다!> 6·25전쟁사(3권)', 2005., 144P

107. 최용호, 국방부 군사편찬연구소, '한권으로 읽는 베트남 전쟁과 한국군', 2004., 125-210P

108. 박태균, 인하대 한국학연구소, "한국학연구 제29집중 '베트남전쟁과 베트남에 파병한 아시아 국가들의 정치적 변화'", 2013.2.15., 594-595P

109. 위키백과 기여자, '제1연평해전', 위키백과, 2016.7.24., 11:15 UTC, <https://ko.wiki₩-pedia.org/w/index.php?title=%EC%A0%9C1%EC%97%B0%ED%8F%89%ED%95%B 4%EC%A0%84&oldid=16965576>[Accessed 31 July, 2016]-영어판은 부상자 오류 기재, 인용 제외

110. 김진호, '군인 김진호', 2014. 출판사초록문

111. Wikipedia contributors, 'Second Battle of Yeonpyeong', Wikipedia, The Free Encyclopedia, 28 April 2016, 04:58 UTC, <https://en.wikipedia.org/w/index.php?title=Second_Battle_of_Yeonpyeong&oldid=717512735>[Accessed 31 July, 2016]

112. 유용원, 'TNT 1000t 이하 소규모 폭발… 핵실험치곤 위력 약해', 조선일보, 2006.10.9., https://news.chosun.com/site/data/html_dir/2006/10/09/2006100960760.html[Accessed on April 10, 2015]

113. 뉴스한국닷컴, '북 핵미사일이 서울에 떨어진다면 ②', newshankuk.com, 2013.4.9., http://www.newshankuk.com/news/content.asp?fs=8&ss=54&news_idx=201304051438341334

114. 국방홍보원, '히로시마, 나가사키 원폭투하로 본 지금의 핵폭탄', 국방부, 2016.8.19., http://www.dema.mil.kr/[Accessed on August 21, 2016]

115. 벨라루스, '우리 나라 위도, 경도를 거리로 환산해 보자', http://m.blog.naver.com/njinka/220070035851, 밤은 천 개의 눈물[Accessed on December 24, 2016]

116. 김정봉 등 6인, '대한민국 안전보장 진단과 대책', 여의도연구원/한국융합안보연구원, 2016.9.22., 16P

117. Wikipedia contributors, 'Atomic bombings of Hiroshima and Nagasaki', Wikipedia, The Free Encyclopedia, 10 February 2020, 20:40 UTC, 〈https://en.wikipedia.org/w/index.php?title=Atomic_bombings_of_Hiroshima_and_Nagasaki&oldid=940149462〉[Accessed 20 February, 2020]

118. Wikimedia Commons contributors, 'File: Sedan Plowshare Crater.jpg', Wikimedia Commons, the free media repository, 14 August 2019, 07:51 UTC, 〈https://commons.wikimedia.org/w/index.php?title=File:Sedan_Plowshare_Crater.jpg&oldid=362005658〉[Accessed 23 February , 2020]

119. Melvin W. Carter and the others, 'The Containment of Underground Nuclear Explosions', Congress of the United States, Office of Technology Assessment, October, 1989, 36-37P

120. H. L. Cannon, M. E. Strobell, C. A. Bush, and J. M. Bowles, 'Effects of Nuclear and Conventional Chemical Explosions on Vegetation', UNITED STATES DEPARTMENT OF THE INTERIOR, 1983, 100P

121. Mark A. Bucknam, 'STRATEGIC PRIMER: 2019 Nuclear Weapons Modernization', AFPC(American Foreign Policy Council), 2019 Winter, 18P

122. Michael J. Frankel, James Scouras, George W. Ullrich, 'THE UNCERTAIN CONSEQUENCES OF NUCLEAR WEAPONS USE', The Johns Hopkins University Applied Physics Laboratory LLC., 2015, 6P

123. Michael J. Frankel, James Scouras, George W. Ullrich, 'THE UNCERTAIN CONSEQUENCES OF NUCLEAR WEAPONS USE', The Johns Hopkins University Applied Physics Laboratory LLC., 2015, 6P

124. 저자 본인 연구 자료로 저작물 보호 기록

125. 위키백과 기여자, '메가톤', 위키백과, 2013.7.11., 09:38 UTC, 〈https://ko.wikipedia.org/w/index.php?title=%EB%A9%94%EA%B0%80%ED%86%A4&oldid=11128040〉[Accessed on January 15, 2017] or Cooper, Paul. Explosives Engineering, New York: Wiley-VCH, 1996, 406P

126. Robert E. Rasmussen, 'THE WRONG TARGET : THE PROBLEM OF MISTARGETING RESULTING IN FRATRICIDE AND CIVILIAN CASUALTIES', Joint Forces Staff College, Joint Advanced Warfighting School, June 15, 2007, 6P

127. 이효준 특파원, '미군 정밀유도폭탄 10발중 1발은 오폭', 중앙일보, 2003.4.2., http://

핵이라는 이름의 청구서

news.joins.com/article/1462159[Accessed on January 2, 2017]

128. 저자 본인 연구 자료로 저작물 보호 기록

129. 저자 본인 연구 자료로 저작물 보호 기록

130. 저자 본인 연구 자료로 저작물 보호 기록

131. 서울신문, '후쿠시마 방사선 히로시마 원폭 29개분', 서울신문, 2011.8.13., http://han-game.seoul.co.kr/news/newsView.php?id=20110813011024&date=2011-08-13[Accessed on May 5, 2017]

132. 저자 본인 연구 자료로 저작물 보호 기록

133. 홍성주, '과학기술정책, 과학기술 정책사', 과학기술정책연구원, 2012.6., 149-155P

134. David McNeill, 'Why the Fukushima disaster is worse than Chernobyl', The Independent, Sunday 28 August 2011, http://www.independent.co.uk/news/world/asia/why-the-fukushima-disaster-is-worse-than-chernobyl-2345542.html[Accessed on March 13, 2017]

135. Yuka Obayashi and Tim Kelly, 'Japan nearly doubles Fukushima disaster-related cost to $188 billion', REUTERS, http://www.reuters.com/article/us-tepco-fukushi₩-ma-costs-idUSKBN13Y047, December 9, 2016[Accessed on March 15, 2017]

136. WHO, '1986-2016: CHERNOBYL at 30', WHO(World Health Organization), April 25, 2016, 1-7P

137. JTBC, "'후쿠시마 원전사고' 관련 사망자만 1,368명…1년 새 136명↑", JTBC, 2016.3.6., http://news.jtbc.joins.com/article/article.aspx?news_id=NB11186984[Accessed on March 16, 2017]

138. WHO, '1986-2016: CHERNOBYL at 30', WHO(World Health Organization), April 25, 2016, 1-7P

139. IAEA(International Atomic Energy Agency), 'Environmental Consequences of the Chernobyl Accident and their Remediation: Twenty Years of Experience', IAEA(In₩-ternational Atomic Energy Agency), ISBN 92-0-114705-8, April, 2006, 2P

140. 저자 본인 연구 자료로 저작물 보호 기록

141. David McNeill, 'Why the Fukushima disaster is worse than Chernobyl', The Inde₩-pendent, Sunday 28 August 2011, http://www.independent.co.uk/news/world/ asia/why-the-fukushima-disaster-is-worse-than-chernobyl-2345542.html[-

Accessed on March 13, 2017]

142. The Director General, 'The Fukushima Daiichi Accident', IAEA (International Atom₩-ic Energy Agency), ISBN 978-92-0-107015-9(set), 2015, 83, 102, 107, 111, 112, 114, 127, 144, 153P

143. IAEA (International Atomic Energy Agency), 'Present and future environmental impact of the Chernobyl accident', IAEA (International Atomic Energy Agency), ISSN 1011-4289, August, 2001, 4, 115, 91-100P

144. IAEA (International Atomic Energy Agency), 'CHERNOBYL: Looking Back to Go Forward', IAEA (International Atomic Energy Agency), ISBN 978-92-0-110807-4, March, 2008, 4, 10, 13, 17, 96P

145. Ministry of Agriculture, Forestry and Fisheries, 'Measures for Reduction of Radionuclide Contamination of Agricultural Produce', Ministry of Japan, April, 2017, 17-19P

146. The FAO and WHO, 'FAQs: Japan nuclear concerns', WHO (World Health Organization), September 2011, https://www.who.int/hac/crises/jpn/faqs/en/index7.html[Accessed on March 1, 2020]

147. 감사원, '감사보고서: 원자력 발전소 안전관리실태', 대한민국 감사원, 2018.6., 100-122P

148. 원자력안전연구소(준) 부산환경연합 환경연합, '고리원전 중대사고 대피 시나리오 기초 연구 발표 기자회견', 원자력안전연구소(준), 2017.3.8., 2-4P

149. 부산광역시, '광역차원 원자력 안전·방재체계 구축연구용역', NEPCI, 2014.3., 86-100P

150. 구동우, "고리원전 주민 대피 5시간 30분 걸려", 다이내믹부산 제1770호, 2017.3.15., http://news.busan.go.kr/snsbusan01/view?dataNo=57772[Accessed on May 28, 2017]

151. 부산광역시, '광역차원 원자력 안전·방재체계 구축연구용역', NEPCI, 2014.3., 87-88P

152. J. Lelieveld, D. Kunkel, and M. G. Lawrence, 'Global risk of radioactive fallout after nuclear reactor accidents', Copernicus Publications on behalf of the European Geosciences Union, November 25, 2011, 31208-31209P

153. 원자력안전위원회, '2016년도 국가 방사능방재 집행계획', 원자력안전위원회, 2015.12.1., 23P

154. 원자력안전위원회, '2017년도 국가 방사능방재 집행계획', 원자력안전위원회, 2016.11.30., 27P

핵이라는 이름의 청구서

155. 원자력안전위원회, '2018년도 국가 방사능방재 집행계획', 원자력안전위원회, 2017.11., 25P

156. Y. Nishiwaki, 'FIFTY YEARS AFTER HIROSHIMA AND NAGASAKI of PORTOROZ 95', IAEA(International Atomic Energy Agency), INIS-XA-C─071, 1996, 21-22P

157. THE INTERNATIONAL NUCLEAR SAFETY ADVISORY GROUP, 'SAFETY SERIES No. 75-INSAG-7', IAEA(INTERNATIONAL ATOMIC ENERGY AGENCY), November 1992, 105P

158. Atomic Heritage Foundation, 'Little Boy and Fat Man', Atomic Heritage Foundation, http://www.atomicheritage.org/history/little-boy-and-fat-man[Accessed on March 18, 2017]

159. THE INTERNATIONAL NUCLEAR SAFETY ADVISORY GROUP, 'SAFETY SERIES No. 75-INSAG-7', IAEA(INTERNATIONAL ATOMIC ENERGY AGENCY), November 1992, 67P

160. Yohannes Hawaz, Tesfaye Kebede, 'Has Hiroshima Bombing Continued?', IOSR Journal, October 2013, 35-36P

161. Masayoshi Yamamoto, Masaharu Hoshib, Kassym Zhumadilovb, Satoru Endoc, Aya Sakaguchid, Tetsuji Imanakae, Yutaka Miyamotof, 'Estimation of close-in fallₓ-out 137Cs deposition level due to the Hiroshima atomic bomb from soil samples under houses built 1-4 years after the explosion from REVISIT THE HIROSHIMA A-BOMB WITH A DATABASE Vol. 2', Research group on Black Rain in Hiroshima, 2010, 1-8P

162. "Hiroshima for Global Peace" Plan Joint Project Committee, 'Hiroshima's Path to Reconstruction', Hiroshima Prefecture Government, March 2015, 9P

163. 위키백과 기여자, '후쿠시마 제1 원자력 발전소 사고', 위키백과, 2017년 3월 13일, 07:00 UTC, 〈https://ko.wikipedia.org/w/index.php?title=%ED%9B%84%EC%BF%A0%EC%8B%9C%EB%A7%88_%EC%A0%9C1_%EC%9B%90%EC%9E%90%EB%A0%A5_%EB%B0%9C%EC%A0%84%EC%86%8C_%EC%82%AC%EA%B3%A0&olₓ-d id=18452089〉[Accessed on March 18, 2017]

164. "Hiroshima for Global Peace" Plan Joint Project Committee, 'Hiroshima's Path to Reconstruction', Hiroshima Prefecture Government, March 2015, 7P

165. 저자 본인 연구 자료로 저작물 보호 기록

166. Masayoshi Yamamoto, Masaharu Hoshib, Kassym Zhumadilovb, Satoru Endoc, Aya Sakaguchid, Tetsuji Imanakae, Yutaka Miyamotof, 'Estimation of close-in fall-out 137Cs deposition level due to the Hiroshima atomic bomb from soil samples under houses built 1-4 years after the explosion from REVISIT THE HIROSHIMA A-BOMB WITH A DATABASE Vol. 2', Research group on Black Rain in Hiroshima,

2010, 1-8P

167. The Director General, 'The Fukushima Daiichi Accident', IAEA(International Atomic Energy Agency), ISBN 978-92-0-107015-9(set), 2015, 144P

168. 대한전기협회, '현대문명의 빛 과 그늘「원자력」', 대한전기협회, 1997.6., 56P

169. 저자 본인 연구 자료로 저작물 보호 기록

170. 김승국, '잘사는 평화를 위한 평화경제론', 한국학술정보(주), 2008.2.20., 297P

171. "Hiroshima for Global Peace" Plan Joint Project Committee, 'Hiroshima's Path to Reconstruction', Hiroshima Prefecture Government, March 2015, 11P

172. 김승국, '잘사는 평화를 위한 평화경제론', 한국학술정보(주), 2008.2.20., 297-299P

173. 정원식, '일본 초고속 경제 성장 엔진 점화-한국전쟁 특수는 신이 내린 부흥의 바람', 주간경향, 2010.7.27., http://weekly.khan.co.kr/khnm.html?mode=view&artid=201007201524281&code=115[Accessed on March 26, 2017]

174. "Hiroshima for Global Peace" Plan Joint Project Committee, 'Hiroshima's Path to Reconstruction', Hiroshima Prefecture Government, March 2015, 14P

175. 한국사회학편, '이숙종 편-한국전쟁과 일본의 경제적 성장(한국전쟁과 한국사회변동 중)', 풀빛, 1992.12.5., 360P

176. "Hiroshima for Global Peace" Plan Joint Project Committee, 'Hiroshima's Path to Reconstruction', Hiroshima Prefecture Government, March 2015, 14P

177. "Hiroshima for Global Peace" Plan Joint Project Committee, 'Hiroshima's Path to Reconstruction', Hiroshima Prefecture Government, March 2015, 16P

178. "Hiroshima for Global Peace" Plan Joint Project Committee, 'Hiroshima's Path to Reconstruction', Hiroshima Prefecture Government, March 2015, 17P

179. ICRC, 'Long-term Health Consequences of Nuclear Weapons 70 Years on Red Cross Hospitals still treat Thousands of Atomic Bomb Survivors', the International Committee of the Red Cross(ICRC), July 2015, 1-3P

180. ICRC, 'Long-term Health Consequences of Nuclear Weapons 70 Years on Red Cross Hospitals still treat Thousands of Atomic Bomb Survivors', the International Committee of the Red Cross(ICRC), July 2015, 1-3P

181. 한국민족문화대백과사전, '한국원폭피해자협회', 한국학중앙연구원, http://encykorea.aks.ac.kr/Contents/Index?contents_id=E0061343[Accessed on March 2, 2017]

182. "Hiroshima for Global Peace" Plan Joint Project Committee, 'Hiroshima's Path to Reconstruction', Hiroshima Prefecture Government, March 2015, 59P

183. THE REPUBLIC OF THE MARSHALL ISLANDS, 'Bikini Atoll NOMINATION FOR INSCRIPTION ON THE WORLD HERITAGE LIST 2010', THE WORLD HERITAGE, January 2009, 54P

184. THE REPUBLIC OF THE MARSHALL ISLANDS, 'Bikini Atoll NOMINATION FOR INSCRIPTION ON THE WORLD HERITAGE LIST 2010', THE WORLD HERITAGE, January 2009, 25P

185. THE REPUBLIC OF THE MARSHALL ISLANDS, 'Bikini Atoll NOMINATION FOR INSCRIPTION ON THE WORLD HERITAGE LIST 2010', THE WORLD HERITAGE, January 2009, 5P

186. GARDINER HARRIS, "At Hiroshima Memorial, Obama Says Nuclear Arms Require 'Moral Revolution'", The New York Times, May 27, 2016[Accessed on April 9, 2017]

187. Michiko Tanaka and Hidetoshi Arioka, Staff Writers, "Summer of President Obama's visit to Hiroshima: Survey of A-bomb survivors' groups across Japan", Hiroshima Peace Media Center, July 31, 2016, http://www.hiroshimapeacemedia.jp/?p=64044&query=apology[Accessed on August 15, 2016]

188. 김영일, 김유정, '일본 헌법 제9조 해석 변경의 배경과 시사점', 국회입법조사처, 2014.7.21., 1-4P

189. Adapted, with permission of 신종호, 2020.7.21.

190. Seoul Tourism Organization(서울관광재단), DDP(동대문디자인플라자) 2015.12.2., https://korean.visitseoul.net/attractions/DDP-%EB%8F%99%E-B%8C%80%EB%AC%B8%EB%94%94%EC%9E%90%EC%9D%B8%ED%94%8C%EB%9D%BC%EC%9E%90_/95[Accessed on August 9, 2020]

191. 조민, '미·일 신(新)밀월시대와 동아시아 국제정세의 향방 : 표류하는 한국, 한반도는 어디로?', KINU(통일연구원), 2015. 5.19., 6-7P

192. 전병곤, '중국의 동북공정과 우리의 대응책', KINU(통일연구원), 2004.12., 9-17P

193. 장용석, '북·중관계의 성격과 중국의 부상에 대한 북한의 인식(통일과 평화 4집 1호)', IPUS(서울대학교 통일평화연구원), 2012, 88-92P

194. 이종석, '중·소의 북한 내정간섭 사례연구-8월 종파사건(세종정책연구 2010년 제6권 2호)', 세종연구소, 2010. 9., 402P

195. 이종석, '중·소의 북한 내정간섭 사례연구-8월 종파사건(세종정책연구 2010년 제6권 2호)', 세종연구소, 2010. 9., 413P

196. 신용하, '독도영유권에 대한 일본 주장은 왜 오류인가?', 독도학회, 1996. 3. 1., 4P

197. 외교부대변인, '외교부 정례 브리핑', 대한민국 정부 외교부, 2017. 4. 13.

198. 대한민국 정부 국방부, '국가지표체계', 대한민국정부 통계청, 2017. 8. 22., http://
    www.index.go.kr/potal/main/EachDtlPageDetail.do?idx_cd=1699[Accessed on
    November 9, 2017, and March 11, 2020]

199. 대한민국 정부 국방부, '국가지표체계(e-나라지표)', 대한민국정부 통계청, 2020. 2. 3.,
    http://www.index.go.kr/potal/main/EachDtlPageDetail.do?idx_cd=1699[Accessed
    on November 9, 2017, and March 11, 2020]

200. 기획재정부, '일자리 우선!, 경제활력 우선! 2017년 나라살림 예산', 대한민국 정부,
    2016. 8. 30., 1P, 기획재정부 대변인, '2020년 예산, 국회 본회의 의결·확정', 기획재정부,
    2019. 12. 10., 2, 12P

201. OECD(2018), Central government spending(indicator). doi: 10.1787/83a23f1b-en(-
    Accessed on February 4, 2018)

202. OECD(2018), Central government spending(indicator). doi: 10.1787/83a23f1b-en(-
    Accessed on February 4, 2018)

203. Mark J. Perry, 'More on Dismal Legacy of Communism in N. Korea', http://www.
    aei.org/publication/more-on-dismal-legacy-of-communism-in-n-korea/, Decem-
    ber 21, 2011, 1P

204. Michelle Ye Hee Lee, "Trump's claim that Korea 'actually used to be a part of
    China'", The Washington Post, April 19, 2017, https://www.washingtonpost.com/
    news/fact-checker/wp/2017/04/19/trumps-claim-that-korea-actually-used-to-be-a-
    part-of-china/?utm_term=.c1f8f337ca1c[Accessed on February 10, 2018]

205. 위키백과 기여자, '중조 우호 협력 상호 원조 조약', 위키백과, 2019년 11월 24일, 02:49
    UTC, 〈https://ko.wikipedia.org/w/index.php?title=%EC%A4%91%EC%A1%B0_%
    EC%9A%B0%ED%98%B8_%ED%98%91%EB%A0%A5_%EC%83%81%ED%98%B8_%
    EC%9B%90%EC%A1%B0_%EC%A1%B0%EC%95%BD&oldid=25252165〉[Accessed
    on March 14, 2020]

206. 통일부대변인실, '통일관련주요기사', 대한민국정부 통일부, 2016. 5. 16., 11P

207. 한국사편찬위원회, 대한민국 정부, '러시아연방대통령문서보관소 문서군 45', http://
    db.history.go.kr/item/level.do?levelId=fs_011_0030_0190 Accessed 2016. 10. 15, 목
    록 1, 문서철 334, 55P, 사본

208. ADST(Association for Diplomatic Studies and Training), 'Paul Nitze and A Walk
    in the Woods—A Failed Attempt at Arms Control', http://adst.org/2016/03/paul-
    nitze-and-a-walk-in-the-woods-a-failed-attempt-at-arms-control/#.WhEiiUpl-Uk[-
    Accessed on November 19, 2017]

핵이라는 이름의 청구서

209. 위키백과 기여자, '중거리 핵전력 조약', 위키백과, 2018.1.21., 03:23 UTC, 〈https://ko.wikipedia.org/w/index.php?title=%EC%A4%91%EA%B1%B0%EB%A6%AC_%ED%95%B5%EC%A0%84%EB%A0%A5_%EC%A1%B0%EC%95%B-D&ol₩-did=20493047〉[Accessed on June 3, 2018]

210. Amy F. Woolf, 'The New START Treaty: Central Limits and Key Provisions', Con₩-gressional Research Service, February 5, 2018, 4P

211. Wikipedia contributors, 'Intermediate-Range Nuclear Forces Treaty', Wikipedia, The Free Encyclopedia, 4 June 2018, 06:09 UTC, 〈https://en.wikipedia.org/w/index.php?title=Intermediate-Range_Nuclear_Forces_Treaty&oldid=844329624〉[-Accessed on June 9, 2018]

212. 저자 본인 연구 자료로 저작물 보호 기록

213. 채인택, '예멘서 1,200㎞ 날아온 미사일, 사우디 패트리엇으로 요격', 중앙일보, 2017.11.18., http://news.joins.com/article/22126679[Accessed on December 3, 2017]

214. 채인택, '예멘서 1,200㎞ 날아온 미사일, 사우디 패트리엇으로 요격', 중앙일보, 2017.11.18., http://news.joins.com/article/22126679[Accessed on December 3, 2017]

215. 김민석, "[김민석의 Mr. 밀리터리] 명중오차 10m, 현무-2C 비밀은 '카나드'와 GPS", 중앙일보, 2017.6.27., http://news.joins.com/article/21702078[Accessed on December 4, 2017]

216. Dan Lamothe, "U.S. Army and South Korean military respond to North Korea's launch with missile exercise", Foreign Policy, 42921, http://foreignpolicy.com/2017/07/05/situation-report-u-s-and-korea-respond-to-north-korean-missile-test-no-good-options-and-a-bit-more/#[Accessed on December 6, 2017]

217. 저자 본인 연구 자료로 저작물 보호 기록

218. 정용수, '북한 핵 대응, 3축 체제로 충분할까', 중앙일보, 2017.9.5., https://news.joins.com/article/21901166[Accessed on March 16, 2020]

219. 정철호, '미국의 동북아 MD정책과 한국의 KAMD 전략 발전방안', 세종연구소, 2013.2.10., 14P

220. Dean A. Wilke nin g, 'A Simple Model for Calculating Ballistic Missile Defense Effectiveness of 1999, Volume 8:2', Science&Global Security, Dec.21, 2007, 203-204P

221. Steven A. Hildreth, 'CRS Report For Congress: Kinetic Energy Kill for Ballistic Missile Defense: A Status Overview', CRS(Congressional Research Service), January 5, 2007, 2P

222. United Nations Scientific Committee on the Effects of Atomic Radiation, 'SOURCES AND EFFECTS OF IONIZING RADIATION of UNSCEAR 1993 Report to the General Assembly', UNITED NATIONS, 1993, 118, 202-203P

223. Gen John P. Jumper(Airforce Chief of Staff), Gen Donald G. Cook(Commander, Air Education and Training Command), Lt Gen Donald A. Lamontagne(Commander, Air University), Col Bobby J. Wilkes(Commander, College of Aerospace, Doctorine, Research and Education), 'Theater Aerospace Defense: Contemporay Options and Historical Experience', The Aerospace Power Journal, Summer 2002, 43P

224. 최현수, '한국형 대량응징보복 KMPR-정밀 타격으로 北 지휘부 무력화', 민주평화통일자문회의, 2016.11., http://webzine.nuac.go.kr/tongil/sub.php?number=1436[Accessed on December 17, 2017]

225. 이종석, '[국정감사] 항공정보단 12월 창설, 정보감시정찰능력 확대', 국방부[국방일보], 2017.10.22., http://kookbang.dema.mil.kr/kookbangWeb/view.do?bbs_id=BBSMSTR_000000000006&ntt_writ_date=20171023&parent_no=2[Accessed on December 20, 2017]

226. 김귀근, '軍, 우리 무인정찰기 대북정보 수집능력 공개', 연합뉴스[국방부], 2014.4.8., http://www.yonhapnews.co.kr/politics/2014/04/08/0521000000AKR20140408165900043.HTML[Accessed on December 20, 2017]

227. 김상윤, "'킬체인' 핵심전력 '타우러스' 미사일 최초 실사격 성공", 국방일보[국방부], 2017.9.14., http://kookbang.dema.mil.kr/kookbangWeb/view.do?bbs_id=BBSMSTR_000000000006&ntt_writ_date=20170914&parent_no=3[Accessed on December 21, 2017]

228. 최현수, '한국형 대량응징보복 KMPR-정밀 타격으로 北 지휘부 무력화', 민주평화통일자문회의, 2016.11., http://webzine.nuac.go.kr/tongil/sub.php?number=1436[Accessed on December 17, 2017]

229. 국가안보실 제2차장, '한미 미사일 지침 개정 관련 김현종 국가안보실 제2차장 브리핑', 대한민국 청와대, 2020.7.28., https://www1.president.go.kr/articles/8951[Accessed on August 10, 2020]

230. 김종대, '눈·귀 없는 한국형 킬체인, 북 도발충동만 키운다', 한겨레신문, 2016.10.14., http://www.hani.co.kr/arti/politics/defense/765785.html[Accessed on December 21, 2017]

231. 최현수, '한국형 대량응징보복 KMPR-정밀 타격으로 北 지휘부 무력화', 민주평화통일자문회의, 2016.11., http://webzine.nuac.go.kr/tongil/sub.php?number=1436[Accessed on December 17, 2017]

232. 이영선, "합참 군사전략·전쟁수행개념 새로 정립'[2017년 국정감사]'" 국방일보[국방부], 2017.10.17., http://kookbang.dema.mil.kr/kookbangWeb/m/view.do?ntt_writ_date=20171017&bbs_id=BBSMSTR_000000000007&parent_no=1[Accessed on

December 23, 2017]

233. 국방부장관, "「'21-'25 국방중기계획」수립-향후 5년간 301조 투입-", 대한민국 국방부, 2020.8.10., 5-6P

234. 국방부장관, '2018 국방백서', 대한민국 국방부, 2018.12.31., 244P

235. 신원식, '북한의 핵·미사일 위협과 우리의 대응', 대한민국국회 입법조사처, 2017.6.13., 12P

236. FRANCIS X. CLINES, "REAGAN DENOUNCES IDEOLOGY OF SOVIET AS 'FOCUS OF EVIL'", The New York Times, March 9, 1983, http://www.nytimes.com/1983/03/09/us/reagan-denounces-ideology-of-soviet-as-focus-of-evil.html[-Accessed on December 23, 2017]

237. DAVID E. SANGER, 'North Koreans Unveil New Plant for Nuclear Us', The New York Times, NOV. 20, 2010, http://query.nytimes.com/gst/fullpage.html?res=9E04E2DF163FF932A15752C1A9669D8B63&pagewanted=all[Accessed on December 30, 2017]

238. Mark Dubowitz, 'Implications of a Nuclear Agreement with Iran-Congressional Testimony', FDD(Foundation for Defense of Democracies), July 23, 2015, 7P

239. Kenneth Katzman, Paul K. Kerr, 'Iran Nuclear Agreement', CRS(Congressional Research Service), September 15, 2017, 28P

240. Washington Post Staff, 'Full text: Obama gives a speech about the Iran nuclear deal', The Washington Post, August 5, 2015, https://www.washingtonpost.com/news/post-politics/wp/2015/08/05/text-obama-gives-a-speech-about-the-iran-nuclear-deal/?utm_term=.d040bf89ef70[Accessed on August 3, 2018]

241. Mark Dubowitz, 'Implications of a Nuclear Agreement with Iran-Congressional Testimony', FDD(Foundation for Defense of Democracies), July 23, 2015, 4P

242. Kenneth Katzman, Paul K. Kerr, 'Iran Nuclear Agreement', CRS(Congressional Research Service), September 15, 2017, 18P

243. Kenneth Katzman, Paul K. Kerr, 'Iran Nuclear Agreement', CRS(Congressional Research Service), September 15, 2017, 19P

244. United Nations Security Council, 'Resolution 2397(2017)', United Nations Security Council, December 22, 2017, 2-6P

245. Choe Sang-Hun, "South Korea's leader credits Trump for North Korea talks", The Boston Globe with the New York Times, JANUARY 11, 2018, https://www.bostonglobe.com/news/world/2018/01/10/south-korea-leader-credits-trump-for-

north-korea-talks/Umd1dqLBjxiR8N3tWZwfEO/story.html[Accessed on January 13, 2018]

246. UNSC, 'Resolution 2087(2013)', United Nations Security Council, January 22, 2013, 1-6P

247. UNSC, 'Resolution 2094(2013)', United Nations Security Council, March 7, 2013, 2-10P

248. UNSC, 'Resolution 2270(2016)', United Nations Security Council, March 2, 2016, 1-19P

249. UNSC, 'Resolution 2321(2016)', United Nations Security Council, November 30, 2016, 1-17P

250. UNSC, 'Resolution 2375(2017)', United Nations Security Council, September 11, 2017, 1-9P

251. UNSC, 'Resolution 2397(2017)', United Nations Security Council, December 22, 2017, 1-11P

252. 서울특별시, '2017년 서울통계연보', 서울특별시, 2017., 246P

253. UNSC, 'Resolution 2397(2017)', United Nations Security Council, December 22, 2017, 2P

254. UNSC, 'Resolution 2397(2017)', United Nations Security Council, December 22, 2017, 2P

255. NCNK, 'North Korea and Banco Delta Asia', The National Committee on North Korea, June 26, 2007., 1P

256. NCNK, 'North Korea and Banco Delta Asia', The National Committee on North Korea, June 26, 2007., 3P

257. 이영종, '갈라파고스 북한 … 국제 제재에 갇혀버린 외딴섬', 중앙일보, 2015.9.13., http://news.joins.com/article/21930452[Accessed on January 20, 2018]

258. Dapartment of State, 'Iran, North Korea, and Syria Nonproliferation Act Sanctions(INKSNA)', The U.S. Department of State, https://www.state.gov/t/isn/inksna/[Accessed on January 21, 2018]

259. GAO, 'NORTH KOREA SANCTIONS', United States Government Accountability Office, May 13, 2015, 7P

핵이라는 이름의 청구서

260. Paul K. Kerr, John Rollins, Catherine A. Theohary, 'The Stuxnet Computer Worm: Harbinger of an Emerging Warfare Capability', Congressional Research Service, December 9, 2010, 5P

261. The U. S. President Donald Trump, 'Statement by the President on the Iran Nuclear Deal', The White House, January 12, 2018, https://www.whitehouse.gov/briefings-statements/statement-president-iran-nuclear-deal/[Accessed on February 15, 2018]

262. 112th Congress, 'NATIONAL DEFENSE AUTHORIZATION ACT FOR FISCAL YEAR 2012', Congress of the United States of America, December 31, 2011, 125 STAT. 1648-1649

263. The U. S. President Barack Obama, 'Background Conference Call on Today's Presidential Determination Regarding the Availability of non-Iranian Oil in the Market', The White House Office of the Press Secretary, June 11, 2012, https://obamawhitehouse.archives.gov/the-press-office/2012/06/11/background-conference-call-todays-presidential-determination-regarding-a[Accessed on February 16, 2018]

264. NITSANA DARSHAN-LEITNER, 'To Stop North Korea, Act Like Israel', The New York Times, December 3, 2017, https://www.nytimes.com/2017/12/03/opinion/to-stop-north-korea-act-like-israel.html[Accessed on December 17, 2017]

265. Philip Rucker, Simon Denyer and David Nakamura, 'North Korea's foreign minister says country seeks only partial sanctions relief', The Washington Post, February 28, 2019, https://www.washingtonpost.com/politics/trump-and-kim-downplay-expectations-as-key-summit-talks-begin/2019/02/28/d77d752c-3ac5-11e9-aaae-69364b2ed137_story.html?utm_term=.2cc3943048df[Accessed on March 3, 2019]

266. Kelsey Davenport, Kingston Reif, 'Nuclear Weapons: Who Has What at a Glance', Arms Control Association, July 2019, https://www.armscontrol.org/factsheets/Nuclearweaponswhohaswhat[Accessed on April 25, 2020]

267. Nils-Olov Bergkvist Ragnhild Ferm, 'Nuclear Explosions 1945-1998', SIPRI(STOCKHOLM INTERNATIONAL PEACE RESEARCH INSTITUTE), IAEA, July 2000, 13P

268. MICHAEL ELLEMAN, 'North Korea's Third ICBM Launch', 38 North, November 29, 2017, https://www.38north.org/2017/11/melleman112917/[Accessed on February 25, 2018]

269. 저자 본인 연구 자료로 저작물 보호 기록

270. Ashley Parker, "Trump says 'talking is not the answer' regarding North Korea", THE WASHINGTON POST, August 30, 2017, https://www.bostonglobe.com/news/nation/2017/08/30/trump-says-talking-not-answer-regarding-north-korea/1GLNtayGEre66LXYRFtcQN/story.html[Accessed on March 1, 2018]

271. Zbigniew Brzezinski, 'Strategic vision: America and the crisis of global power', Basic Books, A Member of the Perseus Books Group, 2012, 40P(e.v)

272. 정재연, '경제·핵무력 건설 병진 노선은 사회주의 강성국가 건설과 조국통일 앞당기는 필승의 보검', 노동신문, 민족일보, 2013.5.3., http://www.minzokilbo.com/politics/4276

273. Owen Cooper, 'A Question of Principle?: John F. Kennedy's Relations with France and Britain Re-examined', University of Sydney, October 2006, 45-46P

274. Bruno Tertrais, 'Security Guarantees and Nuclear Non-Proliferation', Fondation pour la Recherche Stratégique, 2011, 2-3P

275. Wikipedia contributors, 'Taiwan-United States relations', Wikipedia, The Free Encyclopedia, 18 February 2018, 03:58 UTC, 〈https://en.wikipedia.org/w/index.php?title=Taiwan%E2%80%93United_States_relations&oldid=826260169〉[Accessed on March 2, 2018]

276. 저자 본인 연구 자료로 저작물 보호 기록

277. 저자 본인 연구 자료로 저작물 보호 기록

278. 이광석, '원자력정책 Brief Report/2015-4호', 한국원자력연구원, 2015, 13, 20P

279. Duyeon Kim, 'Decoding the U.S.-South Korea Civil Nuclear Cooperation Agreement: From Political Differences to Win-Win Compromises', CSIS(Center for Strategic and International Studies), September 30, 2015, 5P

280. Tadahiro Katsuta, Kazuhisa Koakutsu&Philip White, 'Recent Developments in Nuclear Fusion Research', Nuke Info Tokyo, February 27, 2015, 4P

281. JDI 중국연구센터(정지형, 양자수), '중국의 경제 제재 대응사례 분석(China Issue Brief)', 제주발전연구원(JDI), 2017.4.19., 8-10P

282. Rupert J. Hammond-Chambers President, 'The Trump Administration Announces U.S. Arms Sales to Taiwan(PRESSRELEASE)', the US-Taiwan Business Council, June 29, 2017, 1-2P

283. 권병규, 'WTO 희토류 분쟁 중국 패소', 국제법률신문, 2014.4.7., http://www.internationallawtimes.com/ct_view.php?cate=112&view=2269[Accessed on April 21, 2018]

284. China Team Strategic Joint Staff(Donald A. Neill, Elizabeth Speed), 'The Strategic Implications of China's Dominance of the Global Rare Earth Elements(REE) Market', Defence R&D Canada Centre for Operational Research and Analysis, September 2012, 32-34P

핵이라는 이름의 청구서

285. China Team Strategic Joint Staff(Donald A. Neill, Elizabeth Speed), 'The Strategic Implications of China's Dominance of the Global Rare Earth Elements(REE) Market', Defence R&D Canada Centre for Operational Research and Analysis, September 2012, 32-34P

286. Argus consulting services, 'Argus Rare Earths Monthly Outlook(Issue 17-9 Wednesday 6 September 2017)', Argus Media group, September 6, 2017, 9P

287. Argus consulting services, 'Argus Rare Earths Monthly Outlook(Issue 17-9 Wednesday 6 September 2017)', Argus Media group, September 6, 2017, 10P

288. Emma Chanlett-Avery, Mary Beth Nikitin, 'Japan's Nuclear Future: Policy Debate, Prospects, and U.S. Interests', CRS(Congressional Research Service), February 19, 2009, 4P

289. Gene Gerzhoy and Nicholas Miller, 'Donald Trump thinks more countries should have nuclear weapons. Here's what the research says', The Washington Post, April 6, 2016, https://www.washingtonpost.com/news/monkey-cage/wp/2016/04/06/should-more-countries-have-nuclear-weapons-donald-trump-thinks-so/?utm_term=.1983086d30df[Accessed on April 1, 2018]

290. 서균렬, '한국·일본의 핵무장 시나리오 ⋯ 동북아 방아쇠 쥔 김정은', mediapen, 2016.12.3., http://www.mediapen.com/news/view/211919[Accessed on April 1, 2018]

291. 이광석, '원자력정책 Brief Report/2015-4호', 한국원자력연구원, 2015, 31P

292. 저자 본인 연구 자료로 저작물 보호 기록

293. 저자 본인 연구 자료로 저작물 보호 기록

294. 저자 본인 연구 자료로 저작물 보호 기록

295. 저자 본인 연구 자료로 저작물 보호 기록

296. Bela Balassa, 'The Theory of Economic Integration', Routledge, 2013, 2P

297. 김광수, '군사연구-군사학 학문체계 고찰', 육군군사연구소, 2012.8.17., 396P

298. Tim Gebhart, 'Book Review: X-Events: The Collapse of Everything by John Casti', http://blogcritics.org/book-review-x-events-the-collapse/, June 10, 2012[Accessed on March 12, 2017]

299. 신동립, '북한의 수소폭탄과 세계멸망', NEWSIS.COM, 2016.12.28., file:///C:/Users/samsung/Downloads/NISX20160111_0013830351.pdf[Accessed on March 12, 2017]

300. UNROCA, 'Categories of major conventional arms', the U.N., https://www.unroca.org/categories[Accessed on March 31, 2019]

301. 정경두, '국방백서 2018', 대한민국 국방부, 2018.12.31., 204-244P

302. 한국은행, '남북한의 주요 경제지표 비교', 한국은행, 2019., https://www.bok.or.kr/portal/main/contents.do?menuNo=200090[Accessed on September 9, 2020]

303. DOS of the U.S., 'Sources, data and methods of WMEAT 2019', Department of Defense, U.S.A, December 2019., 1-3P&appendix1-2

304. DOS of the U.S., 'Sources, data and methods of WMEAT 2018', Department of Defense, U.S.A, December 2018., 1-3P&appendix 1-2

305. DOS of the U.S., 'Sources, data and methods of WMEAT 2018', Department of Defense, U.S.A, December 2018., 1-3P&appendix 1-2

306. 배준식, 김영일, '국방비의 경제연관성분석-국회이슈브리핑 9호', 국회예산처, 2005.11.1., 1-2P

307. 최진기, '지금 당장 경제학', 스마트북스, 2017.3.20., 395-397P

308. 배준식, 김영일, '국방비의 경제연관성분석-국회이슈브리핑 9호', 국회예산처, 2005.11.1., 1-2P

309. 배준식, 김영일, '국방비의 경제연관성분석-국회이슈브리핑 9호', 국회예산처, 2005.11.1., 31P

310. 박승준, 권오성, '패널 연립방정식 모형을 이용한 OECD 국가의 국방비 및 사회복지·보건비 결정요인과 상충관계 분석', 한국국제경제학회, 2016.10.30., 20-25P

311. 박승준, 권오성, '패널 연립방정식 모형을 이용한 OECD 국가의 국방비 및 사회복지·보건비 결정요인과 상충관계 분석', 한국국제경제학회, 2016.10.30., 28P

312. 염명배, 김진, '외국의 중기재정계획 내용구성 비교 및 시사점 연구', 기획재정부, 한국재정학회, 2012.11.22., 92P

313. 백재옥 등 10명, '2018~2022 국가재정운용계획:국방분야', 한국국방연구원, 2018.11., 7P

314. 국방 분과위원회, '2018~2022 국가재정운용계획(국방분야보고서)', 한국개발연구원, 2018.11., 22P

315. 재정전략과, '2018~2022 국가재정운용계획', 기획재정부, 2018.8., 25, 167P

핵이라는 이름의 청구서

316. 국방 분과위원회, '2018~2022 국가재정운용계획(국방분야보고서)', 한국개발연구원, 2018.11., 19P

317. 김동연, '내 삶의 플러스, 2019년 활력예산안', 기획재정부, 2018.8., 82P

318. 백재옥 등 10명, '2018~2022 국가재정운용계획:국방분야', 한국국방연구원, 2018.11., 68-69P

319. 김승수, '자주국방 역사의 산중인, 레이더·로봇·무인화 등 연구 개발 가속도', 중앙일보, https://news.joins.com/article/23438747[Accessed on April 12, 2019]

320. 김동연, '내 삶의 플러스, 2019년 활력예산안', 기획재정부, 2018.8., 84P

321. KOTRA, 'Overseas Trade of North Korea in 2010', KOTRA(Korea Trade-Investment Promotion Agency), July 2011, 4P

322. KOTRA, 'Overseas Trade of North Korea in 2017', KOTRA(Korea Trade-Investment Promotion Agency), July 2018, 3P

323. 이재호, 김상기, 'UN 대북경제제재의 효과 분석: 결의안 1874호를 중심으로', 한국경제연구원(KDI), 2011.12.31., 44-53P

324. 최장호, 임수호, 이정균, 임소정, '북한 주변국의 대북제재와 무역대체 효과', 대외경제정책연구원(KIEP), 2016.12.30., 61-66P

325. 전은주, '이란 핵 협상의 주요 내용 및 시사점[원자력정책 Brief Report/2015-2호]', KAERI(Korea Atomic Energy Research Institute), 2015.9.18., 1-16P

326. 채인택, '이란 경제 옥죄지만 세계 경제도 휘청, 석유수출 금지', 중앙일보, 2019.5.8., https://news.joins.com/article/23460969[Accessed on May 8, 2019]

327. Secretary General, 'OPEC Annual Statistical Bulletin', OPEC, Vienna, 2018, 20P and its Exel Table 2.5

328. Amnesty International, 'THEY SHOT OUR CHILDREN' KILLINGS OF MINORS IN IRAN'S 2019 NOVEMBER PROTESTS', Amnesty International Ltd, March 2020, 4P

329. Jon Gambrell, 'Iran says protesters attacked hundreds of banks, blaming US', The Washingtonpost, November 27, 2019., https://www.washingtonpost.com/world/middle_east/iran-official-says-over-7000-people-arrested-in-protests/2019/11/27/eb62459e-10e5-11ea-924c-b34d09bbc948_story.html[Accessed on December 1, 2019]

330. 임수호, 양문수, 이정균, '북한 외화획득사업 운영 메커니즘 분석: 광물부문(석탄·철광석)을 중심으로', 대외경제정책연구원, 2017.12.27., 143-145P

331. 이철호, '외통수에 몰린 김정은 … 북한 경제 뿌리째 흔들린다.', 중앙일보, 2019. 4. 11., https://news.joins.com/article/23437644[Accessed on May 8, 2019]

332. 한국석유공사, '서울시 석유류 소비량(구별) 통계', 서울특별시, 2015. 11. 30., http://data.seoul.go.kr/dataList/datasetView.do?infId=10789&srvType=S&serviceKind=2[Accessed on May 8, 2019]

333. 김병연, 'KDI 북한경제리뷰, 최근 북한경제의 동향 및 나아가야 할 방향', KDI, 2018. 1., 5-6P

334. ① 김인준, 이영섭, '국제경제론 제7판', 다산출판사, 2013. 8. 30., 424-425P, ② 남종현, 이홍식, '국제무역론', 경문사, 2018. 8. 25., 294-298P

335. 이수영, 정철, 금혜윤, '최근 한국의 수출부진과 회복: 구조적 원인과 특징', 대외경제정책연구원(KIEP), 2017. 4. 5., 7p

336. 이수영, 정철, 금혜윤, '최근 한국의 수출부진과 회복: 구조적 원인과 특징', 대외경제정책연구원(KIEP), 2017. 4. 5., 7-10P

337. 이수영, 정철, 금혜윤, '최근 한국의 수출부진과 회복: 구조적 원인과 특징', 대외경제정책연구원(KIEP), 2017. 4. 5., 7-10P

338. 최남석, '한·이란 경제협력의 경제적 효과와 한국 기업의 대응방안', 한국경제연구원(KERI), 2016. 7. 28., 30-31P

339. 이새누리, '김 빠지는 트럼프 효과, 신흥국서 발 빼는 외국인', 중앙일보, 2017. 04. 12.,[Accessed on June 2, 2019]

340. Caldara, Dario and Matteo Iacoviello(2018). Measuring Geopolitical Risk. International Finance Discussion Papers 1222. 4P

341. Caldara, Dario and Matteo Iacoviello(2018). Measuring Geopolitical Risk. International Finance Discussion Papers 1222. 7P

342. Caldara, Dario and Matteo Iacoviello(2018). Measuring Geopolitical Risk. International Finance Discussion Papers 1222. 25P

343. Caldara, Dario and Matteo Iacoviello(2018). Measuring Geopolitical Risk. International Finance Discussion Papers 1222. 33P

344. Caldara, Dario and Matteo Iacoviello(2018). Measuring Geopolitical Risk. International Finance Discussion Papers 1222. 34P

345. Caldara, Dario and Matteo Iacoviello(2018). Measuring Geopolitical Risk. International Finance Discussion Papers 1222. 26P

핵이라는 이름의 청구서

346. 이신철, "'글로벌 왕따' 코스피, 펀드도 해외주식 담아야 승자", 이투데이, 2019. 12. 10. [Accessed on December 10, 2019]

347. 박성현, '한반도 지정학적 리스크 진단과 대응전략', 삼성증권, 2017. 8. 30., 1-4P, Adapted from Park Sung Hyun, with Permission of 리서치센타 〈research@samsung.com〉 20. 8. 6.

348. Caldara, Dario and Matteo Iacoviello(2018). Measuring Geopolitical Risk. International Finance Discussion Papers 1222. 37, 42P

349. 김병륜, '위성 개발 가장한 장거리 탄도미사일 발사가 본질', 국방부(국방일보), 2012. 12. 13., http://kookbang.dema.mil.kr/newsWeb/20121213/4/BBSMSTR_000000010026/view.do[Accessed on June 10, 2019]

350. GAO, 'NUCLEAR WEAPONS SUSTAINMENT', United States Government Accountability Office, July 2017., 15P

351. INSS, '김정은 집권 5년 실정(失政) 백서', 국가안보전략연구원(INSS), 2016. 12., 129-130P

352. OFFICE OF THE SECRETARY OF DEFENSE, 'NUCLEAR POSTURE REVIEW', Department of Defense, February 2018., 52P

353. OFFICE OF THE SECRETARY OF DEFENSE, 'NUCLEAR POSTURE REVIEW', Department of Defense, February 2018., 51-52P

354. 사회경제분석팀, '북한의 연간예산', 통일부, http://nkinfo.unikorea.go.kr/nkp/overview/nkOverview.do?sumryMenuId=EC208[Accessed on June 25, 2019]

355. 정치군사분석팀, '북한의 연간 군사 예산', 통일부, http://nkinfo.unikorea.go.kr/nkp/overview/nkOverview.do?sumryMenuId=MR112[Accessed on June 25, 2019]

356. GAO staffs enlisted, 'NUCLEAR WEAPONS SUSTAINMENT', United States Government Accountability Office, July 2017., 12P

357. 산재예방정책과, '2017年 産業災害 現況分析', 고용노동부, 2018. 12., 9P

358. 윤희훈, '北 핵무기 폐기에만 6조원…천문학적 비용 누가 낼까', 조선일보, 2018. 5. 21., http://news.chosun.com/site/data/html_dir/2018/05/17/2018051702305.html[Accessed on June 30, 2019]

359. Wikipedia contributors, 'Production-possibility frontier', Wikipedia, The Free Encyclopedia, 25 June 2019, 14:20 UTC, 〈https://en.wikipedia.org/w/index.php?title=Production%E2%80%93possibility_frontier&oldid=903405762〉[Accessed on July 7, 2019]

360. 문종열, ‘예산현안분석 제13호-경수로사업청산과 시사점’, 대한민국국회 예산정책처, 2007.8., 29P

361. 문종열, ‘예산현안분석 제13호-경수로사업청산과 시사점’, 대한민국국회 예산정책처, 2007.8., 29P

362. Wikipedia contributors, ‘Marginal cost’, Wikipedia, The Free Encyclopedia, 23 April 2019, 19:50 UTC, 〈https://en.wikipedia.org/w/index.php?title=Marginal_cost&oldid=893821635〉[Accessed on July 7, 2019]

363. 이승렬, ‘이슈와 논점-북한경제의 현황과 2019년 전망’, 국회입법조사처, 2019.1.31., 2-3P

364. 이승렬, ‘이슈와 논점-북한경제의 현황과 2019년 전망’, 국회입법조사처, 2019.1.31., 3-4P

365. 고일동, ‘북한의 무역구조분석과 남북경협에 대한 시사점’, 한국개발연구원(KDI), 2018.12.31., 274-275P

366. 정형곤, 김병연, 이재완, 방호경, 홍이경, ‘체제전환국의 경제성장 요인 분석: 북한 경제개혁에 대한 함의’, 대외경제정책연구원(KIEP), 2014.11.28., 103-110P

367. 박세훈, 이백진, 김승종, 강호제, 박미선, ‘국토·인프라 분야 베트남 개혁모델의 특징과 남북협력 시사점’, 국토연구원(KRIHS), 2019.3.8., 11P

368. 장형수, ‘북한의 경제 성장, IMF 가입이 결정한다’, 중앙일보, 2019.2.8., https://news.joins.com/article/23353031[Accessed on February 8, 2019]

369. NARA, ‘Vietnam War U.S. Military Fatal Casualty Statistic’, The National Archives and Records Administration, January 2018, https://www.archives.gov/research/military/vietnam-war/casualty-statistics#category[Accessed on July 11, 2019]

370. Wikipedia contributors, ‘Vietnam War’, Wikipedia, The Free Encyclopedia, 13 July 2019, 20:56 UTC, 〈https://en.wikipedia.org/w/index.php?title=Vietnam_War&oldid=906129562〉[Accessed on July 14, 2019]

371. HAN Zhen1 ZHANG Chunman, ‘World Economics and Politics’, China Academic Journals (CD Edition) Electronic Publishing House Co, February 2016, http://jtp.cnki.net/bilingual/detail/html/SJJZ201602007[Accessed on July 11, 2019]

372. Alex Wellerstein, ‘Nuke Map’, the College of Arts and Letters, Stevens Institute of Technology, 2012, https://nuclearsecrecy.com/nukemap/[Accessed on July 30, 2019]

373. Bill Rankin, ‘State high court decides the worth of a pet dog’, The Atlanta Journal-Constitution, June 06, 2016, www.ajc.com/news/local/state-high-court-decides-the-worth-pet-dog/CchBCQ8VwUO6UHvXynsh0M/[Accessed on July 30, 2019]

핵이라는 이름의 청구서

374. 소방교육훈련발전위원회, '2015년도 전문교육-화재조사요원양성과정Ⅲ', 중앙소방학교(National Fire Service Academy), 2015.3., 10-12P

375. 건축물정책과, '건축물생애이력관리시스템', 국토교통부, 2018., http://www.blcm.go.kr/stat/customizedStatic/CustomizedStaticSttst.do#[Accessed on August 1~31, 2019]

376. 네이버, '지적 편집도', 네이버.com, map.naver.com[Accessed on August 1~31, 2019]

377. 국토교통부 공공기관 지방이전 추진단, '종전매각대상 12개 기관', 한국자산공사(KAMCO), http://innocity.molit.go.kr/v2/submain.jsp?sidx=80&stype=1[Accessed on August 24, 2019]

378. 저자 연구 노트

379. 소방교육훈련발전위원회, '2015년도 전문교육-화재조사요원양성과정Ⅲ', 중앙소방학교(National Fire Service Academy), 2015.3., 22-25P

380. 소방교육훈련발전위원회, '2015년도 전문교육-화재조사요원양성과정Ⅲ', 중앙소방학교(National Fire Service Academy), 2015.3., 157-158P

381. 건축물정책과, '건축물생애이력관리시스템', 국토교통부, 2018, http://www.blcm.go.kr/stat/customizedStatic/CustomizedStaticSttst.do#[Accessed on September 10, 2019]& 저자 편집

382. 건축물정책과, '건축물생애이력관리시스템', 국토교통부, 2018, http://www.blcm.go.kr/stat/customizedStatic/CustomizedStaticSttst.do#[Accessed on September 10, 2019]

383. 임선영, "축구장 70개 크기, 마곡지구 '서울식물원' 11일 문연다", 중앙일보, 2018.10.9., https://news.joins.com/article/23031732[Accessed on September 15, 2019]

384. 푸른도시국, '서울시 공원녹지 정책', 서울특별시, 2009.5.1., 10P

385. 통계청, '소비자가격 지수 계산', 대한민국 통계청, http://kostat.go.kr/incomeNcpi/cpi/cpi_ep/2/index.action?bmode=pay[Accessed on September 20, 2019]

386. 부동산통계처, '전국지가변동율', 한국감정원, https://www.r-one.co.kr/rone/resis/statistics/statisticsViewer.do[Accessed on September 20, 2019]

387. 김도년, '10억이면 동물원 동물 다 살 수 있다', 중앙일보, 2019.5.11., https://news.joins.com/article/23464567[Accessed on September 20, 2019]

388. 도시교통본부, '2016 서울특별시 교통량조사 자료', 서울특별시 https://data.seoul.go.kr/dataList/datasetView.do?infId=OA-15064&srvType=F&serviceKind=1&currentPageNo=1, 2017, 7P

389. 도시교통본부, '2016 서울특별시 교통량조사 자료', 서울특별시 https://data.seoul.go.kr/dataList/datasetView.do?infId=OA-15064&srvType=F&serviceKind=1&currentPageNo=1, 2017, 1P

390. 도시교통본부, '2016 서울특별시 교통량조사 자료', 서울특별시 https://data.seoul.go.kr/dataList/datasetView.do?infId=OA-15064&srvType=F&serviceKind=1&currentPageNo=1, 2017, 12P

391. 소방교육훈련발전위원회, '2015년도 전문교육-화재조사요원양성과정Ⅲ', 중앙소방학교(National Fire Service Academy), 2015.3., 19P

392. 소방교육훈련발전위원회, '2015년도 전문교육-화재조사요원양성과정Ⅲ', 중앙소방학교(National Fire Service Academy), 2015.3., 48-50P

393. 소방교육훈련발전위원회, '2015년도 전문교육-화재조사요원양성과정Ⅲ', 중앙소방학교(National Fire Service Academy), 2015.3., 55P

394. 경제통계국, '2007년 제3호 통권 제30호, 계간국민계정', 한국은행, 2007.10.22., 139P

395. 소득통계과, '2018년 국민대차대조표', 통계청, http://kostat.go.kr/portal/korea/kor_nw/1/13/4/index[Accessed on July 17, 2019]

핵이라는 이름의 청구서